V&R

Herwig Grimm / Carola Otterstedt (Hg.)

Das Tier an sich

Disziplinenübergreifende Perspektiven für neue Wege
im wissenschaftsbasierten Tierschutz

Mit 4 Abbildungen

Vandenhoeck & Ruprecht

Mit freundlicher Unterstützung

der Tierärztlichen Vereinigung für Tierschutz e. V.
www.tierschutz-tvt.de/

des Messerli-Forschungsinstituts
www.vu-wien.ac.at/messerli/

der Stiftung Bündnis Mensch & Tier
www.buendnis-mensch-und-tier.de

Bibliografische Information der Deutschen Nationalbibliothek

Die Deutsche Nationalbibliothek verzeichnet diese Publikation in der
Deutschen Nationalbibliografie; detaillierte bibliografische Daten sind
im Internet über http://dnb.d-nb.de abrufbar.

ISBN 978-3-525-40447-8
ISBN 978-3-647-40447-9 (E-Book)

Umschlagabbildung (inkl. Fotos auf der Buchrückseite): Carola Otterstedt

Satz: SchwabScantechnik, Göttingen
Druck und Bindung: ⊕ Hubert & Co., Göttingen

Gedruckt auf alterungsbeständigem Papier.

Inhalt

Neue Wege des Tierschutzes in spezifischen Problemfeldern

Hans Hinrich Sambraus (Tierhaltung und Verhaltenskunde)

Vorwort

Mit diesem Buch ist es erstmals gelungen, dass Natur- und Geisteswissenschaftler sich dem Tierschutz auf eine ganz eigene Art und Weise nähern: Die Autoren haben sich den beiden Themen »Grundlagen und Perspektiven des wissenschaftsbasierten Tierschutzes« sowie »Neue Wege des Tierschutzes in spezifischen Problemfeldern« vorbehaltlos gestellt und das Bild des Tieres und die Verantwortung des Menschen im Tierschutz neu diskutiert. Als Erweiterung zu den bisherigen Büchern über den Tierschutz werden dem Leser in einem breiten Spektrum fachliche Grundlagen zur Beurteilung tierschutzrelevanter Fragen für die Forschung, aber auch für den Alltag geboten.

Da Menschen zunehmend das Tier nicht allein unter Nutztieraspekten betrachten bzw. es nicht nur als Kuschelobjekt sehen, hat sich in den letzten Jahren das Bild vom Tier gewandelt. Das Tier als Sozialpartner (z. B. Tiergestützte Therapie) veränderte sowohl das Tierbild, die Sensibilität für die Bedürfnisse der Tiere sowie auch das Bewusstsein für die Verantwortung des Menschen gegenüber dem Tier.

Die Autoren dieses Buches zeigen auf, dass als Ergebnis neuester Untersuchungen das Tier eben nicht mehr als Objekt, sondern vielmehr als Subjekt mit einem Eigenwert betrachtet werden muss. Tiere sind Träger von Würde. Sie erhalten unseren Respekt, unsere Sympathie und unser Mitgefühl, da sie Mitgeschöpfe in unserem gemeinsamen Lebensraum *Natur* sind. Das Tier hat die biologische Anlage dazu, dass es sowohl kognitive Fähigkeiten wie auch Emotionen in vielfältiger Weise entwickeln kann. Diese Erkenntnisse verändern nicht nur unser Bild vom Tier; sie fordern vom Menschen eine andere Verantwortlichkeit gegenüber dem Tier.

In diesem Buch scheuen die Autoren sich nicht, auch das ambivalente Verhalten des Menschen gegenüber den Tieren zu betrachten und Impulse für alternative Wege im Umgang mit Tieren aufzuzeigen. Dem Leser begegnen hier neue und bereichernde Erkenntnisse aus den verschiedenen Fachdisziplinen. Diese neuen Ansätze werden den Tierschutz der nächsten Jahre sicherlich mit beeinflussen und, im Vergleich mit der bisherigen Vorgehensweise, zu neuen Konsequenzen in der konkreten Tierschutzarbeit führen.

Herwig Grimm (Ethik der Mensch-Tier-Beziehung)
und Carola Otterstedt (Kulturwissenschaften)

Einführung

Wo lebt ein *Tier an sich?*

»Ein Mann hatte einen Esel, der ihm schon lange Jahre treu gedient hatte, dessen Kräfte aber nun zu Ende gingen, sodass er zur Arbeit immer untauglicher ward. Da wollte ihn der Herr aus dem Futter schaffen, aber der Esel merkte, dass kein guter Wind wehte, lief fort und machte sich auf den Weg nach Bremen: ›Dort‹, dachte er, ›kannst du ja Stadtmusikant werden.‹« In dem Märchen »Die Bremer Stadtmusikanten«, das die Brüder Grimm vor zwei Jahrhunderten niederschrieben, steht es um die Katze nicht besser. Sie soll ersäuft werden, weil sie nicht mehr mausen kann. Dem Hund schwant Übles und er macht sich mit Esel und Katze auf den Weg nach Bremen; da er nicht mehr für die Jagd taugt, soll er erschlagen werden. Dem Hahn soll es an den Kragen gehen, weil Gäste geladen sind. Um das Schicksal der vier steht es schlecht. Aber ist es unvermeidliches Schicksal, das den Tieren widerfährt? »Keineswegs!«, würde man heute entgegenhalten. Was sich in dieser Anfangspassage des Märchens widerspiegelt, ist ein problematischer Anthropozentrismus, der nur menschliche Interessen als moralisch relevant anerkennt. Zu Unrecht *weht kein guter Wind* für die Tiere, wie es im Märchen heißt. Denn wir haben mittlerweile eingesehen, dass die Fürsorge für Tiere nicht nur an Zwecken hängt, die von Menschen gesetzt werden. Wo aber das Märchen spielt, sorgen sich die Tierhalter nur so lange um ihre Schützlinge, solange sie zweckdienlich sind, und es sind eben ausschließlich menschliche Zwecke, die über Leben und Tod entscheiden.

Damit ist man auch schon im Kern der tierethischen Debatte angelangt: Die menschlichen Interessen zählen, jene der Tiere nicht. Im Märchen ist aber zudem ein zweiter Aspekt berührt, der seit dem Ende des 18. Jahrhunderts die Debatte um die Tiere prägt: die Ähnlichkeit von Mensch und Tier, die als tierethisches Prinzip nach seiner prominenten Formulierung von dem Philosophen Jeremy Bentham im Jahr 1789 Furore machen sollte. Bekanntlich endet die betreffende Passage mit den drei Fragen:[1] »[…] the question is not, Can they *reason*? nor, Can they *talk*? but, Can they *suffer*?« (S. 283). Mit der letzten der drei Fragen verschiebt Bentham den Fokus der moralphilosophischen

---

1 Bentham, J. (1789/1970). An introduction to the principles of morals and legislation. In J. H. Burns, F. Rosen, P. Schofield (Hrsg.), The Collected Works of Jeremy Bentham, Bd. 2. London: Athlone Press.

Reflexion des Verhältnisses von Menschen und Tieren. War es bislang das *Trennende*, so stellt er die *Gemeinsamkeit* von Tieren und Menschen ins Zentrum.

Seit dem beginnenden 19. Jahrhundert gab es sicherlich Fortschritte im Bereich des Tierschutzes, die nicht zuletzt in ethischen Theorien fußten. Diese Fortschritte sind jedoch nicht nur den Ethikern[2] wie Jeremy Bentham oder Peter Singer geschuldet, sondern auch Forschern wie Charles Darwin und anderen Naturwissenschaftlern. Ihre Theorien, wie die Evolutionstheorie, brachten das naturwissenschaftliche Fundament für neue Ansätze im Nachdenken über das Gemeinsame und das Trennende zwischen Menschen und Tieren. Insbesondere die biologischen Gemeinsamkeiten von Menschen und Tieren prägen den Diskurs über die moralischen Ansprüche von Tieren. Dies hat sich auch in den rechtlichen Grundlagen der Mensch-Tier-Beziehung niedergeschlagen. Würde man heute das Märchen der Brüder Grimm neu erzählen, so wäre schon nach der Eingangspassage klar, dass es sich hierbei nicht nur um ein moralisches Desaster, sondern auch um tierschutz*rechtliche* Tatbestände handelt. Vielleicht müsste man deshalb die Passage heute abändern: »Es hatte ein Mann einen Esel, der ihm schon lange Jahre treu gedient hatte, dessen Kräfte aber nun zu Ende gingen, sodass er zur Arbeit immer untauglicher ward. Der Herr aber ließ ihn in seiner angestammten Herde, wo er glücklich und zufrieden seine Tage verbrachte, bis er eines Tages nicht mehr aufwachte. Es wehte ein guter Wind für die Tiere.«

Es besteht begründeter Zweifel, dass die Gegenwart hiermit adäquat beschrieben wäre. Männliche Eintagsküken werden Jahr für Jahr in Millionenschaften getötet, weil sie keine Eier legen werden, Mäuse werden nach Erfüllung ihrer Aufgaben im Experiment getötet, Zuchtsauen, die nicht mehr zur Zucht taugen, werden geschlachtet etc. Demgegenüber finden wir Tiere, die zu Familienmitgliedern avancieren. Hunde führen ungebrochen die »soziale Hierarchie« der Tiere an und sind teilweise so sehr umsorgt, dass auch hier die Frage des Tierwohls keineswegs eindeutig zu beantworten ist.

Der Blick auf die praktisch gelebten Mensch-Tier-Beziehungen macht also deutlich, dass wir es hier mit Widersprüchlichkeiten zu tun haben, die ihresgleichen suchen, und es wimmelt nur so von offenen Fragen. Es existiert eine große Bandbreite der Mensch-Tier-Beziehung und wir stehen vor der Herausforderungen, uns zwischen den Polen der Reduktion von Tieren auf bloße Nutzungsaspekte auf der einen und ihrer Überhöhung und Verehrung auf der anderen Seite zu orientieren.

Wie im Titelbild dieses Buches angedeutet, lassen sich Tiere als Wesen mit eigenen Ansprüchen denken, die den menschlichen ähnlich sind, oder aber als Wesen, die in der Nutzungsperspektive aufgehen. Deutlich wird diese Widersprüchlichkeit unter anderem, wenn man auf die kontextgebundene Behandlung von Tieren blickt. So werden beispielsweise manche Mäuse als Heimtiere verhätschelt; sie hatten (mutmaßlich) Glück. Ihre Artgenossen auf Bauernhöfen werden als Schädlinge gejagt, andere ihrer Verwandten werden als Futtertiere verfüttert, wiederum andere als Labortiere genutzt;

---

2 Die personenhinweisenden Bezeichnungen werden in den Buchbeiträgen so verwendet, dass sie beide Geschlechter einbeziehen.

zur falschen Zeit am falschen Ort. Aber auch hier handelt es sich natürlich keineswegs um Schicksal, sondern um Verhältnisse, die von verantwortlichen Menschen geschaffen sind. Und wir tun gut daran, diese Verantwortung zu reflektieren, was die Frage nach einem angemessenen Anker des wissenschaftsbasierten Tierschutzes drängend macht.

Begibt man sich auf die Suche nach einem solchen Anker oder Referenzpunkt, so wird man etwa in kritischen Anfragen fündig: »Konzentrieren wir uns aber weiterhin auf das Tier! Eine wirtschaftliche Ressource hat man aus ihm gemacht« (S. 113).[3] Dies suggeriert, dass es so etwas wie einen eindeutigen Ankerpunkt – *ein Tier* – gäbe. Mit Rekurs auf diesen Anker, so der Verdacht, ließe sich alles Weitere für den richtigen Umgang mit den Tieren folgern. Wenn wir *diese Tiere* finden, wüssten wir auch, wie wir ihnen gerecht werden können. Und was sollte sonst als plausibler Referenzpunkt dienen, als *dem Tier* gerecht zu werden?

Das Argument gegen diese Position ist schlicht: Ein solches *Tier an sich* gibt es nicht! Dieses Abstraktum tritt uns nicht gegenüber, sondern es sind individuelle Tiere, mit denen wir umgehen. Der Ankerpunkt der verantwortbaren Mensch-Tier-Beziehung liegt nicht in der empirischen Wirklichkeit. Dort finden wir Tiere immer *als etwas* vor; das *Tier an sich,* das eine menschenunabhängige Kategorie suggeriert, lässt sich schon erkenntnistheoretisch nicht fassen. Tiere treten uns in unterschiedlichen Rollen gegenüber und tauchen als das auf, zu dem wir sie machen. Deshalb verschiebt die Frage nach dem *Tier an sich* die Perspektive in der Mensch-Tier-Beziehung in Richtung Mensch: Es ist der Mensch, der Tiere zu dem macht, was sie sind. Im alltäglichen wie im wissenschaftlichen Beschreiben und Behandeln von Tieren wird deutlich, wie Menschen zu ihrer tierlichen Umwelt stehen: Wer über Tiere spricht, macht den Menschen zum Thema! Deshalb kann dem *Tier an sich* eine wichtige Rolle zugeschrieben werden: Es lässt sich als Warnsignal verstehen, das uns immer wieder daran erinnert, nicht vorschnell darin sicher zu sein, was uns da gegenübertritt und welche Ansprüche Tiere an uns richten. Die Frage nach dem *Tier an sich* ist deshalb der Aufruf, sich immer wieder neu zu fragen, ob wir den Tieren tatsächlich gerecht werden. Unterschiedliche wissenschaftliche Disziplinen stellen hier Wissen bereit, machen Vorschläge und bestimmen Tiere entsprechend ihren Methoden. Sie können als Anhaltspunkte in der Diskussion herangezogen werden, wenn es darum geht, die Ansprüche unserer tierlichen Zeitgenossen herauszufinden.

So dient uns etwa das Wissen aus naturwissenschaftlichen Disziplinen, wie der Veterinärmedizin oder der Ethologie, tierlichen Ansprüchen zu ihrem normativen Gewicht zu verhelfen. In Anlehnung an das berühmte Kant'sche Diktum könnte man für den Bereich des wissenschaftsbasierten Tierschutzes formulieren: Naturwissenschaft ohne Ethik ist blind, Tierethik ohne Naturwissenschaft bleibt leer. Unter diesem Blickpunkt wird die Zusammenarbeit der normativen und empirischen Wissenschaften zur Grund-

---

3 Schneider, M. (1992). Tiere als Konsumware? Gedanken zur Mensch-Tier-Beziehung. In M. Schneider, A. Karrer (Hrsg.), Die Natur ins Recht setzen. Ansätze für eine neue Gemeinschaft allen Lebens (S. 107–146). Karlsruhe: C. F. Müller.

lage der Auseinandersetzung. Es bedarf der naturwissenschaftlichen wie der geisteswissenschaftlichen Expertise und der Einsichten aus der Praxis, den Rechtswissenschaften
usw., um in diesem Bereich etwas Sinnvolles sagen zu können. Dieser Idee verschreibt
sich das vorliegende Buch. So wird etwa aus der Sicht unterschiedlicher Disziplinen
die Frage gestellt, wie sich Lust, Freude, Schmerz, Leid bestimmen und ihre Bedeutung
für den Tierschutz begründen und gewichten lassen. Weiter wird in diesem Buch die
Frage nach dem Eigenwert von Tieren und seiner Bedeutung für den Tierschutz aufgeworfen. Zudem klären die Autoren, was ihre wissenschaftliche Disziplin dazu beiträgt,
die Verantwortung des Menschen für das Tier zu bestimmen. Die genannten Fragen
spielen insbesondere im ersten Teil eine zentrale Rolle. Im zweiten Teil stehen spezifische Problemfelder der Mensch-Tier-Beziehung im Vordergrund. Hier beantworten
die Autoren etwa die Frage nach den zentralen Problemstellungen im jeweiligen Feld
und welche Ansätze im Umgang mit den Problemen aktuell verfolgt werden. Zudem
stellen sie sich der Herausforderung, auch neue Wege und Perspektiven für den Tierschutz im jeweiligen Problemfeld zu formulieren.

So ist es das Ziel des Buchprojektes, Bezugspunkte des verantwortlichen Umganges
mit Tieren aufzuzeigen und aus der Sicht relevanter wissenschaftlicher Disziplinen
systematisch zusammenzustellen. Dies soll auch dazu dienen, Verbindungslinien und
Schnittstellen zwischen den Disziplinen aufzuzeigen. Diese zweifache Ausrichtung
verdankt sich der Einsicht, dass sich Argumente für den angemessenen Umgang mit
Tieren zwar auf Referenzpunkte stützen, die aus den einzelnen natur- und/oder geisteswissenschaftlichen Disziplinen gewonnen werden. Jedoch ist die gesellschaftliche
Gestaltung verantwortbarer Mensch-Tier-Beziehungen auf das Zusammenwirken dieser Perspektiven in konkreten Handlungszusammenhängen angewiesen. Nur durch
die transparente und systematische Integration des disziplinengebundenen Wissens
kann eine solide wissenschaftliche Basis für die interdisziplinäre Weiterentwicklung
des Tierschutzes erreicht werden. Das Buch möchte durch die Zusammenstellung
disziplinärer Sichtweisen im wissenschaftlichen Diskurs und die Systematisierung der
interdisziplinären Fragestellungen einen Beitrag zur Erarbeitung neuer Perspektiven
und Wege der verantwortbaren Mensch-Tier-Beziehung leisten. Hierdurch bietet es eine
wertvolle Grundlage für die wissenschaftliche Zusammenarbeit und verweist auf neue
Forschungsfelder vor dem Hintergrund aktueller gesellschaftlicher Herausforderungen.

Der Impuls für dieses Buch ging von einer Tagung an der Evangelischen Akademie
in Tutzing zum Thema »Das Tier an sich?« im Herbst 2010 aus. Diese Tagung wurde
von vier Partnern organisiert, die interdisziplinäre Zusammenarbeit als integralen
Bestandteil ihrer wissenschaftlichen Beschäftigung verstehen. So sei abschließend dem
Rachel Carson Center (München), dem Institut Technik-Theologie-Naturwissenschaften
(München), der Stiftung »Bündnis Mensch-Tier« (München) und der Evangelischen
Akademie Tutzing gedankt, die diese Veranstaltung ermöglicht und den Boden für
dieses Buch bereitet haben.

Grundlagen und Perspektiven
des wissenschaftsbasierten Tierschutzes

Michael Rosenberger (Moraltheologie)

Mit Noah in der Arche – mit Jesus im Paradies

Neuere Ansätze der theologischen Tierethik

Als die Vereinigung italienischer Tierhalter (Assiociazione Italiana Allevatori – AIA) die traditionelle Tiersegnung am 17. Januar, dem Fest des Einsiedlers und Tierpatrons Antonius, im Jahr 2011 zum vierten Mal auf dem Petersplatz im Vatikan abhielt, kündigte sie die Gründung eines »ethisch-technisch-wissenschaftlichen Komitees« an. Psychologen, Veterinärmediziner, Juristen, Ökonomen, Theologen und Vertreter anderer wissenschaftlicher Disziplinen sollen gemeinsam Impulse für das Wohl des Tieres und einen diesem entsprechenden Lebensstil des Menschen erarbeiten.

Der Termin war nicht zufällig gewählt. Vielmehr macht gerade das vertraute Ritual der Tiersegnung deutlich, dass Tiere keine Sachen sind, sondern eigenständige, in sich wertvolle Lebewesen, mit denen es behutsam umzugehen gilt. Der Glaube, so die Botschaft der AIA, gibt wichtige Anstöße zum ethisch verantwortlichen Umgang mit Tieren.

Es mag überraschen, dass eine säkulare Organisation der Kirche zeigen muss, welche Potenziale die christliche Botschaft mit Blick auf die Tiere enthält. Doch tatsächlich haben Theologie und Kirche in den letzten Jahrhunderten wenig über Tiere und deren Wohlergehen gesagt. Zu sehr waren sie im cartesianischen Anthropozentrismus gefangen, als dass sie den Reichtum ethischer und spiritueller Impulse wahrgenommen hätten, den ihre Quellen bargen. Erst in den letzten Jahrzehnten ist, parallel zur erwachenden Umwelt- und Tierschutzbewegung, eine neue theologische Sensibilität gewachsen, die mittlerweile – obgleich immer noch kein Mainstream der Theologie – sichtbar wertvolle Früchte trägt.

1 Was Moraltheologinnen und -theologen über Tiere sagen können

Theologie als »Wissenschaft von Gott« stellt die Beziehung zwischen Mensch und Tier in den größeren Horizont einer anderen Beziehung: der zwischen Gott und seinen Geschöpfen. Was bedeutet es, so fragt sie, wenn Christen glauben, dass die Tiere von Gott geschaffen sind? Welche Beziehung konstituiert der Schöpfer damit zu ihnen? Welche Verheißung gibt er ihnen mit? Und was heißt das für eine verantwortungsvolle und fürsorgliche Beziehung des Menschen zum Tier?

Innerhalb des theologischen Fächerspektrums ist die Moraltheologie, auch »Theologische Ethik« genannt, diejenige Disziplin, »die den Anspruch des Glaubens an die sittliche Lebensführung zum Gegenstand hat« (Hilpert, 1998, S. 462). Sie ist »Ethik im

Medium des Glaubens« (Korff, 1995, S. 923). Ihr *Materialobjekt* ist das menschliche Handeln und die es disponierenden Grundhaltungen. Ihr *Formalobjekt* ist ein doppeltes: Ethisch betrachtet die Moraltheologie (gemeinsam mit der Moralphilosophie) menschliches Handeln unter der Perspektive von Können und Sollen. Und theologisch betrachtet sie (anders als die Moralphilosophie) menschliches Handeln unter dem Zuspruch und Anspruch des Evangeliums und dessen Zusage der bedingungslosen, Heil schaffenden Liebe Gottes zu seinen Geschöpfen. Wie kann und soll der Mensch sich verhalten, wenn Gott ihn aus Liebe zusammen mit Pflanzen und Tieren geschaffen und in das Lebenshaus der Schöpfung hineingestellt hat? – Das ist die Frage der Moraltheologie.

Dabei ist die spezifische *Methodik* zu beachten, die die Theologie mit den Geisteswissenschaften teilt, die diese aber zugleich von den empirischen Wissenschaften unterscheidet: Die empirischen Wissenschaften beschreiben das Verhalten von Mensch und Tier deskriptiv, das heißt Tatsachen feststellend, aus der Perspektive des unbeteiligten Beobachters (Dritte-Person-Perspektive). Sie folgen dem Paradigma des Kausalitätsprinzips, fragen also nach Ursachen und Wirkungen. Hier sind die Geisteswissenschaften auf Ergebnisse der empirischen Wissenschaften angewiesen: Was Tiere brauchen, warum sie sich wie verhalten, was ihnen guttut und was ihnen schadet, das lässt sich nur über empirisch genaue Beobachtung beschreiben. – Die Geisteswissenschaften wie Moraltheologie und -philosophie hingegen betrachten das Verhalten von Mensch und Tier aus der Perspektive des Teilnehmers (Erste-Person-Perspektive) als Handeln eigenständiger Subjekte. Sie nehmen es hermeneutisch, also interpretierend, wahr und ziehen präskriptive, das heißt vorschreibende, Schlussfolgerungen über das, was zu tun und was zu lassen ist. Ihr Paradigma ist die Frage nach Sinn und Erfüllung. Hier sind die empirischen Wissenschaften auf die Geisteswissenschaften angewiesen, denn ob ein Menschen- oder Tierleben sinnvoll ist und wie es Erfüllung im umfassenden Sinn erfahren kann, das lässt sich allein aus den empirischen Daten nicht herauslesen (sosehr diese auch wichtige Hinweise geben).

Worin besteht dann der Unterschied zwischen philosophischer und theologischer Ethik? Beide stellen (sofern sie nicht den sogenannten nonkognitivistischen Strömungen angehören) den Anspruch, dass ihre Postulate jedermann zugänglich und einsehbar sein sollen. Sie wollen keine Binnenethik für eine kleine Gruppe konstruieren, sondern universale Sollensansprüche reflektieren und begründen. Der Unterschied zwischen ihnen ist dann ein gradueller, kein prinzipieller. Theologen sind stärker eingebunden in eine Weltanschauungsgemeinschaft. Sie leben diese Gemeinschaft in hohem Maße – indem sich Religionsmitglieder regelmäßig treffen, einander verbunden wissen, nach außen als Gemeinschaft auftreten usw. Zudem drücken sich in ihren Ritualen starke Gefühle aus. Insofern hat sich in der angelsächsischen Debatte die Unterscheidung zwischen »kühlen« philosophischen und »heißen« religiösen Weltanschauungen herausgebildet. Sie scheint mir sehr treffend, um Gemeinsamkeiten und Unterschiede zwischen Moralphilosophie und Moraltheologie, philosophischer und theologischer Ethik auf den Punkt zu bringen, die jeweils einen der beiden Typen von Weltanschauungen reflektieren. Die heiße Weltanschauung der Religion ist weit mehr in Gefahr, in aggressive Intoleranz und zerstörerischen Fanatismus umzuschlagen. Das wird einer kühlen Philosophie eher selten passieren. Aber die heiße Weltanschauung kann auch leichter Leidenschaft für die Not anderer entfachen und in ein hingebungsvolles Engagement für die Benachteiligten münden. Das gilt auch dort, wo diese Benachteiligten nichtmenschliche Geschöpfe sind.

Unter dieser Perspektive soll den drei im ersten Teil dieses Buchs leitenden Fragen nachgegangen werden. Im Folgenden wird untersucht, was die (Moral-)Theologie dazu beiträgt,

1. Lust, Freude, Schmerz, Leid zu bestimmen und ihre Bedeutung für den Tierschutz zu begründen und zu gewichten;
2. die Begriffe »Eigenstand« und »Eigenwert« zu bestimmen und ihre Bedeutung für den Tierschutz zu begründen und zu gewichten;
3. die Verantwortung des Menschen für das Tier einzugrenzen und inhaltlich zu bestimmen.

2   »Damit sie zu Atem kommen …« (Ex 23,12): Von Lust und Freude, Schmerz und Leid des Tieres

Eines der zentralen Gebote des Alten Testaments ist das Sabbatgebot. Fünf Texte formulieren es im Alten Testament: Ex 20,8–11; 23,12; 34,21; 35,1–3; Dtn 5,12–15. Schon seine häufige Wiederholung und die Einordnung unter die Zehn Gebote zeigen, wie wichtig, aber auch wie umstritten das Gebot selbst in einer vorindustriellen Gesellschaft war. Umgekehrt verdichten sich in ihm religiöse Grundanschauungen Israels zu einer Weisung, die zum härtesten Kern des biblischen Ethos zu rechnen ist.

Abgesehen von der ältesten Formulierung in Ex 34,21 werden überall die Subjekte des Rechtes auf Sabbatruhe einzeln aufgezählt: Männer, Frauen und Kinder, Sklavinnen, Sklaven und Fremde sowie die Nutztiere. Alle Lebewesen des menschlichen Einflussbereichs sind in den Schutz des Sabbats einbezogen, besonders diejenigen, die innerhalb einer patriarchalen Gesellschaftsordnung zu den Unterprivilegierten zählten und des gesetzlichen Schutzes vorrangig bedurften. Gerade sie sollen vor einer über-mäßigen oder maß-losen ökonomischen Ausnutzung bewahrt werden und die letzte und tiefste Freiheit von Leistungsdruck und Verzweckung real erfahren. Neben den sozial schwachen Menschen werden daher gleichermaßen die Arbeitstiere unter den Schutz des Sabbat gestellt. Damit überschreitet das Gebot die Grenze der zwischenmenschlichen Beziehungen: Solidarität und Gerechtigkeit gelten nicht nur den Menschen, sondern allen Lebewesen dieser Erde. Alle Geschöpfe sollen die Ruhe genießen und, wie Ex 23,12 so aussagekräftig formuliert, »zu Atem kommen«. Das wichtigste Gebot des Alten Testaments hat damit eindeutig auch das Wohl des Tieres im Blick. Allen Geschöpfen Gottes soll es gut gehen.

Was aber versteht die jüdisch-christliche Tradition unter dem Tierwohl? Welchen Beitrag kann sie zu einer präzisen und ausreichend differenzierten Vorstellung desselben beitragen?

2.1 Die berechtigte Bedeutung von Lust und Schmerz

In der klassischen, utilitaristisch geprägten Tierethik hat sich seit Jeremy Bentham das Prinzip der Schmerzvermeidung und der Lustbeförderung als Grundprinzip durchgesetzt. Tierwohl wird danach primär oder gar ausschließlich unter dem Paradigma von Schmerz (»pain«) und Lust (»pleasure«) definiert. Utilitaristische Ethik ist pathozentrisch. Sie ist als Ganze um das Prinzip empirisch messbarer Empfindungen herum aufgebaut.

Historisch gesehen bedeutet die Wahrnehmung tierischen Schmerzes und tierischer Lust gegenüber der im 18. Jahrhundert vorherrschenden Strömung des Rationalismus einen Meilenstein. Die berühmte Fußnote Benthams in seiner »Einführung in die Prinzipien der Moral und Gesetzgebung« (XVII.IV., Fußnote 1) wird heute als richtig angesehen werden: Die Frage ist nicht, ob Tiere denken oder sprechen können, sondern ob sie leiden (»suffer«) können. Weil sie das können, müssen sie als ethisch relevante Subjekte wahrgenommen werden.

Auch im Rahmen einer theologischen Ethik spielt das sogenannte »sentientistische« Prinzip von Lust und Schmerz traditionell eine wichtige Rolle. So ist schon das alttestamentliche Verbot des Essens gerissener Tiere (Ex 22,30) eine Norm, die den Schmerz des Tieres missbilligt. Das von einem Raubtier gerissene Tier musste leiden, deshalb darf der Mensch auf keinen Fall den Anschein erwecken, er wolle davon profitieren. Vielmehr ist er für den eigenen Fleischgenuss strikt an das Schächtgebot (Gen 9,4) gebunden, das den Schmerz des Tieres bei der Schlachtung minimieren soll. Obgleich das frühe Christentum die Schächtpraxis zugunsten der Heidenmission aufgibt, hält es am Prinzip fest, unnötiges Tierleid zu vermeiden und das Tierwohl zu fördern.

Als zentrales bzw. einziges grundlegendes Prinzip wie im Utilitarismus wirft das sentientistische Prinzip jedoch für die theologische Ethik (wie auch für viele Strömungen der philosophischen Ethik) eine Reihe von Fragen auf:
– Woran kann man das Ausmaß von Schmerz bzw. Lust empirisch messen – gibt es nach zweihundert Jahren Diskussion noch immer kein naturwissenschaftlich brauchbares Kriterium (Irrgang, 1998, S. 834 f.)?
– Wie lassen sich die vielfältigen Freuden und Leiden eines Tieres (wie analog auch die eines Menschen!) auf das eine Prinzip von Schmerz und Lust zurückführen? Schon Bentham (Einführung Kapitel V.) zerbrach sich den Kopf darüber vergeblich – zumindest aus Sicht der nachfolgenden utilitaristischen Denker, die die Frage immer wieder aufrollten (vgl. 2.2).
– Im pathozentrisch-utilitaristischen Ansatz sind Schmerz und Lust nicht individualisiert bzw. personalisiert. Es geht nicht um den Schmerz eines konkreten Subjekts, sondern abstrakt um die Schmerzmenge (so die Kritik z. B. von Tom Regan, siehe 2.3). Das führt unter anderem dazu, dass jeder beliebige Schmerz eines Individuums gegen jeden beliebigen Schmerz eines anderen Individuums rein quantitativ abwägbar wird. Jede Minderheit kann damit zugunsten der Lust einer Mehrheit geopfert werden (Irrgang, 1998, S. 835). Das aber ist konträr zu allen klassischen Ethiktheorien und ruft Widerspruch hervor (vgl. 2.3).

- Was ist schließlich mit Lebewesen, die aktuell oder prinzipiell weder Schmerz noch Lust empfinden können? Darf man sie behandeln, wie man möchte? Oder kommen jenseits des Sentientismus hier andere ethische Kriterien ins Spiel?

2.2 Die Vielfalt tierlicher Bedürfnisse

Theologische Ethik wird skeptisch sein gegenüber Versuchen, alle Bedürfnisse des Tieres auf das monolithische Prinzip von Schmerz und Lust zurückzuführen. Sie wird (anders als Linzey 1987, 1994 u. 1997, der sich stark an den Utilitarismus anlehnt) Wert darauf legen, die Vielfalt an Bedürfnissen, die die Naturwissenschaften bei Tieren beobachten, angemessen in ethische Erwägungen einfließen zu lassen. Bei jedem einzelnen dieser Bedürfnisse wiederum wird sie durch Analogieschlüsse vom menschlichen Leben aus Kriterien für tiergerechtes Handeln zu plausibilisieren suchen.

Hans Hinrich Sambraus nennt eine ganze Palette von Feldern tierischer Bedürfnisse (Sambraus, 1998, S. 543–545, 548):
- Gesundheit: somatisch ebenso wie psychisch;
- Fress- und Trinkverhalten: Ort, Zeit, Futter, Art und Weise;
- Ausscheideverhalten: Ort, Zeit und Umstände;
- Körperpflegeverhalten;
- Ruheverhalten;
- Bewegungsverhalten;
- Wahrnehmungsverhalten: Betätigung der Sinnesorgane und der entsprechenden Gehirnareale;
- Handlungsverhalten: aktive und kreative Gestaltung der eigenen Umwelt;
- Sozialverhalten;
- Sexualverhalten.

Wenn es legitim ist, den Analogieschluss vom Menschen auf das Tier zu vollziehen, und genau das lehrt die klassische Analogielehre, wenn es also (bei allen je größeren Unähnlichkeiten!) Ähnlichkeiten zwischen Mensch und Tier, zwischen menschlichem und tierischem Verhalten und Erleben gibt und wir in unserem Erkennen ohne Analogiebildungen überhaupt nicht auskommen, dann erahnen wir schnell, wie komplex jedes einzelne Feld tierlicher Bedürfnisse aufgebaut ist: Künstliche Besamung zum Beispiel erzeugt kaum Schmerz, verhindert mäßig viel Lust (da das Tier eine relativ kurze Phase sexueller Erregung hat), nimmt dem Tier aber viel von seiner Selbstentfaltung und seinen Sozialkontakten. Eintönige Haltungssysteme, die weder der Wahrnehmung noch der aktiven Gestaltung des Tieres Anregung geben, führen zu einer schnellen Rückbildung der Gehirnareale. Tiere mit solchen rückgebildeten Gehirnen empfinden deswegen keinen Schmerz (mehr) – und doch nimmt man ihnen einen großen Reichtum!

2.3 Die notwendige transempirisch-ganzheitliche Sicht des Tierwohls

An diesem Punkt gelangen wir an eine systembedingte Grenze des Utilitarismus. Denn er befindet sich (unbewusst?) in der Tradition des angelsächsischen Empirismus: Nur empirisch nachweisbare Tatsachen und Erfahrungen dürfen nach dieser Auffassung als Basis ethischer Argumentation herangezogen werden. Spekulative Begriffe und Theoreme haben für ihn keinen Platz. Damit ist die Vorstellung von einem Subjekt, das sein eigenes Leben unvertretbar selbst lebt und gestaltet, für Utilitaristen inakzeptabel. Tom Regan hat das pointiert so kritisiert: »Was für den Utilitarier Wert besitzt, ist die Befriedigung der Interessen eines Individuums, nicht das Individuum selbst« (Regan zit. nach Bondolfi, 1994, S. 114; engl. Original in Regan, 2004, S. 205 f.) Um seine These zu illustrieren, wählt Regan den Vergleich mit einer Tasse, die mit Flüssigkeit gefüllt ist. Aus der Sicht der Utilitaristen besitzt allein die Flüssigkeit Wert, nicht aber die Tasse. Aus der Sicht der traditionellen Ethik ist es genau umgekehrt: Nicht die Menge erfüllter Interessen, nicht ein Quantum an »Glück« ist für sie der entscheidende Maßstab, sondern jedes Individuum als Subjekt und Träger von Interessen und deren Erfüllung.

Die Tragweite der utilitaristischen Grundoption wird nach Günter Ellscheid freilich erst dann deutlich, wenn man beachtet, dass das Glück eine subjektgebundene Größe ist: »Glück […] kann nur in empfindungsfähigen Individuen zur Existenz gelangen« (Ellscheid, 2001, S. 72). Wenn also im Utilitarismus Glück entindividualisiert und zum eigenständigen Objekt gemacht wird, vollzieht sich ein Kategorienfehler: »Das vom Individuum gedanklich getrennte Glück ist nicht mehr, was es eigentlich ist, nämlich individuell« (Ellscheid, 2001, S. 73).

In der Tat misst die klassische Ethik den Beitrag jeden Gutes zum Gelingen eines Lebens jenseits aller Empirie an seiner Bedeutung für das individuelle Subjekt. Jedes Subjekt – ob Mensch oder Tier – hat eine andere Lebensgeschichte und damit auch andere Lebensperspektiven – ob bewusst oder unbewusst. Damit kann dasselbe Gut für das eine Individuum höchste Dringlichkeit besitzen, während es für das andere leicht verzichtbar ist. Es kann für das eine unendliche Bedeutung haben, während es für das andere belanglos ist. Nicht die abstrakten Schmerzen und Lustmomente werden also gegeneinander aufgerechnet, sondern Freuden und Leiden eines jeden konkreten Individuums in ihrer tieferen, umfassenden Bedeutung für dieses betrachtet und dort, wo Entscheidungssituationen gegeben sind, in diesem Horizont gegeneinander abgewogen.

Erst in diesem Kontext können auch Verzicht und Opfer ihren Sinn finden. Empiristisch betrachtet ist ein freiwillig erbrachtes Opfer als Verlust zu verbuchen – es sei denn, der Opfernde empfindet Lust daran, auf etwas zu verzichten. »Personalistisch« ist weniger das Opfer selbst von Gewicht als die Deutung, die ihm der Opfernde im Gesamtkonzept seines Lebens gibt. Wenn eine Mutter ihr Kind aus dem Wasser zieht, dabei aber selber ertrinkt, dann mag das biologisch (aus der Beobachterperspektive) mit evolutionär entwickelten Überlebensprogrammen erklärt werden. Doch das wird weder das Kind noch die Mutter befriedigen – sie werden der Rettungstat und dem damit verbundenen Opfer (aus der Teilnehmerperspektive) noch eine tiefere Deutung geben wollen. Vergleichbares gilt auch für die »Märtyrer des Gewissens« im Dritten Reich, etwa die Mitglieder der Weißen Rose, und für alle, die aus einer tiefen Überzeugung heraus ihr Leben gegeben haben.

Sicher müssen wir an dieser Stelle mit dem Analogieschluss besonders vorsichtig sein. Nie wird ein Tier in der Lage sein, derart komplexe Interpretationen für seine Handlungen zu entwickeln. Und doch wird auch ein Tier Lust und Schmerz in den Gesamtzusammenhang seines Lebens einordnen. Die Spritze des Tierarztes wird ihm trotz des Schmerzes weniger Angst machen, wenn das Tier ein Vertrauen in den Veterinärmediziner spürt und – intellektuell vielleicht auf der Stufe eines kleinen Kindes – die Erwartung hegt, dass alles gut wird.

Das Sabbatgebot, von dem wir in diesem ersten Kapitel ausgegangen sind, zielt wie alle Zehn Gebote auf die Freiheit der Geschöpfe. Dabei meint die Bibel mit Freiheit weit mehr als nur das Freisein von äußeren Zwängen. Freiheit ist für sie die Möglichkeit, sich selbst optimal zu entfalten und die eigenen, von Gott geschenkten Potenziale umfassend zu verwirklichen. Eine derartige Sicht des Tierwohls wie des Menschenwohls geht über die pure Betrachtung von Schmerz und Lust weit hinaus. Sie zielt auf den innersten Kern eines Lebewesens – auf die Absicht, die Gott bei dessen Erschaffung hatte.

2.4 »Sieh hin und erbarme dich!«
Von der Empathie des Menschen mit dem Tier

Um das Wohl eines Tieres ebenso wie das eines Menschen in seiner Vielschichtigkeit umfassend in den Blick zu bekommen, bedarf es folglich vor allem einer ethischen Grundhaltung: der Empathie (vgl. Teutsch, 1987, S. 26–28, 49–51, 140, 142; Rosenberger 2001a, S. 28–31). Empathie bedeutet
1. die Bereitschaft, hinzuschauen und zu sehen, wie es dem Mitgeschöpf geht;
2. ein Wissen um das, was jemand in der Situation braucht, die man am Mitgeschöpf beobachtet;
3. die emotionale Bereitschaft, sich in das betreffende Mitgeschöpf hineinzuversetzen und sich von seinen Freuden und Leiden so anrühren zu lassen, dass man entsprechend handelt.

Empathie ist daher weit mehr als nur ein Gefühl. Als ethische Grundhaltung will sie ständig mehr gelernt, geübt und weiterentwickelt werden. Erkenntnistheoretisch verkörpert sie einen Perspektivenwechsel: Wer zunächst einmal 1) unbeteiligter Beobachter wird und werden muss, um 2) rational-distanziert zu analysieren, wo das Problem liegt, muss dann 3) aus der Beobachterrolle in die Teilnehmerrolle wechseln und sich als persönlich betroffen verstehen, als handlungsfähig und mitverantwortlich. Die Frage »wie würde es mir gehen, wenn ich in der Situation des anderen Geschöpfs wäre?« führt dann über Analogieschlüsse (siehe 2.2) zu differenzierten Handlungsperspektiven und zum qualifizierten Handeln.

Im Sinne der Bibel ist Empathie kein gnädiges Sich-Herablassen, sondern eine Dimension der Gerechtigkeit – ausdrücklich auch gegenüber dem Tier: »Der Gerechte weiß, was sein Vieh braucht« (Spr 12,10). Mitgefühl gegenüber dem Tier und gegenüber dem Menschen wird oft im Gleichklang genannt (z. B. Jona 4,11; Lk 14,5) – es geht um eine ethische Selbstverständlichkeit. Dass die Sozialethik ab dem 19. Jahrhundert unter »Gnade und Barmherzigkeit« das versteht, was gerade nicht als Recht und Gerechtigkeit eingefordert werden kann, ist dem gegenüber eine Bedeutungsverschiebung, die dem ursprünglichen Sinn nicht gerecht wird. Natürlich ist das Mitgefühl selbst vor Gericht nicht einklagbar, wohl aber mitfühlendes Handeln. Der Priester und der Levit, die den unter die Räuber Gefallenen im Straßengraben liegen lassen und nach Jesu Interpretation unbarmherzig sind (Lk 10,25–37, siehe unten), könnten nach heutigem Verständnis wegen unterlassener Hilfeleistung angeklagt werden. Barmherziges Handeln ist keine Frage der Herablassung, sondern ethische Pflicht.

Die Bibel kennt für die Grundhaltung der Empathie eine Vielzahl von Begriffen, die im Deutschen meist mit »Barmherzigkeit« (etymologisch von »Armherzigkeit« – ein Herz für die Armen haben) oder »Erbarmen« wiedergegeben werden. Einer der alttestamentlichen Begriffe ist das hebräische »rachamim«, das ursprünglich die Gebärmutter oder die Eingeweide bezeichnet. Barmherzigkeit meint also im Hebräischen jene Haltung, die »sich etwas mütterlich fürsorglich an die Nieren gehen lässt«, und im Deutschen jene, die »sich die Not zu Herzen nimmt«. Rationale (2) und emotionale (3) Komponenten gehören in beiden Konzepten der Barmherzigkeit untrennbar zusammen.

Die biblische Schrift der Barmherzigkeit schlechthin ist das Lukasevangelium. Darin stellt Jesus das Mitfühlen vor allem anhand zweier Figuren vor: dem barmherzigen Samariter (Lk 10,25–37) und dem barmherzigen Vater (Lk 15,11–32). In beiden Gleichnissen lautet der Schlüsselsatz: »Er sah ihn und hatte Mitleid« (Lk 10,33; 15,20). Damit werden die drei oben dargestellten Schritte der Empathie ausdrücklich genannt: hinschauen (1) und Mitleid empfinden (2 und 3). Dabei deuten die beiden lukanischen Gleichnisse der Barmherzigkeit auch die Logik Jesu an: Weil Gott gleich dem barmherzigen Vater mitfühlend ist (Lk 15), weil er jeden Menschen und jede Kreatur liebevoll annimmt, kann und soll der Mensch es ihm wie der Samariter (Lk 10) gleichtun. Logischerweise lautet der Satz Mt 5,48 bei Lukas abgewandelt so: »Seid barmherzig, wie es auch euer Vater ist!« (Lk 6,36).

Der Liedermacher Reinhard Mey beschreibt in seinem Lied »Erbarme dich« (2000, CD »Einhandsegler«) die unsäglichen Qualen von Pferden, die zum Abdecken von Litauen nach Sardinien transportiert werden. Im Refrain heißt es dann stets: »Erbarme dich. Erbarme dich. Erbarme dich der Kreatur, sieh hin und sag: Es ist nicht nur Vieh. Sieh hin und erbarme dich!« Musikalisch wie textlich erinnert der Refrain stark an das Kyrie der kirchlichen Liturgie. Dort wird Gott um sein Erbarmen angerufen. Zumindest der liturgisch geübte Hörer des Liedes wird also zunächst denken, dass Mey das Erbarmen Gottes mit den Pferden anrufen möchte. Das mag auch so sein – aber in der zweiten Rezitation des Refrains flüstert der Liedermacher ein zusätzliches Wort hinein: »Mensch, erbarme dich!« Treffender kann man das Lukasevangelium kaum aktualisieren.

3 Bundesgenosse Gottes (Gen 9,10.12.15): Das Tier als Du für Gott und Mensch

Das Wohl eines Tieres zu erkennen und zu berücksichtigen ist ein zentraler Schritt hin zu einem umfassenden Tierschutz. Implizit wird damit ein eigener Wert des Tieres jenseits seines Nutzwerts für den Menschen anerkannt. Dieser Eigenwert, der in der philosophischen wie in der theologischen Debatte noch immer umstritten ist, zunehmend aber bejaht und als »geschöpfliche Würde« bezeichnet wird, soll im Folgenden näher reflektiert werden.

3.1 Das Tier als Subjekt eines Lebens: Philosophische Einsichten

Für Immanuel Kant, der den Begriff der Würde in einzigartiger Weise geprägt hat, war noch klar, dass dieser nur dem Menschen zugeschrieben werden könne und müsse. Denn allein der Mensch besitze die Fähigkeit zur Autonomie, zur sittlichen Selbstbestimmung. Allein er könne ethisch handeln. Deshalb, so Kant, komme ihm allein Würde zu. Dieser Gedanke bestimmte bis in die jüngste Vergangenheit das westliche Denken: Würde ist Menschenwürde.

Zu Beginn der 1980er Jahre begründet der Philosoph Paul W. Taylor als einer der Ersten seine Forderung eines Eigenwerts (»inherent worth«) der Lebewesen damit, dass sie ein je ihnen zugehöriges Gut besäßen, das sich in der Entfaltung ihrer biologischen Potenziale verwirkliche (Taylor, 1981, S. 199). Ihr Eigenwert sei in dieser Potenz zur Realisierung der biologischen Kräfte begründet (Taylor, 1984, S. 154 f.). Damit sind auch Tiere, so Tom Regan, eigenständige »Subjekte eines Lebens« (»subjects of a life«, Regan, 2004, S. 243). Im deutschen Sprachraum hat sich niemand so dezidiert für den Eigenwert der Tiere ausgesprochen wie Friedo Ricken. Er betont, das Tier habe zwei der Selbstzwecklichkeit im kantischen Sinn analoge Eigenschaften: »Es ist Subjekt von Zwecken und es hat ein praktisches Selbstverhältnis. Beides ist durch seine Fähigkeit, Lust und Schmerz zu empfinden, gegeben« (Ricken, 1987, S. 8).

Von einer anderen Seite argumentiert der Prozessphilosoph Frederick Ferré. Als Grund dafür, einer Entität einen Eigenwert zuzuschreiben, nimmt Ferré die subjektive Unmittelbarkeit an (»subjective immediacy«: Ferré, 1995, S. 425). Gemeint ist eine zeitliche Unmittelbarkeit des Erlebens und Genießens im Jetzt (»rejoycing in the now«, S. 419). Ein Seiendes, das im Jetzt etwas »genießen« könne, müsse »Bewertungen« und »Entscheidungen« vornehmen. Es »wertet« also im weiteren Sinne, ist ein »center of appreciation and preference« (S. 424) und hat damit Eigenwert. Das englische Wortspiel, dass alles »valuable«, wertvoll, ist, was selbst »value-ability« besitzt, die Fähigkeit zu bewerten, ist eine häufige Figur der Prozessphilosophie.

Immer wird der Eigenwert der Tiere folglich mit deren Subjekthaftigkeit begründet. Sie vollziehen ihr eigenes Leben auf eigenständige Weise. Aristoteles hatte genau deswegen den Tieren ebenso eine »Seele« zugeschrieben wie dem Menschen (Seele nicht psychologisch im Sinne von Psyche, auch nicht theologisch als unsterbliche Seele, sondern naturphilosophisch als Lebensprinzip, als innere Einheit des Organismus). Auffallend ist freilich die Scheu der genannten Autoren, den Begriff der Würde anzutasten und auf das Tier zu übertragen. Es bleibt interessanterweise den Theologen, die rund ein Jahrzehnt später in den Diskurs einsteigen, vorbehalten, hier den ersten Schritt zu tun.

3.2 Das Tier als Du für Gott – und für den Menschen: Theologische Profilierungen

Wie Ricken und Taylor sieht Michael Schramm den Eigenwert der Geschöpfe in ihrer Möglichkeit zur Selbstrealisierung, und das heißt zur Selbsttranszendenz, begründet (Schramm, 1994). Bei ihm aber hat das Woraufhin dieser Transzendenz einen Namen: »Mit dem Begriff der ›Schöpfung Gottes‹ wird die Unabsehbarkeit der Würde aller Dinge (Geschöpfe) im Namen Gottes bestimmt« (S. 222). Weil der Schöpfer seine Geschöpfe im Schöpfungsakt mit der Fähigkeit begabt hat, über sich selbst hinauszuwachsen und sich zu sich selbst zu verhalten, kommt ihnen Würde zu. Auf ähnliche Weise gibt Hans Jürgen Münk als theologischen Grund des Eigenwertes der Natur den unmittelbaren Bezug Gottes zu allen Geschöpfen an (Münk, 1997). Alles sei von Gott gut erschaffen, für gut befunden und in die Erlösung einbezogen worden.

Über die Überlegungen von Schramm und Münk hinaus lassen sich zwei weitere theologische Momente in Anschlag bringen (Rosenberger, 2001a, 2001b; vgl. auch Baranzke, 2002; Teutsch, 1995): Im Begriff der Schöpfung ist bereits impliziert, dass der Schöpfer seine Schöpfung in eine Eigenständigkeit, eine Autonomie ihm selbst gegenüber setzt. Es kann gar kein Geschöpf geben, das nicht vom liebenden Schöpfer in die Eigenständigkeit entlassen wäre – so ein Kerngedanke der mittelalterlichen Theologie. Was aber Eigenstand vor Gott hat, hat auch Eigenstand im Angesicht seiner Mitgeschöpfe.

Schließlich lässt sich das Faktum der Inkarnation anführen: Wenn der Schöpfer in Jesus von Nazaret selbst Geschöpf wurde, wenn er so die Geschöpflichkeit als Moment seiner selbst angenommen hat, dann gibt dies jedem seiner Geschöpfe eine einzigartige, nicht mehr zu überbietende Würde. Inkarnation ist »Einfleischung«, Geschöpfwerdung, nicht nur Menschwerdung. Alle Geschöpfe dürfen ihrem Schöpfer auf Augenhöhe begegnen, der selbst Geschöpf geworden ist. So sehr hat er auch das geringste Geschöpf geliebt, dass er ihm gleich sein und seine unüberbietbare Solidarität erweisen wollte: Die Freude jedes Geschöpfs wurde seine, das Leid jedes Geschöpfs trägt er uneingeschränkt mit: »Was ihr für eines meiner geringsten Geschwister getan habt, das habt ihr mir getan« (Mt 25,40). – Das gilt ausnahmslos für alle Menschen. Geschwister sind aber auch die nichtmenschlichen Geschöpfe, mit denen sich der Weltenrichter beim Jüngsten Gericht identifizieren wird.

Auf eine Formel gebracht könnte man sagen: Das Tier wird aus der Rolle einer Sache, einer res extensa (René Descartes), herausgehoben und zu einem eigenständigen

Gegenüber, einem Du. Theologisch betrachtet ist das Tier zuerst ein Du für Gott – so
die zugrundeliegende Idee aller zitierten Bibeltexte – und wird genau deswegen auch
zu einem Du für den Menschen. Für die Bibel ist das eine Selbstverständlichkeit, die
gleich in den ersten Kapiteln präsentiert wird: Der Bund, den Gott mit Noah schließt
und aus dem sich alle ethischen Forderungen als Konsequenz ergeben, ist ein Bund
mit Mensch und Tier. Dreimal wird in Gen 9,10.12.15 betont, dass der Bund die Tiere
als autonome Bundesgenossen einschließt. Sie sind Vertragspartner mit Rechten und
Pflichten (wenn auch nicht mit denselben wie der Mensch!). Radikaler kann man die
Verbundenheit von Mensch und Tier nicht formulieren.

Zu beachten ist wiederum, dass eine derartige Zuschreibung von Würde an Menschen
wie Tiere nur im Rahmen transzendentaler Philosophie oder Theologie Sinn macht.
Die angelsächsische Tradition, die seit dem 17. Jahrhundert weitgehend dem empiris-
tischen Paradigma folgt, kann Aspekte wie Subjektivität und Würde nicht fassen – für
sie sind das Begriffe, die auf zu spekulativen Grundannahmen beruhen (siehe 2.3). So
ist es logisch, dass die angelsächsische Tierschutzbewegung für Tierrechte und Tiergerechtigkeit streitet, nicht aber für die Achtung der Tierwürde. Und sie begründet diese
Tierrechte nicht mit der Subjekthaftigkeit und Eigenständigkeit der Tiere, sondern mit
ihrer (empirisch nachweisbaren) Leidensfähigkeit. An dem namhaften englischen (Tier-)
Theologen Andrew Linzey und seinen Ideen lässt sich das wie erwähnt ausgezeichnet
belegen (Linzey, 1987 u. 1994). Freilich geht einer solchen Ethik zumindest die »Seele«
verloren. Denn die Rede von der Würde ist emotional ungeheuer stark und »beseelt« faktisch den gesamten Menschenrechtsdiskurs auf der Grundlage der UN-Charta von 1948.
So zahlen empiristische Ansätze einen hohen Preis. Darüber hinaus aber vermögen sie –
und das ist aus christlicher Sicht ihre Schwäche – nicht zu begründen, warum auch nicht
schmerzempfindende Lebewesen Respekt und Einfühlung verdienen – seien dies nun
Embryonen, irreversibel Komatöse, Tiere ohne zentrales Nervensystem oder Pflanzen.

3.3 Tiergerechtigkeit als zentrale tierethische Perspektive

Welche praktischen Folgen hat es, wenn wir Tieren eine Würde zuschreiben? Welche
Behandlung verdienen sie als Würden-Träger? Obgleich wir uns vom material anthropozentrischen Ansatz Immanuel Kants abgewandt haben, können wir doch seine beiden zentralen Folgerungen aus der Zuschreibung von Würde unschwer übernehmen.
Folgendermaßen argumentiert Kant:

> – Würde ist etwas völlig anderes als ein Preis (Grundlegung zur Metaphysik der Sitten,
> AA IV, S. 434–436): Als Subjekt ist der Träger von Würde unersetzlich, einzigartig und
> unbezahlbar. Seine »Seele« kann man nicht verkaufen. Die Würde ist nicht verrechenbar
> oder messbar, sodass der eine quantitativ mehr Würde hätte als der andere – alle haben
> die qualitativ gleiche Würde. Verrechenbar oder bezahlbar ist nur der (ebenfalls vorhan-
> dene) Nutzwert eines Subjekts, und der mag beim Menschen mit guten Gründen höher

angesetzt werden als beim Tier (wobei es in der Vergangenheit oft umgekehrt war: Der ökonomische Verlust eines Rindes oder eines Pferdes wog für einen Bauern bis vor hundert Jahren schwerer als der Verlust seiner Frau!).
– Die Würde eines Subjektes verbietet es, dieses ausschließlich unter Nutzengesichtspunkten zu betrachten: »Handle so, dass du die Menschheit sowohl in deiner Person als in der Person eines jeden andern jederzeit zugleich als Zweck, niemals bloß als Mittel brauchest« (Grundlegung zur Metaphysik der Sitten, AA IV, S. 429). Das bedeutet aber auch: Die Verzweckung eines anderen Menschen oder Tieres ist grundsätzlich möglich, so lange zugleich auch (!) seine Selbstzwecklichkeit wahrgenommen und geachtet wird. Im Vergleich zu Tom Regan (2004), der aus der Zuschreibung von Subjekthaftigkeit an höhere Tiere folgert, dass diese (unter modernen Rahmenbedingungen) absolut gar nicht mehr vom Menschen genutzt werden dürfen, ist Kant selbst bei der Nutzung von Menschen offener: Sofern sie nicht völlig (!) zur Sache degradiert und ausschließlich (!) unter Nutzenaspekten betrachtet werden, sieht er prinzipiell kein Problem.

Was aber heißt: auch die Selbstzwecklichkeit des Mitmenschen oder Mitgeschöpfs zu achten? Es heißt, im Konfliktfall nicht einfach die eigenen Interessen und Güter vorzuziehen, sondern die Interessen und Güter des anderen fair in eine Güterabwägung einzubringen. Wie ein Weißer die Güter eines Schwarzen oder eines Indio nicht vor einer solchen fairen Güterabwägung ausschließen darf, gilt dies auch von den Gütern eines Tieres. Bloß weil es ein Tier ist, darf es niemand schlechter stellen. Freilich heißt das noch lange nicht, dass das Leben einer Stechmücke ebenso viel zählt wie das Leben eines Menschen. Es heißt nur: Auch das Leben der Stechmücke zählt.

Um es auf den Punkt zu bringen: Ein Träger von Würde ist Adressat von Gerechtigkeit – wir müssen ihn gerecht behandeln und haben ihm gegenüber direkte Pflichten. Jegliches direkte oder indirekte Handeln an Tieren ist ethisch relevant und mit guten Gründen zu rechtfertigen. Tiere sind keine Sachen. Wie wir sie behandeln, ist nicht neutral. Die Zuschreibung von Würde an die Tiere begründet die Tiergerechtigkeit als oberstes ethisches Prinzip – unter Beibehaltung aller klassischen Regeln der Gerechtigkeit (siehe 4).

3.4 Und mehr als Gerechtigkeit: Die Tiere im Himmel

Ehe wir uns dieser Gerechtigkeit genauer zuwenden, soll aber noch eine scheinbar exotische Randfrage angesprochen werden, die bei näherem Hinsehen ethisch durchaus nicht gleichgültig ist: Im cartesianischen Rationalismus, der den Tieren jegliche Seele abspricht und sie zu »seelenlosen Maschinenwesen« degradiert, ergibt sich als eine Folgerung auch die Weigerung, an ein ewiges Leben der Tiere zu glauben. Wenn nun hier die Gegenthese von der Würde und Bundesgenossenschaft der Tiere vertreten wird, muss folglich auch die Frage nach einer Auferstehung der Tiere neu bedacht werden. Und in der Tat geschieht das in zaghaften theologischen Anfängen (vgl. Rosenberger, 2001b, S. 242 f.; 2001a, S. 170).

Die längste Zeit des Alten Testaments hat das Volk Israel bewusst nicht (!) an eine Auferstehung der Toten geglaubt. Im Unterschied zu den Nachbarländern (Ägypten, Babylon, Assur) sieht man darin in Israel eine billige Vertröstung und zieht es vor, auf dem Boden der Realität zu bleiben. Erst im 2. Jahrhundert vor Christus, als unter dem Seleukidenherrscher Antiochus IV. Epiphanes reihenweise bekennende Juden umgebracht werden, stellte sich die Frage nach der göttlichen Gerechtigkeit neu. In diesem Kontext bekennt das Judentum erstmals eine individuelle, jenseitige Auferstehung der Toten. Die Aussagerichtung bleibt aber die Frage der Mächtigkeit und Treue Gottes: Hat seine Macht am Tod ihre Grenze? Bleibt er den Gläubigen nicht auch nach dem Tod treu? Mit dem Scheitern Jesu von Nazaret am Kreuz wird diese Frage aufs Äußerste zugespitzt. Und die Gefährten Jesu brauchen lange, bis sie diese Herausforderung positiv überwinden. Umso mehr gewinnt die Auferstehungsbotschaft dann im Neuen Testament einen Stellenwert, der sie zum unverzichtbaren Schlussstein des Evangeliums macht (1 Kor 15,12–20).

Keinesfalls ist also der biblische Auferstehungsglaube an die Existenz einer unsterblichen Seele gekoppelt: »Die Vorstellung von einem verweslichen Körper und einer davon unabhängigen unsterblichen Seele gab es im hebräischen Denken nicht« (Rupprecht, 1992, S. 23). Dann aber darf die Frage nach einem ewigen Leben der Tiere weit unbefangener gestellt werden: »Als Mit-Geschöpfe erwarten sie die Mit-Verherrlichung mit den Christen«, so Erich Gräßer (1990, S. 104) in Auslegung von Röm 8,21. Ebenfalls müsste an Kol 1,18–20 gedacht werden: Wenn dort von der Versöhnung des Alls durch den auferstandenen Christus die Rede ist, lässt sich das im Horizont christlich-jüdischen Glaubens kaum ohne die Annahme der Auferweckung nichtmenschlicher Individuen lesen. – In der Tat: Wenn Gott seine Treue darin erweist, dass er in der Arche Tiere und Menschen vor der Bedrohung der Sintflut rettet, wenn mithin Gottes Treue nicht allein dem Menschen gilt, wie wollte man dann im Jenseits eine Eingrenzung ebendieser Treue auf den Menschen begründen?

»Wer weiß, ob der Atem des einzelnen Menschen wirklich nach oben steigt, während der Atem der Tiere ins Erdreich hinabsinkt?« Der Satz, in Koh 3,21 Ausdruck der Skepsis gegenüber der Überzeugung von einem Weiterleben des Menschen nach dem Tod, könnte im Licht der neutestamentlichen Auferstehungshoffnung umgekehrt gelesen werden: Ausgehend von einer nicht bezweifelten Schicksalsgemeinschaft zwischen Mensch und Tier könnte er die Hoffnung nähren, dass Gott seine Treue allen Geschöpfen auf ewig schenkt.

4   Die Tiere ins Boot holen (Gen 6–8): Die Verantwortung des Menschen für das Tier

Mit der Zuschreibung von Würde und der Zuerkennung des Status als ethisch relevante Subjekte ist ein Weg beschritten, der im Begriff der Tiergerechtigkeit zusammengefasst werden kann. Tiergerechtigkeit meint nicht die Gerechtigkeit zwischen Mensch und

Tier, so als seien beide gleichberechtigte Partner und das Tier ebenso verantwortlich für den Menschen wie der Mensch für das Tier. Das wäre eine naive Vorstellung. Tiergerechtigkeit meint vielmehr die Gerechtigkeit gegenüber dem Tier, in seinem Angesicht. Der (erwachsene, vernunftbegabte) Mensch als moralisch Verantwortlicher (»moral agent«) übernimmt Verantwortung nicht nur gegenüber seinesgleichen, sondern gegenüber jedem Geschöpf als »moral patient«. – Was aber heißt nun, das Tier gerecht zu behandeln? Wie können wir ein Konzept, das klassisch nur die Menschen als »moral patients« betrachtet, so transformieren, dass darin auch nichtmenschliche Lebewesen ihren Platz erhalten (vgl. zum Folgenden: Rosenberger, 2009)?

4.1 Gerechtigkeit: Jeder gibt – und jeder empfängt

»Suum cuique« – »Jedem das Seine« (Ulpian, Digesten I, 1,10). Mit diesem einprägsamen Schlagwort wird seit der Antike umschrieben, was Gerechtigkeit meint: nicht jedem genau das Gleiche zuzuerkennen, sondern das, was angemessen ist, was der Einzelne braucht. Es gilt aber auch die Umkehrung: »Suum quisque« – »Jeder das Seine«: Jeder soll zum Gemeinwesen beitragen, was er beitragen kann – der Starke viel, der Schwache weniger. Gerechtigkeit bedeutet Geben und Nehmen. Stillschweigend ist natürlich ein dritter Aspekt mit gemeint: »im Rahmen der (knappen) Möglichkeiten«. Kein Individuum und erst recht nicht der Staat kann mehr geben oder empfangen, als er bzw. es hat. Ja, die Gerechtigkeitsfrage stellt sich gerade dort, wo Knappheiten auftauchen. Solange ein Gut im Überfluss vorhanden ist, braucht über seine Verteilung nicht diskutiert werden. Solange das Gemeinwohl schon »von selber« erreicht ist, braucht niemand einen Beitrag dazu leisten. Im Schlaraffenland wäre die Forderung nach Gerechtigkeit überflüssig.

Damit sind die drei Leitfragen bestimmt, die einer Konkretisierung des Gerechtigkeitsbegriffs den Weg weisen:
1. Wer ist »jeder«?
2. Was ist das dem Einzelnen Angemessene, das »Seine«?
3. Welche Möglichkeiten hat die Gemeinschaft bzw. der Einzelne?

Die *erste Frage* hatten wir bereits insofern beantwortet, dass die Tiere eindeutig zur Gruppe jener Individuen gehören, denen Gerechtigkeit widerfahren muss. Als Träger von Würde sind sie eo ipso Adressaten menschlicher Gerechtigkeit.

Die *dritte Frage* soll hier nur kurz gestreift werden: Auf jeden Fall haben die Menschen einer wohlhabenden Industriegesellschaft mehr Möglichkeiten als jene einer vormodernen Welt – und müssen daher dem Tier (Wildtier wie Nutztier) mehr zukommen lassen als frühere Generationen. Ein Schwein wurde noch vor ein bis zwei Jahrhunderten in einen engen Verschlag gesperrt, wenn es sich nicht im Freien aufhielt. Aber auch der Halter des Tieres und der potenzielle Käufer des Schweinefleisches teilten ihr schmales Bett mit Frau und Kindern. Menschen wie Tiere lebten sehr beengt. Heute aber haben wir Menschen in den reichen Ländern der Erde einen gewaltigen Sprung hin zu großem Wohlstand gemacht. Gerechtigkeit heißt, diesen Wohlstand mit den Tieren zu teilen – mit den Nutztieren, aber auch mit den Wildtieren: Es gälte, ihnen heute größere Teile des Lebensraums für ihre Entfaltung zu überlassen als in vormodernen Zeiten.

Die *zweite Frage* ist im Blick auf die Bestimmung der Tiergerechtigkeit die schwierigste: Was ist das dem Tier Angemessene, das »Seine«? Weithin akzeptiert ist sicher die Grundfeststellung, dass auch gegenüber dem Tier Gerechtigkeit ein Geben und Nehmen bedeutet. Schon bei der Übertragung des kantischen kategorischen Imperativs auf Tiere hatten wir festgestellt, dass nicht die Nutzung von Tieren an sich verwerflich ist, sondern nur die völlige Verzweckung, die ausschließliche Betrachtung des Tieres unter Nutzenaspekten, sodass dessen eigenen Bedürfnisse und Ziele außer Acht gelassen werden.

Eine zweite Überlegung, die halbwegs konsensfähig ist: Gerechtigkeit heißt nicht: »Jedem das Gleiche!«, sondern: »Jedem das Seine!« Tiere werden nie dieselben Rechte haben wie Menschen. Sie werden aber auch nie dieselben Pflichten haben wie Menschen. Gemäß dem Grundprinzip der Ethik, Gleiches gleich und Ungleiches ungleich zu behandeln, wird es immer Unterschiede zwischen der Behandlung eines Tieres und der eines Menschen geben. Wir würden dem Tier gar nicht gerecht, wenn wir es wie einen Menschen behandeln würden.

Eine dritte Grundposition, auf die man sich ebenfalls noch halbwegs im Konsens einigen können wird, betrifft jene Güter der Tiere, die in eine Gerechtigkeitsüberlegung einzubeziehen sind. Dies werden nämlich alle Güter sein müssen, von denen wir durch die moderne Verhaltensforschung und Tiermedizin überhaupt wissen. Als derartige Güter sind insbesondere anzusprechen: Gesundheit; Fress- und Trinkverhalten; Ausscheideverhalten; Ruhebedürfnis; Körperpflege; Bewegung; Betätigung der Sinnesorgane und der entsprechenden Gehirnareale; Leben in einer angemessenen Umwelt; aktive Gestaltung der eigenen Umwelt; sexuelle Betätigung; soziale Beziehungen. Wo immer eines dieser Güter durch menschliches Handeln verändert wird, muss das in die Abwägungen der Tiergerechtigkeit einfließen.

4.2 Gerechtigkeit: Faire Abwägung konkurrierender Güter

Wie aber lassen sich die Güter von Mensch und Tier gegeneinander abwägen, wo sie miteinander in Konflikt stehen? Das ist die vielleicht schwierigste Frage der Tierethik. – Güter haben sehr unterschiedliche Qualitäten. Es gibt geistige Güter wie Bildung und Wissen. Es gibt emotionale Güter wie Heimatgefühl oder Stressfreiheit. Und es gibt materielle Güter wie Nahrung und Möbel. In ihren unterschiedlichen Qualitäten sind diese Güter aber nicht abwägbar, weil Qualitäten nicht quantitativ messbar sind. Vielleicht wäre es noch möglich, gleichartige Güter gegeneinander abzuwägen, also die verschiedenen Hauptspeisen einer Speisekarte (die alle satt machen) oder die verschiedenen Bücher einer Buchhandlung (die alle der Lektüre dienen). Aber ungleichartige Güter sind zunächst einmal nicht miteinander verrechenbar. Sie sind inkommensurabel.

Gleichwohl müssen wir uns laufend zwischen inkommensurablen Gütern entscheiden. Man kann eben am Abend nur entweder mit den Kindern spielen oder ein Buch lesen oder fernsehen oder Sport treiben. Und an den sieben Abenden einer Woche kann man zwar theoretisch jede dieser Beschäftigungen einmal realisieren, aber dann ist auch das eine Wertentscheidung. Denn theoretisch könnte man ja auch sieben Abende Sport treiben oder als leidenschaftlicher Familienmensch sieben Abende mit den Kindern verbringen.

Um solche Wertvorzugsentscheidungen zwischen an sich inkommensurablen Gütern zu treffen, muss ihnen ein messbarer Wert zugeschrieben werden. Wir müssen die Güter messen und wägen – müssen also ihre *inkommensurablen Qualitäten in kommensurable Quantitäten überführen*.[1] Die Quantität des zugemessenen Werts sagt dann aus, welche Bedeutung, welchen Stellenwert ein Gut im Horizont unserer Vorstellung vom gelingenden Leben hat. Gemessen wird folglich nicht der Wert eines Gutes an sich (objektiv), sondern für uns (subjektiv). Güterabwägungen sind nur aus der Teilnehmerperspektive möglich.

Für die Erstellung einer faktischen (wenn auch nicht kritisch reflektierten) *Wertehierarchie ein und desselben Subjekts* (eines Einzelmenschen oder auch einer Gruppe) bieten uns die empirischen Wissenschaften eine bestechend einfache Methode an. Sie fragen das betreffende Subjekt schlicht und ergreifend: Wie viel von deinem begrenzten monatlichen Einkommen oder deiner begrenzten wöchentlichen Freizeit bist du bereit, für dieses oder jenes Gut zu geben? So erfragen zum Beispiel die Schweizer Krankenkassen, die stark privatwirtschaftlich organisiert sind, einen wie viel höheren Kassenbeitrag ihre Kunden akzeptieren würden, wenn diese oder jene Zusatzleistung angeboten würde. Sofern sie diese Leistung zu dem ermittelten Mehrbetrag anbieten können, tun sie es. Umgekehrt gibt es zum Beispiel regelmäßige Erhebungen, wie viel Zeit die Menschen in den Industrieländern für die Fahrt zum Arbeitsplatz herzugeben bereit sind. Es ist seit hundert Jahren fast stabil eine Stunde täglich. Diese Zeit »zahlen« Menschen, um einen schönen und lebenswerten Wohnort oder eine billigere Wohnung wählen zu können. Für die Ermittlung einer intrasubjektiven Wertehierarchie genügt also die vorgestellte Umrechnung aller persönlichen Güter und Bedürfnisse in Geld- oder Zeitwerte. Geld ist heute das universale Zahlungsmittel, das wir gut im Griff haben (wir wissen, was billig und teuer ist), und »Zeit ist Geld«. Zeit können wir schnell in Geldwerte übertragen und umgekehrt.

Wenn hingegen mehrere Subjekte betroffen sind, wenn es also um *intersubjektive Güterabwägungen* geht, wird das Unterfangen einer Quantifizierung des Werts inkom-

---

1 Das Übersetzen von qualitativen, inkommensurablen Werten in quantitative, miteinander verrechenbare Werte geschieht z. B., wenn wir uns für die verschiedenen Tätigkeiten Zeitbudgets setzen. Also z. B. fünf Stunden in der Woche ein Buch lesen, zehn Stunden fernsehen und drei Stunden Sport treiben. Zeit ist ein universales Maß zur Quantifizierung von Werten, da niemand sie für sein Leben vermehren kann und da sie zugleich für jede Beschäftigung nötig ist.

mensurabler Güter weitaus schwieriger. Denn unterschiedliche Menschen haben vermutlich unterschiedliche Wertehierarchien, weil ihre Leitvorstellungen von gelingen-
dem Leben unterschiedlich sind. Nur ein simples Beispiel: Zwei Nachbarn wohnen eng
beieinander. Der eine möchte sich eine Garage bauen und diese genau an die Grund-
stücksgrenze stellen. Dem anderen würde dadurch das Wohnzimmer verschattet – er
hätte keine Sonne mehr im Hauptaufenthaltsraum des Hauses. – Normalerweise wird
ein solcher Konfliktfall über Bebauungsordnungen geregelt. Aber wie wägen diese die
gegeneinanderstehenden Güter ab? Wie viel ist die Sonne im Wohnzimmer wert? Wie
viel der Autoabstellplatz? Und wie viel die Freiheit dessen, der auf seinem Grundstück
bauen will? Auch in der juristischen Debatte zum Thema Güterabwägung gibt es hierzu
keine wirklich klaren Aussagen. Man nimmt im Regelfall einfach Erfahrungswerte
aus der Vergangenheit und verschiebt sie bestenfalls leicht nach der einen oder anderen Seite. Erfahrungsbasierte Gefühle, nicht rationale Argumente sind die dominante
Orientierungshilfe.

Noch komplexer wird das Problem, wenn *nichtmenschliche Subjekte* betroffen sind,
insbesondere höher entwickelte Tiere. Das gilt vor allem dort, wo der Mensch solchen
Tieren ihren Lebensraum nimmt oder wo er sie für eigene Zwecke nutzt. Wo ist zum
Beispiel die Grenze von Tierversuchen? Momentan geht die gängige Auffassung dahin,
dass Tierversuche zur Erprobung von Kosmetika nicht akzeptabel sind, zur Grundlagenforschung und zur medizinischen Forschung aber fast unbegrenzt. Doch Gründe für
genaue Grenzziehungen wird man kaum erhalten – auch hier wird (von juristisch arbeitenden Genehmigungsbehörden wie von Ethikkommissionen) sehr intuitiv entschieden.

Klar ist, dass intersubjektive Güterabwägungen immer ein Geben und ein Nehmen
umfassen müssen, wenn sie gerecht sein wollen. Der Mensch, der ein Biotop zerstört,
muss an anderer Stelle Biotopschutz als Ausgleichsmaßnahme betreiben. Der Bauer, der
am Ende des Lebens seine Kuh tötet, soll ihr vorher viel Gutes tun. Und der Forscher,
der ein Labortier letztlich töten muss, um es zu untersuchen, muss ihm vorher eine
pflegliche Behandlung angedeihen lassen. Aber wie viel Geben rechtfertigt wie viel Nehmen? Das bleibt weitgehend offen. Denn anders als im zwischenmenschlichen Bereich
haben wir im Umgang mit Tieren noch viel zu wenige Erfahrungswerte, an denen wir
uns orientieren könnten. Nur eines scheint klar: Die wenigen Erfahrungswerte, die
bisher gelten, werden wir zugunsten der Tiere und nicht der Menschen verändern
müssen. Denn noch tendieren wir sehr stark dahin, im Zweifelsfall für den Menschen
und gegen das Tier zu entscheiden. Wenn wir aber zu einer gerechten Behandlung der
Tiere kommen wollen, muss sich das ändern. Gerechtigkeit heißt Unparteilichkeit.

4.3 Gerechtigkeit: Tötung von Tieren?

Das ungemein schwierige Problem der Abwägung von Gütern zwischen Mensch und
Tier hat definitiv seine Spitze in der Frage nach der Legitimität der Tiertötung: Dürfen wir Menschen – unter der Voraussetzung maximaler Leidvermeidung – Tiere für

unseren Nutzen töten? Und wenn ja, für welchen Nutzen? Zunächst einmal müssen wir feststellen, dass es dem Menschen absolut unmöglich ist, ganz ohne die Tötung von Lebewesen (!) auszukommen. Das gilt für die Ernährung – der Mensch ernährt sich wie alle Tiere von anderen Lebewesen, und die meisten davon muss er töten, um sie essen zu können – wie auch für den sonstigen Lebensvollzug – wir roden Flächen, um unsere Häuser zu bauen und unsere Verkehrswege anzulegen usw. Es gehört – so deutet die christliche Theologie diese Tatsache – zu den Grundgegebenheiten der Geschöpflichkeit, dass jedes Geschöpf auf Kosten anderer Geschöpfe lebt. Das mag belasten und gehört zweifelsohne zu den schwierigsten Elementen der Frage nach dem gerechten Gott (Theodizee). Aber leugnen oder verharmlosen lässt sich das nicht. In einem Ökosystem mit begrenzten Ressourcen leben alle Geschöpfe davon, dass andere Geschöpfe sterben.

Dann aber ist es nur ein gradueller Unterschied, ob man eine Pflanze oder ein Tier tötet. Beide sind ja im Sinne des oben Gesagten Subjekte eines eigenen Lebens, haben eigene Zwecke, die sie autonom verfolgen.[2] Beide sind Träger geschöpflicher Würde – auch Pflanzen muss der Mensch gerecht behandeln. Folglich gibt es keinen qualitativen Unterschied, der das Töten von Pflanzen immer erlauben würde, das Töten von Tieren aber nie. Eine Verpflichtung aller Menschen zum vegetarischen oder gar veganen Leben lässt sich ethisch nicht begründen.

Zwei systemische Gründe kommen hinzu: Menschliches (Land-)Wirtschaften vollzieht sich immer innerhalb von (Öko-)Systemen. Unter der Maßgabe einer maximalen Ökologisierung des Landbaus gilt es aber, möglichst nahe an eine Kreislaufwirtschaft zu kommen. Wie diese ohne Nutzung von Fleischvieh möglich sein soll, ist kaum plausibel. Schließlich wäre auch zu fragen, ob die Ernährung der Menschheit ohne die Nutzung der Meeresressourcen, also ohne Fischfang, möglich ist. Mehr als 70 % der Erdoberfläche sind Wasser – können wir eine Menschheit von bald sieben Milliarden Menschen ernähren, ohne diese Flächen (nachhaltig und behutsam) zu nutzen?

Das heißt aber noch nicht, dass der Mensch seinen Fleischkonsum unbegrenzt ausdehnen kann. Im Gegenteil: In den reichen Industrieländern ist eine Änderung der Gewohnheiten des Fleischverzehrs dringend geboten. Dafür seien zwei zentrale Normen vorgeschlagen: 1) Wo immer möglich, Fleisch aus artgerechter Tierhaltung zu kaufen, und 2) die Menge des konsumierten Fleisches auf niedrigem Niveau zu begrenzen. Diese beiden Normen sind eng miteinander verknüpft: Nur bei einer deutlichen Reduktion des Fleischverbrauchs in den Industrieländern kann artgerechte Tierhaltung den Bedarf an Fleisch decken. Begründen lassen sich beide Normen mit Argumenten
– des Tierschutzes (die Praktiken der gegenwärtig vorherrschenden Massentierhaltung widersprechen jeglicher Ehrfurcht im Umgang mit Tieren und missachten ihre

---

2 Tom Regan (2004) lässt die Möglichkeit offen, dass auch Pflanzen Subjekte eines Lebens sind, will dies aber nicht direkt behaupten, um ganz sicherzugehen, dass er den Kreis der Subjekte nicht zu groß zieht. Im Rahmen des hier vorgestellten aristotelisch inspirierten Ansatzes ist hingegen klar, dass auch Pflanzen eine »Seele« haben und damit eigenständige »Subjekte eines Lebens« sind.

geschöpfliche Würde auf das Gröbste; die Grundnorm artgerechter Haltung und
Schlachtung wird permanent verletzt);
- der Gesundheit (die Mehrheit der Menschen in den Industrieländern konsumiert
  zu viel tierische Fette, überzogener Fleischverzehr ist ungesund);
- der sozialen Gerechtigkeit im Blick auf die ärmeren Länder dieser Erde (fast die
  Hälfte aller Erträge an Getreide, Mais, Soja und Kartoffeln weltweit werden an Vieh
  verfüttert; der hohe Fleischkonsum in den Industrieländern ist eine wesentliche
  Ursache der Unterernährung und des Hungers in vielen ärmeren Ländern);
- der ökologischen Verantwortung im Blick auf globale Nachhaltigkeit (die Großvieh-
  haltung trägt global gesehen 10 % zum anthropogenen Treibhauseffekt bei, in vielen
  Ländern verursacht sie zudem eine dramatische Bodenerosion).

Analog müsste die Tierethik nach dem rechten Maß der Tiertötung im Blick auf andere
Nutzungen des Menschen wie zum Beispiel Tierversuche fragen. Auch dort kann das
Töten kein absolutes Tabu sein. Aber auch dort wäre eine drastische Reduktion der
getöteten Tiere notwendig und möglich. Zudem bleibt die Frage nach der Tötung
ungenutzter Tiere: Ist es zum Beispiel zu rechtfertigen, dass in den Zuchtbetrieben für
Legehennen sämtliche männlichen Küken sofort nach dem Schlüpfen getötet werden?
   Wie alle Tiere lebt der Mensch – ob Vegetarier oder nicht – von anderen Lebewesen.
Anders als das Alte Testament, das die Pflanzen nicht als Lebewesen ansieht, können wir
daher nur einen relativen Unterschied zwischen vegetarischer und nichtvegetarischer
Ernährung machen. Will der Mensch leben, ist er gezwungen, Gewalt gegen andere
Lebewesen anzuwenden. Er kann nur versuchen, mit einem Minimum solcher Gewalt
auszukommen und diese ehrlich zu rechtfertigen.
   Aus diesem Grund entbehrt eine normative Verpflichtung zu vegetarischem Leben
wie gesehen jeder Grundlage. Der Vegetarismus könnte aber im Horizont der evangelischen Räte verortet werden (Rosenberger, 2001a, S. 185). »Evangelische Räte« sind in
der spirituellen Tradition des Christentums Lebensformen, die nicht für alle Glaubenden
verpflichtend sind, wohl aber einzelnen Menschen empfohlen werden, die die Begabung
dafür besitzen. Diese Menschen geben mit der Übernahme der betreffenden Lebensform
ein Zeichen für einen ganz bestimmten Wert. Zugleich wäre es nicht möglich, dass die
ganze Menschheit diese Lebensform realisiert. Evangelische Räte leben davon, dass sie
selten sind. – Einer der klassischen evangelischen Räte ist die Ehelosigkeit. Wo sie freiwillig und erfüllt gelebt wird, kann sie ein Zeichen dafür sein, dass das Ausleben der
Sexualität und das warme Nest einer Ehe oder Familie nicht alles im Leben sind. Aber
würden alle Menschen ehelos leben, stürbe die Menschheit aus. Ein anderer klassischer
evangelischer Rat ist die freiwillige Armut. Wo sie freiwillig und erfüllt gelebt wird, kann
sie ein Zeichen dafür sein, dass Besitz und materielle Güter nicht alles im Leben sind.
Aber würden alle Menschen arm leben, könnte keiner den armen Bettelmönch unterstützen oder beherbergen. Der evangelische Rat muss ein Minderheitenprogramm bleiben.
   Immer hat es in der Kirchengeschichte Orden gegeben, die sich vegetarisch ernähr-
ten. Sie taten es entweder (im ostkirchlichen Mönchtum) mit Verweis auf Gen 1 und

beanspruchten, schon jetzt ein wenig vom paradiesischen Schöpfungsfrieden zu leben, in dem Mensch und Tier gewaltlos zusammenleben. Oder sie interpretierten (im westkirchlichen Mönchtum) die vegetarische Ernährung als eine Konsequenz freiwilliger Armut: Der Arme hat kein Geld für Fleisch, er lebt fleischlos oder fleischarm. Das vegetarische Leben der Ordensleute ist für sie ein Zeichen ihrer Solidarität mit den Armen und ein Zeichen gegen den selbstverständlichen Reichtum der Wohlstandsgesellschaft.

Genau in dieser Traditionslinie könnte die Kirche die vegetarische Lebensweise zu einem evangelischen Rat erklären und damit für alle sichtbar aufwerten. Und es gibt keinen Grund dafür, dass dieser evangelische Rat ein Privileg der Ordensleute sein muss. Auch Laien könnten ihn leben – und so der Kirche und der Welt als Ganzer ein Zeichen der Hoffnung geben, dass sich einst die großartige Vision des Jesaja erfüllt (Jes 11,6–8): »Dann wohnt der Wolf beim Lamm, der Panther liegt beim Böcklein. Kalb und Löwe weiden zusammen, ein kleiner Knabe kann sie hüten. Kuh und Bärin freunden sich an, ihre Jungen liegen beieinander. Der Löwe frisst Stroh wie das Rind. Der Säugling spielt vor dem Schlupfloch der Natter, das Kind streckt seine Hand in die Höhle der Schlange.«

4.4 Die Tiere im Boot des Schöpfers: Menschliche Rituale im Umgang mit Tieren

Die biblische Tradition kennt ein eminent starkes Symbol, das dem Menschen die Ernsthaftigkeit des Schlachtens von Tieren einschärft: das Verbot, das Blut des Tieres zu genießen (Gen 9,5). Das Tier soll nicht bis zum letzten Blutstropfen ausgekostet werden. Mit dieser Vorschrift erklärt die Bibel (und ihr folgend Judentum und Islam) das Schlachten zu einem ethisch bedeutsamen, ja religiösen Vorgang: Gott ist es nicht egal, wie und wie viele Tiere wir schlachten. Bis heute beten jüdische und muslimische Schlachter bei jedem einzelnen Tier, bevor sie es töten. Und an ihre handwerklichen Fertigkeiten werden höchste Anforderungen gestellt – dem Tier soll so wenig Leid wie irgend möglich zugefügt werden. Logischerweise stehen Schlachter in muslimischen und jüdischen Gesellschaften auf einer der höchsten Stufen der gesellschaftlichen Hierarchie.

Das Christentum hat sich bereits im Laufe des 1. Jahrhundert von den Schlachtvorschriften seiner Mutterreligion gelöst. Das geschah unter größten Skrupeln und heftigsten innerkirchlichen Auseinandersetzungen (Apg 15 u.a.). Doch der Wille, die »Heiden« zu missionieren, siegte über den Wunsch, an altbewährten Praktiken festzuhalten. Hätte das Christentum die Schächtvorschriften beibehalten, wäre es kaum über die Größe einer kleinen Sekte hinausgekommen. Der Preis allerdings war und ist hoch: Mit der Aufgabe der Schächtvorschriften hat das Christentum das Schlachten ethisch neutralisiert. Jeglicher Einfluss darauf ging verloren. Und aus den Schlachtern wurde eine der niedrigsten sozialen Gruppen der abendländischen Gesellschaft.

Hier wie an vielen anderen Stellen müsste eine vernünftige und überlegte Re-Ritualisierung einsetzen. Rituale sind wirkmächtige Zeichen für die Wertorientierungen einer Gesellschaft bzw. einer Religion. Wo Rituale fehlen, wird den Menschen bewusst oder unbewusst die Wertlosigkeit eines Lebensbereichs angezeigt. Angesichts dessen stelle ich es in Frage, dass ein Teil der Tierschutzbewegung das Schächten am liebsten insgesamt abschaffen möchte. Nicht die Abschaffung ist angesagt, sondern die Weiterentwicklung hin zum Schächten mit vorhergehender Betäubung des Tieres. Innerjüdische und innermuslimische Debatten hierzu sind in Gang, und es ist nur eine Frage der Zeit, wann sie zum Ergebnis führen (Rosenberger, 2004).

Aber Rituale im Umgang mit Tieren sollten nicht nur das Schlachten betreffen: Tiersegnungen kommen erstaunlicherweise wieder in Mode – das eingangs zitierte Beispiel vom Petersplatz in Rom ist nur die Spitze des Eisbergs. Allerorten drängen sich die Menschen, wenn die Kirche eine Tiersegnung anbietet. Das gesegnete Osterbrot wird von gläubigen Landwirten nicht selten mit ihren Tieren geteilt – Mensch und Tier werden in der Freude über die (gemeinsame?) Auferstehung zu »Kumpanen« (wörtlich übersetzt »Brotgenossen«). Und derzeit noch weitgehend außerhalb der Kirche entstehen Tierfriedhöfe für die »pets«, die geliebten Heimtiere.

Rituale können zu ethischem Verhalten anregen und dieses orientieren (wie es 2011 auf dem Petersplatz in Rom der Fall war, wo die Tiersegnung die Einrichtung einer Ethikkommission auslöste). Sie können die Gemeinschaft zwischen allen Beteiligten stabilisieren. Und sie können entlasten, wo das Suchen und Fragen des Menschen an Grenzen stößt. All das könnten gute Gründe dafür sein, Tierrituale nicht nur als überkommenen Aberglauben oder Kinderglauben zu betrachten, sondern als wertvolle Hilfen auf dem Weg zu einem guten Umgang mit den Tieren. Hier bleibt für die wissenschaftliche Ethik noch viel zu erforschen.

5   Endlich aufatmen: Ein Ausblick

Der moderne Mensch ist in seiner Wahrnehmung des Tieres sehr gespalten. Die einen Tiere sind seine Freunde und Lieblinge, ob als Haustiere, Zootiere oder Tiere in Filmen und anderen Medien. Von denen kann er gar nicht genug sehen und hören und riechen. Die anderen sind Ressource und Ware einer globalen Wirtschaft. Von denen will der Mensch am liebsten gar nichts sehen. Sie sollen, wenn sie ihn als Fleisch oder Ei oder Milch erreichen, am liebsten unsichtbar und nicht mehr erkennbar sein.

Die Frage eines modernen, wissenschaftsbasierten Tierschutzes ist folglich zu einem erheblichen Teil eine Frage gerechter Wahrnehmung. Hinschauen als erster Schritt zur Barmherzigkeit ist unerlässlich. Theologie hat traditionell die Funktion einer Sehhilfe. Sie lenkt den Blick in die Richtung der Unterprivilegierten, schärft ihn, damit er genau hinschaut, und schult ihn, damit er versteht, was er sieht. In diesem Sinne hat die theologische Ethik ihre Funktion im Blick auf die Tiere etliche Jahrhunderte nicht recht wahrgenommen. Doch beginnt sie das Defizit zu erkennen und aufzuarbeiten.

Als die Vereinigung italienischer Tierhalter anlässlich der traditionellen Tiersegnung zum Fest des Einsiedlers und Tierpatrons Antonius 2011 die Gründung eines »ethisch-technisch-wissenschaftlichen Komitees« ankündigte, unterstrich sie im Zentrum der katholischen Kirche entschieden den lange vernachlässigten Zusammenhang von Tierschutz, Glauben und wissenschaftlicher Theologie. Es war und bleibt eine Herausforderung aller Menschen guten Willens, sich nach Kräften um das Wohl der Tiere zu sorgen – »damit sie zu Atem kommen ...« (Ex 23,12).

Literatur

Baranzke, H. (2002). Würde der Kreatur? Die Idee der Würde im Horizont der Bioethik. Würzburg: Königshausen und Neumann.

Bondolfi, A. (Hrsg.) (1994). Mensch und Tier. Ethische Dimensionen ihres Verhältnisses. Freiburg i. Üe.: Universitätsverlag.

Ellscheid, G. (2001). Über das Gleichheitsprinzip des klassischen Utilitarismus. Philosophisches Jahrbuch 108, 58–78.

Ferré, F. (1995). Value, Time and Nature. Environmental Ethics, 17, 417–431.

Gräßer, E. (1990). Das Seufzen der Kreatur (Röm 8,19–22). In H. Merklein, W. H. Schmidt (Hrsg.), Jahrbuch für Biblische Theologie 5 (S. 93–117). Neukirchen-Vluyn: Neukirchener Verlagsgesellschaft.

Hilpert, K. (1998). Moraltheologie. In W. Kasper, K. Baumgartner, H. Bürkle, K. Ganzer, K. Kertelge, W. Korff, P. Walter (Hrsg.), Lexikon für Theologie und Kirche, Bd. 7 (3. Aufl., S. 462–467). Freiburg: Herder.

Irrgang, B. (1998). Pathozentrik. In W. Korff, Lutwin Beck, P. Mikat (Hrsg.), Lexikon der Bioethik 2 (S. 834–835). Gütersloh: Gütersloher Verlagshaus.

Janowski, B., Riede, P. (Hrsg.) (1999). Die Zukunft der Tiere. Theologische, ethische und naturwissenschaftliche Perspektiven. Stuttgart: Calwer.

Korff, W. (1995). Ethik theologisch systematisch. In W. Kasper, K. Baumgartner, H. Bürkle, K. Ganzer, K. Kertelge, W. Korff, P. Walter (Hrsg.), Lexikon für Theologie und Kirche, Bd. 3 (3. Aufl., S. 923–929). Freiburg: Herder.

Linzey, A. (1987). Christianity and the Rights of Animals. London: SPCK.

Linzey, A. (1994). Animal Theology. London: SCM Press.

Linzey, A., Cohn-Sherbok, D. (1997). After Noah. Animals and the Liberation of Theology. Mowbray: Continuum.

Münk, H. J. (1997). Die Würde des Menschen und die Würde der Natur. Stimmen der Zeit, 215, 17–29.

Regan, T. (2004). The Case for Animal Rights (3. Aufl.). Berkeley u. Los Angeles: University of California Press.

Ricken, F. (1987). Anthropozentrismus oder Biozentrismus? Begründungsprobleme der ökologischen Ethik. Theologie und Philosophie, 62, 1–21.

Rosenberger, M. (2001a). Im Zeichen des Lebensbaums. Ein theologisches Lexikon der christlichen Schöpfungsspiritualität. Würzburg: Echter.

Rosenberger, M. (2001b). Was dem Leben dient. Schöpfungsethische Weichenstellungen im konziliaren Prozeß der Jahre 1987–98. Stuttgart: Kohlhammer.

Rosenberger, M. (2004). »Nicht bis zum letzten Blutstropfen ...« Das Schlachten von Tieren in den monotheistischen Religionen. In A. Lob-Hüedepohl (Hrsg.), Ethik im Konflikt der Überzeugungen (S. 154–164). Freiburg i. Br.: Herder.

Rosenberger, M. (2009). Mensch und Tier in einem Boot. Eckpunkte einer modernen theologischen Tierethik. In C. Otterstedt, M. Rosenberger (Hrsg.), Gefährten, Konkurrenten, Verwandte. Die Mensch-Tier-Beziehung im wissenschaftlichen Diskurs (S. 368–389). Göttingen: Vandenhoeck & Ruprecht.

Rupprecht, F. (1992). Krankheit als Erfahrung des Lebens. Eine biblisch-exegetische Studie. Heidelberg: Forschungsstätte der Evangelischen Studiengemeinschaft.

Sambraus, H.-H. (1998). Tierhaltung. In W. Korff, Lutwin Beck, P. Mikat (Hrsg.), Lexikon der Bioethik 3 (S. 539–554). Gütersloh: Gütersloher Verlagshaus.

Schramm, M. (1994). Der Geldwert der Schöpfung. Paderborn: Schöningh.

Taylor, P. W. (1981). The Ethics of Respect for Nature. Environmental Ethics, 3, 197–218.

Taylor, P. W. (1984). Are Humans Superior to Animals and Plants? Environmental Ethics, 6, 149–160.

Teutsch, G. M. (1987). Mensch und Tier. Lexikon der Tierschutzethik. Göttingen: Vandenhoeck & Ruprecht.

Teutsch, G. M. (1995). Die »Würde der Kreatur«. Erläuterungen zu einem neuen Verfassungsbegriff am Beispiel des Tieres. Bern: Paul Haupt.

Wade, R. (2000). Towards christian ethics of animals. Pacifica, 13, 202–212.

Peter Kunzmann und Kirsten Schmidt (Philosophische Ethik)

Philosophische Tierethik

In den letzten Jahrzehnten hat sich die Beziehung zwischen Mensch und Tier in mehrfacher Hinsicht entscheidend verändert. Auf der einen Seite haben tierethische und öffentliche Diskussionen zu einer Verbesserung des moralischen und rechtlichen Schutzes von Tieren beigetragen.[1] Andererseits sind die vielfältigen Formen unserer Beziehung zu Tieren unterschiedlicher Spezies zugleich komplexer und distanzierter geworden: Wir können heute zwar das Genom von Tieren gezielt verändern, aber konkrete Begegnungen und Interaktionen mit Tieren werden für die meisten Menschen, sieht man vom kleinen Kreis typischer Haustierarten wie Hund und Katze ab, immer seltener. Gerade im Bereich der »Nutzung« von Tieren durch den Menschen kann man zudem, trotz aller tierschützerischer Bemühungen, aus tierethischer Sicht häufig noch nicht von gelingenden Mensch-Tier-Beziehungen sprechen. Wie in jeder Beziehung stellen sich auch hier Missstände fast automatisch ein, wenn nicht ständig daran gearbeitet wird, einen Gleichgewichtszustand zu erzeugen bzw. aufrechtzuerhalten, der den Interessen und Bedürfnissen *beider* Partner gerecht wird. Dies kann nur erreicht werden, wenn beide Seiten der Beziehung, die anthroporelationale Seite des Menschen und die zoorelationale Seite des jeweiligen Tieres, ernst genommen und gestärkt werden.

Der folgende Text geht der Frage nach, wie das tierethische Fundament des Tierschutzes und der Mensch-Tier-Beziehung, sowohl auf der zoorelationalen als auch auf der anthroporelationalen Seite, verbessert werden kann. Im ersten Kapitel soll kurz umrissen werden, wie sich die Beziehung zwischen Mensch und Tier aus tierethischer Sicht bisher entwickelt hat. In den folgenden Kapiteln werden zwei aktuelle tierethische Konzepte vorgestellt, die auf je eigene Art versuchen, über den in der Tierethik sehr einflussreichen pathozentrischen, das heißt auf Schmerzen und Leiden von Tieren konzentrierten, Ansatz hinauszudenken: das Konzept der tierlichen Integrität (Kapitel 2) und der tierlichen Würde (Kapitel 3). Das abschließende, vierte Kapitel gibt einen Ausblick auf eine integrative Tierethik, in der beide Konzepte zusammengeführt werden und sich gegenseitig ergänzen.

---

1 Vgl. dazu die Beiträge »Geschichte der Tierschutzbewegung« und »Tierschutzrecht« in diesem Sammelband.

1 Entwicklung der Mensch-Tier-Beziehung und Grenzen des Pathozentrismus

Die historische Entwicklung der Mensch-Tier-Beziehung kann aus tierethischer Sicht, stark vereinfacht, in drei Phasen unterteilt werden. Die *erste Phase* umfasst die längste Zeit der bisherigen Beziehung, von den Anfängen der Domestizierung und Nutzung von Tieren durch den Menschen bis weit ins 20. Jahrhundert. Sie ist geprägt von einer *anthropozentrischen* Sicht, bei der der Mensch mit seinen Bedürfnissen im Mittelpunkt steht und absoluten Vorrang vor tierlichen Interessen besitzt. Kennzeichen des Anthropozentrismus ist eine starke Hierarchisierung und damit ein deutliches Ungleichgewicht der Beziehung. Tiere, zu denen der Mensch in einer dauerhaften Beziehung steht, existieren aus anthropozentrischer Perspektive vor allem zum Wohl des Menschen. Das Hauptziel der Mensch-Tier-Beziehung ist in dieser Phase, dass der Mensch aus ihr einen möglichst großen Nutzen zieht, auch wenn dies zu Lasten des betroffenen Tieres gehen sollte.

Zwar gab es in der gemeinsamen Geschichte immer wieder einzelne Stimmen, die an eine stärkere Berücksichtigung auch der tierlichen Interessen gemahnten.[2] Aber erst ab den 1970er Jahren, mit dem Aufkommen der modernen Tierethik als eigenem Zweig der angewandten Ethik, ist eine grundlegende Veränderung, eine *zweite Phase* der Mensch-Tier-Beziehung zu beobachten. Tierethiker wie Peter Singer (1975) oder Tom Regan (1983) fordern seitdem eine Egalisierung der Beziehung, die zunehmend nicht nur in der Ethik, sondern auch in der öffentlichen Wahrnehmung und der Gesetzgebung *zoozentrisch* interpretiert wird. Aus Sicht des Zoozentrismus besitzen alle empfindungsfähigen Lebewesen, also auch die meisten Tiere, einen moralischen Status, das heißt, wir müssen sie um ihrer selbst willen in unserem Handeln berücksichtigen. Nicht nur menschliche, sondern auch tierliche Interessen, etwa das Interesse an Schmerzvermeidung, haben in zoozentrischen Ansätzen moralisches Gewicht. Für das menschliche Handeln gegenüber Tieren werden damit ethische Grenzen aufgestellt. Der tierethische Blick ist in dieser Phase fokussiert auf das Tier und seine spezifischen Bedürfnisse, das Tier steht im Zentrum der Beziehung.

Innerhalb der zoozentrischen Phase können zwei aufeinander aufbauende »Generationen« von Tierethikern unterschieden werden, deren Fokus jeweils auf unterschiedlichen Aspekten der Mensch-Tier-Beziehung liegt. Gemeinsames Ziel der Tierethiker der ersten Generation (z. B. Singer, Regan oder Bernard Rollin) war es, Tieren einen Platz in der Moralsphäre und damit einen Anspruch auf moralische Berücksichtigung zu erstreiten. Während Utilitaristen wie Singer sich in ihrer Argumentation auf das

---

2 Zur Auseinandersetzung mit tierethischen Fragen in der Antike vgl. Sorabji (1993). Als Vorläufer der modernen Tierethik in der Neuzeit sind etwa Jeremy Benthams utilitaristischer Ansatz und Arthur Schopenhauers Mitleidsethik zu nennen, die beide Tiere ausdrücklich einschließen. Auch die Idee von Tierrechten wurde bereits im 19. Jahrhundert diskutiert, z. B. von Leonard Nelson und Henry Salt. Vgl. dazu die Beiträge in Linnemann (2000).

gemeinsame Interesse von Menschen und (vielen) Tieren an der Vermeidung negativer Empfindungen stützen, verweist etwa Tom Regan auf den Eigenwert (inherent value), den alle Lebewesen in gleichem Maße tragen, wenn sie Subjekte eines Lebens sind, das heißt, wenn sie Wünsche, Absichten und ein individuell erlebtes Wohlergehen besitzen, die Befriedigung ihrer Wünsche gezielt verfolgen können und sich als Wesen mit einer fortdauernden psychophysischen Identität erleben. Für Regan sind Wesen mit einem Eigenwert Träger von fundamentalen moralischen Rechten, denen wir in unserem Handeln Rechnung tragen müssen.

Da die zoozentrische Haltung in den 1970er Jahren noch keineswegs ein selbstverständlicher Teil der Alltagsmoral war, mussten sich die frühen Tierethiker zunächst vor allem mit Gegenstimmen auseinandersetzen, die allen nichtmenschlichen Lebewesen moralischen Status und Eigenwert grundsätzlich absprachen. Aber bereits Ende der 1980er Jahre wandte sich eine *zweite Generation* moderner Tierethiker (z. B. David DeGrazia, Steve Sapontzis, Evelyn Pluhar) auch den konkreten Implikationen der Anerkennung des moralischen Status von Tieren zu. Im Mittelpunkt stand nun die Frage, wie wir gegenüber Tieren handeln sollen bzw. wie wir nicht handeln dürfen, wenn wir ihnen einen moralischen Eigenwert zuschreiben. Kennzeichnend für tierethische Konzepte der zweiten Generation war zum einen eine differenziertere Ausarbeitung der metaethischen und argumentativen Grundlagen der neuen ethischen Disziplin Tierethik unter Einbeziehung von empirischen Ergebnissen (etwa aus der Ethologie, der Kognitionsbiologie oder der Veterinärmedizin). Zum anderen waren die neuen Konzepte häufig geprägt von einem starken Pragmatismus, der nicht nach allgemein gültigen moralischen Antworten strebt, sondern das Wohlergehen von Tieren unter den gegebenen Bedingungen zu verbessern sucht. Von höchster Dringlichkeit ist aus der Perspektive solcher tierethischer Wohlergehensansätze die Vermeidung oder zumindest Reduzierung von Schmerzen und Leiden, die Tieren in vielen Mensch-Tier-Beziehungen (z. B. im Bereich der Nutztierhaltung oder der biomedizinischen Forschung) zugefügt wurden und werden. Aus Sicht des häufig mit zoozentrischen Ansätzen verbundenen Pathozentrismus ist die Vermeidung unnötiger oder unzumutbarer negativer Empfindungen gar der *einzige* Maßstab für eine gelingende Mensch-Tier-Beziehung.[3]

Obwohl die zoozentrische Perspektive gegenüber der anthropozentrischen mit einer deutlichen Verbesserung der Mensch-Tier-Beziehung einhergeht, werden in der tierethischen Diskussion der letzten Jahre zunehmend auch problematische Aspekte des Zoozentrismus thematisiert. So kann die starke Betonung der weitreichenden Ähnlichkeit zwischen Mensch und Tier dazu führen, dass die *spezifische* Rolle des Menschen ausgeblendet wird. In der zoozentrischen Interpretation der Mensch-Tier-Beziehung ist der Mensch vor allem ein »Tier unter Tieren«, er ist ein empfindungsfähiges Lebewesen

---

3 Allerdings müssen tierethische Wohlergehensansätze nicht notwendigerweise (rein) pathozentrisch sein. Neben negativen subjektiven Empfindungen können z. B. auch positive Empfindungen, biologisches »Funktionieren« oder die Möglichkeit zur Ausübung natürlicher Verhaltensweisen als Kriterien für tierliches Wohlergehen eingesetzt werden. Vgl. dazu Abschnitt 2.2.

neben anderen. Seine besonderen Pflichten und auch Rechte, die sich zum Beispiel durch die menschliche Fähigkeit zu moralischem Handeln ergeben, treten demgegenüber in den Hintergrund. Auch im Hinblick auf die moralische Bewertung menschlichen Handelns steht im Zoozentrismus im Vordergrund, was Mensch und Tier verbindet: Beide können Schmerz empfinden und beide besitzen ein subjektives Wohlergehen.

Ohne Zweifel ist der Aspekt des subjektiven tierlichen Wohlergehens, und sind insbesondere durch menschliches Handeln herbeigeführte negative Empfindungen, zentral für die moralische Bewertung unseres Umgangs mit Tieren. Das pathozentrische Kriterium *allein* kann jedoch den immer komplexeren Mensch-Tier-Interaktionen nicht angemessen Rechnung tragen. Der tierethischen Argumentationskraft rein pathozentrischer Theorien sind deutliche Grenzen gesetzt, wie sich etwa am Beispiel der Reduktion wesentlicher tierlicher Eigenschaften zeigt. Diese kann auf unterschiedlichen Ebenen stattfinden. Erstens weist schon unsere *Sprache* auf das reduktionistische Bild hin, das der Haltung vieler Menschen gegenüber Tieren zugrunde liegt. Die pejorative Rede von »blinden Hühnern« oder »dummen Kühen« mag metaphorisch gemeint sein. Aber wenn ein Experimentator von »Tiermaterial« oder »Mausmodellen« spricht oder ein Landwirt von »Großvieheinheiten«, dann deutet das zugleich auf eine zweite, tiefer gehende Form der Reduktion von Nutz- und Versuchstieren in unserer *Wahrnehmung* hin – sie werden als bloße Ressourcen angesehen, als Material, Produktionsmittel oder Werkzeug oder gar als Gegenstand. Wir sehen nur die für uns nützlichen Eigenschaften: Das Huhn wird als Eierproduzent wahrgenommen, das Schwein und die Kuh als Fleischlieferant und nicht als soziales und autonomes Lebewesen mit vielfältigen Eigenschaften und Bedürfnissen. Das individuelle Sein des einzelnen Tieres wird auf seinen Nutzwert für den Menschen reduziert. Diese reduktionistische Beschränkung unserer Wahrnehmung auf einige wenige Teilaspekte eines Lebewesens erleichtert eine Distanzierung gegenüber dem tierlichen Individuum oder pauschal gegenüber einer ganzen Gruppe von Tieren. Und sie erleichtert, drittens, auch die Umsetzung der Reduktion in die Wirklichkeit, durch konkrete *Handlungen* am Tier, zum Beispiel mit dem Ziel einer besseren Anpassung an vorgegebene und ökonomisch optimierte Haltungsbedingungen. So liegt etwa beim selektiven »Herauszüchten« oder bei der gentechnischen Eliminierung unerwünschter Merkmale wie Aggressivität oder Bewegungsdrang eine Reduktion vor, aber auch bei manuellen Eingriffen, wie dem Schnabelkürzen bei Hühnern oder dem Enthornen von Rindern. Ein besonders extremes Beispiel ist die Überlegung, blinde Hühner zu züchten, weil diese nicht so stark zu gegenseitigem Federpicken und Kannibalismus neigen wie ihre sehenden Artgenossen (Schmidt, 2008). Interessanterweise werden diese Reduktionen von vielen Menschen intuitiv abgelehnt, obwohl sie nicht (oder zumindest nicht unmittelbar) zu Schmerzen oder Leiden bei den betroffenen Tieren führen. Die entsprechenden Handlungen scheinen moralisch nicht neutral zu sein, auch wenn sie aus pathozentrischer Sicht nicht zu beanstanden sind.

Als Reaktion auf die Wahrnehmung der Grenzen einer rein pathozentrisch orientierten zoozentrischen Perspektive, und vor allem motiviert durch die zunehmenden Möglichkeiten der gravierenden gentechnischen Veränderung von Tieren, ist etwa seit

Ende der 1990er Jahre eine *dritte Phase* der Mensch-Tier-Beziehung zu beobachten, die sich in zweifacher Hinsicht von den vorherigen Phasen unterscheidet. Zum einen kann die heutige Neuinterpretation der Mensch-Tier-Beziehung als *anthroporelational* bezeichnet werden. Der Mensch kehrt ins Zentrum der Beziehung zurück – allerdings nicht im anthropozentrischen Sinn als Herrscher über alle nichtmenschlichen Wesen, sondern in seiner Rolle als moralisch Handelnder. Der Grundgedanke dabei ist, dass die spezifische Rolle des Menschen in der Beziehung gestärkt und neu bestimmt werden muss. Die Tierethik greift damit aktuelle Strömungen der philosophischen Ethik auf, etwa das Interesse an tugendethischen Ansätzen, bei denen nicht die Bewertung einzelner Handlungen im Vordergrund steht, sondern die Bewertung des Handelnden als moralischer Akteur.[4]

Zum anderen zeichnen sich moderne tierethische Ansätze auf der Tierseite der Beziehung häufig durch die Suche nach zusätzlichen moralisch relevanten Aspekten des tierlichen Lebens und nach einer neuen Gewichtung tierlicher Interessen und Bedürfnisse aus. Die damit verbundene *zoorelationale* Sicht kann als Erweiterung des bisherigen zoozentrischen Ansatzes verstanden werden, da sie ein wachsendes Bewusstsein dafür beinhaltet, dass eine angemessene Würdigung des tierlichen Eigenwertes über den pathozentrischen Aspekt der Schmerzvermeidung hinausgehen muss. Das Integritätskonzept ist, ähnlich wie das im dritten Kapitel vorzustellende Würdekonzept, ein Versuch, durch die Stärkung sowohl der anthropo- als auch der zoorelationalen Ebene auch solche ethisch fragwürdigen Handlungen an und Haltungen gegenüber Tieren moralisch zu berücksichtigen, die »jenseits des Leidens« liegen.

2   Integrität

2.1 Dimensionen der tierlichen Integrität

Die Erarbeitung neuer tierethischer Konzepte, die Aspekte des tierlichen und menschlichen Lebens berücksichtigen, welche in pathozentrischen Ansätzen keine Rolle spielen, kann sicherlich als ein Fortschritt in der Mensch-Tier-Beziehung interpretiert werden. Zugleich ist aber gerade die anthroporelationale Betonung der Menschenseite der Beziehung auch eine potentielle Schwachstelle dieser Entwicklung. Zum einen besteht die Gefahr eines überzogenen Paternalismus, bei dem Menschen als Anwälte oder Retter der Tiere fungieren. Zwar ist in vielen konkreten Fällen das gezielte Eingreifen von Menschen tatsächlich die einzige oder letzte Möglichkeit, um ein Tier vor Schmerzen oder Schäden zu bewahren. Problematisch wird dies jedoch, wenn der Paternalismus zu einer allgemeinen Haltung gegenüber Tieren wird, die dann nicht mehr als autonomer Part in der Beziehung wahrgenommen werden, sondern als abhängige Wesen,

---

4 Als Beispiel für eine tugendethische Argumentation in der Tierethik vgl. etwa Nussbaum (2004).

die nur der Mensch mit seinen besonderen Fähigkeiten schützen und fördern kann.[5] In ähnlicher Weise besteht die Gefahr, dass Tiere von Subjekten eines eigenen Lebens zu »Objekten« des Tierschutzes werden, wenn man den Menschen als alleinigen Ausgangspunkt des Tierschutzes versteht.

Darüber hinaus kann eine allzu starke Betonung des anthroporelationalen Aspektes dazu führen, dass der Mensch zum wichtigsten Maßstab für eine gelingende (oder nicht gelingende) Mensch-Tier-Beziehung wird. So wird etwa das Bedürfnis des Menschen nach »Freiheit«, also unter anderem nach der grundsätzlichen Möglichkeit, sich ungehindert an jeden Ort seiner Wahl begeben zu können, häufig auf Tiere übertragen. Die Tatsache, dass ein Tier im Zoo oder in einem landwirtschaftlichen Betrieb mehr oder weniger eng von Mauern, Gittern oder Scheiben umgeben ist und dass uns selbst das nicht gefallen würde, reicht aus dieser Sicht bereits aus, um die entsprechende Mensch-Tier-Beziehung abzulehnen – unabhängig davon, was diese Form der Haltung im konkreten Fall tatsächlich für Leben und Wohlergehen des Tieres bedeutet.

Die Folge einer stark anthroporelationalen Perspektive kann also sein, dass das spezifisch Tierliche, die tierlichen Bedürfnisse und Fähigkeiten, das heißt die impliziten Ansprüche des Tieres an eine gelingende Mensch-Tier-Beziehung, ausgeblendet werden. Für eine substantielle Verbesserung der Mensch-Tier-Beziehung ist es daher entscheidend, ganz bewusst die Beziehung zwischen Mensch und Tier in ihrer *Gesamtheit* zu betrachten, sie sowohl vom Menschen als auch von Tier her (das heißt zugleich anthroporelational *und* zoorelational) zu denken. Nicht nur die Rolle des Menschen in der Beziehung – der anthroporelationale Part – kann bzw. muss gestärkt werden, sondern auch die des Tieres – die zoorelationale Komponente. Denn eine Beziehung besteht nie aus einer einzelnen Entität, sie kann sich immer nur zwischen mindestens zwei Polen entwickeln. Wie ich (K. S.) im Folgenden zeigen möchte, ist das Integritätskonzept in besonderer Weise dazu geeignet, sowohl auf der zoorelationalen als auch auf der anthroporelationalen Ebene zu einer wesentlichen Verbesserung der Mensch-Tier-Beziehung beizutragen.

Das Konzept der tierlichen Integrität wurde zu Beginn der 1990er Jahre in den Niederlanden als ein normatives Kriterium entwickelt, das tierethisch relevante, aber empfindungsunabhängige Aspekte des menschlichen Handelns an Tieren ausmachen soll, das heißt Aspekte, die von den Kriterien Gesundheit und Wohlergehen nicht vollständig erfasst werden. Nach der viel zitierten Definition von Bart Rutgers und Robert Heeger umfasst tierliche Integrität »the wholeness and completeness of the animal and the species-specific balance of the creature, as well as the animal's capacity to maintain itself independently in an environment suitable to the species« (Rutgers u. Heeger, 1999, S. 45). Das Konzept der tierlichen Integrität hat demnach mehrere Dimensionen: Integrität besitzt, erstens, einen *statischen Aspekt,* bei dem die Vollständigkeit und Unversehrtheit körperlicher Grenzen, im konkreten physischen oder auch psychischen

---

5 Diese Gefahr besteht keinesfalls nur im Hinblick auf die Mensch-Tier-Beziehung, sondern auch im zwischenmenschlichen Kontext, etwa im Umgang mit Behinderten oder Kindern.

Sinn, im Mittelpunkt steht. Damit verbunden ist häufig der normative Anspruch, die Intaktheit der körperlichen Grenzen zu respektieren und sie nicht ohne guten Grund zu überschreiten. Amputationen, Enthornungen und andere körperliche Übergriffe, die mit einer Reduktion tierlicher Eigenschaften oder Fähigkeiten einhergehen, sind Beispiele für eine Verletzung der Integrität auf dieser statischen Ebene.

Zweitens besitzt Integrität einen *dynamischen Aspekt*, bei dem über den statischen Aspekt hinaus auch die Veränderungen in den Blick genommen werden, die sich beständig innerhalb der Grenzen des Körpers und zwischen Körper und Umwelt abspielen. Eine solche Erweiterung des Integritätskonzeptes ist besonders im Hinblick auf Lebewesen sinnvoll. Denn im Gegensatz zu einem unbelebten Objekt finden bei einem Lebewesen permanent körperliche Veränderungen statt, zum Beispiel durch Stoffwechsel- oder Regenerationsprozesse. Veränderungen der körperlichen Hülle stellen daher bei Lebewesen nicht notwendigerweise einen Angriff auf die Integrität dar, sondern sind in vielen Fällen sogar Bestandteil von Vorgängen, die für die Aufrechterhaltung des Organismus als einer autonomen Ganzheit notwendig sind. Eine Folge dieser besonderen Verfasstheit von Lebewesen ist, dass eine Integritätsverletzung bei ihnen nicht nur dann vorliegen kann, wenn *Grenzen* überschritten werden, sondern auch, wenn der *Gleichgewichtszustand,* in dem sich ein Organismus in seiner Umwelt befindet, fundamental gestört wird. Dies ist etwa der Fall, wenn ein Tier unter Bedingungen gehalten wird, die ihm die Ausübung natürlicher Verhaltensweisen, wie freie Bewegung und Exploration der Umgebung, grundsätzlich unmöglich machen. Ebenso kann die Integrität eines Tieres zum Beispiel durch tief greifende gentechnische oder medikamentöse Veränderungen seines physiologischen oder psychologischen Zustandes verletzt werden.

Aber nicht alle Beeinträchtigungen des artspezifischen Verhaltens oder der biologischen Prozesse in einem Organismus sind Integritätsverletzungen. Denn tierliche Integrität umfasst, drittens, auch einen *aktiv-gerichteten Aspekt*. Integrität ist für Lebewesen nicht nur ein *Zustand*, in dem sie sich befinden oder nicht befinden – das Konzept beinhaltet auch eine spezifische Integrations*fähigkeit*, die eine wesentliche Voraussetzung für die autonome Lebensführung ist. Der Organismus selbst ist aktiv an dem Prozess der Aufrechterhaltung seiner eigenen Integrität beteiligt. Er reguliert das fein aufeinander abgestimmte Zusammenwirken der Gesamtheit des Organismus mit seinen Einzelteilen und seiner Umwelt, und wenn eine Störung dieses Gleichgewichtes aufgetreten ist, versucht der Organismus als Ganzes, die Balance wiederherzustellen. Hindert man ein Tier daran, indem man ihm wesentliche Fähigkeiten wie zum Beispiel das Sehvermögen raubt, die es zur Aufrechterhaltung seiner Integrität benötigt, dann kann man auch hier von einer Integritätsverletzung sprechen.

In Anlehnung an Françoise Wemelsfelder kann man den drei in der Definition von Rutgers und Heeger angesprochenen Dimensionen noch einen vierten, *ganzheitlichen Aspekt* hinzufügen: Nur aufgrund ihrer Integrität sind Tiere keine bloße Ansammlung von Einzelteilen oder einzelnen Verhaltensweisen, sondern integrierte Ganzheiten und handelnde Subjekte mit einer eigenen Innenperspektive. »The animal as a whole is the dynamic, integrative centre of action, the very *point of origin* for any behaviour or movement. [...] The behaving animal has an individual integrity which cannot be fragmented into constituent mechanical parts [...]« (Wemelsfelder, 1997, S. 79).

Die vier genannten Dimensionen sind häufig nicht klar zu trennen und können das überaus vielschichtige Integritätskonzept sicher nicht erschöpfend beschreiben. Festzuhalten ist aber, dass Integrität nicht allein von der räumlichen Ausdehnung eines Körpers, seinen Grenzen, festgelegt wird und durch Einwirkung von außen gestört werden kann, sondern dass sie ständig aktiv »erarbeitet« werden muss. Die tierliche Integrität, mit allen ihren statischen und dynamischen Aspekten, ist eine essentielle Eigenschaft und Fähigkeit des Tieres *als Lebewesen.* Ohne die Möglichkeit zur Aufrechterhaltung wenigstens einer rudimentären Form der Integrität ist Leben nur sehr schwer vorstellbar. Ein Lebewesen, welches seine Integrität endgültig verloren hat, existiert nicht mehr als autonome integrierte Ganzheit, sondern nur noch als eine Ansammlung von Teilen, die zwar vielleicht noch mehr oder weniger gut funktionieren, aber der Verfolgung artspezifischer Ziele und Bedürfnisse nicht mehr selbstständig nachkommen können. Damit ist Integrität nicht nur konstitutiv für die Fähigkeit des Tieres, sich als Subjekt zu verhalten. Sie ist auch Grundlage und unabdingbare Voraussetzung für tierliches Wohlergehen. Denn Wohlergehen im umfassenden Sinn kann nur realisiert werden, wenn die Möglichkeit gegeben ist, die eigene Integrität aufrechtzuerhalten und gegebenenfalls aktiv wiederherzustellen. Sehen wir das tierliche Wohlergehen als ein Kriterium für das Gelingen der Mensch-Tier-Beziehung an, dann müssen wir daher auch den Schutz der tierlichen Integrität und Integrationsfähigkeit als ein zentrales normatives Kriterium jenseits der Freiheit von Schmerzen oder Leiden ansehen.

2.2 Nutzen des Integritätskonzeptes für die Verbesserung der Mensch-Tier-Beziehung

Inwiefern kann die Integration des vorgestellten Integritätskonzeptes in die Tierethik zu einer Verbesserung der Mensch-Tier-Beziehung führen? Zur *Stärkung der zoorela-tionalen Komponente,* das heißt der Tierseite der Beziehung, trägt vor allem der Erwerb von zusätzlichem empirischen Wissen darüber bei, wie sich Tiere unterschiedlicher Spezies hinsichtlich ihrer Kompetenzen und Bedürfnisse unterscheiden. Zwar wurde und wird dieses Ziel auch in pathozentrischen Ansätzen in unterschiedlich starkem Ausmaß verfolgt. Denn um zu entscheiden, welche Tiere moralisch zu berücksichtigen sind und in welcher Weise das geschehen soll, muss zum einen geklärt werden, was die jeweiligen Tiere können (ob sie also die Kriterien für die Aufnahme in die Moralsphäre, etwa Empfindungsfähigkeit oder Selbstbewusstsein, erfüllen), und zum anderen, was sie konkret für ein gelingendes Leben brauchen. Der Fokus zoozentrischer Wohlergehensansätze lag dabei bisher meist entweder auf dem subjektiven tierlichen Wohlergehen, das heißt auf der Frage, ob sich das Tier wohlfühlt, oder auf dem objektiven Wohlergehen, das heißt auf der Frage nach dem guten biologischen

»Funktionieren« des Tieres. In modernen tierethischen Wohlergehensansätzen ist allerdings eine zunehmende Tendenz hin zu einem umfassenderen Verständnis von Wohlergehen zu beobachten, das sowohl subjektives als auch objektives Wohlergehen sowie mögliche weitere Aspekte einschließt, zum Beispiel die Möglichkeit zur Ausübung natürlicher Verhaltensweisen (Webster, 2005). Ein Grund ist das wachsende Verständnis dafür, dass sich die moralisch relevanten Aspekte des tierlichen Lebens nicht in positiven und negativen Empfindungen oder objektiv messbarem biologischen Gedeihen erschöpfen. Wegen ihrer zentralen Bedeutung für jedes gelingende Leben ist Integrität eine wesentliche Voraussetzung für die Möglichkeit tierlichen Wohlergehens in einem umfassenden Sinn und damit ein unerlässliches normatives Kriterium »jenseits des Leidens«. Der Einsatz eines solchen Zusatzkriteriums ist besonders wichtig für einen angemessenen Umgang mit Handlungen wie den eingangs genannten, bei deren moralischer Bewertung das pathozentrische Kriterium der Zufügung von Schmerzen, Leiden oder Schäden allein nicht ausreicht.

Die Tierkomponente der Mensch-Tier-Beziehung kann darüber hinaus weiter gestärkt werden, wenn wir uns beim Erwerb von empirischem Wissen über die Eigenschaften und Bedürfnisse des Tieres nicht *nur* auf die objektiv beobachtbare oder messbare Außenperspektive, etwa auf Gesundheitszustand, Wachstum oder Nahrungsaufnahme, konzentrieren, sondern versuchen, zusätzlich auch die subjektive Innenperspektive einzubeziehen und uns zu fragen: Wie ist es, dieses Tier zu sein? Eine aufmerksame, umfassende Wahrnehmung und Beobachtung des Tieres ist Voraussetzung für den Zugang zu seiner Innenperspektive. Nur dann können wir bis zu einem gewissen Punkt »vom Tier her« denken, seinen Standpunkt einnehmen. Das tierliche Innenleben ist keine Black Box für uns, da beobachtbares Verhalten, wie Françoise Wemelsfelder sagt, eine expressive Qualität besitzt: »Understanding the subjective is to move into detail, not away from it. [...] Animals should be observed under conditions which facilitate the emergence of detail and variety in their response. [...] Gradually, an understanding of what-it-is-like to be these animals will grow. This understanding will inevitably be incomplete, but it will not be indirect, nor arbitrary« (Wemelsfelder, 1997, S. 81).

Schließt die nichtreduktionistische Wahrnehmung den Blick für die tierliche Integrität ein, so kann sich unser Wissen über Fähigkeiten und Bedürfnisse des jeweiligen Tieres, vor allem im Hinblick auf dessen subjektive Innenperspektive, in besonders eindrücklicher Weise erweitern. Denn nur ein Wesen mit Integrität und Integrationsfähigkeit können wir, ähnlich wie einen anderen Menschen, als *Akteur* wahrnehmen, mit dem wir selbst bereits durch den Prozess der Beobachtung interagieren: »In direct interaction with animals we do not primarily treat them as objects. [...] When actually interacting with animals in a spontaneous, unpremeditated way, [we] address them as subjects. [...] We see the behaviour displayed in front of us as a perspective, as a subject-related expression, and describe it accordingly. Thus, our daily interaction and communication with animals is, as it is with other humans, essentially of intersubjective character« (Wemelsfelder, 1997, S. 77).

Natürlich sind dem Zugang zur Innenperspektive eines mir fremden Gegenübers immer Grenzen gesetzt, erst recht, wenn es sich um ein Individuum einer anderen Spezies handelt. Ein vollständiger Perspektivenwechsel ist auch mit Hilfe des Integritätskonzeptes genauso wenig möglich wie im Falle eines menschlichen Gegenübers. Aber schon das Bestreben, unsere menschliche Perspektive vorübergehend zugunsten der tierlichen aufzugeben, vermag uns eine Vorstellung davon zu vermitteln, welche Handlungen eine Bedrohung der tierlichen Integrität darstellen, weil sie Aspekte des tierlichen Lebens berühren, die für das Tier selbst von entscheidender Bedeutung sind. Insofern können wir uns der Wahrnehmung der Welt »mit den Augen des Tieres« durch sorgfältige Beobachtung seines Verhaltens und durch Interaktion mit ihm zumindest so weit annähern, dass wir wichtige empirische *Zusatzinformationen* über tierliche Eigenschaften und Bedürfnisse erhalten.

Zwar bleibt uns der genaue positive Charakter der individuellen Integrität, ebenso wie die subjektive Innenperspektive des Tieres, meist weitgehend verschlossen. Aber gerade bei einer Bedrohung der Integrität kann die Fähigkeit eines Organismus zu aktiven, integrierenden Reaktionen von außen erkennbar werden – wenn auch vielleicht eher in Form eines »Negativabdrucks«, der den Eindruck hinterlässt, dass dem Tier als Gesamtorganismus etwas Entscheidendes zu seiner Integrität fehlt. Zugleich kann die Einbeziehung des Integritätsaspektes unsere Einschätzung der tierlichen Bedürfnisse verändern. So ist es aufgrund der Integrationsfähigkeit des Organismus denkbar, dass manche Formen der Mensch-Tier-Interaktion, die zunächst wie eine Integritätsverletzung erscheinen mögen, aus der Perspektive des Organismus nicht unbedingt eine solche darstellen. Eine transgene Maus etwa, die die Abgabe von Schaf-Proteinen in ihrer Milch dadurch kompensiert, dass sie weniger eigenes Protein exprimiert und damit den Durchschnittswert an Milchproteinen konstant hält, besitzt weiterhin Integrität im Sinne eines effektiven Zusammenwirkens des Gesamtorganismus und seiner Bestandteile – wenn auch eine Integrität von anderer Beschaffenheit als die ihrer nichttransgenen Artgenossen.[6] Damit lässt sich auch eine häufig gegenüber dem Integritätskonzept geäußerte Kritik entschärfen: Das Integritätskriterium, so der Einwand, ermögliche im konkreten Fall oft keine Entscheidung darüber, ob tatsächlich eine Integritätsverletzung vorliegt oder nicht, da wir aus unserer Perspektive nicht sicher sagen können, wann etwa eine fundamentale Störung des Gleichgewichtszustandes vorliegt, auf die das Tier nicht mehr re-integrierend reagieren kann. Dies trifft sicher zu. Aber die große Chance des Integritätsansatzes liegt darin, dass wir uns der Wahrnehmung der Integrität des fremden Gegenübers doch immer weiter *annähern* können, auch wenn letztlich immer ein uns nicht zugänglicher Rest an Ungewissheit bestehen bleibt.

Auch im Hinblick auf die *Stärkung der anthroporelationalen Seite* kann die Mensch-Tier-Beziehung vom Integritätskonzept profitieren. Entscheidend ist hier vor allem die Ergänzung des rational-argumentativen Zugangs zum tierlichen Gegenüber durch eine

---

6 Vgl. dazu etwa McClenaghan, Springbett, Wallace, Wilde und Clark (1995). Ein ähnliches Beispiel wird angeführt in Holdrege (2002).

emotional-motivationale Komponente. Denn: »[…] Gründe für moralisches Handeln vermögen moralisches Handeln zwar zu begründen, aber nicht zu bewirken. Unter diesem Praxisdefizit von Begründungen leiden Tiere […] mehr als Menschen. […] Für sie zählen keine Gründe, sondern nur die Wirkungen« (Brenner, 2003, S. 70 f.). Die Umsetzung rational begründeter moralischer Konzepte in die Praxis kann nur gelingen, wenn der menschliche Part in der Mensch-Tier-Beziehung zur Befolgung von tierethischen Normen und damit zu einem Handeln gegenüber Tieren motiviert ist, das deren moralischem Wert gerecht wird. Durch die Einbeziehung des Integritätsaspektes (neben dem Kriterium der Empfindungsfähigkeit) steigt die Motivation zu Haltungen und Handlungen, die im Einklang mit dem Eigenwert und der Würde des Tieres stehen. Schon allein die Bewusstmachung der Integrität eines tierlichen Gegenübers kann einen Prozess der Annäherung an die Perspektive des Tieres initiieren und fortführen, obwohl wir uns seine innere Welt nie vollständig erschließen können. So können wir durch eine nicht-reduktionistische Wahrnehmung, die eine Wahrnehmung der tierlichen Integrität als Eigenschaft und Fähigkeit einschließt, besser verstehen und auch auf einer emotionalen, empathischen Ebene *empfinden,* dass das Tier *selbst* überhaupt eine subjektive Perspektive besitzt und dass diese unserer eigenen in manchen Punkten durchaus ähnelt – Menschen und viele nichtmenschliche Lebewesen empfinden Schmerz und Freude, nehmen ihre Umwelt durch verschiedene Sinnesorgane wahr und können sich gezielt zu dieser verhalten –, sich in anderen aber radikal von ihr unterscheidet. Nur wenn wir versuchen, das Tier in seiner Ganzheit wahrzunehmen, können wir den tierlichen Anderen *als* Anderen sehen und auch seine Fremdheit als Bestandteil unserer Beziehung zu ihm anerkennen. Die Erkenntnis der tierlichen Alterität ist von entscheidender Bedeutung dafür, dass wir Tieren nicht nur auf dem Papier rechtlichen und moralischen Status zugestehen, sondern auch motiviert sind, in unserem alltäglichen Handeln die entsprechenden Konsequenzen daraus zu ziehen. Denn zwischen der Wahrnehmung eines Lebewesens als konkretes Individuum, mit komplexen Interessen und Bedürfnissen und mit seiner ganz eigenen Perspektive, und dem Gefühl der Verantwortung, die wir in unserem Handeln gegenüber diesem Wesen haben, besteht eine enge Verbindung.

2.3 Personale Integrität

Die Einführung des Begriffs »Integrität« in der Tierethik wurde nicht nur durch den Umstand erschwert, dass Integrität als normatives Konzept zuvor fast ausschließlich im Bezug auf Menschen verwendet wurde, sondern auch dadurch, dass der Begriff eine Doppelbedeutung besitzt. Sprechen wir von Integrität, so kann damit nicht nur der Aspekt der *körperlichen* Integrität eines *Tieres* und damit das zentrale Bedürfnis aller menschlichen und nichtmenschlichen Lebewesen nach dem Schutz ihrer körperlichen Unversehrtheit gemeint sein. Viel häufiger verweist »Integrität« im allgemeinen Sprachgebrauch auf Aspekte wie Rechtschaffenheit, Redlichkeit oder Selbsttreue, und damit auf die *personale* Integrität eines handelnden *Menschen.* Diese Mehrdeutigkeit des Integritätsbegriffs wird von einigen Tierethikern als Nachteil empfunden, weil sie zu konzeptuellen Missverständnissen führen kann und mit dem vermeintlichen Objektivitätsanspruch des Integritätskonzeptes zu kollidieren scheint.[7] Wie ich im Folgenden zeigen möchte, bieten die beiden unterschiedlichen Bedeutungsebenen des Integritätskonzeptes aber auch Vorteile für die tierethische Argumentation, da durch die gezielte Einbeziehung der zweiten, personalen Interpretation die anthroporelationale Komponente der Mensch-Tier-Beziehung weiter gestärkt werden kann.

Das vielgestaltige Konzept der personalen Integrität begegnet uns in unterschiedlichen Bereichen des menschlichen (Zusammen-)Lebens, etwa in Form intellektueller, moralischer, künstlerischer oder politischer Integrität.[8] Personale Integrität kann, ähnlich wie die körperliche Integrität des menschlichen oder nichtmenschlichen Organismus, als ein Cluster-Begriff verstanden werden, der verschiedene, teilweise überlappende Bedürfnisse, Charaktereigenschaften und Fähigkeiten vereint. Ich beschränke mich im Folgenden auf vier Aspekte, die mir für die Mensch-Tier-Beziehung am bedeutsamsten erscheinen (Cox, La Caze u. Levine, 2003).

Personale Integrität beinhaltet, erstens, den Aspekt der *Selbstintegration,* das heißt das Bedürfnis eines Menschen, die verschiedenen Teile seiner Persönlichkeit zu einem harmonischen, intakten Ganzen zu vereinen. Dies kann als eine Erweiterung des statischen Aspektes der tierlichen Integrität verstanden werden, bei der nicht nur die Unversehrtheit und Vollständigkeit des Körpers, sondern darüber hinaus die der Person und des Selbst auf dem Spiel steht.

Damit eng verbunden ist, zweitens, der Aspekt der *Selbsttreue,* das heißt das Streben nach einem kohärenten Handeln im Einklang mit tiefen persönlichen Überzeugungen, mit denen bzw. durch die eine Person sich selbst identifiziert und definiert. Ein in diesem Sinne integrer Mensch steht voll hinter den eigenen Motiven und Handlungen.[9] Hier kann, ähnlich wie im Fall der körperlichen Integrität, ein dynamisches Element der Veränderung auftreten, etwa wenn sich das individuelle Wertesystem oder die individuellen Pläne und Einstellungen im Laufe des Lebens verschieben. Zugleich kommt im Aspekt des Strebens nach individueller personaler Integrität auch eine aktiv-gerichtete Komponente zum Vorschein.

---

7 Vgl. zur Kritik am Integritätskonzept in der Tierethik etwa Bovenkerk, Brom und van den Bergh (2002).

8 Vgl. zu den unterschiedlichen Bedeutungsdimensionen des Begriffs »Integrität« Pollmann (2005).

9 Vgl. dazu etwa Williams (1984). Williams wendet sich gegen die Interpretation von Integrität als eine eigenständige Tugend: »Ich meine, daß Integrität zwar eine großartige menschliche Eigenschaft ist, daß sie aber nicht so mit der Motivation zusammenhängt, wie die Tugenden damit zusammenhängen. […] Vielmehr ist es so, daß jemand, der Integrität an den Tag legt, aus den Dispositionen und Motiven handelt, die in tiefstgreifender Weise die seinigen sind, und daß er auch die Tugenden hat, die ihn dazu befähigen. Seine Integrität befähigt ihn nicht dazu, so zu handeln; auch ist sie nicht dasjenige, woraus er handelt, wenn er so handelt« (S. 58 f.).

Auch der dritte Aspekt, die *moralische Dimension* der personalen Integrität, bei der das Streben einer Person nach dem *moralisch* richtigen Leben und das Bedürfnis nach Übereinstimmung seiner moralischen Überzeugungen mit seinen Taten im Mittelpunkt stehen, besitzt eine dynamische und eine aktiv-gerichtete Komponente. Die moralische Ebene der personalen Integrität beinhaltet zudem die Anerkennung der intellektuellen Verantwortung bei der Suche nach einem solchen Leben. Denn wie Hans Bernhard Schmid feststellt, ist moralisch integer »nur ein Wesen, das einen Sinn für seine Identität im Wandel der Lebenssituationen und Handlungsumstände hat, und dem daran gelegen ist, dieser formalen Identität einen sittlichen Gehalt zu geben. Die Integrität markiert den mit Willen und Selbstbewusstsein eingenommenen Standpunkt des Akteurs in der Vielfalt seiner Aktivitäten« (Schmid, 2011, S. 39).

Mit dem vierten Aspekt, der *Selbstkonstitution,* kann man auch bei der personalen Integrität, analog zur körperlichen Integrität, eine Ganzheitsdimension ausmachen. Integrität ist von entscheidender Bedeutung für die Konstitution des individuellen Selbst; sie ist unerlässlich, um ein Leben als *ganze Person* zu führen. Ein Handeln, das im Widerspruch zu den eigenen Überzeugungen steht, wird nicht nur als Störung bzw. Verletzung der Integrität empfunden, sondern kann durch eine Desintegration der einzelnen Teile der Persönlichkeit, durch eine »Zersplitterung« (Schmid, 2011, S. 10) des eigenen Lebens und der (moralischen) Identität, die Existenz des Organismus *als Person* beenden.

Aus tierethischer Sicht scheint die so bestimmte personale Integrität des handeln-den Menschen im Vergleich mit der Verletzung der *körperlichen* Integrität eines durch unser Handeln betroffenen Tieres auf den ersten Blick von untergeordneter Bedeutung zu sein. Auf der anthroporelationalen Seite der Mensch-Tier-Beziehung ist jedoch auch die Frage nach der Unversehrtheit der menschlichen *Person* höchst relevant, da sie mit einer Verschiebung bzw. Erweiterung der üblichen Interpretation von Moralität ein-hergeht: »Integrität zuzuschreiben, einzufordern oder als fehlend zu diagnostizieren ist eine Weise, Moralität geltend zu machen, die sich von anderen unterscheidet: Es bedeutet, die sonst primären Aspekte wie die Frage der moralischen Qualität *einzelner Handlungen,* der konkreten *Handlungsfolgen,* der Richtigkeit bestimmter *Handlungs-grundsätze* und der Legitimität kontextrelativer Rollenerwartungen in den Hintergrund zu rücken und stattdessen erst einmal die *Persönlichkeit des Handelnden* zum Thema zu machen« (Schmid, 2011, S. 11). Im Doppelkonzept der Integrität kommen damit *beide* Merkmale der momentan zu beobachtenden »Trendwende« in der tierethischen Diskussion, die Wendung einerseits zurück zum Menschen und seiner spezifischen Rolle als moralischer Akteur in der Mensch-Tier-Beziehung und andererseits hin zu moralisch relevanten Aspekten des tierlichen Lebens, die jenseits von Schmerz und Leid liegen, besonders deutlich zum Ausdruck.

Ähnlich wie die Schärfung der nichtreduktionistischen Wahrnehmung des Tieres durch die Bewusstmachung der körperlichen Integrität die Motivation zur Achtung des tierlichen Eigenwertes in unserem Denken und Handeln fördert, kann auch das Streben nach Wahrung der personalen Integrität, das heißt nach Selbstintegration und Selbst-

treue, sowie die Anerkennung der eigenen Verantwortung für ein moralisch integeres
Leben wichtige motivationale Impulse liefern. Denn betrachtet man verbreitete Formen
des Umgangs des Menschen etwa mit Nutz- oder Heimtieren vor dem Hintergrund der
für die personale Integrität zentralen Kohärenzforderung, werden zahlreiche Widersprüche sichtbar, die bei ernsthafter Reflexion nicht mit einem kohärenten Selbstbild zu
vereinbaren sind und im Extremfall sogar das gesamte Selbst in Frage stellen können.
So könnte etwa ein um seine personale und moralische Integrität bemühter Mensch
zu der Überzeugung gelangen, dass er den Verzehr von Schweinefleisch nicht länger
damit vereinbaren kann, dass er Schweine als intelligente, soziale Lebewesen mit einem
Hochmaß an Autonomie und Integrität wahrnimmt und dass er in einer von gegenseitigem Respekt geprägten Beziehung zu seinem Hund steht. Die in Abhängigkeit vom
jeweiligen Kontext divergierende Wahrnehmung von Tieren verwandter oder gar gleicher Spezies einerseits als Ressourcen und andererseits als autonome Lebewesen führt
offenbar nicht nur zu Unterschieden in unserem Handeln ihnen gegenüber, sondern
birgt auch die Gefahr einer »Zersplitterung« der in unterschiedlichen Mensch-Tier-Beziehungen inkohärent handelnden menschlichen Person.

Integrität ist damit sowohl eng an die tierliche Ebene gekoppelt als auch an die *besondere* Rolle des Menschen (und nur des Menschen) im Umgang mit nichtmenschlichen
Lebewesen. Sie ist sowohl im zoorelationalen als auch im anthroporelationalen Sinn ein
Indikator für das Gelingen einer Mensch-Tier-Beziehung: Nicht nur die Verletzung der
körperlichen Integrität kann auf einen Missstand in der Beziehung hindeuten, sondern
auch der Eindruck einer Verletzung der personalen Integrität. Das Bewusstsein für tierliche Integrität fördert die nichtreduktionistische Wahrnehmung des Tieres als autonomes
Subjekt, als aktiven Part einer zweiseitigen Mensch-Tier-Beziehung, mit dem wir selbst in
moralisch und personal integrer Weise in Beziehung treten können und müssen. Die impliziten oder expliziten Erwartungen beider Parteien in der Beziehung, Mensch und Tier,
treffen sich also in einem entscheidenden Punkt: der Wahrung ihrer jeweiligen Integrität.

3 Würde

Während Kirsten Schmidt sich der tierethischen Grundlage für eine Verbesserung der
Mensch-Tier-Beziehung vonseiten der Integrität genähert hat, soll mein Beitrag (P. K.)
dies aus der Perspektive der Würde tun. Er ist aber viel weniger als eine Entgegnung
auf Kirsten Schmidt zu lesen als vielmehr als eine Begegnung.

3.1 Ursprung der Diskussion um die Würde des Tieres

Integrität und Würde haben nämlich vieles gemeinsam und sie besetzen, wenn man so
sagen darf, dieselben oder doch sehr ähnliche ökologische Nischen in der Tierethik.
Wenn über die Integrität zu lesen ist, das »Konzept der tierlichen Integrität wurde zu

Beginn der 1990er Jahre in den Niederlanden als ein normatives Kriterium entwickelt, das tierethisch relevante, aber empfindungsunabhängige Aspekte des menschlichen Handelns an Tieren ausmachen soll, das heißt Aspekte, die von den Kriterien Gesundheit und Wohlergehen nicht vollständig erfasst werden«, dann gilt dies mutatis mutandis für die Würde.

Im Zusammenhang mit Tieren von Würde zu sprechen taucht sporadisch schon in den 70er Jahren des 20. Jahrhunderts auf. So gibt es eine UNESCO-Deklaration (Universal Declaration of the Rights of Animals) vom 15. Oktober 1978, dessen Artikel 10b lautet: »Exhibitions and spectacles involving animals are incompatible with their dignity.« Schon hier wird die Würde des Tieres mit einem Sachverhalt in Verbindung gebracht, der dadurch gekennzeichnet ist, dass es moralische Bedenken gegen eine Handlung am Tier gibt, durch die es nicht zu Schaden kommt. Bezeichnenderweise gibt es eine polnische Übersetzung (die im Internet kursiert) von Jerzy Andrzej Chmurzyński, der dem Artikel folgende Warnung[10] anhängt: »Achtung: Hier vergaloppieren sich die Gesetzgeber – Würde ist ein Attribut des Menschen.« Solche Nennungen blieben Einzelfälle.

In großem Umfang diskutiert wird der Ausdruck erst durch die Vorgänge in der Schweiz, von wo die Rede von Würde im Zusammenhang mit außerhumanen Lebewesen ihren Ausgang nahm, dort aber zunächst als eine Rede von der »Würde der Kreatur«. Hatte das berühmte Diktum von Jeremy Bentham[11] »Can they suffer?« dazu gedient, den Raum moralrelevanter Wesen hinter die Gattungsgrenze des Menschseins zu erweitern, geht die »Würde der Kreatur« darüber noch ein Stück hinaus, als sie alle Wesen einschließt, die auf Selbsterhalt und Selbstverwirklichung angelegt sind. »Im Mittelpunkt steht heute Art. 120 der Schweizerischen Bundesverfassung vom 18. April 1999. […] Diese Bestimmung ist kein originäres Produkt der Bundesverfassung von 1999. Eine zumindest in der deutschen Sprachfassung wortgleiche Vorgängernorm war schon 1992 in die alte Bundesverfassung von 1874 eingefügt worden« (Richter, 2007, S. 319).

Der Passus (früher Art. 24novies; heute eben Art. 120) lautet: »Der Bund erlässt Vorschriften über den Umgang mit Keim- und Erbgut von Tieren, Pflanzen und anderen Organismen. Er trägt dabei der Würde der Kreatur sowie der Sicherheit von Mensch, Tier und Umwelt Rechnung und schützt die genetische Vielfalt der Tier- und Pflanzenarten.«

---

10 »Uwaga: tu prawodawcy się zagalopowali – godność jest atrybutem człowieka, chyba że chodzi o godność stworzenia.«

11 In der zweiten Fußnote des 17. Kapitels seiner »Principles of Moral and Legislation«. Weil dieser Passus Geschichte geschrieben hat in der Tierethik, sei er hier im Wortlaut aufgeführt: »It may come one day to be recognized, that the number of the legs, the villosity of the skin, or the termination of the os sacrum, are reasons equally insufficient for abandoning a sensitive being to the same fate. What else is it that should trace the insuperable line? Is it the faculty of reason, or, perhaps, the faculty of discourse? But a full-grown horse or dog is beyond comparison a more rational, as well as a more conversable animal, than an infant of a day, or a week, or even a month, old. But suppose the case were otherwise, what would it avail? the question is not, Can they reason? nor, Can they talk? but, Can they suffer?«

Die genaueren Umstände der Entstehung des Artikels bis 1992 hat H. Baranzke gründlich aufgearbeitet und nachgezeichnet (Baranzke, 2002). »Diese Formulierung in der Verfassung ging wiederum auf einen noch älteren Prototyp der Kreaturwürde, nämlich auf § 14 der Verfassung des Kantons Aargau von 1980, zurück, dessen Entstehungsgeschichte wiederum mit der Ökologiebewegung der 70er Jahre des 20. Jahrhunderts verbunden ist« (Richter, 2007, S. 319).

Wenn Richter (2007, S. 320) die verschiedenen Aspekte der Würde der Kreatur »um ein gemeinsames Grundanliegen« kreisen lässt, nämlich »die Eindämmung des technologisch Machbaren im Verhältnis zu anderen Lebewesen«, dann trifft dies einen Aspekt, der auch in der »Würde des Tieres« erhalten bleiben sollte.

Eingeschlossen sind nach dem Wortlaut des Gesetzestextes Tiere, Pflanzen und andere Lebewesen. Nach der weit verbreiteten Einteilung bioethischer Begründungsansätze überschreitet dieser Artikel damit die pathozentrische Sichtweise hin zu einer biozentrischen. Gerade mit Blick auf den moralischen Status von Pflanzen hat die Schweizer Gesetzgebung damit Neuland betreten. Die einen sind geneigt, dies als eine Pioniertat zu feiern; die anderen halten dies für absurd.

Mit Blick auf die rechtliche Stellung des Tieres aber, um die es hier geht, wurden mit der Konkretisierung der Würde der Kreatur als eine »Würde des Tieres« im Schweizer Tierschutzgesetz Tatbestände erfasst, die weit über das pathozentrische Muster hinausgehen. Dort werden unter »Würde«, und dies dürfte ein Grund für ihre »Popularität« sein, Beeinträchtigungen an Lebewesen als moralrelevant verhandelt, die gerade nicht notwendig mit der Zufügung von Schmerzen und Leiden verbunden sind.

Mit Blick auf das Tier eröffnet sich in dieser Überschreitung der pathozentrischen Sichtweise eine neue Perspektive: dass nämlich als moralrelevant nicht nur Handlungen angesehen werden, wie sie das Tierschutzrecht anderer westlicher Länder erfasst, sondern weitere von der Art, die den Selbstvollzug des Tieres stören.

Damit wird weiterhin verständlich, warum die »Würde des Tieres« ihre Karriere zeitgleich mit der Integrität startete, zu einem Zeitpunkt nämlich, als Eingriffe an Tieren zum Thema wurden, die sich nicht als »Tierquälerei« in jenem Sinne klassifizieren ließen, wie sie vorher schon in das Tierschutzrecht Eingang gefunden hatten. In jener Phase nämlich, die Schmidt als die zoozentrische qualifiziert, war der Schutzraum des Rechts auch rechtlich über die Menschen hinaus erweitert worden, zum Teil ausdrücklich mit Hinweis darauf, Tiere seien »um ihrer selbst willen« zu schützen. Dies dürfte auch der Sinn des Passus vom »Mitgeschöpf« in § 1 des deutschen TSchG sein, das Tiere vor »Schmerzen, Leiden und Schäden« schützen will. Das war also nicht mehr die Frage.

Diese Begründung und Anwendung von Tierethik greift spätestens seit der Nutzung genetischen Wissens über Tiere und der Etablierung von Gentechnik an ihnen zu kurz, seit es also möglich ist, sie gezielt züchterisch nach Maßgabe des Menschen zu verändern, ohne ihnen zugleich »Leiden« im klassisch pathozentrischen Sinne aufzuerlegen.

Genau hier erhob sich als Ziel und Gesetzgebung, mehr schützen zu sollen als das reine Wohlergehen; dies wird ausgedrückt durch den Verweis auf die »Integrität « oder eben durch das Pochen auf die »Würde«, die der Mensch am Tier oder ihm gegenüber zu wahren habe.

Die Schweizer Fassung geht sogar noch einen Schritt weiter: Indem sie (siehe unten) auch die »übermäßige Instrumentalisierung« und die »Erniedrigung« aufzählt, bezieht sie schließlich innere Haltungen dem Tier gegenüber mit ein. Ob dies Gegenstand einer Gesetzgebung werden kann, die schließlich Strafen auf das Handeln aussetzt, darf man aus anderen Gründen bezweifeln. Immerhin drückt sich hier noch deutlicher aus, inwiefern die Würde immer zugleich auch den Menschen mit einbezieht, wenn sie vom Tier spricht.

3.2 Funktionen einer Würde des Tieres

So unterschiedlich diese Konnotationen einer »Tierwürde« sind, so lassen sie sich doch auf diesen Nenner bringen: Es geht jeweils um einen Schutz von Tieren vor Schäden, die sie selbst nicht spüren (müssen). »Die Diskussion um die kreatürliche Würde ist auch eine Diskussion darüber, was es heißt, Tieren zu schaden. Geht es nur um Leid und Stress, also um das subjektive Wohlergehen des Tieres? Oder gibt es eine Form der Schädigung, die vom Tier selbst vielleicht nicht als etwas Negatives empfunden wird« (Rippe, 2002, S. 236)? Und Frans Brom (2000, S. 61) hält die Bedeutung der »Tierwürde« für künftige Debatten in dem Satz fest: »Animal protection can now go beyond pain and injury« – Tierschutz fängt nicht mehr erst bei Schmerz und Verletzung an.

In diesen Punkten vermerkt die Tierschutzgesetzgebung in der Schweiz, die eine Konkretisierung der allgemeineren Bestimmung aus der Verfassung vorlegt, unter der »Würde« mehr Schutzgüter als die Schmerzfreiheit. Dort ist die Würde eingegangen in den Paragraphen 3a, der Bestimmungen von Würde gibt; sie definieren die Würde als

> »Eigenwert des Tieres, der im Umgang mit ihm geachtet werden muss. Die Würde des Tieres wird missachtet, wenn eine Belastung des Tieres nicht durch überwiegende Interessen gerechtfertigt werden kann. Eine Belastung liegt vor, wenn dem Tier insbesondere Schmerzen, Leiden oder Schäden zugefügt werden, es in Angst versetzt oder erniedrigt wird, wenn tiefgreifend in sein Erscheinungsbild oder seine Fähigkeiten eingegriffen oder es übermäßig instrumentalisiert wird.«

Wie an anderer Stelle dargetan (Kunzmann, 2007), verbindet sich in der »Würde« die Achtung vor Eigenart und Eigenwert des Anderen, eben auch des nichtmenschlichen Lebewesens. Dies bildet sich auch im Wortlaut des Schweizer Tierschutzgesetzes ab:

> »Festzuhalten ist zum einen die ›Eigenwertformel‹: Tiere sind um ihrer selbst willen zu schützen. Das ist das elementare Bekenntnis des so genannten ›ethischen Tierschutzes‹, der die anthropozentrischen Begründungsfiguren abgelöst hat, die die menschlichen Nutzungsinteressen zum Pfeiler und zum Maßstab für ein moralisches Verhalten dem

Tier gegenüber gemacht hatten. Jede irgendwie geartete Schädigung des Tieres verlangt einen rechtfertigenden Grund, der ein plausibles Verhältnis zwischen den Interessen des Menschen und denen des Tieres ausdrückt.«

Damit korreliert, dass die »Würde« etwas wie das je eigene Gut der Lebewesen ins Zentrum rückt, ihre »spezifische Werthaftigkeit« als spezifischer Eigenwert: »Wer mit ihnen umgeht, darf nicht nur an seine eigenen Interessen denken, sondern er muss auch die Bedürfnisse, die Emotionen, den ›Willen‹ des Tieres […] erfassen und respektieren. […] Leben, Fortleben, Zusammenleben, Wohlleben, Absenz von Leiden, Entwicklung« (Praetorius u. Saladin, 1996, S. 86). In der Literatur hat sich dies verdichtet in der Diskussion um den »inhärenten Wert«: »Aber bei allen Lebewesen einschließlich der nicht-empfindungsfähigen ist deren inhärenter Wert, deren eigenes Gut, zu berücksichtigen. Die Konzeption eines inhärenten Wertes entspricht damit dem, was der Verfassungs-geber durch die Aufnahme des Begriffs ›Würde der Kreatur‹ intendierte« (Balzer, Rippe u. Schaber, 1998, S. 48). Es macht den Kern der Redeweise von der »Würde« aus, vom instrumentellen Wert abzusehen und ihren eigenen »Wert« anzuerkennen: »Die Vor-stellung von einer Würde der Kreatur scheint davon auszugehen, dass wir Kreaturen um ihretwillen moralisch Rechnung zu tragen haben. Pflanzen und Tiere sind, so die Intention der Redeweise, nicht allein deshalb Objekte moralischen Handelns, weil sie uns nützen und erfreuen. Wir sollten diesen Lebewesen Rechnung tragen, unabhängig von dem Wert, den sie für Menschen und andere Lebewesen darstellen. Wir sollten uns gegenüber Tieren und Pflanzen um ihretwillen moralisch verhalten« (Balzer et al., 1998, S. 42).

Dafür allein bräuchte es nicht die »Würde« bzw. bliebe diese Forderung unbegrün-det. Der Sinn des Rekurses auf die Würde erschließt sich erst, wenn man eine weitere Dimension mit aufnimmt, die sich ebenfalls im Tierschutzgesetz findet und die materiale Bestimmungen dessen gibt, was mit dem Respekt vor der Würde des Tieres geschützt sein soll. Man erkennt darin eine Formel wieder, wie sie bereits 2001 in einem Gut-achten von EKAH/EKTV (EKAH/EKTV, 2001, S. 7) zur »Würde des Tieres« auftaucht, und die unter die Verletzungen der Würde rechnet:
- Eingriff ins Erscheinungsbild,
- Erniedrigung,
- übermäßige Instrumentalisierung.

Allerdings geht die Bestimmung des Schweizer TSchG noch einen Schritt weiter, indem der »Eingriff in die Fähigkeiten« dazukommt. Diese Erweiterung erlaubt es noch stär-ker, mit dem Würde-Konzept an die Beantwortung der Fragen zu gehen, die auch das Integritäts-Konzept evozierte, denn offenkundig zielt diese Bestimmung auf die züch-terische und gentechnische Veränderung von Tieren: Ist es möglich, Tiere sozusagen in ihrem Sein zu reduzieren, ohne direkt schädigend auf sie einzuwirken?

Begründet wird dies in zahlreichen Spielarten, dass Lebewesen auf etwas hin angelegt sind, das zu erreichen für sie selbst werthaft ist. In einer sehr einfachen Formel könnte man sagen: Tiere und Pflanzen seien moralisch zu berücksichtigen, weil sie »einen Sinn« haben, in der Doppelbedeutung des Wortes, also auf etwas hin ausgerichtet sind, und die Erreichung dessen für sie selbst einen Sinn hat. In der aktuellen Diskussion hat sich dafür der aristotelische (oder pseudo-aristotelische) Terminus »telos« eingebürgert. Es dürfte uns schwerfallen, ganz darauf zu verzichten, wahrzunehmen, dass Pflanzen und Tiere »so gebaut sind«, dass sie mit ihrer Umwelt zurechtkommen und sich in ihr erhalten können. Das ist der Kern auch von Martha Nussbaums »capabilities approach« (2004). Sie sieht im Tier »eine komplexe Lebensform mit einem intrinsischen Wert, deren Achtung sich in der Ermöglichung zur Verwirklichung seiner spezifischen Merkmale bzw. seiner freien Entfaltung (flourishing) ausdrückt« (zit. nach Ferrari, 2008, S. 159). Tiere haben Anlagen, die nach Entfaltung streben, und dieses Streben wird in der Achtung ihrer Würde als moralisch relevant anerkannt. »By ›good of their own‹ (or ›natural good‹) we mean that animals have ends and purposes of themselves that are characteristics to them« (Rutgers u. Heeger, 1999, S. 43). Wenn auch die Details in der fachphilosophischen Diskussion erkennbar divergieren, wird man eine Präzisierung des Würde-Konzepts sehen können: »Bei Lebewesen kann man davon sprechen, dass sie selbst Zwecke haben. Die internen Funktionen und das äußere Verhalten eines Lebewesens sind darauf angelegt, dass es überlebt, sich reproduziert und sich an verändernde Umwelteinflüsse anpassen kann. Jedes Lebewesen ›sucht‹, sich am Leben zu erhalten, und ›versucht‹, auf eine ihm einzigartige Weise sein eigenes Gut zu bewahren, zu steigern oder zu erreichen« (Balzer et al., 1998, S. 43).

Dieses Zitat aus einem der einflussreichsten Statements zum Thema, dem BUWAL-Gutachten von Balzer et al., gibt so etwas wie eine Überzeugung wieder, die viele Autoren teilen. »Um ihretwillen« soll heißen, weil sie für sich selbst etwas wie »Güter« kennen.

Dies kommt einer Denkfigur nahe, die auf Taylors »inherent worth« zurückgeht und die A. Siegelsleitner so auf den Punkt bringt: »X hat inhärenten Wert genau dann, wenn sein Wohlergehen um seiner selbst willen berücksichtigt werden muss« (Siegetsleitner, 2007, S. 113).

Noch einen Schritt weiter, dann lassen sich beides, Eigenwert und Eigenart, zusammenführen: Warum nämlich sollte ein Lebewesen je einen besonderen, inhärenten Wert haben? Doch wohl, weil Lebewesen auf ein solches Wohlergehen hin angelegt sind, das bei Tieren üblicherweise mit ihrem Wohlbefinden korreliert. Dies ist für sie selbst ein Gutes. »By ›good of their own‹ (or ›natural good‹) we mean that animals have ends and purposes of themselves that are characteristics to them«, sagten wir oben. Durch die Eigenart ihrer spezifischen Lebensweise ist festgelegt, worin für sie dieses »Gut« liegt und wie sie es erreichen; die Einbeziehung des Eigenwertes bedeutet, dass dieses »Gute« für unser Handeln zum Maßstab werden kann. Wir respektieren Tiere, wenn wir ihr Bestreben unterstützen, das zu erreichen, was in ihrem Leben und in ihrer Lebensform »Wert« hat. Dies wiederum hängt natürlich davon ab, mit welcher Art von Lebewesen wir es zu tun haben. Bei Balzer et al. heißt es: »Ein Verstoß gegen die kreatürliche Würde liegt dann vor, […] wenn Lebewesen darin beeinträchtigt werden, jene Funktionen und Fähigkeiten auszuüben, die Wesen ihrer Art in der Regel haben« (Balzer et al., 1998,

S. 60). Damit wird moralisch relevant, was das jeweilige Wesen zu dem macht, was es ist, als reale, individuelle Konkretion eines *eidos,* eines »Wesens«; besser: einer »Natur«, die es zu dem macht, was es ist; etwas, das Bernard E. Rollin einmal in die Fassung »the pigness of the pig, the cowness of the cow« gebracht hat (Rollin, 1995, S. 157).

Wie problematisch eine solche Rede sowohl biologisch wie philosophisch ist, kann gar nicht bestritten werden. Umgekehrt löst die Würde damit den Anspruch ein, gleichsam vom Tier aus zu denken und zu urteilen. Es ist gerade der Auftrag, sich bei der Bestimmung des den Tieren Zuträglichen von deren Eigenarten leiten zu lassen. Damit schließt die Achtung vor der Würde des Tieres die »zoorelationale« Perspektive nicht aus, sondern bei Licht besehen, gerade ein.

Parallel zur Ausbreitung des Würdegedankens lässt sich zum Beispiel mit Blick auf das Nutztier eine Wende zum »animal welfare« konstatieren, die nicht oder nicht notwendig auf dem Würde-Konzept aufbaut, aber es kongenial illustriert und in die Praxis überführt: ein Maß nehmen an dem, was den Tieren je ihrer Art nach an Möglichkeiten offensteht, und was nach größtmöglicher Realisierung durch entsprechende Haltungsbedingungen und entsprechendes Management drängt.

Es geht im Kern also nicht mehr um eine Abschattung der Menschenwürde oder eine abgeschwächte Fassung von ihr, sondern um die Anerkennung eines eigenen moralischen Status für Tiere, der gerade ihre Andersartigkeit bedenkt. In einer ersten Studie zum Thema haben Praetorius und Saladin (1996, S. 42) den Gedanken formuliert, dass die Würde der Kreatur die Anerkennung eines unaufhebbar Fremden in sich trägt.

Die Konfrontation mit einem unbegreiflichen Anderen – durchaus vergleichbar mit einem Bekehrungserlebnis – wird dem ans Kontrollieren und Vereinnahmen gewöhnten »europäischen Geist widerfahren« müssen, will er die »Würde der Kreatur« in ihrer vollen Bedeutung erfassen.

Diese dialektische Pointe in einer solchen Würdigung nicht-menschlichen Lebens durch den Menschen fand in der Rezeption des Terminus eine eher schwache Aufnahme. Dabei hatte schon 1984 Robert Spaemann in einem Beitrag über »Tierschutz und Menschenwürde« darauf hingewiesen, dass es zur geistigen Begabung des Menschen und zu seiner moralischen Pflicht gehört, dieses Andere zu respektieren. Er sprach von der Fähigkeit, der naturwüchsigen Expansion des eigenen Machtwillens Grenzen zu setzen, einen nicht auf eigene Bedürfnisse bezogenen Wert anzuerkennen, in der Fähigkeit, anderes in Freiheit »sein zu lassen« (Spaemann, 1984, S. 76). In Spaemanns Worten macht es gerade die Menschenwürde aus, »im Umgang mit der Wirklichkeit deren eigenen Wesen Rechnung zu tragen« (Spaemann, 1984, S. 77).

Es geht gerade nicht um die »Eingemeindung« des Tieres, sondern um den wachen Sensus für das ihm Eigene und seine eigenen Bedürfnisse. Ein würdiger Umgang mit Tieren nimmt Maß an ihnen. Dies lässt sich zwanglos mit einem Bestimmungsstück von »Würde« ganz allgemein verbinden, die damit eine Ausdeutung erfährt: Jemanden menschenwürdig behandeln heißt: einem Menschen das Seine zukommen lassen, ihn als Mensch behandeln, allgemeiner: ihn angemessen behandeln. Entsprechend gehört es zur Bestimmung der Würde der Kreatur: Würdigen heißt, etwas als das behandeln, was es ist.

Die Fähigkeiten dazu hat der Mensch insofern, als er im Umgang mit Tieren in der Lage ist, diese Beziehung zu ihnen nicht vollständig von seinen eigenen Nutzungsinteressen geprägt sein zu lassen. Sowohl theoretisch wie praktisch ist dem Menschen durchaus zuzutrauen und zuzumuten, Tiere Tiere sein zu lassen und sie je in ihrer Eigenart ernst zu nehmen.

Wie über die Integrität (siehe oben) kann man auch über die Würde sagen: Im Doppelkonzept der Würde kommen damit beide Merkmale der momentan zu beobachtenden »Trendwende« in der tierethischen Diskussion – die Wendung einerseits zurück zum Menschen und seiner spezifischen Rolle als moralischer Akteur in der Mensch-Tier-Beziehung und andererseits hin zu moralisch relevanten Aspekten des tierlichen Lebens – die jenseits von Schmerz und Leid liegen, besonders deutlich zum Ausdruck.

4   Würde und Integrität als komplementäre tierethische Konzepte

Die vergleichsweise neuen tierethischen Konzepte Würde und Integrität werden häufig als konkurrierende, einander ausschließende Ansätze präsentiert, die zur Behebung der Mängel des Pathozentrismus einen jeweils anderen Weg wählen.

Im Gegensatz dazu soll im Folgenden kurz skizziert werden, wie sie sich gegenseitig unterstützen und vor Einseitigkeiten bewahren können. Da die Stärken und Schwächen beider Konzepte jeweils in unterschiedlichen Bereichen liegen, bieten sie sich für eine Zusammenführung im Rahmen eines integrativen, pluralistischen tierethischen Ansatzes an.

Die größte Stärke des Würdebegriffs ist sein appellativer Charakter. Besonders deutlich wird dies im humanethischen Bereich, wo der Begriff der Menschenwürde im normativen Sinn einen absoluten Wert bezeichnet. Der Besitz von Würde begründet hier direkt einen herausgehobenen moralischen Status. Zugleich wirkt der Hinweis auf eine mögliche Verletzung der menschlichen Würde als ein unmittelbares und überaus starkes Warnsignal für eine Handlung, die grundlegenden Normen des menschlichen Zusammenlebens zuwiderläuft. Zwar wird die tierliche Würde im Allgemeinen nicht als absoluter, sondern als relativer moralischer Wert verstanden. Das ändert aber nichts an der Motivationskraft, die die Rede vom Schutz der Würde des Tieres entfalten kann.

Im Gegensatz dazu verbinden wir mit dem Begriff »Integrität« nicht schon vorreflexiv eine starke moralische Komponente. Zudem ist er emotional weit weniger durch seine Verwendung in der Humanethik vorgeprägt. Zwar findet auch das Integritätskonzept außerhalb der Tierethik, etwa im Bereich der Medizinethik, als normatives Konzept Anwendung. Aber die Konstatierung der körperlichen Integrität eines Organismus besitzt nicht notwendigerweise ein ähnliches moralisches Gewicht und bewirkt keine vergleichbare Dringlichkeit zum Schutz der tierlichen Integrität, wie es bei der Zuschreibung von Würde der Fall ist. Durch den Verweis auf die tierliche Würde kann daher das weniger eingängige, »nüchternere« Integritätskonzept normativ belebt und seine motivationale Kraft entscheidend gesteigert werden.

Andererseits kann das Integritätskonzept das am Menschen ausgerichtete Würde-
konzept vor einer einseitig anthroporelationalen Ausrichtung bewahren, indem es dieses
um eine inhaltlich gehaltvollere Ebene ergänzt, die unmittelbar an das Tier selbst und
seine Bedürfnisse gekoppelt ist. Denn was genau als Würdeverletzung gilt, läge letztlich im menschlichen Ermessen, wenn es nicht durch Kriterien präzisiert würde, wie
sie aus der Diskussion um die Integrität von Tieren bekannt sind. Das Würdekonzept
bewegt sich nicht automatisch »fern vom Tier«, aber es kann leicht in diese Falle tap-
pen – gerade weil der Begriff der Würde stark von seiner Verwendung im Kontext der
Humanethik geprägt ist. Zwar legt das hier vorgestellte Würdekonzept großes Gewicht
darauf, eine zu anthropomorphe Sicht zu vermeiden, indem es die charakteristische
Eigenart des Tieres in den Mittelpunkt stellt. Aber die Merkmale, die wir für die Würde
eines Tieres als charakteristisch ansehen, sind nicht notwendig in grundlegender Weise
mit dem Organismus verbunden; sie können für die konkreten tierlichen Bedürfnisse
irrelevant sein. Dadurch besteht auch hier die für stark anthroporelationale Ansätze
typische Gefahr, dass letztlich der Mensch als Maßstab für die Wahrung und Verletzung
tierlicher Würde dient. Aus menschlicher Sicht verletzen zum Beispiel Handlungen die
Würde, wenn sie ein zur Selbstachtung fähiges Lebewesen als erniedrigend verstehen
würde (Balzer et al., 1998). Entsprechend wird als Beispiel für eine Verletzung der Tierwürde häufig das Lächerlichmachen von Tieren durch Verkleidungen genannt. Bei der
Tierwürde handelt es sich dann aber nicht um ein *tierethisches* Kriterium im eigentlichen
Sinne, sondern um ein rein menschliches Konzept, da es erst durch den Menschen einen
Bezug zu dem entsprechenden Wesen erhält. Der Eindruck, dass etwa die Zucht blinder
Hühner aus moralischer Sicht *prima facie* falsch ist, scheint aber doch zu beinhalten,
dass hier den Lebewesen selbst ein Unrecht geschieht, nicht nur, dass dem Bild, das der
Mensch von einem »glücklichen und würdevollen Huhn« hat, nicht entsprochen wird.
Der Integritätsansatz trägt diesem vorreflexiven Eindruck besser Rechnung, indem er
auf die Notwendigkeit tierlicher Eigenschaften wie dem Sehvermögen als Grundlage
für Integrationsfähigkeit und Autonomie verweist. Zugleich verleiht der Würde-An-
satz dem aus dem Integritätskonzept abgeleiteten Einwand gegen eine entsprechende
Handlung größere normative Dringlichkeit.

Für eine gelingende Mensch-Tier-Beziehung ist es unerlässlich, dass wir Tiere nicht
nur, wahlweise, als Objekte der Forschung, als Konsumgüter, als Partnerersatz oder
auch als Objekte unseres Schutzes ansehen, sondern uns um eine nichtreduktionistische, detaillierte Wahrnehmung des Tieres in seiner Eigenart, mit all seinen individuellen und artspezifischen Eigenheiten und Bedürfnissen bemühen, das heißt um eine
Erweiterung der Wahrnehmung auf das Tier als Ganzes, als autonomes Subjekt mit
Integrität *und* Würde. Um dieses Ziel zu erreichen, sollten Integrität und Würde als
komplementäre Konzepte angesehen werden, die sich ergänzen und erst gemeinsam
ihre ganze Kraft entfalten.

Beide zusammen können in der Praxis dazu beitragen, die Verantwortung des Menschen für Tiere besser zu bestimmen und ihr auch das gebührende Gewicht verleihen.
Die tierethischen Fragen, die nach Prinzipien verlangt haben über die Pathozentrik

hinaus, werden uns auch weiter begleiten und sich vermutlich sogar noch verschärfen: Quer durch die praktischen Mensch-Tier-Beziehungen, also im Bereich sowohl von Nutztieren als auch Versuchstieren und sogar den Heimtieren, verlegen sich die Probleme weiterhin auf Fragen der Genetik, der Zucht und der Gentechnologie. In der Perspektive der Integrität kommt es darauf an, zu präzisieren, wie tief, vom Tier aus gesehen, diese Zugriffe sind und wie sie sich mit dem Tier als einem integral organisierten Wesen vereinbaren lassen. In der Perspektive der Würde wird sich herausstellen, wo die moralischen Grenzen zu ziehen sind – dort nämlich, wo die Eingriffe in die Eigenart der Tiere die Wahrung ihres Eigenwerts unterminieren.

Vielleicht könnte man es so formulieren: Die Würde verleiht der Integrität größere Kraft, die Integrität der Würde einen schärferen Blick.

Literatur

Balzer, P., Rippe, K. P., Schaber, P. (1998). Menschenwürde vs. Würde der Kreatur. Freiburg u. München: Alber.

Baranzke, H. (2002). Würde der Kreatur? Würzburg: Königshausen & Neumann.

Bovenkerk, B., Brom, F. W. A, van den Bergh, B. J. (2002). Brave New Birds. The Use of ›Animal Integrity‹ in Animal Ethics. Hastings Center Report, 32 (1), 16–22.

Brenner, A. (2003). Tierethik als Ethik der Wahrnehmung? In A. Brenner (Hrsg.), Tiere benennen (S. 67–85). Erlangen: Harald Fischer.

Brom, F. W. A. (2000). The Good Life of Creatures with Dignity. Journal of Agricultural and Environmental Ethics, 13, 54–63.

Cox, D., La Caze, M., Levine, M. (2003). Integrity and the Fragile Self. Aldershot: Ashgate.

DeGrazia, D. (1996). Taking Animals Seriously. Cambridge: Cambridge University Press.

Eidgenössische Ethikkommission für die Biotechnologie im Ausserhumanbereich, EKAH/für Tierversuche, EKTV (2001). Die Würde des Tieres. Bern u. Basel: EKTV, SAMW/SANW.

Ferrari, A. (2008). Genmaus und Co. Erlangen: Harald Fischer.

Holdrege, C. (2002). Seeing the Integrity and Intrinsic Value of Animals. Developing Appreciative Modes of Understanding. In D. Heaf, J. Wirz (Hrsg.), Genetic Engineering and the Intrinsic Value and Integrity of Animals and Plants (S. 18–23). Hafan: Ifgene.

Kunzmann, P. (2007). Die Würde des Tieres zwischen Leerformel und Prinzip. Freiburg u. München: Alber.

Linnemann, M. (Hrsg.) (2000). Brüder – Bestien – Automaten. Das Tier im abendländischen Denken. Erlangen: Harald Fischer.

McClenaghan, M., Springbett, A., Wallace, R. M., Wilde, C. J., Clark, A. J. (1995). Secretory Proteins Compete for Production in the Mammary Gland of Transgenic Mice. Biochemical Journal, 310, 637–641.

Nussbaum, M. C. (2004). Beyond ›Compassion and Humanity‹. Justice for Nonhuman Animals. In C. R. Sunstein, M. C. Nussbaum (Hrsg.), Animal Rights (S. 299–320). Oxford: Oxford University Press.

Pollmann, A. (2005). Integrität. Aufnahme einer sozialphilosophischen Personalie. Bielefeld: transcript.

Praetorius, I., Saladin, P. (1996). Die Würde der Kreatur. Bern: Gutachten BUWAL.

Regan, T. (1983). The Case for Animal Rights. Berkeley u. Los Angeles: University of California Press.

Richter, D. (2007). Die Würde der Kreatur. Rechtsvergleichende Betrachtungen. Zeitschrift für ausländisches öffentliches Recht und Völkerrecht, 67, 319–349.

Rippe, K. P. (2002). Schadet es Kühen, Tiermehl zu fressen? In M. Liechti (Hrsg.), Die Würde des Tieres (S. 233–242). Erlangen: Harald Fischer.

Rollin, B. E. (1995). The Frankenstein Syndrome. Ethical and Social Issues in the Genetic Engineering of Animals. Cambrige: Cambridge University Press.

Rutgers, B., Heeger, R. (1999). Inherent Worth and Respect for Animal Integrity. In M. Dol, M. F. van Vlissingen, S. Kasanmoentalib, T. Visser, H. Zwart (Hrsg.), Recognizing the Intrinsic Value of Animals (S. 41–51). Assen: Van Gorcum.

Schmid, H. B. (2011). Moralische Integrität. Kritik eines Konstrukts. Frankfurt a. M.: Suhrkamp.

Schmidt, K. (2008). Blinde Hühner als Testfall tierethischer Theorien. Zeitschrift für philosophische Forschung, 62, 537–561.

Siegetsleitner, A. (2007). Zur Würde nichtmenschlicher Lebewesen. In S. Odparlik, P. Kunzmann (Hrsg.), Eine Würde für alle Lebewesen? München: Utz.

Singer, P. (1975). Animal Liberation. London: Jonathan Cape.

Sorabji, R. (1993). Animal Minds and Human Morals. The Origins of the Western Debate. Ithaca: Cornell University Press.

Spaemann, R. (1984). Tierschutz und Menschenwürde. In U. M. Händel (Hrsg.), Tierschutz. Testfall unserer Menschlichkeit (S. 71–81). Frankfurt a. M.: Fischer.

Webster, J. (2005). Animal Welfare. Limping towards Eden. Oxford u. a.: Blackwell.

Wemelsfelder, F. (1997). Investigating the Animal's Point of View. In M. Dol, S. Kasanmoentalib, S. Lijmbach, E. Rivas, R. van den Bos (Hrsg.), Animal Consciousness and Animal Ethics (S. 73–89). Assen: Van Gorcum.

Williams, B. (1984). Moralischer Zufall. Königstein/Ts.: Hain.

Markus Wild (Philosophie)

Die Relevanz der Philosophie des Geistes für den wissenschaftsbasierten Tierschutz

> *»Wenn ich mit meiner Katze spiele,*
> *wer weiß, ob sie sich nicht vielmehr die*
> *Zeit mit mir vertreibt als ich mit ihr.«*
> (Michel de Montaigne)

Die wissenschaftliche Disziplin, um deren Relevanz für den wissenschaftsbasierten Tierschutz es gehen wird, ist die Philosophie des Geistes (»philosophy of mind«). Die Philosophie des Geistes befasst sich mit der Natur geistiger Phänomene. Im Folgenden wird im ersten Teil die Philosophie des Geistes charakterisiert, ihr Zusammenhang mit Tierschutz und Tierethik aufgezeigt und von der naturwissenschaftlichen Forschung zur Tierkognition (Ethologie) abgesetzt. Anschließend wird gezeigt, dass die Philosophie des Geistes und die Ethologie in ihrer jüngeren Geschichte Berührungspunkte aufweisen, insbesondere teilen sie eine strikte und problematische Trennung zwischen Gedanken (Intentionalität, Kognition) und Bewusstsein (subjektives Erleben). Anhand zweier Beispiele wird im zweiten Teil gezeigt, was die Philosophie des Geistes dazu beitragen kann, Schmerz und Leid zu bestimmen, und was sie dazu beitragen kann, Tiere als eigenständige Wesen zu verstehen.

1 Philosophie des Geistes, Tierkognition und Tierschutz

1.1 Was ist Philosophie des Geistes?

Die Philosophie des Geistes ist jener Teilbereich der philosophischen Forschung, der sich mit der Natur geistiger Phänomene befasst, insbesondere mit ihrem Zusammenhang mit dem Verhalten, dem Körper und dem Hirn. Zu diesen geistigen Phänomenen gehören zum Beispiel Gedanken, Urteile, Wünsche, Absichten, Gefühle, Empfindungen, Träume, das Denken, der Wille, das Bewusstsein, das Selbstbewusstsein, die Wahrnehmung usw.

In den letzten Jahren ist die Frage nach dem Geist der Tiere in den Fokus der philosophischen Aufmerksamkeit gerückt (Bermúdez, 2003; Perler u. Wild, 2005; Hurley u. Nudds, 2006; Ingensiep u. Baranzke, 2008; Wild, 2008; Lurz, 2009, 2011; Glock, 2009, 2010; Andrews, 2012). Der Grund dafür ist nicht primär ethischer Natur. Die Gründe liegen vielmehr in der Abkehr vom einseitigen sprachlichen Bild des Denkens, das weite Teile der Philosophie im 20. Jahrhundert beherrscht hat, sowie im Zusammenrücken von philosophischer und empirischer Forschung (Wild, 2012). Im Hinblick auf den letzten Punkt ist aber zu bedenken, dass die Philosophie des Geistes, wie jede philosophische Disziplin, eine abstrakte Disziplin ist, die sich um Grundlagen bemüht. In der philosophischen Reflexion sind Möglichkeiten ebenso relevant wie Realitäten, Begriffe ebenso wichtig wie Fakten. Philosophische Disziplinen kennen naturgemäß keine direkte praktische Anwendung. Entsprechend ist die Relevanz der Philosophie des Geistes für den wissenschaftsbasierten Tierschutz keine der direkten praktischen Anwendung. Die Philosophie des Geistes entfaltet ihre Relevanz im Kontakt mit der naturwissenschaftlichen Erforschung der Tierkognition und in der Reflexion auf geistige Phänomene wie Denken oder Schmerz. Insofern diese Phänomene in Argumenten für oder gegen den Tierschutz eine Rolle spielen, spielt auch die Philosophie des Geistes darin eine Rolle. Eine andere Möglichkeit bestünde darin, zu zeigen, dass sich Menschen und bestimmte Tiere in mancherlei Hinsicht geistig oder kognitiv sehr nahestehen, und in Frage zu stellen, ob dann die moralische Distanz zwischen ihnen gewahrt bleiben darf (Benz-Schwarzburg u. Knight, 2011). Dieser Ansatz ist wichtig, er betrifft aber nur uns kognitiv nahestehende Tiere (wie z. B. Menschenaffen), nicht aber uns kognitiv fernstehende Tiere (wie z. B. Fische).

1.2 Welchen Beitrag leistet die Philosophie des Geistes zu Tierethik und Tierschutz?

Die meisten Varianten der Tierethik und des Tierschutzes fassen Tiere als Wesen auf, die Subjekte geistiger Phänomene sind (Singer, 1975; Regan, 1988; Wolf, 1990; Armstrong u. Botzler, 2003; Sunstein u. Nussbaum, 2006). Tiere, so wird behauptet, empfinden Schmerz und Leid, erleben Gefühle, verfolgen Absichten, befriedigen Wünsche, hegen Pläne oder verfügen über Selbstbewusstsein. In Begründungen für den Tierschutz und in Argumenten in der Tierethik spielen Zuschreibungen geistiger Zustände eine tragende Rolle. Die Relevanz der Philosophie des Geistes für den wissenschaftsbasierten Tierschutz liegt somit auf der Hand: Sie besteht in der Verteidigung der Zuschreibung geistiger Phänomene gegenüber Tieren.

Betrachten wir zur Illustration ein gängiges tierethisches Argument:

1. Kriterien für die Zuschreibung von Empfindungen finden sich sowohl bei Menschen als auch bei Tieren.
2. Empfindungen führen immer eine Valenz mit sich, das heißt, sie sind positiv (wie Freude) oder negativ (wie Schmerz).
3. Tiere haben ein Interesse daran, Empfindungen mit negativer Valenz nicht zu haben und solche mit positiver Valenz zu haben.
4. Wir sind moralisch verpflichtet, die Interessen aller gleich zu berücksichtigen.
5. Wir sind moralisch verpflichtet, die Interessen der Tiere zu berücksichtigen.

Die ersten drei Schritte beinhalten Aussagen über geistige Phänomene (Empfindungen). Ab Schritt 4 haben wir es jedoch mit ethischen Thesen zu tun, die nicht in den Bereich der Philosophie des Geistes fallen.[1] Natürlich enthalten die ersten drei Schritte philosophische Thesen, nämlich die Thesen, dass sich Zuschreibungskriterien für Empfindungen bei Mensch und Tier finden, dass Empfindungen eine Valenz mit sich führen und dass Tiere, wie Menschen, bestimmte Interessen verfolgen.

Wie wir weiter unten in der Diskussion um den Fischschmerz sehen werden, unterscheiden sich die Kriterien für die Zuschreibung etwa von Schmerzerlebnissen bei Menschen und anderen Säugetieren auf der einen und Fischen auf der anderen Seite nur unerheblich. Darüber hinaus scheint es unbestreitbar, dass Schmerzerlebnisse eine negative Valenz mit sich führen. Schmerzen fühlen sich unangenehm an, und Lebewesen wollen sie in aller Regel loswerden oder vermeiden. Es gibt reale und vorstellbare Fälle, auf die dies nicht zutrifft, und so könnte man argumentieren, dass die negative Valenz dem Schmerz nicht notwendig anhaftet. Doch für die uns interessierenden Fälle sind die Anzeichen für eine negative Valenz ausreichend: Wesen, die mit schädigenden (noxischen) Reizen konfrontiert werden und diese neuronal verarbeiten können, legen in der Regel ein Verhalten an den Tag, das auf eine negative Gesamtverfassung verweist (sie vernachlässigen gewöhnliche Verhaltensroutinen, lernen noxische Reize zu meiden und noxische Reizungen zu lindern usw.). Diese Verhaltensweisen geben zugleich einen Hinweis darauf, was im Falle von Tieren mit dem »Interesse« gemeint sein könnte, Empfindungen mit negativer Valenz nicht zu haben. Es geht nicht nur darum, ob Tiere gewisse Reize einfach nur tatsächlich fliehen. Es kann auch nicht darum gehen, ob Tiere den ausdrücklichen Wunsch hegen, solchen Reize im Allgemeinen nicht ausgesetzt zu sein. Vielmehr geht es darum, dass Tiere lernen, solche Reize zu meiden und Vermeidungsverhalten flexibel einsetzen, dass sie gereizte Stellen bearbeiten und ihr Verhalten der negativen Gesamtverfassung anpassen. Dies sind Fragen und Diskussionen, die in der Philosophie des Geistes einen Platz haben.

1.3 Beziehungen zwischen Philosophie des Geistes und empirischer Erforschung der Tierkognition

Gegen das Gesagte könnte nun ein eifriger Verfechter der Naturwissenschaften Folgendes einwenden: »Am eben gegebenen Beispiel wird offensichtlich, dass die Naturwissenschaft entscheidend ist. Ob bestimmte Tiere unter Stress stehen oder Lust empfinden, sagt uns die experimentelle Forschung. Es mag sein, dass sich die Philosophie des Geistes mit der Natur geistiger Phänomene befasst, Theorien aufstellt, Begriffe analysiert, Erfahrungen reflektiert. Doch Fragen über geistige Phänomene bei Tieren beantworten die zuständigen naturwissenschaftlichen Disziplinen wie Biologie, Ethologie, Neurologie und Psychologie. Diese Antworten werden allein von sachverständigen Peers beurteilt. Experimente statt Theorien! Daten statt Begriffe! Fakten statt Reflexionen!

---

1 Bislang mangelt es an Publikationen, die systematisch nach dem Zusammenspiel von Philosophie des Geistes und Tierethik fragen.

Im wissenschaftsbasierten Tierschutz kommt der Philosophie des Geistes deshalb keine wirkliche Relevanz zu.«

Will man das oben angeführte Argument für die Relevanz der Philosophie des Geistes für den wissenschaftsbasierten Tierschutz und die Tierethik verteidigen, muss man auf Einwände dieser Art antworten. Zwar arbeiten heute Vertreter der Philosophie des Geistes und der genannten naturwissenschaftlichen Disziplinen eng zusammen, darüber sollte aber nicht vergessen werden, dass philosophische und empirische Forschungen auf unterschiedlichen Ebenen operieren, auch wenn sie bisweilen parallel laufen, ineinander übergehen und sich gegenseitig befruchten. Um auf diesen Einwand zu antworten, können wir kurz zwei Beispiele betrachten. Sie betreffen Gedanken und Schmerzen. Wir werden im zweiten Teil ausführlich auf diese paradigmatischen geistigen Phänomene zurückkommen.

Beispiel 1: Seit über dreißig Jahren stellen sich Psychologen und Biologen die Frage, ob Tiere in der Lage sind, ihren Artgenossen Gedanken zuzuschreiben (Premack u. Woodruff, 1978; Lurz, 2011). Erfasst ein Häher, was seine Artgenossen denken? Weiß ein Schimpanse, was seine Artgenossen wissen oder nur zu wissen meinen? Diese Diskussion läuft unter dem Titel »Theorie des Geistes« (»theory of mind«) oder »Gedankenlesen« (»mindreading«) und dreht sich um die Frage, ob Tiere die Gedanken von Artgenossen erfassen (»lesen«) können. Doch haben Tiere *überhaupt* Gedanken? Vielleicht setzt das Haben von Gedanken sprachliche Fähigkeiten voraus. Dann würden sich bei Tieren in Wirklichkeit keine dieser Fähigkeiten finden, und Diskussionen über die Theorie des Geistes wären eitel. Wie soll man die Frage entscheiden, ob Tiere überhaupt über Gedanken verfügen? Was heißt Denken? Was sind die Voraussetzungen für Gedanken? Hier haben wir es offenbar nicht mit naturwissenschaftlichen, sondern mit philosophischen Fragen zu tun.

Beispiel 2: Im Jahr 2003 machten Forschungsresultate weltweit Schlagzeilen, die nahelegen, dass Fische Schmerzen empfinden (Sneddon, Braithwaite u. Gentle, 2003a, 2003b). Die Reaktionen waren gespalten. Für einige war es offensichtlich, dass sie Schmerzen empfinden, andere fanden die Idee abstrus. Dieser Zwiespalt durchzieht auch die naturwissenschaftliche Debatte. Obwohl eine eindrückliche Reihe naturwissenschaftlicher Fakten auf dem Tisch liegt, bleiben Fragen: Haben Fische wirklich *Schmerzen*? Können wir Fischen *Bewusstsein* zuschreiben? Ein Bewusstsein *von* ihren Schmerzen? Hier haben wir es nicht allein mit naturwissenschaftlichen, sondern auch mit philosophischen Fragen zu tun.

Die angeführten Beispiele verweisen auf unterschiedliche Entfernungen zwischen Philosophie des Geistes und empirischer Forschung. In Beispiel 1 geht es um die berechtigte Zuschreibung von Gedanken gegenüber sprachlosen Tieren *überhaupt*. Vielleicht ist das Sprechen einer Sprache eine notwendige Bedingung für das Haben von Gedanken. Dies sind nun zweifellos keine empirischen Probleme, auf die man experimentelle

Auskünfte erwarten könnte, sondern philosophische Fragen. Beispiel 2 fragt nach Schmerzerleben bei bestimmten Tieren (Fische). Hier geht es nicht darum, ob Tiere überhaupt Schmerzen erleben, denn in der Debatte wird zugestanden, dass Säugetiere Schmerzen erleben können. Doch trifft dies auch auf Fische zu? Es geht also darum, wie weit wir den Kreis jener Tiere ausweiten müssen, die bestimmte geistige Phänomene (Schmerz) an den Tag legen. Hier gehen Philosophie des Geistes und empirische Forschung Hand in Hand, denn hier sind empirische Forschungen ebenso wichtig wie begriffliche Klärungen.

Aus diesen Beispielen ergibt sich Folgendes: Fragen nach geistigen Phänomenen bei Tieren sind nicht allein naturwissenschaftliche, sondern auch philosophische Fragen, weil sie stets auch die Natur der geistigen Phänomene betreffen. Und die Disziplin, die sich mit geistigen Phänomenen im Allgemeinen befasst, ist die Philosophie des Geistes. Und Fragen nach geistigen Phänomenen bei Tieren haben eine Relevanz für den wissenschaftsbasierten Tierschutz und die Tierethik. Also hat auch die Philosophie des Geistes eine Relevanz für die Tierethik und den wissenschaftsbasierten Tierschutz.

1.4 Drei Grundfragen der Philosophie des Geistes

Kehren wir nun wieder zu den geistigen Phänomenen zurück, mit denen sich die Philosophie des Geistes befasst. Zu diesen Phänomenen gehören zum Beispiel Gedanken, Urteile, Wünsche, Absichten, Gefühle, Empfindungen, Träume, das Denken, der Wille, das Bewusstsein, das Selbstbewusstsein, die Wahrnehmung usw. Eine Reihe schwieriger Fragen stellt sich angesichts dieser Phänomene – Fragen, die hoch aktuell sind und nicht nur die Philosophie beschäftigen. Sind alle geistigen Phänomene bewusst? Woher weiß ich, ob ein Wesen bei Bewusstsein ist? Woher weiß ich, ob es überhaupt Bewusstsein hat? Wie verhalten sich geistige Phänomene zum Hirn? Ist der Geist mit dem Hirn identisch? Wenn ja, in welchem Sinne identisch? Bin ich mein Hirn? Ist der Geist vom Körper verschieden? Wenn ja, in welchem Sinne? Ist der Wille frei oder unfrei? Kann ich meinen Tod überleben? Solche Fragen lassen sich grob auf drei Grundfragen zurückführen:
1. Was ist die Natur geistiger Phänomene? (Wesensfrage)
2. Welchen Wesen kann man berechtigterweise geistige Phänomene zuschreiben? (Erkenntnistheoretische Frage)
3. Wie verhalten sich geistige Phänomene zu körperlichen Phänomenen? (Metaphysische Frage)

Tatsächlich befasst sich der überwiegende Teil der Debatten in der Philosophie des Geistes mit der metaphysischen Frage (dem sogenannten »Leib-Seele-Problem«). Allerdings muss man beachten, dass die Diskussion von Frage 3 nicht unabhängig von Frage 1 geführt werden kann, denn um zu einer Lösung des Problems zu gelangen, wie sich geistige Phänomene zu körperlichen verhalten, muss man zunächst eine Vorstellung davon entwickeln, was geistige Phänomene ihrer Natur nach sind.

Dagegen scheint Frage 2 zunächst keine besonderen Probleme zu stellen. Im Allgemeinen schreiben wir erwachsenen Personen routiniert Urteile, Wünsche, Absichten, Gefühle usw. zu und sind auch der Ansicht, dass wir dies berechtigterweise tun. Freilich, es gibt das skeptische »Problem des Fremdpsychischen«. Der Skeptiker möchte wissen, worin genau die Berechtigung der Zuschreibungen geistiger Phänomene besteht, denn alles, was wir als Ausgangspunkt haben, ist körperliches Verhalten. Wie berechtigt ist unsere Meinung, dass diesem oder jenem Verhalten geistige Phänomene zugrunde liegen? Vielleicht sind andere Menschen nur Zombies ohne geistiges Innenleben, die sich nur so verhalten, als ob sie über ein solches Innenleben verfügten. Das mag im Hinblick auf Personen weit hergeholt scheinen.[2] Im Hinblick auf Tiere ist diese Möglichkeit aber nicht so weit hergeholt. Folgen Spinnen Absichten, wenn sie ihre Netze spannen? Haben Mücken Angst, wenn sie sich im Spinnennetz verheddern? Machen sich Schimpansen Gedanken darüber, was in ihren Artgenossen vorgeht? Erinnern sie sich an Erlebnisse? Haben sie Zweifel, ob ihre Wünsche in Erfüllung gehen? Im Hinblick auf Tiere steht die erkenntnistheoretische Frage also offensichtlich stärker im Vordergrund. Allerdings muss man auch in diesem Fall beachten, dass die Diskussion der Frage 2 nicht unabhängig von Frage 1 sein kann, denn um zu einer Lösung des Problems zu gelangen, welchen Wesen man berechtigterweise welche geistigen Phänomene zuschreiben darf, muss man zunächst eine Vorstellung davon haben, was geistige Phänomene sind.

Die wichtigste Aufgabe der Philosophie des Geistes besteht also in einer angemessenen Charakterisierung geistiger Phänomene. Sie muss zuerst eine adäquate Auffassung der Natur dieser Phänomene erarbeiten. Erst dann kann sie zu der epistemologischen und zu der metaphysischen Frage voranschreiten.

1.5 Philosophie des Geistes und kognitive Wende

Kehren wir nochmals zu dem eifrigen Verfechter der Naturwissenschaft zurück, der oben zu Wort gekommen ist. Er vergisst etwas. Er vergisst, dass die seit dreißig Jahren so erfolgreiche Forschung zur Tierkognition und die Philosophie des Geistes in ihren Anfängen eng zusammengearbeitet haben. Werfen wir also einen Blick zurück. Seit wann gibt es Philosophie des Geistes?

Die Philosophie des Geistes ist der Sache nach so alt wie die Philosophie. Seit Aristoteles (384–322 v. Chr.) befassen sich Philosophen mit der Natur geistiger Phänomene. Und seit Aristoteles spielen auch Tiere – ihr Verhalten und ihre geistigen Fähigkeiten – eine wichtige Rolle dabei (Sorabji, 1993). Allerdings wird bisweilen behauptet, dass die Philosophie des Geistes erst in der Neuzeit zu einem besonderen Gegenstand für die

---

2 Allerdings gibt es hier einen interessanten theoretischen Zusammenhang zur Frage 3. Einige Philosophen behaupten nämlich, dass die Tatsache, dass wir uns das körperliche Verhalten als unabhängig von geistigen Phänomenen vorstellen können, zeige, dass geistige und körperliche Phänomene ihrer Natur nach ganz verschieden sind (Chalmers, 1996).

Philosophie geworden sei, und zwar insbesondere seit René Descartes (1596–1650). Descartes habe einen metaphysischen Dualismus, das heißt eine strikte Unterscheidung zwischen Geist und Körper, eingeführt. Bekanntlich stellte Descartes auch die These auf, dass das Verhalten und die mutmaßlichen geistigen Fähigkeiten der Tiere auf mechanistischer Grundlage erklärt werden können und dass unter den bekannten Lebewesen allein Menschen über geistige Fähigkeiten verfügen (Wild, 2006). Man kann die Entstehung der Philosophie des Geistes aber auch auf die Entstehung der wissenschaftlichen Psychologie im 19. Jahrhundert zurückführen. Somit wären die Arbeiten von Wilhelm Wundt (1832–1920) oder William James (1842–1910) Gründungsdokumente der Philosophie des Geistes. Sowohl Wundt als auch James haben sich eigens mit menschlichen und tierlichen psychischen Fähigkeiten auseinandergesetzt (Wundt, 1863; James, 1878). Diese drei möglichen Ursprünge der Philosophie des Geistes weisen ein interessantes Muster auf: Stets gehen sie einher mit einer intensiven philosophischen und naturwissenschaftlichen Beschäftigung mit dem Tier sowie mit dem Unterschied zwischen den kognitiven Fähigkeiten von Mensch und Tier. Darüber hinaus wäre für jede dieser drei Ursprünge eine vertiefte Beschäftigung mit dem moralischen Verhältnis des Menschen zum Tier nachzuweisen. So finden wir im Anschluss an Aristoteles bei den Philosophenschulen des Hellenismus Argumente für den Vegetarismus (Sorabji, 1993), im zeitlichen Umfeld von Descartes argumentieren Michel de Montaigne und seine Anhänger für eine Annäherung von Mensch und Tier (Montaigne, 1965, Bd. II, Kapitel 11 und 12), und die Entstehung des modernen Tierschutzgedankens und der modernen Tierrechtsbewegung darf man in den Reformbewegungen im Umbruch vom 19. zum 20. Jahrhundert sehen. Dies trifft nun auch für den Ursprung der Philosophie des Geistes im engeren Sinne zu, dem wir uns nun zuwenden.

Dem Namen nach und als eigener Teilbereich der akademischen philosophischen Forschung ist die Philosophie des Geistes erst seit Mitte des 20. Jahrhunderts fassbar. Sie ist ein Kind der sogenannten analytischen Philosophie. Dass um diese Zeit eine philosophische Spezialdisziplin entsteht, die sich mit geistigen Phänomenen befasst, hat innerphilosophische und außerphilosophische Gründe (Burge, 1992). Zu den außerphilosophischen Gründen gehört unter anderem die Kritik am Behaviorismus. Experimente mit Tieren legten selbst Behavioristen nahe, dass Verhaltensweisen von Tauben und Ratten mithilfe geistiger – vorsichtiger gesagt: kognitiver – Zustände erklärt werden müssen. Die Entstehung der Philosophie des Geistes hängt also mit der sogenannten »kognitiven Wende« in den 1950erJahren zusammen (Perler u. Wild, 2005, S. 43 ff.). Im Gegensatz zum Behaviorismus versteht der Kognitivismus den Geist als informationsverarbeitendes Gebilde, das aus angeborenem Vermögen und erlernten Fähigkeiten besteht.

Kognition ist ein weit gefasster Ausdruck. Die Ethologin Sara Shettleworth definiert ihn für die Tierkognition wie folgt: »Kognition bezeichnet Mechanismen, durch welche Tiere Informationen aus ihrer Umwelt aufnehmen, verarbeiten, speichern, aber auch tätig werden. Diese Mechanismen schließen Wahrnehmung, Lernen, Erinnerung und Entscheidungsfindung ein« (Shettleworth, 2010, S. 4). Einige Ethologen wollen unter

Kognition aber mehr verstanden wissen. Sie bezeichnen sich als kognitive Ethologen: »Die kognitive Ethologie ist die vergleichende, evolutionäre und ökologische Erforschung des Geistes von nichtmenschlichen Tieren – Denkprozesse, Meinungen, Vernunft, Informationsverarbeitung und Bewusstsein mit eingeschlossen« (Bekoff, 1998, S. 371). Man kann die kognitive Ethologie als Nachfolgerin der klassischen Ethologie verstehen, wie sie etwa Konrad Lorenz bekannt gemacht hat. Die klassische Ethologie interessiert sich in erster Linie für das Instinkt-Verhalten und orientiert sich dabei an vier Erklärungsprinzipen, nämlich i) externen Umweltursachen, ii) evolutionären Anpassungsvorteilen, iii) der phylogenetischen und iv) ontogenetischen Entwicklung eines Verhaltens. Anders als der Behaviorismus betrachtet die klassische Ethologie Tiere nicht als Verhaltensautomaten, sondern als Wesen, die durch die Evolution geformt sind und instinktive Verhaltensmuster ausbilden. Im Unterschied zur klassischen interessiert sich die kognitive Ethologie nicht vorrangig für das Instinkt-Verhalten, sondern für kognitive Verhaltensformen. Dabei verwendet sie auch Ausdrücke, die sich auf geistige Phänomene beziehen, und zwar nicht nur zur Beschreibung, sondern auch zur Erklärung von Tierverhalten. Sie ergänzt die vier genannten Erklärungsprinzipen der klassischen Ethologie also um ein fünftes: den Geist der Tiere (Bekoff u. Jamieson, 1993).

Der Biologe Donald Griffin (1915–2003) hat Begriff und Idee der kognitiven Ethologie eingeführt (Griffin, 1978). Zu den klassischen Studien der kognitiven Ethologie gehören die Arbeiten von Dorothey Cheney und Richard Seyfarth über Grüne Meerkatzen (Cheney u. Seyfarth, 1994). Während es Griffin in erster Linie darum geht, Zugang zum Bewusstsein der Tiere zu gewinnen (Griffin, 1976), interessieren sich Cheney und Seyfarth vorwiegend für die Kommunikation und das soziale Leben von Primaten. Diese Forschungen nun sind im Kontakt mit Vertretern der Philosophie des Geistes entstanden. Griffin ist der Entdecker der Echolokation bei Fledermäusen. Erst aufgrund dieser Arbeiten hat der Philosoph Thomas Nagel seinen berühmten Aufsatz »Wie ist es, eine Fledermaus zu sein?« schreiben können (Nagel, 1974). Nagels Überlegungen wiederum haben Griffins Bemühungen herausgefordert, das Bewusstsein der Tiere zu erforschen. Auch Seyfarth und Cheney haben Anregungen aus der Philosophie des Geistes erhalten und sind dem Ansatz von Daniel Dennett gefolgt (Dennett, 1983). Wir werden auf Dennetts Ansatz weiter unten eingehen. Schließlich hat der bereits zitierte Biologe Marc Bekoff zusammen mit dem Philosophen Collin Allen das Buch »Species of Mind« verfasst (Allen u. Bekoff, 1997). Darin versuchen die Autoren eine wissenschaftstheoretische Grundlegung der kognitiven Ethologie.

Forschungen im Bereich der kognitiven Ethologie wurden also durch die Philosophie des Geistes angeregt. Diese auch heute andauernde Zusammenarbeit ist deshalb kein Zufall, weil es der kognitiven Ethologie zunächst immer auch um methodische und begriffliche Grundlagen für ihre Arbeit ging. Die Philosophie des Geistes wiederum erhält aus der Ethologie Anregungen, Unterstützungen und argumentative Herausforderung. Sie muss sich den Ergebnissen der Ethologie stellen und Ansätze ausarbeiten, wie man den Geist der Tiere und ein Denken ohne Sprache genauer fassen könnte.

1.6 Separatismus und methodologischer Dualismus

Neben der historischen Verbindung existiert auch eine inhaltliche Parallele zwischen der Erforschung der Tierkognition und der Philosophie des Geistes. Diese Parallele ist für den Tierschutz besonders relevant. In beiden Bereichen ist nämlich eine Trennung zwischen Bewusstsein und Intentionalität – grob gesagt: zwischen Empfinden und Denken – weit verbreitet. Im Folgenden wird eine Position, die eine solche Unterscheidung zugrunde legt, als »Separatismus« bezeichnet. Wir werden sehen, dass der Separatismus in der Tierkognition vor allem methodologische Gründe hat und deshalb von einem »methodologischen Dualismus« sprechen.

John Searle formuliert den Separatismus für die Philosophie des Geistes wie folgt:

> »Erstens haben nach meiner Auffassung nur einige, nicht alle geistigen Zustände und Ereignisse Intentionalität. Überzeugungen, Befürchtungen, Hoffnungen und Wünsche sind intentional; es gibt aber Formen der Nervosität, der Hochstimmungen und der Unruhe, die nicht intentional sind. Meine Überzeugungen und Wünsche müssen immer von etwas handeln. Meine Nervosität und Unruhe hingegen müssen nicht in dieser Weise von etwas handeln« (Searle, 1987, S. 15).

Nervosität und Unruhe, aber auch Schmerzen, Angstzustände sind nach Ansicht von Searle nicht auf etwas gerichtet. Im Unterschied zu den *intentionalen* geistigen Phänomenen handelt es sich hier um *qualitative* – oder auch: phänomenale – geistige Zustände. Worin besteht dieser Unterschied? Man kann sagen, dass qualitative Zustände dem Subjekt bewusst sind und sich irgendwie für es anfühlen. Dieses bewusste Anfühlen macht die Natur von Empfindungen aus. Anders als intentionale Phänomene, die auf etwas gerichtet sind, handeln Unruhe oder Schmerzen von nichts und sind nicht auf etwas gerichtet. Sie sind da und werden vom Subjekt bewusst erlebt. Für Gedanken, Befürchtungen, Hoffnungen oder Wünsche hingegen ist es wesentlich, dass sie von etwas handeln und sich auf etwas richten. Philosophen verwenden den Begriff der Intentionalität, um auszudrücken, dass geistige Phänomene von etwas »handeln« oder auf etwas »gerichtet sind«. Ein Gedanke handelt immer *von* etwas, ein Wunsch ist ein Wunsch *nach* etwas usw. Gedanken müssen nicht von einem besonderen bewussten Gefühl geprägt sein, und Wünsche oder Hoffnungen können dem Subjekt im Moment nicht bewusst oder gar unbewusste Zustände sein. Tatsächlich vertreten einige Philosophen die Auffassung, dass intentionale Zustände unbewusst sein können. Im Unterschied zu qualitativen müssen intentionale Zustände also weder bewusst sein noch sich auf bestimmte Weise anfühlen. Demgegenüber sind qualitative Zustände stets bewusst und fühlen sich auf bestimmte Weise an. Natürlich fühlen sich einige dieser intentionalen Zustände auch nach etwas an, so die Befürchtung, wenn sie mit dem Gefühl der Furcht verbunden ist, oder der Wunsch, wenn er besonders heftig ist. Doch Furcht und Hoffnung sind wesentlich durch das gekennzeichnet, worauf sie sich richten. Demgegenüber kann man bei Schmerzen oder Unruhe nicht gut fragen, wovon der Schmerz oder die Unruhe handeln. (Natürlich können Schmerz und Unruhe Ursachen und Anlässe haben, doch das ist etwas anderes.)

Worauf richten sich intentionale Zustände? Intentionale Zustände haben einen intentionalen Inhalt. Intentionalität bedeutet dann nicht nur die Gerichtetheit auf *etwas* (Objekt), sondern die Gerichtetheit auf etwas *als etwas* (Aspekt). Intentionale Zustände handeln also von etwas (Objekt) und sie repräsentieren es unter einem bestimmten Aspekt. Objekt und Aspekt bilden zusammen den *intentionalen Inhalt*. (Beispiele: Ich denke, dass die Katze hungrig ist. Er fürchtet, das der Hund weggerannt ist. Sie hofft, dass der Pirol zu hören sein wird.) Weiter können Inhalte in unterschiedlichen Modalitäten repräsentiert werden. Ich kann *sehen, hören, wissen* oder *träumen*, dass die Katze hungrig ist. Endlich können intentionale Zustände auf etwas gerichtet sein, egal ob es existiert oder nicht. Der Geist kann auf nicht existierende Dinge gerichtet sein. Er stellt sich die Welt als so und so vor, aber die Welt ist nicht immer so, oder er stellt sich eine vergangene oder fiktive Welt vor. Intentionale Zustände haben also einen Inhalt (Objekt, Aspekt), treten in einem Modus auf und können von nicht existierenden, vergangenen oder kommenden Dingen handeln oder Dinge falsch repräsentieren.

In der Ethologie findet sich nun ein analoger Unterschied, und zwar der Unterschied zwischen Kognition und Bewusstsein. Erinnern wir uns an die Definition der Kognition: »Kognition bezeichnet Mechanismen, durch welche Tiere Informationen aus ihrer Umwelt aufnehmen, verarbeiten, speichern, aber auch tätig werden. Diese Mechanismen schließen Wahrnehmung, Lernen, Erinnerung und Entscheidungsfindung ein« (Shettleworth, 2010, S. 4). Wie steht es nun mit dem bewussten Erleben und Empfinden der Tiere? Sicher fühlt es sich doch irgendwie an, eine Fledermaus zu sein (Nagel, 1974). Doch wie erleben Tiere bestimmte Dinge?

Ethologen trennen die Frage nach der Tierkognition häufig vom Bewusstsein. Prinzipiell kann man drei Haltungen gegenüber dem tierlichen Bewusstsein einnehmen: 1) Kein Tier verfügt in einem interessanten Sinn über Bewusstsein. 2) Vielleicht haben einige Tiere Bewusstsein, doch weil »Bewusstsein« sich auf subjektive Zustände bezieht (das »Anfühlen« oder »Erleben«), die nur sprachlich zum Ausdruck kommen können, kann Tierbewusstsein kein Gegenstand der Forschung werden. 3) Einige Tiere verfügen *prima facie* offensichtlich über Bewusstsein, und die Forschung sollte sich um ein besseres Verständnis dieses Phänomens bemühen. Die meisten Verhaltensforscher scheinen 2) zu akzeptieren. Aber wie wir gesehen haben, ist Griffin mit der kognitiven Ethologie ursprünglich angetreten, um einen Zugang zum tierlichen Bewusstsein zu eröffnen. Nicht alle Forscher vertreten also Position 2, einige vertreten auch Position 3, allerdings stellen sie eine Minderheit dar.

Dem Laien mag diese Trennung seltsam vorkommen. Sollten wir glauben, dass Tiere zwar Informationen aus ihrer Umwelt aufnehmen und verarbeiten, dass sie tätig werden, wahrnehmen, lernen, erinnern, entscheiden, dies alles aber ohne Bewusstsein? Die Antwort der Tierkognition lautet: »Ja, wir können uns das aus einer wissenschaftlichen Perspektive vorstellen, denn im Prinzip ist das bewusste Erleben ganz und gar von der

Kognition abtrennbar. Wir können das Verhalten von Tieren allein aufgrund kognitiver Mechanismen erklären. Falls Bewusstsein irgendwie hinzukommt, dann spielt das bewusste Erleben für die Erklärung des tierlichen Verhaltens offensichtlich keine Rolle. In der Ethologie kann es aber nur um die wissenschaftlich überprüfbaren Erklärungen von Verhalten durch Kognition sowie um wissenschaftlich überprüfbare Erklärungen für die Entstehung der Kognition gehen. Das Bewusstsein hingegen entzieht sich der wissenschaftlichen Überprüfbarkeit. Vielleicht haben Tiere Bewusstsein, doch das sind subjektive Zustände, zu denen wir keinen Zugang haben. Das hat seinen Grund darin, dass man nicht weiß, wie man das Vorhandensein von bewusstem Erleben bei sprachlosen Lebewesen nachweisen soll.« Vor diesem Hintergrund erklärt sich der Separatismus von Kognition und Bewusstsein: Erstens ist das bewusste Erleben der Tiere explanatorisch überflüssig, und zweitens gibt es keinen empirischen Zugang zum bewussten Erleben der Tiere. Der Grund für die Trennung zwischen Kognition und Bewusstsein liegt also nicht in der Sache selbst – den Tieren –, sondern in der wissenschaftlichen Perspektive! Die wissenschaftliche Erforschung der Tierkognition folgt bestimmten Methoden und sucht nach bestimmten Erklärungen. Es sind diese Methoden und Erklärungen, die die Wissenschaftlerinnen und Wissenschaftler zwingen, agnostisch oder skeptisch zu sein, auch wenn sie persönlich davon überzeugt sein mögen, dass Tiere Bewusstsein haben. Wir stellen also fest, dass in der naturwissenschaftlichen Erforschung des tierlichen Geistes ein *methodologischer Dualismus* angelegt ist. Die kognitiven Leistungen der Tiere werden auf kognitive Mechanismen zurückgeführt, bei denen es sich letztlich natürlich um neuronale Mechanismen handelt. Dagegen muss im Hinblick auf das Bewusstsein Zurückhaltung geübt werden, weil uns nur die Sprache Zugang zum subjektiven Erleben verschafft. Hatte nicht auch Descartes argumentiert, dass das einzige sichere Anzeichen für das Vorhandensein einer Seele das Sprechen sei? Bei Tieren, so Descartes, haben wir nur Verhalten, das wir mechanistisch erklären können, wir können aber nicht in ihr Herz sehen (Brief an Moore vom 21.02.1649, vgl. Descartes, 1981 ff., Bd. 5, S. 276 ff.).

In der Philosophie des Geistes ist nun in den letzten Jahren Protest gegen den Separatismus laut geworden. Man kann in diesem Protest zwei Schritte unterscheiden. Den ersten Schritt macht der sogenannte »Intentionalismus« oder »Repräsentationalismus« (Dretske, 1998; Carruthers, 2000). Diese Position besagt, dass alle geistigen Zustände intentional sind. Somit wären auch qualitative Zustände ihrer Natur nach durch Intentionalität charakterisiert. Diese Position hat den Vorteil, dass sie eine einheitliche Sicht auf geistige Phänomene anbietet. Vertreter dieser Position fassen intentionale Zustände als Repräsentationen auf. Zustände in unserem Geist (Hirn) haben die Aufgabe, bestimmte Sachverhalte oder Ereignisse in der Umwelt zu repräsentieren. Erfüllt eine solche Repräsentation bestimmte Bedingungen – zeichnet sie sich durch ein bestimmtes repräsentationales Format aus –, dann handelt es sich um eine Repräsentation mit einem qualitativen Charakter, um ein bewusstes Erleben des Subjekts. Nun kann man sicher auch die Resultate der kognitiven Mechanismen, durch welche Tiere Informationen aus ihrer Umwelt verarbeiten und speichern, als

Repräsentationen betrachten. Analog kann man im Hinblick auf Tiere sagen: Zeichnen sich die tierlichen Repräsentationen durch ein bestimmtes repräsentationales Format aus, dann haben Tiere damit auch ein bewusstes Erleben. Diese Position erlaubt eine natürliche theoretische Perspektive auf das Bewusstsein von Tieren (Tye, 1997; vgl. Wild, 2008, S. 133–42).

In diesem ersten Schritt wird also behauptet, dass geistige Phänomene ihrer Natur nach intentional sind. Doch dieser Schritt lässt die Annahme intakt, dass intentionale Zustände wie Gedanken oder Wünsche wesentlich nur durch ihre intentionalen Inhalte charakterisiert werden können, nicht aber durch ihren qualitativen Charakter (ihr »Anfühlen«). Demgegenüber kann man aber die Idee verteidigen, dass auch mentale Zustände wie Gedanken oder Wünsche, sofern sie bewusst sind, einen qualitativen Charakter haben, der von ihrem intentionalen Inhalt untrennbar ist, ja sogar dass das Anfühlen für den intentionalen Inhalt auch von Gedanken und Wünschen bestimmend ist. Es kann hier nicht darum gehen, diese Entwicklungen genauer nachzuzeichnen (vgl. Horgan u. Tienson, 2002). Vielmehr geht es darum, zu zeigen, dass sich innerhalb der Philosophie des Geistes die strikte Trennung zwischen Intentionalität und Bewusstsein – der Separatismus – aufzulösen scheint.

Im Hinblick auf den Geist der Tiere und die Rolle, die die Philosophie des Geistes für den wissenschaftsbasierten Tierschutz einnimmt, scheint mir die Überwindung des methodologischen Dualismus in den Forschungen zur Tierkognition von großer Relevanz. Es ist offensichtlich, dass die Überwindung dieses Dualismus relevant für den wissenschaftsbasierten Tierschutz ist. Der Tierschutz hat das Wohlergehen von Tieren in unterschiedlichen Umständen zum Anliegen. Auch wenn es objektive Indikatoren für das Wohlergehen von Tieren gibt, so bleibt das Wohlergehen doch stets mit dem bewussten Erleben der Tiere verbunden. Wäre dem nicht so, so wüssten wir nicht, warum uns die Umstände, in denen Tiere leben oder zu leben gezwungen sind, kümmern müssten, da sie nicht mit einem Erleben seitens der Tiere korrespondierten. Aus der Sicht des wissenschaftsbasierten Tierschutzes ist es also erstrebenswert, dass sich die naturwissenschaftliche Erforschung der Tierkognition von ihrem methodologischen Dualismus löst und der oben angezeigten Haltung (3) folgt: Einige Tiere verfügen *prima facie* offensichtlich über Bewusstsein, und die Forschung sollte sich um ein besseres Verständnis dieses Phänomens bemühen.

2   Mentaler Eigenstand und Grenzen des Schmerzes

Wir haben eingangs kurz zwei Beispiele betrachtet, an denen klar wird, worin der eigenständige Beitrag der Philosophie des Geistes für Tierethik und Tierschutz besteht. Im Folgenden sollen präzise Fragen aus den Beispielen genauer untersucht werden. Die Frage zu Beispiel 1 lautet: Können wir sprachlosen Tieren berechtigterweise intentionale Zustände (wie z. B. Gedanken) zuschreiben? Die Frage aus Beispiel 2 lautet: Fühlen Fische Schmerzen?

2.1 Warum sollten wir sprachlosen Tieren keine intentionalen Zustände zuschreiben können?

Ein generelles Argument dafür, dass Tieren keine intentionalen Zustände zukommen, könnte lauten, dass das Haben intentionaler Zustände abhängig ist von der Beherrschung einer Sprache und der Teilnahme an einer sprachlichen Praxis. Solche Argumente wurden zwar vorgebracht (Davidson, 1982; Brandom, 2000), sie sind jedoch nicht überzeugend durchgeführt worden (Glock, 2000; MacIntyre, 2001; Knell, 2004), obschon es Rekonstruktionen gibt, die der Kritik vielleicht standhalten könnten (Barth, 2010).

Betrachten wir stattdessen ein Argument, das sich gegen die kognitive Ethologie richtet, insbesondere gegen das Ansinnen, tierliches Verhalten mithilfe der Zuschreibung intentionaler Inhalte – Denkprozesse, Gedanken, Überlegungen – zu erklären. Verhalten würde dann nach dem Muster erklärt: Weil das Tier das und das denkt/beabsichtigt/meint/weiß/fürchtet/hofft usw., tut es das und das. Die Anwendungsbedingungen von Ausdrücken für geistige Phänomene führen knifflige methodologische Probleme mit sich. Verschiedene Philosophen behaupten, dass wir Tieren keine Gedanken mit einem *bestimmten Inhalt* zuschreiben können, weil wir über keine geeigneten Mittel verfügen, diese intentionalen Inhalte genauer zu bestimmen. Die einzigen geeigneten Mittel wären sprachliche Äußerungen, und somit können sprachlosen Lebewesen gar keine *bestimmten* intentionalen Inhalte zugeschrieben werden. Ein unbestimmter Inhalt erklärt nun aber herzlich wenig. Formulieren wir dieses Argument gegen die kognitive Ethologie etwas genauer:

1. Die kognitive Ethologie möchte intentionale Inhalte zur wissenschaftlichen Erklärung von Tierverhalten verwenden.
2. Intentionale Inhalte sind ungeeignet für die Erklärung von Tierverhalten, denn dieses Verhalten kann mithilfe der Zuschreibung intentionaler Inhalte nur erklärt werden, wenn Inhalte bei Tieren mit Bestimmtheit spezifiziert werden können. Weil den Tieren eine Sprache (oder zumindest eine hinreichend feinkörnige Form der Kommunikation) fehlt, kann der intentionale Inhalt bei ihnen nicht mit Bestimmtheit spezifiziert werden.
3. Also sollte die kognitive Ethologie auf den explanatorischen Gebrauch des Begriffs des intentionalen Inhaltes bei Tieren verzichten.

Die Hauptfrage lautet natürlich, warum es keine anderen Mittel zu Bestimmung von Denkinhalten geben soll als sprachliche Äußerungen. Nehmen wir ein alltägliches Beispiel: ein Hund, der glaubt, dass eine von ihm gejagte Katze auf einen bestimmten Baum geflüchtet ist, obwohl, wie wir Zuschauer wissen, die Katze sich gar nicht dort versteckt. Der Hund steht unter dem Baum und bellt. Er glaubt offenbar, die Katze befinde sich auf dem Baum. Glaubt der Hund, wenn überhaupt etwas, genau dies? Das Argument lautet nun, dass wir dem Hund keinen bestimmten Gedanken (und mithin gar keinen Gedanken) zuschreiben können, weil wir den Inhalt seiner Gedanken nicht bestimmen können. Haben Hunde Gedanken über Katzen und Bäume? Dann müssten sie doch auch Gedanken über Säugetiere und Pflanzen haben, denn Katzen und Bäume sind nun einmal Säugetiere bzw. Pflanzen. Hat er einen Gedanken über diesen Baum und über diese Katze? Würde er diese Katze und diesen Baum als dieselben wiedererkennen am folgenden Tag? Und wenn nein, wie kann er dann Gedanken über diesen Baum haben? Es sieht so aus, als könnten wir den Inhalt des Hundegedankens nicht erklären. Wenn wir sagen, dass der Hund meint, die Katze sei auf dem Baum, dann schreiben wir ihm nur Als-ob-Gedanken zu, die *uns* das Hundeverhalten verständlich machen. Doch der Hund denkt keine bestimmten Inhalte und hat mithin auch keine Gedanken.

Dagegen sprechen einige Überlegungen (Allen, 1992; Allen u. Bekoff, 1997, Kapitel 5–6). Erstens mag es zutreffen, dass wir den intentionalen Inhalt mit *unseren* Mitteln nicht spezifizieren können. Der Hund hat nicht unseren Begriff eines Baums oder unseren Begriff einer Katze. Das bedeutet jedoch nicht, dass es prinzipiell unmöglich ist, die Inhalte seiner Überzeugungen genauer zu spezifizieren. Vielleicht denken Hunde an Bäume als etwas, wo im Schatten geschlafen werden kann oder wo Knochen vergraben liegen, wo konstant bestimmte Gerüche anzutreffen sind oder wo sie nicht hinaufkommen. Zweitens sind auch wir nicht immer in der Lage, den Inhalt der Gedanken unserer Mitmenschen zu spezifizieren. Denkt meine Nachbarin auch, dass die Katze nicht auf dem Baum ist? Oder denkt sie, dass *Susi* nicht auf dieser *Buche* sitzt? Vielleicht denkt ihre kleine Tochter, dass eine *Miau* auf einem Baum ist. Trotzdem sprechen wir ihnen weder Inhalte noch Gedanken ab. Natürlich kann man einwenden, dass wir unsere Nachbarin oder das Kind ja fragen können. Hieran schließt eine dritte Überlegung an. Natürlich können wir Personen nach ihren Gedanken befragen, und sie geben uns Auskunft. Doch dies ist nur eine Vereinfachung dafür, herauszufinden, was ein Wesen denkt, und kein Beweis dafür, dass ein Wesen Gedanken hat. Bei einem Tier müssen wir die Inhalte teilweise aus dem *Verhalten* ablesen. Auch wenn dies schwierig ist, handelt es sich hier nicht um eine prinzipielle Unmöglichkeit. Kennen wir die Umwelt des betreffenden Lebewesens, seine Lebensform, seine Gewohnheiten und Bedürfnisse, beobachten wir es sorgfältig und denken uns angemessene Versuchsanordnungen aus, so können wir Gedankeninhalte von Tieren spezifizieren. Wir sollten die *Schwierigkeit* der Inhaltsspezifikation nicht mit ihrer *Unmöglichkeit* verwechseln.

2.2 Mentaler Eigenstand

Der zuletzt hervorgehobene Punkt besagt, dass die *Zuschreibung* eines intentionalen Inhalts nicht konstitutiv dafür ist, dass ein Tier überhaupt Gedanken hat. Wenn Tiere intentionale Zustände haben, so haben sie dies als Mitglieder einer eigenständigen Lebensform, als individuelle Lebewesen, aufgrund bestimmter Bedürfnisse und Umweltverhältnisse. Der Geist der Tiere ist aus dieser Perspektive ganz unabhängig von menschlichen Zuschreibungen – von den Zuschreibungen vernünftiger Wesen überhaupt.

Dies scheint mir ein wichtiger Punkt zu sein. Wenn wir argumentieren können, dass Tieren eigenständige intentionale Zustände zukommen – Zustände, die nicht von unseren Beschreibungen, Zuschreibungen und Perspektiven abhängig sind –, dann können wir Tiere auch als eigenständige geistige Wesen verstehen. Es lohnt sich, Tieren als eigenständigen Wesen zu begegnen und von Tieren zu erwarten, dass sie auch uns begegnen können, uns ihre bewusste Aufmerksamkeit schenken, uns beobachten und sich gleichsam »Gedanken über uns machen«.

Diese Perspektivenumkehrung hat der Philosoph Michel de Montaigne (1533–1592) wie folgt charakterisiert: »Wenn ich mit meiner Katze spiele, wer weiß, ob sie sich nicht vielmehr die Zeit mit mir vertreibt als ich mit ihr« (Montaigne, 1965, Bd. 2, S. 452). Diese Perspektivenumkehrung, die das Tier sozusagen als »mentalen Eigenstand« betrachtet, kann man durch die Geschichte der Erforschung des Berggorillas *(Gorilla beringei beringei)* illustrieren. Gorillas wurden erstmals Mitte des 19. Jahrhunderts anhand von Knochen, Häuten und einem in Spiritus eingelegten Exemplar wissenschaftlich beschrieben. Der Berggorilla wurde zu Beginn des 20. Jahrhunderts entdeckt, indem der deutsche Offizier Robert von Beringe – daher der lateinische Name – zwei Exemplare erlegte und die Überreste an das Naturhistorische Museum Berlin sandte (Groves, 2003). Gorillas wurden als aggressive, reißende, brutale Tiere vorgestellt. Begegnungen mit ihnen verliefen nach folgendem Muster: Eine kleine Armee von Jägern, Abenteurern, Forschern, Spurenlesern, Trägern und Dienern scheuchte Gorillas auf, die entweder sofort das Weite suchten oder erschossen wurden. Richard L. Garner (1848–1920) ist der einzige Forscher, der sich im 19. Jahrhundert bemüht hat, dem Gorilla zu begegnen. Garner ließ sich einen bewohn- und transportierbaren Käfig bauen, in dem er 112 Tage im Dschungel verbrachte. Ein einziger Gorilla näherte sich dem Käfig, blieb erstaunt stehen und verschwand sofort wieder (Garner, 1996, S. 239). Die Zeit zwischen den Weltkriegen war bestimmt von der Jagd, mit Flinte und Kamera, auf den Berggorilla. Carl Akeley, Prinz Wilhelm von Schweden oder Ben Burbridge erlegten in den 1920er Jahren zahlreiche Berggorillas. Die Erforschung der Lebensform dieser Tiere kam unter diesen Bedingungen kaum voran. 1929 unternahm der Psychologe Harold C. Bingham eine wissenschaftliche Expedition in den Kongo. Doch seine mangelnde Erfahrung, die kleine Armee, die er mit sich führte, und die Schüchternheit des Berggorillas machten aus der Expedition ein hoffnungsloses Unterfangen. Bingham sah sich aus Furcht sogar gezwungen, ein Tier zu erschießen (Bingham, 1929). 1959 begab sich George Schaller nach Afrika und verbrachte ein Jahr in natürlichen Habitaten des Berggorillas (Schaller, 1964). Schaller hatte eine sehr einfache, aber kühne Idee: allein umherziehen, sitzen und sichtbar bleiben (Schaller, 1963). Dadurch gelang es ihm, die Tiere zu beobachten, und zwar indem er es ihnen ermöglichte, *ihn* zu beobachten, sich *ihm* anzunähern und mit *ihm* vertraut zu werden. Schaller gelang es, den verzerrten kulturellen Vorstellungen vom Gorilla entgegenzutreten, und zwar dadurch, dass er, im Gegensatz zu seinen Vorgängern, den Tieren eine eigenständige Perspektive zugestand. Er fasste sie als Wesen mit eigenem geistigem und sozialem Leben auf. Tiere sind nicht nur biologische Gegenstände unserer Beobachtung, sondern mentale Eigenstände mit einer Perspektive auf die Welt.

2.3 Können wir sprachlosen Tieren berechtigterweise intentionale Zustände zuschreiben?

Kehren wir zu unserer Frage zurück: Können wir sprachlosen Tieren berechtigterweise intentionale Zustände (z. B. Gedanken) zuschreiben? Wir haben bislang nur gesehen, dass Argumente gegen die Annahme, dass Tieren eigenständige intentionale Zustände zukommen, fragwürdig sind. Wir haben weiter gesehen, dass die Annahme, dass Tiere über eigenständige intentionale Zustände verfügen, ihren Stellenwert als »mentale Eigenstände« stützt. Was spricht nun aber *für* diese Annahme? Was spricht dafür, dass Tiere Gedanken haben? In der philosophischen Literatur finden sich fünf Argumente für die Zuschreibung von Gedanken – allgemeiner: intentionalen Zuständen – gegenüber Tieren.

Das *erste* der fünf Argumente ist das Argument der evolutionären Kontinuität. Wir schreiben Menschen Gedanken zu, Menschen und (höhere) Tiere sind evolutionär nah verwandt, also haben auch (höhere) Tiere Gedanken. In dieser Form ist das Argument sehr schwach, weil aus der evolutionären Kontinuität des Lebens nicht die kognitive Kontinuität der Lebewesen folgt.

Das *zweite* Argument knüpft direkt an die sprachliche Praxis an. Wir schreiben Tieren Gedanken zu, wenn wir ihr Verhalten und ihre Wahrnehmungen beschreiben und verstehen. Eine sorgfältige Analyse der dabei verwendeten Begriffe zeigt, dass das Verhalten der Tiere die Anwendungsbedingungen für diese Begriffe erfüllen. Also haben Tiere Gedanken. (Hier ein Beispiel für diese Art Argumentation: Wenn ein Hund einen vollen Fressnapf vor sich sieht, dann weiß er auch, dass ein Fressen vor ihm steht. Wir könnte man sehen, dass etwas der Fall ist, und nicht zugleich wissen, dass es der Fall ist? Also weiß der Hund auch, dass ein Fressen vor ihm steht. Da Wissen das Haben von Überzeugungen impliziert, hat der Hund auch Überzeugungen.) Dieses Argument bietet eher eine Heuristik. Es zeigt, dass es prima facie keine Probleme mit Zuschreibungen mentaler Zustände gegenüber Tieren gibt. Was wir aber zusätzlich brauchen, ist eine Theorie darüber, was in solchen Fällen in der Zuschreibung korrekt beschrieben wird.

Das *dritte* Argument ist das Argument intentionaler Systeme (Dennett, 1983). Dem Ansatz intentionaler Systeme zufolge sind geistige Begriffe theoretische Begriffe, deren Anwendung allgemeinen Prinzipien der Alltagspsychologie folgt. Zu diesen Prinzipien gehören etwa das Streben nach Bedürfnis- und Wunschbefriedigung, die instrumentelle Rolle von Wahrnehmungen und Überzeugungen für diese Befriedigung oder die inferentielle Rolle von Überzeugungen. Vor dem Hintergrund einer generellen Rationalitätsunterstellung besteht die Aufgabe dieser Prinzipien darin, Systemen Zustände zuzuschreiben, die ihr Verhalten erklären oder vorhersagen. Insofern Tierverhalten sich mithilfe solcher Prinzipien und der Rationalitätsunterstellung erklären oder verstehen lässt, handelt es sich bei Tieren um intentionale Systeme. Intentional sind aber genau jene Systeme, deren Verhalten wir (nur) so erklären und vorhersagen können, das heißt, denen gegenüber wir die intentionale Einstellung einnehmen müssen. Das Haben intentionaler Zustände besteht in der Interpretierbarkeit (Erklärbarkeit und Voraussagbarkeit) eines Systems aus der Perspektive der intentionalen Einstellung. Dieses Argument vertritt in Bezug auf intentionale Zustände einen Instrumentalismus. Hier muss meines Erachtens die Kritik ansetzen. Nicht alle Aspekte mentaler Zustände sind an interpretierbares Verhalten geknüpft, zumal ihr Bewusstsein nicht. Insofern etwa zu Wahrnehmung Bewusstsein oder zu Schmerz das Erleben gehören, handelt es sich keineswegs um postulierte theoretische Entitäten, sondern um Zustände des Tiers selbst, unabhängig vom Interpreten. Dieser Kritikpunkt lässt sich verallgemeinern, wenn man bedenkt, dass dieser Ansatz Lebewesen und Maschinen gleichermaßen Intentionalität zuschreiben muss. Prima facie unterscheidet man zwischen der abgeleiteten Intentionalität der Maschinen und der natürlichen Intentionalität von Lebewesen. Die Intentionalität von Maschinen ist von Erbauern und Nutzern gleichsam ausgeliehen, Lebewesen werden aber nicht gebaut und nicht im selben Sinn genutzt wie Maschinen. Warum sollte man auf diese Unterscheidung verzichten? Weiter findet sich die intentionale Einstellung bereits bei Kleinkindern, denen Rationalitätsunterstellungen nicht zugemutet werden können, die somit für die Einnahme der intentionalen Einstellung nicht notwendig ist. Schließlich kommt gemäß der Rationalitätsunterstellung nur genuin rationalen Lebewesen Intentionalität in einem nicht instrumentellen Sinn zu, sofern sie Interpreten ihrer selbst sind. Aber warum sollte man das genuine Haben intentionaler Zustände von der Selbstzuschreibung intentionaler Zustände abhängig machen? Hier werden Bedingungen der Zuschreibung und Bedingungen des Habens intentionaler Zustände durcheinandergeworfen!

Diese Kritikpunkte führen zu einem *vierten* Argument, denn sie verschwinden, wenn man den Instrumentalismus und den Rationalismus fallen lässt. Die Idee lautet nun, dass Begriffe für Mentales und Prinzipien der Alltagspsychologie Bestandteile einer (revidierbaren) deskriptiven (nicht instrumentellen) Theorie des Mentalen sind. Das Haben intentionaler Zustände (wie Gedanken) besteht darin, dass Tiere Repräsentationen ihrer Umwelt ausbilden, die ihr Verhalten lenken. Vielleicht ist diese Repräsentation als bestimmter Hirnzustand realisiert, der diese kausale Rolle aufgrund seiner Struktur spielt; vielleicht ist sie auch als globaler Hirnzustand oder als spiritueller Seelenzustand ausgeprägt, der diese Rolle spielt. Wie auch immer: Der Zustand, der diese Rolle spielt, entsteht aufgrund gewisser Inputs (Wahrnehmungen) und veranlasst bestimmt Outputs (Verhalten). Bei einem Wesen, das lernfähig, aufmerksam, neugierig und flexibel ist, nennen wir einen solchen Zustand einen Gedanken. Wenn der Hund glaubt, dass die Katze auf dem Baum ist, so hat er einen Zustand ausgebildet, der die Rolle spielt, die wir mit der Zuschreibung der Überzeugung gegenüber dem Hund herauspicken. Diesen alltäglich-funktionalistischen Aspekt kann man nun mit einem naturwissenschaftlich-naturalistischen Aspekt verbinden, indem man die verhaltenslenkende Rolle als kausale Rolle versteht. Ein Zustand, der ein körperliches (biologisches) Verhalten verursacht, muss selbst körperlicher (biologischer) Natur sein. Also müssen intentionale Zustände körperlicher (biologischer) Natur sein. Natürlich besteht nun die Herausforderung darin, eine Erklärung zu geben, wie biologische Zustände (z. B. neuronale Strukturen) intentionale Zustände sein können. Eine erfolgversprechende Theorie ist die sogenannte Teleosemantik (Dretske, 1988; Wild, 2008, S. 105–132).

Das *fünfte* Argument verweist auf die Naturwissenschaft. Ihre Antworten sind die epistemologisch besten Antworten, die wir über natürliche Phänomene haben. Sicher gehört das Verhalten von Tieren zu den natürlichen Phänomenen. Wenn die Naturwissenschaft gute empirische Gründe dafür anführt, das Verhalten von Tieren mithilfe intentionaler Zustände zu erklären, so sollten wir diese Gründe akzeptieren. Es wäre also epistemologisch verfehlt, diese Gründe nicht zu akzeptieren. Nun haben sich im Gefolge der Kognitiven Ethologie die Evidenzen verdichtet, dass gute Gründe für die Zuschreibung intentionaler Zustände Tieren gegenüber besteht. Also ist es gerechtfertigt, Tieren intentionale Zustände zuzuschreiben (Allen u. Bekoff, 1997; Bermúdez, 2003). Wie aus den eingangs angestellten Betrachtungen über das Verhältnis von Philosophie des Geistes und empirischer Forschung hervorgeht, kann dieses Argument nicht für sich stehen, weil es keine Auffassung über intentionale Zustände entwickelt. Es kann aber als Bestandteil des vierten Arguments bestehen.

Das vierte Argument – zusammen mit dem fünften Argument – spricht dafür, dass einigen Tieren genuin eigenständige intentionale Zustände zukommen. Das berechtigt es, einige Tiere als »mentale Eigenstände« anzusprechen, als Wesen, die nicht nur aus unserer Perspektive betrachtet werden, sondern selbst eine Pespektive auf die Welt haben.

2.4 Ist Schmerz ein geistiges Phänomen?

Eine aus der Sicht des Tierschutzes und der Tierethik besonders relevante Form bewussten Erlebens ist der Schmerz. Wenden wir uns also nun dem Beispiel 2 zu, den Schmerzen bei Fischen. Betrachten wir zur Vorbereitung nochmals die drei Grundfragen der Philosophie des Geistes. Dies erlaubt es uns, einige generelle Überlegungen anzustellen, die nicht nur für den Schmerz relevant sind, sondern auch für das Zusammenspiel von Philosophie des Geistes, Ethologie und Tierethik allgemein.
1. Was ist die Natur geistiger Phänomene?
2. Welchen Wesen kann man berechtigterweise geistige Phänomene zuschreiben?
3. Wie verhalten sich geistige Phänomene zu körperlichen Phänomenen?

Diese Fragen unterliegen einigen verbreiteten Missverständnissen: i) Was ein geistiges Phänomen ist, das ist eine Definitionssache, man kann das definieren, wie man will. ii) Geistige Phänomene sind letztlich ganz subjektiv, wir können niemals etwas darüber wissen. (iii) Metaphysische Fragen sollten uns nicht interessieren, wir sollten uns an die Naturwissenschaft halten.

Nehmen wir den Schmerz als Beispiel für ein geistiges Phänomen. Hier stellt sich freilich schon eine erste Frage: Ist der Schmerz überhaupt ein *geistiges* Phänomen, handelt es sich nicht vielmehr um ein *körperliches* Phänomen? Schließlich unterscheiden wir ja im Alltag zwischen körperlichen und psychischen Schmerzen. Konzentrieren wir uns der Einfachheit halber auf den akuten körperlichen Schmerz, zum Beispiel eine brennende Schnittwunde im Finger. Ist ein solcher Schmerz ein geistiges Phänomen? Man könnte diese Frage negativ beantworten und sagen: »Der Schmerz ist doch im Finger. Schmerz ist ein körperlicher Zustand, ein Zustand des Körpers. Einen Schmerz fühlen wir im Finger und nicht im Bewusstsein oder im Geist.«

Ein wenig Nachdenken zeigt, dass diese Sichtweise nicht richtig sein kann. Erstens: Wir fühlen oder spüren einen brennenden Schmerz im Finger (oder wo auch immer). Schmerz ist somit sicher ein Bewusstseinszustand, etwas, das wir *fühlen* und *spüren*. Würden wir die Schnittwunde nicht spüren, hätten wir keine Schmerzen. Also ist der Schmerz ein bewusstes, das heißt ein geistiges Phänomen. (Das bedeutet natürlich nicht, dass alle geistigen Phänomene bewusst sind, aber sicher sind bewusste Phänomene geistig.) Zweitens: Wir sollten uns nicht von der Sprache irreführen lassen. Zwar sagen wir, dass wir den Schmerz *im* Finger *spüren*, aber das bedeutet doch nicht, dass sich der Schmerz *im* Finger *befindet,* wie etwa Geld in einer Geldbörse. Stecke ich die Geldbörse in meine Hosentasche, dann befindet sich auch das Geld in meiner Hosentasche, stecke ich aber den schmerzenden Finger in meine Hosentasche, so befindet sich der Schmerz natürlich nicht in meiner Hosentasche. Wo befindet er sich dann? Eine gute Antwort lautet: im Bewusstsein. Was befindet sich aber in meinem Finger? In meinem Finger – aber anders als das Geld in der Geldbörse – befindet sich ein Schnitt (das Gewebe ist verletzt). Stecke ich den Finger in die Hosentasche, dann befindet sich natürlich kein Schnitt in meiner Hosentasche, der Schnitt bleibt im Finger. Ebenso wenig befindet sich ein Schnitt in meinem Bewusstsein. Drittens: Wenn ich ein Schmerzmittel nehme, dann verschwindet die Schmerzempfindung, doch der Schnitt bleibt in meinem Finger. Das Schmerzmittel hat den Schmerz sicher nicht aus meinem Finger entfernt, sondern verhindert, dass mir die Schnittwunde Schmerzen bereitet. Also ist der Schmerz nicht im Finger, sondern im Bewusstsein.

Hierauf könnte man entgegnen: »In meinem Finger ist unbewusster Schmerz und manchmal kommt Bewusstsein hinzu. Der Schmerz ist in meinem Finger, aber wenn ich ein Schmerzmittel nehme oder abgelenkt bin, dann spüre ich ihn nicht. Also ist der Schmerz ein unbewusster körperlicher Zustand und kein geistiger Zustand. Er bleibt in meinem Finger.« Mit dieser Antwort wird etwas ganz Neues eingeführt: Ein *unbewusster* Schmerz, ein Schmerz, den niemand empfindet und spürt, der niemandem unangenehm ist. Aber was sollen unbewusste Schmerzen sein? Ich für mein Teil habe keine Ahnung, was das sein könnte, und ich fürchte, dass die Wortkombination »unbewusste Schmerzen« unsinnig ist. Es gehört zur Natur von Schmerzen, dass sie empfunden werden. Schmerzen sind nicht nur gelegentlich auch geistige Zustände, sondern wesentlich bewusste geistige Zustände.

An dieser Stelle verwundert sich mein fiktiver Gesprächspartner vielleicht und ruft aus: »Also ist der Schmerz nichts Körperliches, sondern etwas Geistiges? Das läuft doch auf einen sehr merkwürdigen Dualismus von Körper und Geist hinaus!« Mitnichten. Wir haben nur gesehen, dass sich ein akuter Schmerz nicht in einem Körperteil befindet, sondern dass es zu einem Schmerz gehört, dass er empfunden wird. Ein Subjekt spürt Schmerz im Bewusstsein und es lokalisiert die schmerzende Stelle in seinem Körper.

Normalerweise fühlen sich Schmerzen für das Subjekt unangenehm an, und normalerweise kann das Subjekt jene Region seines Körpers angeben, von der die Empfindung auszugehen scheint. Die Unterscheidung zwischen der Qualität eines Schmerzes und seiner Lokalisation im Körper ist weithin akzeptiert. Hinzu kommt als dritte Dimension das Bedürfnis, den Schmerz loszuwerden oder die entsprechende Körperstelle zu pflegen oder zu schützen. Schmerz ist also eine komplexe Sache, auch bei Tieren (Allen, 2005). Akute körperliche Schmerzen haben nun folgende Struktur: Ein Subjekt fühlt Schmerzen in einer Region seines Körpers. Wir können dies in einem sehr einfachen Schema darstellen:

Schema: Subjekt – Schmerzempfindung – Körperregion

Wir haben uns nun die ganze Zeit über mit der Frage 1 – mit der Wesensfrage – befasst und das folgende Resultat erzielt: Schmerz ist ein geistiges Phänomen, und es gehört zur Natur von Schmerzen, dass sie bewusst sind und von einem Subjekt als etwas empfunden werden, das im Körper des Subjekts lokalisiert ist. Dieses vorläufige Resultat ist keine bloße Definition. Es steht uns nicht frei, unter dem Begriff »Schmerz« zu verstehen, was uns beliebt. (So habe ich argumentiert, dass der Gedanke, es könne unbewusste Schmerzen geben, unsinnig sei.) Außerdem können wir Schmerzen nicht einfach in einen Körperteil hineindefinieren, wie wir Geld in eine Geldbörse legen können. Natürlich steht es uns frei, die Buchstabenfolge »Schmerz« zu gebrauchen, wie wir wollen. Wir können damit Regenwolken, Birnenkompott, Schnitte in der Hand oder neuronale Zustände bezeichnen, doch dann gebrauchen wir den Begriff für etwas anderes, nicht für das, was wir mit »Schmerz« normalerweise meinen. Damit ist das erste Missverständnis berichtigt: Was ein geistiges Phänomen ist, ist *keine* Definitionssache.

Eine ganz andere Frage ist nun die, ob die im Schema zusammengefasste Struktur letztlich mit einem körperlichen Zustand identisch ist oder nicht. Lässt sich diese Struktur auf neurobiologische Prozesse im Körper reduzieren? Vielleicht. Aber das ist nun eine metaphysische Frage, keine Wesensfrage. Diese Frage ist aus philosophischer Sicht offen. Wenn wir nun sagen, dass Schmerzen selbstverständlich *identisch* mit neurobiologischen Prozessen sind, dann halten wir uns nicht an die Naturwissenschaft und wenden uns von scheinbar undurchschaubaren metaphysischen Fragen weg, sondern dann haben wir die metaphysische Frage einfach schon entscheiden und wollen nicht mehr weiter darüber nachdenken. Damit wäre auch das dritte Missverständnis korrigiert: Lässt man sich die Antworten allein von der Naturwissenschaft geben, dann stellt man nur deshalb keine metaphysischen Fragen, weil man sie schon entscheiden hat.

Am einfachsten ist es, man spricht von »neuronalen Korrelaten des Bewusstseins«. Schmerzen etwa gehen in aller Regel mit bestimmten neurobiologischen Prozessen einher. Dazu gehören auch physiologische Reaktionen wie erhöhte Puls- oder Atemfrequenzen oder Appetitlosigkeit. Umgekehrt ist die naturwissenschaftliche Schmerzforschung darauf angewiesen, dass Versuchspersonen darüber Auskunft geben, dass sie Schmerzen empfinden, sei es durch sprachliche Äußerungen, aber auch durch Laute oder Gesichtsausdrücke. Die naturwissenschaftliche Schmerzforschung kann auf solche Auskünfte nicht verzichten, andernfalls gäbe es keine naturwissenschaftliche Schmerzforschung, und ebenso wenig kann die Philosophie des Geistes auf diese Auskünfte verzichten (Aydede u. Güzeldere, 2002).

Gibt man also zu, dass es so etwas wie Schmerzforschung gibt, so sollte man auch zugeben, dass geistige Phänomene letztlich nicht so subjektiv sein können, dass wir niemals etwas darüber wissen können. Im Normalfall wissen wir, ob jemand Schmerzen hat oder nicht, wir sind in aller Regel versierte Schmerzerkenner. Man sollte also aus dem Umstand, dass Schmerzen wesentlich von einem Subjekt empfundene geistige Zustände sind, nicht schließen, dass wir niemals wissen können, ob ein Subjekt Schmerzen hat oder nicht. Ebenso wenig wie wir aus dem Umstand, dass ein Gedanke oder ein Wunsch immer nur von einem Subjekt gedacht oder gewünscht werden kann, schließen sollten, dass wir nicht wissen können, was das Subjekt wünscht oder denkt, ja nicht einmal, dass wir nicht genau denselben Gedanken oder Wunsch hegen können. Damit ist endlich auch das zweite Missverständnis beseitigt: Selbst wenn geistige Phänomene wie das Schmerzerleben wesentlich subjektiv sind, so bedeutet dies nicht, dass wir niemals etwas darüber wissen können.

Die Relevanz dieser Überlegungen aus der Philosophie des Geistes liegt im Folgenden: Die Frage, ob man Tieren bewusste Erlebnisse zugestehen soll oder nicht, ist keine Frage der bloßen Definition von Worten, vielmehr handelt es sich um ein angemessenes Verständnis der Natur der geistigen Phänomene. Zweitens besteht kein Anlass dazu, die Subjektivität der bewussten Erlebnisse von Tieren überzubetonen. Sie sind uns, wie andere geistige Phänomene auch, im Verhalten, insbesondere im Ausdrucksverhalten, der Tiere zugänglich. Wie sich zum Beispiel Mäuse fühlen, wenn sie schmerzhaften Reizen ausgesetzt sind, kann man an ihrem Gesichtsausdruck ablesen (Langford, 2010).

Analog zur Diskussion um Gedanken könnte man sich Argumenten zuwenden, die bezweifeln oder bestreiten, dass Tiere *überhaupt* bewusste Erlebnisse haben (Carruthers, 1989; Harrison, 1991; Dennett, 1998). Diese Argumente beruhen überwiegend auf einer mangelnden Unterscheidung zwischen Bewusstsein *von etwas,* zum Beispiel von einer schmerzenden Körperregion – wie wir es im Schema dargelegt haben – , und dem Bewusstsein *vom Bewusstsein von etwas* (z. B. einer schmerzenden Körperregion). Kurzum, man muss einen *bewussten* Zustand vom *Bewusstsein* dieses Zustands – dem Selbstbewusstsein – unterscheiden. Stattdessen wollen wir uns aber einer konkreten Frage zuwenden, der Frage nach Schmerzen bei Fischen.

2.5 Fühlen Fische Schmerzen?

Was das Erleben von Schmerzen betrifft, sind allgemein sechs Kriterien besonders wichtig: Menschen verfügen über a) Nozizeptoren (Zellen, die auf mechanische, thermische oder chemische Gewebeschädigungen reagieren), b) ein Zentralnervensystem und c) eine Verbindung zwischen beiden: Gewebeschädigungen bewirken normalerweise

Ereignisse im zentralen Nervensystem und diese verursachen normalerweise bewusste Schmerzerlebnisse. d) Man kann diese Erlebnisse durch Analgetika lindern. e) Es gibt körpereigene Stoffe (sog. »endogene Opioide«) zur Schmerzlinderung. f) Verletzungen lösen ein spezifisches Schmerzverhalten aus, das heißt, wir versuchen, den schädigenden Stimulus zu fliehen, versuchen, die Schmerzen loszuwerden, und pflegen die Verletzung. Wenn eine Tierart nun alle diese Kriterien erfüllt, so ist die Ähnlichkeit zwischen ihr und uns hinreichend groß. Man kann also folgendes Argument anführen (Robinson, 1996):

1. Bestimmte Tierarten – vor allem Säugetiere wie Affen, Schafe, Schweine, Katzen oder Mäuse – sind anatomisch und physiologisch Menschen sehr ähnlich.
2. Gewisse Arten von Verletzungen bei Menschen bewirken gewisse Ereignisse im zentralen Nervensystem und diese Ereignisse verursachen bewusste Schmerzen.
3. Also ist es wahrscheinlich: Eine ähnliche Art von Verletzung bei bestimmten Tierarten (Säugetieren) verursacht ähnliche Ereignisse im zentralen Nervensystem, und diese Ereignisse verursachen bewusste Schmerzen.
4. Eine Ausschaltung des Schmerzverhaltens wird (in der veterinären Praxis) durch vergleichbare Analgetika bei Menschen und Säugetieren erreicht.
5. Menschen und Säugetiere zeigen auf Schmerzinputs (Verbrennungen, Schnitte, Prellungen etc.) spezifisches Pflegeverhalten.

Dieses Analogieargument ist im Hinblick auf Säugetiere weithin akzeptiert. Natürlich lässt das Analogieargument Spielraum für die Frage, wie es um das Schmerzbewusstsein von anderen Tierarten steht. Wie steht es also bei Fischen?

In den vergangenen Jahren hat sich das Bild des Fisches stark verändert. Fische gelten nicht mehr als Wesen, die gleichsam mit festen Verhaltensroutinen zur Welt kommt, sondern sie erweisen sich als erstaunlich lernfähige Wesen, die zu anspruchsvollen kognitiven Leistungen imstande sind (Brown, Laland u. Krause, 2006). Forschungen zur Anatomie und Physiologie der Echten Knochenfische *(teleostei)* – paradigmatisch sind Forellen – haben in den letzten Jahren im Hinblick auf Schmerzen folgendes Bild ergeben:

»There is now compelling evidence that teleost fish possess similar nociceptive processing systems to those found in terrestrial vertebrates. Noxious stimulation of these nociceptors in the skin around the snout of fish generates neural activity that can be electrophysiologically recorded, and induces a number of behavioural and physiological changes« (Braithwaite u. Boulcott, 2007, S. 131).

Fische verfügen über ein nozizeptives System, das heißt ein System der Entdeckung und der neuronalen Kodierung noxischer (schädigender) Reize. Sie sind also der Nozizeption fähig. Fische reagieren auf Verletzungen mit vegetativen Reaktionen (Entzündungen, kardiovaskuläre Veränderungen, erhöhte Atemfrequenz, verminderter Appetit). Sie fliehen noxische Reize reflexartig und lernen schnell, noxische Reize zu vermeiden.

Sie zeigen bei Verletzungen abnormes Verhalten (Schaukeln im Wasser, erratisches Schwimmen, Rubbeln der geschädigten Partien am Boden, zucken mit dem verletzten Schwanz). Sie suspendieren ihr normales, kognitiv anspruchsvolles Verhalten (Objekt-vermeidung) und sie sprechen behavioral und motivational auf Analgetika an (Sneddon et al., 2003a, 2003b; Braithwaite u. Boulcott, 2007; Braithwaite, 2010).

Wenn nun Fische kognitiv leistungsfähige Wesen sind und wenn sie ein den Säuge-tieren vergleichbares System der Nozizeption haben, und wenn sie die sechs Kriterien für einen Zustand erfüllen, der bei uns Schmerzerlebnisse auslöst, warum sollten Fische dann nicht wie Säugetiere auch unter das Analogieargument fallen und Schmerzerleb-nisse haben, wenn man ihnen zum Beispiel eine Angel durch den Mund zieht? Nun, der Grund liegt darin, dass Nozizeption nicht identisch ist mit bewusstem Schmerzerleben. Man könnte sich vorstellen, dass alle diese Prozesse ablaufen, ohne dass der Fisch etwas davon mitbekommt. Vielleicht sind Fische kleine Zombies ohne jedes bewusste Innen-leben, die sich in unseren Augen nur so verhalten, als ob sie Schmerzen hätten. Nun, in dieser *abstrakten* Form trifft der Vorbehalt auch alle Säugetiere, einschließlich des Menschen. Wir haben aber zugestanden, dass Menschen und Säugetiere Schmerzen empfinden. Die Kernfrage lautet, ob Fische eine bewusste Erfahrung einer verletzten Körperregion haben (Braithwaite, 2010, S. 33). Das entspricht unserem Schema aus dem vorhergehenden Abschnitt. Allerdings legt das eben vorgebrachte Analogieargument nahe, dass wir Fischen solche bewussten Erlebnisse zugestehen müssen. Wir gestehen sie Säugetieren und Kleinkindern zu, und die Kriterien, die wir bei Säugetieren und Kleinkindern anwenden, finden wir bei Fischen erfüllt. Was hält uns vor der Konsequenz zurück? Was sind dann die *spezifischeren* Zweifel am Schmerz der Fische?

Gegen den Schluss, dass Fische Schmerzen erleben, ist von Biologen eine Reihe eher schwacher philosophischer Argumente vorgebracht worden (Hart, 2010). Betrachten wir nur *ein* solches Argument: Das Hirn der Fische ist von dem unseren (und dem der Säugetiere) verschieden. Insbesondere verfügen Fische über keine extensiven kortikalen Strukturen. Diese sind aber für Schmerzerlebnisse notwendig. Folglich erleben Fische keinen Schmerz (Rose, 2002). Man kann dies das »No-brain-no-pain«-Argument nennen.

Dieses Argument begeht drei grundlegende Fehler. i) Akzeptieren wir, dass das neuronale Korrelat für Schmerzerlebnisse bei Menschen bestimmte kortikale Struktu-ren voraussetzt. Warum folgt daraus, dass Schmerzerlebnisse ohne solche Strukturen nicht möglich sind, dass kortikale Strukturen für Schmerzerlebnisse notwendig sind? Hier handelt es sich um einen metaphysischen Fehler, nämlich mit der Behauptung, dass bestimmte geistige Phänomene nur auf einer bestimmten biologischen Grund-lage möglich sind. Aber warum sollten zum Beispiel Schmerzerlebnisse nicht auf einer anderen Grundlage möglich sein? ii) Wenn der für Menschen spezifische Schmerz kortikale Strukturen voraussetzt, dann können wir daraus nur schließen, dass Fische noxische Reize nicht so verarbeiten wie Menschen und dass ihr Schmerzerleben sich von unserem vermutlich unterscheidet, aber wir können daraus nicht schießen, dass sie keine Schmerzen erleben. Hier haben wir es mit einem begrifflichen Fehler zu tun, nämlich mit der Verwechslung einer spezifischen Art von Schmerz (Menschenschmerz) mit Schmerz überhaupt. iii) Endlich übersieht das Argument die evolutionäre Möglichkeit analoger Strukturen. Vielleicht haben sich unterschiedliche Hirnareale beim Menschen und bei der Forelle auf je eigene Weise so entwickelt, dass sie die Grundlage für Schmerzerlebnisse abgeben (konvergente Evolution).[3] Hier haben wir es mit einem evolutionstheoretischen Fehler zu tun, der einem Biologen doch ins Auge fallen müsste.

Das »No-brain-no-pain«-Argument ist nicht schlüssig. Es begeht drei grundlegende Fehler, die vorwiegend philosophischer Natur sind. Darüber hinaus manifestiert sich in der Argumentation gegen den Schluss, dass Fische Schmerzen empfinden, der bereits angesprochene methodologische Dualismus in der Forschung zur Tierkognition, denn in diesem Beispiel werden die kognitiven Fähigkeiten und das bewusste Erleben separiert.[4]

Natürlich erheben sich an dieser Stelle viele *konkrete* Fragen für den Tierschutz: Wie soll man den Schmerz bei Fischen messen? Was verursacht ihnen Schmerzen? Welche ethischen Folgen hat der Schluss, dass Fische Schmerzen haben? Welche rechtlichen Schritte wären nötig? All dies sind berechtigte Fragen. Doch die Philosophie des Geistes ist, wie andere philosophische Disziplinen, eine abstrakte Disziplin, die sich um Grundlagen bemüht. Es wurde versucht zu zeigen, dass nichts gegen die Idee spricht, dass Fische Schmerzen erfahren. Die weiteren Fragen fallen nicht in den Bereich der Philosophie des Geistes.

Literatur

Allen, C. (1992). Mental Content. British Journal for the Philosophy of Science, 43, 537–53.

Allen, C. (2005). Animal Pain. Noûs, 38, 617–43.

Allen, C., Bekoff, M. (1997). Species of Mind. The Philosophy and Biology of Cognitive Ethology. Cambridge (Mass.): MIT Press.

Andrews, K. (2012). Do Apes Read Minds? Toward a New Folk Psychology. Cambridge (Mass.): MIT Press.

Armstrong, S. J., Botzler, R. G. (Hrsg.) (2003). The Animal Ethics Reader. London: Routledge.

Aydede, M., Güzeldere, G. (2002). Some Foundational Problems in the Scientific Study of Pain. Philosophy of Science, 69, 265–83.

Barth, C. (2010). Objectivity and the Language-Dependence of Thought. A Transcendental Defence of Universal Lingualism. London: Routledge.

Bekoff, M. (1998). Cognitive Ethology. In W. Bechtel, G. Graham (Hrsg.), A Companion to Cognitive Science (S. 371–9). Oxford: Blackwell.

---

3 Allerdings sind zahlreiche Experten mittlerweile der Ansicht, dass es sich bei den neuronalen Mechanismen bei Fischen um Homologien handelt, vgl. Rodríguez, Broglio, Durán, Gómez und Salas (2006).

4 Stellen Fische die Grenze dar oder können wir den Kreis der Schmerzempfindenden weiter ausdehnen? Die Grundlage für die Ausdehnung bieten das oben vorgestellte Analogieargument sowie konkrete Forschungen zur Nozizeption und zur Kognition bei bestimmten Tierarten. Aufgrund der vorhandenen Daten kann man meines Erachtens im Moment bei Fischen stehen bleiben und fragend zu Krebsen hinüberblicken (Elwood u. Appel, 2009).

Bekoff, M., Jamieson, D. (1993). On Aims and Methods of Cognitive Ethology. Philosophy of Science Association, 2, 110–24.

Benz-Schwarzburg, J., Knight, A. (2011). Cognitive Relatives yet Moral Strangers? Journal of Animal Ethics, 1, 9–36.

Bermúdez, J. L. (2003). Thinking Without Words. Oxford: Oxford University Press.

Bingham, H. C. (1929). Gorillas in a Native Habitat. Carnegie Institute Washington Publication, 426, 1–66.

Braithwaite, V. A. (2010). Do Fish Feel Pain? Oxford: Oxford University Press.

Braithwaite, V. A., Boulcott, B. (2007). Pain perception, aversion and fear in fish. Diseases of Aquatic Organisms, 75, 131–8.

Brandom, R. B. (2000). Expressive Vernunft. Begründung, Repräsentation und diskursive Festlegung. Frankfurt a. M.: Suhrkamp.

Brown, C., Laland, K., Krause, J.(Hrsg.) (2006). Fish Cognition and Behaviour. Oxford: Blackwell.

Burge, T. (1992). Philosophy of Language and Mind: 1950–1990. Philosophical Review, 100, 3–52.

Carruthers, P. (1989). Brute Experience. Journal of Philosophy, 86, 258–69.

Carruthers, P. (2000). Phenomenal Consciousness. A Naturalistic Theory. Cambridge (Mass.): Cambridge University Press.

Chalmers, D. (1996). The Conscious Mind. New York: Oxford University Press.

Cheney, D. L., Seyfarth, R. M. (1994). Wie Affen die Welt sehen. Das Denken einer anderen Art. München: Hanser.

Davidson, D. (1982). Rationale Lebewesen. In D. Perler, M. Wild (Hrsg.) (2005), Der Geist der Tiere. Philosophische Texte zu einer aktuellen Debatte (S. 117–31). Frankfurt a. M.: Suhrkamp.

Dennett, D. (1983). Intentional Systems in Cognitive Ethology. The »Panglossian Paradigm« Defended. Behavioral and Brain Sciences, 6, 343–55.

Dennett, D. (1998). Das Bewusstsein der Tiere: Was ist wichtig und warum? In D. Perler, M. Wild (Hrsg.) (2005), Der Geist der Tiere. Philosophische Texte zu einer aktuellen Debatte (S. 389–407). Frankfurt a. M.: Suhrkamp.

Descartes, R. (1981 ff.). Œuvres de Descartes (nouvelle présentation). Hrsg. von C. Adam, P. Tannery. Paris: Vrin.

Dretske, F. (1988). Explaining Behavior. Reasons in a World of Causes. Cambridge (Mass.): MIT Press.

Dretske, F. (1998). Die Naturalisierung des Geistes. Paderborn: Ferdinand Schöningh.

Elwood, R. W., Appel, M. (2009). Pain Experience in Hermit Crabs? Animal Behaviour, 77, 1243–6.

Garner, R. L. (1996). Gorillas and Chimpanzees. London: Odgood, McIlvaine.

Glock, H.-J. (2009). Can Animal Act For Reasons? Inquiry, 52, 232–54.

Glock, H.-J. (2010). Can Animals Judge? Dialectica, 64, 11–33.

Glock, H.-J. (2000). Animals, Thoughts and Concepts. Synthese,123, 35–64.

Griffin, D. R. (1976). The Question of Animal Awareness. Evolutionary Continuity of Mental Experience. New York: Rockefeller University Press.

Griffin, D. R. (1978). Prospects for a Cognitive Ethology. Behavioral and Brain Sciences, 4, 527–38.

Groves, C. (2003). A History of Gorilla Taxonomy. In A. Taylor, M. Goldsmith (Hrsg.), Gorilla Biology (S. 15–33). Cambridge: Cambridge University Press.

Harrison, P. (1991). Do Animals Feel Pain? Philosophy, 66, 25–40.

Hart, P. J. B. (2010). Review of Do Fish Feel Pain? Animal Behaviour, 80, 591–2.

Horgan, T, Tienson, J. (2002). The Intentionality of Phenomenology and the Phenomenology of Intentionality. In D. Chalmers (Hrsg.), Philosophy of Mind. Classical and Contemporary Readings (S. 520–32). New York: Oxford University Press.

Hurley, S., Nudds, M. (2006). Rational Animals? Oxford: Oxford University Press.

Ingensiep, H. W., Baranzke, H. (2008). Das Tier. Stuttgart: Reclam.

James, W. (1878). Brute and Human Intellect. In F. Burkhardt, F. Bowers, I. K. Skrupskelis (Hrsg.) (1983), The Works of William James (Bd. 13) (S. 1–37). Harvard: Harvard University Press.

Knell, S. (2004). Propositionaler Gehalt und diskursive Kontoführung. Eine Untersuchung zur Begründung der Sprachabhängigkeit intentionaler Zustände bei Brandom. Berlin: W. de Gruyter.

Langford, D. J. et al. (2010). Coding of facial expressions of pain in the laboratory mouse. Nature Methods, 7, 447–9.

Lurz, R. (Hrsg.) (2009). The Philosophy of Animal Minds. Cambridge: Cambridge University Press.

Lurz, R. (2011). Mindreading Animals. The Debate Over What Animals Know About Other Minds. Cambridge (Mass.): MIT Press.

MacIntyre, A. (2001). Die Anerkennung der Abhängigkeit. Über menschliche Tugenden. Hamburg: Rotbuch.

Montaigne, M. de (1965). Essais. Paris: Presses Universitaires de France.

Nagel, T. (1974). Wie ist es, eine Fledermaus zu sein? In T. Nagel (Hrsg.) (1984), Über das Leben, die Seele und den Tod (S. 185–99). Berlin: Philo.

Perler, D., Wild, M. (2005). Der Geist der Tiere. Philosophische Texte zu einer aktuellen Debatte. Frankfurt a. M.: Suhrkamp.

Premack, D., Woodruff, G. (1978). Does the Chimpanzee Have a Theory of Mind? Behavioral and Brain Sciences, 1, 515–26.

Regan, T. (1988). The Case for Animal Rights. London: Routledge.

Robinson, W. S. (1996). Some Nonhuman Animals Can Have Pains in a Morally Relevant Sense. Biology and Philosophy, 12 (1), 51–71.

Rodríguez, F., Broglio, C., Durán, E., Gómez, A., Salas, C. (2006). Neural Mechanisms of Learning in Teleost Fish. In C. Brown, K. Laland, J. Krause (Hrsg.), Fish Cognition and Behaviour (S. 243–77). Oxford: Blackwell.

Rose, J. D. (2002). The neurobehavioral nature of fishes and the question of awareness and pain. Fisheries Science, 10, 1–38.

Schaller, G. B. (1963). The Mountain Gorilla. Chicago: The University of Chicago Press.

Schaller, G. B. (1964). The Year of the Gorilla. Chicago: The University of Chicago Press.

Searle, J. R. (1987). Intentionalität. Frankfurt a. M.: Suhrkamp.

Shettleworth, S. J. (2010). Cognition, Evolution, and Behavior. Oxford: Oxford University Press.

Singer, P. (1975). Animal Liberation/Die Befreiung der Tiere. Reinbek bei Hamburg: Rowohlt.

Sneddon, L. U., Braithwaite, V. A., Gentle, M. J. (2003a). Do fish have nociceptors. Evidence for the evolution of a vertebrate sensory system. Proceedings of the Royal Society, 270, 1115–1121.

Sneddon, L. U., Braithwaite, V. A., Gentle, M. J. (2003b). Novel Object Test. Examining Pain and Fear in the Rainbow Trout. Journal of Pain, 4, 431–40.

Sorabji, R. (1993). Animal Minds and Human Morals. The Origins of the Western Debate. London: Duckworth.

Sunstein, C. R., Nussbaum, M. C. (Hrsg.) (2006). Animal Rights. Current Debates and New Directions. Oxford: Oxford University Press.

Tye, M. (1997). Das Problem primitiver Bewusstseinsformen. Haben Bienen Empfindungen? In F. Esken, D. Heckmann (Hrsg.) (1998), Bewusstsein und Repräsentation (S. 91–122). Paderborn: mentis.

Wild, M. (2006). Die anthropologische Differenz. Der Geist der Tiere in der frühen Neuzeit bei Montaigne, Descartes und Hume. Berlin: W. de Gruyter.

Wild, M. (2008). Tierphilosophie zur Einführung. Hamburg: Junius.

Wild, M. (2012). Tierphilosophie. Erwägen, Wissen, Erkennen, 23 (1), 21–33, 108–131.

Wolf, U. (1990). Das Tier in der Moral. Frankfurt a. M.: Klostermann.

Wundt, W. M. (1863). Vorlesungen über die Menschen- und Thierseele. Leipzig: Voß.

Roland Borgards (Neuere Deutsche Literaturgeschichte)

Tiere in der Literatur –
Eine methodische Standortbestimmung

1 Tiere und Texte

Literaturwissenschaftler[1] lesen Texte. Dort begegnen sie bisweilen Tieren. Auf Tiere treffen sie auch im Zoo, im Wald oder in der Steppe vor der Stadt. Die Unterschiede zwischen diesen beiden Tierarten, zwischen diesen beiden Formen der Begegnung sind zunächst offensichtlich. Tiere in Texten können ihre Leser nicht beißen; und sie können nicht von ihnen gegessen werden; sie können den Lesern nicht die Füße wärmen; und sie können sich nicht von ihnen kraulen lassen. Es sind eben keine wirklichen Tiere, die sich durch die wirkliche Welt bewegen und dort an wirklichen Handlungs- und Lebenszusammenhängen teilnehmen.

Auf diesen offensichtlichen Unterschied zwischen den Tieren in Texten und den Tieren in der Welt lässt sich auf zwei Weisen reagieren. Man kann diesen Unterschied als gegeben annehmen. Dann betreibt man die Kafka-Lektüre und den Zoobesuch als voneinander unabhängige Tätigkeiten. Über Kafkas *Bericht für eine Akademie* und seinen wissenschaftlich ambitionierten Affen Rotpeter (Kafka, 1917/2002) ist auch aus dieser Perspektive viel zu sagen. Man kann diesen Unterschied aber auch problematisieren und danach fragen, welche Formen des Kontakts zwischen Welt und Text, zwischen einem Safarinachmittag und einem Leseabend sich anlässlich der Tiere ergeben können. Denn möglicherweise bestimmt die Erfahrung, die ich mit einem wirklichen Tier mache, meine Lektüre eines literarischen Tiertextes. Wer seine Katze liebt, liest von E. T. A. Hoffmanns frechem »Kater Murr« (Hoffmann, 1819/1992) anders als derjenige, der die Katze seines Nachbarn verabscheut. Und möglicherweise prägt in umgekehrter Richtung die Lektüre eines literarischen Tiertextes die Haltung, die Menschen gegenüber Tieren in der wirklichen Welt einnehmen. Dann hätte Herman Melvilles Walfänger-Roman »Moby Dick« (Melville, 1851) eine Bedeutung für das Leben und Sterben der Wale; und Nick Abadzis Graphic Novel »Laika« (Abadzis, 2007), die vom ersten experimentell und politisch motivierten Weltraumflug eines Tieres erzählt, bliebe nicht ohne Folgen für die Hunde in den Laboratorien der Wissenschaft. Aus solch einer Perspektive wären die Tiere in Texten nicht nur Zeichen-, sondern auch Lebewesen;

1 Für Hinweise, Kritik, Anregungen, Diskussionen und Formulierungen danke ich den Würzburger Literatur- und Theater-Tier-Denkern, insbesondere Esther Köhring, Alexander Kling, Jens Essmann und Alexander Döll.

und umgekehrt erscheinen die Tiere in der Welt nicht nur als Lebe-, sondern zugleich auch als Zeichenwesen.

Neben den tierlichen Lebewesen, die wie der Affe Rotpeter, der Kater Murr, der Wal Moby Dick und der Hund Laika literarische Texte bevölkern, gibt es noch eine andere Weise, wie von Tieren in der Literatur (und auch im alltäglichen Sprachgebrauch) die Rede sein kann. So hört zum Beispiel Friedrich Schillers »Verbrecher aus verlorener Ehre« auf den sprechenden Tier-Nachnamen »Wolf« (Schiller, 1786/2008), während der reale Wilddieb, der Schiller als Vorlage diente, mit Nachnamen »Schwan« hieß (Abel, 1787/1995). Ein ähnlicher Fall ist es, wenn Menschen in schimpflicher oder schmeichlerischer Absicht mit Tieren in Verbindung gebracht werden. So beschimpfen sich zum Beispiel in August von Kotzebues Drama »Die Indianer in England« die Protagonisten gegenseitig als »Esel«, »Ochs« und »Mastschwein« (Kotzebue, 1798, S. 259 u. 261); in Georg Büchners »Woyzeck« ist für Marie der begehrte Tambourmajor »wie ein Stier« und »wie ein Löw« (Büchner, 1837/2005, S. 26); in Büchners »Dantons Tod« vergleicht Danton die Menschen ganz allgemein mit den Pachydermen: »Wir sind Dickhäuter, wir strecken die Hände nacheinander aus, aber es ist vergebliche Mühe, wie reiben nur das grobe Leder aneinander ab – wir sind sehr einsam« (Büchner, 1835/2000, S. 4). In all diesen Fällen wird nicht *von* Tieren, sondern *durch* Tiere gesprochen. Die Tiere dienen hier der Charakterisierung von Menschen. Sie erscheinen als Zeichen, nicht als Lebewesen.

Der Einsatz von literarischen Zeichentieren lässt sich als Desinteresse, als Entwertung deuten, als ein weiterer Baustein in der Ausbeutung der Tiere durch den Menschen: Wir benutzen die Tiere zum Sprechen und zum Denken (zum »Thinking with Animals« vgl. Daston u. Mitman, 2005; Levi-Strauss, 1968), wie wir sie zum Lastentragen, als Nahrungsquelle und als Experimentalobjekte benutzen. Das Sprechen mithilfe von Tieren lässt sich aber auch als Interesse, als Aufwertung deuten, als Element einer gemeinsamen Geschichte, die Menschen und Tiere miteinander teilen. Aus dieser Perspektive verdanken wir den Tieren unsere Sprache und unser Denken (vgl. hierzu z. B. Lippit, 2000).

Die literaturwissenschaftliche Auseinandersetzung mit den Tieren rührt an diese grundlegenden Fragen. Um ihnen näherzukommen, ist es hilfreich, zunächst einmal die verschiedenen Weisen zu beschreiben, in denen Tiere in literarischen Texten vorkommen können. Dazu werde ich eine vorläufige und in ihrer Reichweite beschränkte Typologie literarischer Tiere vorschlagen (Abschnitt 2: Semiotische und diegetische Tiere). Diese Typologie kann nützlich sein, um sich in der literarischen Tierwelt zu orientieren, sie ist aber kaum von theoretischem Gewicht. Deshalb werde ich sodann zwei methodische Optionen umreißen, die mir derzeit für eine literaturwissenschaftliche Auseinandersetzung mit den Tieren relevant erscheinen. Dies ist zum einen die diskurs-, wissens- und kulturgeschichtliche Perspektive (Abschnitt 3: Wissen und Geschichte), zum anderen sind es die aktuellen Ansätze der Agency-Theorien (Abschnitt 4: Aktionsräume und Existenzbedingungen). Diese beiden theoretischen Optionen begründen die nur beschränkte Gültigkeit einer jeden möglichen Typologie literarischer Tiere; und sie verweisen wechselseitig auf die blinden Flecke ihres Gegenübers.

2 Semiotische und diegetische Tiere

Es gibt zwei literarische Tiergattungen, deren Differenz vorläufig mit den Begriffen der semiotischen Tiere und der diegetischen Tiere erfasst werden kann. Semiotische Tiere sind solche Tiere, die in Texten *ausschließlich als Zeichen,* als Träger von Bedeutungen erscheinen. Ein Beispiel hierfür wäre die schon erwähnte Dickhäuter-Metapher in Büchners Drama. Diegetische Tiere hingegen sind solche Tiere, die *auch als Lebewesen,* als fassbare Elemente der erzählten Welt auftauchen. Ein Beispiel hierfür wäre der schon erwähnte Wal Moby Dick in Melvilles Roman. Der Unterschied ist offensichtlich: Büchners Dickhäuter sind ein Zeichen, Melvilles Wal hingegen ist ein Lebewesen. Semiotische Tiere sind also Mittel der literarischen Rede; diegetische Tiere hingegen sind Objekte der literarischen Rede. In einer literaturimmanenten Perspektive lässt sich schematisch formulieren: Semiotische Tiere bedeuten; diegetische Tiere leben.

2.1 Mit Tieren erzählen

Bei den semiotischen Tieren geht es um stellvertretende Redeweisen. Ein Tiername wird benutzt, um etwas anderes als ein Tier zu bezeichnen. Drei rhetorische Figuren finden sich hier besonders häufig: die Allegorie, die Metapher und die Metonymie.

Die Allegorie, wie sie im Barock entworfen und wie sie noch von Goethe als negatives Gegenbild zum Symbol konzipiert wird, sichert das Verhältnis von Bezeichnendem und Bezeichnetem durch Konvention. So stehen zum Beispiel im barocken Zeichenuniversum die Tränen des Krokodils allegorisch für die Falschheit des Menschen, worauf etwa Daniel Casper von Lohenstein in seinem Drama »Sophonisbe« zurückgreift: »Die Art des Crocodils ist: daß er sich betrübe / Wenn er den Menschen frisst; sie [Sophonisbe] macht kein Auge naß, / Ob's Unglücks Crocodil gleich ihren Syphax fraß« (Lohenstein, 1680/1986, S. 325). Nicht das Tier selbst, sondern eine kulturelle Übereinkunft macht eine solche Bedeutung plausibel. In diesem Sinn ist das Krokodil bei Lohenstein ein allegorisches Tier.

Die Metapher verbindet Bezeichnendes und Bezeichnetes durch Analogie: »Wir sind Dickhäuter« (Büchner, 1835/2000, Bd. 3.2, S. 4). Dies ist ein abgekürzter Vergleich. In diesem Sinne sind Büchners Dickhäuter metaphorische Tiere. Die metaphorischen Tiere bilden die häufigste und geläufigste Art der semiotischen Tiere. Menschen sind fleißige Bienen, falsche Schlangen, listige Füchse, hungrige Hyänen, weitsichtige Adler, kurzsichtige Maulwürfe, verspielte Katzen, sie werden gejagt wie Mäuse, sie bilden Ameisen-Staaten, sie haben ein Elefanten-Gedächtnis usw. Es gibt wohl keine Tiermetapher, die nicht literarische Wirklichkeit geworden wäre.

Die Metonymie schließlich funktioniert über Nähe, Berührung oder Teilhabe des Bezeichnenden am Bezeichneten. Ein berühmtes Beispiel hierfür ist Émile Zolas Titelformulierung von der »Bête humaine« (Zola, 1890/2001). Wenn der Mensch hier als Bestie bezeichnet wird, dann beruht das nicht auf einer bloßen Konvention (Allegorie) und auch nicht auf einer klaren Analogie (Metapher), sondern wird durch die Teilhabe des Menschen am Tierlichen begründet. Der Mensch erscheint bei Zola als Tier, weil er mit ihm etwas teilt, weil er selbst auch ein Tier ist und wie ein Tier zu handeln vermag, weil er mit den Tieren in ein übergreifendes evolutionsbiologisches Kontinuum eingebunden ist. Entsprechend handelt Zolas Roman von Wut, Mord, Gier und Lust. Dass mit solchen Assoziationen wiederum ein ganz spezifisches und alles andere als ausgewogenes oder zeitloses Tierbild bedient wird, ist offensichtlich.

Die Grenzen zwischen den allegorischen, metaphorischen und metonymischen Zeichentieren haben deshalb nur heuristischen Wert. Denn ein konventionelles Element findet sich auch in der Metapher und in der Metonymie, insofern sich jede Vorstellung von einem Tier auf eine spezifische kulturelle Übereinkunft zurückführen lässt. Es gibt schließlich auch Epochen und Kulturen, in denen Tiere nicht als wilde, mordende und triebgesteuerte Wesen angesehen werden, sondern als intelligente, autonome und bedachte Mitbewohner eines gemeinsamen Lebensraumes. In solch einem Rahmen hätte zum Beispiel Zolas Rede von der »Bête humaine« keinen oder einen ganz anderen Sinn. Mehr noch: Nicht nur, *was* ein semiotisches Tier bedeutet, sondern auch, *welcher Form* die Bedeutungszuschreibung folgt, ergibt sich selten aus dem literarischen Text allein, sondern erst durch dessen Einbindung in seine historischen Kontexte. Was bei Zola als Metonymie entworfen wird, das kann in anderem Zusammenhang als Allegorie oder Metapher ausgearbeitet werden.

Einen eigenen Fall im Rahmen der semiotischen Tiere bilden theriophore Wendungen. Der Begriff des Theriophoren (aus griechisch »ther« für »wildes Tier« und »phoros« für »tragend«) umschreibt das Phänomen, dass Menschen immer wieder mit Tiernamen belegt werden. Dabei kann es sich um Eigennamen handeln, zum Beispiel Ursula (was so viel heißt wie: »kleine Bärin«) in Heinrich von Kleists »Familie Schroffenstein« (Kleist, 1803/1997) um Nachnamen, zum Beispiel den schon erwähnten Christian Wolf in Schillers »Verbrecher aus verlorener Ehre«, oder um Schimpfnamen, zum Beispiel Kotzebues »Esel«, »Ochs« und »Mastschwein« (Kotzebue, 1798). Auch in theriophoren Wendungen werden Tiere lediglich dazu benutzt, Menschen zu bezeichnen und auch zu charakterisieren: Ursula ist eine bärige Totengräberwitwe; Christian Wolf ist ein räuberischer Geselle; Kotzebues Personal beschimpft sich gegenseitig als störrisch, dumm und fett. Theriophore Wendungen haben meist (aber nicht immer) eine metaphorische Struktur: Die Tiernamenträger sind so brummig *wie* ein Bär, so räuberisch *wie* ein Wolf, so störrisch, dumm und fett *wie* Esel, Ochs und Schwein.

2.2 Von Tieren erzählen

Anders als die semiotischen Tiere sind diegetische Tiere nicht bloße Zeichen, sondern erscheinen in literarischen Texten als Lebewesen. Das heißt nicht, dass sich mit ihnen keine Bedeutung verbindet. Auch diegetische Tiere lassen sich interpretieren. Denn in literarischen Texten gibt es ganz grundsätzlich nichts, das nicht irgendetwas bedeuten könnte. Die Literatur kennt in der Regel keine leeren Zeichen, sie treibt allenfalls Spiele der Entleerung, wie etwa im Dadaismus. Etwas vorsichtiger und zugleich etwas allgemeiner könnte man von hier aus eine Grundregel der literaturwissenschaftlichen Beschäftigung mit den Tieren ableiten: Es gibt kein literarisches Tier, das sich nicht einer Interpretation zuführen ließe, und sei es auch so unscheinbar wie die Flöhe im Pelzkragen des Türhüters in Franz Kafkas Erzählung »Vor dem Gesetz« (Kafka, 1915/2002). Diese Flöhe werden nur einmal beiläufig erwähnt in diesem Text, der von vielem, aber nicht unbedingt von den Tieren zu handeln scheint. Und dennoch ist eine Lektüre des Textes denkbar, die diese Flöhe in ihr Zentrum stellt.

Der Begriff der Diegese entstammt der Narratologie. Diegese ist hier der Begriff für die Welt, von der erzählt wird. Dabei umfasst die Diegese mehr als die »histoire«, mehr als den »plot«, sie ist »nicht die Geschichte, sondern das Universum, in dem sie spielt« (Genette, 1998, S. 201). Diegetische Tiere sind also zunächst einmal solche Lebewesen, die ein »diegetisches Universum« (Genette, 1998, S. 201) eines literarischen Textes bewohnen. Für den Zweck einer Typologie der literarischen Tiere lässt sich der Begriff der Diegese von den narrativen auf lyrische und dramatische Texte ausweiten, und darüber hinaus auch auf die anderen Künste, auf Malerei, Kino, Musik, usw. (vgl. zu einer solch weiten Definition der Diegese Souriau, 1990). Denn auch Gedichte und Dramen entwerfen von Tieren bewohnbare Universen, so zum Beispiel Rainer Maria Rilkes Gedicht »Der Panther« (Rilke, 1902/2008) oder die tödlichen Hunde in Kleists Drama »Penthesilea« (Kleist, 1808/1997). Entsprechendes gilt etwa für das Filmtier Flipper oder die Musiktiere in Camille Saint-Saëns' »Le carnaval des animaux« (1886).

Das Universum, in dem eine Geschichte spielt, kann nun nach unterschiedlichen Regeln aufgebaut sein. Zwei Optionen lassen sich hier prototypisch einander gegenüberstellen. Auf der einen Seite sind die erzählten Universen zu verorten, in denen die gleichen Regeln gelten, die auch für die Welt plausibel sind, in welcher der Text geschrieben wurde. Die Angorakatze, mit der sich Hauke Hain in Theodor Storms »Der Schimmelreiter« auf eine Auseinandersetzung einlässt, verhält sich auf eine Weise, wie sich eine Angorakatze in einer entsprechenden Situation wahrscheinlich auch in der Welt verhalten würde: Sie kratzt und beißt (Storm, 1888/1987). Auf der anderen Seite stehen die erzählten Universen, die eigenen Gesetzen folgen und damit zur Welt, in der sie geschrieben wurden, auf Distanz gehen. Besonders deutlich wird das bei den sprechenden Tieren der Fabel. Der listige Fuchs, ob nun bei Äsop (2005) und Gotthold Ephraim Lessing (Lessing, 1759/1987) oder in Johann Wolfgang Goethes »Reineke Fuchs« (Goethe, 1794/1994), die plaudernden Hunde im »Coloquio de los perros« von Miguel de Cervantes (Cervantes, 1613/2007) oder auch Kafkas kultivierter Affe Rotpeter (1917/2002), Walt Disneys Kapitalisten-Ente Dagobert Duck oder Sibylle Lewitscharoffs sprechender Löwe in »Blumenberg« (Lewitscharoff, 2011): All dies sind Tiere, die etwas können und tun, was Tiere in der Welt offensichtlich nicht können und nicht tun. Und dennoch sind auch sie als diegetische Tiere zu bezeichnen. Sie bewohnen ein Universum, zu dem all das gehört, was sich in der »präsentierten Fiktion ereignet und was sie impliziert, wenn man sie als wahr ansähe« (Souriau, 1997, S. 156). In einem erzählten Universum, in dem Tiere als sprachfähige Lebewesen auftreten, sind tierliche Unterhaltungen, Festansprachen und Streitgespräche auf unproblematische Weise ein Ding der Möglichkeit.

In der Gattung der diegetischen Tiere lassen sich also zwei Arten unterscheiden: die realistischen und die phantastischen Tiere. Es ist auch dies eine heuristische Unterscheidung und Bezeichnung, bei der zweierlei zu beachten ist. Zum einen lässt sich die Grenze zwischen diesen beiden Arten keineswegs immer klar bestimmen. Vielmehr gibt es eine ganze Reihe von Texten, die gezielt daran arbeiten, ihre Leser diesbezüglich im Unklaren zu lassen. Der Schimpanse, der in Peter Dickinsons »The Poison Oracle« mittels geometrischer Symbole zu kommunizieren vermag (Dickinson, 1974), und die Gorillas, die in Michael Crichtons »Congo« (Crichton, 1980) und Peter Goldsworthys »Wish« (Goldsworthy, 1995) die Gebärdensprache beherrschen, sind im späten 20. Jahrhundert erstaunliche, aber zugleich doch auch wissenschaftlich plausible Gestalten. Die Tiere, von denen in diesen Texten erzählt wird, sind deshalb kaum eindeutig zuzuordnen. Einerseits scheinen sie einem realistischen, an wissenschaftlichen Experimenten orientierten Erzählen zu entstammen, andererseits verweisen sie aber auch auf Unrealistisches, Phantastisches.

Zum anderen dienen die Begriffe des Phantastischen und des Realistischen nicht dazu, den ontologischen Status der erzählten Tiere, sondern den modalen Status der erzählenden Rede zu bestimmen. Ein literarisches Tier *ist* nicht phantastisch oder realistisch, sondern *erscheint* als ein phantastisches oder realistisches Wesen, je nachdem, wie das Verhältnis zwischen der Welt, von der erzählt wird, und der Welt, in der erzählt wird, ausgestaltet ist. Besonders deutlich wird dieser relationale Status des Realistischen bzw. Phantastischen bei einem Blick auf die sich im Laufe der Zeit ändernden Vorstellungen davon, was ein Tier ist und kann. Damit erweist sich die Unterscheidung von Phantastischem und Realistischem selbst als historisch: Rilkes Panther verhält sich wie ein Panther im Zoo der Jahrhundertwende. Auch wenn in Barthold Heinrich Brockes' Gedicht »Der Elephant und das Nashorn« zwei Feinde beschrieben werden, die sich gegenseitig töten (Brockes, 1760), dann entspricht das dem Stand der Naturkunde der Aufklärung. Und das Einhorn in Lohensteins »Sophonisbe« entstammt nicht dem Raum halloser Fiktion, sondern dem naturkundlichen Wissen der Frühen Neuzeit (Lohenstein, 1680/1986). Für uns heute erscheint der Panther auf den ersten Blick realistischer als das Nashorn und der Elefant bei Brockes und erst recht realistischer als Lohensteins Einhorn. Wenn man aber eine historische Perspektive wählt, wird sichtbar, dass alle diese Tiere auf die gleiche – und zwar realistische – Weise erzählt werden. Das Phantastische und das Realistische sind für die genauere Bestimmung diegetischer Tiere also als Relationsbegriffe zu verstehen. Als solche bezeichnen sie das Verhältnis zwischen dem erzählten Tier und seinem historischen und kulturellen Kontext.

2.3 Begrenzte Typologie

Die Unterscheidung von semiotischen und diegetischen Tieren kann nützlich sein, um sich in der literarischen Tierwelt zu orientieren. Doch zugleich lässt sich diese Unterscheidung auch von zwei Seiten her, von der historischen Diskursanalyse und von den Agency-Theorien, problematisieren.

Eine Diskursanalyse kann darauf hinweisen, dass auch die diegetischen Tiere lediglich ein Textleben führen; auch sie sind nichts weiter als Zeichen; auch sie sind nur Träger von Bedeutungen; auch sie kann man nur interpretieren und nicht streicheln oder schlagen. In Texten befinden sich niemals tierliche Lebewesen, sondern immer nur menschliche Bilder, kulturelle Projektionen, sprachliche Konstruktionen von diesen Lebewesen. Melvilles Moby Dick ist kein Tier, sondern ein Wort; dieser Wal lebt nicht, sondern bedeutet etwas. Diese Position wird im nächsten Abschnitt genauer beschrieben werden.

Agency-Theorien hingegen verweisen darauf, dass auch die semiotischen Tiere der Texte ihrerseits nicht ganz ohne das Leben der Tiere in der Welt auskommen können. Den Konstruktivismus der Diskursanalyse weisen sie als anthropozentrische Reduktion zurück: Eine Tiermetapher wirkt nicht ohne die Beihilfe des jeweils metaphorisierten Tiers; bei einer Beschimpfung mit Tiernamen ist das genannte Tier tätlich mit im Spiel. Büchners Dickhäuter sind nicht nur eine kulturelle Projektion, sondern verdanken sich auch den Tieren, von denen die Rede ist. Semiotische Tiere bedeuten nicht allein durch den Menschen, sondern auch durch das Leben der Tiere. Davon wird der übernächste Abschnitt handeln.

3 Wissen und Geschichte

Die Literaturwissenschaften setzen sich schon seit jeher mit den literarischen Tieren auseinander. Lange lag der Schwerpunkt dieser Beschäftigung beim Tiermotiv und bei der Tierfigur. Auch in der neueren Forschung finden sich immer noch Untersuchungen zum Motiv einzelner Tiere, wobei die traditionellen Methoden der Motivforschung teilweise angewendet, teilweise aber auch problematisiert, ergänzt oder ersetzt werden. Zu verweisen ist hier zum Beispiel auf die Forschungen zu den Hunden (motivgeschichtlich: Hager, 2007; jenseits der Motivgeschichte: McHugh, 2004) und Affen (Fromm, 1999), zur komplementären Struktur von Hund und Affe (Neumann, 1996) oder zu einem bestimmten Tiermotiv bei einem bestimmten Autor, zum Beispiel zum Pferdemotiv bei Goethe (Baum, 2004) oder auch zu literarischen Tiermotiven im Allgemeinen (z. B. Brunner Ungricht, 1998; Römhild, 1999; Arendt, 1994). Ähnlich verhält es sich mit den Forschungen zu den Tierfiguren, wobei der Unterschied zwischen Motiv und Figur nicht immer ganz klar gezogen werden kann: zur Affenfigur bei Flaubert und Kafka (Neumann u. Vinken, 2007), zur Affenfigur bei Goethe, Herder und Adorno (Savage, 2007), zur Affenfigur in der Literatur zwischen 1800 und 2000 (Griem, 2010; Richter,

2005), zur Tierfigur bei Kafka und Pu Songling (Zhou, 1996), zu den Fabeltieren im Allgemeinen (ganz traditionell: Leibfried, 1982) oder bei Goethes »Reineke Fuchs« im Besonderen (ganz und gar nicht mehr motivgeschichtlich: Schmidt, 2007).

In den Blick kommen dabei zunächst die bekannten literarischen Tiergenres (zur Unterscheidung dieser Genres vgl. Hasubek, 1996): allen voran die Tier-Fabel, sodann die Tiergeschichte, zum Beispiel Anna Sewells Pferdeerzählung »Black Beauty« (Sewell, 1877/2010), das Tierepos, zum Beispiel Georg Rollenhagens »Froschmeuseler« (Rollenhagen, 1595/1989) oder Goethes »Reineke Fuchs« (1794/1994), und das Tiermärchen, etwa »Die Bremer Stadtmusikanten« in der Version der Gebrüder Grimm (Grimm, 1819/2007). Wichtiger als die Konzentration auf die literarische Tradition dieser Genres ist für die gegenwärtige und zukünftige literaturwissenschaftliche Tierforschung jedoch die Ausweitung des Aufmerksamkeitsbereichs auf ein umfassendes kulturelles Wissen von den Tieren und auf die Geschichte dieses Wissens.

3.1 Von der Motiv- zur Wissensgeschichte

Entsprechend lässt sich bei den literaturwissenschaftlichen Bemühungen in den letzten Jahren eine strategische Erweiterung des untersuchten Gegenstandsbereichs und eine immer deutlichere Abgrenzung gegenüber den Methoden der Motivforschung erkennen. Denn die Erforschung einzelner Tiermotive beschränkt sich oft auf eine rein innerliterarische Analyse: Wie tauchen bestimmte Tiere in bestimmten literarischen Texte auf und wie ergibt sich daraus die Tradition einer spezifischen Motivverwendung? So gibt es tatsächlich von der Antike bis heute über die Jahrhunderte hinweg immer wieder in literarischen Texten das Motiv des treuen Hundes oder des nachahmenden Affen. Gegenüber solchen motivgeschichtlichen Ansätzen werden in wissensgeschichtlichen Analysen (zur Methode der Wissensgeschichte und der Poetologien des Wissens vgl. Vogl, 2011) zunehmend alle Felder mit einbezogen, in denen sich Tiere finden lassen. Das sind auf der einen Seite die benachbarten Künste: Malerei (vgl. hierzu z. B. Kunsthalle Karlsruhe, 2011; Spickernagel, 2009; Lange-Berndt, 2009; Ullrich, Weltzien u. Fuhlbrügge, 2008; Blühm u. Lippincott, 2007; Bredekamp, 2005; Baker, 2000), Film (vgl. hierzu z. B. Möhring, Perinelli u. Stieglitz, 2009; Burt, 2002; Lippit, 2000; Mitman, 1999), Theater und Tanz (vgl. hierzu z. B. Chaudhuri, 2007; Brandstetter, 2010; Köhring, 2012), Musik usw. Und das sind auf der anderen Seite bestimmte Wissenschaften: Biologie, Zoologie, Ethologie, Medizin, Anthropologie, Geographie, Rechtswissenschaften, Philosophie (vgl. zu einer literaturwissenschaftlichen Auseinandersetzung mit diesen Disziplinen z. B. Schmidt, 2011; Schnyder, 2009; Borgards, 2007–2012, Eke u. Geulen, 2007, Heiden u. Vogl, 2007).

Eine solchermaßen geöffnete und erweiterte literaturwissenschaftliche Tierforschung ist Teil der »Cultural Animal Studies«, wie sie sich in den letzten Jahren ausgehend vom englischsprachigen Forschungsraum etabliert haben. Sie nimmt an den dort – und auch intensiv bei den Historikern (Steinbrecher, 2009; Roscher, 2011) – geführten Diskussionen teil und greift die hier entwickelten Fragen auf: die Bedeutung des Tieres für einen neuen Entwurf der Anthropologie (Derrida, 2006; Wild, 2006; Böhme, 2004; Agamben, 2002a), im engeren Sinne wissenschaftsgeschichtliche Aspekte (Voss, 2007; Daston u. Mitman, 2005; Haraway, 1995), ethische Fragen (Grimm, 2010), das Verhältnis von Medialität und Animalität (Bühler u. Rieger, 2006; Lippit, 2000), spezifische menschliche Umgangsweisen mit dem Tier wie den Zoo (Spotte, 2006; Dittrich, Engelhardt u. Rieke-Müller, 2001; Macho, 1997; Hardouin-Fugier u. Baratay, 1998; Malamud, 1998), das Schlachthaus (Kathan, 2004), die Haustierhaltung (Anderson u. DeJohn, 2004), den Krieg (Pöppinghege, 2009), das Experiment (Guerini, 2003; White, 2005) und des Weiteren die Kulturgeschichte einzelner Tiere (zu Pferd und Ratte vgl. z. B. Oeser, 2007; Burt, 2006) sowie der Tiere im Allgemeinen (z. B. Wiedenmann, 2009; Bellanger, Hürlimann u. Steinbrecher, 2008; Macho, 2004; Woolfe, 2003; Rothfels, 2002; Fudge, 2000; Dinzelbacher, 2000). Im Rahmen der »Cultural Animal Studies« fokussieren die Literaturwissenschaften (die in diesem Zusammenhang auch unter dem Titel der »Literary Animal Studies« geführt werden, vgl. McHugh, 2006) zwei zentrale Problemfelder, die gerade in literarischen Tiertexten evident werden: Historizität und Form.

In *historischer* Perspektive lässt sich zeigen, dass literarisches und wissenschaftliches Sprechen über die Tiere lange Zeit nicht strikt disziplinär getrennt waren. Ausgehend von dieser Beobachtung kann verallgemeinernd die These vertreten werden, dass in literarischen Texten ein historisch je spezifisches Wissen vom Tier nicht nur abgebildet, sondern mit entworfen wird. In der Literatur zeigt sich die Historizität des Tierwissens deshalb mit einem doppelten Effekt: Zum einen lassen sich historische Wissensformationen (Antike, Mittelalter, Frühe Neuzeit) ausmachen, in denen das Tier schon einmal als ein genuin pluridisziplinärer Gegenstand gedacht worden war. Zum anderen zeigt solch ein Befund zugleich, dass auch die gegenwärtige Tierforschung einen historischen Index trägt. So kann aus der historisierenden Perspektive der »Literary Animal Studies« die Möglichkeit einer kritischen Reflexion auf den gegenwärtigen Zustand unseres Tierwissens gewonnen werden.

Mit Blick auf die *Form* ergibt sich ein ähnlicher Befund. Denn literarische Texte zeichnen sich nicht nur durch ihre Historizität aus, sondern oft auch dadurch, dass sie auf sehr elaborierte Formen der Sprache zurückgreifen und diese auch immer wieder eigens zum Thema machen. Literarische Texte haben deshalb oft eine selbstreflexive Dimension. Daher sprechen literarische Tiertexte nicht nur über Tiere, sondern auch über die Weise, wie Tiere repräsentiert werden. Untersucht werden können in solch einer systematischen Perspektive zum einen literarische Formen wie der Charakter (Boehrer, 2009) oder spezifische Bio-Narrative sowohl in literarischen als auch in naturwissenschaftlichen Texten (Bergengruen, Lehmann u. Borgards, 2012; Beer, 2000), zum anderen fundamentale literatur- und ästhetiktheoretische Fragen wie die nach Mimesis, Fiktionalität, Medialität oder Hermeneutik.

Nimmt man die Fragen der Geschichte und der Form zusammen und verbindet sie mit einer Aufmerksamkeit für Fragen der politischen Theorie und der kulturellen Praxis, dann kommt man zu einer Forschungsarbeit, die sich mit der Poetik und

Politik der Tiere auseinandersetzt. Die Grundüberlegung dieser Forschung ist es, dass Menschen mittels der Tiere in einer basalen politischen Geste die Fundamentalien von Kultur beschreiben. Tiere sind demnach sowohl Ordnungszeichen als auch Ordnungsinstrumente: Sage mir, an welche Orte du welche Tiere stellst, und ich sage dir, wie die Kultur funktioniert, in der du lebst. Solche Tierordnungen lassen sich im Rahmen einer politischen Zoologie erfassen (Heiden u. Vogl, 2007) oder auch auf den Begriff der Theriotopie, der Tier-Raum-Ordnung, bringen (Borgards, 2009a). Die Analyse politischer Zoologien bzw. Theriotopien bezieht sich nicht auf eine gegebene biologische, sondern auf eine entworfene kulturelle Ordnung. Sie widmet sich sowohl Theorien (z. B. Evolution) als auch Institutionen (z. B. Zoo) und Praktiken (z. B. Züchtung). Ein besonderes Interesse gilt dabei den Paradoxien, Aporien und Ambivalenzen, die immer dort entstehen, wo sich der Mensch den Tieren zuwendet. In den Blick kommt so nicht die Stabilität der Ordnung, sondern deren Unruhe; nicht die klare Grenze zwischen Mensch und Tier, sondern deren Auflösung in eine unbestimmte Zone, in einen unklaren Schwellenraum.

Um die Poetik und Politik der Tiere in literatur-, kultur- und wissensgeschichtlicher Perspektive zu erkunden, sind drei analytische bzw. interpretatorische Techniken hilfreich, die man auch als die drei Techniken des Theriotopologen bezeichnen könnte: kontextualisieren, historisieren, poetisieren.

3.2 Kontextualisieren

Am Anfang der analytischen Arbeit des literaturwissenschaftlichen Theriotopologen steht eine exzessive Kontextualisierung. Dies gilt für die Analyse sowohl der semiotischen als auch der diegetischen Tiere. Wer zum Beispiel wissen will, was es mit Büchners Metapher der Dickhäuter, also mit einem typischen semiotischen Tier, auf sich hat, der muss sich in die zoologische Forschung des frühen 19. Jahrhunderts begeben (vgl. Borgards, 2012a). Hier ergeben sich gleich zwei relevante Befunde. Zum einen zeigt sich, wie in den von Georges Cuvier, Lorenz Oken und Johann Jakob Kaup geführten Diskussionen um eine stimmige, elegante und kohärente taxonomische Ordnung der Tiere (Cuvier, 1831; Oken, 1833; Kaup, 1835) eine klare analogische Struktur zwischen Menschen und Dickhäutern überhaupt erst herausgebildet wird, dank der dann Büchners Metapher ihre Wirksamkeit und ihre Bedeutung entfalten kann: die kommunikative Einsamkeit des modernen Menschen. Zum anderen aber zeigt sich auch, wie an anderer Stelle der zoologischen Forschung ausgerechnet die Dickhäuter zum Paradigma gelingender Introspektion und freundschaftlicher Kommunikation werden können, und zwar in Goethes Rezension von Eduard d'Altons »Die Skelete der Pachydermata« (Alton u. Pander, 1821; Goethe, 1822). Goethe preist in seiner Rezension d'Altons innovatives bildgebendes Verfahren, bei dem in einem Kupferstich das Skelett des toten und der Schattenriss des lebenden Tieres übereinandergeblendet werden. Büchners Rede von den Dickhäutern lässt sich durch eine solche ausgiebige Kontextualisierung – die nur pragmatische, keine systematischen Grenzen kennt – recht präzise verorten, denn dank ihr kann man beschreiben, *wie* die Metapher funktioniert, *was* sie zugleich *nicht* bedeutet und wie sich schließlich ihre Bedeutung im Abgleich mit der Nichtbedeutung als etwas *Gemachtes* zu erkennen gibt. Die Dickhäuter führen nicht von sich aus in den kommunikativen Solipsismus, sondern nur dank spezifischer kultureller Zuschreibungen, die immer auch anders ausfallen könnten.

Auf gleiche Weise lässt sich hinsichtlich diegetischer Tiere verfahren. Auch hierfür ein Beispiel: In Büchners »Woyzeck« (1837/2005) betreibt der Doktor, der Woyzeck als Versuchsperson für Ernährungsexperimente ausnutzt, zugleich zoologische Studien. In einem Streit mit Woyzeck vergleicht er den Wert eines Menschen mit dem Wert eines Tieres: »Behüte, wer wird sich über einen Menschen ärgern! einen Menschen, wenn es noch ein Proteus wäre, der einem krepiert!« (Büchner, 1837/2005, S. 16). Wenn man wissen will, was es mit diesem Proteus auf sich hat, dessen Leben der experimentierende Doktor als wertvolles Forschungsobjekt noch über das Leben seiner Versuchsperson Woyzeck stellt, wird in den zoologischen Debatten des frühen 19. Jahrhunderts fündig (vgl. Borgards, 2012b). Hier zeigt sich, dass mit dem Proteus gleich drei zentrale Problemfelder angesprochen werden: Als Name einer Amöbenart verweist er auf die Frage nach der Entstehung des Lebens; als Name einer Amphibienart verweist er auf die Problematik der Gattungsgrenzen; als Metapher für ein spezifisches Erkenntniskonzept verweist er auf die neue Wissenschaft vom Leben, auf die Biologie im Allgemeinen. Deutlich wird die Eigenart von Büchners Bezug auf diese Debatten dank des Zugriffs auf die reichhaltigen Kontexte und wiederum im Kontrast zu Goethe. Während bei Büchner anlässlich des Proteus die Kälte des naturwissenschaftlichen Blicks und die Gewalt des experimentellen Verfahrens ausgestellt werden, unter deren Gewicht Woyzeck zerbricht, erscheint Proteus bei Goethe sowohl in den naturwissenschaftlichen Schriften als auch im »Faust II« (Goethe, 1832/2005) als produktives Prinzip des Wissens wie der Anthropogenese.

Eine Anreicherung mit möglichst vielen Kontexten ist im Grunde bei jedem einzelnen literarischen Tier geboten. Der Blick in Texte aus dem disziplinären Rahmen der Biologie, Zoologie, Ethologie und Vergleichenden Anatomie liegt dabei besonders nahe. Aber es gibt daneben weitere wichtige Kontexte. Von Interesse sind hier für den Literaturwissenschaftler alle Felder, auf denen sich die Menschen in praktischer oder theoretischer Hinsicht mit den Tieren auseinandersetzen: die Jagdliteratur, und diese sowohl mit Blick auf das Jagdrecht als auch mit Blick auf die Jagdwissenschaften; der Agrarsektor, und dies hinsichtlich technischer wie wirtschaftlicher Bedingungen der Viehhaltung als auch hinsichtlich der Agrarwissenschaft im Allgemeinen; die Philosophie, insofern in der politischen Theorie, der Ethik, der Erkenntnistheorie, der Ästhetik immer wieder von Tieren die Rede ist und mit Tieren argumentiert wird; die Reiseliteratur mit ihrem eigenen textuellen Import von Tieren aus der Fremde usw.

Ein prominentes Beispiel für die interpretatorischen Möglichkeiten einer reichhaltigen Kontextualisierung ist Goethes »Novelle«, die von der Jagd eines Fürsten, dem Ausritt einer Fürstin und dem Ausbruch eines Löwen und eines Tigers aus einer

Menagerie erzählt (Goethe, 1828/1984). Der Tiger wird bei einem Scheinangriff auf die Fürstin von deren Begleiter getötet – unnötigerweise, wie sich rasch herausstellt. Der Löwe hingegen wird vom Sohn der Tierbudenbesitzer mit einem Flötenspiel besänftigt und ohne Gewalt wieder in Gewahrsam gebracht. Die »Novelle« steckt voller Bezüge: auf die Zoologie und Ethologie der Raubkatzen, auf das Jagdrecht und die Jagdpraxis der Zeit, auf die Formen einer modernisierten Landwirtschaft, auf eine mit Tiermetaphern arbeitende politische Theorie, auf erkenntnistheoretische Problemlagen der menschlichen Wahrnehmung von Tieren, auf eine tierliche Ästhetik, auf die Reiseliteratur, mittels derer ein eigentümliches Tierbild aus der exotischen Ferne nach Europa gelangt, usw. All diese Kontexte kreuzen und überlagern sich in der literarischen Welt, die Goethes »Novelle« entwirft.

Goethes »Novelle« fordert eine solche Kontextualisierung nachdrücklich ein. Möglich – und in gewisser Weise auch nötig – ist sie aber bei jedem literarischen Tier. Die erste Tätigkeit des literaturwissenschaftlichen Theriotopologen ist deshalb das Kontextualisieren; sein erster Grundsatz lautet: Ein Tiertext kommt nie allein.

3.3 Historisieren

Zweitens arbeitet die Analyse einer Poetik und Politik der Tiere mit einer grundsätzlichen Historisierung sowohl der semiotischen wie der diegetischen Tiere. Im Grunde ergibt sich diese zweite Technik aus der ersten. Denn die Wahl der Kontexte ist ja keineswegs beliebig, sondern folgt zwei einfachen Regeln: der Regel der begrifflichen und der Regel der historischen Nähe. Für den Fall von Büchners semiotischer Tiermetapher in »Dantons Tod« heißt dies, dass Kaups Rede von den »Dickhäutern« (Kaup, 1835, S. 2) einschlägiger ist als Okens Rede von den »Schweineartigen« (Oken, 1838, S. 1116), obwohl es sich zoologisch betrachtet um die gleichen Tiere handelt. Und es heißt vor allem, dass sich einige Texte durch ihre historische Nähe empfehlen, so zum Beispiel Cuvier, Oken, Kaup, d'Alton, Goethe, aber auch die zoologischen Lehrbücher von Friedrich Siegmund Voigt und Johann Bernhard Wilbrandt (Voigt, 1835; Wilbrandt, 1829), dass andere Texte zwar ferner liegen, aber als historische Vorgänger trotzdem vorsichtig in die Analyse mit einbezogen werden können, etwa die antike Mythologie, die Bibel, der frühchristliche »Physiologus« (Anonymus, 2001) oder das frühneuzeitliche »Thierbuch« von Conrad Gessner (Gessner, 1565), und dass sich schließlich eine ganze Gruppe von Texten als historische Rückprojektion disqualifiziert, so etwa Charles Darwins »Origin of Species« (Darwin, 1859), »Brehms Tierleben« (Brehm, 1863 ff.), »Grzimeks Tierleben« (Grzimek, 1967 ff.) oder auch ein zoologisches Lehrbuch aus unserer Zeit.

Eine Historisierung ist ebenfalls bei den diegetischen Tieren angezeigt. Auch dies lässt sich gut an Tiger und Löwe aus Goethes »Novelle« erörtern (Goethe, 1828/1984). Die Historisierung der diegetischen Tiere kann hier in zwei Schritten erfolgen. Erstens lässt sich zeigen, dass die Tierbudenbesitzer in der Präsentation ihrer Raubtiere auf Georges-Louis Leclerc de Buffons »Histoire Naturelle«, das Standardwerk der aufge-

klärten Naturkunde des 18. Jahrhunderts, zurückgreifen. Dort wird der Tiger als blut-
rünstiges, sprungbereites, unzähmbares Raubtier, der Löwe hingegen als souveränes,
ruhiges und schon fast zugängliches Tier beschrieben (Buffon, 1780, S. 166 ff.). In größter
Nähe hierzu erscheint bei Goethe das große gemalte Plakat, mit dem die beiden Raub-
tiere von ihren Besitzern dem Publikum angepriesen werden: »Der grimmig ungeheure
Tiger sprang auf einen Mohren los, im Begriff ihn zu zerreißen; ein Löwe stand ernsthaft
majestätisch, als wenn er keine Beute seiner würdig vor sich sähe« (Goethe, 1828/1984,
S. 539 f.). Aus dieser Perspektive ist es plausibel, den Tiger zu töten. In einem zweiten
Schritt der Historisierung lässt sich dann aber durch einen Blick zum Beispiel in Okens
»Allgemeine Naturgeschichte für alle Stände« zeigen, dass es sich dabei zu Goethes
Zeiten nicht nur um ein altes, sondern um ein veraltetes Tigerwissen handelt. Denn
Oken hebt ausdrücklich hervor, dass Tiger – entgegen einer alten Meinung – sehr wohl
zähmbar sind: »In der Gefangenschaft bringt man es so weit, daß der Wärter zu ihm
gehen, ihn anfassen, prügeln und ihm selbst den Kopf in den Rachen stecken kann. Er
gehorcht aufs Wort, springt über einen Stock, legt sich in einen Winkel, usw.« (Oken,
1838, S. 1629). Solch einen Tiger zu töten erscheint ganz und gar unplausibel.

Durch die Historisierung des literarischen Tigers kann also sichtbar gemacht werden, dass Goethes Text das Tigerwissen, das die Tierschaubudenbesitzer von Buffon
übernehmen, als veraltet ausstellt und dass damit zugleich die Tötung des Tigers als
eine veraltete und unangebrachte Reaktion bewertet wird. Wenn der Fürst dann auf die
Tötung des Löwen verzichtet, zeigt er sich schon allein damit als ein moderner Herrscher, der auf der Höhe des zoologischen Wissens seiner Zeit agiert. Dazu muss diese
literarische Figur, der Fürst, dieses spezifische Wissen gar nicht selbst besitzen. Ob er
sich mit der Ethologie der Raubkatze auskennt oder nicht, ist für die Interpretation des
Textes nicht von Belang. Denn ganz unabhängig davon, ob er es weiß oder nicht, passt
seine Entscheidung exakt zum zoologischen Wissensstand seiner Epoche. Das allein
ist schon interpretatorisch wertvoll. Goethes Präsentation der Raubkatzen ist mithin
doppelt auf eine spezifische Zeit und das ihr eigene Wissen bezogen: Sie *ist* historisch,
und sie *zeigt* ihre Historizität.

Die Tätigkeit des Historisierens führt zur Unterscheidung von drei Textgruppen.
Erstens gibt es Texte, die zeitlich nahe am literarischen Ausgangstext liegen. Die zeit-
liche Nähe sichert eine synchrone Perspektive auf einen historisch spezifizierbaren
Wissensstand. Dabei geht es nicht um philologisch nachweisbare Einflüsse, nicht um
die Wirkung eines einzelnen Textes auf einen anderen einzelnen Text, sondern um das
Gefüge einer komplexen Textmenge. Deshalb können hier auch Texte von Interesse sein,
die erst kurz nach dem zu interpretierenden literarischen Text erschienen sind. Goethes
»Novelle« wurde 1828 publiziert; Okens Hinweis auf die Zähmbarkeit des Tigers entstammt der »Allgemeinen Naturgeschichte« aus dem Jahr 1838. Das kann Goethe gar
nicht gelesen haben; es gibt aber dennoch einen Hinweis auf den Wissensstand in den
1820er und 1830er Jahren.

Zweitens gibt es Texte, die zeitlich weit vor dem literarischen Ausgangstext liegen.
Auch hier geht es nicht um nachweisbare Einflüsse, sondern darum, wie diese Texte

eventuell in das Gefüge der Kontexte einzuordnen sind. Schon Plinius (1990 ff., S. 4) erzählt von der Blutgier der Tiger; und auch Buffon (1780) zeichnet hier ein grelles Bild. Goethes »Novelle« zeigt, wie relevant Buffons Tigerwissen im frühen 19. Jahrhundert noch ist; und sie zeigt den Punkt, an dem sich die Wissensgeschichte langsam von den Vorgaben des großen Naturkundlers der Aufklärung löst.

Drittens schließlich gibt es Texte, die weit nach dem literarischen Ausgangstext erschienen sind. Solche Texte sind in einer historisierenden Analyse nicht brauchbar. Was heute in Forschungsdiskussionen und Lehrbüchern über das Jagdverhalten von Tigern und Löwen gesagt wird, ist für eine historische Diskursanalyse von Goethes »Novelle« nicht von Interesse. Wenn allerdings der literarische Ausgangstext aus unserer Gegenwart stammt, dann wird auch die aktuelle Zoologie relevant. So finden sich zum Beispiel in Dietmar Daths »Abschaffung der Arten« Löwe, Wolf und Luchs wieder, wobei zugleich alle derzeit diskutierten Theorien der Evolution durchgespielt und dabei die evolutionären Mechanismen von Adaption und Exaption miteinander konfrontiert werden (Dath, 2008, S. 356 ff.).

In der Interpretation von Tiertexten wie Goethes »Novelle« ist man auf eine historische Einordnung ganz offensichtlich angewiesen. Doch auch Daths Roman lässt sich mit einem geschichtlichen Index versehen; auch die Gegenwart ist nichts anderes als ein Moment der Geschichte. Die zweite Tätigkeit des literaturwissenschaftlichen Theriotopologen ist deshalb das Historisieren; sein zweiter Grundsatz lautet: Ein Tiertext steht nie außerhalb seiner Zeit.

3.4 Poetisieren

Drittens bedient sich der literaturwissenschaftliche Theriotopologe der Technik des Poetisierens. Er betrachtet jeden Tiertext, als sei er ein Gedicht oder zumindest doch ein Stück Literatur. Gegenüber allen Texten – auch gegenüber zoologischen, juristischen, philosophischen usw. – gilt es, eine interpretierende Haltung einzunehmen, die sich durch eine besondere Aufmerksamkeit für die formalen Eigenheiten der Texte auszeichnet, für die rhetorischen Strategien, die argumentativen Muster, die Verfahren der Repräsentation. Denn kein Text, auch kein wissenschaftlicher, verhält sich seinem Gegenstand gegenüber neutral. Vielmehr wirken in jedem Text formative, produktive, poietische Kräfte. Texte zeigen Tiere immer auf eine bestimmte Weise. Auch Philosophen, Staatstheoretiker und Zoologen entwerfen, wenn sie von Tieren sprechen, immer wieder diegetische Universen. Gegenstand der Interpretation ist deshalb nicht nur, *was* in bestimmten Texten über bestimmte Tiere gesagt wird, sondern immer auch, *wie* es gesagt wird. Wiederum gilt dies für die semiotischen wie die diegetischen Tiere.

Ein prominentes Beispiel aus dem Bereich der semiotischen Tiere ist eine berühmte Metapher der politischen Zoologie, die Rede von der Wolfsnatur des Menschen, die ihre bekannteste Formulierung bei Thomas Hobbes gefunden hat: »Der Mensch ist ein Wolf für den Menschen« (Hobbes, 1642/1959, S. 59). In dieser Metapher dient der Wolf lediglich dazu, den Menschen zu charakterisieren. Und doch stützt dieser semiotische Wolf Hobbes' ganze politische Theorie der Souveränität (vgl. Borgards, 2007). In einem ersten Schritt verknüpft Hobbes den Wolf mit der *Natur* des Menschen. Im Naturzustand ist es nötig und natürlich und deshalb gerechtfertigt, wenn sich ein Mensch wie ein Tier, wie ein Wolf verhält: Er tötet, um zu überleben. Dieses natürliche Verhalten des wölfischen Menschen kann für Hobbes nicht Gegenstand einer moralischen Kritik sein, sondern muss vielmehr einer politisch-kulturellen Reglementierung unterworfen werden. Dafür ist es nötig, dass die einzelnen Menschen ihre Gewalt an eine zentrale Instanz, an den Leviathan abgeben, dessen gesammelte Gewalt jeder einzelnen Wolfsgewalt grundsätzlich überlegen ist. Dieser Leviathan ist der Souverän, der Frieden und Ordnung garantiert. Indem der Souverän die Gewalt der metaphorischen Wölfe in sich bündelt und damit zugleich aus dem Staat ausschließt, wird er selbst zur artverwandten Spiegelgestalt des Wolfes (vgl. Foucault, 2003, S. 124 ff.; Agamben, 2002b, S. 114–121; Derrida, 2008). Auf diese Weise stützen semiotische Tiere immer wieder die Argumentation einer politischen Theorie. So dient Hobbes' Zeichenwolf, der sich auch in vielen anderen Texten der Frühen Neuzeit wiederfindet, der Durchsetzung eines absolutistischen Staatswesens.

Der Wolf bietet zugleich ein gutes Beispiel dafür, wie Bedeutungen, die anhand semiotischer Tiere kulturelle Valenz erworben haben, in den Bereich der diegetischen Tiere übergreifen können. Dies lässt sich an der Darstellung von Hund und Wolf in »Brehms Tierleben« verdeutlichen. Was von Hobbes als Absetzbewegung des Menschen von seiner metaphorischen Wolfsnatur beschrieben wird, das erscheint bei Brehm als Differenzierungsbewegung zwischen Wolf und Hund. Der Hund zeichnet sich für Brehm durch seine Nähe zum Menschen aus; diese Nähe indes ist keineswegs naturgegeben, sondern ein Effekt langfristiger kultureller Bemühungen. Der Hund ist ein Kulturprodukt. Folgt man der Darstellung Brehms, dann entsteht in dieser Ausdifferenzierung des Hundes zugleich auch der Wolf als gefährliche Bestie. Dort, wo Brehm diese Bestie nun beschreibt, finden sich einige politische Zuschreibungen wieder, die auch schon bei Hobbes und der politisierten Wolfsmetapher der Frühen Neuzeit zu finden waren: Der Wolf ist ein »Störer der öffentlichen Ruhe und Sicherheit« (Brehm, 1883, S. 528), dessen Ausrottung nicht nur gerechtfertigt, sondern auch geboten erscheint: »In Lappland ist das Wort Friede gleichbedeutend mit Ruhe vor den Wölfen. Man kennt bloß einen Krieg, und dieser gilt gedachten Raubthieren« (Brehm, 1883, S. 528). In solchen Beschreibungen übernimmt das diegetische Tier im Text des 19. Jahrhunderts die Eigenschaften seines semiotischen Ahnen aus dem 17. Jahrhundert. Hobbes' Wolf geistert durch »Brehms Tierleben«. Diesem Wolf entgegengestellt wird dann von Brehm der Hund als Ort einer kulturell gebannten Naturgewalt (vgl. Borgards, 2007). Und genau von diesem Beziehungsgefüge von Souverän und Verbrecher, Wölfen und Hunden, Natur und Kultur erzählt dann wiederum eine Novelle wie Theodor Storms »Zur Chronik von Grieshuus«, in der die Ausrottung der Wölfe und das Aussterben eines Adelsgeschlechts als parallele, ineinander verwobene Vorgänge präsentiert werden (Storm, 1884/1987).

»Brehms Tierleben« und Storms »Zur Chronik von Grieshuus« bilden mit dieser
Vermischung von zoologischer Beschreibung und politischer Metaphorik keine Ausnahme. Vergleichbares findet sich schon in Buffons »Histoire Naturelle« und in dessen
Wiederaufnahme in Goethes »Novelle«. Buffon stellt Löwe und Tiger als zwei Formen
der Souveränität, als König und Tyrann, einander gegenüber: »In der Klasse fleisch-
fressender Thiere hat der Löwe den ersten, der Tiger den zweeten Rang. […] Der vornehmste, welcher unumschränkte Macht besitzt, ist kein so gräulicher Tyrann als der
zweete, der sich für den Abgang jenes Vorrechts, durch den Misbrauch seiner ange-
maßten Gewalt zu entschädigen und zu rächen sucht« (Buffon, 1780, S. 166 f.). Das ist
ganz offensichtlich keine rein zoologische, sondern zugleich eine eminent politische
Beschreibung. In Goethes »Novelle« werden Tiger und Löwe auf dem reißerischen
Plakat der Tierbudenbesitzer genau in dieser Weise präsentiert. Als dann zunächst
der Tiger erschossen wird, lässt sich das deshalb auch politisch deuten: Hier wird ein
Tyrann getötet. Wenn dann wiederum der Löwe gerade nicht erschossen wird, dann
lässt sich auch dies politisch deuten: Einen König tötet man nicht. Die politische Pointe
von Goethes »Novelle« liegt aber noch an anderer Stelle. Denn der Verzicht auf die
Löwentötung zeichnet den Fürsten, der diesen Verzicht leistet, nicht nur als Royalisten,
sondern vor allem als einen modernen Herrscher aus. Modern ist seine Entscheidung,
auf die absolutistische Herrschaftsgeste der Jagd ganz grundsätzlich zu verzichten, und
zwar zugunsten einer Fürsorge für das gefährdete Wirtschaftswesen seines Staates.
Der moderne Herrscher wendet sich von der Jagd ab und dem Markt zu; und zugleich
überantwortet er das wilde Tier der Bezähmung und Besänftigung durch die Macht
der Kunst: Es ist der Gesang eines Kindes, mittels dessen die Wildheit der Raubkatze in
eine gezähmte und kultivierte Bahn gebracht wird. Goethe zeigt also vermittelt über die
diegetischen Tiere Tiger und Löwe, dass im modernen Staat Zentraleuropas im frühen
19. Jahrhundert erstens der »Landjägermeister« (Goethe, 1828/1984, S. 534) auf eine
veraltete staatliche Institution und ein veraltetes politisches System verweist, zweitens
demgegenüber der »Finanzminister« (Goethe, 1828/1984, S. 534) institutionell auf der
Höhe der Zeit ist und drittens das Bildungsministerium als kommende Institution einer
modernen Staatsführung eine zentrale Rolle übernehmen wird.

Politische Kategorien finden sich auch heute noch in der Zoologie und in literarischen Tiertexten, zum Beispiel dort, wo die aktuellen Forschungen zu sozialen Insekten
mit Kategorien und Bildern von Staatsführung und industrieller Produktivität arbeiten
(vgl. hierzu Werber, 2011), oder dort, wo die Schwarmintelligenz zum Gegenstand
ethologischer Forschung und »Der Schwarm« zum titelgebenden Protagonisten literarischer Fiktion avanciert (Schätzing, 2004; Horn u. Gisi, 2009). Die dritte Tätigkeit
eines literaturwissenschaftlichen Theriotopologen ist deshalb das Poetisieren; sein dritter
Grundsatz lautet: Ein Tiertext versteht sich nie von selbst.

Wenn ein Tiertext nie allein kommt, nie außerhalb seiner Zeit steht und sich nie von
selbst versteht, dann wird klar, warum sich die literaturwissenschaftliche Erforschung
der Tiere nicht auf literarische Texte und die literarische Tradition beschränken kann.
Die hier relevanten Tiergenres – Fabel, Tiermärchen, Tierepos, Tiergeschichte – bieten

zwar eine Fülle relevanten Materials, sie eigenen sich aber nicht unbedingt am besten, um die Techniken des Theriotopologen zu testen, zu schärfen und weiterzuentwickeln. Hierzu bedarf es zunächst des Blicks auf die unscheinbareren Tiere, die allerorten literarische Texte bevölkern. Ob sich dann, wenn ein kontextualisierendes, historisierendes und poetisierendes Verfahren einmal etabliert ist, Neues für die Interpretation der klassischen Tiergenres ergibt, wird sich noch zeigen müssen.

4 Aktionsräume und Existenzbedingungen

Einerseits führt die historische Diskursanalyse literarischer, kultureller und wissenschaftlicher Tiervorkommen über die Grenzen traditioneller gattungs- und motivgeschichtlicher Untersuchungen hinaus. Denn integriert in den zu analysierenden Korpus wird nun die alltägliche, historisch sich immer wandelnde Praxis des menschlichen Umgangs mit den Tieren. Die Tiere gewinnen damit offenbar an Wert. Andererseits jedoch bleiben auch die Tiere der Diskursanalytiker noch luftige Wesen: Tiere sind das, was sie für die Menschen einer bestimmten Zeit und einer bestimmten Kultur bedeuten. Poststrukturalistische Tiertheorien betreiben also einen verdeckten Anthropozentrismus (McHugh, 2009; Haraway, 2008; Fudge, 2006; Latour, 2005). Diesem kritischen Hinweis und seinen methodischen Implikationen soll im Folgenden nachgegangen werden: Wie werden tierliche Akteure in literarischen Texten zur Darstellung gebracht? Wie wirken tierliche Akteure selbst in die Literatur hinein? Und wie wird umgekehrt die Literatur zum Akteur gegenüber den Tieren, wie wird sie zu einem Element in deren Existenzbedingungen? Zunächst aber soll gezeigt werden, dass diese Kritik am Kulturalismus nicht mit den Positionen eines biologistischen Tierverständnisses zu verwechseln ist. Zu diesem Zweck ist es hilfreich, die Fragen nach dem Status der Tiere in den übergreifenden Diskussion zwischen Natur- und Kulturwissenschaften zu stellen.

4.1 Nature, Culture, Agency

Die Natur- bzw. Lebenswissenschaften treten bisweilen mit dem Anspruch auf, in wissenschaftlicher Hinsicht für restlos alle Bereiche der Welt zuständig zu sein. Besonders deutlich wird dieser Anspruch dort, wo die Neurobiologie den Geist und die Genforschung das Leben erfasst und analysiert. Der Geist *ist* Körper (Singer, 2004), das Leben *ist* das Gen (Dawkins, 1976). Aus dieser naturwissenschaftlichen Perspektive betreiben die Geisteswissenschaften nichts als grundlose Spiegelgefechte mit Gegenständen, die es gar nicht gibt (z. B. »Subjekt« oder »Freiheit«). Mehr noch: Diese Geisteswissenschaften lassen sich selbst auf Körper, auf Genetik, auf Biologie zurückführen; sie sind selbst nur der Effekt entwicklungsbiologischer Prozesse.

Ein ähnlich totalisierender Geltungsanspruch wird mitunter von den Kulturwissenschaften erhoben. Besonders deutlich wird dies in kulturalistischen Analysen des

Körpers und der Genetik. Der Körper hat eine Geschichte (Sarasin, 2001), er materialisiert sich von der Kultur her (Butler, 1993); auch das Gen ist kein wirklich gegebener Gegenstand, sondern nur ein epistemisches Ding (Rheinberger, 2001), eine kulturelle Konstruktion (Weigel, 2006). Aus dieser kulturwissenschaftlichen Perspektive stellen die Natur- und Lebenswissenschaften die Gegenstände, mit denen sie sich befassen, selbst her. Mehr noch: Diese Wissenschaften lassen sich ihrerseits auf kulturelle und historische Voraussetzungen zurückführen; sie sind selbst nur der Effekt kulturgeschichtlicher Entwicklungen (Foucault, 1981).

In dieser Weise stehen Biologismus und Kulturalismus mit symmetrischen Argumenten einander gegenüber. Doch zugleich gibt es auch den Versuch, dieser strikten Alternative zu entkommen. So verweisen sowohl Wissenschaftstheorie und Wissenschaftsgeschichte (Latour, 1999; Rheinberger, 2006) als auch Kulturtheorie und Kulturgeschichte (Koschorke, 2009; Sarasin, 2009) auf die komplexen Verschränkungen, die wechselseitigen Voraussetzungen und die konstitutiven Unschärfen im Grenzbereich zwischen Natur und Kultur, zwischen Naturwissenschaften und Kulturwissenschaften (Descola, 2011).

Auch mit Blick auf die Tiere lassen sich zunächst zwei einander entgegengesetzte Konzeptionen unterscheiden, eine empiristische und eine konstruktivistische. Die empiristische Position sieht im Tier ein gegebenes Objekt, einen der Natur entnommenen Gegenstand. Tiere sind Lebewesen, denen sich Wissenschaftler, Bauern, Jäger, Bürger usw. zuwenden können, mit denen sie etwas machen können, deren Verhalten und Reaktionen sich beobachten und erklären lassen. Diesem wissenschaftlichen Realismus lässt sich eine konstruktivistische Position entgegensetzen. Die Tiere sind demnach nichts Gegebenes, sie sind etwas Gemachtes: von Bauern, Züchtern, Wissenschaftlern, Dresseuren usw. Die Kultur stellt die Tiere, von denen sie spricht, selbst her; natürliche Tiere gibt es nicht.

Agency-Theorien weisen hier einen dritten Weg. Tiere sind demnach an den kulturellen Tätigkeiten des Menschen aktiv beteiligt, zwar nicht als selbstbewusste Subjekte, aber doch als handelnde Akteure. Argumentiert wird hier mit der geschichtstheoretischen Unterscheidung von »subjectivity and agency«: »The distinction […] between what might be termed a sense of self-in-the-world, and a capacity to shape that world« (Fudge, 2006, S. 2). Diese »agency« ist nicht als unmittelbarer Ausdruck einer reinen Natur des Tieres zu verstehen. Vielmehr umschreibt sie einen Handlungsspielraum, in dem Menschen und nichtmenschliche Wesen interagieren. »Agency« kommt dabei nicht dem einzelnen Tier (oder der einzelnen Pflanze, dem einzelnen Ding) zu, sondern entsteht in kollektiven, vernetzten Handlungszusammenhängen: »Agency is conceived of not as some innate or static thing which an organism always possesses, but rather in a relational sense which sees agency emerging as an effect generated and performed in configurations of different materials. This means that anything can potentially have the power to act, whether human or nun-human« (Philo u. Wilbert, 2000, S. 17).

Ein Tier ist in dieser Perspektive weder ein autonomes Subjekt noch ein bewusstloses Objekt, sondern etwas Drittes, das unentscheidbar zwischen Subjekt- und Objektstatus oszilliert. Und genau darin unterscheidet es sich weder von Menschen noch von Dingen, die gleichfalls mit ihm in ein gemeinsames Netz kollektiver Akteure verwoben sind. Ein Mensch ist kein reines Subjekt, ein Ding ist kein bloßes Objekt; und jedes Tier kann – wie jeder Mensch und jedes Ding – zum Akteur werden. Als vernetzte Akteure sind Tiere zudem immer biokulturelle Mischlinge, sie bilden »materiell-semiotische Bedeutungsfelder« (Haraway, 1995, S. 85) bzw. materiell-semiotische Knoten. Für die tierlichen Lebewesen in der Welt heißt das, dass sie immer auch mit Zeichen durchsetzt sind; für die tierlichen Zeichen in Texten heißt das, dass sie immer auch mit dem Leben verbunden sind.

Aus der Perspektive der Actor-Network-Theory (ANT, vgl. Latour, 1999 u. 2005) lassen sich die Tiere mithin zweifach in Zwischenzonen verorten: zum einen zwischen Subjekt und Objekt; zum anderen zwischen biologischer Natur und kulturellem Konstrukt. Alle Tiere sind immer Lebewesen und Zeichen zugleich – in der Welt wie in der Literatur. Für die literarischen Tiere im Besonderen lässt sich damit begründen und beschreiben, auf welche Weise selbst in den semiotischen Tieren – in Tierallegorien, Tiermetaphern, Tiermetonymien – die Tiere der Welt wirksam sind. Selbst im Zeichentier steckt ein Leben, das gegenüber den kulturellen Projektionen und Konstruktionen eine Eigenständigkeit bewahrt. Für die diegetischen Tiere lässt sich damit begründen, inwiefern sie stets nicht nur in einfacher, sondern in doppelter Weise von Zeichenprozessen durchzogen sind: zum einen schlicht deshalb, weil es sich bei ihnen um Texttiere handelt, also um Tiere, die uns in Zeichenform gegeben sind; zum anderen aber auch deshalb, weil schon die tierlichen Lebewesen der Welt, für die sie einstehen, als materiell-semiotische Knoten keine zeichenlosen Wesen sein können.

4.2 Literarische Tier-Akteure

Der ontologische und epistemologische Status der Tiere wird in den Diskussionen zwischen den Natur- und den Geisteswissenschaften also unterschiedlich bestimmt. Literarische Texte lassen sich nun daraufhin untersuchen, welche Haltung sie zu diesen Diskussionen einnehmen: Wo entwerfen sie Tiere als bloße Objekte? Wo tun sie dies in zustimmender Weise, wo wird diese Objektivierung zugleich kritisiert? Welche literarischen Texte trauen Tieren zu, als Subjekte auftreten zu können? Welche Texte geben naturalistische – genauer: naturalisierende – Beschreibungen von Tieren? Und wo erscheinen Tiere als Effekte kultureller Konstruktionen? Wo finden sich literarische Szenen kollektiv vernetzter Akteure, in denen Tieren eine tragende Rolle zugeschrieben wird? Wo werden die Grenzen zwischen Natur-Tier und Kultur-Tier, wo die Grenzen zwischen Tier-Subjekt und Tier-Objekt literarisch forciert, wo werden sie im Sinne von Tier-Akteuren unterlaufen oder aufgelöst?

Literarischen Texten fällt es vergleichsweise leicht, Tiere als Subjekte zu gestalten. Dazu reicht es, Tiere mit menschlichen Fähigkeiten auszustatten, vor allem mit der Sprachfähigkeit. Dann entstehen Tierfiguren wie in Äsops Fabeln (Äsop, 2005), in

Goethes Tierepos »Reineke Fuchs« oder in Kafkas »Bericht für eine Akademie« mit seinem räsonierenden Affen. Das ist leicht, aber auch ein wenig trivial, insofern literarische Text schlicht alles zu handelnden Figuren zu erheben vermögen, selbst Pflanzen, Maschinen und Dinge. Wenn literarische Texte Tiere sprechen lassen, dann zeigen sie also nicht automatisch und in erster Linie, was Tiere können, sondern führen zunächst und vor allem einmal vor, was sie selbst können. Gleichfalls fast trivial scheint die Feststellung, dass es sich bei diesen Tieren zunächst einmal um kulturelle Entwürfe handelt. Goethes Fuchs wohnt nicht in Wäldern und Savannen, sondern ist einem Text entsprungen. Und trotzdem ist zu überlegen, ob nicht auch der Fuchs der Wälder – insofern er selbst schon ein materiell-semiotisches Mixtum, ein Zeichenlebewesen ist – am Fuchs des Textes mitgewirkt haben könnte.

Literarischen Texten fällt es auch leicht, Tiere als Objekte zu präsentieren. Schließlich werden in unserer Kultur Tiere häufig genug als Objekte behandelt. Dies brauchen literarische Texte dann einfach nur noch abzubilden. Das ist so normal, dass es meist kaum auffällt. So wird zum Beispiel im ersten Absatz von Goethes »Novelle« eine aufbruchbereite Jagdgesellschaft beschrieben. Beiläufig ist dabei auch von einem Tier-Objekt die Rede: »Man reichte sich Büchse und Patronentäschchen, man schob die Dachsranzen zurecht« (Goethe, 1828/1984, S. 533). Der Dachs taucht hier in einer radikal verdinglichten Form auf: getötet, gehäutet und zu einem Gebrauchsgegenstand verarbeitet. Goethes *Novelle* nimmt dieses Thema der Tier-Objektivierung anlässlich des Tigers dann noch einmal auf. Der Begleiter der Fürstin, der den Tiger erlegt hat, möchte seiner Fürstin das Fell des Raubtiers als »Triumphzeichen« (Goethe, 1828/1984, S. 545) überlassen. Aus einem Tier soll ein Gegenstand, ein Zeichen werden. Man kann das zugleich als einen Kommentar zum Status der semiotischen Tiere lesen: Zeichentiere sind bloße Objekte, bloße kulturelle Konstruktionen, deren Voraussetzung der Tod des Tieres ist. Ob vom Text her damit schon eine Kritik an der Verdinglichung der Tiere gegeben ist, lässt sich nur schwer entscheiden.

Auch Szenen tierlicher Agentenschaft finden sich in literarischen Texten. Goethes »Novelle« beginnt mit einer solchen Szene: »Ein dichter Herbstnebel verhüllte noch in der Frühe die weiten Räume des fürstlichen Schlosshofes, als man schon mehr oder weniger durch den sich lichtenden Schleier die ganze Jägerei zu Pferde und zu Fuß durch einander bewegt sah« (Goethe, 1828/1984, S. 533). Die »Jägerei zu Pferde und zu Fuß« erscheint als Paradigma vernetzter tierlicher und menschlicher Akteure. So lässt sich schon im ersten Satz des Textes sehen, dass die Jagd nicht etwa eine klare Grenzlinie zwischen Menschen und Tieren errichtet, sondern vielmehr ein Kollektiv voraussetzt, in dem Menschen und Tiere einer gemeinsamen Tätigkeit nachgehen. Es ist nun auch hier wieder nötig, diesen Befund zu kontextualisieren und zu historisieren. Dann zeigt sich, dass das Jagdkollektiv bei Goethe wie in der Jagdpraxis und Jagdtheorie seiner Zeit aus mindestens drei Akteuren besteht: aus Menschen, Pferden und Hunden. Johann Matthäus Bechsteins »Handbuch der Jagdwissenschaft« aus dem Jahr 1809 handelt entsprechend »Von der Abrichtung und vom Gebrauch der Hunde« (Bechstein, 1809, S. 170–342) und im unmittelbaren Anschluss daran »Von der Abrichtung und dem

Gebrauch der Jagdpferde« (Bechstein, 1809, S. 343–394); und auch bei Goethe versuchen schon im ersten Absatz des Textes »die Hunde ungeduldig am Riemen den Zurück-haltenden mit fortzuschleppen« (Goethe, 1828/1984, S. 533).

An literarischen Texten lässt sich also ablesen, wie in bestimmten Zeiten mit Tieren umgegangen wurde und was ihnen zugetraut wurde. Aus der Perspektive einer histori-schen Diskursanalyse erscheint die Kategorie der tierlichen Akteurs, der »agency«, gerade bei einem Text wie Goethes »Novelle«, jedoch nicht unproblematisch. Dabei hängt viel davon ab, ob man in seiner eigenen Interpretation »agency« als eine ontologische oder als eine epistemologische Kategorie begreift. Geht man davon aus, dass es so etwas wie tierliche Agentenschaft einfach gibt, dann kann auch Goethe sie schon dargestellt haben. Verbunden ist damit eine Aussage über die Seinsweise der Tiere: Tiere sind als materiell-semiotische Akteure jederzeit und allerorten Lebewesen von Gewicht – in Anlehnung an eine Formulierung Judith Butlers (Butler, 1993): »animals that matter«. Geht man jedoch davon aus, dass tierliche Agentenschaft das Element einer post-poststruktura-listischen Theoriebildung ist, dann kann man allenfalls sagen, dass Goethe Phänomene beschrieben hat, die wir heute unter dem Begriff der Agency subsumieren könnten. Verbunden ist damit lediglich eine Aussage über menschliche Beschreibungsweisen tierlichen Verhaltens: Die Vorstellung von Tier-Akteuren als materiell-semiotischen Knoten ist Effekt einer historisch und kulturell verortbaren Theoriebildung.

Etwas anders stehen die Dinge, wenn man tierliche Netzwerk-Akteure in Texten der Gegenwartsliteratur betrachtet, etwa den Hund in Paul Austers »Timbuktu« (Auster, 1999), die seltsame Tierwelt in Daths »Abschaffung der Arten« (Dath, 2008) oder in Michael Crichtons Science-Thriller »Next« (Crichton, 2006). Diese Tiertexte bewegen sich mit den tierlichen Agency-Theorien in einem gemeinsamen historischen Raum. Das macht die Sache einerseits einfacher, weil es für ein streng historisierendes Verfahren kein Problem mehr darstellt, Paul Auster und Bruno Latour nebeneinanderzustellen. Offen bleibt aber auch hier, welche Form der Bezug zwischen dem literarischen Tier-text und der philosophischen Tiertheorie annimmt. Denn Gleichzeitigkeit führt nicht automatisch zu Einstimmigkeit. Was sich immerhin zeigen lässt, ist, dass in diesem Fall literarische Tiertexte und philosophische Tiertheorie einen gemeinsamen Diskussions-zusammenhang bilden, in dem die einzelnen Positionen – seien sie nun literarisch oder philosophisch – auf ihre Gemeinsamkeiten und Unterschiede hin analysiert werden können. Dies aber ist wiederum nichts weiter als eine Diskursgeschichte der Gegenwart. Tierliche Akteure sind für eine solche Analyse wieder keine Lebewesen, sondern Kon-zepte, Begriffe, Zeichen, Konstrukte. Literarische Tierakteure bleiben flüchtige Gestalten.

4.3 Tiere machen Literatur

Tiere sind schon seit jeher ein privilegierter Gegenstand der Kunst. Die Kunst beginnt nachgerade mit der Repräsentation von Tieren (vgl. Macho, 2001; Berger, 1980), und alle Kunstformen (Bildende Kunst, Literatur, Musik, Film, Performance usw.) haben sich mit den Tieren beschäftigt. Denn an den Tieren stellen sich die Grundfragen der Ästhetik: Wie erscheinen Tiere im Raum einer formbewussten Wahrnehmung (Aisthesis)? Wie lässt sich diese Wahrnehmung in eine Repräsentation überführen, die sowohl gegenstandsbezogen bleibt als auch auf dichterische Weise Möglichkeitsräume auslotet (Mimesis)? Und wie lässt sich angesichts des Tieres als Paradigma des Natürlichen, des Notwendigen so etwas wie künstlerische Freiheit, ästhetische Autonomie umsetzen (Spiel)?

Traditionell galt das Interesse für Ästhetik und die Fähigkeit zur Kunst als ein menschliches Privileg, als ein weiterer Beleg für die Überlegenheit der Menschen über die Tiere. Aus der Perspektive der Actor-Network-Theory lässt sich dem nun entgegenstellen, dass sich hierin gerade die Angewiesenheit der Menschen auf die Tiere zeigt. Die Tiere wären demnach nicht irgendein beliebiger Anlass zur menschlichen Kunst, sondern deren konstitutive Voraussetzung: ohne Tiere keine Bilder, keine Geschichten, keine Filme, kein Tanz. Nicht nur das Denken (zum »thinking with animals« vgl. nochmals Daston u. Mitman, 2005), sondern auch die künstlerische Sprachformen wie die Metapher (zur »animetaphor« vgl. nochmals Lippit, 2000) verdanken wir den Tieren. Der ANT geht es dabei nicht darum, den Menschen als Tier zu betrachten und seine Kunstfähigkeiten mit der Evolutionsgeschichte des tierlichen Gattungswesens Mensch zu erklären (vgl. hierzu Eibl, 2004), sondern darum, die Künste aus der Begegnung zwischen menschlichen und nichtmenschlichen Wesen abzuleiten.

Die Literaturwissenschaftler können sich nun auf die Suche nach solchen Texten machen, die eine Ahnung von dieser konstitutiven Bindung in sich tragen. Dies sind vor allem solche Texte (und für die Nachbardisziplinen: solche Bilder, solche Filme, solche Musik, solche Tänze usw.), die nicht nur von Tieren handeln, sondern zugleich mittels der Tiere ästhetiktheoretische Fragen aufwerfen. In diesen Texten avancieren Tiere zu poetologischen Reflexionsfiguren. Hier wird nicht nur mittels Tieren, nicht nur über Tiere, sondern dank der Tiere erzählt, gesprochen, gedichtet, gemalt, gefilmt, getanzt. Tierliche Akteure in kollektiven Netzwerken sind in solchen Fällen nicht einfach das, wovon die Literatur erzählt, sondern das, woraus die Literatur selbst hervorgeht (McHugh, 2009). Dies gilt vielleicht schon für Rilke, der im »Panther« das Nachdenken über die Tiere und das Dichten ineinander verschränkt. Und es gilt vielleicht auch für Erzählweisen, die sich auf eine eigentümliche und bisher literaturwissenschaftlich noch nicht beschriebene Art tierlichen Aktionsräumen überantworten, wie das etwa in vielen Texten von Herta Müller (z. B. Müller, 1992) zu beobachten ist.

Um zu beurteilen, wie weit dieser Ansatz führen wird, ist es derzeit noch zu früh. Dafür gibt es schlicht noch nicht genügend einzelne Studien. Die Geschichte der literarischen Verschränkung von tierlichen Akteuren und poetologischer Reflexion ist noch nicht geschrieben. Vor allem aber steht die Literaturwissenschaft hier auch vor einer methodischen Aporie. Denn einerseits geht es um den genuinen Beitrag der Tiere zur Kunst, andererseits kann dieser Beitrag immer nur aus einer menschlichen Perspektive beschrieben werden. Der kritische Einwand, der von Seiten der ANT gegenüber einer historischen Diskursanalyse erhoben werden kann, fällt hier auf sie selbst zurück. Denn auch wenn die Tiere als materiell-semiotische Akteure an Gewicht gewinnen, verdankt sich dies doch einer menschlichen, kulturellen und ihrerseits selbst historisch situierbaren Theorie. Tierliche Akteure in kollektiven Netzwerken werden damit einerseits berücksichtigt, andererseits aber zugleich verfehlt.

Nun können Tiere auch als aktive Akteure einer eigenen Ästhetik (Sommer, 1999, 2008) betrachtet werden. Kategorien wie Schönheit, Pracht, Design usw. werden in der Zoologie immer wieder diskutiert. Berühmte Beispiele sind hier Charles Darwin mit seinen Hinweisen auf die Rolle der Schönheit in der »sexual selection« (Darwin, 1871/1981) oder Ernst Haeckels Überlegungen zu den »Kunstformen der Natur« (Haeckel, 1899/2010). Daraus ergibt sich ein Fragehorizont, der sich mit den Problemstellungen der ästhetischen Theorie verknüpfen lässt: Welche Funktion übernimmt die formbewusste Wahrnehmung bei den Tieren (Aisthesis)? Wo werden in der Tierwelt Mechanismen der Nachahmung wirksam, die über die reine Verhaltenskopie hinaus explorativ neue Möglichkeiten erkunden (Mimesis)? Wo geht das Verhalten der Tiere nicht in reiner Funktionalität auf, sondern verweist auf spielerische Freiheit (Spiel)? Von Interesse sind hier ethologische Forschungen, die nicht nur Tierverhalten beschreiben, sondern zugleich ihre eigenen Beschreibungskategorien, insofern sie dem Feld der Ästhetik entstammen, durchdenken. Ästhetische Theorie und Poetologie können so zu zoologischen Reflexionsfiguren avancieren.

Auch diese Forschungen stehen erst am Anfang. Zunächst einmal gilt es, ein Panorama tierlicher Ästhetik zusammenzustellen. Gefragt sind hier sowohl Natur- als auch Kulturwissenschaftler, insofern – sehr vereinfacht gesagt – die einen wissen, was die Tiere tun, und die anderen wissen, was Kunst ist. Dieses Wissen ist nun auf beiden Seiten ein jeweils historisches, bedingtes, begrenztes, fragliches. Das heißt zum einen, dass sich auch diese Fragestellung historisieren lässt; das Ziel wäre dann eine Geschichte tierlicher Ästhetik. Und das heißt zum anderen, dass sich die Fragestellung problematisieren lässt; das Ziel wäre dann eine kritische Revision sowohl naturwissenschaftlicher als auch literaturwissenschaftlicher Methodik.

4.4 Literatur macht Tiere

Tierliche Akteure können Gegenstand literarischer Texte sein, und sie können als produktives Element literarischer Texte verstanden werden. Darüber hinaus ist zu erwägen, inwiefern nicht umgekehrt auch Literatur einen Einfluss auf das Leben der Tiere haben kann. Einen einfachen Ansatzpunkt hierfür bildet die Beobachtung, dass literarische Texte immer wieder an der Ausbreitung, Popularisierung und Tradierung unseres Tierwissens beteiligt sind. Äsops Fabeln (Äsop, 2005) und Ovids »Metamorphosen« (Ovid, 2010) waren für das antike Tierwissen mindestens so bedeutsam wie die zoologischen Schriften des Aristoteles (Aristoteles, 1957); und für unser Wissen von den Walen ist Melvilles »Moby Dick« bis heute genauso wirksam wie »Brehms Tierleben« und die meeresbiologischen Forschungen des 20. Jahrhunderts. Unser Wissen von den Tieren ist deshalb nicht nur strukturell, auf der Ebene der Form, sondern auch quantitativ, auf einer empirischen Ebene, im beträchtlichen Ausmaß von literarischen Texten mitgeprägt.

Neuere wissenschaftstheoretische und -historische Forschungen haben den Einfluss eines solchen populären Wissens auch auf fachwissenschaftliche Forschungen nachweisen können (Paletschek u. Tanner, 2006). Die Literaturwissenschaften beteiligen sich an diesen Forschungen auf zwei Weisen. Zum einen können sie einzelne historische Fälle solcher Popularisierungen beschreiben, etwa die literarischen Ausformungen des Darwinismus in der realistischen Literatur bei Wilhelm Raabe (Brundiek, 2005). Zum anderen können sie ein allgemeines Modell für die Wechselwirkungen zwischen fachwissenschaftlichen und populären Formen des Wissens entwerfen, etwa mithilfe des Konzepts des unsicheren Wissens.

Auch in diesem Fragefeld kann man mithilfe der ANT noch einen Schritt weiter gehen. Spätestens im Raum der populären Medien wird deutlich, dass zugleich mit unserem *Wissen über Tiere* auch immer unser *Handeln mit Tieren* zur Debatte steht. Dieses Handeln wird von literarischen Tiertexten beeinflusst. Denn diese Texte sind nicht bloße Repräsentationsmedien, in denen Tiere gezeigt werden bzw. in denen unser Wissen von den Tieren mit ästhetischen Mitteln ausgestaltet wird. Vielmehr liegt in ihnen immer auch etwas Aktives, Eingreifendes, Formendes. Man könnte sagen: Wie die Tiere, so haben auch literarische Texte eine eigene »agency«. Und so wie Tiere etwas mit Texten tun, tun Texte auch etwas mit Tieren. Und das, was Texte tun, beschränkt sich nicht darauf, dass sie Tiere zeigen, vorstellen, beschreiben, präsentieren. Vielmehr machen sie auch etwas mit den Tieren, und zwar, indem sie unser Verhalten Tieren gegenüber mit bestimmen. In diesem Sinn gehört deshalb die Literatur mit zur Umwelt der Tiere; sie ist Teil ihrer Existenzbedingungen.

Die Erforschung des Einflusses kultureller Narrative und fiktionaler Geschichten auf die Lebensumstände zum Beispiel von nichtmenschlichen Primaten wird von Seiten der Naturwissenschaften in einigen Bereichen schon vorangetrieben. So untersucht die Ethnoprimatologie unter diesem Aspekt das Zusammenleben von »non-human-primates and humans in sympatric areas« (Wolfe u. Fuentes, 2006; Lee u. Priston, 2005). Hier sind unter anderem die Geschichten von Interesse, die Menschen in der Lebenswelt der Affen von den Affen erzählen. Über solche Studien im natürlichen Lebensumfeld der Primaten hinaus beginnen Primatologen derzeit, auch die medialen und narrativen Repräsentationen von Affen in »›non-habitat‹ countries« zu untersuchen, denn »nowadays the impact of humans on non-human primates is hugely determined by world trends« (Most, 2010, S. 5). Diese »world trends« artikulieren sich nicht nur in den von Most untersuchten Massenmedien, sondern auch in der Weltliteratur, im Falle des Affen: in der Tradition von literarischen Affenerzählungen (Griem, 2010; Borgards, 2009b) von der Antike über das Mittelalter bis in die Gegenwart. Von solchen literarischen Affengeschichten gibt es eine fast unüberschaubare Vielzahl; und einige dieser Texte gehören zum prominenten Kanon der Weltliteratur, etwa Edgar Allen Poes »Murder in the Rue Morgue«, die von einem mordenden Orang-Utan erzählt (Poe, 1841/2009),

Edgar Rice Burroughs »Tarzan of the apes« (Burroughs, 1912/2003) oder eben Kafkas Rotpeter im »Bericht für eine Akademie«, auf den dann wiederum Coetzee in »The Lives of Animals« (Coetzee, 1999) zurückgreift. Diese Fülle, Komplexität und Qualität der literarischen Affenerzählungen bildet die Haltung der Menschen gegenüber den Primaten nicht nur ab, sondern beeinflusst sie zugleich.

Wenn das stimmt, dann formen nicht nur die Tiere die Literatur, dann formt auch die Literatur ihrerseits die Tiere. Ob dieser Einfluss für die Tiere ein Segen oder ein Fluch ist, zeigt sich nur im Einzelfall. Poes »Murder in the Rue Morgue« liest sich nicht gerade als ein Aufruf zum Schutz einer bedrohten Tierart; Coetzees »The Lives of Animals« hingegen führt auf eine vertrackte Weise zu Argumenten einer reflektierten Tierethik. Zu den Existenzbedingungen der Primaten sind dennoch beide Texte zu rechnen. Aber auch hier stehen die Forschungen noch ganz am Anfang.

Literatur

Abadzis, N. (2007). Laika. New York u. London: First Second.

Abel, J. F. (1787/1995). Lebens-Geschichte Friedrich Schwans. In W. Riedel (Hrsg.), Johann Friedrich Abel. Eine Quellendokumentation zum Philosophieunterricht an der Stuttgarter Karlsschule (S. 331–371). Würzburg: Königshausen & Neumann.

Äsop (2005). Fabeln. Griechisch/Deutsch. Hrsg. und übers. von Rainer Nickel. Düsseldorf u. a.: Artemis & Winkler.

Agamben, G. (2002a). L'aperto. L'uomo e l'animale, Turin: Bollati Boringhieri.

Agamben, G. (2002b). Homo Sacer. Die souveräne Macht und das nackte Leben. Frankfurt a. M.: Suhrkamp.

Alton, E. J. W. d', Pander, C. H. (1821). Die Skelete der Pachydermata. Abgebildet, beschrieben und verglichen. Bonn: Weber.

Anderson, V. DeJohn (2004). Creatures of Empire. How Domestic Animals Transformed Early America. New York: Oxford University Press.

Anonymus (2001). Physiologus. Griechisch/Deutsch. Übers. und hrsg. von Otto Schönberger. Stuttgart: Reclam.

Aristoteles (1957). Tierkunde (2. Auflage). Übers. von Paul Gohlke. Paderborn: Schöningh.

Arendt, D. (1994). Zoologia poetica. Das Menschengeschlecht in seiner ungeheuchelten Tierheit. Gießen: Litblockin.

Auster, P. (1999). Timbuktu – A Novel. New York: Henry Holt.

Baker, S. (2000). The Postmodern Animal. London: Reactions Books Ltd.

Baum, M. (2004). Es schlug mein Herz, geschwind zu Pferde! Zur Poesie des Pferdemotivs in Goethes Alltag und in seinem Werk. Buch bei Jena: Quartus.

Bechstein, J. M. (1809). Handbuch der Jagdwissenschaft ausgearbeitet nach dem Burgdorfischen Plane von einer Gesellschaft. Des zweyten Theils erster Band. Nürnberg: Monath und Kußler.

Beer, G. (2000). Darwins Plots. Evolutionary Narrative in Darwin, George Eliot and Nineteenth-Century Fiction. Cambride: Cambridge University Press.

Bellanger, S., Hürlimann, K., Steinbrecher, A. (2008). Tiere – eine andere Geschichte. In S. Bellanger, K. Hürlimann, A. Steinbrecher (Hrsg.), Traverse Schwerpunktheft 3 (S. 7–16). Zürich: Chronos.

Bergengruen, M., Lehmann, J., Borgards, R. (Hrsg.) (2012). Die biologische Vorgeschichte des

Menschen. Zur Literatur- und Kulturwissenschaft einer modernen Konstellation. Freiburg: Rombach.

Berger, J. (1980). Why look at animals? In J. Berger (Hrsg.), About Looking (S. 1–26). New York: Pantheon Books.

Blühm, A., Lippincott, L. (2007). Tierschau. Wie unser Bild vom Tier entstand. Köln: Wallraf-Richartz-Museum & Fondation Corboud.

Boehrer, B. (2009). Animal Studies and the Deconstruction of Character. PMLA, 124 (2), 542–547.

Böhme, H., Gottwald, F.-T., Holtorf, C., Schwarte, L., Macho, T., Wulf, C. (Hrsg.) (2004). Tiere. Eine andere Anthropologie. Köln: Böhlau.

Borgards, R. (2007). Wolf, Mensch, Hund. Theriotopologie in Brehms Tierleben und Storms Aquis Submersus. In A. von Heiden, J. Vogl (Hrsg.), Politische Zoologie (S. 131–147). Zürich u. Berlin: Diaphanes.

Borgards, R. (2009a). Hund, Affe, Mensch. Theriotopien bei David Lynch, Paulus Potter und Johann Gottfried Schnabel. In M. Bergengruen, R. Borgards (Hrsg.), Bann der Gewalt. Studien zur Literatur- und Wissensgeschichte (S. 105–142). Göttingen: Wallstein.

Borgards, R. (2009b). Affen. Von Aristoteles bis Soemmerring. In G. Oesterle, R. Borgards, C. Holm (Hrsg.), Monster. Zur ästhetischen Verfasstheit eines Grenzbewohners (S. 239–253). Würzburg: Königshausen & Neumann.

Borgards, R. (2010). Das Tierexperiment in Literatur und Wissenschaft. Themen, Methoden, Theorien. In M. Gamper (Hrsg.), Experiment und Literatur (S. 345–360). Göttingen: Wallstein.

Borgards, R. (2011). Hirsche, Schweine, Hasen. Zum Tierbestand in Schillers Verbrecher aus verlorener Ehre und Abels Lebens-Geschichte Friedrich Schwans. In W. Riedel, J. Robert (Hrsg.), Würzburger Schiller-Vorträge 2009 (S. 63–82). Würzburg: Königshausen & Neumann.

Borgards, R. (2012a). Dickhäuter bei Büchner, Kaup und Goethe. Ein Kommentar zu Dantons Tod I/1. In A. Martin, I. Stauffer (Hrsg.), Georg Büchner und das 19. Jahrhundert (S. 101–120). Bielefeld: Aisthesis.

Borgards, R. (2012b). Proteus. Liminale Zoologie bei Goethe and Büchner. In J. Achilles, R. Borgards, B. Burrichter (Hrsg.), Liminale Anthropologien. Zwischenzeiten, Schwellenphäno-mene, Zwischenräume in Literatur und Philosophie (S. 131–144). Würzburg: Königshausen & Neumann.

Borgards, R. (2012c). Primatographien. Wie Michael Tomasello und Frans de Waal die biologische Vorgeschichte des Menschen erzählen. In M. Bergengruen, R. Borgards, J. Lehmann (Hrsg.), Die biologische Vorgeschichte des Menschen. Zur Literatur- und Kulturwissenschaft einer modernen Konstellation (S. 361–376). Freiburg: Rombach.

Borgards, R., Pethes, N. (2012). Tier Experiment Literatur. Wissensgeschichtliche Konstellationen im 20. Jahrhundert. Berlin: Diaphanes.

Brandstetter, G. (2010). Dancing the Animal to Open the Human. For a New Poetics of Locomo-tion. Dance Research Journal, 42 (1), 1–2.

Bredekamp, H. (2005). Darwins Korallen. Die frühen Evolutionsdiagramme und die Tradition der Naturgeschichte. Berlin: Wagenbach.

Brehm, A. E. (1863 ff.). Brehms Tierleben. Allgemeine Kunde des Tierreichs. Leipzig: Biblio-graphisches Institut.

Brehm, A. E. (1883). Brehms Tierleben. Allgemeine Kunde des Tierreichs (2. Aufl.). Leipzig: Bibliographisches Institut.

Brockes, B. H. (1760). Der Elephant und das Nashorn. In J. E. Riedinger (Hrsg.), Kämpfe reissender Thiere. Mit beygefügter vortrefflicher Poesie des hochberühmten Barthold Heinrich Brockes. Folge von 8 Blatt. Kupferstiche von Johann Elias und Martin Elias Riedinger.

Brundiek, K. (2005). Raabes Antworten auf Darwin. Beobachtungen an der Schnittstelle von Diskursen. Göttingen: Universitätsverlag Göttingen.

Brunner Ungricht, G. (1998). Der Affe als Mensch bei Hoffmann, Hauff und Kafka. In G. Brun-ner Ungricht (Hrsg.), Die Mensch-Tier-Verwandlung. Eine Motivgeschichte unter besonderer Berücksichtigung des deutschen Märchens in der ersten Hälfte des 19. Jahrhunderts (S. 273–282). Bern u. a.: Peter Lang.

Büchner, G. (1835/2000). Dantons Tod. In B. Dedner (Hrsg.), Georg Büchner. Sämtliche Werke und Schriften. Historisch-kritische Ausgabe mit Quellendokumentation und Kommentar (Marburger Ausgabe) (Bd. 3.2). Darmstadt: Wissenschaftliche Buchgesellschaft.

Büchner, G. (1837/2005). Woyzeck. In B. Dedner (Hrsg.), Georg Büchner. Sämtliche Werke und Schriften. Historisch-kritische Ausgabe mit Quellendokumentation und Kommentar (Marburger Ausgabe) (Bd. 7.2). Darmstadt: Wissenschaftliche Buchgesellschaft.

Buffon, G.-L. Leclerc, de (1780). Naturgeschichte der vierfüßigen Thiere. Mit Vermehrungen aus dem Französischen übersetzt (Bd. 6). Berlin: Pauli.

Bühler, B., Rieger, S. (2006). Vom Übertier. Ein Bestiarium des Wissens. Frankfurt a. M.: Suhrkamp.

Burroughs, E. R. (1912/2003). Tarzan of the Apes. New York: Modern Library.

Burt, J. (2002). Animals in film. London: Reaktion Books Ltd.

Burt, J. (2006). Rat. London: Reaktion Books Ltd.

Butler, J. (1993). Bodies that matter. On the discursive limits of »sex«. New York u. London: Routledge.

Cervantes, M. de (1613, 2007). El Coloquio de los perros. Barcelona: Lingua ediciones S. L.

Chaudhuri, U. (2007). Animal Rites. Performing beyond the Human. In J. G. Reinelt, J. R. Roach (Hrsg.), Critical Theory and Performance (S. 506–520). Michigan: The University of Michigan Press.

Coetzee, J. M. (1999). The Lives of Animals. New Jersey: Princeton University Press.

Crichton, M. (1980). Congo. New York: Avon Books.

Crichton, M. (2006). New York: Next Harper.

Cuvier, G. (1831). Das Thierreich, geordnet nach seiner Organisation. Als Grundlage der Naturgeschichte der Thiere und Einleitung in die vergleichende Anatomie. Nach der zweiten, vermehrten Ausgabe übersetzt und durch Zusätze erweitert von Friedrich Siegmund Voigt (Bd. 1) die Säugethiere und Vögel enthaltend. Leipzig: F. A. Brockhaus.

Darwin, C. (1859). On Origin of Species. New York: Oxford University Press.

Darwin, C. (1871/1981). The descent of man, and selection in relation to sex. New Jersey: Princeton University Press.

Daston, L., Mitman, G. (Hrsg.) (2005). Thinking with Animals. New Perspectives on Anthropomorphism. New York: Columbia University Press.

Dath, D. (2008). Die Abschaffung der Arten. Frankfurt a. M.: Suhrkamp.

Dawkins, R. (1976). Selfish Gene. New York: Oxford University Press.

Derrida, J. (2006). L'animal que donc je suis. Paris: Editions Galilée.

Derrida, J. (2008). Séminaire: La bête et le souverain (Bd. 1). Paris: Éditions Galilée.

Descola, P. (2011). Jenseits von Natur und Kultur. Berlin: Suhrkamp.

Dickinson, P. (1974). The Poison Oracle. London: Hodder & Stoughton Ltd.

Dinzelbacher, P. (Hrsg.) (2000). Mensch und Tier in der Geschichte Europas. Stuttgart: Kröner.

Dittrich, L., Engelhardt, D. von, Rieke-Müller, A. (Hrsg.) (2001). Die Kulturgeschichte des Zoos. Berlin: Verlag für Wissenschaft und Bildung.

Eibl, K. (2004). Animal Poeta. Bausteine einer biologischen Kultur- und Literaturtheorie. Paderborn: Mentis.

Eke, N. O., Geulen, E. (Hrsg.) (2007). Texte, Tiere, Spuren. Sonderheft der Zeitschrift für Deutsche Philologie 126. Berlin: Erich Schmidt.

Foucault, M. (1981). Archäologie des Wissens. Frankfurt a. M.: Suhrkamp.

Foucault, M. (2003). Die Anormalen. Vorlesungen am Collège de France (1974–1975). Frankfurt a. M.: Suhrkamp.

Fromm, W. (1999). Spiegelbilder des Ichs. Beobachtungen zum Affenmotiv im literatur- und kunstgeschichtlichen Kontext (E. T. A. Hoffmann, Wilhelm Hauff, Franz Kafka). In D.-R.

Moser, C. Raffelsbauer (Hrsg.), Literatur in Bayern (S. 49–61). Straubing: Attenkofer'sche Buch- und Kunstdruckerei.

Fudge, E. (2000). Perceiving Animals. Humans and Beasts in Early Modern English Culture. Basingstoke: Fist Illinois paperback.

Fudge, E. (2006). The History of Animals. In h-animal. Ruminations 1. Zugriff am 08.09.2010 unter http://www.h-net.org/~animal/ruminations_fudge.html

Genette, G. (1998). Die Erzählung. München: Wilhelm Fink.

Gessner, C. (1565). Thierbuch. Das ist eine kurtze beschreybung aller vierfüssigen Thieren, so auff der erden und in wassern wonend, sampt jrer waren conterfactur. Zürich: Froschower.

Goethe, J. W. von (1794/1994). Reineke Fuchs. In W. Wiethölter u. a., Goethe. Sämtliche Werke, Briefe, Tagebücher und Gespräche (Bd. 8). Frankfurt a. M.: Deutscher Klassiker Verlag.

Goethe, J. W. von (1822/1987). Die Faultiere und die Dickhäutigen abgebildet, beschrieben und verglichen von Dr. E. d'Alton. Das erste Heft von sieben, das zweite von zwölf Kupfertafeln begleitet. In D. Kuhn (Hrsg.), Sämtliche Werke, Briefe, Tagebücher und Gespräche (Bd. 24), Schriften zur Morphologie (S. 545–551). Frankfurt a. M.: Deutscher Klassiker Verlag.

Goethe, J. W. von (1828/1984). Novelle. In W. Wiethölter u. a. (Hrsg.), Goethe. Sämtliche Werke, Briefe, Tagebücher und Gespräche (Bd. 8) (S. 531–555). Frankfurt a. M.: Deutscher Klassiker Verlag.

Goethe, J. W. von (1832/2005). Faust. Texte. Hrsg. von A. Schöne. Frankfurt a. M.: Deutscher Klassiker Verlag.

Goldsworthy, P. (1995). Wish. Sydney: Angus & Robertson.

Griem, J. (2010). Monkey Business. Affen als Figuren anthropologischer und ästhetischer Reflexion 1800–2000. Berlin: trafo Wissenschaftsverlag.

Grimm, H. (2010). Das moralphilosophische Experiment. John Deweys Methode empirischer Untersuchungen als Modell der problem- und anwendungsorientierten Tierethik. Tübingen: Mohr Siebeck.

Grimm, J., Grimm, W. (1819/2007). Bremer Stadtmusikanten. In H. Rölleke (Hrsg.), Grimms Märchen. Text und Kommentar (S. 137–140 Frankfurt a. M.: Deutscher Klassiker Verlag.

Grzimek, B. (1967 ff.). Tierleben. Enzyklopädie des Tierreichs. Reinbek: Kindler.

Guerini, A. (2003). Experimenting with Humans and Animals. From Galen to Animal Rights. Baltimore u. London: The Johns Hopkins University Press.

Haeckel, E. (1899/2010). Kunstformen der Natur. Historical Science (Bd. 42). Bremen: Europäischer Hochschulverlag.

Hager, M. (2007). Wie die Literatur auf den Hund kommt. Zur Praxis der Motivforschung. Aachen: Shaker.

Haraway, D. (1995). Die Neuerfindung der Natur. Primaten, Cyborgs und Frauen. Frankfurt a. M. u. New York: Campus.

Haraway, D. (2008). When Species Meet. Posthumanities. Minnesota: University of Minnesota Press.

Hardouin-Fugier, E., Baratay, E. (1998). Zoos. Histoire des jardins zoologiques en Occident (XVIe-XXe siècle). Paris: Editions La Découverte & Syros.

Hasubek, P. (1996). Fabel. In G. Ueding (Hrsg.), Historisches Wörterbuch der Rhetorik (S. 185–198). Tübingen: Max Niemeyer.

Heiden, A. von, Vogl, J. (Hrsg.) (2007). Politische Zoologie. Zürich u. Berlin: Diaphanes.

Hobbes, T. (1642/1959). Vom Menschen, vom Bürger (Elemente der Philosophie II/III). Hrsg. und übers. von G. Gallwick. Hamburg: Meiner.

Hoffmann, E. T. A. (1819/1992). Lebens-Ansichten des Katers Murr. In E. T. A. Hoffmann, Sämtliche Werke (Bd. 5). Hrsg. von Hartmut Steinecke. Frankfurt a. M.: Deutscher Klassiker Verlag.

Horn, E., Gisi, L. (Hrsg.) (2009). Schwärme – Kollektive ohne Zentrum. Eine Wissensgeschichte zwischen Leben und Information. Bielefeld: transcript.

Kafka, F. (1915/2002). Vor dem Gesetz. In J. Born, G. Neumann, M. Pasley (Hrsg.) (2002), Franz Kafka. Kritische Ausgabe (S. 267–269). Frankfurt a. M.: Fischer.

Kafka, F. (1917/2002). Bericht für eine Akademie. In J. Born G. Neumann, M. Pasley (Hrsg.), Franz Kafka. Kritische Ausgabe. Frankfurt a. M.: Fischer.

Kathan, B. (2004). Zum Fressen gern. Zwischen Haustier und Schlachtvieh. Berlin: Kulturverlag Kadmos.

Kaup, J. J. (1835). Das Thierreich in seinen Hauptformen, schematisch beschrieben. Darmstadt: Verlag von Johann Philipp Diehl.

Kleist, H. von (1803/1997). Familie Schroffenstein. In I.-M. Barth, H. C. Seeba (Hrsg.) (1997). Sämtliche Werke und Briefe in vier Bänden (Bd. 1, S. 123–233). Berlin: Deutscher Klassiker Verlag.

Kleist, H. von (1808/1997). Penthesilea. In I.-M. Barth, H. C. Seeba (Hrsg.) (1997), Sämtliche Werke und Briefe in vier Bänden (Bd. 2, S. 9–256). Berlin: Deutscher Klassiker Verlag.

Köhring, E. (2012). Tierexperiment und experimentelles Theater bei Beckett und Köhler. In R. Borgards, N. Pethes (Hrsg.), Tier – Experiment – Literatur. Wissensgeschichtliche Konstellationen im 20. Jahrhundert. Berlin: Diaphanes.

Koschorke, A. (2009). Zur Epistemologie der Natur/Kultur-Grenze und zu ihren disziplinären Folgen. Deutsche Vierteljahrsschrift für Literaturwissenschaft und Geistesgeschichte, 83 (1), 9–25.

Kotzebue, A. von (1798). Die Indianer in England (1790). In A. von Kotzebue, Theater (Bd. 1) (S. 187–295). Leipzig u. Wien: Klang.

Kunsthalle Karlsruhe (Hrsg.) (2011). Von Schönheit und Tod. Tierstilleben von der Renaissance bis zur Moderne. Heidelberg: Kehrer.

Lange-Berndt, P. (2009). Animal Art. Präparierte Tiere in der Kunst 1850–2000. München: Verlag Silke Schreiber.

Latour, B. (1999). Pandora's Hope. An Essay on the Reality of Science Studies. Massachusetts: Harvard University Press.

Latour, B. (2005). Reassembling the Social – An Introduction to Actor-Network-Theory. New York: Oxford University Press.

Lee, P. C., Priston, N. E. C. (2005). Human attitudes to primates. Perceptions of pets, conflict and consequences for primate conversation. In J. D. Paterson, J. Wallis (Hrsg.), Commensalism and Conflict. The Human-Primate Interface (S. 1–23). Oklahoma: American Society of Primatologists.

Leibfried, E. (1982). Fabel. Stuttgart: Metzler.

Lessing, G. E. (1759/1987). Fabeln. Abhandlungen über die Fabeln. Hrsg. von H. Rölleke. Stuttgart: Reclam.

Levi-Strauss, C. (1968). Das wilde Denken. Frankfurt a. M.: Suhrkamp.

Lewitscharoff, S. (2011). Blumenberg. Berlin: Suhrkamp.

Lippitt, A. M. (2000). Electric Animal. Toward a Rhetoric of Wildlife. Minneapolis: The University of Minnesota Press.

Lohenstein, D. C. von (1680/1986). Sophonisbe. Trauerspiel. Ditzingen: Reclam.

Macho, T. (1997). Zoologiken. Tierpark, Zirkus und Freakshow. In H. Fischer (Hrsg.), Theater-Peripherien (S. 13–33). Tübingen: Konkursbuch.

Macho, T. (2001). Tier. In C. Wulf (Hrsg.), Vom Menschen. Handbuch Historische Anthropologie (S. 62–85). Weinheim u. Basel: Beltz.

Macho, T. (2004). Das zeremonielle Tier. Rituale, Feste, Zeiten zwischen den Zeiten. Wien: Styria.

Malamud, R. (1998). Reading Zoos. Representations of Animals and Captivity. New York: New York University Press.

McHugh, S. (2004). Dog. London: Reaktion Books Ltd.

McHugh, S. (2006). One or Several Literary Animal Studies? In h-animal, Ruminations 3. Zugriff am 08.09.2010 unter http://www.h-net.org/~animal/ruminaions_mchugh.html

McHugh, S. (2009). Literary Animal Agents. PMLA,124 (2), 487–495.

Melville, H. (1851). Moby Dick; or the white Whale. New York: Harper and Brothers.

Mitman, G. (1999). Reel Nature. America's Romance with Wildlife on Film. Cambridge: University of Washington Press.

Möhring, M., Perinelli, M., Stieglitz, O. (Hrsg.) (2009). Tiere im Film. Eine Menschheitsgeschichte der Moderne. Köln u. a.: Böhlau.

Most, C. (2010). Primates in the Media. A Reflection of the Changing Boundaries of Humanness? San Diego: University of California.

Müller, H. (1992). Der Fuchs war damals schon der Jäger. Reinbek: Rowohlt.

Neumann, G. (1996). Der Blick des Anderen. Zum Motiv des Hundes und des Affen in der Literatur. In A. Bergold (Hrsg.), Jahrbuch der deutschen Schillergesellschaft 40 (S. 87–122). Stuttgart: Alfred Kröner.

Neumann, G., Vinken, B. (2007). Kulturelle Mimikry. Zur Affenfigur bei Flaubert und Kafka. Zeitschrift für deutsche Philologie, 126, 126–142.

Oeser, E. (2007). Pferd und Mensch. Die Geschichte einer Beziehung. Darmstadt: Wissenschaftliche Buchgesellschaft.

Oken, L. (1833). Allgemeine Naturgeschichte für alle Stände (Bd. 4). Thierreich (Bd. 1). Stuttgart: Hoffmann'sche Verlags-Buchhandlung.

Oken, L. (1838). Allgemeine Naturgeschichte für alle Stände. Siebenten Bandes dritte Abtheilung oder Thierreich, vierten Bandes dritte Abtheilung. Säugethiere 2. Schluss des Thierreichs. Stuttgart: Hoffmann'sche Verlags-Buchhandlung.

Ovid (2010). Metamorphosen. Hrsg. von Michael von Albrecht. Ditzingen: Reclam.

Paletschek, S., Tanner, J. (Hrsg.) (2008). Popularisierung von Wissenschaft. Köln: Böhlau Verlag GmbH & Cie.

Philo, C., Wilbert, C. (2000). Animal Spaces, Beastly Places. An introduction. In C. Philo, C. Wilbert (Hrsg.), New Geographies of Human-Animal Relations (S. 1–34). London: Routledge.

Poe, E. A. (1841/2009). The Murders in the Rue Morgue. London: Random House UK Ltd.

Pöppinghege, R. (2009). Tiere im Krieg. Von der Antike bis zur Gegenwart. Paderborn: Schöningh.

Rheinberger, H.-J. (2001). Experimentalsysteme und epistemische Dinge. Eine Geschichte der Proteinsynthese im Reagenzglas. Göttingen: Wallstein.

Rheinberger, H.-J. (2006). Epistemologie des Konkreten. Studien zur Geschichte der modernen Biologie. Frankfurt a. M.: Suhrkamp.

Richter, V. (2005). »Blurred copies if himself«. Der Affe als Grenzfigur zwischen Mensch und Tier in der europäischen Literatur seit der Frühen Neuzeit. In H. Böhme (Hrsg.), Topographien der Literatur. Deutsche Literatur im transnationalen Kontext (S. 603–624). Stuttgart: Metzler.

Rilke, R. M. (1902/2008). Der Panther. In E. Zinn (Hrsg.) (2008), Werkausgabe Sämtliche Werke (Bd. 1, S. 469). Frankfurt a. M.: Insel.

Rollenhagen, G. (1595/1989). Froschmeuseler. Hrsg. von D. Peil. Frankfurt a. M.: Deutscher Klassiker Verlag.

Römhild, D. (1999). Die Zoologie der Träume. Studien zum Tiermotiv in der Literatur der Moderne. Opladen: Westdeutscher Verlag.

Roscher, M. (2011). Where is the animal in this text? Chancen und Grenzen einer Tiergeschichtsschreibung. In Chimaira – Arbeitskreis für Human-Animal Studies (Hrsg.), Human-Animal Studies. Über die gesellschaftliche Natur von Mensch-Tier-Verhältnissen (S. 121–150). Bielefeld: Transcript.

Rothfels, N. (Hrsg.) (2002). Representing Animals. Indiana: Indiana University Press.

Sarasin, P. (2001). Reizbare Maschinen. Eine Geschichte des Körpers 1765–1914. Frankfurt a. M.: Suhrkamp.

Sarasin, P. (2009). Darwin und Foucault. Genealogie und Geschichte im Zeitalter der Biologie. Frankfurt a. M.: Suhrkamp.

Savage, R. (2007). Menschen/Affen. On a Figure in Goethe, Herder and Adorno. Zeitschrift für deutsche Philologie, 126, 110–125.

Schätzing, F. (2004). Der Schwarm. Köln: Kiepenheuer & Witsch.

Schiller, F. (1786/2008). Verbrecher aus verlorener Ehre. In P.-A. Alt, A. Meier, W. Riedel (Hrsg.), Sämtliche Werke (Bd. 5, S. 13–35). München u. Wien: Deutscher Taschenbuch Verlag.

Schmidt, D. (2007). Die Tücken der Verwandtschaft. Goethes Reineke Fuchs. In A. von der Heiden, J. Vogel (Hrsg.), Politische Zoologie (S. 39–56). Zürich u. Berlin: Diaphanes.

Schmidt, D. (2011). Die Physiognomie der Tiere. Von der Poetik der Fauna zur Kenntnis des Menschen. München: Wilhelm Fink.

Schnabel, J. G. (1731/1986). Die Insel Felsenburg. Ditzingen: Reclam.

Schnyder, P. (2009).»Am Rande der Vernunft«. Der Orang-Utan als monströse Figur des Dritten von Herder bis Hauff und Flaubert. In G. Oesterle, R. Borgards, C. Holm (Hrsg.), Monster. Zur ästhetischen Verfasstheit eines Grenzbewohners (S. 255–272). Würzburg: Königshausen & Neumann.

Sewell, A. (1877/2010). Black Beauty. London: Penguin Books Ltd.

Singer, W. (2004). Verschaltungen legen uns fest. Wir sollten aufhören, von Freiheit zu sprechen. In C. Geyer (Hrsg.), Hirnforschung und Willensfreiheit. Zur Deutung der neuesten Experimente (S. 30–65). Frankfurt a. M.: Suhrkamp.

Sommer, V. (1999). Von Menschen und anderen Tiere. Essays zur Evolutionsbiologie. Stuttgart: Hirzel.

Sommer, V. (2008). Schimpansenland. Wildes Leben in Afrika. München: C. H. Beck.

Souriau, E. (1990). Vocabulaire d'esthétique. Paris: Presses universitaires.

Souriau, E. (1997). Die Struktur des filmischen Universums und das Vokabular der Filmologie. Montage/AV 6/2, 140–157.

Spickernagel, E. (2009). Der Fortgang der Tiere. Darstellung in Menagerien und in der Kunst des 17.–19. Jahrhunderts. Wien: Böhlau.

Spotte, S. H. (2006). Zoos in Postmodernism. Signs and Simulation. Cranbury: Associated University Press.

Steinbrecher, A. (2009).»In der Geschichte ist viel zu wenig von Tieren die Rede« – Die Geschichtswissenschaft und ihre Auseinandersetzung mit den Tieren. In C. Otterstedt, M. Rosenberger (Hrsg.), Die Mensch-Tier-Beziehung im interdisziplinären Dialog (S. 264–287). Göttingen: Vandenhoeck & Ruprecht.

Storm, T. (1884/1987). Zur Chronik von Grieshuus. In K. E. Laage (Hrsg.) (1987), Sämtliche Werke in vier Bänden (Bd. 4) (S. 198–293). Frankfurt a. M.: Deutscher Klassiker Verlag.

Storm, T. (1888/1987). Der Schimmelreiter. In K. E. Laage, Sämtliche Werke in vier Bänden (Bd. 4) (S. 634–755). Frankfurt a. M.: Deutscher Klassiker Verlag.

Ullrich, J., Weltzien, F., Fuhlbrügge, H. (Hrsg.) (2008). Ich, das Tier. Tiere als Persönlichkeiten in der Kulturgeschichte. Berlin: Reimer.

Vogl, J. (2011). Poetologie des Wissens. In H. Maye, L. Scholz (Hrsg.), Einführung in die Kulturwissenschaft (S. 49–71). Stuttgart: UTB.

Voigt, F. S. (1835). Zoologisches Lehrbuch. Stuttgart: Schweizerbart.

Voss, J. (2007). Darwins Bilder. Ansichten der Evolutionstheorie 1837–1874. Frankfurt a. M.: Fischer.

Weigel, S. (2006). Genea-Logik. Generation, Tradition und Evolution zwischen Kultur- und Naturwissenschaften. München: Wilhelm Fink Verlag.

Werber, N. (2011). Jüngers Bienen. Zeitschrift für deutsche Philologie, 2, 245–260.

White, P. S. (2005). The Experimental Animal in Victorian Britain. In L. Daston, G. Mitman (Hrsg.), Thinking with Animals. New Perspectives on Anthropologism (S. 59–81). New York: Columbia University Press.

Wiedenmann, R. E. (2009). Tiere, Moral, Gesellschaft. Elemente und Ebenen humanimalischer Sozialität. Wiesbaden: VS Verlag für Sozialwissenschaften.

Wilbrandt, J. B. (1829). Handbuch der Naturgeschichte des Thierreichs. Nach der verbesserten Linnéschen Methode. Gießen: Heyer.

Wild, M. (2006). Die anthropologische Differenz. Der Geist der Tiere in der Frühen Neuzeit bei Montaigne, Descartes und Hume. Berlin: Walter de Gruyter.

Wolfe, L. D., Fuentes, A. (2006). Ethnoprimatology. Contextualizing Human/Primate Interactions. In C. J. Campbell, A. Fuentes, K. C. MacKinnon (Hrsg.), Primates in Perspective (S. 691–701). New York: Oxford University Press.

Woolfe, C. (Hrsg.) (2003). Zoontologies. The question of the animal. Minneapolis u. London: University of Minnesota Press.

Zhou, J. (1996). Tiere in der Literatur. Eine komparatistische Untersuchung der Funktion von Tierfiguren bei Franz Kafka und Pu Songling. Tübingen: Max Niemeyer.

Zola, É. (1890/2001). La Bête humaine. Paris: Editions Flammarion.

Frank Uekötter und Amir Zelinger (Geschichtswissenschaft)

Die feinen Unterschiede – Die Tierschutzbewegung und die Gegenwart der Geschichte

1 Wege zur Geschichte der Mensch-Tier-Beziehung

Im Frühjahr 1979 reiste der Oxford-Historiker Keith Thomas an die Universität von Cambridge, um dort die Trevelyan-Vorlesung zu halten. Das Thema seiner Wahl waren die Beziehungen zwischen Menschen und ihrer natürlichen Umwelt zwischen 1500 und 1800. Das schien nicht so recht zu einem Forscher zu passen, der zuvor Bücher über »Religion and the Decline of Magic« sowie »Rule and Misrule in the Schools of Early Modern England« verfasst hatte (Thomas, 1971, 1976). Tatsächlich entstand aus seiner Vorlesung jedoch ein früher Klassiker der Umweltgeschichte. Mit zahlreichen Details zeichnete Thomas einen umfassenden Wandel im englischen Denken der Frühen Neuzeit nach. Über drei Jahrhunderte hinweg bildeten sich jene Ambivalenzen heraus, die unser Naturempfinden bis heute prägen: eine spannungsreiche Verbindung von menschlicher Suprematie mit respektvoller Verehrung der Schöpfung. Ein wichtiger Strang der Argumentation diskutierte die Einstellung der Menschen zu den Tieren (Thomas, 1984).[1]

Wenn man Keith Thomas heute liest, dann scheint es schwer erklärlich, warum die Geschichtswissenschaft der Beziehung von Mensch und Tier erst in der jüngsten Vergangenheit verstärkte Beachtung geschenkt hat (Brantz u. Mauch, 2010). Es fiel offenbar schon in den 1970er Jahren nicht schwer, ein breites Panorama von Indizien für den Umbruch der Mensch-Tier-Beziehung zu sammeln: Die Verwendung von Eigennamen für Nutztiere, die Kritik bestimmter Jagdpraktiken, das zum puren Vergnügen gehaltene Haustier, im Englischen »pet« genannt – all dies findet sich schon bei Thomas mit großer Detailschärfe. Unter einem Mangel an Quellen hat die Tiergeschichte offenkundig nicht zu leiden, sondern eher unter einer Bereitschaft der Fachkollegen, das Thema ernst zu nehmen. Bis heute leidet die Tiergeschichte unter dem Odium, in erster Linie eine Spielwiese für Tierliebhaber zu sein.

Dabei vermag die Tiergeschichte nicht nur einen wesentlichen und häufig unterschätzten Teil der menschlichen Existenz zu beleuchten (Steinebrecher, 2009). Die Geschichte der Mensch-Tier-Beziehung bietet auch Anregungen für die Gegenwart. Nach Keith Thomas leben wir seit 200 Jahren mit der Herausforderung, unser alltägliches Zusammenleben mit Tieren mit hohen moralischen Ansprüchen in Einklang zu bringen. Es gab und gibt viele Wege, mit dem Leiden von Tieren umzugehen, und in

---

1 Als zweites wichtiges Pionierwerk ist zu erwähnen: Robert Delort (1984).

den vergangenen zwei Jahrhunderten hat sich insofern ein reicher Erfahrungsschatz angesammelt, der bislang noch weitgehend unbeachtet in den Archiven schlummert. Eine geschichtslose tierethische Debatte verzichtet mithin leichtfertig auf eine wertvolle Dimension der kritischen Selbstreflexion.

Dieser Beitrag möchte das Potenzial einer solchen historisch informierten Tierethik aufzeigen, indem er die Geschichte der modernen Tierschutzbewegung Revue passieren lässt. Dabei geht es uns nicht um eine erschöpfende Synthese, die ohnehin für den deutschen Fall ein Desiderat ist.[2] Hier geht es uns vielmehr um eine problemorientierte Diskussion, in der die Tierschutzbewegung als eine Art historisches Labor betrachtet wird: Was sagt diese Bewegung – ihre Prioritäten, ihre Argumentations- und Bewegungsmuster und ihre Blindstellen – über das Verhältnis von Menschen und Tieren aus? Wie verortete sich die umrissene moralische Herausforderung in sozialen und kulturellen Kontexten? Die Tierschutzbewegung fungiert hier als eine Art Lackmustest, der die gesellschaftlichen Sensibilitäten einer Zeit offenzulegen vermag und damit zugleich Fragen an die Tierschutzbewegung der Gegenwart aufwirft.

Dabei beschränken wir uns nicht auf die philosophischen und ethischen Ansichten, welche Tierschutzorganisationen in verschiedenen Zeiträumen vertreten haben. Vielmehr richten wir unseren Blick auf die öffentliche und handlungsbezogene Präsenz der Tierschutzbewegung als sozialer Bewegung in der neuzeitlichen Gesellschaft. Dieser in erster Linie sozialgeschichtliche Zugang ist für uns auch ein methodisches Mittel, um die Ansiedlung tierethischer Ideen und Denkraster in praktischen und zeitspezifischen sozialen Verhältnissen zu beleuchten. Wenn die Kultur des Tierschutzes als solcherart verschränkt mit gesellschaftlichen Interaktionen betrachtet wird, dann eröffnet sich die Möglichkeit, die Anliegen der Bewegung auch jenseits deren theoretischen Status zu erkunden. Es geht uns demzufolge nicht um das exakte Analysieren der chronologischen Entwicklung der tierschützerischen Auffassungen an sich und in der Form, in welcher diese sich zu einer gesamten Weltanschauung herausbildeten. Vielmehr wollen wir mithilfe der konkreten Geschichte selbiger Perzeptionen auch die Widersprüche, Heterogenität und in gewissem Maße auch Inkonsequenz erörtern. Solche differenzierte Einsicht lässt sich gewinnen, wenn man die Umsetzung der Tierschutzgedanken im Rahmen tatsächlicher Geschehnisse in den Fokus nimmt. Dieser historische Ansatz, der eine hybride Konstellation zwischen Gesellschaft und Ideen im Auge hat, entspricht unserem Thema besonders insofern, als auch Letzteres ein Hybridwesen, nämlich von Tieren und Menschen, ist. Wenn der Mensch aufgrund dieser Verkopplung mit nichtmenschlichen Tieren ein Stück von seiner Kohärenz einbüßt, dann lassen sich auch seine Reflexionen über seine Rolle und Verantwortung gegenüber denselben problematisieren und vielstimmig erscheinen (siehe Tanner, 2004, S. 164–189).

---

2 Bislang fehlt eine befriedigende Synthese, wie sie Mieke Roscher für die britische Tierschutzbewegung vorgelegt hat (Roscher, 2009). Als wichtige Beiträge zur deutschen Tierschutzbewegung seien genannt: Miriam Zerbel (1993); Heinz Meyer (2000); Paul Münch und Rainer Walz (1998); Manuela Linnemann (2001).

2   Eine traditionsreiche Bewegung

Ein solches Unterfangen profitiert von einer ungewöhnlich langen Tradition zivilge-sellschaftlicher Organisation für den Schutz der Tiere. Die meisten Umweltverbände, die eine über den Rahmen des ökologischen Zeitalters hinausreichende institutionelle Kontinuität aufweisen, entstanden in der Zeit um 1900, die von der umwelthisto-rischen Forschung längst als globale Wasserscheide im Mensch-Natur-Verhältnis erkannt worden ist. Industrialisierung, Urbanisierung und wachsende globale Ver-netzung implizierten dramatische Veränderungen vertrauter Landschaften; zugleich schufen Demokratisierung, verbesserte Kommunikationsmedien und die Steuerungs-fähigkeiten neuzeitlicher Bürokratien die Grundlagen für Reaktionen. Man kann geradezu von der Entstehung eines neuen transnationalen Konsenses für die Zeit der Jahrhundertwende reden: In gezielten Bemühungen um den Schutz bedrohter Natur dokumentierte sich die Zugehörigkeit eines Landes zur zivilisierten Welt (Uekötter, 2011, S. 15).

Beim Tierschutz reichen die institutionellen Traditionen hingegen bis in das frühe 19. Jahrhundert zurück. Als Pionier gilt gemeinhin die Society for the Prevention of Cruelty to Animals, die 1824 gegründet wurde, seit 1840 als Royal Society firmierte und jahrzehntelang nicht nur für Großbritannien die maßgebliche Organisation war. Der erste vegetarische Verein entstand in England 1847, selbst die Veganer schafften es gerade noch so in das lange 19. Jahrhundert, das für den Historiker bekanntlich mit dem Ersten Weltkrieg endet: 1910 erschien das erste Kochbuch der »lacto-vegetarians«. In Deutschland, das hier aus pragmatischen Gründen im Zentrum der Betrachtung stehen soll, entstand der erste Tierschutzverein 1837 in Stuttgart, wobei der württem-bergische Pietismus eine erwähnenswerte Rolle spielte (Dann u. Knapp, 2002; Jung, 1997). Der Stuttgarter Verein existierte zwar ebenso wie die Royal Society bis in die Gegenwart, gewann aber keine vergleichbare Bedeutung für den Deutschen Bund als Ganzes. Die deutsche Verbandslandschaft war ein Flickenteppich aus lokalen Verbänden, und das änderte sich auch nach der Gründung des Deutschen Reiches nur begrenzt. Die organisatorische Zersplitterung führte 1879 zur Gründung eines Dachverbands, des Verbands der Thierschutz-Vereine des Deutschen Reiches, der bis 1913 immerhin 222 der 413 deutschen Tierschutzvereine als korporative Mitglieder gewinnen konnte. 1867 entstand mit dem Deutschen Verein für natürliche Lebensweise der erste Vege-tarierverein Deutschlands.

Im europäischen Vergleich verfügte Deutschland damit über eine der stärksten Bewegungen ihrer Art. Meyer zitiert eine deutsche Veröffentlichung von 1894, die für diese Zeit von 780 Tierschutzvereinen weltweit spricht, von denen allein 244 in Eng-land und 191 in Deutschland existierten; auf den weiteren Plätzen folgten die Vereinig-ten Staaten mit 105, Schweden und Norwegen mit 31, Österreich-Ungarn mit 25, die Schweiz mit 22 und Russland mit 21 Verbänden. Auffallend ist ein Nord-Süd-Gefälle: Selbst das kleine Finnland hatte mit 15 Vereinen mehr Organisationen als Frankreich und Italien, in denen seinerzeit nur jeweils zehn Vereine aufzuspüren waren (Meyer,

200, S. 550).[3] Hinzu kam eine Tradition der Lebensphilosophie von Arthur Schopenhauer über Friedrich Nietzsche bis Wilhelm Dilthey, die dem Anliegen des Tierschutzes im Land der Dichter und Denker eine standesgemäße geistige Flughöhe vermittelten.

Die Tierschutzbewegung stand freilich vor einem Problem, das auch dem Historiker der Mensch-Tier-Beziehung vertraut ist. Im 19. Jahrhundert waren die Beziehungen von Menschen und Tieren nämlich noch weitaus vielfältiger als in unserer heutigen urbanisierten Gesellschaft. Man muss sich die Stadt des 19. Jahrhunderts nämlich auch als einen Raum der Tierhaltung vorstellen. Da gab es nicht nur das breite Spektrum der Haustiere vom Singvogel bis zur Katze, sondern auch zahlreiche Nutztiere – wobei diese Grenze noch keineswegs mit jener Klarheit gezogen war, die wir aus unserer Gegenwart zu kennen glauben. Pferde dienten vielfältigen Transportzwecken, in Hinterhofställen produzierten Hühner und Ziegen Eier und Milch für den Hausgebrauch, und wenn der Schlachttag nahte, zogen die Schweine auf dem Weg zur Verladestation am Bahnhof noch durch die Kleinstädte (Brantz, 2008). Wo sollte man also anfangen mit der Neuausrichtung des Verhältnisses von Mensch und Tier? Die Frage nach Prioritäten und Arbeitsschwerpunkten blieb der Tierschutzbewegung genau so wenig erspart wie jeder anderen sozialen Bewegung.

3   Feine Unterschiede

Die Tierschutzbewegung unterschied sich von anderen Umweltbewegungen *avant la lettre* durch ihre starke philosophische Orientierung. Die Naturschutzbewegungen des Kaiserreichs bezogen sich zum Beispiel oft auf das Gemüt und geliebte Landschaftsbilder. Das persönliche Naturerleben lieferte eine ausreichende Basis für alles Weitere: Man brauchte keine ethisch fundierte Weltanschauung, sondern eher ein Paar ordentliche Wanderschuhe. Die Tierschutzbewegung hingegen war nichts geringeres als das Endprodukt jener großen intellektuellen Zeitenwende, die Thomas in seiner Pionierstudie umriss. »The explicit acceptance of the view that the world does not exist for man alone can be fairly regarded as one of the great revolutions in modern Western thought« (Thomas, 1984, S. 166), schrieb er mit Blick auf die Erosion anthropozentrischer Vorstellungen im späten 17. Jahrhundert – nicht ohne hinzuzufügen, dass Historiker dieser Revolution bis zu diesem Zeitpunkt nicht die gebotene Beachtung geschenkt hätten. Diese starke ethische Grundierung war zweifellos ein wesentlicher Grund für den organisatorischen Vorsprung gegenüber anderen Bewegungen zum Schutz der Natur, erwies sich für die Frage der Prioritäten aber eher als Belastung. Wenn man mit Jeremy Bentham die Leidensfähigkeit jeder Kreatur zum Fundament der Tierethik erhob, dann präsentierte sich in den Großstädten des 19. Jahrhunderts quasi an jeder Straßenecke eine neue Herausforderung. Im Lichte der philosophischen

---

3 Besonders prägnant (und politisch brisant) war das Nord-Süd-Gefälle beim Vogelschutz, siehe Reinhard Johler (1997).

Grundprinzipien waren Differenzierungen zwischen dem Leiden unterschiedlicher Tiere im Grunde genommen ein Sakrileg.

All das ist freilich eher die Weisheit des rückblickenden Historikers. Am Anfang der Tierschutzbewegung stand jedenfalls kein ethisches Proseminar oder ein langwieriges Agenda-Meeting. Mehr noch: Die Arbeitsschwerpunkte der frühen Tierschutzbewegung blieben über Jahrzehnte hinweg ziemlich stabil und ähneln sich über nationalstaatliche Grenzen hinweg, und das lässt schon erahnen, dass die frühe Tierschutzbewegung über einen bemerkenswert eindeutigen moralisch-politischen Kompass verfügte. Die ethischen Grundlagen ließen sich offenbar durch weitere Wertvorstellungen ergänzen, die die Aufmerksamkeit in eine bestimmte Richtung lenkten. Die frühen Tierschützer waren eben nicht nur ethisch motivierte Menschen, was sich im deutschen Fall zum Beispiel in einer wichtigen Rolle protestantischer Pfarrer bei der Gründung entsprechender Verbände dokumentierte, sondern auch Mitglieder einer Klassengesellschaft.

Hier gilt es nunmehr, den Hinweis aufzulösen, der im Titel dieses Beitrags verborgen liegt. Er bezieht sich auf Pierre Bourdieus Buch »Die feinen Unterschiede« (1982), mit dem dieser die Erforschung sozialer Ungleichheit und klassenbedingter Machtverhältnisse revolutionierte. Während sich Analysen von Klassengesellschaften vor Bourdieu üblicherweise auf objektive Merkmale wie Einkommens- und Vermögenszahlen sowie die Stellung am Arbeitsmarkt kapriziert hatten, konzentrierte dieser seine Aufmerksamkeit auf die Erscheinungen der Lebenswelt und vornehmlich auf die Lebensstile. Mit einem umfangreichen Fragenkatalog, 1963 von 682 Franzosen beantwortet, spürte er Unterschieden in Konsumverhalten und Kulturgenuss als auch in ästhetischen und ethischen Vorlieben nach. Klassenzugehörigkeit dokumentierte sich für Bourdieu nicht nur in ökonomischen Parametern, sondern auch in alltäglichen Verhaltensweisen, die den Unterschied zwischen Bürger und Arbeiter markierten. Die dokumentierten Lebensstile waren also nicht nur Produkt der Ungleichheit, sondern auch deren Agens, indem sie soziale Distinktion ermöglichten und ausdrückten. Allgemein-soziologisch bedeutet das unter anderem, dass soziale Positionen mittels kultureller Praktiken repräsentiert und veranschaulicht werden. Eine Vorliebe für eine bestimmte Art der Freizeitbeschäftigung wie auch für spezifische ästhetische oder ethische Werte ist demnach nicht in individuellen Einstellungen, welche einem zweckfreien Geschmack für das wahrlich »Gute« oder »Schöne« entspringen, einzuordnen. Vielmehr haben Beurteilungen letzterer Art eine strategische Funktion für die Oberklassen, nämlich sich als diejenige Milieus, welche aufgrund ihrer Dispositionen und Lebensbedingungen über jene Vorlieben verfügen, als höher positioniert zu distinguieren und diese erhabene Position gleichzeitig zu legitimieren. Somit sind entsprechende Sichtweisen Instrument für bestimmte sozialen Gruppen, sich im sozialen Raum Geltung zu verschaffen und Macht gegenüber anderen Gruppen auszuüben. Indem sie ihre eigenen Werte und demonstrierten Lebensstile als gesellschaftlich anerkannt zu etablieren streben, bekräftigen sie ihren Anspruch, eine Herrschaftsstellung innerhalb der Gesellschaft einzunehmen und als höher und besser, kurzum distinguierter, angesehen zu werden. Insofern sind diese Werte sozial vorausgesetzt und fest in den konkurrenzbeladenen sozialen Relationen verankert.

Durch sie wird unterschieden, klassifiziert, abgegrenzt und hierarchisiert. Bourdieus »feine Unterschiede« (1982) sind also mithin ziemlich unfeine Unterschiede, indem sie gesellschaftliche Ungleichheit spiegelten und reproduzierten.[4]

Tiere kamen in Bourdieus Fragebogen nicht vor. Es gibt jedoch keinen Grund zu der Annahme, dass die feinen Unterschiede sich nicht auch in den menschlichen Umgangsweisen mit Tieren und den Wertschätzungen ihnen gegenüber dokumentierten. Der große Vorzug dieser Art von Sozialstrukturanalyse besteht schließlich gerade darin, dass sie die Analyse von Verhaltensweisen und Wertsystemen ermöglicht, die auf den ersten Blick unverdächtig wirken. Im hiesigen Zusammenhang hat Bourdieus Ansatz den zusätzlichen Vorzug, dass er die Tierschutzbewegung, vordergründig eine Bewegung zur Änderung gesellschaftlicher Ordnung, als eine in sozialstruktureller Beziehung konservative, nach Ordnung strebende Bewegung erscheinen lässt. Es waren nicht zuletzt Verhaltenscodes für den Umgang mit Tieren, mit denen Bürger die ihnen genehme gesellschaftliche Ordnung definierten. Durch die Propagierung eigener kultureller Praktiken als wertvoll und ethisch positiv konnten sie Distinktionen zwischen sich selbst und anderen sozialen Gruppen schaffen, deren typische Behandlung von Tieren gebrandmarkt wurde. Auf dieser Grundlage verhalfen sie dann der gesellschaftlichen Hierarchie, in der sie dominant positioniert waren, zur Stabilisierung und Verfestigung. Tierschutz war folglich auch eine Frage des sozial angesiedelten Geschmacks, und die Genese dieses Geschmacks und der auf ihm basierenden Weltanschauung sind nicht zuletzt in der modernen Klassengesellschaft aufzusuchen. So sensibilisiert Bourdieus Theorem der feinen Unterschiede für die Doppelbödigkeit jeder Kommunikation um tierethisch zweifelhaftes Verhalten: Sie diente nicht bloß der Korrektur eines Missstandes und der Verwandlung gewöhnlicher Betätigungsformen, sondern zugleich und untrennbar der Distinktion des Tierschützers als ethisch vorbildliches Individuum und der Reproduktion bestehender gesellschaftlicher Ordnungen.

4 Von rohen Menschen

Die Agenda des frühen Tierschutzes war schon im Namen des ersten Vereins angelegt: »prevention of cruelty to animals«. Die damit angesprochene Grausamkeit war nicht etwa das Produkt struktureller Bedingungen oder widriger Umstände, sondern entsprang einem gezielten Verhalten. »Tierquälerei« hieß derlei auf Deutsch – was nicht nur sprachlogisch die Existenz eines spezifizierbaren Schuldigen, eben des Tierquälers, implizierte. Konkret bedeutete dies zum Beispiel die Bekämpfung blutiger Hahnenkämpfe oder des sogenannten »bull-baiting«, bei dem abgerichtete Hunde auf einen Stier gehetzt wurden. Solche Aktivitäten liefen darauf hinaus, sich am Leid der Tiere

---

4 Zu einem Analysieren des Werkes, das Bourdieus komplexe Vorgehensweise und theoretisches Modell effektiv und facettenreich aufklärt, siehe Helmut Bremer, Andrea Lange-Vester und Michael Vester (2009).

zu ergötzen, und von daher handelte es sich zweifellos um legitime Themen des Tier-schutzes. Aber zugleich handelte es sich dabei auch um typische Freizeitbeschäftigungen der britischen Unterschichten.

Dass mithin zwischen Verband und Delinquenten neben der moralischen auch eine soziale Kluft verlief, war der Royal Society durchaus bewusst. Der Vorsitzende des Gründungstreffens Thomas Fowell Buxton erklärte 1824 programmatisch, es ginge beim Tierschutz auch um ein Programm der moralischen Erbauung der britischen Unterschichten: »to spread amongst the lower orders of the people, especially amongst those to whom the care of animals was entrusted, a degree of moral feeling which would compel them to think and act like those of a superior class« (zit. nach Roscher, 2009, S. 183). Erhellend ist in diesem Zitat nicht zuletzt die Verbindung idealistischer und pragmatischer Motive. Tatsächlich waren es vor allem arme Menschen, die in Stress-situationen auf Tiere trafen: Wenn ein Zugtier überlastet war und störrisch reagierte, dann war es in der Tat nur selten ein Bürger oder Adeliger, der die Situation auf dem Kutschbock auszubaden hatte; der asoziale »rohe Kutscher«, der sein Zugtier ohne Sinn und Verstand peitscht und quält und dadurch seine Unzivilisiertheit beweist, war eines der wichtigsten Stereotype, an dem sich die bürgerliche Tierschutzbewegung auf-richtete (Buchner-Fuhs, 1996, S. 31). Von daher passte ins Bild, dass auch das Los von Pferden und Kühen als Zugtiere schon sehr früh ins Visier der Tierschutzbewegung geriet. Tatsächlich gab es jedoch auch tierethisch heikle Situation, in die vor allem Mit-glieder der Oberschicht verwickelt waren, allen voran die Jagd als geradezu klassischer Bastion des Adels. Hier hätte sich die Tierschutzbewegung durchaus an Traditionen der Jagdkritik anschließen können, zumal es sich offenkundig um eine Aktivität ohne materielle Funktion handelte: Niemand war im 19. Jahrhundert mehr auf Wildbret angewiesen, um seinen Hunger zu stillen. Tatsächlich enthielt sich die Royal Society jedoch während des gesamten 19. Jahrhunderts eines Kommentars und unterhielt sogar lebhafte Beziehungen zu Jagdverbänden (Roscher, 2009, S. 187).[5]

All dies war keine britische Besonderheit. Auch der besonders gut untersuchte Münchener Verein gegen Thierquälerei, 1842 von dem Juristen und Hofrat Ignaz Per-ner gegründet, verfolgte eine sozial selektierte Agenda und stellte das menschliche Nutzungsrecht nie grundsätzlich in Frage. Die Misshandlung von Reit- und Wagen-pferden mit der Peitsche, die Grausamkeiten beim Schlachtviehtransport, bei denen Kälber gefesselt liegend zur Schlachtbank geführt wurden – all dies konnte der Verein thematisieren, ohne sich große Sorgen zu machen, mit einem Vertreter von Adel oder Bürgertum in Konflikt zu geraten. Der »Verein gegen Thierquälerei« ging jedoch in den 1860er Jahren in den »Münchener Thierschutz-Verein« über, der bis heute als »Tier-schutzverein München e. V.« existiert, und dieser Verein traute sich mit Blick auf die eigene Klientel schon etwas mehr zu. Mitglieder wurden zum Beispiel aufgefordert, auch

---

5 Wie viel sozialer Sprengstoff in diesem Thema steckt, wurde um die Jahrtausendwende im Streit um die Fuchsjagd erkennbar: Der Konflikt trug Züge eines Stellvertreterkriegs in der britischen Klassengesellschaft.

in ihrem privaten Umfeld auf den Schutz der Tiere zu achten und Familienangehörige und Dienstboten in diesem Sinne zu beeinflussen (Zerbel, 1993, S. 59).

Nach und nach erweiterte sich somit das Spektrum der Themen, mit denen sich die Tierschützer beschäftigten. Neben die Disziplinierung der Unterschichten trat Prävention, etwa in Form der Schaffung von Tränken für Hunde, Pferde und andere Nutztiere oder der Gründung von Tierheimen. Es war ein ziemlich pragmatisches Vorgehen, bei dem das Streben im Zentrum stand, durch Aufmerksamkeit und kostengünstige Maßnahmen auf das Wohlergehen der Tiere hinzuarbeiten, auch wenn manche der Aktionen im Rückblick ein wenig skurril wirken. Eine erwähnenswerte Episode spielte in Hannover, wo der örtliche Verein gegen Tierquälerei 1844 vom Pastor Hermann Wilhelm Bödeker ins Leben gerufen worden war. Bödeker war zugleich Pferdenarr, und beide Anliegen fanden in einem besonderen Interesse am Schicksal jener Pferde zusammen, die aus Altersgründen nicht mehr für menschliche Zwecke benötigt wurden. Die gängige Praxis, solche Pferde in Teichen anzubinden und dadurch als Futter für Blutegel zu missbrauchen, konterte er mit einem aus seiner Sicht humaneren Alternativvorschlag – der Schlachtung. Das verkürzte unnötiges Leiden, und außerdem standen die 1840er Jahre nach einigen Missernten im Zeichen der Hungersnot. Und da die Menschen aus irrationalen Gründen vor dem Genuss von Pferdefleisch zurückscheuten, hielt es Bödeker für geboten, im Sinne der Aufklärung ein Zeichen zu setzen. Am 30. April 1847 trafen sich die Vorstandsmitglieder des »Hannoverschen Vereins gegen Tierquälerei« zu einem feierlichen Pferdesouper (Kauertz, 2004, S. 121).

5   Vivisektionen

Schon im 19. Jahrhundert machte der Tierschutz Bekanntschaft mit einem Problem, das die Grünen später als Realo-Fundi-Fraktion kennenlernen sollten. Die gemäßigte Linie vieler Verbände provozierte hitzköpfige Kritik, das Wohl der Tiere konsequenter zu verfolgen. Unter den Themen, die auf diesem Wege in den Blick der Tierschützer kamen, war vor allem die Frage der Vivisektion von langfristiger Bedeutung. So bezeichneten Zeitgenossen das, was wir heute als Tierversuch kennen; im Wortsinne bezeichnet Vivisektion das Aufschneiden eines lebenden Körpers. Von der Sache her mochte das als legitimer Gegenstand erscheinen, aber für eine Bewegung, die bis dahin sorgfältig auf die feinen Unterschiede geachtet hatte, barg das Thema jede Menge Sprengstoff. Bei der Vivisektion waren die Übeltäter eben nicht Menschen aus fremden Sphären, denen man mit einem soliden Gefühl moralischer Überlegenheit gegenübertreten konnte, sondern Ärzte und damit zweifelsfrei Vertreter des Bürgertums.

In England begegnete man dem heiklen Problem durch eine Royal Commission on Vivisection, aus der sich ein erstes Gesetz mit gewissen Beschränkungen der Tierversuchspraxis entwickelte. Im akademischen Deutschland begann die Auseinandersetzung hingegen mit einem Buch: »Die Folterkammern der Wissenschaft« hieß das Werk, das der Dresdner Adelsmann Ernst von Weber 1879 herausbrachte. Erhellend war der

Untertitel, der »eine Sammlung von Thatsachen für das Laienpublikum« versprach. Die Tierversuchskritik entstammte nämlich einer Laienbewegung gegen die akademische Schulmedizin, die sich im Zuge ihres Aufstiegs im 19. Jahrhundert den umstrittenen Versuchen mit Tieren zugewandt hatte. Kritiker des Tierversuchs waren deshalb häufig zugleich Anhänger der Naturheilkunde, die durch die Erfolge der Schulmedizin unter Druck geriet. Es ging mithin um konkurrierende Wege zur menschlichen Gesundheit, und hinter diesem verbargen sich zutiefst unterschiedliche Weltanschauungen.

Die Experimente mit Tieren lassen sich nämlich auch als die vielleicht deutlichste Verkörperung der Dominanz des Menschen und der Kultur gegenüber der Natur und dem Tier betrachten. Im Labor war das Tier, das Nichtmenschliche, absolut gebändigt, und das auch noch im Dienste eines Zwecks, der sich höchster kultureller Wertschätzung erfreute – der Wissenschaft. Die Versuche entsprangen insofern dem charakteristischen Wissenschaftsglauben des 19. Jahrhunderts sowie der modernen Vorstellung unterworfener Natur (dazu Dierig, 2006). Dabei waren die Physiologen und die etablierten Tierschützer signifikanterweise ähnlich eingestellt, beide betrachteten nämlich den Umgang mit dem Tier mit anthropozentrischen Augen. Genau diese für selbstverständlich gehaltene Präzedenz des Menschlichen und Zivilisatorisch-Fortschrittlichen haben die radikaleren Vivisektionsgegner hinterfragt. So hatte es am Ende fundamentale weltanschauliche Gründe, dass die Vivisektionsfrage zur Spaltung der Bewegung führte. Nachdem es Weber im August 1879 nicht gelungen war, eine Versammlung der deutschen Tierschützer in Gotha auf seine Linie zu bringen, gründete er noch auf der Tagung den »Internationalen Verein zur Bekämpfung der wissenschaftlichen Thierfolter«, der fortan im Zentrum der einschlägigen Agitation stand. Prominente Unterstützer waren Johanna Fürstin von Bismarck und Richard Wagner (Tröhler u. Maehle, 1987).

Dieser neue Flügel der Tierschutzbewegung agierte auch in einer zweiten Beziehung radikal. Zunehmend wurden die Tierschützer nämlich zu einem Teil der antisemitischen Bewegung. Die Brücke war das Schächten: das rituelle Schlachten von Tieren nach den Regeln des jüdischen Glaubens. In dieser antisemitischen Einfärbung bestand augenscheinlich auch ein gewisser deutscher Sonderweg; im Mutterland des Tierschutzes gewann das Thema jedenfalls nie großes Gewicht (Roscher, 2009, S. 113). Selten wurde die soziopolitische Überformung des ursprünglichen Anliegens offenkundiger als bei der antisemitischen Kritik am Schächten, und selten waren die Folgen bedenklicher. Besonders drastisch zeigt sich dies in der Person Paul Försters, der gleichzeitig stellvertretender Vorsitzender des Internationalen Vereins, Anhänger der Naturheilkunde und Impfgegner sowie Reichstagsabgeordneter der virulent antisemitischen Deutsch-Sozialen Reformpartei war.

All dies machte den Tierschutz zu einem naheliegenden Bündnispartner der Nationalsozialisten, und tatsächlich scheint die Verabschiedung von gleich drei einschlägigen Gesetzen in den ersten Monaten der NS-Herrschaft diesen Eindruck zu bestätigen. Aber letztlich wurde der Tierschutz im NS-Staat eher zu einem Beleg, wie flexibel sich die braune Elite im Umgang mit ideologisch sensiblen Themen erweisen konnte. Ein weitgehendes Verbot der Tierversuche wurde nach Protest aus medizinischen Fachkreisen hastig wieder verwässert, und so blieb letztlich Wesentlichen alles beim Alten. Am Ende des Dritten Reichs hatte der Tierschutz deutlich weniger erreicht als der Naturschutz, bei dem ideologische Bezüge deutlich diffuser waren (dazu ausführlich Uekötter, 2006).

Die durchwachsene Bilanz hatte allerdings auch viel damit zu tun, dass die erste Hälfte des 20. Jahrhunderts für den Tierschutz allgemein keine große Zeit war. Viele Forderungen des 19. Jahrhunderts waren erfüllt, die gesellschaftlichen Verhaltenscodes in wesentlichen Teilen modifiziert, die (Gesellschafts-)Ordnung stiftende Kraft des Anliegens erschien mithin ausgereizt: Der zivilisierte Mensch behandelte Tiere mit Respekt. Man mag dies durchaus als gelungenes Projekt der Verbürgerlichung der Unterschichten sehen, die die feinen Empfindungen der Bourgeoisie übernahmen – ob aus innerer Überzeugung oder qua Disziplinierung, das mag dahingestellt bleiben. In jedem Fall war tierquälerisches Verhalten in der Öffentlichkeit weithin tabuisiert – im Schlachthaus sah es freilich noch anders aus –, und so fehlten attraktive Themen für die Mobilisierung der Basis. Erst die Medienrevolution der Nachkriegszeit brachte erneut Bewegung in die Bewegung.

6   Der gute Herr Grzimek

Kaum eine Figur wird in Deutschland so eng mit Tierschutzthemen assoziiert wie Bernhard Grzimek. Mehr als drei Jahrzehnte lang, von 1956 bis zu seinem Tod 1987, präsentierte er sein Anliegen in seiner Fernsehsendung »Ein Platz für Tiere«, sein Dokumentarfilm »Serengeti darf nicht sterben« gewann einen Oscar, und mit diesem publizistischen Kapital betrieb er eine rege Lobbyarbeit im In- und Ausland. Außerdem veröffentlichte er das enzyklopädische Werk »Grzimeks Tierleben« (1967 und 1972) und leitete seit Kriegsende den Frankfurter Zoo. Willy Brandt machte ihn zum obersten Naturschutzbeauftragten der Bundesrepublik.

Die Wirkung von »Ein Platz für Tiere« hatte gewiss nichts mit einer besonders raffinierten medialen Inszenierung zu tun. Ein ruhiger Tonfall, korrekte Kleidung, die ewig gleiche Begrüßungsformel und das Spendenkonto der Zoologischen Gesellschaft Frankfurt im Abspann – das war auch seinerzeit ein minimalistischer Stil. Die Inhalte waren dagegen alles andere als betulich. Nachdem sich Grzimek in den ersten Jahren noch mit Vorliebe afrikanischen Themen gewidmet hatte, wiesen die Themen seit Mitte der 1960er Jahre mehr und mehr Bezüge zur Lebenswelt in Mitteleuropa auf. Leopardenpelze und Robbenjagd, Mastschweine und Legebatterien – all dies wurde mit drastischen Bildern in Szene gesetzt und entsprechend kommentiert. Selbst vor direkten Appellen an die politisch Verantwortlichen schreckte Grzimek nicht zurück. Im Kampf gegen die Hühnerkäfige sprach Grzimek gar von »KZ-Eiern« (Engels, 2003, S. 308).

Aber seltsam: Die Kampagnen Bernhard Grzimeks gingen nicht so recht ins kollektive Gedächtnis ein. Für die Bundesbürger blieb Grzimek ein gemütlicher Fernsehopa, der eine bedächtige Sendung zum Tagesausklang lieferte, in der allenfalls das obligatorische Studiotier für ein wenig Aufregung sorgte – und das, obwohl Grzimek um 1970 mit 35 Millionen Zuschauern pro Sendung rechnen konnte. Der gute Herr Grzimek war keineswegs der gesendete Grzimek, sondern jener, der im öffentlichen Diskurs entstand. Sein betuliches Image augenscheinlich ein Spiegel der Erwartungen seiner Zuschauer, die beim Tierschutz an exotische Kreaturen denken und vielleicht noch an Loriots satirischen Sketch über die Steinlaus. So produzierte das Medienzeitalter seine ganz eigene, gesellschaftlich konsensfähige Art des Tierschutzes, und zwar keineswegs in Ermangelung von Bildern.

7 Tierschutz in ökologischen Zeiten

Die Divergenz des imaginierten vom realen Grzimek spiegelt ein charakteristisches Dilemma des Tierschutzes im späten 20. Jahrhundert. Bei anderen Themen war ein wesentliches Merkmal des diskursiven Umschlags die Dramatisierung: Luftverschmutzung wurde von einem lästigen Angelegenheit zur tödlichen Bedrohung und Naturschutz zum Kampf um das biologische Erbe des Planeten. Beim Tierschutz wollte die Eskalation der Rhetorik jedoch nicht so recht klappen. Lag es daran, dass die Kampagnen der Tierschützer schon im 19. Jahrhundert an den Grenzen des gesellschaftlich Akzeptablen agierten? Oder war es vielmehr so, dass man Tierquälerei nun nicht mehr als eine Sache der anderen präsentieren konnte? Es war nicht leicht, die Intensivlandwirtschaft zu kritisieren, ohne den Konsumenten als Komplizen anzusprechen.

Grzimek war nicht der Einzige, der mit der Kritik der Hühnerkäfige ins Leere lief. 1980 schickte die Katholische Landjugendbewegung Nienberge einen Wagen auf den Münsteraner Rosenmontagszug, der einen modernen Wohnblock neben einem Hühnerkäfig zur Schau stellte. »Da ist mir mein Käfig lieber«, ließen die Karnevalisten ein Huhn sprechen. Der Käfig, der von als Hühner verkleideten Jugendlichen besetzt war, war zudem mit der Überschrift »Schutzkäfig vor fanatischen Tierschützern« versehen. All das hätte man auch als Beleg für verkrampften Humor westfälischer Herkunft betrachten können. Tatsächlich fühlte sich jedoch ein Hamburger Rechtsanwalt veranlasst, Strafanzeige zu stellen: Tiere seien »Mitgeschöpfe und haben Anspruch auf eine dementsprechend anständige Behandlung durch den Menschen.« Wenn jedoch »nicht nur gequälte Tiere, sondern darüber hinaus strafbare Haltungsformen (Hennenkäfige) karnevalistisch herausgestellt wurden, dann sind die Grenzen bloßer Geschmacklosigkeit verlassen und strafrechtlich relevante Tatbestände berührt«. All dies berichtete das »Landwirtschaftliche Wochenblatt Westfalen-Lippe« unter der hämischen Überschrift: »Da lachten alle Hühner!«[6]

Das größte Echo erzielten Tierschutzverbände weiterhin dort, wo sie kleine Gruppen mit gesellschaftlich prekärem Status attackierten. Tierquälerei im Zirkus, Pelze und Zootiere – all das sind zuverlässige Aufreger, und stets grüßen im Hintergrund

---

6 Landwirtschaftliches Wochenblatt Westfalen-Lippe, 137 (9), Ausgabe B (28. Februar 1980), S. 18.

die feinen Unterschiede. Aber liegt das an den Tierschützern oder an ihrer Klientel? Eine medial versierte Organisation wie »People for the Ethical Treatment of Animals« (PETA) hat schließlich in tierethischer Hinsicht eine denkbar ambitionierte Agenda. Auch wenn deren Spiel mit Anthropomorphismen und Mitleid an die Tierschutzbewegung des 19. Jahrhunderts gemahnt, verbirgt sich dahinter eine Organisation, die auf eine konsequente Hinterfragung anthropozentrischen Denkens zielt; insofern ist PETA in den Gesellschaften des Westens die vielleicht populärste radikale Bewegung unserer Zeit (Atkins-Sayre, 2010). Im öffentlichen Erscheinungsbild dominieren hingegen Prominente, die sich gemäß dem Slogan »I'd rather go naked than wear fur« hüllenlos fotografieren lassen, gelegentlich ergänzt um eine Extraportion Empörung, wenn die Prominenten ihren Gelöbnissen untreu werden.

Ist es nur die Jagd nach Schlagzeilen, die PETA für das schillernde Promi-Business begeistert, das an sich nicht gerade zum leuchtenden Vorbild moralisch korrekten Verhaltens prädestiniert scheint? Es ist in jedem Fall bemerkenswert, wie ungeschickt Vertreter einer Organisation agieren, die eigentlich durch mediale Präsenz überhaupt erst entstanden ist. Ein nachgerade klassisches Beispiel ist Ingrid Newkirks Brief an Yassir Arafat, in dem sie ihn aufforderte, Tiere aus dem Nahostkonflikt herauszuhalten, nachdem palästinensische Terroristen einen Esel mit Sprengstoff beladen und in die Luft gejagt hatten (Specter, 2003). Aber schon beim viel zitierten Protest gegen die »Exekution« eines lästigen Insekts durch US-Präsident Barack Obama war die Sache komplizierter. PETA hatte sich nämlich nicht selbst zu Wort gemeldet, sondern war vielmehr von Journalisten um eine Stellungnahme ersucht worden (Mullins, 2009). Gibt es in unserer Gesellschaft so etwas wie den Wunsch nach einem Tierschutz, der gezielt unfein ist und darob der Lächerlichkeit preisgegeben werden kann?

8   Bewusstsein schaffen

In der Umweltbewegung gehörte es stets zum guten Ton, mangelndes »Bewusstsein« zu beklagen. Noch Joachim Radkaus These, die ökologische Bewegung sei die wahre Aufklärung, macht deutliche Anleihen an diesem Topos (Radkau, 2011). Tatsächlich spricht aus manchen jüngeren Äußerungen eher eine gewisse Bitterkeit: Empathie mit dem Mitgeschöpf gerät allzu leicht zum Freibrief für hemmungslose Kritik – PETAs umstrittene »Holocaust auf dem Teller«-Kampagne ist da nur einer der offenkundigeren Belege. Aber wie soll dann eine zeitgemäße Rhetorik des Tierschutzes aussehen? In gewisser Weise leidet die Tierschutzbewegung unter ihrer langen Geschichte, die man geradezu als lange Geschichte ökologischer Zivilisierung betrachten kann.[7] Die einfachen Probleme waren längst gelöst und die komplizierten hielten sich hartnäckig.

---

7 Zur kürzlichen Neubelebung der Diskussion um den Prozess der Zivilisation siehe Steven Pinker (2011). Für eine Geschichte des Zoos, die zugleich eine Geschichte des Zivilisationsprozesses beim modernen Umgang mit Tieren präsentiert, siehe Nigel Rothfels (2002).

Die Radikalisierung der Bewegung hat sich in dieser Hinsicht als offenkundige Sackgasse erwiesen. Sie führt bestenfalls in die Marginalität und schlimmstenfalls zum Skandal. Vielmehr könnte es lohnen, die feinen Unterschiede, die sich als ein latentes Thema durch die Geschichte des Tierschutzes ziehen, zu einem expliziten Thema zu machen. Wo schwingen in unserem Reden über Menschen und Tiere soziale Grenzlinien mit, und inwiefern dient Tierethik der sozialen Distinktion? Eine solcherart sensibilisierte Tierschutzbewegung könnte sich nicht nur vor manchem Fehltritt hüten, sie könnte aus der kritischen Selbstreflexion auch neue Glaubwürdigkeit und Legitimität schöpfen. In einer Gesellschaft, in der Gerechtigkeit zu einem Schlüsselbegriff zu werden scheint, könnte ein sozial und ökonomisch blinder Tierschutz schon bald zum Auslaufmodell werden.

Gerade vor diesem Hintergrund kommt einem geschichtswissenschaftlichen Standpunkt eine beachtliche Relevanz zu, wenn man die Hauptstreitpunkte des gegenwärtigen Tierschutzdiskurses ins Visier nimmt. Denn die oben umrissene zeitliche Entwicklung der modernen Tierschutzbewegung hat uns in erster Linie gelehrt, dass menschliche Gesinnungen hinsichtlich des Wohls des Tieres immer eng verbunden waren mit gesellschaftlichen Faktoren, die in dem jeweiligen Zeitraum dominant waren. Somit lassen sich Ansichten zu Leid oder Lust der Tiere keineswegs universell, sondern, begleitet durch den Blick auf deren soziale Genealogie, differenziert wahrnehmen. Möglicherweise könnte dadurch eine erweiterte Perspektive der tierschützerischen Verantwortlichkeit des Menschen gewonnen werden. Denn insofern als diese körperlichen und mentalen Zuständen zumindest im Bereich Tierschutz und im Rahmen tierethischer Denkmusters nicht nur beim Tier an sich zu lokalisieren sind, sondern zum Teil auch menschlichen Projektionen entspringen, wäre ein Bewusstsein bezüglich der genaueren historischen und sozialen Verankerung dieser Attributierungen nur willkommen. Ein von Mythen des direkten Bezugs menschlicher Zuschreibungen auf die »natürlichen« Befindlichkeiten des Tieres befreiter Tierschützer würde, nach unserem Dafürhalten, seiner Rolle gegenüber dem Tier gerechter werden. Hier haben Angelegenheiten wie das Wohlergehen oder der Schmerz eines Lebewesens eine besonders zentrale Position. Denn ungeachtet des eigentlichen Gefühls des Tieres, das an sich wirklich verhältnismäßig »gut« oder »schlecht« *sein* kann, ist die *Schätzung* der Emotionen und Mentalitäten der Tiere durch Menschen geschichtlich kontingent. Die herrschende Beurteilung, dass (unterschiedliche, aber nicht alle) Tiere bestimmte und menschenähnliche mentale Kapazitäten wie Wille, Gedächtnis, Bewusstsein, Intentionen, Erwartungen, Vorstellungsvermögen und anderes haben und dass sie über gewissermaßen identische Gefühle verfügen, ist ein modernes Moment, dessen Entstehung fest angesiedelt war in dem bürgerlichen Empfindsamkeitskult des 19. Jahrhunderts und dessen Wissensregime (vgl. Eitler, 2011). Da sich um jene Fragen heutzutage einige der substanziellsten Tierschutzdebatten drehen, ist diese historische Rückbesinnung auf keinem Fall erlässlich. Vielmehr birgt sie in sich die Aussicht, diese Debatten konkreter, realitätsnäher und über deren reinen Ideengehalt hinauszuführen.

Zweitens ist zu bemerken, dass, insofern die erwähnten mentalen Charakteristika der Auffassung bezüglich des Eigenstandes und Eigenwertes des Tieres zugrunde liegen, die geschichtliche Betrachtung jener Hauptaspekte die jetzige Tierethik inhaltlich reicher machen könnte. Wenn wir sehen, dass die Individualität des Tieres und seine aus ihr abgeleiteten Rechte weder naturgegeben noch rein gedankliche Produkte, sondern mit politischen und sozialen Gesichtspunkten engmaschig verflochten sind, dann sind wir imstande, solche Begriffe handfester einzugrenzen. Weit davon entfernt, solche Ideen wie die inhärenten Werte eigenständiger Tiere und deren Effektivität für den Tierschutz zu unterschätzen, ermöglicht uns die Geschichtswissenschaft einen Blick auch in die Erzeugungsbedingungen, in dessen Kontext solche Begriffe entwickelt worden sind. Das kann uns zum Beispiel für deren eher unerfreulichen Seiten sensibilisieren; aber auch unser Verständnis solcher theoretischen Ansätze ausweiten und verdichten. Freilich lässt so ein Zugang zur Tierethik die Gefahr aufkommen, dass Eigenwert, Eigenstand und Inhärenz des Tieres einen Teil ihrer universellen Geltung einbüßen. Wenn wir allerdings zurück in die Vergangenheit blicken und einsehen müssen, dass moderne *Diskurse* zum gerechten Umgang mit der Tierwelt solchermaßen untrennbar von *gesellschaftlichen Strukturen* waren, dann betrachten wir die Tiere viel stärker als Teil der menschlichen Gemeinde und mithin unseres Philosophierens über sie. Wenn solcherart relativierter Eigenwert und Eigenstand das Tier in geringerem Masse als Individuum auffassen, dann haben sie dasselbe doch solider integriert in einem Mensch-Tier-Kollektiv.[8] Um da noch einen Schritt weiter zu gehen: Dadurch lassen sich die Tiere auch viel deutlicher als Teil der »moralischen Gemeinschaft« markieren. Dass somit ferner die Rolle des Menschen in seiner moralischen Beziehung zum Tier als substanzieller erachtet wird, bedarf keiner weiteren Ausführung.

Und weiter noch, wenn wir, wie hier zu praktizieren versucht wurde, die Geschichte »gegen den Strich bürsten«, also in unserem konkreten Fall uns nicht auf die deklarierten Ziele und Anliegen der historischen Tierschutzbewegung beschränken, sondern jene gleichzeitig mit deren breiten sozialen Rahmen zu erschließen bemühen, dann sind wir besser ausgerüstet, um ebenfalls die Mängel erwähnter Schlussbegriffe der Tierethik zu erkennen, wenn sie praktisch umgesetzt werden. Wir lernen zum Beispiel, dass auch Reden über Eigenwert und Eigenstand des Tieres feine Unterschiede haben und nicht immer so lückenlos durchsetzt werden können, wie dessen reine Begrifflichkeit zu suggerieren droht. So werden wir zur verstärkten Reflexion gemahnt, was da *eigentlich* passiert war mit solchen universellen Idealen und welchen Zwecken sie *tatsächlich* dienten. Auch wenn dadurch jene Werte etwas geschwächt scheinen mögen, so trägt diese Reflexion wohl zu einer konsequenten Verfolgung derselben bei.

Damit ist eine Schlüsselrolle des Faches Geschichtswissenschaft für die disziplinenübergreifende Debatte um Mensch und Tier umrissen. Sie besteht jedoch keineswegs darin, Partei für ein bestimmtes tierethisches Verständnis zu ergreifen und eine einzig einzunehmende Richtung zu empfehlen. Als Legitimationswissenschaft würde die

---

8 Zu einem programmatischen Aufsatz, der dafür plädiert, auf die historische Einbettung real existierender Tiere in menschlichen Sozialgefügen verstärkt zu fokussieren, siehe Susan Pearson und Mary Weismantel (2010).

historische Forschung fürwahr einen jämmerlichen Eindruck liefern. Vielmehr erlaubt es der historische Rückblick, Kontexte und Traditionslinien zu thematisieren und zu problematisieren, deren Nachwirkungen bis in die Gegenwart reichen. Der zeitliche Abstand erleichtert so manche Debatte, die als rein tagespolitische Auseinandersetzung bittere Zerwürfnisse heraufbeschwören könnte.

Ein Erfahrungsschatz von zweihundert Jahren wartet darauf, gehoben zu werden.

Literatur

Atkins-Sayre, W. (2010). Articulating Identity. People for the Ethical Treatment of Animals and the Animal/Human Divide. Western Journal of Communication, 74 (3), 309–328.

Bourdieu, P. (1982). Die feinen Unterschiede. Kritik der gesellschaftlichen Urteilskraft. Frankfurt a. M.: Suhrkamp.

Brantz, D. (2008). Die »animalische Stadt«. Die Mensch-Tier-Beziehung in der Urbanisierungsforschung. Informationen zur modernen Stadtgeschichte, 39, 86–100.

Brantz, D., Mauch C. (Hrsg.) (2010). Tierische Geschichte. Die Beziehung von Mensch und Tier in der Kultur der Moderne. Paderborn: Schöningh.

Bremer, H., Lange-Vester, A., Vester, M. (2009). »Die feinen Unterschiede«. In G. Frölich, B. Rehbein (Hrsg.), Bourdieu Handbuch. Leben – Werk – Wirkung (S. 289–312). Stuttgart u. Weimar: J. B. Metzler.

Buchner-Fuhs, J. (1996). Kultur mit Tieren. Zur Formierung des bürgerlichen Tierverständnisses im 19. Jahrhundert. Münster: Waxmann.

Dann, A. C., Knapp, A. (2002). Wider die Tierquälerei. Frühe Aufrufe zum Tierschutz aus dem württembergischen Pietismus. Leipzig: Evangelische Verlagsanstalt.

Delort, R. (1984). Les animaux ont une histoire. Paris: Seuil.

Dierig, S. (2006). Wissenschaft in der Maschinenstadt. Emil Du Bois-Reymond und seine Laboratorien in Berlin. Göttingen: Wallstein.

Eitler, P. (2011). »Weil sie fühlen, was wir fühlen«. Menschen, Tiere und die Genealogie der Emotionen im 19. Jahrhundert. Historische Anthropologie, 19 (2), 211–228.

Engels, J. I. (2003). Von der Sorge um die Tiere zur Sorge um die Umwelt. Tiersendungen als Umweltpolitik in Westdeutschland zwischen 1950 und 1980. Archiv für Sozialgeschichte, 43, 297–323.

Grzimek, B. (1967–1972). Grzimeks Tierleben (13 Bde.). Zürich: Helmut Kindler.

Johler, R. (1997). Vogelmord und Vogelliebe. Zur Ethnographie konträrer Leidenschaften. Historische Anthropologie, 5, 1–35.

Jung, M. H. (1997). Die Anfänge der deutschen Tierschutzbewegung im 19. Jahrhundert. Mössingen – Tübingen – Stuttgart – Dresden – München. Zeitschrift für Württembergische Landesgeschichte, 56, 205–239.

Kauertz, C. (2004). Tierschutz zum »Besten der Menschen«. Pastor Hermann Wilhelm Bödeker und die Gründung des hannoverschen Tierschutzvereins im Jahre 1844. Niedersächsisches Jahrbuch für Landesgeschichte, 76, 115–132.

Linnemann, M. (Hrsg.) (2001). Vegetarismus. Zur Geschichte und Zukunft einer Lebensweise. Erlangen: Fischer.

Meyer, H. (2000). 19./20. Jahrhundert. In P. Dinzelbacher (Hrsg.), Mensch und Tier in der Geschichte Europas (S. 404–568). Stuttgart: Kröner.

Mullins, A. (2009). Obama and the Fly. Zugriff am 17.12.2011 unter http://www.peta.org/b/thepetafiles/archive/2009/06/17/obama-and-the-fly.aspx

Münch, P., Walz, R. (Hrsg.) (1998). Tiere und Menschen. Geschichte und Aktualität eines prekären Verhältnisses. Paderborn u. a.: Schöningh.

Pearson, S., Weismantel M. (2010). Gibt es das Tier? Sozialtheoretische Reflexionen. In D. Brantz, C. Mauch (Hrsg.), Tierische Geschichte. Die Beziehung von Mensch und Tier in der Kultur der Moderne (S. 379–399). Paderborn: Schöningh.

Pinker, S. (2011). Gewalt. Eine neue Geschichte der Menschheit. Frankfurt a. M.: Fischer.

Radkau, J. (2011). Die Ära der Ökologie. Eine Weltgeschichte. München: Beck.

Roscher, M. (2009). Ein Königreich für Tiere. Die Geschichte der britischen Tierrechtsbewegung. Marburg: Tectum.

Rothfels, N. (2002). Savages and Beasts. The Birth of the Modern Zoo. Baltimore: Johns Hopkins University Press.

Specter, M. (2003). Mother Nature. Zugriff am 17.12.2011 unter http://www.guardian.co.uk/lifeandstyle/2003/jun/22/fashion.beauty

Steinbrecher, A. (2009). »In der Geschichte ist viel zu wenig von Tieren die Rede« (Elias Canetti). Die Geschichtswissenschaft und ihre Auseinandersetzung mit den Tieren. In C. Otterstedt, M. Rosenberger (Hrsg.), Gefährte – Konkurrenten – Verwandte. Die Mensch-Tier-Beziehung im wissenschaftlichen Diskurs (S. 264–286). Göttingen: Vandenhoeck & Ruprecht.

Tanner, J. (2004). Historische Anthropologie zur Einführung. Hamburg: Junius.

Thomas, K. (1971). Religion and the Decline of Magic. Studies in Popular Beliefs in Sixteenth and Seventeenth Century England. London: Weidenfeld and Nicholson.

Thomas, K. (1976). Rule and Misrule in the Schools of Early Modern England. Reading: University of Reading.

Thomas, K. (1984). Man and the Natural World. Changing Attitudes in England 1500–1800. London: Penguin.

Tröhler, U., Maehle, A. H. (1987). Anti-vivisection in Nineteenth-Century Germany and Switzerland. Motives and Methods. In N. A. Rupke (Hrsg.), Vivisection in Historical Perspective (S. 149–187). London: Croom Helm.

Uekötter, F. (2011). Consigning Environmentalism to History? Remarks on the Place of the Environmental Movement in Modern History. München: Rachel Carson Center for Environment and Society.

Uekötter, F. (2006). The Green and the Brown. A History of Conservation in Nazi Germany. Cambridge u. New York: Cambridge University Press.

Weber, E. von (1879). Die Folterkammern der Wissenschaft. Eine Sammlung von Thatsachen für das Laienpublikum. Berlin u. Leipzig: Voigt.

Zerbel, M. (1993). Tierschutz im Kaiserreich. Ein Beitrag zur Geschichte des Vereinswesens. Frankfurt a. M.: Peter Lang.

Kurt Kotrschal (Verhaltensbiologie)

Argumente für einen wissens- und empathiegestützten Tierschutz: Biologie, Soziales und Kognition

Es ist eigentlich klar: Tierschutz braucht den Verstand und nicht nur das Gefühl aufseiten jener, welchen Tiere um ihrer selbst willen, um ihres in der menschlichen Ethik begründeten Anspruchs auf Unversehrtheit und Wohlbefinden willen ein Anliegen sind. Aber geht das ohne Gefühl? Von der »anderen Seite« betrachtet: Reicht es, die ökologischen Bedürfnisse von Tierindividuen zu befriedigen? Oder umfasst ein ihrem gesamten Lebensstil und Lebensanspruch entsprechendes Umfeld auch die Berücksichtigung ihrer kognitiven Bedürfnisse? Und haben Tiere überhaupt geistige Ansprüche? Allen Erkenntnissen der modernen Verhaltens- und Kognitionsbiologie zufolge sind Menschen und andere Tiere – in unterschiedlichen Ausmaßen zwar, aber doch – denkende Wesen. »Satt, sauber und trocken« reicht heute nicht mehr als Grundsatz für das Wohlbefinden von Tieren unter menschlicher Obhut. Ein individuengerechtes Leben und Wohlbefinden muss auch ein angemessenes Fordern und Fördern der geistigen Ressourcen beinhalten. Denn geistige Herausforderungen, optimale Individualentwicklung und körperliches Wohlbefinden sind nicht voneinander zu trennen. Genau darum geht es auf den folgenden Seiten.

1 Tierschutz zwischen Wissen und Gefühl

Es wäre ein Irrtum zu glauben, dass wir, also Tier und Mensch, in einem perfekten Paradies lebten und alle Menschen und Tiere glücklich wären, wenn nur alle Menschen alles über alle Tiere wüssten. Ein typischer Irrtum von Wissenschaftlern übrigens, die zu Recht über ihre ganze Ausbildung darauf gedrillt wurden, dem Verstand zu vertrauen und das Gefühl außen vor zu lassen. Im Tierschutz wäre das aber ein Kategorienirrtum, denn hier, wie auch im richtigen Leben und in unseren Sozialbeziehungen, wären Verstand allein oder Gefühl allein jeweils ungenügend; es braucht die Kooperation beider. Und für die moderne Kognitionswissenschaften sind Kognition und Affekt ohnehin eine Einheit.

Gerade als Wissenschaftler sei mir gestattet, vorauszuschicken, dass »objektive« Erkenntnis allein nicht alles ist, im Tierschutz und anderswo. Ohne Empathie produziert alles Wissen der Welt bloß eine Technokratengesellschaft mit wenig Bereitschaft, sich um das Wohl der anderen, Tier oder Mensch, zu kümmern. Die Weltgeschichte bietet dafür Schreckensbeispiele, man denke etwa an den erkenntnisgewinnenden Sadismus der Ärzte in den deutsch-österreichischen KZs. Oder an die Unterdrückung von Frauen und die Missachtung von Tieren als Individuen, gerade in der frühen, vom männlichen Verstand gekennzeichneten Aufklärung. Einer Ratio, die von Misstrauen und Verdrängung gegenüber Affekten, Emotionen und Empathie geprägt war. Frauenrechte, Frauenwahlrecht, aber auch das Tierwohl wurden erst im 20. Jahrhundert in den meisten Staaten Themen der Gesetzgebung. So seltsam es scheinen mag, dass Frauenrechte und Tierschutz in vielen Parteien, etwa bei den österreichischen Grünen, in einer einzigen Referatsverantwortlichkeit zusammengefasst werden, das hat sowohl historische als auch gute sachliche Gründe. Die Lage von Frauen und Tieren in einer Gesellschaft sind wohl untrügliche Gradmesser für deren generelle Humanität, der Achtung von Menschen und Tieren. Unter den Folgen der männlichen Ratio der Aufklärung, aber auch den Gegenbewegungen dazu leiden wir heute noch, etwa in der Tierschutzpraxis, wo immer noch häufig die affektive Empathie den Verstand zu dominieren scheint, nicht immer zum Wohl der Tiere.

Allerdings, ohne Empathie ist Tierschutz weder möglich noch sinnvoll. Dennoch wäre es ein Irrtum anzunehmen, dass Empathie und ihre zugehörige Emotion, das Mitleid, ausreichen, einen tiergerechten Tierschutz zu tragen; denn letztlich geht es ja im Tierschutz immer um die zentrale Frage der Tiergerechtigkeit. Was wir glauben, was für Tiere gut ist, und was tatsächlich gut für sie ist, muss nicht deckungsgleich sein. Empathie ohne Wissen ist auf die individuell eigene Selbsterfahrung als Referenzpunkt angewiesen. Das kann (siehe unten), muss aber nicht für jene Tiere relevant sein, um deren Wohl wir uns sorgen wollen und müssen. Tierschutzbewegte stehen also gewöhnlich vor einem Dilemma, das vielen gar nicht bewusst zu sein scheint: Sie werden aus der Sorge heraus aktiv, dass viele Tiere unter menschlicher Obhut ganz offensichtlich durch schlechte (also nicht ihren Bedürfnissen entsprechende) Haltungsbedingungen leiden. Aber wie soll man wissen, besser: beurteilen, dass es Tieren nicht gut geht? Oft reicht dazu ein wenig Hausverstand. Angesichts eines abgemagerten Hundes an der Kette oder von nahezu federlosem Federvieh in Intensivtierhaltung ist nicht allzu viel Wissen vonnöten, um erkennen zu können, dass hier etwas grundlegend falsch läuft. Etwas weniger trivial ist es meist schon, zu erkennen, welche Änderungen erforderlich sind, um wenigstens eine teilweise Verbesserung für diese Tiere zu erreichen, besonders wenn wirtschaftliche Interessen im Spiel sind.

Wirklich tricky kann es werden, wenn es um die Beurteilung der im Zusammenhang mit den Wesensmerkmalen von Tieren stehenden Erfordernisse geht. Denn Tiere können selbst dann leiden, wenn tierschutzbewegten Laien alles in Ordnung scheint. So etwa muss ein Hündchen nicht unbedingt das glücklichste Leben führen, wenn es von seinem Menschenpartner auf Händen durchs Leben getragen wird, mit mindestens der Zuwendung, die man gewöhnlich einem Menschenpartner angedeihen ließe, vorbei an allen Herausforderungen und möglichen Stressbelastungen. Dieser ach so menschliche Partner seines Tieres wird in der Regel zwar die Achtung der Tierwohlbewegten genießen, aber ist ein Leben ohne strukturierte Zusammenarbeit mit dem Menschen, ohne Kommandos, ohne Grenzen und ohne beanspruchende gemeinsame Unternehmungen hundegerecht? Hunde sind wie Menschen »Kooperationstiere«. Werden sie nicht gefordert, sondern nur beschmust, geschützt und gefüttert, sind sie ständig geistig unterfordert, können sie ihre Anlagen zur Kooperation mit dem Menschen nicht entfalten. Sie werden zu sozialen »Zombies«, die entweder in innerem Rückzug fettleibig einem frühen Tod entgegendämmern, Problemverhalten entwickeln oder beides. Was also für einfühlsame menschliche Augen gut aussieht, muss nicht immer auch gut für die Tiere sein.

Nicht ausgesprochen Tierschutzbewegte haben übrigens ein ähnliches Problem: Sie nehmen entweder aus mangelnder Kenntnis oder mangelnder Empathie an, es sei mit den Tieren zumindest in ihrer Umgebung ohnehin alles in Ordnung. Es ist davon auszugehen, dass unangemessener Umgang mit Tieren bei gut früh in ihrem Leben betreuten und sozialisierten Menschen Mitleid erregt. Oder sie verfügen über gute Abwehrmechanismen, von ihrem schlechten Gewissen aufgrund ihrer Untätigkeit oder ihres Verhaltens (z. B. immer noch Fleisch von Tieren aus Intensivhaltung zu essen) nicht allzu sehr belastet zu werden. Bei jenen, die Tierleid völlig kalt lässt oder die sich auch noch daran ergötzen, wie etwa der römische Kaiser Nero schon in Jugendjahren, ist zumindest der Verdacht auf eine Soziopathie gerechtfertigt, die dann auch meist im Umgang mit Menschen zum Ausdruck kommt.

2   Zur biologischen Basis

2.1 Welche Tiere sind schützenswert und wie kann man wissen, dass sie leiden?

Sind Schimpansen, Delfine oder Elefanten menschenähnlich gescheit? Schon die alten Chinesen meinten, dass zwar alles Tier im Menschen stecke, nicht aber umgekehrt. Diese alte Weisheit firmiert heute unter »Anthropochauvinismus«, denn biologische Arten entwickelten ihre artspezifischen Anpassungen und viele Tiere verfügen über Fähigkeiten, von denen Menschen nur träumen können. Andererseits wird die Klugheit der Tiere oft überschätzt, denn nichts imponiert dem »Gehirntier« Mensch mehr als die Anmutung von Intelligenz bei anderen.

So wird allzu oft an ihren Eigenschaften festgemacht, ob Tiere als individuelle Wesen und Mitgeschöpfe schützenswert sind oder nicht; etwa, wie Peter Singer (1976) es tut, an ihrer Leidensfähigkeit. Dies widerspricht der Idee des Wertes des Individuums an sich, unabhängig von seinen Eigenschaften, das einfach deswegen achtens- und schützenswert ist, weil es – je nach Betrachtungsweise – als lebendiges Produkt der Evolution, als Geschöpf Gottes oder als beides eben auf der Welt ist und lebt. Aber leider scheint es ein Faktum, dass die Entscheidungsträger in einer entspritualisierten, utilitaristischen Welt nach rationalen Argumenten fragen – auch wenn diese eigentlich aus ethischen Gründen nicht relevant sein mögen. Die Frage nach einer wissenschaftlichen Basis für den Tierschutz ist besonders in unserer aufgeklärten, modernen Welt wichtig, in welcher zumindest traditionell denkende Köpfe immer noch einen tiefen Graben zwischen

Menschen und anderen Tieren offenhalten. Nicht nur, um den Bedürfnissen der Tiere gerecht zu werden, sondern damit Tierschutz auch ernst genommen wird.

Zu Beginn der Neuzeit grenzte man den Menschen strikt von Tieren ab. Man betrachtete Tiere als von Instinkten gesteuert, wobei Instinkte – als Ausdruck des »göttlichen Hauchs« – bis weit ins 20. Jahrhundert einer Erklärung weder zugänglich noch bedürftig erschienen. Im Gefolge des Rationalismus der Aufklärung wurden Tiere einerseits zu schmerzunempfindlichen, seelenlosen Instinktmaschinen abgestuft, andererseits etwa in »Brehms Tierleben« (1876–1879) zu menschenähnlich denkenden und fühlenden Wesen romantisch überhöht. In der Postmoderne wiederum ist ein oft übersteigertes Bestreben wahrzunehmen, Unterschiede zwischen Menschen und anderen Tierarten zu minimieren, gerade bei der Betrachtung geistiger Leistungen. Dennoch war die Chance auf eine faire Einschätzung noch nie so gut wie heute, denn nie zuvor wusste man so viel über Gehirn und Intelligenzleistungen (siehe unten).

Als Vertreter des frühneuzeitlichen Rationalismus ist René Descartes' (1596–1650) Geisteshaltung zu Menschen und Tieren symptomatisch für Generationen von Wissenschaftlern und äußerst einflussreich, was die Idee der unumschränkten Nutzbarkeit von Tieren betraf. Menschen hätten einen nach mechanischen Prinzipien funktionierenden Körper, hätten aber auch eine Seele, Verstand und Bewusstsein. Tiere dagegen wären reine Instinktmaschinen, hätten keine Seele, und weil sie nicht über Denken und Bewusstsein verfügten, seien sie auch nicht schmerz- und leidensfähig. Das ist natürlich aus heutiger Sicht objektiv falsch. Aber diese vom großen Philosophen gestützte Ideologie war über die letzten Jahrhunderte eine wirkmächtige Stütze einer besonders rücksichtslosen Auslegung des »macht Euch die Erde untertan«. Damit war jedweder Missbrauch von Tieren gerechtfertigt, auch wenn empathische Menschen immer schon dagegen protestierten.

Es galt also nachzuweisen, dass Tiere schmerzfähig, vor allem aber, dass sie bei Nichterfüllung ihrer Bedürfnisse leidensfähig sind. Dazu gab es eine Reihe von Ansätzen. So wird vertreten, dass Tiere in einer »natürlichen« Umgebung leben sollten und es ihnen ermöglicht werden sollte, den Gutteil ihrer Verhaltensweisen auszuleben,[1] und dass sie keine Stereotypien zeigen sollten. Weiters ist es durchaus plausibel, dass es Tieren in jenen Kontexten nicht gut geht, in denen Stresshormone oder andere physiologische Parameter chronisch erhöht oder verändert sind, was zu einer erhöhten Morbidität und Mortalität führen und auffällig abnormes Verhalten bewirken kann. Das alles beantwortet aber noch nicht die Frage nach ihrer Leidensfähigkeit, also ob sie die emotionalen Zustände von Angst, Langeweile, Erschöpfung, Schmerz, Trauer, Durst, Hunger etc. auch wahrnehmen können.

Denn hätten Descartes & Co. recht, dann würden solche unter objektiv suboptimalen Bedingungen gehaltenen Tiere nicht leiden, weil es ihnen an Bewusstsein darüber mangelt. Im Moment schlägt das Pendel in Gegenrichtung zu Descartes aus, und man billigt Tieren gern *bona fide* Bewusstsein zu (Bekoff, 2002), was das Problem natürlich auch

---

1 Zugriff am 03.01.2012 unter http://www.fawc.org.uk/freedoms.html

nicht löst. Über die Frage des Bewusstseins bei Menschen und anderen Tieren lässt sich nicht nur trefflich streiten, sie kann durchaus von immenser quantitativer Bedeutung sein, werden doch beispielsweise pro Jahr weltweit etwa 2x10 hoch 10 Hühner für den menschlichen Verzehr aufgezogen (Stamp Dawkins, Donnelly u. Jones, 2004), meist in hohen Dichten und unter nicht wirklich tiergerechten Bedingungen. Und das nicht, weil die verantwortlichen Intensivtierhalter Sadisten wären, sondern aus Kostengründen. De facto ist das Tier zur Sache geworden oder wird zumindest im wirtschaftlichen Kontext als solche behandelt. Zaghafte Gegenbewegungen wie etwa das österreichische Tierschutzgesetz[2] bestätigen dieses Faktum.

Aber wie den auf den ersten Blick mit wissenschaftlichen Kriterien nicht festzumachenden, scheinbar subjektiven Begriff des »Leidens« objektiv erforschen? Einen praktikablen Weg zur Beurteilung der Leidensfähigkeit von Tieren zeigte Marian Stamp Dawkins auf, indem sie die Tiere selber testete und so allzu philosophische Diskussionen um Bewusstsein bei Tieren umging. Mit ihren Mitarbeitern entwarf sie etwa Experimente, welche den Tieren zu zeigen erlaubte, was sie für günstige Bedingungen zu arbeiten bereit waren (Stamp Dawkins, 2008), etwa für Einstreu, Sandbäder oder Nestboxen. Zusätzlich muss auch noch die Gesundheitsrelevanz von Maßnahmen geprüft werden, da nicht alles, wofür Individuen zu arbeiten bereit sind, sich auch positiv auf deren Gesundheit auswirkt. So tendieren domestizierte Tiere und Tiere in reizarmen Umgebungen zum Überessen, mit all den bekannten pathogenen Folgen übermäßiger Nahrungsaufnahme.

Stamp Dawkins (2008) argumentiert, dass es zwei einfache Fragen erlauben, die Tierschutzrelevanz von Maßnahmen zu beurteilen. Erstens: Fördert es die Gesundheit der Tiere? Und zweitens: Gibt es den Tieren, was sie selber wollen? Dieser einfache Zugang erlaubt es, Situationen aus der Sicht der Tiere zu beurteilen und entspricht auch einem gewissen Grundkonsens in der Gesellschaft zum Tierschutz. Und er vermeidet auch akademische Diskussionen, ob Tiere Bewusstsein hätten (Bekoff, 2002), über die Bedeutung der »Natürlichkeit« der Haltung, über die Möglichkeit, die meisten natürlichen Verhaltensweisen ausleben zu können, oder über die Interpretation physiologischer Parameter wie etwa Stresshormone. Ganz abgesehen davon, dass es oft schwierig zu beurteilen ist, was die angemessene »natürliche« Umgebung von domestizierten Tieren ist, würde der Vorschlag wohl auf wenig Zustimmung stoßen, Tiere zumindest einmal am Tag von ihren natürlichen Raubfeinden jagen zu lassen, weil das »natürlich« wäre (Stamp Dawkins, 2008).

Selbst aus dem Anstieg von Stresshormonen, Herzschlag oder Blutdruck ist nicht zwingend abzuleiten, dass diese von subjektiv negativen Affekten begleitet wären. So etwa steigen bei einem Hund, der seine Bezugsperson nach deren längerer Abwesenheit überschwänglich begrüßt, Herzschlag und Kortisol. »Stress« steht im Zusammenhang mit Hormonen vor allem deswegen in Anführungszeichen, weil Glukokortikoide, bei

---

2 Österreichisches Tierschutzgesetz, in: Bundes-Verfassungsgesetz, zuletzt geändert durch das Bundesgesetz BGBl. I Nr. 100/2003; Art. 11 ABs. 1, Z. 8.

uns das Kortisol, bei den Vögeln etwa das Kortikosteron, eigentlich die primären Stoff-
wechselhormone der HPA-Achsen sind, die unter anderem den Blutzucker erhöhen und
dadurch den Körper aktionsbereit machen, wenn es gilt, unvorteilhafte Bedingungen zu
vermeiden; es handelt sich also streng genommen um »Anti-Stresshormone« (McEwen
u. Wingfield, 2003). Aber auch, weil es viele unterschiedliche Definitionen von Stress
gibt, von der geringsten Veränderung physiologischer Parameter im Zusammenhang
mit einer Reizsituation bis zu Situationen, welche die Kompensationsmechanismen von
Individuen übersteigen (Broom, 1998).

Und schließlich ist es auch deswegen geraten, den Stressbegriff im Tierschutz sparsam
zu gebrauchen, weil sich derselbe zu einem ideologischen Minenfeld entwickelte, etwa
im Zusammenhang mit unserer Beziehung zu Hunden. Natürlich ist es unter anderem
auch aus Tierschutzgründen geboten, Training und Zusammenleben mit Hunden von
der Achtung vor ihrem Wesen, insbesondere vor ihrem Willen zur Kooperation mit
Menschen leiten zu lassen und weitgehend mit positiver Verstärkung zu arbeiten, zumal
Druck und Stress dem Lernen entgegenwirken und das Aggressionspotenzial von Säugetieren steigern können (Haller u. Kruk, 2006). Allerdings kann die Rücksichtnahme
auf Hunde auch ins Gegenteil umschlagen. Was Hunde glücklich zu machen scheint,
ist das gemeinsame Meistern von Herausforderungen, nicht aber Stressvermeidung
per se oder das Vermeiden von für den Hund fordernden Situationen um jeden Preis.
Das geht zumeist auf Kosten der Sicherheit der Beziehung zum menschlichen Partner
(Kotrschal, 2009), welche ein Hund mit »seinen« Menschen benötigt, um ruhig und
selbstsicher in seiner Umgebung zu agieren. Schließlich unterliegen alle funktionierenden dyadischen Beziehungen Zyklen von Herausforderungen und Beruhigung (Aureli
u. de Waal, 2000), Mensch-Kumpantierbeziehungen sind darin keine Ausnahmen
(siehe unten). Das Wohlbefinden von Tieren definiert sich also nicht strikt durch die
Abwesenheit von Stressereignissen und der entsprechenden physiologischen Dynamik,
etwa der Modulation von Herzschlag und Stresshormonen (man kann Tiere auch zu
Tode langweilen), sondern in der Verfügbarkeit entsprechender »Coping«-Strategien,
etwa eines sozial unterstützenden Menschen im Falle von Kumpantieren, durch das
Fehlen von chronischen Stressoren, durch das Vorhandensein von Rückzugs- und
Wahlmöglichkeiten etc.

Wenn Tiere Stereotypien zeigen, so gilt dies natürlich als starker Hinweis auf suboptimale, oft reizarme Haltung oder darauf, dass die entsprechende Haltung die Tiere
in erhöhte Erregung (»Stress«) versetzt, dem sie nicht ausweichen können, und daher
mit erhöhter Bewegungsintensität darauf reagieren (Mason u. Latham, 2004), etwa jene,
die im Freiland oft über erhebliche Distanzen ungünstigen Umweltbedingungen ausweichen würden, wie etwa Eisbären, Wölfe, Elefanten oder auch Giraffen. Tatsächlich
verringert auch »environmental enrichment« nicht immer bestehende Stereotypien;
so etwa wirkte sich regelmäßiges Training mit Giraffen im Zoo Schönbrunn/Wien auf
deren stereotype Verhaltensweisen der Zunge günstig aus, verstärkte aber stereotypes
Hin- und Hergehen (Reiter, 2010), wahrscheinlich weil das Training den positiven Erre-
gungszustand dieser Tiere erhöhte. Natürlich können Stereotypien niemals als Zeichen

einer idealen Tierhaltung gewertet werden, mögen aber andererseits auch als Teil der Anpassung von Individuen an ihre spezifische (suboptimale) Lebenssituation gelten.

2.2 Müssen Tiere im Dienste der Forschung immer leiden?
»Standardisierte Labortierhaltung« und die Qualität der Ergebnisse

Labormäuse in unstrukturierten Standardkäfigen zeigen gewöhnlich Stereotypien, von denen gezeigt wurde, dass sie nicht etwa dem Stressabbau dienen, also keine adaptive Copingstrategie darstellen (Würbel u. Stauffacher, 1996). Zudem zeigen Mäuse in solchen Käfigen eine abnorme Gehirnentwicklung und gesteigerte Ängstlichkeit. Alle diese Erscheinungen können wesentlich verringert werden, wenn dieselben Käfige mäusegerechter ausgestattet werden, ohne dass dies auf Kosten der Qualität der an diesen Mäusen gewonnenen wissenschaftlichen Daten geht (Wolfer, Litvin, Morf, Nitsch, Lipp u. Würbel, 2004). Das Gegenteil ist der Fall. Labormäuse, die »mäusegerecht« gehalten werden (also im Vergleich zu den üblichen »Standardkäfigen« in »enriched environments«), liefern in Verhaltensexperimenten besser reproduzierbare Daten als Mäuse aus Standardkäfigen (Würbel, 2000).

Doch noch immer spukt in den Köpfen der meisten Wissenschaftler die eiserne Regel der standardisierten Labortierhaltung, obwohl gezeigt werden konnte, dass solche Haltungsbedingungen zu deprivierten Tieren führen, die alles andere als reproduzierbare Ergebnisse liefern. Im Gegenteil, bei hochstandardisiert gehaltenen Labormäusen etwa können kleinste Unterschiede in den Haltungsbedingungen in verschiedenen Labors zu großen Inkonsistenzen in den Ergebnissen führen (Richter, Garner u. Würbel, 2009). Standardisierte Umweltbedingungen für Labortiere beseitigen diese widersprüchlichen Ergebnisse nicht, sondern sind deren Hauptursache. Daher stellt eine mäusegerechte Umgebung für die Haltung von Labormäusen nicht etwa bloß einen Kompromiss im Sinne der Ethik und der tiergerechten Haltung von Labortieren dar, sondern ist durchaus auch eine Maßnahme zur Verbesserung der Qualität der an diesen Tieren erzielten Ergebnisse (Würbel u. Garner, 2007).

3 Die ethische Relevanz der sozialen und kognitiven Ähnlichkeiten und der menschlichen Sozialfähigkeit mit anderen Tieren

Eigentlich ist es ein ganz eigenartiges Phänomen, dass Menschen Haustiere nicht nur ihres materialistischen Nutzens wegen halten, sondern scheinbar auch relativ zweckfrei, als Kumpantiere (im Englischen »pets«). Wahrscheinlich entspringt das Bedürfnis nach Tierkontakt unserer Vergangenheit als ökologisch breit orientierte und kognitiv leistungsfähige Jäger und Sammler. Die »Biophilie« des Menschen (Wilson, 1984) ist eines seiner Alleinstellungsmerkmale. Das Interesse an den Dingen der Natur kann als menschliche Universalie gelten, und auch die scheinbar zweckfreie Haltung von

Kumpantieren ist keine Nebenerscheinung der postmodernen Dekadenz, sondern war bereits bei unseren Jäger- und Sammler-Vorfahren üblich (Serpell, 1986). Tatsächlich sitzen die evolutionären Spuren unserer Tierbeziehung tief in uns. So etwa sind drei- bis sechsmonatige menschliche Babys lebenden Tieren gegenüber am aufmerksamsten (deLoache, Pickard u. LoBue, 2011) und weltweit sind die ersten Worte, die Kinder von sich geben, gewöhnlich tierbezogen (Quinn, 2011).

Das ist an sich bemerkenswert, wird aber durch die Einsicht noch tierschutzrelevanter, dass die scheinbar zweckfreie Kumpantierhaltung so nutzlos gar nicht ist. »Pets« in der modernen westlichen Gesellschaft sind in der Regel Tiergefährten in der Rolle von Sozial- und Freizeitkumpanen. Und das keinesfalls als nur passiv erduldende Projektionsflächen für unsere sozialen Bedürfnisse, die wir egoistisch an diesen Tieren »ausleben« würden. Richtig sozialisiert sind Hund, Katz & Co. vielmehr vollwertige Sozialgefährten mit weitgehend ähnlichen sozialen Bedürfnissen wie wir Menschen (Kotrschal, 2009). Im Idealfall sind sie für uns Kumpantiere und wir für sie »Kumpanmenschen« und Sozialpartner, nicht bloß »Besitzer« oder »Halter«, Begrifflichkeiten, die Relikte aus einer Zeit darstellen, da wir Menschen uns dem Tier überlegen wähnten und da das Tier noch als Sache und Ware gedacht wurde.

Man kann es als eines der großen »Wunder« des Lebens erachten, dass wir Menschen mit anderen Tieren im Wortsinn tatsächlich sozial sein können, wenn wir das nur wollen. Obwohl wir doch anders aussehen als Hund, Katz & Co., uns anders ausdrücken und zumindest von Hund und Katze stammesgeschichtlich etwa 60 Millionen Jahre getrennt sind. Dennoch ist das »interne soziale Modell« von Säugetieren und sogar Vögeln über die Stammesgeschichte teils unglaublich ähnlich geblieben. Und wenn ein komplexes Sozialleben den entsprechenden Selektionsdruck produziert, werden in unterschiedlichen Verwandtschaftsrunden rasch und parallel funktionsgleiche Hirngebiete entwickelt, welche Papageien, Raben, Wölfe, Hunde und Menschen mit jenen geistigen Leistungen ausstatten, die es ihnen erlauben, in ihren jeweiligen Sozialsystemen zu bestehen (Kotrschal, 2009).

So werden im Folgenden die sozialen und kognitiven Gegebenheiten der Gemeinsamkeit und Sozialfähigkeit diskutiert, weil eine solche Einsicht in die soziale Wesensähnlichkeit von Menschen mit anderen Tieren natürlich auch imstande ist, die Achtung den Tieren gegenüber zu erhöhen. Zudem spiegeln die sozialen und kognitiven Leistungen von Tieren ja auch ihre Bedürfnisse und Anforderungen an jene Lebensbedingungen wider, die zur Entfaltung ihrer Potenziale erforderlich sind. Eine tiefere Einsicht in die Gemeinsamkeiten und Unterschiede der sozialen Bedürfnisse und der geistigen Leistungen von Menschen und anderen Tieren ist daher im Interesse eines evidenzbasierten Tierschutzes, in Balance von Wissen mit Empathie. Solche Einsichten sind auch geeignet, das immer wieder gebrauchte, recht ideologische Argument der »Vermenschlichung« zu relativieren.

Tatsächlich teilen Menschen mit anderen Tieren eine ganze Reihe von Verhaltensweisen, physiologische Funktionen und Gehirnstrukturen, die im Sozialleben Bedeutung haben. Dazu zählen das so genannte »Soziale Netzwerk« im Gehirn (Goodson,

2005), welches auch einen Teil jener Gehirnstrukturen enthält, die für soziale Bindung zuständig sind und welche für die basalen Affekte und wahrscheinlich sogar für Empathiefähigkeit zuständig sind (Julius, Beetz, Kotrschal, Turner u. Uvnäs Moberg, 2012; Kotrschal, 2009), denn auch diese fiel nicht einfach vom Himmel (Zahn-Waxler, Hollenbeck u. Radke-Yarrow, 1984). Weiters teilen wir mit unseren Säugetierverwandten das Stirnhirn, den präfrontalen Kortex, welcher für Impulskontrolle, für zielgerichtetes und sozial kompatibles Handeln zuständig ist, sowie die Grundprinzipien der individuellen Sozialentwicklung, der Ausbildung unterschiedlicher Temperamente und Persönlichkeiten und der besonders im sozialen Kontext wichtigen Stresssysteme. Diese gemeinsamen Systeme werden im Folgenden im Kontext ihrer Bedeutung für den Tierschutz diskutiert.

Dass Menschen »biophil« sind (Wilson, 1984) und seit grauer Vorzeit mit Tieren zusammenleben (Serpell, 1986), erklärt noch lange nicht, warum wir mit Tieren unter bestimmten Umständen sozial sein können und warum etwa die Qualität der Beziehung zu »ihren« Menschen einen der wichtigsten, wenn nicht sogar den wichtigsten Faktor darstellt für das Wohlbefinden von Hunden; oder warum adäquat sozialisierte Kumpantiere durch menschliche Zuwendung weder über Gebühr »vermenschlicht« noch gar »missbraucht« werden.

Die evolutionäre Perspektive der vergleichenden Biologie bietet auch im Tierschutz Einsichten (Stamp Dawkins, 2008). So etwa ist bei jeglichen Bedürfnissen oder auch im Falle der pathologischen Folgen ihrer Nichterfüllung wichtig, Bescheid zu wissen über

1. deren potenziellen adaptiven Wert;
2. die physiologischen, neuronalen oder hormonalen Mechanismen dahinter;
3. deren individualgeschichtliche Entstehung;
4. deren evolutionäre Geschichte.

Diese sogenannten »vier Tinbergen'schen Ebenen« (1963) formalisieren den Erklärungsansatz von Biologen wie Konrad Lorenz für jegliche Struktur oder Funktion lebender Systeme und umreißen den grundlegenden Forschungsansatz der gesamten organismisch-evolutionären Biologie.

3.1 Ähnlichkeiten zwischen Menschen und anderen Tieren aufgrund vergleichbarer evolutionärer Bedingungen

Dass es Ähnlichkeiten in der sozialen Organisation von Menschen und anderen Tieren gibt, liegt auch daran, um mit Tinbergens »Ebene 1« zu beginnen, dass die funktionellen Grundprinzipien der sozialen Strukturierung für alle Tiere gelten. Es geht um die Optimierung des Reproduktionserfolgs der Geschlechter und Individuen in einem bestimmten ökologischen Kontext (Trivers, 1985). Das sorgt nicht nur für grundlegende Ähnlichkeiten über weite stammesgeschichtliche Bereiche hinweg, was Menschen und andere Tiere sozial bewegt, sondern trägt auch zur Erklärung kognitiver

Ähnlichkeiten bei. Denn zu den bedeutendsten Selektionsfaktoren für ein großes und leistungsfähiges Gehirn zählt ein komplexes Sozialleben. Dies ist etwa definiert durch relativ große Gruppen, innerhalb derer Individuen einander kennen und langzeitlich qualitativ unterschiedliche, teils wertvolle Beziehungen unterhalten bzw. sich fallweise in Untergruppen aufspalten und sich später wieder vereinen.

3.1.1 Das soziale Gehirn

So wurde vor allem an Primaten gezeigt, dass die Vorderhirngröße mit der Zahl der Individuen in der Gruppe und mit deren sozialer Komplexität zusammenhängt (»social-brain-Hypothese«: Byrne u. Whiten, 1988; Dunbar, 1998, 2007; Humphrey, 1976). Individuen sollten über ihre eigenen Beziehungen zu anderen Bescheid wissen, auch über die Beziehungen Dritter, sollten Freund von Feind unterscheiden können, Verwandte von Nichtverwandten, etc. Selbst bei Vögeln scheint soziale Komplexität für große Hirne zu sorgen (Burish, Hao Yuan Kueh u. Wang, 2004; Iwaniuk u. Nelson 2003). Wenig überraschend nimmt auch das Innovationspotenzial mit der Hirngröße zu (Lefebvre, Whittle, Lascaris u. Finkelstein, 1997; Lefebvre, Reader u. Sol, 2004). So sind die Ähnlichkeiten in den komplexen geistigen Leistungen mancher Säugetiere und Fische nicht auf direkt auf das stammesgeschichtliche Erbe zurückzuführen, sondern auf parallele Anpassung. Das Zusammenleben unterschiedlicher Arten kann auch zu einer Abstimmung der geistigen Leistungen führen, wie vor allem die soziale und geistige Anpassung von Hunden an Menschen zeigt (Hare u. Tomasello, 2005; Miklósi, 2007).

Vor allem aber liegen die Ähnlichkeiten in den sozialen Strukturen und geistigen Leistungen von Menschen und anderen Tieren daran, dass wir über unsere stammes-geschichtliche Verwandtschaft eine Reihe von Strukturen und Funktionen mit anderen Tieren teilen. Es sind Gemeinsamkeiten in den Gehirnmechanismen und unserer Phy-siologie, also die »zweite Tinbergen'sche Ebene« (oben), die unter anderem auch Ver-stehen zwischen Menschen und ihren Kumpantieren ermöglichen. Eine vergleichende Sicht auf die sozialen Strukturen von Gehirn und Physiologie, von den Knochenfischen über die Vögel zu den Säugetieren, zeigt, dass soziale Komplexität und geistige Leis-tungsfähigkeit parallel in unterschiedlichen Gruppen auftauchte, etwa den barschartigen Fischen, den Papageien, den Rabenvögeln, den sozialen Karnivoren oder den Primaten (Bshary, Wickler u. Fricke, 2002; Bugnyar, Schwab, Schlögl, Kotrschal u. Heinrich, 2007; Byrne u. Whiten, 1988; Emery, 2006; Kotrschal, Schlögl u. Bugnyar, 2008).

Eine alte gemeinsame soziale Grundstruktur des Gehirns, welche in beinahe unver-änderter Weise von den Fischen bis zu den Säugetieren erhalten wurde, bildet das »social behavior network« (Goodson, 2005), eine Gruppe von sechs Kerngebieten im basalen Vorderhirn und Tegmentum, bestehend aus der medialen Amygdala, dem lateralen Septum, den praeoptischen Kerngebieten, dem vorderen Hypothalamus, dem ventro-medialen Hypothalamus und dem Mittelhirn. Dieses Netzwerk regelt beispielsweise, in welchem Ausmaß Arten/Individuen territorial, kompetitiv oder sozial orientiert sind, es ist eng mit den Mechanismen des »stress coping« verbunden und ist in die Synchronisation des soziosexuellen Verhaltens zwischen Partnern involviert. Das »soziale Verhaltensnetzwerk« steuert also die Beziehungen zwischen Individuen seit etwa 450 Millionen Jahren, also über einen Gutteil der Stammesgeschichte.

3.1.2 Temperament und Persönlichkeit

Allerdings unterscheiden sich Individuen aller untersuchten Arten und Populationen darin, wie sie auf die Herausforderungen des Lebens reagieren. Nicht nur Menschen kommen in unterschiedlichen Temperamenten und Persönlichkeiten vor, das gilt auch für nichtmenschliche Tiere, wie jeder weiß, der mit Hunden oder Katzen lebt. Zwei Jahrzehnte vergleichende Forschung zeigten eine nicht zufällige und zwischen den Arten parallele Variation im Verhaltensphänotyp mit einer Hauptachse »proaktiv-reaktiv« (Koolhaas, Korte, Boer, Van Der Vegt, Van Reenen u. Hopster, 1999), auch scheu-selbstbewusst (Wilson, Clark, Coleman u. Dearstyne, 1994; Wilson, 1998) oder langsam-schnell genannt (Drent u. Marchetti, 1999). Proaktive Individuen nehmen Herausforderungen rascher und aggressiver an als reaktive. Proaktive tendieren dazu, dominant zu werden, sind schnell, aber oberflächlich im Explorieren und bilden rasch Verhaltensroutinen und -rituale, verändern diese aber nicht gern. Proaktive sind gewöhnlich nicht die besten Problemlöser, aber gut darin, andere für sich einzuspannen und arbeiten zu lassen (Giraldeau u. Caraco, 2000).

Diese Verhaltensunterschiede zwischen Proaktiven und Reaktiven hängen mit unterschiedlich regulierten Systemen für Stress-Coping zusammen. Auf einen Stressor reagiert gewöhnlich das sympathico-adrenerge System der Proaktiven stark mit Adrenalinausschüttung und Herzschlagerhöhung, aber weniger stark mit Nebennierenrindenaktivität, also einem Kortisolanstieg. Bei den Reaktiven ist das eher umgekehrt. Proaktive investieren daher eher in die »Alarmreaktion«, Reaktive eher in eine längerfristige Reaktion. Persönlichkeit bei Menschen und anderen Tieren kann entweder über standardisierte Einschätzung von Beobachtern erhoben werden oder über Verhaltenstests.

3.1.3 Soziale Auslöserreize und Bindung

Ein zwischenartlich verbreitetes Prinzip ist es, dass bestimmte Reizkombinationen, sogenannte »angeborene Auslöser« (Tinbergen, 1951), den Kontakt zwischen Geschlechtspartnern oder die Brutpflege anbahnen und unterstützen können, auch beim Menschen (Voland, 2000). Dazu zählen die Uhrglasform des weiblichen Körpers, die Brunstschwellungen mancher Affen oder Geruchsreize. Das bekannteste Beispiel stellt wohl das Lorenz'sche »Kindchenschema« dar, also eine Kombination relativ großer, runder Köpfe und Augen, kurzer Ohren, Beine und Arme etc., das Zuwendung und Betreuungsverhalten auslöst (Hückstedt, 1965; Gardner u. Wallach, 1965; Lorenz, 1943), was einem bestimmten Aktivierungsmuster des Gehirns entspricht, welches mit Fürsorge in Zusammenhang steht. Den zentralen Bindungsmechanismus, der dafür sorgt, dass Nachkommen die Nähe der Mütter suchen und Liebende die Nähe ihrer Partner, stellt das im praeoptischen Kerngebiet des »sozialen Verhaltensnetzwerks im Gehirn« synthetisierte Peptidhormon Oxytocin dar. Bei allen Arten mit Brutpflege sorgt dieses System für die Mutter-Nachkommen-Bindung, bei allen monogamen Arten (eine Anpassung an das gemeinsame Aufziehen von Nachkommen) für das Zusammenbleiben von Partnern (De Vries, Glasper u. Dentilliion, 2003; Uvnäs-Moberg, 1998); bei Menschen nennt man den dazu gehörenden subjektiven Gefühlskomplex »Liebe« (Carter, De Vries u. Getz, 1995). Dieser Mechanismus ist faktisch zwischenartlich identisch, zumindest innerhalb der Säugetiere (Curley u. Keverne, 2005).

Aber auch innerartlich variiert der Bindungsstil (nicht aber der involvierte Hirnmechanismus) stark, abhängig etwa von der Qualität der frühen Betreuung. Bei Menschen und wahrscheinlich auch anderen großhirnigen Säugetieren (Curley u. Keverne, 2005), wie etwa Hunden, ist mit dem hormonalen Bindungsmechanismus die kognitive Repräsentation von Betreuungspersonen eng verbunden. Zusammen bestimmt dies den Bindungsstil eines Individuums, der bei unterschiedlichen Menschen von »sicher« über »unsicher« bis zu »desorganisiert« variiert (Ainsworth, 1985; Bowlby, 1999; Julius et al 2012). In eingeschränkter Form scheint dies auch für Hunde zu gelten (Topal et al., 1998). Vom Bindungsstil sind wiederum die Art sozialer Beziehungen abhängig, die Fähigkeit, soziale Unterstützung zu geben und zu empfangen (Beetz, Kotrschal, Hediger, Uvnäs-Moberg u. Julius, 2011) und damit auch die soziale Modulation des Stress-Coping abhängig (Coan, 2011).

3.1.4 Konservative Affektsysteme

Affektsysteme gelten als die grundlegenden Antriebssysteme im Bereich des sozialen Zusammenlebens. Sie sind einerseits eng mit den Stress-Copingsystemen verbunden und gelten andererseits als Teil der kognitiven Prozesse. Nicht nur beim Menschen gilt eine gute soziale Einbettung und die damit zusammenhängende Balance in den Affekten und der Stressmodulation als einer der wichtigsten Faktoren für Wohlbefinden, Gesundheit und Lebenserwartung (Coan, 2011). Von besonderer Tierschutzrelevanz mag sein, dass die basalen Affektsysteme aufgrund des evolutionären Erbes über weite Bereiche des Wirbeltierstammbaums geteilt werden, insbesondere unter den gleichwarmen Wirbeltieren (Vögel und Säugetiere). Zu diesen basalen Affektsystemen zählen das Interessesystem, Angst, Aggression, Lust, Jungenfürsorge/Brutpflege, Panik und Spiel (Panksepp, 1998). Dies bedeutet natürlich nicht, dass alle Affekte von allen Menschen, geschweige denn Tieren, immer bewusst, also in Form von Emotionen, wahrgenommen werden. Jedenfalls aber sind die Affektsysteme des Gehirns eng mit den Zentren für »höhere« Kognition verbunden (Emery u. Clayton, 2004) und sind so an der kontinuierlichen Bewertung der Umwelt, am regelmäßigen Update von Einstellungen (also Erwartungshaltungen zu den relevanten Objekten/Subjekten dieser Welt) beteiligt (Cunningham u. Zelazo, 2007). Und alle Entscheidungen werden immer unter Beteiligung der Affektsysteme getroffen (Koechlin u. Hyafil, 2007; Sanfey, 2007).

Zudem verdichten sich die Hinweise, dass auch bei nichtmenschlichen Tieren ein erheblicher Teil des affektiven Geschehens bewusst wahrgenommen und reguliert wird (Panksepp, 2005, 2011). Dies ist von großer Tierschutzrelevanz, war doch ein Descartes'sches Hauptargument, dass nur Menschen leiden könnten, weil nur ihnen, nicht aber den Tieren ihre Affekt- und Schmerzzustände bewusst werden könnten. Panksepp (2011) schließt aufgrund von neurobiologischen Befunden, dass es ein ineinander verschachteltes System von Bewusstseins-Affektsystemen gäbe, deren Ergebnis jenes primäre emotionale Empfinden sei, und die als Basis für die nachgeschalteten Lern- und Gedächtnisfunktionen dienen? Und die sind wiederum eng mit der Ebene der Reflexion verbunden. Menschen haben also das Monopol auf Emotionen nicht gepachtet, und andere Tiere sind tatsächlich auch objektiv betrachtet leidensfähig.

Affekte/Emotionen sind direkt mit jenen motorischen Hirnzentren verbunden, die sie nach außen und für andere wahrnehmbar ausdrücken, wie schon Darwin (1872) bemerkte, und zwar in Form von »Reflexen« (Pavlov, 1954) oder »Erbkoordinationen« (Lorenz, 1978; Tinbergen, 1951), also evolutionär und artspezifisch angelegten motorischen Mustern, die in Standardsituationen auf bestimmte innere oder äußere Reize hin zur Anwendung kommen. Aber obwohl sich der konkrete Ausdruck der Emotionen über Körpersprache und Mimik zwischenartlich stark unterscheidet, bleiben die damit verbundenen Prinzipien der Übersetzung der Affekte in Ausdrucksverhalten bei Hühnern, Raben, Hunden und Menschen gleich. Dieser Ausdruck dient der Kommunikation im sozialen Bereich, kann zwischenartlich gelesen werden, ist nur schwer zu verbergen, wird aber von gut früh sozialisierten Individuen an anderen mit hoher Auflösung gelesen. Das Erkennen des Ausdrucks der Emotionen anderer stellt eine der Kernkompetenzen für Empathiefähigkeit und soziale Kompetenz dar (Eibl-Eibesfeldt, 2004), nicht nur bei Menschen. Diese Fähigkeit wird etwa durch Oxytocin moduliert und scheint im Grunde von Systemen von Spiegelneuronen vermittelt zu werden. Diese Neuronen werden aktiv, wenn ein Individuum die Handlung eines anderen wahrnimmt, aber auch, wenn das Individuum diese Handlung selber ausführt. Im Falle des Ausdrucks der Emotionen von anderen vermittelt die Aktivität dieser Neuronen auch eine Art »Spiegeln« der emotionalen Empfindungen und vermitteln »emotionale Ansteckung«: Sehen Menschen andere leiden, dann beginnen sie selber zu leiden unter Vermittlung jener Hirnzentren, die auch für die subjektive Leidensempfindung zuständig sind (Rizzolatti u. Craighero, 2004). Spiegelneuronen gelten daher auch als das Basissystem für Empathie (Gallese, Keysers u. Rizzolatti, 2004; Gallese u. Goldman, 1998; Rizzolati u. Sinigalia, 2007).

Diese grundlegende Empathiefähigkeit bildet wahrscheinlich auch die Grundlage für den »altruistischen Impuls«, also dem spontanen Beispringen, wenn wahrgenommen wird, dass ein Anderer in Not geriet (de Waal, 2008). Sowohl die reflexive Empathie als auch der altruistische Impuls sind nicht nur dem Menschen vorbehalten. Obwohl der basale Altruismus weitgehend ein instinktiv-reflexiver Reiz-Reaktionsmechanismus zu sein scheint, wird er durch die Interaktionen mit kognitiven Mechanismen moduliert, etwa durch ständiges Updating von Einstellungen (Cunningham u. Zelazo, 2007). Spiegelneuronsysteme wurden auch bei Vögeln nachgewiesen (Prather, Peters, Nowicki u. Mooney, 2008). Es ist daher wahrscheinlich, dass es sich dabei um ein stammesgeschichtlich sehr altes System handelt, welches vor 230 Millionen Jahren bereits beim gemeinsamen Reptilvorfahren von Vögeln und Säugetieren vorhanden war, wahrscheinlich schon viel früher. Hauptfunktion dieser optomotorischen Reflexsysteme scheint die Synchronisation von Gruppenverhalten gewesen zu sein und ist es immer noch.

3.1.5 Stress-Coping

Emotionen sind immer auch mit der Modulation der Stresssysteme verbunden, was natürlich funktionell sinnvoll ist. Denn Emotionen werden in Reaktion auf Außenreize in Interaktion mit Repräsentationen, wie zum Beispiel Einstellungen, aktiviert, oft wenn es gilt, aktiv zu werden, um einer Herausforderung zu begegnen. Die Stresssysteme sind sozusagen die den Affekten nachgeschalteten Instanzen, die dafür sorgen, dass der Körper aktionsbereit wird, um die im kognitiv-emotionalen Kontext getroffenen Entscheidungen umzusetzen. Dies wäre gleichzeitig eine generell gültige Definition dafür, wie Verhaltensflüsse zustande kommen.

Viel an Modulation und Regulation des Stressgeschehens geschieht im sozialen Kontext (Creel, Creel u. Monfort, 1996; Creel, 2005; De Vries et al., 2003; Mayes, 2006; McEwen u. Wingfield, 2003; Sachser, Dürschlag u. Hirzel, 1998; Sapolsky, 1992, 2000; von Holst, 1998). Daher überrascht es nicht, dass das »soziale Netzwerk im Gehirn« (Goodson, 2005) einen der zentralen Knotenpunkte zwischen Kognition und Stressgeschehen bildet und über die Hypophyse mittels entsprechender Botenstoffe entweder für die Aktivierung von Aufmerksamkeit und körperlicher Aktivität (z. B. über Kortisol) oder für Beruhigung sorgt (z. B. über Oxytocin). Die beiden Haupt-Stresssysteme der Wirbeltiere blieben über 450 Millionen Jahre Stammesgeschichte nahezu unverändert:

Die »schnelle Stressachse«, also das sympatico-adrenerge System, sorgt über direkte neuronale Sympathikusaktivierung für die Alarmreaktion (Selye, 1951), verbunden mit einer raschen Ausschüttung des biogenen Amins Adrenalin, bewirkt eine Erhöhung der Herzschlagrate und des Blutdrucks. Die »langsame Stressachse« dagegen besteht aus einer Kaskade von Botenstoffen, die über die Blutbahn verbreitet werden und die zunächst über den Hypothalamus zu einer Freisetzung von ACTH führen, welches die Synthese des Steroidhormons Kortisol in der Nebennierenrinde bewirkt. Im Gegensatz zur »schnellen Stressreaktion« kann es Minuten dauern, bis die Kortisolspitze im Blut auftritt, welche dann ihrerseits den gesamten Stoffwechsel des Organismus beeinflusst, zu einer Blutzuckererhöhung führt und weniger wichtige Prozesse, etwa Entzündungen nach unten reguliert. So wird der Körper einsatzbereit (Sapolsky, 1992; Sapolsky,

Romero u. Munck, 2000; von Holst, 1998). Während eine gelegentliche Aktivierung der Stresssysteme als gesundheitsfördernd gelten kann, führt chronische Aktivierung zu Erschöpfungszuständen und gesundheitlichen Schäden. Wie Individuen mit sozialen Situationen und anderen Herausforderungen zurechtkommen, hängt wiederum von ihrem Temperament und ihrer »Persönlichkeit« ab; es scheint sogar grundlegende Unterschiede in der Stressreaktivität zwischen »proaktiven« und »reaktiven« Individuen zu geben (siehe oben).

Die wichtigsten Mechanismen für das Zurechtkommen mit Stresssituationen (»coping«) ist bei Menschen und anderen sozialen Tieren eine sorgsame Frühbetreuung und die gute soziale Einbettung. Die Anwesenheit von und die Interaktion mit vertrauten Individuen gibt »emotionale soziale Unterstützung«, führt zu einer Aktivierung des Oxytocinsystems, was wiederum die Synthese von Kortisol hemmt (De Vries et al., 2003). Die Tierschutzrelevanz dieser Erkenntnisse liegt auf der Hand. Immer noch wird etwa bei der Beurteilung der Lebenssituation von Tieren in Menschenhand auf »satt – sauber – trocken«, also auf die physikalisch-ökologischen Lebensumstände, mehr Wert als auf den sozialen Kontext gelegt. Zweifelsfrei bilden Erstere die wichtige Basis für Wohlbefinden bzw. müssen für ein Fehlen von Leid die Grundanforderungen an Lebensraum und Nahrung erfüllt sein. Darüber hinaus stellt allerdings der soziale Kontext den wichtigsten Faktor für Wohlbefinden und Gesundheit von Menschen und anderen sozialen Tiere dar (Coan, 2011), also für fast alle von Menschen gehaltenen Tiere.

3.1.6 Das »Kontrollhirn«: Der präfrontale Kortex der Säugetiere und das Nidopallium caudolaterale der Vögel

Komplexes soziales Zusammenleben, auch zwischen Mensch, Hund, Katz und Co. etwa, wäre aufgrund der oben zusammengefassten tiefen und evolutionär alten Verbindungen zwischen den Emotionen und den physiologischen Stresssystemen nicht möglich. Auch eine Anpassung an eine variable Umwelt wäre allein auf Basis dieser Grundsysteme schwer vorstellbar. Und zu diesen Lebensräumen gehören ja auch von Menschen gemachte, etwa jene, welche wir in den Intensivhaltungen unseren Nutztieren zumuten. So ist es klar, dass Entscheidungen beim Menschen und bei anderen Tieren immer unter der führenden Rolle des präfrontalen Kortex (PC; Säugetiere) und des Nidopallium caudolaterale (NCL; Vögel) getroffen werde. Dabei werden Repräsentationen und Einstellungen über die Objekte/Subjekte dieser Welt mit der aktuellen Reizsituation abgeglichen; diese Einstellungen werden dabei auf neuesten Stand gebracht (Cunningham u. Zelazo, 2007), Einschätzungen geliefert und schließlich in Kommunikation mit den verschiedenen Zentren für Emotionen verhaltensrelevante Entscheidungen getroffen.

Der PC ist der Sitz des »episodischen Gedächtnisses«, also des Zusammenbringens des Was, Wann, Mit-Wem und unter welchen Umständen in der Erinnerung (Emery u. Clayton, 2004). Der PC bildet Konzepte und Kategorien (Damasio, 1999; Güntürkün,

2005; Koechlin u. Hyafil, 2007), ist mit komplexem Lernen assoziiert (Lissek u. Güntürkün, 2003), vor allem aber mit Impuls- und Selbstkontrolle (Kalenscher, Ohmann u. Güntürkün, 2006). Der PC spielt vor allem Situationen wiederholt durch, ohne dass uns das bewusst würde, und bereitet so jede unserer »freien« und bewussten Entscheidungen vor (Koechlin u. Nyafil, 2007). Das NCL der Vögel entstand parallel zum PC der Säuger, aber auch zum PC homologen Elementen und scheint funktionell das exakte Äquivalent des PC zu sein (Divac, Thibault, Skakeberg, Palaciois u. Dietl, 1994; Güntürkün, 2005).

Der PC ist auch das »moralische Gehirn«, das in Integration der basalen Empathie (siehe oben) entscheidet, was in sozialen Kontexten angebracht ist und was nicht, es ist offenbar auch der Sitz der Kontrollinstanz des »Gewissens«. Da das Bewusstsein über sozial angemessenes Verhalten die Grundlage für das Leben in komplexen sozialen Systemen darstellt, teilen Menschen diese Fähigkeiten mit hoher Wahrscheinlichkeit auch mit anderen Tieren. Von erheblicher Tierschutzrelevanz ist nicht nur das Wissen um diesen Umstand. Es ist heute auch klar, dass ein gut funktionierender Entscheidungsapparat unter Führung des PC und damit auch die Fähigkeit zu sozial angemessenem Handeln nicht einfach »angeboren« ist. Die entsprechenden Gehirnstrukturen bilden vielmehr das Substrat, welches sich in enger Interaktion vor allem mit der sozialen Umwelt entwickelt und so das Individuum an diese Umwelt anpasst.

So etwa lernen Katzen-, Hunde- oder Wolfswelpen, zunächst Vertrauen zu Menschen zu entwickeln, wenn sie im Alter von zwei bis sechs Wochen angemessenen Menschenkontakt hatten (Turner, 2000). Ähnlich wie Kinder auch, lernen (einhergehend mit Strukturänderungen in ihrem PC) diese Tiere ihre Impulse im Zusammenleben mit anderen zu kontrollieren, indem sie von klein auf die liebevolle Aufmerksamkeit der sie betreuenden Individuen erleben, mit ihnen interagieren, Konsequenz und auch Grenzen erfahren und lernen, dass sie selber, aber auch die anderen wichtig sind. In dieser frühen Interaktion lernt der PC auch, die sozial so wichtige Fähigkeit, die Welt aus der Perspektive anderer zu betrachten. Die Art der Frühbetreuung beeinflusst unter anderem lebenslang das individuelle Sozialverhalten, die Vertrauensfähigkeit in andere, Emotionalität und Stressmodulation (Bowlby, 1999; Hinde u. Stevenson-Hinde, 1987; Scott u. Fuller, 1965). So etwa mangelt es Hunden, die als Welpen ohne jegliche Grenzen, ausschließlich mit positiver Verstärkung aufgezogen wurden, an Impulskontrolle (Freedman, King u. Elliot, 1961; Scott u. Fuller, 1965). Dies ist insofern tierschutzrelevant, als dermaßen ungenügend sozialisierte und erzogene Hunde und andere Kumpantiere (und ihre Halter) damit wenig Rücksicht auf die Umwelt nehmen und solche Hunde auch öfters Beißunfälle verursachen als solche, die im Welpenalter hundegerecht sozialisiert wurden. Mit der Folge, dass solche Hunde in ihrer Bewegungsfreiheit und im Spektrum der mit ihnen möglichen Unternehmungen stärker eingeschränkt sind als andere.

Von Tierschutzrelevanz ist es auch, neben der Befriedigung der Ansprüche an Lebensraum und soziales Umfeld die genetisch »richtigen« Tiere auszuwählen. So etwa sind domestizierte Tiere generell ruhiger im Umgang und menschenbezogener als Vertreter der Wildform. Es gilt daher generell als unethisch, zahme Wildtiere einzusetzen, etwa im Bereich tiergestützter Intervention (Tiergestützte Therapie, Pädagogik,

Förderung und Aktivitäten, IAHAIO-Deklaration, 1998) oder etwa gar im Showbereich, was in Österreich nach dem Tierschutzgesetz 2003 generell verboten ist. Und obwohl die sogenannte »Delfintherapie« immer populärer wird, stehen Nachweise ihrer nachhaltigen Wirkung aus (Marino u. Lilienfeldt, 2007), sehr im Gegensatz zum therapeutischen Einsatz domestizierter Tiere wie Hund und Pferd (Podberscek, Paul u. Serpell, 2000; Wilson, 1984). Delfintherapie ist dagegen weder besonders wirkungsvoll noch ethisch gerechtfertigt, sondern schlicht als Millionen-Dollar-Business auf dem Rücken von Wildtieren anzusehen.

Der Unterschied zwischen zahmen Wildtieren und domestizierten Tieren besteht darin, dass Erstere, auf unterschiedlichen Wegen sozialisiert, Menschen in ihrer Nähe tolerieren und mit ihnen gegebenenfalls verschiedenartig kooperieren, während Letztere durch Zuchtwahl über Generationen an das Zusammenleben mit Menschen und an bestimmte Nutzungsformen angepasst wurden (Herre u. Röhrs, 1973); das reicht von der Milchleistung der Rinder bis zur Apportierfreude bestimmter Jagdhunde (Miklósi, 2007). Domestizierte Tiere wurden also im Vergleich zur Stammform genetisch verändert, sind aber in der Regel mit dieser noch fruchtbar kreuzbar. Allen domestizierten Tieren ist gemeinsam, dass sie im Vergleich zur Wildform ein etwa um 30 % kleineres Groß- oder Vorderhirn aufweisen. Dem scheint eine geringere Außenorientierung im Vergleich zur Wildform und größere Belastbarkeit von domestizierten Tieren im Umgang mit der menschlichen Kulturumgebung zu entsprechen. So weisen auch Hunde einen im Vergleich zu Wölfen etwa um 30 % kleineren Neokortex auf (Herre u. Röhrs, 1973). In ihrem Verhalten bleiben sie menschenbezogener und sozial abhängiger als gleichartig aufgezogene Wölfe. Letztere sind ab einem gewissen Alter genauso gut oder sogar besser als Hunde darin, menschliche Gesten zu deuten, sind die mit Abstand besseren Problemlöser und bleiben selbständiger im Denken und Handeln (eigene unpubl. Ergebnisse). Genau diese quantitativen Veränderungen durch Domestikation machen es möglich, mit Hunden zusammenzuleben; mit zahmen Wölfen ist dies im Rahmen unserer sesshaften Lebensweise nicht oder nur mit großem Aufwand möglich (www.wolfscience.at).

4 Intelligenz als Herausforderung für Ethik und Praxis im Tierschutz

4.1 Kognition: Für lange Zeit Stiefkind der Verhaltensbiologie

Als Konrad Lorenz in den 1930er Jahren eine Naturwissenschaft vom Verhalten entwarf (Lorenz, 1943, 1977, 1978), lehnte er auf Basis seiner profunden Tierkenntnis sowohl die metaphysischen Zugänge zum Instinkt als auch die vermenschlichenden Interpretationen von Verhalten durch die damaligen Experimental- und Tierpsychologen ab. Gemeinsam mit Nikolaas Tinbergen und Erich von Holst entwickelte er einen mechanistisch-reduktionistischen Denk- und Arbeitsstil (Tinbergen, 1951). Lorenz wusste, dass Tiere keine reinen »Reiz-Reaktions-Maschinen« sind. Obwohl er sich lebenslang nicht wirklich mit Lernen und Intelligenz beschäftigte – wohl auch in Abgrenzung zu den »Behaviouristen«, der von Thorndyke und Skinner begründeten lerntheoretischen Schule –, postulierte er das noch heute gültige Konzept vom »angeborenen Lehrmeister« (Lorenz, 1977). Demnach würde Lernen nicht zu einer individuellen Anpassung an eine variable Umwelt führen, wenn Aufmerksamkeit und Lernbereitschaften völlig ungerichtet wären. Das evolutionäre Erbe bestimmt den Fokus der Aufmerksamkeit, die Sachorientierung von Lernvorgängen. Peter Marler (2008) sprach später treffend von einem »instinct to learn«, heute ein zentrales Konzept der modernen Kognitionsbiologie.

Auch lange nach Lorenz waren die Verhaltensbiologen kaum bereit, sich mit den kognitiven Steuermechanismen des Verhaltens auseinanderzusetzen. Die Wende kam leise auf zwei verschiedenen Wegen in den 1980er Jahren. Einerseits war es der US-amerikanische Fledermausforscher Don Griffins, der in seiner späten Schaffensphase kognitive Erklärungen für Verhalten popularisierte. Jane Goodall verbreitete die Kunde von den sozialen und technischen Leistungen der Schimpansen und Irene Pepperberg zeigte an »Alex« die erstaunlichen sprachlichen und konzeptuellen Eigenschaften von Graupapageien (Pepperberg, 1999). Angesichts der damals noch vorherrschenden Vorstellung, das Vorderhirn der Vögel steuere vorwiegend Instinktverhalten, stellte dies wissenschaftlich eine Provokation dar. Andererseits erforschten in den 1980er Jahren ausgerechnet die evolutionären Verhaltensbiologen um John Krebs komplexe Verhaltensmuster und Entscheidungsprozesse im Zusammenhang mit Ökologie.

Dass sich die geistigen Fähigkeiten von Arten an die Herausforderungen der Umwelt einschließlich des sozialen Zusammenlebens anpassen, kann als ein evolutionsbiologischer Truismus gelten. Es trifft aber auch zu, dass die geistigen Leistungen einer Art bzw. von Individuen ihr soziales und ökologisches Potenzial einschränken. Jedenfalls leistete die biologische Kognitionsforschung in den letzten beiden Jahrzehnten viele Beiträge zur Aufklärung jener kognitiven Mechanismen, welche Menschen und anderen Tiere zur Verfügung stehen, um adaptive Entscheidungen zu treffen. Evolution schafft angepasste Strukturen. Dies zeigen uns eindrücklich Fischflosse, Pferdehuf, Fledermausflügel oder die menschliche Hand. Der große Wurf von Konrad Lorenz bestand letztlich in seiner Erkenntnis, dass Verhaltensweisen und ihre Antriebssysteme stammesgeschichtliche Anpassungen an die Umwelt darstellen. Die Mechanismen der Evolution entwickeln die Werkzeuge für individuelles Überleben und Reproduktion. Warum sollten gerade die Intelligenzleistungen davon ausgenommen sein?

Aber noch immer scheint die Idee einer »scala naturae« weit verbreitet, wonach es in einer (gerichteten) Evolution von den dummen Fischen bis zu den klugen Säugetieren und den besonders intelligenten Primaten, mit dem »weisen Menschen« an der Spitze, eine kontinuierliche Höherentwicklung gegeben hätte. Im Groben ist das nicht ganz falsch, denn das Gehirn ist das evolutionär konservativste Organ, dessen Komplexität *grosso modo* von den Amphibien zu den Säugetieren ansteigt. Veränderungen kommen eher durch »Zubauten« denn durch »Umbauten« zustande. Daher sind jene

Systeme des basalen Vorderhirns und Hirnstamms, die auch schon bei den Fischen und Amphibien vorhanden waren, beim Menschen immer noch präsent, oft in strukturell und funktionell kaum veränderter Form (siehe oben). Die heute lebenden Fische, Vögel und Säugetiere hatten alle gleich viel Zeit, ihre Gehirne auf Vordermann zu bringen. Aber welche Bedingungen fordern und fördern Intelligenzleistungen? Ganz allgemein scheinen eine komplexe Ökologie und ein komplexes Sozialsystem (Byrne u. Whiten, 1988) wichtig zu sein: der tägliche Wettstreit mit unterschiedlichen Kontrahenten, sei es um Nahrung oder Paarpartner, scheint die Evolution geistiger Fähigkeiten zu fördern. Ändern sich zudem die Mitspieler, so erfordert dies besondere Fähigkeiten, um sowohl Kontrahenten als auch Verbündete richtig einzuschätzen.

4.2 Vögel als Erkenntnisquelle

Vergleichsuntersuchungen an Menschenaffen tragen zur Beantwortung der Frage bei, warum beim Menschen bestimmte geistige Leistungen innerhalb der letzten 700.000 Jahre geradezu explodierten. Schimpansen und Menschen stammen von einem gemeinsamen Vorfahren vor etwa drei bis sechs Millionen Jahren ab, weshalb Ähnlichkeiten allein aufgrund der engen stammesgeschichtlichen Verwandtschaft zu erwarten sind. Der gemeinsame Vorfahre von Vögeln und Säugetieren lebte allerdings vor 230 Millionen Jahren und war als Reptil vermutlich weder besonders klug noch sozial. Darauf könnte man zwei konträre Erwartungen aufbauen: 1) Da der Evolution die Zielorientierung fehlt, könnten die Vögel ganz andere geistige Spitzenleistungen entwickelt haben als die Säugetiere (»Alien-Hypothese«). Oder 2) Aufgrund ähnlicher Selektionsdrucke und eines in seinen evolutionären Möglichkeiten stark eingeschränkten Wirbeltiergehirns finden Säugetiere und Vögel parallele geistige Lösungen für ähnliche Probleme (die »Konvergenz-Hypothese«). Sollte Zweiteres zutreffen, dann können Untersuchungen an Vögeln tiefere und andere Einsichten in die Bedingungen der Entwicklung der Intelligenz bieten als ein Vergleich mit Primaten.

Bevor man allerdings Hypothesen testen kann, besteht die Knochenarbeit in der Forschung darin, Muster zu quantifizieren. Tatsächlich befindet sich die biologische Kognitionsforschung noch in einer späten Phase des Faktensammelns: Die Forschung der vergangenen Jahre zeigte, dass Rabenvögel zu ähnlichen Intelligenzleistungen befähigt sind wie Menschenaffen (Emery u. Clayton, 2004; Bugnyar u. Heinrich, 2005) und unterstützt somit die »Konvergenzhypothese«. Grundsätzlich aber wirft diese Feststellung neue Probleme auf. Aufgrund methodischer Zwänge können zwar ganz bestimmte Intelligenzleistungen untersucht werden, kaum aber eine wie auch immer definierte generelle »Intelligenz«. Folgt daraus, dass geistige Leistungen nur in einem bestimmten Kontext gezeigt werden können? Oder können Tiere ihre Fähigkeiten generell anwenden, das heißt, sind Tiere, die komplexe soziale Situationen zu meistern haben, auch besonders findig bei der Nahrungssuche? Vögel zeigen erstaunliche kontextspezifische Leistungen. Manche Häher merken sich 30.000 einzelne Nahrungsverstecke, und Tauben führen »mentale Rotationen« um einiges rascher durch als Menschen. Sind sie deswegen klüger als wir?

Durch diese Forschung wurde klar, dass wir mit Ausnahme unserer differenzierten und aktiven Sprachfähigkeit, die in Verbindung mit unserem »philosophischen Modul« menschliche Alleinstellungsmerkmale darstellen, wohl die meisten sozialen und kognitiven Fähigkeiten mit anderen Tieren teilen, sogar mit den stammesgeschichtlich weit entfernten Vögeln (Bugnyar u. Heinrich, 2006; Byrne u. Whiten, 1988; Emery u. Clayton, 2004; Kotrschal et al. 2008). So teilen wir die Regeln der Konfliktaustragung und die geistigen Ressourcen, Konflikte in langzeitlich wertvollen Beziehungen wieder aufzulösen, beispielsweise durch »Versöhnen« oder »Tösten« (Aureli u. de Waal, 2000; de Waal, 2000; Kotrschal, Hemetsberger u. Weiss, 2006; Weiss, Kotrschal, Frigerio, Hemetsberger u. Scheiber, 2008). Auch Tiere unterstützen einander aktiv, in Auseinandersetzungen und sogar emotional, also letztlich in ihrer Stressmodulation. Denn die Präsenz eines Sozialpartners kann den erlebten und physiologischen Stress reduzieren (Weiss u. Kotrschal, 2004; Scheiber, Weiss, Frigerio u. Kotrschal, 2005), was die kognitive Repräsentation des Partners voraussetzt. Tiere organisieren sich in variablen »fission-fusion«-Gruppen (Dunbar, 2007; Marino, 2002) und selbst Gänse bilden Traditionen durch soziales Lernen (Fritz u. Kotrschal, 2002) etc.

Generell sind die kognitiven Ähnlichkeiten zwischen den Arten besonders offensichtlich in der sozialen Kognition ausgeprägt. Dies umfasst Individualerkennung, episodisches Gedächtnis, Perspektivenübernahme (Einfühlen und Eindenken in andere) bis zu »Theory of Mind« (das Wissen über das Wissen anderer), Bescheidwissen über die Beziehungen Dritter, eine Vorstellung von Zeit und sogar Planen für die Zukunft (Byrne u. Whiten, 1988; Emery u. Clayton, 2004; Kotrschal et al., 2008), um nur einige der Forschungsbrennpunkte der modernen Kognitionsforschung zu nennen. Die sozialen Kompetenzen sind mit diesen geistigen Fertigkeiten über die Hypothese des sozialen Gehirns (»social brain hypothesis«) verbunden, die das Leben in sozial komplexen Gesellschaften mit der Evolution kognitiver Fähigkeiten in Zusammenhang bringt (Byrne u. Whiten, 1988; Dunbar, 1998; Humphrey, 1976). Dies bedeutet natürlich nicht, dass alles, was nach komplexer sozialer Organisation aussieht, auch von anspruchsvollen geistigen Fähigkeiten unterlegt sein muss; so zeigen Modellrechnungen, dass unter Umständen einfache Regeln ausreichen, um organisiertes Handeln in Gruppen zu erklären (Hemelrijk, 1997).

4.3 Kognition und Ethik

Tiere sind also nicht jene rein instinktgesteuerten Reiz-Reaktions-Maschinen, für die man sie in der Descartes'schen Tradition lange hielt. Dass das »Darwin'sche Kontinuum« zwischen Menschen und anderen Tieren also die Erklärung der Eigenschaften des Menschen aus seiner evolutionären Herkunft nicht nur für Körperbau und Physiologie gilt (wenn nicht, wäre etwa der Einsatz von Versuchstieren in der biomedizinischen Forschung fachlich sinnlos; ob dieser ethisch gerechtfertigt ist, stellt eine andere Frage dar), sondern weitgehend auch für die geistigen Leistungen, sollte auch die Achtung vor den Tieren und den ethisch reflektierten Umgang mit ihnen auf eine robuste Basis stellen. Denn durch kaum etwas sind Menschen mehr zu beeindrucken als durch die geistigen Leistungen von Menschen und anderen Tieren. Wölfe, Schimpansen und andere Affen, Delfine und Schwertwale, Raben und Elefanten, sie üben auf Menschen offenbar schon seit dem Neolithikum eine besondere Faszination aus; bei diesen erwähnten Spezies handelt es sich ausnahmslos um geistige Hochleister im Tierreich. Offenbar sind wir im Gefolge unserer Biophilie (Wilson, 1984) und unserer eigenen kognitiven Orientierung geradezu instinktiv intensiv an den geistigen Hochleistern unter den uns umgebenden Tieren interessiert. So leben die allermeisten Hundebesitzer im stolzen Bewusstsein, dass ihr Hund nicht nur der schönste, sondern natürlich auch der intelligenteste von allen ist. Reiz-Reaktions-Maschinen faszinieren dagegen weniger, weswegen die mechanistische Verleumdung der Tiere als ebensolche besonders nachhaltig wirkte.

Letztlich lag auch dem »Great Ape Project« (Zugriff am 03.01.2012 unter http:// greatapeproject.de/), also der Forderung nach Menschenrechten für Menschenaffen, die Einsicht der ungeheuren Nähe zwischen Menschen und unseren allernächsten Verwandten zugrunde. Nun kann man über diese Forderung geteilter Meinung sein. Persönlich halte ich es für eine unangemessene, bevormundend-paternalistische Vermenschlichung anderer Arten, Menschenrechte für sie zu fordern. Angemessen wären Orang-Rechte für Orang-Utans und Schimpansenrechte für Schimpansen. Dennoch – wenn man das Argument der genetischen und Wesensnähe zwischen Arten für solche Forderungen heranzieht, dann müssten auf Basis der neueren Ergebnisse der vergleichenden Sozial- und Kognitionsforschung auch Menschenrechte für Wölfe und Raben gefordert werden. Stammesgeschichtliche Distanz, Körperbau und Aussehen suggerieren wesentlich größere zwischenartliche Unterschiede, als dies tatsächlich der Fall ist. Das »soziale und kognitive Grundmodell« ist zumindestens über die gleichwarmen Wirbeltiere (Säugetiere und Vögel) von einer derart unglaublichen Ähnlichkeit, dass die Forderung nach »Menschenrechten für Menschenaffen« sehr ideologisch determiniert zu sein scheint; aufgrund unserer neueren Erkenntnisse müsste man vielmehr die Forderung nach Menschenrechten auf Säugetiere und Vögel ausdehnen, wenn sie denn sinnvoll wäre.

4.4 Kognition und Tierschutzpraxis

Die Einsicht in die Gültigkeit des Darwin'schen Kontinuums auch im sozialen und geistigen Bereich nährt nicht nur ethische Überlegungen, sie stellt den Schutz von in Menschenobhut lebenden Tieren vor neue, sehr praktische Herausforderungen. Zweifellos verfügen Tiere über bislang unterschätzte geistige Anlagen und Fähigkeiten. Die Möglichkeit, diese auch anzuwenden und auszuleben, könnte ein ebenso großes Bedürfnis, also eine Voraussetzung für ihr Wohlbefinden darstellen wie ihr Bedürfnis nach Nahrung und Lebensraum; ein Bedürfnis, das über »sauber und satt« hinausgeht.

Und natürlich hängen die Bereiche des Nahrungsangebots und Lebensraums mit den kognitiven Bedürfnissen zusammen. Erstere könnte auch für Tiere mehr oder weniger geistig stimulierend gestaltet werden. Natürlich stellt sich die Frage, ob das Vorhandensein bestimmter Fähigkeiten auch bedeutet, dass für das Wohlbefinden der jeweiligen Tiere die Möglichkeit bestehen muss, diese Fähigkeiten auch auszuleben. Wie oben bereits diskutiert, bedeutet etwa die Fähigkeit, Raubfeinden durch Köpfchen entkommen zu können, nicht, dass es eine Maßnahme im Sinne des Tierschutzes wäre, Tieren in Menschenobhut das tägliche Gejagtwerden durch Raubfeinde gönnen zu müssen. Hier ist wohl das Ausleben dieser Fähigkeit gegen die damit verbundene Angst und Stress abzuwägen.

Zudem sind bei Adulttieren geistige Fähigkeiten nicht einfach in einer bestimmten (artspezifischen) Ausprägung vorhanden. Was die Entwicklung derselben betrifft, sind auch viele »Tiere von Natur aus Kulturwesen«, wie Arnold Gehlen (1940) einst über den Menschen meinte. Es scheint vielmehr so zu sein, dass die individuellen ontogenetischen Bedingungen, der Kontext der »Enkulturation«, maßgeblich dazu beitragen, in welcher Form sich geistige Fähigkeiten entwickeln und ob ihr Ausleben ein Bedürfnis darstellt. Ähnlich wie auch Kinder, die in unterschiedlichen sozioökonomischen Zusammenhängen aufwachsen, ganz unterschiedliche geistige Anspruchsniveaus entwickeln können, werden dieselben Jungtiere, Hunde, Raben, Wölfe etc., die ohne geistige Förderung aufwachsen, andere geistige Fähigkeiten und Bedürfnisse entwickeln als dieselben Tiere, die in intensiver altersgemäßer Beschäftigung heranreifen, etwa in einem intakten Wolfsrudel oder als handaufgezogene Wölfe in intensiver Förderinteraktion mit den sie aufziehenden Menschen. Die moderne Neurobiologie gibt auch Auskunft darüber, wie angemessene Förderung von heranwachsenden Menschen und Tieren deren Gehirnentwicklung optimiert und so zu einem ökologisch und sozial kompetenten Adultindividuum führt, welches sich in jenen Lebenskontexten, in welches es hineinwächst, wohl fühlt und erfolgreich ist.

Letztlich ist auch für die Beurtelung der Relevanz des Auslebens geistiger Fähigkeiten für das Wohlbefinden von Tieren das Stamp Dawkin'sche Prinzip (siehe oben) relevant: Man sollte die Tiere selber fragen, was sie wollen, was sie etwa dafür tun, um in Situationen zu kommen, die ihnen das Ausleben ihrer Fähigkeiten erlauben. Und zweitens sollte man die Gesundheitsrelevanz abschätzen; so kann es durchaus sein, dass es vielen Individuen (auch Menschen), etwa auch Tieren im Zoo, kein sehr großes Anliegen ist, geistige Herausforderungen anzunehmen, dass sie lieber in ruhigen Routinen verharren. Das mag zwar die Stresshormonausschüttung minimieren, Tiere wie Menschen aber mittelfristig in ein »couch potato syndrom« bringen, also die Aktivitäts- und Beschäftigungsansprüche nach unten nivellieren, sodass sie faul und fett werden. Bei geistig und körperlich bewegungsbedürftigen Tieren mag Unterforderung und Reizarmut auch rasch in Stereotypien führen. So bedarf es natürlich auch ähnlich positiver Motivationsmaßnahmen, Tiere in körperliche und geistige Bewegung wie Kinder zu lustvollem Lernen zu bringen. In guten Tiergärten wird deswegen schon längst auf »behavioural enrichment« gesetzt, das Futter oder Leckerbissen werden nicht einfach vorgesetzt, sondern anspruchsvoll versteckt, Gehege oder die soziale Zusammensetzung werden gelegentlich verändert. Und man setzt zunehmend Tiertrainer ein, welche Tiere nicht nur geistig beschäftigen und sie darauf trainieren, in einfachen Untersuchungen zu kooperieren. Dies bedeutet gleichzeitig auch immer, an der Verbesserung der Beziehungen der gehaltenen Tiere zu den sie umgebenden Menschen, etwa den Tierpflegern, zu arbeiten. Dies kann mittlerweile als eine der wichtigsten Maßnahmen im Zoo gelten, das Wohlbefinden der gehaltenen Wildtiere zu sichern.

Auf die Spitze getrieben wird der Menschenkontakt im Zuge der »Handaufzucht«. Diese ursprünglich genuin Lorenz'sche Methode ist unverzichtbar, um jene Tiere, die als Kooperationspartner etwa in der Kognitionsforschung zum Einsatz kommen, im Grundvertrauen mit Menschen heranzuziehen, allerdings ohne sie so stark zu verändern, dass ihr arttypisches Verhalten beeinträchtigt wäre. So werden die Raben, Graugänse und Wölfe, die in unseren Experimenten kooperieren (die also offenbar Freude am »geistigen Hirnjogging« entwickeln), sehr sorgsam sozial beteiligt handaufgezogen, um ihre sozialen Bindungsbedürfnisse zu erfüllen und sie so zu selbstsicheren, ruhigen Individuen heranzuziehen. Ein Vergleich an etwa 600 gansaufgezogenen und 300 von Menschen aufgezogenen frei lebenden Graugänsen zeigte beispielsweise, dass sich die beiden Gruppen in ihrem adulten Sozialverhalten kaum unterschieden, dass aber in Konfrontation mit unterschiedlichen Stressoren die von Menschen aufgezogenen Gänse eine wesentlich geringere Stresshormonmodulation aufwiesen (Hemetsberger, Scheiber, Weiss, Frigerio u. Kotrschal, 2010).

Diese Art der Vorbereitung auf eine menschengeprägte Umgebung mag auch von großer Tierschutzrelevanz sein, etwa im Fall von Europäischen Wölfen, die auch in größeren Zoogehegen nervös und stressanfällig bleiben und bei denen eine menschennahe Aufzucht dazu beitragen kann, sie für das Gehegeleben wesentlich ruhiger und geeigneter zu machen. Oder im Fall von jenen menschenfern in Intensivhaltung aufwachsenden Kälbern und Rindern, deren erste intensive Menschenkontakte im Zusammenhang mit Transport und Schlachtung erfolgen. Auch in diesem Fall kann eine rechtzeitige und positive Menschensozialisierung wesentlich stressmindernd wirken (Waiblinger, 2009).

4.5 Woher kann man wissen, wie klug Tiere sind? Beispiele aus der Forschung, Probleme und Einschränkungen

Außer in den guten Zoos, wo »behavioural enrichment« seit geraumer Weile eine erhebliche Rolle spielt, werden Überlegungen zu den geistigen Bedürfnissen von Tieren insbesondere in der Nutztierhaltung immer noch vernachlässigt. Und trotz des Booms an Grundlagenforschung zur geistigen Leistungsfähigkeit von Tieren bleibt es noch weitgehend unklar, inwieweit es für das Wohlbefinden von Tieren in Menschenobhut von Bedeutung ist, ihre geistigen Fähigkeiten auch ausleben zu können. Und wie schwierig ist es eigentlich, zu handfesten Aussagen über die geistige Leistungsfähigkeit von Tieren zu kommen?

4.5.1 Methodische Fallen in der Kognitionsforschung

Es genügen wenige Tage intensiver Beobachtung, um das Verhalten von Gänsen oder von Waldrappen in unterschiedlichen Situationen mit einiger Treffsicherheit vorhersagen zu können. Mit Raben dagegen erlebt man selbst nach Jahren noch Überraschungen. Dies lässt auf Flexibilität und Innovationsfähigkeit im Umgang mit den täglichen Herausforderungen schließen. Dementsprechen gibt es zahlreiche Anekdoten über Raben – Zufall oder allein durch die besondere Aufmerksamkeit von Menschen den Raben gegenüber erklärbar? Beobachtungen und Anekdoten sind zwar wichtige Grundlagen für Arbeitshypothesen, gestatten aber noch keine kausalen Schlüsse. Verblüffend zunächst, wenn etwa ein Rabe im Tiefflug den Hund eines Jägers inspiziert und dabei »bellt«. Man könnte meinen, der Rabe würde den Belllaut als Symbol für »Hund« einsetzen, um etwa seinen Partnern in der Nähe den Sachverhalt mitzuteilen, oder er hätte es darauf angelegt, den Hund zu ärgern. Es könnte aber auch sein, dass der Rabe diesen Belllaut entweder zufällig abgab oder als Reflex in Assoziation mit dem Hund. Welche geistigen Mechanismen hinter solchen erstaunlichen Szenen stehen, kann also ausschließlich durch Experimente geklärt werden.

Generell interessieren in der Kognitionsforschung zwei verschiedene Fragenkomplexe. Im klassischen, psychologisch-mechanistischen Fokus konzentriert man sich vor allem darauf, ob Verhalten durch Instinkte, einfaches assoziatives Lernen oder durch »höhere« kognitive Leistungen wie etwa Überlegung und Einsicht gesteuert sind. Doch gleich vorneweg: Das Wörtchen »oder« stellt ein gängiges Missverständnis in der Kognitionsforschung dar, denn über instinktive Elemente verfügen selbst Menschen. Die Frage ist vielmehr, ob diese intelligent eingesetzt werden (Lorenz, 1977). So kann es problematisch sein, eine der Grundlagen der naturwissenschaftlichen Forschung, das »Prinzip der einfachsten Erklärung« unkritisch in der Kognitionsforschung anzuwenden. Woher wissen wir denn eigentlich, welche der kognitiven Mechanismen einfacher/ursprünglicher sind als andere? Doch bestenfalls über subjektive Einschätzung, bzw. über evolutionäre Hypothesen in gefährlicher Nähe zur »scala naturae«. Zudem bleiben Letztere historische Hypothesen, sind als solche im streng Popper'schen Sinne nicht testbar.

4.5.2 Die Intelligenz der Raben: Pokerspiele und »Theory of Mind«

Das Ausloten der geistigen Potenziale von Tieren sei im Folgenden am Beispiel zweier experimenteller Ansätze bei Raben dargestellt, dem Futterverstecken und dem Schnurziehen. Die geistigen Leistungen von Raben entwickelten sich offenbar im Zusammenhang mit ihrer Lebensweise; sie bilden gewissermaßen eine Beutegreifergemeinschaft mit Wölfen und Menschen. Raben entdecken etwa Fallwild als Erste und verraten durch ihre auffällige Anwesenheit die Nahrungsquelle auch an Wölfe und Menschen (Heinrich, 1989). Umgekehrt partizipieren Raben an Wolfsrissen und an der Jagdbeute des

Menschen, was Aufmerksamkeit und Flexibilität benötigt. Zudem brüten Raben sehr früh im Jahr. Etwa einen Monat nach dem Schlupf benötigen ihre bis zu fünf Nestlinge bis zu 1500 Gramm hochwertige Nahrung pro Tag. Daher verteidigen territoriale Raben Fallwild entschieden gegen einzelne Durchzügler. Diese wiederum entwickelten eine wirksame Gegentaktik: Sie rekrutieren durch spezifische Rufe weitere Raben, welche dann gemeinsam die Verteidigung überwinden und so Zugang zur lohnenden Leiche erlangen (Heinrich u. Marzluff, 1991).

Dort angekommen, schlägt allerdings das Kooperations- in ein Konkurrenzspiel um. Die Raben sind vielmehr damit beschäftigt, Stücke aus der Beute zu hacken und in ihrem Kehlsack in ein Versteck abzutransportieren und gleich wieder zurückzukehren, um sich die nächste Charge zu sichern. So verwandeln ein paar Dutzend Raben in kurzer Zeit sogar einen gefrorenen Hirsch in ein Skelett. Raben verstecken aber nicht nur, sondern können sich die Verstecke anderer merken, wenn sie diese beim Verstecken direkt beobachten. Andere Nahrung versteckende Vögel, wie etwa Meisen, merken sich nur ihre eigenen Verstecke, besitzen aber kein derart ausgeprägtes Beobachtungsgedächtnis, sondern verhalten sich nach dem Motto »aus den Augen – aus dem Sinn«. Raben können daher von den Verstecken anderer profitieren. Konsequenterweise versuchen unsere Raben in der Voliere, immer außerhalb der Sicht anderer zu verstecken. Potenzielle Plünderer dagegen bleiben auf Distanz, geben vor, nicht interessiert zu sein, und versuchen erst dann das Versteck zu plündern, nachdem sich dessen Eigner entfernte (Bugnyar u. Kotrschal, 2002). Es wird also nach Kräften getrickst. So legen Raben auch Scheinverstecke an, offenbar um andere irrezuführen, Rangniedere wiederum versuchen sogar, die Dominanten von der Nahrungsquelle wegzulocken etc. (Bugnyar u. Kotrschal, 2004).

Raben sind also fähig, Information zu manipulieren und damit »taktisch zu betrügen«. Aber welche geistigen Fähigkeiten setzen sie dazu ein? Im Prinzip ist denkbar, dass sie sich vorwiegend ihrer instinktiv angelegten Reiz-Reaktionsbeziehungen bedienen. Klingt angesichts der komplexen Interaktionen nicht sehr wahrscheinlich, obwohl die Werkzeugkiste der Instinkthandlungen auch bei Raben wohl gefüllt ist. Andererseits könnten sie assoziativ lernen, dass sie ihr Futterversteck verlieren, wenn sie von einem anderen Raben gesehen werden. Dazu ist kein Bewusstsein darüber nötig, was die Mitspieler gesehen haben bzw. wissen können. Als menschlicher Beobachter gewinnt man allerdings den Eindruck, dass Raben das »Versteckspiel« nicht einfach nach gelernten Regeln abwickeln, sondern eher in der Art eines Pokerspiels betreiben, bei dem sie reichlich bluffen. Jene Individuen, die besser als andere den Wissensstand ihrer Mitspieler kennen und daher deren Handlungsabsichten einschätzen können, hätten dabei den Schnabel vorne. Sind Raben also ähnlich wie Schimpansen oder Menschen (Premack u. Woodruff, 1978) fähig zu wissen, was andere Raben wissen, und ihr Handeln danach auszurichten?

Um die Frage nach den zugrunde liegenden geistigen Mechanismen zu beantworten, ließen wir einen Raben in einem Versuchsraum Futterverstecke anlegen (Bugnyar u. Heinrich, 2005). Dabei wurde der Verstecker von einem anderen Raben durch ein Gitter aus einem benachbarten Raum beobachtet. Nach einer entsprechenden Pause wurde der Verstecker wieder in den Versuchsraum gelassen, und zwar entweder allein oder in Begleitung jenes Raben, der beim Verstecken zusah (der also wissen musste, wo sich die Verstecke befanden), oder aber in Begleitung eines Raben, der nicht zugesehen hatte (und daher nichts über Existenz oder Lage der Futterverstecke wissen konnte). Verstehen Raben also tatsächlich, was andere wissen, so sollte sich der Verstecker unterschiedlich verhalten, je nachdem, in wessen Gesellschaft er sich befindet. Allein sollten sie gelegentlich ihre eigenen Verstecke in aller Ruhe leeren. Mit einem unwissenden Konkurrenten sollten sie ihre eigenen Verstecke weitgehend ignorieren, um diese nicht zu verraten; mit einem wissenden Zuseher hingegen sollten die Verstecker versuchen, rasch das verborgene Gut zu bergen, um ihrem Konkurrenten zuvorzukommen. In einer ganzen Reihe von Versuchen verhielten sich die Raben genau nach diesen Vorhersagen (Bugnyar u. Heinrich, 2005, 2006).

Dies bedeutet jedoch nicht, dass das Futterverstecken ausschließlich auf Einsicht in diese Zusammenhänge beruhen würde. Unsere Untersuchungen zeigen etwa, dass die motorischen Abläufe des Versteckens als Instinkthandlungen angelegt sind, die nach dem Flüggewerden reifen müssen. Daraus folgt, dass das Bewusstsein über das Wissen anderer bei Raben wohl nicht einfach angelegt ist, sondern durch individuelle Erfahrungen rabenspezifisch gelernt werden muss.

Ob Raben nun in Volierenhaltung die Gelegenheit geboten werden sollte, ihre »Trickserfähigkeiten« auch auszuleben, ist eine schwierig zu beantwortende Frage. Sicherlich wäre es nicht angebracht, Raben auf Hartboden zu halten, der ein Futterverstecken unmöglich macht. Und um paarweise gehaltenen Raben (ab ihrem vierten Lebensjahr werden sie territorial, eine Gruppenhaltung ist dann nicht mehr möglich, die Gelegenheit zu geben, ihre Versteckspielchen zu treiben, könnte sich der menschliche Pfleger einiges einfallen lassen, etwa in der Linie der an unseren Raben durchgeführten Experimente. Ob sie das glücklicher macht, wissen wir nicht. Ihrer geistigen Regsamkeit wird es auf jeden Fall nicht schaden.

4.5.3 Einschätzen anderer und soziales Lernen

Die räbische Kenntnis über andere Raben wird offenbar im Zuge interaktiven Spiels gelernt. Raben verstecken nicht nur Nahrung, sondern auch Objekte wie Steinchen, Schneckenhäuser oder kleine bunte Spielzeuge. Interessanterweise werden diese Gegenstände anders versteckt als Nahrung (Bugnyar et al., 2007), beispielsweise sind Raben hierbei wenig um Geheimhaltung bemüht. Oft entspinnt sich um diesen Versteckvorgang eine Spielsequenz zwischen zwei oder mehreren Vögeln, mit Plündern und Wiederverstecken. Im Zuge solcher Spiele scheinen Raben zu lernen, einander als Partner oder Konkurrenten einzuschätzen, beispielsweise, ob der andere Verstecke plündert, wie gut er diese findet oder wie vorhersagbar er in seinem Verhalten ist. Tatsächlich wirken sich die in diesem Objektversteckspiel gemachten Erfahrungen darauf aus, ob und wie weit sie ihre Nahrungsverstecke bei Anwesenheit bestimmter Konkurrenten schützen.

Wie das Beispiel des Futterversteckens zeigt, können Raben Informationen, die sie von anderen beziehen, zum eigenen Vorteil nutzen. Information kann sich hierbei auf die Qualität möglicher Partner, die Kampfstärke von Rivalen oder die Lokalisierung von Nahrung beziehen. Dies scheint tatsächlich einen der großen Vorteile des Lebens in der Gruppe darzustellen (Krause u. Ruxton, 2002). So kann man etwa die Blickrichtung anderer als Informationsquelle nutzen. Auch Menschen können kaum widerstehen, den eigenen Blick dorthin zu richten, wo andere hinschauen. Mit einiger Wahrscheinlichkeit erwirbt man damit relevantes Wissen oder erfährt zumindest, wofür sich der andere interessiert.

Die Fähigkeit, den Blicken anderer zu folgen, wurde nicht nur bei diversen Affen und einigen anderen Säugetieren nachgewiesen, sondern – erstmalig bei Vögeln – auch bei Raben (Bugnyar u. Stöwe, 2004). Genau genommen geht es um zwei verschiedene Arten des Blickfolgens: nach oben, wahrscheinlich vorwiegend im Dienste der Vermeidung von Raubfeinden aus der Luft, und Blickfolgen um ein optisches Hindernis herum. Letzteres könnte zum Finden von Nahrung dienen, für die sich ein anderer interessiert. Da sich bei den Raben der Blick nach oben bereits um das Flüggewerden entwickelt, das Blickfolgen um Barrieren aber erst um einiges später, könnte es sich tatsächlich um zwei unterschiedliche Funktionen handeln (Schlögl, Kotrschal u. Bugnyar, 2006). Da versteckende Raben relativ oft zu ihren Verstecken zurückkehren, um diese visuell zu inspizieren, liegt die Vermutung nahe, Plünderer könnten somit deren Futterverstecke entdecken. Jüngste Versuchsserien zeigten allerdings, dass Raben weder den Blick eines Menschen noch den eines informierten Raben nutzten, um Nahrung zu finden. Es scheint daher unwahrscheinlich, dass Raben über eine generelle Einsicht in die Bedeutung der Blickrichtung anderer verfügen.

Auch Schimpansen bereitet es offenbar Mühe, die Blickrichtung Anderer als Hinweis auf verborgene Nahrung zu nutzen (Call, Hare u. Tomasello, 1998). Hunde dagegen nutzen von Menschen gegebene Hinweise in solchen Versuchen relativ problemlos (Miklósi, Polgárdi, Topál u. Csányi, 1998), sie unterscheiden sich vor allem durch ihre Kooperationsbereitschaft mit Menschen von der Stammform Wolf. Schimpansen und Raben dagegen zeigen ihre Intelligenzleistungen vielleicht eher im Zusammenhang mit Konkurrenzsituationen, denn man teilt einander gewöhnlich nicht mit, wo Nahrung zu finden ist.

4.5.4 Alltagslogik: Werkzeugmacher und Schnurzieher

Neukaledonische Krähen entwickelten erstaunliche Fähigkeiten des Werkzeuggebrauchs und der Werkzeugherstellung (Hunt, 1996). Diese Krähen benutzen gerade und hakenförmige Stäbchen, um Insektenlarven aus Löchern zu stochern. Mehr noch, sie bearbeiten die Blätter der Pandanus-Palme, um ihre Werkzeuge gezielt herzustellen. So verblüffte die Krähe »Betty« ihre Betreuer, indem sie erstmalig angebotene, gerade Drahtstücke spontan zu Haken bog, um damit einen Futterbehälter mit Henkel aus einem Rohr zu angeln (Weir, Chappell u. Kacelnik, 2002). Dies erfordert nicht nur die Fähigkeit zur adäquaten Werkzeugherstellung, sondern auch Einsicht in die Natur der Aufgabe. Offenbar entwickelte sich diese Fertigkeit domänenspezifisch im Zusammenhang mit dem Fehlen von Spechten auf Neukaledonien und deren dadurch freigewordene ökologische Nische.

Einsicht in technische Zusammenhänge fördert auch das sogenannte »Schnurziehen« (»string pulling«, Heinrich, 1995). Wie reagiert ein Rabe, wenn ein von ihm begehrtes Fleischstück an einer eineinhalb Meter langen Schnur im Raum pendelt? Junge Raben versuchen, das Stückchen Fleisch im Vorbeifliegen zu erhaschen, danach vom Boden aus zu springen oder an der Schnur zu picken, ohne jedoch das Ziel zu erreichen. Schließlich wird der auf dem Ast über der Schnur sitzende Rabe mit dem Schnabel nach unten greifen, die Schnur nach oben ziehen, mit einem Fuß darauf steigen, so das Erreichte sichern, mit dem Schnabel wieder nach unten greifen usw. Etwa sechs bis acht Mal muss dabei der Rabe Schnabel und Fuß in Serie koordinieren. Wird einem etwas älteren Raben diese Aufgabe erstmals gestellt, so verharrt er gewöhnlich für eine Weile vor dem an der Schnur pendelnden Leckerbissen, um schließlich die Aufgabe auf Anhieb zu lösen. Der Verlauf dieses Versuchs macht wahrscheinlich, dass die Raben vor der spontanen Problemlösung die sich bietenden Möglichkeiten mental durchspielten und daher das zielführende Verhalten ohne Versuch-und-Irrtum-Phase zeigten. Dies ist selbst für Menschenaffen nicht selbstverständlich.

Es liegt nahe, werkzeugherstellenden oder bloß -gebrauchenden Tieren die Gelegenheit zu geben, ihre Fähigkeiten auch anzuwenden und auszuleben. Wie wichtig solche geistigen Beschäftigungen für Tiere sind, könnte man mittels des Stamp Dawkin'schen Ansatzes herausfinden, indem man sie etwa testet, wie viel Arbeit sie zu investieren bereit sind, um sich geistige Beschäftigung zu verschaffen.

4.5.5 Das »episodische Gedächtnis« und mentale Zeitreisen

Das Beispiel des Versteckverhaltens der Raben zeigte, dass die Akteure offenbar über ein »episodisches Gedächtnis« verfügen. Dies bedeutet, dass sie sich merken können, was (Nahrung oder Gegenstände) sie wo und in Anwesenheit von wem versteckten. Dieses Wissen erlaubt ihnen zu entscheiden, ob und mit welchem Nachdruck sie etwa ein Versteck verteidigen sollten. Unterschiedliche Informationen sinnvoll zusammenzuführen ist daher eine wichtige Voraussetzung, um flexibel individuelle Entscheidungen in einer komplexen und variablen Umwelt treffen zu können.

Das episodische Gedächtnis wurde in eleganten Versuchsserien an Busch-Blauhähern von Nicky Clayton (Clayton, Griffiths, Emery u. Dickinson, 2001) an der Universität Cambridge, England, untersucht. Auch diese Rabenvögel verstecken leidenschaftlich gern Nahrung. In den Versuchsserien gab man den Vögeln in ihren Versuchskäfigen mit Sand gefüllte Eiswürfelbehälter, in denen sie Erdnussstückchen und die von ihnen bevorzugten Wachsmottenlarven verstecken konnten. Die Häher lernten sehr rasch, dass versteckte Wachsmotten innerhalb weniger Tage verdarben und ungenießbar wurden, Erdnüsse dagegen nicht. Folgerichtig bargen sie, je nach Verzögerung zwischen Verstecken und Bergen, entweder bevorzugt die Mottenlarven oder aber die Erdnüsse. Daraus ist zu schließen, dass diese Rabenvögel über ein Konzept von Zeit verfügen und zu »mentalen Zeitreisen« befähigt sind. Wie sonst wäre zu erklären, dass die Häher offenbar wissen, wie lange es sinnvoll ist, bestimmte Nahrung zu bergen?

Ein Konzept davon, was in der Vergangenheit passierte, als Basis für das Handeln in Gegenwart und Zukunft ist aber nicht nur im ökologischen Zusammenhang relevant. Ganz besonders wichtig erscheinen diese Fähigkeiten im sozialen Kontext. Langzeitliche Beziehungen zwischen Individuen, etwa Paarbindung und Allianzen, sind ohne die zugehörigen »kognitiven Werkzeuge« nicht denkbar. Dazu zählen: das Erkennen einzelner Individuen und die Fähigkeit, differenziert aufeinander zu reagieren, sowie ein Verrechnungssystem, welches auf Basis früherer Erfahrungen die Bereitschaft zu zukünftigen freundschaftlichen oder feindlichen Interaktionen bestimmt. Jedoch ist nicht nur von Bedeutung, eigene Erfahrungen mit anderen korrekt zu verarbeiten, sondern auch, adäquat auf Interaktionen zwischen Dritten zu reagieren: Einerseits kann man dadurch die eigenen Chancen in einer möglichen Auseinandersetzung mit einem der Kontrahenten einschätzen, andererseits aber auch die Auswirkungen eines Sieges oder einer Niederlage bei Partnern oder Gegnern verstärken oder abschwächen (durch Versöhnen, Trösten oder Nachsetzen nach einer Aggression; Aureli u. de Waal, 2000). Folgerichtig wurde die Evolution von Intelligenzleistungen innerhalb der Primaten und besonders auch beim Menschen mit komplexem Sozialleben in Verbindung gebracht (Byrne u. Whiten, 1988).

4.5.6 Warum selbst Gänse klug sein sollten

Komplexe soziale Organisation und langzeitliche Beziehungen zwischen den Partnern findet man bei Vögeln relativ häufig. Im Vergleich zu Säugetieren sind Vögel ja meist monogam. Graugänse leben langzeitmonogam in sozial ähnlich komplexen Verhältnissen wie manche Affengesellschaften, wobei Paarbindungen über mehr als ein Jahrzehnt bestehen können (Kotrschal et al., 2006). Beide Eltern führen die nestflüchtenden Jungen, welche beinahe ein Jahr im Familienverband verbleiben. Sollte das Paar im darauf folgenden Jahr keine Jungen großziehen, schließen sich in der Regel die einjährigen Jungtiere für ein zweites Jahr ihren Eltern an. Schwestern tendieren dazu, sogar nach ihrer Verpaarung nahe beieinander zu bleiben. Gänse verpaaren sich im Alter von zwei bis drei Jahren, nicht ohne ihre zukünftigen Partner vorher in einer langen »Verlobungsphase« getestet zu haben. Jedoch schafft es jedes Jahr nur ein geringer Teil der Paare, flügge Junge aufzuziehen. Paarpartnerschaften sind also nicht nur Reproduktionsgemeinschaften im engeren Sinne, sondern vor allem soziale Allianzen.

In Auseinandersetzungen mit anderen Scharmitgliedern unterstützen Familienmitglieder einander zudem aktiv, das heißt durch aktives Mithelfen, und passiv, das heißt, durch die bloße Anwesenheit eines Familienmitglieds wird die Stressreaktion nach einer Auseinandersetzung gedämpft. Nach einer verlorenen Auseinandersetzung stärken sich Paarpartner zudem den Rücken, indem sie einander anschließend näherkommen und stressminderndes Verhalten zeigen. Es scheint also, dass auch Gänse einander nach einem Konflikt »tröstend« beistehen.

Individuen mit guter sozialer Einbettung müssen weniger Energie für das Sozialleben aufwenden als andere, was sich wiederum auf die Fruchtbarkeit günstig auswirken kann. Dies führt zur Bildung lockerer Clans, die nach innen kaum aggressive Auseinandersetzungen austragen und einander nach außen aktiv unterstützen (Weiss et al., 2008). Paarpartnerschaften sind also nicht nur Reproduktionsgemeinschaften im engeren Sinne, sondern vor allem soziale Allianzen. Diese bei den Graugänsen gefundenen sozialen Strukturen und Interaktionsmuster erfordern ein Mindestmaß an kognitiven Fähigkeiten. So konnten wir zeigen, dass die lange Eltern-Nachkommen-Bindung für soziales Lernen genutzt wird und zur Traditionsbildung in Familie und Schar führt (Fritz, Bisenberger u. Kotrschal, 2000). Beispielsweise kopieren Schlüpflinge die Nahrungswahl ihrer Eltern.

Aufgrund unserer Beobachtungen müssen wir davon ausgehen, dass Gänse eine Reihe anderer Gänse erkennen und diese Individuen mit »Bedeutung« versehen können, also unterscheiden, ob es sich um den Paarpartner, ein Mitglied der eigenen Familie oder eines gegnerischen Clans handelt. Mehr noch, Gänse sollten über die Beziehungen Dritter Bescheid wissen, da sie sonst kaum entscheiden können, ob und in welcher Weise sie sich in Auseinandersetzungen einbringen sollten. Unsere neuesten Ergebnisse unterstützen diese Hypothese: Beobachtet eine Gans ihren Partner in einer Auseinandersetzung, so steigt der Herzschlag stark an. Es ist jedoch kaum eine Veränderung des Herzschlags zu beobachten, wenn sie die Auseinandersetzung von Gänsen beobachten, zu denen sie keine enge Bindung haben. Ähnlich verhält es sich mit dem stressmindernden Effekt, den die Nähe des Paarpartners nach Auseinandersetzung hat. Um dies zu erklären, müssen wir annehmen, dass man andere nicht nur einfach erkennt, sondern diese auch emotionell bewerten kann. Da solch differenzierte Beziehungen über Jahre bestehen bleiben, müssen sich Gänse die Interaktionen mit anderen merken bzw. über die Zeit bilanzieren können.

Bei Tieren wie Gänsen, die nicht gerade im Anfangsverdacht geistiger Höchstleistungen stehen, erfüllt das Leben in der Gruppe also nicht nur das Bedürfnis nach Sicherheit (Krause u. Ruxton, 2002); die mehr oder weniger komplexe Gruppenorgansisation erfüllt auch die Funktion der Forderung und Förderung der geistigen Fähigkeiten im sozialen Bereich. Analog kann auch die Laufstallhaltung von Kühen etwa im Vergleich zur Anbindehaltung gesehen werden. Letztere ist zwar mit einer geringeren Kortisolmodulation verbunden, aber man kann davon ausgehen, dass die Möglichkeiten der Begegnung und gegenseitigen Vermeidung in der Gruppe insgesamt tiergerechter ist.

5 Resümee

Tierschutz muss sowohl von Empathie als auch von Wissen getragen sein. Wir wissen heute, dass aufgrund des Darwin'schen Kontinuums und der funktionellen Notwendigkeiten des sozialen Lebens in bestimmten ökologischen Umwelten weitreichende Ähnlichkeiten zwischen Menschen und anderen Tieren in den sozialen Bedürfnissen und den zugrunde liegenden physiologischen und Hirnmechanismen, aber auch in den kognitiven Fähigkeiten bestehen. Die menschliche Fähigkeit, Tierleid empathisch wahrzunehmen, sollte daher nicht nur als Motivationsfaktor gesehen werden. Empathie mag auch für das Erkennen sachlicher Kontexte im Tierschutz eine passable Richtschnur darstellen, ist daher nicht unbedingt gleichbedeutend mit »Vermenschlichung«. Dennoch kann auf objektiv-biologisches Fachwissen nicht verzichtet werden, etwa, um im Interesse der Tiere die schier unmögliche Aufgabe zu meistern, den subjektiven Begriffen »Leid« und »Wohlbefinden« eine objektive Bedeutung zu verleihen. Einen pragmatisch-operationalen Weg dazu zeigt etwa Marian Stamp Dawkins (2008) auf, die sich von Tieren zeigen lässt, was diese selber wollen, und die zudem beurteilt, unter welchen Bedingungen sie gesund bleiben. Denn nicht alles, was Individuen wollen, ist auch zuträglich.

Schwierig auch die Beurteilung, ob Tiere es zu ihrem Wohlbefinden benötigen, ihr Verhaltensrepertoire auszuleben und entsprechend ihrer geistigen Begabungen gefördert und gefordert zu werden. Erhellend ist (dazu) etwa die Arbeit von Hanno Würbel, dass Labormäusen, die anstatt in »Standardkäfigen« tiergerecht in strukturierten Lebensräumen gehalten werden, nicht nur die typischen Gehirnanomalien und Verhaltensstereotypien erspart bleiben, sondern dass diese Art der Haltung auch der Vergleichbarkeit der Forschungsergebnisse an diesen Mäusen sehr zu Gute kommt. Geistige Unterforderung mit ihrem Rattenschwanz an Folgen kann daher sehr wohl tierschutzrelevant sein. Trotz des Booms im letzten Jahrzehnt steckt die biologisch-vergleichende Kognitionsforschung noch immer in ihren Kinderschuhen. Dies gilt auch für eine angemessene Berücksichtigung der geistigen Fähigkeiten und Bedürfnisse von Tieren im Sinne einer tiergerechten Haltung. Die etablierten Zoos sind mit ihren Bemühen im Bereich »environmental enrichment« und Tiertraining auf einem guten Weg. Denn vermutlich ist angemessene geistige Forderung und Förderung für das Wohlbefinden aller in Menschenobhut gehaltenen Tiere von Bedeutung. Jedenfalls hat die Kognitionsforschung die Trennung in Ratio und Affekt als Irrtum entlarvt. Denkende Menschen und Tiere sind affektive Wesen. Damit wird auch das Vorurteil der puren Rationalität von Wissenschaft und Tierschutz entlarvt.

Die Tiere selber zu fragen und sie auch in der Wissenschaft als Partner, nicht mehr als verdinglichte »Versuchsobjekte« zu akzeptieren bedeutet auch einen weiteren Schritt weg vom paternalistischen Tierschutz von des Menschen Gnaden. Die Einsicht in die grundlegende Wesensähnlichkeit von Menschen und anderen Tieren sollte dafür den Weg bereiten. Andererseits sind von einer Sicht der Tiere als Partner, deren Bedürfnisse und eigene Beiträge zählen, bessere und andere Forschungsergebnisse zu erwarten denn von Tierforschung nach klassischen Standards. Dieser Ansatz wird auch dazu beitragen, dem idealen Tierschutz näherzukommen, also optimale Lebensbedingungen für Tiere zu gewährleisten. Der Weg dahin führt über den pragmatischen Tierschutz, also auf Basis von Wissen und Empathie akzeptable Bedingungen für Tiere zu schaffen, selbst wenn Kosten oder andere Randbedingungen dem entgegenstehen, wie etwa jenes Vorurteil, dass nur standardisierte Haltungsbedingungen für Labortiere immer auch die besten wissenschaftlichen Ergebnisse bringen würden.

Literatur

Ainsworth, M. D. S. (1985). Patterns of attachment. Clinical Psychologist, 38, 27–29.

Aureli, F., De Waal, F. B. M. (2000). Natural Conflict Resolution. Berkeley: University of California Press.

Beetz, A. Kotrschal, K., Hediger, K., Turner, D., Uvnäs-Moberg, K., Julius, H. (2011). The effect of a real dog, toy dog and friendly person on insecurely attached children during a stressful task. An exploratory study. Anthrozoös, 24, 349–368.

Bekoff, M. (2002). Minding Animals. Awareness, Emotion and Heart. Oxford: Oxford University Press.

Bowlby, J. (1999). Attachment and loss. New York: Basic Books.

Broom, D. M. (1998) Welfare, stress and the evolution of feelings. Advances in the Study of Behavior, 27, 317.

Bshary, R., Wickler, W., Fricke, H. (2002). Fish cognition. A primate's eye view. Animal Cognition, 5, 1–13.

Bugnyar, T., Heinrich, B. (2005). Ravens, Corvus corax, differentiate between knowledgeable and ignorant competitors. Proceedings of the Royal Society B: Biological Sciences, 272,1641–1646.

Bugnyar, T., Heinrich, B. (2006). Pilfering ravens, Corvus corax, adjust their behaviour to social context and identity of competitors. Animal Cognition, 9, 369–376.

Bugnyar, T., Kotrschal, K. (2002). Observational learning and the raiding of food caches in ravens, Corvus corax: is it »tactical« deception? Animal Behaviour, 64,185–195.

Bugnyar, T., Kotrschal, K. (2004). Leading a conspecific away from food in ravens (Corvus corax)? Animal Cognition, 7, 69–76.

Bugnyar, T., Schwab, C., Schlögl, C., Kotrschal, K., Heinrich, B. (2007). Ravens judge competitors through experience with play caching. Current Biology, 17, 1804–1808.

Bugnyar, T., Stöwe, M., Heinrich, B. (2004). Ravens (Corvus corax) follow gaze direction of humans around obstacles. Proceedings of the Royal Society B: Biological Sciences, 271, 1331–1336.

Burish, M. J., Hao Yuan Kueh, Wang, S. S.-H. (2004). Brain architecture and social complexity in modern and ancient birds. Brain, Behaviour and Evolution, 63, 107–124.

Byrne, R. W., Whiten, A. (1988). Machiavellian Intelligence. Social Expertise and the Evolution of Intellect in Monkeys, Apes and Humans. Oxford: Clarendon Press.

Call, J., B. Hare, M., Tomasello, M. (1998). Chimpanzee gaze following in an object-choice task. Animal Cognition, 1, 89–99.

Carter, C. S., De Vries, A. C., Getz, L. L. (1995). Physiological substrates of mammalian monogamy. The prairy vole model. Neuroscience Biobehavioral Reviews, 19, 203–214.

Clayton, N. S., Griffiths, D. P., Emery, N. J. Dickinson, A. (2001). Elements of episodic-like memory in animals. Philosophical Transactions of the Royal Society B 29, 356 (1413), 1483–1491.

Coan, J. A. (2011). Social regulation of emotion. In J. Decety, J. Cacioppo (Hrsg.), Handbook of social neuroscience (S. 614–623). New York: Oxford University Press.

Creel, S. (2005). Dominance, aggression and glucocorticoid levels in social carnivores. Journal of Mammalogy, 86, 255–264.

Creel, S., Creel, N. M., Monfort, S. (1996). Social stress and dominance. Nature, 379, 212.

Curley, J. P., Keverne, E. B. (2005). Genes, brains and mammalian social bonds. Trends in Ecology and Evolution, 20, 561–567.

Cunningham, W. A., Zelazo, P. D. (2007). Attitudes and evaluations. A social cognitive neuroscience perspective. Trends in Cognitive Sciences, 11, 97–104.

Damasio, A. R. (1999). The feeling of what happens. Body and emotion in the making of consciousness. New York: Harcourt Brace.

Darwin, C. (1872). The expression of the emotions in man and animals. London: Murray.

DeLoache, J. S., Pickard, M. B., LoBue, V. (2011). How very young children think about animals. In S. McCune, J. A. Griffin, V. Maholmes (Hrsg.), How animals affect us. Examining the influences of human-animal interaction on child development and human health (S. 85–99). Washington, DC: American Psychological Association.

DeVries, A. C., Glasper, E. R., Dentillion, C. E. (2003). Social modulation of stress responses. Physiology and Behavior, 79, 399–407.

de Waal, F. B. M. (2000). Primates – a natural heritage of conflict resolution. Science, 289, 586–590.

de Waal, F. B. M. (2008). Putting the altruism back into altruism. The evolution of empathy. Annual Review of Psychology, 59, 279–300.

Divac, I., Thibault, J., Skageberg, G., Palacios, J. M., Dietl, M. M. (1994). Dopaminergic innervation of the brain in pigeons. The presumed »prefrontal cortex«. Acta Neurobiologica Experimental (Wars), 54, 227–234.

Drent, P. J., Marchetti, C. (1999). Individuality, exploration and foraging in hand raised juvenile great tits. In N. J. Adams, R. H. Slotow (Hrsg.), Proceedings of the 22nd International Ornithological Conference (S. 896–914). Durban u. Johannesburg: Bird Life South Africa.

Dunbar, R. I. M. (1998). The social brain hypothesis. Evolutionary Anthropology, 6, 178–90.

Dunbar, R. I. M. (2007). Evolution of the social brain. In S. W. Gangestad, J. A. Simpson (Hrsg.), The evolution of mind (S. 280–293). New York: Guilford Press.

Eibl-Eibesfeldt, I. (2004). Die Biologie des menschlichen Verhaltens. Grundriss der Humanethologie. Vierkirchen-Pasenbach: Blank.

Emery, N. J. (2006). Cognitive ornithology. The evolution of avian intelligence. Philosophical Transactions of the Royal Society B, 361, 23–43.

Emery, N. J., Clayton, N. S. (2004). The mentality of crows. Convergent evolution of intelligence in corvids and apes. Science, 306, 1903–1907.

Freedman, D. G., King, J. A., Elliot, O. (1961). Critical Period in the Social Development of Dogs. Science, New Series, 133, 3457, 1016–1017. Zugriff am 03.01.2012 unter http://www.jstor.org/stable/1706506

Fritz, J., Bisenberger, A., Kotrschal, K. (2000). Stimulus enhancement in greylag geese. Socially mediated learning of an operant task. Animal Behaviour, 59, 1119–1125.

Fritz, J., Kotrschal, K. (2002). On avian imitation. Cognitive and ethological perspectives. In K. Dauterhahn, C. L. Nehaniv (Hrsg.), Imitation in animals and artefacts (S. 133–156). Cambridge, Mass.: MIT Press.

Gallese, V., Goldman, A. (1998). Mirror neurones and the simulation theory of mind reading. Trends in Cognitive Sciences, 2, 493–501.

Gallese, V., Keysers, C., Rizzolatti, G. (2004). A unifying view on the basis of social cognition. Trends in Cognitive Sciences, 8, 396–403.

Gardner, R. A., Wallach, L. (1965). Shapes and figures identified as a baby's head. Perceptual and Motor Skills, 20, 135–142.

Kurt Kotrschal

Gehlen, A. (1940). Der Mensch. Seine Natur und seine Stellung in der Welt. Berlin: Junker und Dünnhaupt.

Giraldeau, L.-A., Caraco, T. (2000). Social foraging theory. Monographs in Behavior and Ecology. Princeton: Princeton University Press.

Goodson, J. L. (2005). The vertebrate social behavior network. Evolutionary themes and variations. Hormones and Behaviour, 48, 11–22.

Güntürkün, O. (2005). The avian »prefrontal cortex«. Current Opinions Neurobiology, 15, 686–693.

Haller, A., Kruk, M. (2006). Normal and abnormal aggression. Human disorders and novel laboratory models. Neuroscience and Biobehavioral Reviews, 30, 292–303

Hare, M., Tomasello, M. (2005). Human like social skills in dogs? Trends in Cognitive Sciences, 9, 440–444.

Heinrich, B. (1989). Ravens in Winter. New York: Summit Books Simon & Schuster.

Heinrich, B. (1995). An experimental investigation of insight in common ravens *(Corvus corax)*. The Auk, 112, 994–1003.

Heinrich, B., Marzluff, J. M. (1991). Do common ravens yell because they want to attract others? Behavioral Ecology and Sociobiology, 28, 13–21.

Hemelrijk, C. (1999). An individual-orientated model of the emergence of despotic and egalitarian societies. Proceedings of the Royal Society London B, 266, 361–369.

Hemetsberger, J., Scheiber, I. B. R., Weiss, B., Frigerio, D., Kotrschal, K. (2010). Socially involved hand-raising makes Greylag geese which are cooperative partners in research, but does not affect their social behaviour. Interaction Studies, 11, 388–395.

Herre, W., Röhrs, M. (1973). Haustiere, zoologisch gesehen. Stuttgart: Fischer.

Hinde, R. A. (1998). Mother-infant separation and the nature of inter-individual relationships. Experiments with rhesus monkeys. In J. Bolhuis, J. A. Hogan (Hrsg.), The development of animal behaviour. A reader (S. 283–299). Oxford: Blackwell.

Hinde, R. A., Stevenson-Hinde, J. (1987). Interpersonal relationships and child development. Developmental Review, 7, 1–21.

Humphrey, N. K. (1976). The social function of intellect. In P. Bateson, R. Hinde (Hrsg.), Growing points in ethology (S. 303–321). Cambridge: Cambridge University Press.

Hunt, G. R. (1996). Manufacture and use of hook-tools by New Caledonian crows. Nature, 379, 249–251.

Hückstedt, B. (1965). Experimentelle Untersuchungen zum »Kindchenschema«. Zeitschrift für experimentelle und angewandte Psychologie, 12, 421–450.

International Association of Human-Animal Interaction Organizations, IAHAIO (1998). Prague Declaration. Zugriff am 03.07.2012 unter http://iahaio.org/pages/declarations/declarations.php

Iwaniuk, A. N., Nelson, J. E. (2003). Developmental differences are correlated with relative brain size in birds. A comparative analysis. Canadian Journal of Zoology, 81, 1913–1928.

Julius, H., Beetz, A., Kotrschal, K., Turner, D., Uvnäs Moberg, K. (2012). Attachment to Pets. An Integrative View of Human-Animal Relationships with Implications for Therapeutic Practice. Göttingen: Hogrefe.

Kalenscher, T., Ohmann, T., Güntürkün, O. (2006). The neuroscience of impulsive and self-controlled decisions. International Journal of Psychophysiology, 62, 203–211.

Koechlin, E., Hyafil, A. (2007). Anterior prefrontal function and the limits of human decision making. Science, 318, 594–598.

Koolhaas, J. M., Korte, S. M., Boer, S. F., Van Der Vegt, B. J., Van Reenen, C. G., Hopster, H., De Jong, I. C., Ruis, M. A. W., Blokhuis, H. J. (1999). Coping styles in animals. Current status in behavior and stress physiology. Neuroscience and Biobehavior Review, 23, 925–935.

Kotrschal, K. (2009). Die evolutionäre Theorie der Mensch-Tier-Beziehung. In C. Otterstedt, M. Rosenberger (Hrsg.), Gefährten – Konkurrenten – Verwandte. Die Mensch-Tier-Beziehung im wissenschaftlichen Diskurs (S. 55–77). Göttingen: Vandenhoeck & Ruprecht.

Kotrschal, K., Hemetsberger, B., Weiss, B. (2006). Making the best of a bad situation. Homosexuality in male greylag geese. In V. Sommer, P. Vasey (Hrsg.), Homosexual Behaviour in Animals. An Evolutionary Perspective (S. 45–76). New York: Cambridge University Press.

Kotrschal, K., Schlögl, C., Bugnyar, T. (2008). Lektionen von Rabenvögeln und Gänsen. Biologie in unserer Zeit, 6, 366–374.

Krause, J., Ruxton, G. D. (2002). Living in Groups. Oxford: Oxford University Press.

Lefebvre, L., Reader, S. M., Sol, D. (2004). Brains, innovations and evolution in birds and primates. Brain Behaviour and Evolution, 63, 233–246.

Lefebvre, L., Whittle, P., Lascaris, E., Finkelstein, A. (1997). Feeding innovations and forebrain size in birds. Animal Behaviour, 53, 549–560.

Lissek, S., Güntürkün, O. (2003). Dissociation of extinction and behavioural disinhibition. The role of NMDA receptors in the pigeon associative forebrain during extinction. Journal of Neuroscience, 23, 8119–8124.

Lorenz, K. (1943). Die angeborenen Formen möglicher Erfahrung. Zeitschrift für Tierpsychologie, 5, 235–409.

Lorenz, K. (1977). Die Rückseite des Spiegels. München: Piper.

Lorenz, K. (1978). Vergleichende Verhaltensforschung. Grundlagen der Ethologie. Wien: Springer.

Marino, L. (2002). Convergence and complex cognitive abilities in cetaceans and primates. Brain, Behaviour and Evolution, 59, 21–32.

Marino, L., Lilienfeldt, S. O. (2007). Dolphin-assisted therapy. More flawed data and more flawed conclusions. Anthrozoös, 20, 230–249.

Marler, P. (2008). The Instinct to Learn. In M. H. Johnson, Y. Munakata, R. O. Gilmore (Eds.), Brain Dovelopement and Cognition: A Reader (2nd ed.). Oxford: Blackwell Publishers Ltd.. doi: 10.1002/9780470753507.ch17

Mason, G. J., Latham, N. R. (2004). Can't stop, won't stop. Is stereotypy a reliable animal welfare indicator? Animal Welfare,13, 57–69.

Mayes, L. C. (2006). Arousal regulation, emotional flexibility, medial amygdala function and the impact of early experience. Annals of the New York Academy of Science, 1094, 178–192.

McEwen, B. S., Wingfield, J. C. (2003). The concept of allostasis in biology and biomedicine. Hormones and Behavior, 43, 2–15.

Miklósi, A. R. (2007). Dog behaviour, evolution and cognition. Oxford: Oxford University Press.

Miklósi, A. R., Polgárdi, J., Topál, V., Csányi, V. (1998). Use of experimenter-given cues in dogs. Animal Cognition, 1, 113–121.

Panksepp, J. (1998). Affective neuroscience. The foundations of human and animal emotions. Oxford: Oxford University Press.

Panksepp, J. (2005). Affective consciousness. Core emotional feelings in animals and humans. Consciousness and Cognition, 14, 30–80.

Panksepp, J. (2011). Cross-Species Affective Neuroscience Decoding of the Primal Affective Experiences of Humans and Related Animals. PLoS ONE, 6 (8), e21236. doi:10.1371/journal.pone.0021236.

Pavlov, I. P. (1954). Sämtliche Werke. Berlin: Akademie.

Prather, J. F., Peters, S., Nowicki, S., Mooney, R. (2008). Precise auditory-vocal mirroring in neurons for learned vocal communication. Nature, 451, 305–310.

Pepperberg, I. (1999). The Alex Studies. Communication and Cognitive Capacities of an African Grey Parrot. Cambridge, Mass.: Harvard University Press.

Podberscek, A. L. P., Serpell, J. A. (Hrsg.) (2000). Companion animals and us. Exploring the relationships between people and pets. Cambridge: Cambridge University Press.

Premack, D., Woodruff, G. (1978). Does the chimpanzee have a theory of mind? Behavioral and Brain Sciences, 4, 515–526.

Quinn, P. C. (2011). Born to categorize. In U. Goswami (Hrsg.), The Wiley-Blackwell Handbook of Childhood Cognitive Development (2. Aufl., S. 129–152). Oxford: Blackwell Publishing Ltd.

Reiter, S. (2010). Effects of positive reinforcement training on behavioural well-being in Giraffes *(Giraffa camelopardalis)*. Masters Thesis. University of Vienna.

Richter, H., Garner, J. P., Würbel, H. (2009). Environmental standardization. Cure or cause of poor reproducibility in animal experiments? Nature Methods, 6, 257–261. doi:10.1038/nmeth.1312

Rizzolatti, G., Craighero, L. (2004). The mirror-neuron system. Annual Review of Neuroscience, 27, 169–192.

Rizzolatti, G., Sinigalia, C. (2007). Mirrors in the brain. How our minds share actions and emotions. Oxford: Oxford University Press.

Sachser, N., Dürschlag, M., Hirzel, D. (1998). Social relationships and the management of stress. Psychoneuroendocrinology, 23, 891–904.

Sanfey, A. G. (2007). Social decision making. Insights from game theory and neuroscience. Science, 318, 598–602.

Sapolsky, R. (1992). Neuroendocrinology of the stress response. In S. Becker, S. Breedlove, D. Crews (Hrsg.), Hormonal influences on human sexual behaviour (S. 287–324). Cambridge (MA): MIT Press.

Sapolsky, R. M., Romero, L. M., Munck, A. U. (2000). How do glucocorticoids influence stress responses? Integrating permissive, supressive, stimulatory and preparative actions. Endocrine Reviews, 21, 55–89.

Scheiber, I. R., Weiss, B. M., Frigerio, D., Kotrschal, K. (2005). Active and passive social support in families of Greylag geese *(Anser anser)*. Behaviour, 142, 1535–1557.

Schlögl, C., Kotrschal, K., Bugnyar, T. (2007). Gaze following in Common Ravens *(Corvus corax)*. Ontogeny and Habituation. Animal Behaviour, 74. doi: 10.1016/j.anbehav.2006.08.017.

Scott, J. P., Fuller, J. L. (1965). Genetics and the social behavior of the dog. Chicago: University of Chicago Press.

Selye, H. (1951). The general-adaptation-syndrome. Annual Reviews of Medicine, 2, 327–342.

Serpell, J. A. (1986). In the company of animals. Oxford: Basil Blackwell.

Singer, P. (1976). All Animals are Equal. In T. Regan, P. Singer (Hrsg.) (1976), Animal Rights and Human Obligations (S. 148–162). New Jersey: Prentice Hall.

Stamp Dawkins, M. (2008). The Science of Animal Suffering. Ethology, 114, 937–945.

Stamp Dawkins, M., Donnelly, C. A., Jones, T. A. (2004). Chicken welfare is influenced more by housing conditions than by stocking density. Nature, 427,.

Tinbergen, N. (1951). The Study of Instinct. Oxford: Clarendon Press.

Tinbergen, N. (1963). On aims and methods of ethology. Zeitschrift für Tierpsychologie, 20, 410–433.

Topal, J., Miklósi, A. R., Csanyi, V., Doka, A. (1998) Attachment Behavior in Dogs *(Canis familiaris):* A New Application of Ainsworth's (1969) Strange Situation Test Journal of Comparative Psychology, 112, 219–229.

Trivers, R. (1985). Social evolution. Menlo Park, CA: Benjamin/Cummins Publishing Co.

Turner, D. C. (2000). The human-cat relationship. In D. C. Turner, P. Bateson (Hrsg.), The domestic cat (S. 194–206). Cambridge: Cambridge University Press.

Uvnäs-Moberg, K. (1998). Oxytocin may mediate the benefits of positive social interactions and emotions. Psychoneuroendocrinology, 23, 819–835.

von Holst, D. (1998). The concept of stress and its relevance for animal behavior. Advances in the Study of Behavior, 27, 1–131.

Voland, E. (2000). Grundriss der Soziobiologie. Heidelberg: Spektrum.

Waiblinger, S. (2009). Human-animal relations. In P. Jensen (Hrsg.), The ethology of domestic animals (2. Aufl., S. 102–117). Wallingford: CABI.

Weir, A. A. S., Chappell, J., Kacelnik, A. (2002). Shaping of Hooks in New Caledonian Crows. Science, 297, 981.

Weiss, B., Kotrschal, K. (2004). Effects of passive social support in juvenile greylag geese *(Anser anser)*. A study from fledging to adulthood. Ethology, 110, 429–444.

Weiss, B., Kotrschal, K., Frigerio, D., Hemetsberger, J., Scheiber, I. (2008). Birds of a feather stay together. Extended family bonds, clan structures and social support in greylag geese. In R. N. Ramirez (Hrsg.), Family relations. Issues and challenges (S. 87–99). New York: Nova Science Publishers.

Wilson, D. S. (1998). Adaptive individual differences within single populations. Philosophical Transactions of the Royal Society London B, 353, 1366, 199–205.

Wilson, D. S., Clark, A. B., Coleman, K., Dearstyne, T. (1994). Shyness and boldness in humans and other animals. Trends in Ecology and Evolution, 9, 442–446.

Wilson, E. O. (1984). Biophilia. Cambridge, Mass.: Harvard University Press.

Wolfer, D. P., Litvin, O., Morf, S., Nitsch, R. M., Lipp, H.-P., Würbel, H. (2004). Cage enrichment and mouse behaviour. Test responses by laboratory mice are unperturbed by more entertaining housing. Nature, 432, 821–822.

Würbel, H. (2000). Behaviour and the standardization fallacy. Nature Genetics, 26, 263. doi:10.1038/81541

Würbel, H., Stauffacher, M. (1996). Prevention of stereotypy in laboratory mice. Effects on stress physiology and behaviour. Physiology & Behavior, 59, 1163–1170.

Würbel, H., Garner, J. P. (2007). Refinement of rodent research through environmental enrichment and systematic randomization. NC3Rs #9 Environmental enrichment and systematic randomization. Zugriff am 03.07.2012 unter http://www.nc3rs.org.uk

Zahn-Waxler, C., Hollenbeck, B., Radke-Yarrow, M. (1984). The origins of empathy and altruism. In M. W. Fox, L. D. Mickley (Hrsg.), Advances in animal welfare science (S. 21–39). Washington, D. C.: Humane Society US.

Susanne Waiblinger (Angewandte Ethologie, Tierhaltung und Tierschutz in der Veterinärmedizin)

Die Bedeutung der Veterinärmedizin für den Tierschutz

1 Ziele und Aufgabenbereiche des Tierschutzes

Nach Sambraus (1997) besteht die Aufgabe des Tierschutzes darin, Tiere vor Schmerzen, Leiden und Schäden zu bewahren oder diese zu lindern. Diese Definition erscheint nach heutigem Stand der Forschung und Diskussion zu eng auf die negativen Zustände fokussiert (siehe Abschnitt 3). Weiter formuliert, und angelehnt an die Tierschutzgesetzgebung Deutschlands, Österreichs und der Schweiz, umfasst Tierschutz alle Handlungen des Menschen mit dem Ziel, Leben und Wohlbefinden von Tieren zu schützen (siehe auch Würbel, 2009; Troxler, 2010). Dabei bezieht sich der Tierschutz im Gegensatz zum Artenschutz auf Individuen (Sambraus, 1997).

Tierschutzaktivitäten beziehen sich zum überwiegenden Teil auf Tiere, die in der Obhut von Menschen gehalten werden, wie etwa Nutztiere, Heim- und Begleit-, Versuchs-, Zoo- oder Zirkustiere, oder die auf andere Art von Menschen genutzt werden (wie z. B. im Falle der Jagd oder Fischerei). Zumindest jedoch müssen Menschen und Tiere aufeinandertreffen; es muss eine Interaktion im weitesten Sinne erfolgen. So kommen verletzte oder kranke Wildtiere nur dann in den Genuss von menschlicher Hilfe und tierschützerischer Handlungen, wenn Menschen auf sie stoßen. Tierschutz beschreibt damit meist ein Spannungsfeld zwischen Interessen des Tieres und Interessen des Menschen.

2 Tierschutz als tierärztliche Aufgabe

Der tierärztliche Beruf und damit auch die Veterinärmedizin sind seit jeher mit dem Tierschutz verbunden. Zu den wichtigsten Aufgaben der *Tierärzte* und damit der Veterinärmedizin gehören die Behandlung kranker oder verletzter Tiere und prophylaktische Maßnahmen zur Gesunderhaltung derselben. In den Berufsbildern oder Berufsordnungen der Tierärzte ist dies entsprechend formuliert, zum Beispiel in § 1 der Bundestierärzteverordnung Deutschlands: »Der Tierarzt ist berufen, Leiden und Krankheiten der Tiere zu verhüten, zu lindern und zu heilen« (Bundes-Tierärzteordnung, 2011). Der Schutz des Lebens und des (körperlichen) Wohlbefindens von Tieren gehört damit grundsätzlich zu den ureigenen Aufgaben von Tierärzten und der Veterinärmedizin. Die Verpflichtung des tierärztlichen Berufes zum Tierschutz geht jedoch noch weiter und kommt expliziter zum Ausdruck in Formulierungen wie »der Tierarzt ist der berufene Schützer der Tiere« (Berufsordnungen der meisten Bundesländer Deutschlands) oder »der Tierarzt ist berufen [...], das Leben und das Wohlbefinden der Tiere zu schützen« (§ 2 Berufsordnung der Tierärzte des Saarlandes: Anonymus, 2009).

Tatsächlich spielen Tierärzte und Tierärztinnen seit jeher nicht nur durch ihre Praxistätigkeit eine wesentliche Rolle im Tierschutz (Steiger, 1997). Einzelne Tierärzte waren und sind in Tierschutzorganisationen tätig. Tierärztinnen gaben zu einem erheblichen Teil Impulse zur Schaffung nationaler Tierschutzgesetze und wirk(t)en wesentlich an den Gesetzesentwürfen zum Tierschutz mit (Steiger, 1997). Schließlich sind sie im Rahmen der Veterinärbehörden für die praktische Implementierung der rechtlichen Vorgaben zuständig. Tierschutz zählt neben Tierseuchenbekämpfung und Lebensmittelüberwachung zu den drei Hauptaufgabenbereichen der Veterinärbehörden. Das Engagement von Tierärztinnen für den Tierschutz zeigt sich auch durch die Gründung entsprechender Organisationen, in Deutschland der Tierärztlichen Vereinigung für Tierschutz (TVT), in der Schweiz der Schweizerischen Tierärztlichen Vereinigung für Tierschutz und seit 2010 auch in Österreich mit der Plattform »Österreichische Tierärztinnen für Tierschutz«. Die Informationsblätter der TVT sind wichtige Hilfsmittel im Vollzug des Tierschutzes.

Grundlage für all diese Aktivitäten sind das spezifische Fachwissen über Gesundheit und Wohlbefinden der Tiere, die besondere Kompetenz zur Beurteilung des Befindens der Tiere und zur Verbesserung desselben durch Wissen über Einflussfaktoren, zugrundeliegende Mechanismen, Heilungsmöglichkeiten und präventive Maßnahmen. Voraussetzung hierfür bietet die umfassende Aus- und Weiterbildung in verschiedenen veterinärmedizinischen Fachdisziplinen, zum Beispiel Physiologie, Zucht, Fütterung, Mikrobiologie, Tierhygiene, Pathologie und den klinischen Fächern, sowie speziell in Tierhaltung, Ethologie und Tierschutz. Fortbildung in diesem letzten Bereich der angewandten Ethologie und des Tierschutzes bietet beispielsweise seit mehr als vierzig Jahren die jährlich stattfindende Tagung der Deutschen Veterinärmedizinischen Gesellschaft (DVG) als Forum für die Forschung zu angewandter Ethologie und artgemäßer Tierhaltung der deutschsprachigen, und früher auch angrenzender, Länder. Die Vorträge werden vom Kuratorium für Technik und Bauwesen in der Landwirtschaft e. V. (KTBL) und der DVG regelmäßig in der KTBL-Schriftenreihe veröffentlicht (z. B. Anonymus, 2010, 2011).

Das Verhältnis Tierarzt – Tierschutz ist jedoch nicht konfliktfrei, da sich tierärztliche Tätigkeit, wie der Tierschutz selbst, im Spannungsfeld zwischen (wirtschaftlichen) Interessen der Menschen (Tierhalter und Tierarzt) und Interessen der Tiere bewegt. Bevor ich jedoch darauf zu sprechen komme, möchte ich den Beitrag der verschiedenen veterinärmedizinischen Fachdisziplinen für den wissensbasierten Tierschutz anhand verschiedener Aufgaben und Tätigkeitsfelder im Tierschutz genauer darstellen. Da eine wesentliche Grundlage jeder Tierschutzforschung und -arbeit die korrekte Beurteilung von Wohlbefinden, Schmerzen und Leiden ist, sollen diese Begriffe zunächst geklärt und definiert werden.

3   Was sind Wohlbefinden, Leiden, Schmerzen?

Zentrale Begriffe im Tierschutz sind das Wohlbefinden als zu schützendes Gut auf der einen und Schmerzen, Leiden, Schäden, Angst als zu vermeidende Beeinträchtigungen des Wohlbefindens auf der Gegenseite[1] (Sambraus, 1997). Bis auf die Ausnahme der Schäden stellen diese Begriffe subjektiv erlebte, emotionale Zustände dar.

3.1 Wohlbefinden und Leiden

Wohlbefinden wurde definiert als Zustand körperlicher und seelischer/psychischer Harmonie des Tieres in sich und mit der Umwelt (Lorz, 1973; van Putten, 1973), was bedeutet, dass die Anpassungsfähigkeit des Tieres nicht überfordert ist (van Putten, 1973): Die Tiere haben die Möglichkeit, arttypisches Verhalten entsprechend ihrer Motivation auszuüben, und sind frei von Krankheiten. Für das Brambell Commmittee umfasste »welfare« ebenfalls physische Gesundheit und psychisches Wohlbefinden (Brambell Committee, 1965, zit. in Knierim, 1998b), was durch die sogenannten »five freedoms« konkretisiert wurde: Freiheit von Hunger und Durst; Freiheit von körperlichem Unbehagen; Freiheit von Schmerzen, Schäden oder Krankheiten; Freiheit von Angst; Freiheit, sich normal zu verhalten. Dem Wohlbefinden steht *Leiden* als unangenehmer Gemützustand, der die Lebensqualität beeinträchtigt (Gregory, 2004), gegenüber. Nach Gregory (2004) ist Leiden der psychische Zustand, der mit unangenehmen, negativen Empfindungen wie Schmerz, Unwohlsein, Verletzungen, Frustration, Furcht, Angst oder Depression einhergeht. Sowohl Wohlbefinden als auch Leiden sind jedoch keine kategorialen Zustände mit einer klaren Grenze zwischen beiden. Es gibt graduelle Unterschiede im Leiden, je nach Intensität und Dauer und auch Menge der negativen Zustände (z. B. können Schmerz und Frustration in Kombination anders empfunden werden als jeweils allein). Aber auch auf der positiven Seite, auch in Abwesenheit negativer Empfindungen, bestehen Unterschiede im Wohlbefinden. Gutes Wohlbefinden ist primär durch das Erleben angenehmer Empfindungen/Emotionen gekennzeichnet (Boissy, Manteuffel, Jensen, Moe, Spruijt u. Keeling, 2007). Auch hier gibt es verschiedene positive Emotionen – zum Beispiel Freude, Sicherheit, Entspannung – und eine Abstufung des Wohlbefindens. So kann man annehmen, dass etwa das Herumspringen, Galoppieren und Spielen von Rindern, die nach dem Winter auf die Weide kommen, eine Freude und besonderes Wohlbefinden ausdrücken.

---

1   Siehe zum Beispiel für Deutschland § 1 Tierschutzgesetz in der Bekanntmachung vom 25. Mai 1998 (BGBl. I S. 1105, 1818), geändert durch Artikel 2 des Gesetzes zur Bekämpfung gefährlicher Hunde vom 12. April 2001 (BGBl. I S. 530); für Österreich siehe § 1 und § 5 des Bundesgesetzes über den Schutz der Tiere (Tierschutzgesetz – TSchG) BGBl. I Nr. 118/2004 idF BGBl. I Nr. 35/2008.

Wohlbefinden (bzw. »welfare«) kann daher auf einem Kontinuum von »sehr schlecht« bis »sehr gut« schwanken (Appleby u. Hughes, 1997; Knierim, 2001; Broom, 2007). Dies ist für den Leser sicher leicht nachvollziehbar: »Hervorragend«, »super«, »gut«, »geht so«, »nicht gut«, »schlecht«, »total mies« drücken doch sehr unterschiedliche Zustände aus und sind nur einige der möglichen Antworten auf die Frage »Wie geht es dir?«. Wo auf dieser Skala sich ein Individuum »befindet«, wird von der Fähigkeit der Anpassung an die spezifische Umwelt, der Bewältigungsfähigkeit, bestimmt. In Anlehnung an Broom (1986) entspricht Wohlbefinden dem Erleben des Ausmaßes der Auseinandersetzungsfähigkeit mit der Umwelt (Knierim, 2001). Das Wohlbefinden ist gut, wenn das Tier mögliche Herausforderungen der Umwelt leicht bewältigen kann oder zu einem bestimmten Zeitpunkt keine Probleme zu bewältigen hat, dagegen ist es umso mehr beeinträchtigt, je schwieriger es für das Tier ist, mit der Umwelt zurechtzukommen (Broom, 1996; Broom, 2007). Schwierigkeiten äußern sich in negativen Emotionen, Verhaltensproblemen und Beeinträchtigung der körperlichen Gesundheit.

Für das Erleben der Bewältigungsfähigkeit spielen Erwartungen des Tieres in Bezug auf die Umwelt und damit die Wahrnehmung und Bewertung der eigenen Situation durch das Tier eine große Rolle – je nach Bewertung werden angenehme oder unangenehme emotionale Zuständen ausgelöst (Veissier u. Boissy, 2007). Bei den emotionalen Zuständen wird zwischen eher kurzfristigen, spezifischen Emotionen wie Furcht, Angst, Freude, Glück und längerfristigen Stimmungen unterschieden, die sich gegenseitig beeinflussen können (Manteuffel, 2006; Mendl, Burman u. Paul, 2010). Wiederholte negative (kurzfristige) Emotionen können die Grundstimmung verschlechtern, während eine negative Grundstimmung wiederum die Wahrnehmung von Ereignissen als (stärker) negativ wahrscheinlicher macht. Die kognitive und emotionale Bewertung der gleichen Situation wird verändert. Auch Schmerzreize derselben Intensität können je nach Grundstimmung stärker oder weniger stark empfunden werden.

Um die Anpassungsfähigkeit der Tiere nicht zu überfordern, ist es nötig, dass die Haltung den physikalischen (z. B. Temperatur), physiologischen (z. B. Nährstoffaufnahme) und psychologischen (Verhaltensansprüche, z. B. Erkundungsmöglichkeit – Reizangebot) Ansprüchen der Tiere Rechnung trägt. Insbesondere die Verhaltensansprüche von Tieren wurden und werden in der (intensiven) Tierhaltung häufig nicht berücksichtigt, mit entsprechenden Beeinträchtigungen des Wohlbefindens. Diese Verhaltensansprüche beruhen auf dem artspezifischen Verhaltensrepertoire und zugrunde liegenden Steuerungssystemen, die sich im Laufe der Evolution für die Tierarten ausgebildet haben und bei den Haustieren noch vollumfänglich vorhanden sind (Waiblinger, Baumgartner, Kiley-Worthington u. Niebuhr, 2003). Einschränkungen des artspezifischen, des »natürlichen« Verhaltens führen im Allgemeinen zu negativen Emotionen, während die Möglichkeit für artspezifischen Verhaltens die Voraussetzung (wenn auch nicht allein ausreichend) für positive Emotionen und gutes Wohlbefinden ist. Die Zusammenhänge zwischen (artspezifischem) Verhalten und Wohlbefinden der Tiere hier genauer darzulegen würde den Rahmen des Kapitels sprengen, wurde aber bereits ausführlich dargestellt (z. B. Knierim, 2001; Waiblinger et al., 2003; Würbel, 2009).

Geringgradige körperliche Schäden können ein Tier teilweise (noch) nicht in seinem subjektiven Wohlbefinden beeinträchtigen, sind jedoch dennoch ein Zeichen einer nicht erfolgreichen Anpassung und nach Lorz (1973) und Broom (1986, 1991) Indikatoren für eingeschränktes Wohlbefinden bzw. »poor welfare«. Auch wenn dies nicht immer unumstritten war, werden Erkrankungen und Verletzungen als Zeichen eingeschränkten Wohlbefindens und körperliche Gesundheit als eine Bedingung für Wohlbefinden im Allgemeinen akzeptiert (z. B. Brambell Committee, 1965; Hughes u. Curtis, 1997; Dawkins, 2001; Broom, 2007). Um die körperliche Komponente explizit mit einzubeziehen, wird in der deutschsprachigen Tierschutzforschung teilweise der Begriff des Wohlergehens verwendet, der die beiden Hauptkomponenten körperlicher Zustand und Befinden umfasst (Knierim u. Winckler, 2009). Da jedoch körperlicher Zustand und psychisches Befinden schlussendlich nicht zu trennen sind, sondern sich gegenseitig beeinflussen, und auch, um klar den Bezug zum Tierschutzrecht zu erhalten, erscheint es mir sinnvoller, den Begriff des Wohlbefindens im Sinne von Brooms »Welfare« zu verwenden. Erkrankungen bedingen, zumindest sobald sie das klinische Stadium erreichen, negative Empfindungen wie Schmerzen, allgemeines Krankheitsgefühl und negativere Stimmungen, die sich in Verhaltensänderungen, zum Beispiel Verminderung der Nahrungsaufnahme und Rückzug von sozialen Interaktionen, zeigen. Auf der anderen Seite führen negative emotionale Zustände (psychischer Stress) zu einer Beeinflussung der Immunabwehr und erhöhter Krankheitsanfälligkeit.

3.2 Schmerzen

Schmerzen als »aversive Sinneswahrnehmung und Emotion« (Rutherford, 2002) können je nach Dauer und Intensität das Wohlbefinden extrem (»unerträgliche« Schmerzen längerer Dauer) bis kaum (z. B. sehr kurzer, schwacher Schmerz) beeinträchtigen. Schmerzen spielen im Tierschutz insbesondere in Bezug auf die Bewertung schmerzhafter Eingriffe bei Tieren, einschließlich Tierversuche, sowie schmerzhaften haltungs- oder zuchtbedingten Erkrankungen und Schäden eine Rolle. Die Relevanz von Schmerzen ist unumstritten. Allerdings herrscht über die Stärke der Belastung durch Eingriffe häufig Uneinigkeit, auch wurde und wird manchen Tierklassen oder auch Altersgruppen kein oder nur ein reduziertes Schmerzempfinden zugestanden (Taschke, 1995). Dem wissenschaftlich geführten Nachweis von Schmerz und der Einschätzung der Belastung kommt daher im Tierschutz große Bedeutung zu. Daneben bieten sich Möglichkeiten, die Belastung zu reduzieren durch ein entsprechendes Schmerzmanagement, das heißt den Einsatz von Narkotika, Anästhetika und Schmerzmitteln. Grundlage dieser Ansätze ist das Verständnis davon, was Schmerz ist. Physiologie und Neuroanatomie haben hier Wesentliches beigetragen.

Schmerzen dienen grundsätzlich dazu, den Körper vor Schäden durch innere und äußere Faktoren (Noxen) zu schützen bzw. deren Einwirkung und Folgen möglichst gering zu halten und die Heilung zu unterstützen (Bernatzky, 1997; Rutherford, 2002).

Schmerz als negative Emotion veranlasst das Individuum, sich den damit verbundenen Reizen zu entziehen und sie in Zukunft zu meiden, was schlussendlich ihrem Überleben und ihrer Fitness dient. Weiter ermöglicht Schmerz die Ausheilung einer Schädigung, da das Individuum zum Beispiel durch Schonhaltung einer verletzten Gliedmaße die Schmerzen zu vermeiden sucht.

Die bewusste Wahrnehmung des Schmerzes kommt durch das Zusammenspiel von verschiedenen Strukturen des peripheren und zentralen Nervensystems mit biochemischen Entzündungsmediatoren und Transmittern zustande (Taschke, 1995; Bernatzky, 1997). Schmerzrezeptoren, die sogenannten Nozizeptoren, sind freie Nervenendigungen, die durch entsprechende mechanische, thermische und chemische Reize erregt werden, wobei sie erst bei vergleichsweise starken Reizen reagieren und in der Regel nicht auf Reize adaptieren, zudem bei wiederholten Reizen eine Sensibilisierung stattfindet (Taschke, 1995; Bernatzky, 1997). Bei Säugetieren liegen zwei verschiedene Nervenfasertypen vor, die unterschiedliche Schmerzempfindungen auslösen (akute stechende bzw. eher langsam einsetzende, brennende, dumpfe Schmerzen) und in unterschiedlichem Grad empfindlich für verschiedene Typen von Schmerzreizen (mechanisch, thermisch, chemisch) sind.

Die Reizschwelle, das heißt ab welcher Reizintensität Schmerz bzw. Schmerzreaktionen ausgelöst werden, ist zwischen Tierarten, aber auch innerhalb einer Tierart individuell sehr unterschiedlich. Selbst bei einem Individuum verändert sich diese Reizschwelle durch verschieden Faktoren, unter anderem auch eine eventuell vorhandene chronische Stressbelastung (Whay, Webster u. Waterman-Pearson, 2005).

Nachdem ich nun die zentralen Begriffe im Tierschutz erläutert habe, möchte ich auf einige der wichtigsten Tätigkeitsfelder im Tierschutz eingehen und jeweils den Beitrag verschiedener veterinärmedizinischer Fachgebiete darstellen.

4 Beurteilung des Wohlbefindens

Die korrekte Einschätzung des Wohlbefindens der Tiere ist Voraussetzung für kompetenten Tierschutz. Nur so können Haltungssysteme oder Maßnahmen wie schmerzhafte Eingriffe oder Trainingsmethoden auf ihre Tierschutzrelevanz hin beurteilt werden und mögliche Schritte zur Verbesserung oder Abschaffung der Situation eingeleitet werden.

Wohlbefinden wie auch Schmerzen, Leiden, Angst, Freude und andere subjektive emotionale Zustände sind grundsätzlich nur für das jeweilige Individuum wahrnehmbar und daher nicht direkt messbar. Auf emotionale Zustände kann jedoch grundsätzlich über Indikatoren, insbesondere Verhalten und physiologische Vorgänge, geschlossen werden (Stauffacher, 1992; Tschanz, Bammert, Baumgartner, Bessei, Birmelin u. Fölsch, 1997; Mendl, Parker u. Paul, 2009). Körperliche Gesundheit bzw. Erkrankungen und Schäden als wesentlicher Teil des Wohlbefindens stellen ebenfalls wichtige Indikatoren dar. Schließlich kann eingeschränktes Wohlbefinden zum Beispiel über Stressreaktionen mit einer Leistungsminderung einhergehen. Diese verschiedenen Bereiche stellen vier

Gruppen von Indikatoren, die zur Beurteilung des Wohlbefindens der Tiere bzw. daraus schließend der Beurteilung der Tiergerechtheit der Haltung dienen: ethologische, physiologische, pathologische und Leistungsindikatoren (Appleby u. Hughes, 1997; Knierim, 1998a; Dawkins, 2001). Einigkeit herrscht darüber, dass für eine Beurteilung des Wohlbefindens eine Kombination verschiedener Indikatoren sinnvoll bzw. notwendig ist, da sich verschiedene Indikatoren in ihrer Aussagekraft ergänzen (Terlouw, Schouten u. Ladewig, 1997; Knierim, 1998a; Dawkins, 2001). Dieser Empfehlung wird jedoch nicht immer nachgekommen. Insbesondere Veterinärmediziner stützen sich häufig primär auf physiologische oder pathologische Daten, sodass eine umfassende Beurteilung des Wohlbefindens dann nicht gegeben ist (z. B. Pesenhofer, Palme, Pesenhofer u. Kofler, 2006; Christiansen u. Forkman, 2007).

Es kann zwischen negativen Indikatoren, das heißt solchen, die eine Beeinträchtigung des Wohlbefindens anzeigen, und positiven Indikatoren, das heißt solchen, die auf gutes Wohlbefinden schließen lassen, unterschieden werden. Letztere haben erst in neuerer Zeit mehr Aufmerksamkeit und Forschungstätigkeit erfahren, während die negativen Indikatoren lange Zeit im Vordergrund standen – was die Realität der landwirtschaftlichen Nutztierhaltung in intensiven Haltungssystemen, in denen starke Verhaltenseinschränkungen und Beeinträchtigungen des Wohlbefindens systemimmanent waren, widerspiegelte (Beispiel Käfighaltung der Legehennen in den 1970er Jahren, ganzjährige Kastenstandhaltung der Sauen). Seither wurden allternative Haltungssysteme entwickelt (z. B. Volierenhaltung für Legehennen, Gruppenhaltung und freie Abferkelbuchten bei Sauen), die grundsätzlich das Potenzial einer tiergerechten Haltung besitzen, in denen es jedoch noch große Unterschiede im tatsächlich erreichten Wohlbefinden geben kann. Das zunehmende gesellschaftliche Bewusstsein bezüglich Tierschutzproblemen führte zu einer steigenden Nachfrage nach Produkten aus tiergerechter Haltung und zu einer Zunahme entsprechender Labelprodukte; dabei erwarten sich die Verbraucher Produkte von »glücklichen« Tieren (Wildner, 1998; Svensson u. Liberg, 2006; Eurobarometer, 2007). Durch diese Entwicklungen und das verstärkte wissenschaftliche Interesse an der Erfassung von Emotionen hat sich die Forschung vermehrt den positiven emotionalen Zuständen und Indikatoren zugewandt.

Die Veterinärmedizin befasst sich naturgemäß vor allem mit den negativen Indikatoren, gerade für die Beurteilung der positiven emotionalen Zustände bieten sich jedoch interessante Möglichkeiten innerhalb der Veterinärmedizin, wie ich an entsprechender Stelle unten darlege.

4.1 Ethologie – Verhalten

Die Ethologie ist die Lehre von der Lebensweise und dem Verhalten von Tieren (einschließlich dem Menschen). Die Angewandte Ethologie befasst sich mit domestizierten und anderen vom Menschen gehaltenen Tieren. Wie bereits unter Abschnitt 3.1 erwähnt, ist für eine tiergerechte Haltung von Tieren die Berücksichtigung ihrer Verhaltensansprüche wesentlich, sowohl der artspezifischen als auch für alle Tierarten geltende Ansprüche (wozu zum Beispiel die Voraussagbarkeit und Kontrollierbarkeit von Umweltreizen zählt: Wiepkema, 1987). Das Verhalten der Tiere, die (angewandte) Ethologie und ethologische Methoden haben daher eine herausragende Bedeutung im wissensbasierten Tierschutz (z. B. Bewertung von Haltungssystemen: Wechsler, Fröhlich, Oester, Oswald, Troxler u. Weber, 1997). Die angewandte Ethologie ist mittlerweile an vielen Veterinärmedizinischen Universitäten bzw. Fakultäten als Fachdisziplin in entsprechenden Instituten für Ethologie, Tierhaltung, Tierschutz etc. etabliert, um die Aus- und Weiterbildung der Tierärzte und Forschung auch auf diesem Gebiet zu sichern. Hier kommen spezifisch ethologische Methoden zur Anwendung, die über den in der (klinischen) Veterinärmedizin üblichen Einbezug des Verhaltens hinausgehen. Trotzdem erwähne ich sie kurz, um auf die Möglichkeiten der Ethologie im wissensbasierten Tierschutz hinzuweisen.

Das Verhalten als Indikator des Befindens wird seit jeher in der Veterinärmedizin genutzt – die Beurteilung des »Allgemeinbefindens« gehört zum tierärztlichen Untersuchungsgang, ebenso stellen bestimmte Verhaltensauffälligkeiten oder -abweichungen wichtige Symptome für eine Diagnose dar (für eine genauere Beschreibung siehe Knierim, Carter, Fraser, Gärtner, Lutgendorf u. Mineka, 2001). Das Verhalten wird dabei jedoch qualitativ beurteilt, zum Beispiel eine Lahmheit in hoch-, mittel-, geringgradig oder auch in differenzierte Scores (z. B. Manson u. Leaver, 1988; Winckler u. Willen, 2001). Die Einschätzung von Schmerz anhand subjektiver Scores (z. B. Visual Analogue Score, siehe in Rutherford, 2002; Braz, Carreira, Carolino, Rodrigues u. Stilwell, 2012) ist auch in anderem Zusammenhang (z. B. Schmerzmanagement nach Operationen) in der klinischen Veterinärmedizin verbreitet. Verhalten kann jedoch auch quantitativ durch Häufigkeiten, Dauer etc. von zuvor genau definierten Verhaltensweisen erhoben werden (z. B. Martin u. Bateson, 1993). Von nicht mit ethologischen Methoden vertrauten veterinärmedizinischen Fachdisziplinen werden die quantitativen Möglichkeiten und die Objektivität der Verhaltenserhebung häufig unterschätzt. In der Angewandten Ethologie werden hauptsächlich quantitative Methoden eingesetzt.

Eine genaue Kenntnis des Verhaltens der jeweiligen Tierart und der Beobachtungsmethodik ist für beides, für quantitative und qualitative Methoden, Voraussetzung für zuverlässige Daten und eine richtige, valide Interpretation. Die Zuverlässigkeit (Reliabilität) der Erhebung kann und sollte anhand definierter Kriterien (Übereinstimmung zwischen Beobachtern, innerhalb eines Beobachters und Wiederholbarkeit über die Zeit) überprüft werden (Martin u. Bateson, 1993); für Beispiele zur Reliabilität und Validität verschiedene Parameter zur Erhebung des Wohlbefindens auf landwirtschaftlichen Praxisbetrieben siehe Forkman und Keeling (2009a, 2009b, 2009c). Selbst im Falle subjektiver Scores können bei entsprechendem Training gute Übereinstimmungen erzielt werden. Neben der Zuverlässigkeit der Verhaltensbeobachtungen muss auch deren Validität, das heißt Richtigkeit, als Indikator für (positives) Wohlbefinden oder negative Zustände wie Schmerzen überprüft werden. Ein Beispiel sind Lahmheiten. Diese können durch Schonung aufgrund schmerzhafter Prozesse verursacht sein oder aber eine

Funktionseinschränkung sein, zum Beispiel eine Nervenlähmung, ohne dass das Tier dabei Schmerzen empfindet. Auch wenn beides Einschränkungen des Wohlbefindens bedeuten, kann sich die Belastung je nach genauer Situation doch unterscheiden. Die Überprüfung der Validität von Verhaltensparametern zur Erfassung von Schmerzen kann unter anderem mithilfe pharmakologischer Methoden unterstützt werden (siehe 4.5 Pharmakologie).

Im Vergleich zu pathologischen Indikatoren ist Verhalten häufig sensibler, das heißt, es zeigt Veränderungen oder Unterschiede im Wohlbefinden an, während andere Parameter (noch) nicht oder nicht mehr messbar reagieren. Manche Verhaltensweisen werden als Indikatoren für gutes Wohlbefinden angesehen, zum Beispiel Spielverhalten. Zudem kann mit standardisierten Verhaltenstests auf Emotionen geschlossen werden. Ein Beispiel stellt die Einschätzung der Beziehung von Tieren zu Menschen dar. Dies erfolgt, indem ihre Reaktion auf bekannte oder unbekannte Personen in standardisierten Situationen gemessen wird – so kann auf Furcht vor Menschen oder auf Vertrauen in und Sicherheit in Gegenwart von Menschen geschlossen werden (Waiblinger, Boivin, Pedersen, Tosi, Janczak, Visser et al., 2006; Graml, Waiblinger u. Niebuhr, 2008; Windschnurer, Boivin u. Waiblinter, 2009; Windschnurer, Schmied, Boivin u. Waiblinger, 2009).

Mit verschiedenen experimentellen Methoden (Wahlversuche, Consumer-demand-Test-Paradigmen, Aversionslerntests) können Präferenzen oder Aversionen der Tiere für bestimmte Umweltbedingungen überprüft werden, das heißt, die Tiere werden »befragt«, ob sie etwas als unangenehm oder angenehm einschätzen. Angenehmes werden sie bevorzugt aufsuchen und dafür »arbeiten« (Energie aufwenden, um an diesen angenehmen Reiz zu gelangen), Unangenehmes dagegen werden sie in Zukunft meiden (Überblick siehe in Dawkins, 2001).

4.2 Physiologie

Das Verständnis für physiologische Prozesse und die Verwendung physiologischer Parameter ist eine Grundlage veterinärmedizinischer Tätigkeit. Diagnostische Methoden und Tests werden dabei weiter- bzw. neu entwickelt. Für die Diagnose von gesundheitlich relevanten Zuständen (z. B. Erkrankungen, Mangelernährung) kommt eine Vielzahl von Parametern zum Einsatz. In Bezug auf die Beurteilung von darüber hinausgehenden Belastungen bzw. des Wohlbefindens konzentrierte sich das Interesse vor allem auf die beiden Stressachsen Hypothalamus-Hypophysen-Nebennierenrinde (HPA) und Sympathoadrenales System (SA) (Broom u. Johnson, 1993). Die Aktivierung der Stressachsen in belastenden Situationen bewirken Veränderungen im gesamten Körper, die dem Organismus schnelle, eventuell lebensrettende Verhaltensreaktionen ermöglichen (Fight-Flight-Reaktion, z. B. stärkere Durchblutung von Muskulatur, Lunge, Gehirn, Mobilisierung von Energiereserven, analgetische Wirkung).

Eine Aktivierung der HPA-Achse ist insbesondere durch einen Anstieg der Glukocorticosteroide (z. B. Kortisol) im Blut gekennzeichnet. Die Erfassung der HPA-Aktivität ist eine übliche Herangehensweise zur Beurteilung von Belastungen bei Tieren, wobei die Verwendung von Blutplasma zur Messung von Glukocorticosteroiden (Kortisol bzw. Kortikosterone) immer noch die Referenzmethode darstellt (Mormède, Andanson, Aupérin, Beerda, Guémené u. Malmkvist, 2007). Blutproben haben jedoch den Nachteil, dass die Probengewinnung selbst die Tiere deutlich belasten und damit den Messwert beeinflussen kann. Entsprechend wurden – in Zusammenarbeit mit der Biochemie – Methoden entwickelt und erfolgreich eingesetzt, die Speichel, Milch oder (spontan abgesetzter) Urin heranziehen (Taschke, 1995; Hagen, Lexer, Palme, Troxler u. Waiblinger, 2004; Mormède et al., 2007), bei denen die Belastung durch die Probenahme reduziert bis vermieden wird. Dies hängt von der Beziehung des zu beprobenden Tieres zu Menschen ab, was auch für die Gewinnung von Blutproben gilt. Eine vorherige Gewöhnung an die Handhabung hilft, Probleme von Stress, der durch die Probennahme selbst ausgelöst wird, zu vermeiden oder, im Falle der Blutplasmagewinnung, zumindest zu vermindern. Auch der Einsatz von Venenkathetern bei häufigen Blutentnahmen, eventuell kombiniert mit Geräten, die ohne Präsenz des Menschen regelmäßig Blutproben entnehmen, wurde entwickelt, um die Belastung und Beeinflussung durch die Probenahme selbst möglichst gering zu halten bis auszuschalten. Eine Methode, die dieses Problem ganz ausschließt, ist die Messung von Kortisolmetaboliten im Kot als Maß für die HPA-Aktivität. Die Validierung dieser nicht oder wenig invasiven Methode verlief bereits für verschiedene Tierarten und Anwendungszwecke erfolgreich (z.B. Palme, Robia, Messmann, Hofer u. Möstl, 1999; Lepschy, Touma, Hruby u. Palme, 2007; Nordmann, Keil, Schmied-Wagner, Graml, Langbein u. Aschwanden, 2011). Chronische Belastungssituationen erfordern jedoch meist spezifische Methoden, da die Hormonspiegel häufig nach anfänglichem Anstieg wieder auf unveränderte Werte fallen, jedoch funktionelle Änderungen der HPA-Achse vorhanden sind. Diese können mit speziellen Tests erfasst werden, die in der Veterinärmedizin auch für die Diagnose erkrankungsbedingter hormoneller Störungen üblich sind (ACTH-Test, Dexamethason-Suppressionstests, siehe Terlouw et al., 1997; Mormède et al., 2007).

Bei Aktivierung des SA-Systems erfolgt eine Erregung des sympathischen Nervensystems und erhöhte Freisetzung von Catecholaminen (Adrenalin, Noradrenalin). Indikatoren sind die Konzentration der Catecholamine im Blut oder eine Erhöhung der Herzfrequenz. Catecholamine werden wesentlich seltener als Belastungsindikator herangezogen – durch die extrem schnelle Reaktionsgeschwindigkeit innerhalb Sekundenbruchteilen ist dies methodisch schwieriger. Dagegen bietet die Herzfrequenz als Indikator der SA-Achse gute Möglichkeiten gerade auch nichtinvasiver Messung, zumindest bei größeren Säugetieren. Beispielsweise ist die Herzfrequenz von Kälbern nach einer Enthornung (Ausbrennen der Hornanlagen mit dem Brennstab) ohne Schmerztherapie und Anästhesie im Vergleich zu Kontrollkälbern um nahezu 4 h erhöht, was als Zeichen von postoperativen Schmerzen gewertet werden kann (Grondahl-Nielsen, Simonsen, Damkjer Lund u. Hesselholt, 1999), und durch Verhaltensbeobachtungen bestätigt wird.

Die alleinige Anwendung dieser physiologischen Parameter ist jedoch kritisch zu sehen, die Interpretation der Daten nicht unkompliziert, da die Hormone gleichzeitig

an einer Vielzahl von Regulationsvorgängen im Körper beteiligt sind und die Varia-
bilität auch ohne Belastungen sehr hoch ist (Knierim, 1998a; Mormède et al., 2007).
Auch können in emotional positiv bewerteten Situationen ähnliche physiologische
Reaktionen (Erhöhung Herzfrequenz und Cortisolspiegel) auftreten wie in belastenden, unangenehmen Situationen. Bei länger anhaltenden Schmerzzuständen kann der
Kortisolspiegel bereits wieder auf Ausgangswerte abgesunken sein, obwohl andere
Parameter noch auf Schmerzen schließen lassen (Grondahl-Nielsen et al., 1999) Daher
sollten die physiologischen Parameter unbedingt mit Verhaltensbeobachtungen und
eventuell pathologischen und Leistungsindikatoren kombiniert werden (Terlouw et al.,
1997). Als Ergänzung liefern sie jedoch oft sehr wertvolle Ergebnisse.

Als Indikator für Wohlbefinden hat in den letzten Jahren die *Herzfrequenzvariabilität* an Bedeutung gewonnen. Die Herzfrequenzvariabilität ermöglicht, die Funktion
des autonomen Nervensystems zu untersuchen, insbesondere die sympathovagale
Balance (von Borell, Langbein, Després, Hansen, Leterrier u. Marchant-Forde, 2007).
In der Humanmedizin wird die Herzfrequenzvariabilität bereits seit etwa fünfzig Jahren zur Beurteilung von akutem und chronischem Stress, mentalen Belastungen und
emotionalen Zuständen genutzt (von Borell et al., 2007). In der Veterinärmedizin steigt
ihre Anwendung zur Früherkennung krankhafter Zustände oder in der Anästhesie,
aber auch in der Tierschutzforschung. Mit der Herzfrequenzvariabilität können auch
bei Tieren akute und chronische Belastungssituationen abgebildet werden (Hagen,
Langbein, Schmied, Lexer u. Waiblinger, 2005; Stewart, Stafford, Dowling, Schaefer u.
Webster, 2008; Nordmann et al., 2011). Zudem scheint es möglich zu sein, mithilfe der
Herzfrequenzvariabilität negative und positive Emotionen zu unterscheiden (Boissy
et al., 2007; von Borell et al., 2007; Nordmann et al., 2011).

Die *Immunologie* als Gebiet der Physiologie bietet ebenfalls interessante Perspektiven.
Immunsystem, HPA-Achse und emotionale Zustände stehen in komplexen Wechselwirkungen (Burgdorf u. Panksepp, 2006; Mormède et al., 2007). Insbesondere chronischer
Stress wird mit verminderter Immunabwehr in Verbindung gebracht. Maßnahmen, die
Stress reduzieren, verbessern sie: Zum Beispiel zeigen positiv gehandhabte Küken, die
dadurch weniger Furcht vor Menschen haben, eine bessere Immunabwehr als Kontroll-
tiere (Gross u. Siegel, 1980, 1982). Auf der anderen Seite können positive Emotionen
und Stimmungen die Immunabwehr steigern. Bei Schweinen beeinflussten positive und
negative psychologische Erfahrungen die Parameter des Immunsystems in entgegengesetzte Richtung (Tuchscherer et al., 1998; Ernst et al., 2006). Entsprechend können
Parameter des Immunsystems für die Bewertung des Wohlbefindens mit einbezogen
werden. Auch kurzfristige positive Emotionen scheinen sich in verbesserter Immunabwehr niederzuschlagen und nichtinvasiv über die Immunglobulin-A Konzentration
im Speichel messbar zu sein, wie Experimente mit Menschen annehmen lassen (Boissy
et al., 2007). Die Prüfung und Weiterentwicklung immunologischer Parameter könnte
in Zukunft eine stärkere Rolle in der Tierschutzforschung spielen.

Die Liste für die Tierschutzforschung interessanter physiologischer Indikatoren
könnte noch fortgesetzt werden, würde den Rahmen dieses Buchkapitels jedoch spren-

gen. Die meisten der hier besprochenen Parameter haben den Vorteil, dass sie nicht invasiv oder doch zumindest kaum invasiv (z. B. Kotprobenentnahme aus dem Enddarm) durchgeführt werden können, was für viele Fragestellungen in der Tierschutzforschung ausreicht und im Sinne des Tierschutzes nach Möglichkeit bevorzugt werden sollte.

4.3 Pathologie – Gesundheit, Krankheit, Schäden

Die Diagnose von Erkrankungen und die Einschätzung des Gesundheitszustandes ist eine Kernkompetenz der Veterinärmedizin. Wie bereits ausgeführt ist körperliche Gesundheit eine Voraussetzung für Wohlbefinden – körperliche Erkrankungen und Schäden (Verletzungen, Organveränderungen) sind als Anzeichen für Beeinträchtigungen des Wohlbefindens anerkannt (siehe oben). Pathologische Indikatoren sind damit grundsätzlich negative Indikatoren – eine Abwesenheit pathologischer Veränderungen ist kein ausreichender Indikator von Wohlbefinden.

Schäden an Haut und Fell (Integument) des Tieres haben sich zur Beurteilung der Tiergerechtheit der Tierhaltung sowohl auf Systemebene wie auf Praxisebene bewährt (Ekesbo, 1984; Wechsler et al., 2000). Schäden am Integument entstehen durch Kontakt zu den Haltungseinrichtungen (z. B. Wunden an den Sprunggelenken bei Milchkühen durch ungeeignete Liegeflächenqualität), durch soziale Auseinandersetzungen mit Artgenossen (z. B. Hornstoßverletzungen bei Ziegen oder Rindern mit Hörnern), Verhaltensstörungen, die zu Selbstverletzungen oder Fremdverletzung führen (z. B. Federpicken bei Legehennen, Schwanzbeißen bei Schweinen). Sie können und müssen zur Einschätzung der Belastung genau klassifiziert werden hinsichtlich der Tiefe der Verletzung, der Größe, Qualität und der Region. Durch genaue veterinärmedizinische Untersuchung der Tiere können auch tiefer liegende Verletzungen und Schäden erkannt werden. Beispiele sind Callusbildungen (das heißt Knochenverdickungen bei der Heilung von Knochenbrüchen) im Rippenbereich bei Ziegen oder Brustbeindeformationen bei Legehennen, insbesondere in Alternativsystemen (Freire, Wilkins, Short u. Nicol, 2003; Waiblinger, Nordmann, Mersmann u. Schmied-Wagner, 2011b). Pathohistologische Untersuchungen konnten zeigen, dass diese Veränderungen bei Legehennen bereits bei geringgradig verformten Brustbeinen in etwa 50 % der Fälle Frakturen des Brustbeins darstellen (Scholz, Rönchen, Hamann, Hewicker-Trautwein u. Distl, 2008). Da Frakturen zu sehr schmerzhaften Prozessen gehören, sind diese Funde von großer Tierschutzrelevanz.

Auch Erkrankungsraten insbesondere von multifaktoriell bedingten Produktionskrankheiten spielen in der Beurteilung von Haltungssystemen eine wichtige Rolle. Wie in Abschnitt 4.2 dargestellt, können Erkrankungen an sich im Zusammenhang mit psychischen oder physischen Belastungen stehen. Die Belastung durch die Krankheit an sich und die Stärke der Beeinträchtigung des Wohlbefindens hängt von der Krankheit selbst, dem Schweregrad dieser und beteiligten negativen Empfindungen, vor allem Schmerzen und Unwohlsein, ab.

In der Beurteilung der Belastung bei schmerzhaften Eingriffen spielen pathologische Indikatoren vor allem für die Zeit der Heilung eine Rolle. Entzündungen und
Sepsis der betroffenen Region waren bei Untersuchungen zu verschiedenen Kastrationsmethoden bei Kälbern, neben einigen geringeren Verhaltensabweichungen, die
deutlichsten Hinweise auf chronische Schmerzen (Molony et al., 1995). Kenntnisse
der Entzündungs- und Schmerzphysiologie lassen hier Rückschlüsse auf Schmerzen
zu. Negative Empfindungen im Zusammenhang mit pathologischen Prozessen können
mit veterinärmedizinischen Methoden validiert werden (siehe 4.5).

4.4 Leistungsindikatoren

Eingeschränktes Wohlbefinden kann sich in einer Leistungsminderung zeigen. So
gehen Lahmheiten und Eutererkrankungen bei Kühen mit einem deutlichen Verlust
der Milchleistung einher. Doch auch psychologische Belastungen wirken sich leistungs-
mindernd aus: Eine schlechte Mensch-Tier-Beziehung, das heißt (moderat) negativer
Umgang der Betreuungspersonen mit den Tieren und größere Furcht der Tiere vor dem
Menschen, führt zum Beispiel zu verminderter Milchleistung bei Kühen, geringerer
Legeleistung bei Hühnern und weniger Ferkeln pro Sau (Übersicht in Hemsworth u.
Coleman, 1998; Waiblinger et al., 2006). Allerdings ist der Zusammenhang zwischen
Leistung und Wohlbefinden komplex. Unsere heutigen Nutztiere sind so stark auf hohe
Leistungen selektiert, dass diese Leistungen bis zu einem gewissen Punkt auch auf
Kosten des Selbsterhalts und bei beeinträchtigtem Wohlbefinden eingehalten werden.
Trotz deutlich eingeschränktem, insbesondere psychischem, Wohlbefinden können oft
noch recht hohe Leistungen erzielt werden – klassisches Beispiel sind hohe Legeleis-
tungen bei Hühnern in Käfighaltung mit deutlichen Anzeichen gestörten Wohlbefin-
dens. Bei der Verwendung von Leistungsparametern ist es daher besonders wichtig,
die Gesamtsituation, einschließlich der Genetik, zu berücksichtigen. Leistungsein-
brüche beim Einzeltier bzw. in einem Bestand können jedoch deutliche Hinweise im
Sinne eines negativen Indikators geben und werden in der veterinärmedizinischen
Diagnostik verwendet.

4.5 Pharmakologie

Um die Schmerzhaftigkeit eines Eingriffs oder auch eines Zustandes festzustellen,
können Schmerzmittel (meist nichtsteroidale Antiphlogistika) und/oder Anästhetika
zum Einsatz kommen. Werden hierdurch Verhaltens- und physiologische Veränderungen verhindert, die ohne die Schmerzmittel-/Anästhetikagabe zu finden sind, ist dies
eine weitere Bestätigung für Schmerzen. Dieselbe Methode wird zum Nachweis von
Schmerzen als Ursache von Verhaltensänderungen im Rahmen krankheitsbedingter
Prozesse angewendet. Beispiele sind Lahmheiten bei Milchkühen und Masthühnern.

Durch die Zucht auf extreme Schnellwüchsigkeit zeigen Masthühner verschiedene Erkrankungen und Schäden an den Beinen, eine deutliche Bewegungsreduktion und teilweise Lahmheiten. Durch Verabreichung von Schmerzmitteln erhöhte sich die Laufaktivität, was den Schluss zulässt, dass die Verminderung der Laufaktivität durch Schmerzen ausgelöst war und nicht rein durch mechanische Fehlfunktionen durch Fehlstellungen (Rutherford, 2002). Auch bei Rindern konnte die Beteiligung von Schmerzen beim Symptom »Lahmheit« und im Falle von klinischen Euterentzündungen mithilfe von Schmerzmitteln nachgewiesen werden (Milne, Nolan, Cripps u. Fitzpatrick, 2003; Whay et al., 2005).

4.6 Integration verschiedener Indikatoren – Gesamtbeurteilung des Wohlbefinden

Die Multidimensionalität des Wohlbefindens von Tieren kommt bereits im Brambell Report (Brambell Committee, 1965) mit den »Five Freedoms« zum Ausdruck (siehe Abschnitt 3). Das Wohlbefinden des Individuums kommt durch das Zusammenwirken dieser verschiedenen Aspekte zustande – durch die Summe der positiven und negativen Emotionen in den verschiedenen Bereichen wie soziales Umfeld, körperlicher Zustand, Ernährungssituation, Temperatur, physischer Komfort der Umwelt usw. Mängel in einem oder mehreren Bereichen können guten Bedingungen in anderen Bereichen gegenüberstehen. Noch komplexer wird es, wenn die zu bewertende Einheit nicht das Individuum ist, sondern ein Tierbestand, in dem nur ein bestimmter Anteil der Tiere über eine bestimmte Zeit von Beeinträchtigungen oder auch positiven Aspekten betroffen ist. Für eine Gewichtung einzelner Kriterien können Experimente, die die Tiere nach ihren Präferenzen »befragen«, Wahlversuche und Consumer-Demand-Versuche (siehe z. B. in Broom u. Johnson, 1993) eingeschränkt herangezogen werden. Die Gewichtung verschiedener Aspekte zu einem Gesamtwert des Wohlbefindens ist jedoch derzeit nur unter Beteiligung von Experteneinschätzungen durchzuführen und ist daher von den subjektiven Einschätzungen der befragten Experten geprägt. Veterinärmediziner werten Krankheiten häufig als wichtiger als Einschränkungen auf Verhaltensebene (siehe Diskussion zu Empfehlungen zur Einzelhaltung von Kälbern zur Vermeidung der Übertragung von infektiösen Erkrankungen in Abschnitt 9), während dies bei Ethologen eher umgekehrt sein wird. Eine entsprechend breite Expertenauswahl vermindert diese Effekte. Möglicherweise können in Zukunft eher integrative Indikatoren auf Tierebene etabliert werden. Viel verspricht man sich derzeit in der angewandten Ethologie von der Kognitionsforschung, besonders durch Untersuchungen zur sogenannten kognitiven Verzerrung. Je nach Stimmung wird ein Ereignis positiver oder negativer bewertet, wie dies aus der Humanpsychologie bekannt ist (Glas halb voll oder halb leer) (Broom u. Johnson, 1993; Paul, Harding u. Mendl, 2005; Mendl et al., 2009). Von den physiologischen Indikatoren könnte die Herzfrequenzvariabilität ein solcher integrativer Indikator sein. Die Regulationsfähigkeit und -kapazitat spiegelt recht gut den Belastungszustand eines Organismus wieder. Die Herzfrequenzvariabilität reagiert dabei sowohl auf körperliche wie auf psychische Belastungen und kann sowohl kurzfristige wie auch langfristige Zustände abbilden (Hagen et al., 2005; von Borell et al., 2007). Andererseits ist es für den Tierschutz wichtig, die Ursachen für Belastungen zu kennen, was durch Messung nur eines physiologischen Parameters nicht gegeben wäre. Eine umfassende Bewertung der verschiedenen Aspekte des Wohlbefindens wird häufig nötig sein.

Als Nächstes komme ich zu den Aufgaben im Tierschutz, bei denen die Beurteilung des Wohlbefindens, von positiven und negativen Zuständen, die Grundlage bildet.

5 Erhebungen zur Situation und Identifikation von Einflussfaktoren in Bezug auf Tierschutzprobleme – Epidemiologie

Die veterinärmedizinische Epidemiologie beschäftigt sich mit der Untersuchung der Verteilung von gesundheitsbezogenen Zuständen und Ereignissen (beispielsweise Krankheit), deren Folgen und den sie beeinflussenden (Risiko-)Faktoren in Populationen und Beständen sowie davon abgeleiteten Maßnahmen der Prävention und Kontrolle (Fachgruppe Epidemiologie der DVG, Thrusfield, 1997). Epidemiologische Forschung findet in der Praxis der Tierhaltung statt. Sie bildet dadurch die komplexen Wechselwirkungen der verschiedenen Umweltfaktoren, die auf die Tiere wirken, besser ab, als dies in experimentellen Studien der Fall ist. Epidemiologische Studien liefern für den Tierschutz wertvolle und wichtige Erkenntnisse über die Häufigkeit und Verteilung bestimmter Erkrankungen, die assoziierten Risikofaktoren (z. B. Faktoren aus Haltung, Management, Betreuung oder genetischer Disposition) und deren relative Bedeutung. Diese Ergebnisse dienen dann, eventuell nach experimenteller Überprüfung, der Erarbeitung präventiver Maßnahmen und von Beratungskonzepten oder sind Ausgangspunkt weiterführender Forschung. Zum Beispiel konnten mithilfe epidemiologischer Untersuchungen verschiedene Risikofaktoren in Stallbau, Management und Mensch-Tier-Beziehung für das Auftreten von Lahmheiten bei Milchkühen identifiziert werden (Rouha-Mülleder, Iben, Wagner, Laaha, Troxler u. Waiblinter, 2009). Durch solche Betriebserhebungen wird zudem das Ausmaß von Tierschutzproblemen deutlich. In der heute üblichen Milchkuhhaltung im Boxenlaufstall fanden sich in mehreren Untersuchungen in Österreich Lahmheitsprävalenzen, das bedeutet den Anteil lahmer Tiere an einem bestimmten Tag, von 0 bis 77 %, wobei etwa bei der Hälfte der Betriebe mehr als 30 % der Kühe an dem Tag des Betriebsbesuchs lahm gingen (Median bei Dippel et al., 2009: 31 %, Rouha-Mülleder et al., 2009: 36 %). Epidemiologische Studien in alternativen Legehennen-Haltungssystemen verdeutlichen das Problem der Brustbeindeformationen – hier wurden Prävalenzen von bis zu 73 % gefunden (Freire et al., 2003). In weiteren Studien wurde ein Zusammenhang mit dem Angebot von Sitzstangen gefunden. Diese Ergebnisse bildeten den Ausgang für ein Projekt zur Entwicklung besser geeigneter Sitzstangen, die diese Probleme vermeiden sollen (Kjaer, Schrader u. Scholz, 2011).

Doch epidemiologische Methoden sind nicht nur für Studien zu Erkrankungen und Schäden geeignet. Auch andere Parameter des Wohlbefindens lassen sich damit in gleicher Weise untersuchen und darstellen. Menke, Waiblinger, Fölsch u. Wiepkema (1999) stellten mithilfe von Betriebserhebungen die Situation bezüglich agonistischem Sozialverhalten und hornstoßbedingten Verletzungen in der Laufstallhaltung behornter Milchkühe dar und konnten als wesentlichste Erfolgsfaktoren gutes, problemorientiertes Management und eine gute Mensch-Tier-Beziehung identifizieren. Die Untersuchung diente als Grundlage für Beratungsunterlagen, mithilfe derer viele Betriebe den Schritt zu dieser damals noch sehr seltenen Haltung wagten (Menke u. Waiblinger, 1999). Ein weiteres Beispiel ist das gegenseitige Besaugen von Rindern, das ein Problem auf Milchkuhbetrieben darstellt. Keil (2000) führte Erhebungen auf Praxisbetrieben zum Auftreten gegenseitigen Besaugens und zu möglichen Einflussfaktoren durch und konnte eine Verminderung des Risikos vor allem durch tiergerechtere, reizreichere Aufstallung im Freien bzw. Offenfrontstall und eine angepasste Fütterung feststellen. Sowohl Menke als auch Keil ergänzten die epidemiologischen Erhebungen mit anschließenden experimentellen Studien, um bestimmte Faktoren hinsichtlich der negativen bzw. positiven Wirkung auf das Wohlbefinden zu verifizieren (Menke, Waiblinger u. Fölsch, 2000; Keil, 2000).

Auch in anderen Gebieten als der Nutztierhaltung können vergleichbare Methoden eingesetzt werden, beispielsweise für Erhebungen zur Situation im Zoofachhandel in Österreich (Schmied, Lexer u. Troxler, 2008), zur Situation der Tiere in österreichischen Tierheimen (Arhant, Binder u. Troxler, 2012) oder zur Haltung von und Zusammenhang mit Problemverhalten bei Hunden (Arhant, Bubna-Littitz, Bartels, Futschik u. Troxler, 2010). Auch diese Ergebnisse können als Grundlage für Verbesserungen oder rechtliche Schritte dienen.

6 Strategien zur Verbesserung der Situation – präventive Veterinärmedizin

Prophylaktische Maßnahmen sind seit jeher Element tierärztlicher Tätigkeit. Diese umfassen zum Beispiel hygienische Maßnahmen, Impfungen oder Rein-Raus-Verfahren zur Vermeidung der Übertragung infektiöser Erkrankungen (alle Tiere werden gleichzeitig in ein Stallabteil eingestallt und wieder ausgestallt, um Zwischendesinfektionen zu ermöglichen). Doch auch die Vermeidung krankheits-fördernder Umweltbedingungen und Unterstützung einer guten Immunabwehr sind wichtige Aspekte. Dazu gehören eine tierart- und leistungsgerechte Fütterung, eine tiergerechte Haltung, aber auch züchterische Maßnahmen wie die Zucht auf erhöhte Parasitenresistenz. Um präventiv tätig sein zu können, müssen Ätiologie und Pathogenese von Erkrankungen, das heißt die zugrunde liegenden Ursachen und beeinflussenden Faktoren, bekannt sein. In der klinischen Medizin steht das Individuum bei Behandlung und Prävention im Vordergrund. In Tierbeständen bietet, wie oben beschrieben, die Epidemiologie

durch Identifikation von Risikofaktoren die Voraussetzung zur Entwicklung von Prä-
ventionsstrategien. Beispiele sind die Einführung von Herdengesundheits- und Wohl-
befindens-plänen. Nach einer Erhebung der Situation auf einem Betrieb in Bezug auf
Wohlbefinden (einschließlich Gesundheit) der Tiere und der Einflussfaktoren werden
die Problembereiche aufgezeigt und mögliche Lösungen, das heißt Änderungen der
Haltung, im Management oder der Betreuung, mit dem Tierhalter besprochen und
festgelegt. Bei entsprechender Umsetzung der Maßnahmen können Verbesserungen
im Wohlbefinden der Tiere erzielt werden (March et al., 2008).

7 Schmerzhafte und verstümmelnde Eingriffe – Gesundheit und Unversehrtheit

Möglichkeiten der Erfassung von Schmerzen wurden bereits in Abschnitt 4.5 dargestellt. Diese sind wichtig, um beispielsweise unterschiedliche Methoden eines Eingriffs
in Bezug auf die Belastung zu unterscheiden (z. B. Kastrationsmethoden: Molony, Kent
u. Robertson, 1995). Nachdem eine Bewertung des Eingriffs hinsichtlich der Belastung
erfolgt ist, kann dies als Grundlage für weiterführende Abwägungen zur Akzeptabilität
des Eingriffs dienen.

Das Verbot von Gummiringen bei Kastration oder Schwanzkupieren und das Verbot von ätzenden Substanzen bei der Enthornung sind Resultate entsprechender Forschungsergebnisse. Gummiringe werden über dem zu amputierenden (abzutrennenden)
Körperteil (bei Kastration am Hodenhals) angebracht, unterbinden dadurch die Blut-
zirkulation, sodass das Gewebe schließlich abstirbt. Diese Methode führt zu längerer
Heilungsdauer und stärkeren und längeren chronischen Schmerzen als andere, wohl
auch, da das absterbende Gewebe selbst Entzündungsmediatoren produziert (Molony
et al., 1995; Stafford u. Mellor, 2009). Trotz überwältigender Datenlage zur extremen
Schmerzbelastung durch das betäubungslose Ausbrennen der Hornanlagen bei Kälbern
(siehe Übersicht in Waiblinger, Binder u. Hagen, 2011) ist dies in Deutschland und
Österreich noch erlaubt. Studienergebnisse, die eine weitere Verminderung der Belastung durch die Kombination von Lokalanästhesie (gegen den Akutschmerz während
der Enthornung) mit Schmerzmitteln (zur Minderung postoperativer Schmerzen) nachweisen, haben die Diskussion um entsprechende Maßnahmen während der Enthornung
jedoch wieder aufflammen lassen.

Eine entsprechende Schmerztherapie intra- und postoperativ ist auch bei Tierversuchen wichtig und rechtlich gefordert.[2] Doch auch nach kurativen operativen Eingriffen

---

2 Österreich: § 11 (3) und (6) des Bundesgesetzes vom 27. September 1989 über Versuche an lebenden
   Tieren (Tierversuchsgesetz – TVG), BGBl. Nr. 501/1989 idF BGBl. I Nr. 169/1999; EU: Artikel 14 (1) der
   Richtlinie 2010/63/EU des Europäischen Parlaments und des Rates vom 22. September 2010 zum Schutz
   der für wissenschaftliche Zwecke verwendeten Tiere.

an Tieren gewinnt ein Schmerzmanagement mit Schmerzmitteln erst in den letzten Jahrzehnten verstärkt an Bedeutung.

Neben den Versuchen, die Belastung durch einen Eingriff im Falle seiner Durchführung durch entsprechende Methodik möglichst minimal zu halten, ist die Entscheidung über die Zulässigkeit des Eingriffs an sich von großer Bedeutung. Häufig wird ein Eingriff dann als geringes oder kein Problem gesehen, wenn er unter Vermeidung von Schmerzen und Belastungen erfolgt und nicht mit einer offensichtlichen Einschränkung einer Körperfunktion einhergeht, oder, falls doch (wie dies bei der Kastration durch die dann fehlende Fortpflanzungsfähigkeit der Fall ist), zum »Wohle« des Tieres erfolgt. Eingriffe wie das Enthornen von Rindern werden – nach Abwägung mit möglichen Vorteilen – von vielen Tierärzten akzeptiert oder sogar unterstützt, da kein offensichtlicher Nachteil durch das Fehlen der Hörner erkennbar ist (obgleich es Hinweise auf Verhaltensänderungen bei hornlosen Rindern gibt). Die Integrität des Tieres (Verhoog, 2001; Schmidt, 2008) spielt für viele Veterinärmediziner keine Rolle. Zieht man jedoch Definitionen von Gesundheit heran, wird klar, dass diese nicht nur zum Ausdruck bringen, dass Gesundheit weit mehr als Abwesenheit von Krankheit ist (was dem entspricht, was wir über Wohlbefinden diskutiert haben), sondern das psychische Wohlbefinden, aber auch die Unversehrtheit des Tieres mit einbezieht. So definieren Schulz, Dahme und Kitt (1982) im Lehrbuch der Allgemeinen Pathologie Gesundheit als »dasjenige Verhalten des Körpers, bei dem alle Lebenserscheinungen [...] ungestört ablaufen, die Organstruktur normal ist und das Individuum das Gefühl des Wohlbefindens besitzt«. Streng genommen führt ein Eingriff wie die Kastration oder das Enthornen von Tieren zu einer Störung der Gesundheit – was den Leitzielen der Tierärzte widerspricht. Diese Definition von Gesundheit zusammen mit dem Auftrag der Gesunderhaltung ernst genommen, würde einen kritischeren Umgang mit Eingriffen an Tieren bedingen.

8   Das Töten von Tieren – Vermeidung von Belastungen

Beim Töten von Tieren sind zwei Aspekte für den Tierschutz wesentlich: erstens im Falle einer Tötung die Art und Weise derselben, das heißt, falls Tiere getötet werden, so sollte dies möglichst schonend, das heißt möglichst angst-, schmerzfrei und schnell, erfolgen; zweitens die Rechtfertigung der Tötung selbst. Hier geht es mir um die Abwägung einer Tötung bei kranken, eventuell alten Tieren, um weiteres Leiden zu verhindern. Das Töten von Tieren zur Gewinnung von Lebensmitteln für die menschliche Ernährung, die Schlachtung, ist nach Tierschutzrecht grundsätzlich zulässig. Dort möchte ich nur Punkt 1 thematisieren.

Die Entscheidung zur Schlachtung (im Fall von Nutztieren) oder Euthanasie eines kranken Tieres gehört zum Alltag des Tierarztes. Für eine kompetente Entscheidung sind neben einer Diagnose die Einschätzung des weiteren Verlaufs, der Prognose und des jetzigen und im weiteren Krankheitsverlauf zu erwartenden Leidens notwendig. Eine Euthanasie soll erhebliches Leiden, bei dem keine Aussicht auf Heilung oder Leidverminderung besteht, beenden. Hier besteht eine Verpflichtung zur Euthanasie, zur Leidverkürzung. Bestehen Heilungschancen, so spielen neben den Interessen des Tieres (Leidvermeidung und Leben) auch wirtschaftliche (Behandlungskosten) und andere Interessen (vermehrter Betreuungsaufwand) des Menschen für die Entscheidung eine Rolle. Die rechtlichen Grundlagen für entsprechende Abwägungen sind an anderer Stelle ausführlich dargelegt (Binder, 2011). Die veterinärmedizinische Einschätzung der Situation des Tieres ist jedoch die unabdingbare Basis.

Ist die Tötung notwendig, um weiteres Leiden zu verhindern, oder aus sonstigen Gründen nach Tierschutzrecht gerechtfertigt (Schlachtung, Tötung von Tierbeständen im Rahmen der Tierseuchenbekämpfung), sollte sie gemäß Punkt 1 möglichst schonend erfolgen. Dies ist gegeben, wenn sie ohne Stress, Angst, Schmerz oder Abwehr zur Bewusstlosigkeit und zum Tod führt, und umfasst damit auch das Umfeld der Tötung (Schatzmann, 1997). Der Vergleich verschiedener Tötungsmethoden (zum Beispiel auch Vergleich verschiedener chemischer Substanzen zur Injektion) hinsichtlich der Tierbelastung ist nicht einfach, sie erfordert spezifisches veterinärmedizinisches Wissen (die Anästhesiologie und Neuroanatomie spielen hier eine wichtige Rolle) und erfolgt mit den in Abschnitt 4 genannten Methoden, eventuell ergänzt um spezifisch der Frage angepasste Parameter.

Eine Schlachtung von Tieren ist – von bestimmten Ausnahmen abgesehen – nur nach vorheriger Betäubung erlaubt. Die Betäubung soll Schmerzen, Angst und Stress durch den Tötungsschnitt und die Ausblutung verhindern. Die Betäubung selbst kann jedoch entsprechende negative Zustände verursachen, da die Methode entweder an sich ungeeignet ist oder nicht korrekt angewendet wird. Zum Beispiel setzt nur bei korrekter Durchführung der Elektrobetäubung beim Schwein (korrekter Zangenansatz von ausreichender Dauer, einwandfreies, sauberes Gerät mit ausreichender Stromstärke) die Bewusstlosigkeit und damit die Wahrnehmungs- und Empfindungslosigkeit wie erwünscht ein (Schatzmann, 1997). Doch auch nach korrekter Betäubung sind noch Mängel möglich: Erfolgt die Entblutung zu spät nach der Betäubung, erwachen die Tiere nach Elektrobetäubung wieder aus der Bewusstlosigkeit. An der Optimierung des gesamten Schlachtvorganges einschließlich des Umfeldes (Wartebereich, Zutrieb) sind Veterinärmediziner in Entwicklung und Evaluierung (insbesondere von Betäubungsmethoden) und Implementierung in der Praxis (Überwachung der Schlachtbetriebe) maßgeblich beteiligt.

9   Veterinärmedizin und Tierschutz – ein zwiespältiges Verhältnis

Wie anfangs erwähnt, ist das Verhältnis Veterinärmedizin – Tierschutz nicht konfliktfrei. In der tierärztlichen Betreuung von Nutztieren, Heim- und Begleittieren, Tieren im Sport etc. gibt es immer wieder Interessenskonflikte. Je nach persönlichem Engagement der Tierärzte können sie sich für den Tierschutz mehr oder weniger stark einsetzen. Dies ist jedoch häufig nicht leicht. Beispielsweise entspricht die Praxis der Tierhaltung häufig nicht den Ansprüchen der Tiere und den Forderungen des Tierschutzes nach tiergerechter Haltung – selbst wenn sie rechtskonform ist. Der Handlungsspielraum der Tierärzte zur Verbesserung der Situation ist hier begrenzt – sie können primär beratend versuchen, die Situation für die Tiere zu verbessern, und die Tierhalter zu einer Übernahme von Verantwortung für das Wohlbefinden ihrer Tiere veranlassen, die über die rein rechtlich festgelegten Normen hinausgeht. Schwieriger wird die Situation für den Tierarzt, wenn offensichtliche Gesetzesübertretungen vorliegen.

Andererseits stellen sich Tierärzte teilweise mit Argumenten der klinischen Veterinärmedizin gegen Haltungssysteme, die den (Verhaltens-)Ansprüchen der Tiere besser entgegenkommen. Beispielsweise dürfen Kälber gemäß EU-Kälberhaltungsrichtlinie bis zur achten Lebenswoche ohne Einschränkung, in kleinen Beständen auch noch danach, in Einzelboxen gehalten werden, die ihr normales Verhalten (Spiel, Sozialkontakt) fast völlig verhindern. Von tierärztlicher Seite wird die Gruppenhaltung von Kälbern, die diesen Spielen und Sozialkontakte – zumindest bei genügend großem Platzangebot – ermöglicht, teilweise mit der Begründung abgelehnt, dass die Erkrankungsrate in der Gruppenhaltung zu hoch ist. Eine genaue Analyse bestehender Literatur zeigt jedoch, dass es auf die genauen Haltungsbedingungen und das Management ankommt. Die Gruppenhaltung schneidet nicht grundsätzlich schlechter in der Gesundheit der Kälber ab. Insgesamt ist daher die Gruppenhaltung unter Einbezug von Verhalten und Gesundheit als positiv für das Wohlbefinden zu bewerten (siehe dazu Rushen, De Passillé, Keyserlingk u. Weary, 2007; Waiblinger, 2009). Eine Tierschutzforschung mit umfassendem Ansatz, wie oben erwähnt, unter Einbezug nicht nur der Verhaltensansprüche, sondern auch der Gesundheit, kann hier gezielt Argumente liefern.

Auch in Diskussionen um eine Weiterentwicklung der Tierhaltung und der Gesetzesnormen, die derzeit noch bestehende, nicht tiergerechte Haltungssysteme oder nicht tiergerechte Maßnahmen verbieten will, stehen die Tierärzte zwischen den Tierhaltern, ihren Kunden, von denen sie auch wirtschaftlich abhängig sind, und den Tieren bzw. dem Tierschutz. Teilweise werden die Argumente der Tierhalter gegen Veränderungen der Haltungssysteme – zum Beispiel Befürchtungen, hierdurch käme es zu Betriebsaufgaben – von Tierärzten übernommen und sie stellen sich auf die Seite der Tierhalter. Hier ist von den Tierärzten, wie auch von anderen Parteien, zu fordern, mögliche wirtschaftliche Argumente, die selbstverständlich in die Abwägungen zu Gesetzesänderungen mit eingehen, klar von wissenschaftlich begründeten Aussagen zu den Auswirkungen auf die Tiere zu trennen und eventuelle Interessenskonflikte offenzulegen. Transparenz der Argumente und klare Trennung der verschiedenen Bereiche (Wirtschaftlichkeit, Arbeitswirtschaft, Tierwohl mit den verschiedenen Bereichen Verhalten und Gesundheit etc.) sind für eine Entscheidungsfindung, die schlussendlich das Wohl aller Beteiligten zum Ziele hat, unabdingbar.

10 Zusammenfassung – der Beitrag der Veterinärmedizin zum wissensbasierten Tierschutz

Tierschutz hat zum Ziel, den Tieren eine tiergerechte Umwelt zu bieten, in der sie sich wohl fühlen. Entscheidungen darüber, wie eine Umgebung tiergerecht gestaltet sein muss, wie wir unsere Nutztiere halten, transportieren, schlachten sollen, wie Hunde gefüttert und erzogen und Pferde trainiert werden sollen, um dabei ein Maximum an Wohlbefinden zu erreichen, müssen dabei auf Grundlage der Bedürfnisse der Tiere erfolgen, auf Grundlage dessen, was die Tiere tatsächlich für ein Leben mit Lebensqualität brauchen. Dabei, dies ausfindig zu machen und festzulegen, spielt die Veterinärmedizin eine entscheidende Rolle, da sie auf das entsprechende Wissen über die Tiere zurückgreift, insbesondere, wenn die Erkenntnisse der angewandten Ethologie als eher neues Fach der Veterinärmedizin mit berücksichtigt wird. Wichtig ist dabei jedoch, wie bereits in Abschnitt 3 erwähnt, eine wirklich umfassende Sicht einzunehmen. Eine Reduktion nur auf einzelne veterinärmedizinische Fachgebiete, zum Beispiel die Klinik, ist nicht ausreichend. Dagegen ist ein hoher Grad an Interdisziplinarität gefordert, bei der nicht nur die verschiedenen veterinärmedizinische Disziplinen integriert werden, sondern auch mit Agrarwissenschaftlern, Biologen, Psychologen etc. zusammengearbeitet wird. Neben wissenschaftlich abgesicherten Daten zu Ansprüchen der Tiere an ihre Umwelt können dann auch weitere Aspekte, wie ökonomische Auswirkungen von Tierschutzmaßnahmen, fachlich fundiert in die Tierschutzdiskussionen mit einbezogen werden.

Literatur

Anonymus (2009). Neufassung der Berufsordnung der Tierärztekammer des Saarlandes vom 28. Mai 2008. DTB, 1.

Anonymus (2010). Aktuelle Arbeiten zur artgemäßen Tierhaltung. 42. Tagung Angewandte Ethologie bei Nutztieren der DVG. Darmstadt: KTBL (Kuratorium für Technik und Bauwesen in der Landwirtschaft).

Anonymus (2011). Aktuelle Arbeiten zur artgemäßen Tierhaltung. 43. Tagung Angewandte Ethologie bei Nutztieren der DVG. Darmstadt: KTBL (Kuratorium für Technik und Bauwesen in der Landwirtschaft).

Appleby, M. C., Hughes, B. O. (Hrsg.) (1997). Animal welfare. Wallingford: CAB International.

Appleby, M. C., Hughes, B. O. (1997). Introduction. In M. C. Appleby, B. O. Hughes (Hrsg.), Animal welfare (S. XI–XIII). Wallingford: CABI International.

Arhant, C., Binder, R., Troxler, J. (2012). Beurteilung von Tierheimen in Österreich. Endbericht zum Projekt BMG-70420/0320-I/15/2009. Wien: Eigenverlag Institut für Tierhaltung und Tierschutz.

Arhant, C., Bubna-Littitz, H., Bartels, A., Futschik, A., Troxler, J. (2010). Behaviour of smaller and larger dogs. Effects of training methods, inconsistency of owner behaviour and level of engagement in activities with the dog. Applied Animal Behaviour Science, 123, 131–142.

Bernatzky, G. (1997). Schmerz bei Tieren. In H. H. Sambraus, A. Steiger (Hrsg.), Das Buch vom Tierschutz (S. 40–56). Stuttgart: Ferdinand Enke.

Binder, R. (2011). Wackelkatzen und Hunde auf Rädern – Tierärztliche Behandlungspflicht und Euthanasie aus tierschutzrechtlicher Sicht. In J. Baumgartner, D. Lexer (Hrsg.), Tierschutz. Anspruch – Verantwortung – Realität. 2. Tagung der Plattform Österreichische TierärztInnen für Tierschutz (S. 25–34). Wien: Sektion Tierhaltung und Tierschutz der Österreichischen Gesellschaft der Tierärzte.

Boissy, A., Manteuffel, G., Jensen, M. B., Moe, R. O., Spruijt, B., Keeling, L. J., Winckler, C., Forkman, B. R., Dimitrov, I., Langbein, J., Bakken, M., Veissier, I., Aubert, A. (2007). Assessment of positive emotions in animals to improve their welfare. Physiology & Behavior, 92, 375–397.

Brambell Committee (1965). Report of the Technical Committee to enquire into the welfare of animals kept under intensive livestock husbandry systems. London: HMSO.

Braz, M., Carreira, M., Carolino, N., Rodrigues, T., Stilwell, G. (2012). Effect of rectal or intravenous tramadol on the incidence of pain-related behaviour after disbudding calves with caustic paste. Applied Animal Behaviour Science, 136, 20–25.

Broom, D. M. (1991). Animal Welfare. Concepts and Measurement. Journal of Animal Science, 69, 4167–4175.

Broom, D. M. (1986). Indicators of poor welfare. British Veterinary Journal, 142, 524–526.

Broom, D. M. (1996). Animal welfare defined in terms of attempts to cope with the environment. Acta Agriculturae Scandinavica Section A Animal Science, Suppl. 27, 22–28.

Broom, D. M. (2007). Quality of life means welfare. How is it related to other concepts and assessed? Animal Welfare, 16, 45–53.

Broom, D. M., Johnson, K. G. (1993). Stress and animal welfare. London: Chapman & Hall.

Burgdorf, J., Panksepp, J. (2006). The neurobiology of positive emotions. Neuroscience and Biobehavioral Reviews, 30, 173–187.

Christiansen, S. B., Forkman, B. (2007). Assessment of animal welfare in a veterinary context – a call for ethologists. Applied Animal Behaviour Science, 106, 203–220.

Dawkins, M. S. (2001). How can we recognize and assess good welfare? In D. M. Broom (Hrsg.), Coping with Challenge. Welfare in Animals including Humans (S. 63–76). Berlin: Dahlem University Press.

Ekesbo, I. (1984). Methoden der Beurteilung von Umwelteinflüssen auf Nutztiere unter besonderer Berücksichtigung der Tiergesundheit und des Tierschutzes. Wiener Tierärztliche Monatsschrift, 71, 186–190.

Dippel, S., Dolezal, M., Brenninkmeyer, C., Brinkmann, J., March, S., Knierim, U., Winckler, C. (2009). Risk factors for lameness in cubicle housed Austrian Simmental dairy cows. Preventive Veterinary Medicine, 90, 102–112.

Ernst, K., Tuchscherer, M., Kanitz, E., Puppe, B., Manteuffel, G. (2006). Effects of attention and rewarded activity on immune parameters and wound healing in pigs. Physiology & Behavior, 89, 448–456.

Eurobarometer (2007). Attitudes of EU citizens towards Animal Welfare. Brüssel: European Commission.

Forkman, B., Keeling, L. (Hrsg.) (2009a). Assessment of animal welfare measures for layers and broilers. Welfare quality reports No. 9. Cardiff, England: Cardiff University.

Forkman, B., Keeling, L. (Hrsg.) (2009b). Assessment of animal welfare measures for sows, piglets and fattening pigs. Welfare quality reports No. 10. Cardiff, England: Cardiff University.

Forkman, B., Keeling, L. (Hrsg.) (2009c). Assessment of animal welfare measures for dairy cattle, beef bulls and veal calves. Welfare Quality Reports No. 11. Cardiff, England: Cardiff University.

Freire, R., Wilkins, I. J., Short, F., Nicol, C. J. (2003). Behaviour and welfare of individual laying hens in a non-cage system. British Poultry Science, 44, 22–29.

Graml, C., Waiblinger, S., Niebuhr, K. (2008). Validation of tests for on-farm assessment of the hen-human relationship in non-cage systems. Applied Animal Behaviour Science, 111, 301–310.

Gregory, N. G. (2004). Physiology and behaviour of animal suffering. Oxford: Blackwell Publishing.

Grondahl-Nielsen, C., Simonsen, H. B., Damkjer Lund, J., Hesselholt, M. (1999). Behavioural, endocrine and cardiac responses in young calves undergoing dehorning without and with use of sedation and analgesia. The Veterinary Journal, 157, 1–7.

Gross, W. B., Siegel, P. B. (1980). Effects of early environmental stresses in chicken body weight, antibody response to RBC antigens, feed efficiency and response to fasting. Avian Diseases, 24, 549–579.

Gross, W. B., Siegel, P. B. (1982). Socialization as a factor in resistance to infection, feed efficiency, and response to antigen in chickens. American Journal of Veterinary Research, 43, 2010–2012.

Hagen, K., Langbein, J., Schmied, C., Lexer, D., Waiblinger, S. (2005). Heart rate variability in dairy cows – influences of breed and milking system. Physiology & Behavior, 85, 195–204.

Hagen, K., Lexer, D., Palme, R., Troxler, J., Waiblinger, S. (2004). Milking of Brown Swiss and Austrian Simmental cows in a herringbone parlour or an automatic milking unit. Applied Animal Behaviour Science, 88, 209–225.

Hemsworth, P. H., Coleman, G. J. (1998). Human-Livestock Interactions. The Stockperson and the Productivity of Intensively Farmed Animals. Wallingford: CAB International.

Hughes, B. O., Curtis, P. E. (1997). Health and Disease. In M. C. Appleby, B. O. Hughes (Hrsg.), Animal welfare (S. 109–126). Wallingford, England: CAB International.

Keil, N. (2000). Development of intersucking in dairy heifers and cows. Zürich: Eidgenössisch Technische Hochschule Zürich.

Kjaer, J. B., Schrader, L., Scholz, B. (2011). Analyse des Landeverhaltens von Legehennen auf verschiedenen Sitzstangentypen. Kuratorium für Technik und Bauwesen in der Landwirtschaft, KTBL-Schrift 489 (S. 137–144). Darmstadt: KTBL.

Knierim, U. (1998a). Wissenschaftliche Untersuchungsmethoden zur Beurteilung der Tiergerechtheit. KTBL-Schrift 377 (S. 40–48). Darmstadt: KTBL.

Knierim, U. (1998b). Wissenschaftliche Konzepte zur Beurteilung der Tiergerechtheit im englischsprachigen Raum. KTBL-Schrift 377 (S. 31–38). Darmstadt: KTBL.

Knierim, U. (2001). Grundsätzliche Überlegungen zur Beurteilung de Tiergerechtheit bei Nutztieren. Deutsche Tierärztliche Wochenschrift, 109, 261–266.

Knierim, U., Carter, C. S., Fraser, D., Gärtner, K., Lutgendorf, S. K., Mineka, S., Panksepp, J., Sachser, N. (2001). Good Welfare. Improving Quality of Life. In D. M. Broom (Hrsg.), Coping with Challenge. Welfare in Animals including Humans (S. 79–100). Berlin: Dahlem University Press.

Knierim, U., Winckler, C. (2009). Möglichkeiten und Probleme der Anwendung tierbezogener Messgrößen bei der Beurteilung der Tiergerechtheit auf landwirtschaftlichen Betrieben. Ergebnisse und Erfahrungen aus dem Projekt Welfare Quality®. Kuratorium für Technik und Bauwesen in der Landwirtschaft, KTBL-Schrift 479 (S. 74–84). Darmstadt: KTBL.

Lepschy, M., Touma, C., Hruby, H., Palme, R. (2007). Non-invasive measurement of adrenocortical activity in male and female rats. Lab Animal, 41, 372–387.

Lorz, A. (1973). Tierschutzgesetz-Kommentar. München: Beck.

Manson, F. J., Leaver, J. D. (1988). The influence of concentrate amount on locomotion and clinical lameness in dairy cattle. Animal Production, 47, 185–190.

Manteuffel, G. (2006). Positive Emotionen bei Tieren. Probleme und Möglichkeiten einer wissenschaftlich fundierten Verbesserung des Wohlbefindens. KTBL-Schrift 356 (S. 32–47). Darmstadt: KTBL.

March, S., Brinkmann, J., Winckler, C. (2008). Tiergesundheit als Faktor des Qualitätsmanagements in der ökologischen Milchviehhaltung. Eine Interventions- und Coaching-Studie zur Anwendung präventiver Tiergesundheitskonzepte. Organic Eprints.

Martin, P., Bateson, P. P. G. (1993). Measuring behaviour. Cambridge: Cambridge University Press.

Mendl, M., Burman, O. H. P., Parker, R. M. A., Paul, E. S. (2009). Cognitive bias as an indicator of animal emotion and welfare. Emerging evidence and underlying mechanisms. Applied Animal Behaviour Science, 118, 161–181.

Mendl, M., Burman, O. H. P., Paul, E. S. (2010). An integrative and functional framework for the study of animal emotion and mood. Proceedings of the Royal Society B: Biological Sciences, 277, 2895–2904.

Menke, C., Waiblinger, S. (1999). Behornte Kühe im Laufstall – gewußt wie. Lindau, Schweiz: Landwirtschaftliche Beratungszentrale Lindau (LBL).

Menke, C., Waiblinger, S., Fölsch, D. W. (2000). Die Bedeutung von Managementmaßnahmen im Laufstall für das Sozialverhalten von Milchkühen. Deutsche Tierärztliche Wochenschrift, 107, 262–268.

Menke, C., Waiblinger, S., Fölsch, D. W., Wiepkema, P. R. (1999). Social behaviour and injuries of horned cows in loose housing systems. Animal Welfare, 8, 243–258.

Milne, M. H., Nolan, A. M., Cripps, P. J., Fitzpatrick, J. L. (2003). Assessment and alleviation of pain in dairy cows with clinical mastitis. Cattle Practice, 11, 289–293.

Molony, V., Kent, J. E., Robertson, I. S. (1995). Assessment of acute and chronic pain after different methods of castration of calves. Applied Animal Behaviour Science, 46, 33–48.

Mormède, P., Andanson, S., Aupérin, B., Beerda, B., Guémené, D., Malmkvist, J., Manteca, X., Manteuffel, G., Prunet, P., van Reenen, C. G., Richard, S., Veissier, I. (2007). Exploration of the hypothalamic-pituitary-adrenal function as a tool to evaluate animal welfare. Physiology & Behavior, 92, 317–339.

Nordmann, E., Keil, N. M., Schmied-Wagner, C., Graml, C., Langbein, J., Aschwanden, J., von Hof, J., Maschat, K., Palme, R., Waiblinger, S. (2011). Feed barrier design affects behaviour and physiology in goats. Applied Animal Behaviour Science, 133, 40–53.

Palme, R., Robia, C., Messmann, S., Hofer, J., Möstl, E. (1999). Measurement of faecal cortisol metabolites in ruminants. A non-invasive parameter of adrenocortical function. Wiener Tierärztliche Monatsschrift, 86, 237–241.

Paul, E. S., Harding, E. J., Mendl, M. (2005). Measuring emotional processes in animals. The utility of a cognitive approach. Neuroscience & Biobehavioral Reviews, 29, 69–91.

Pesenhofer, G., Palme, R., Pesenhofer, R. M., Kofler, J. (2006). Comparison of two methods of fixation during functional claw trimming – walk-in crush versus tilt table – in dairy cows using faecal cortisol metabolite concentrations and daily milk yield as parameters. Wiener Tierärztliche Monatsschrif, 93, 288–294.

Rouha-Mülleder, C., Iben, C., Wagner, E., Laaha, G., Troxler, J., Waiblinger, S. (2009). Relative importance of factors influencing the prevalence of lameness in Austrian cubicle loose-housed dairy cows. Preventive Veterinary Medicine, 92, 123–133.

Rushen, J., De Passillé, A. M., Keyserlingk, M. A. G., Weary, D. M. (2007). The Welfare of Cattle. Dordrecht: Springer.

Rutherford, K. M. D. (2002). Assessing Pain in Animals. Animal Welfare, 11, 31–53.

Sambraus, H. H. (1997). Grundbegriffe im Tierschutz. In H. H. Sambraus, A. Steiger (Hrsg.), Das Buch vom Tierschutz (S. 30–39). Stuttgart: Ferdinand Enke.

Schatzmann, U. (1997). Töten von Tieren. In H. H. Sambraus, A. Steiger (Hrsg.), Das Buch vom Tierschutz (S. 686–704). Stuttgart: Ferdinand Enke.

Schmidt K. (2008). Tierethische Probleme der Gentechnik. Zur moralischen Bewertung der Reduktion wesentlicher tierlicher Eigenschaften. Paderborn: Mentis.

Schmied, C., Lexer, D., Troxler, J. (2008). ProZoo – Evaluierung des österreichischen Zoofachhandels im Hinblick auf das neue Tierschutzgesetz. Wien: Eigenverlag Institut für Tierhaltung und Tierschutz.

Scholz, B., Rönchen, S., Hamann, H., Hewicker-Trautwein, M., Distl, O. (2008). Keel bone condition in laying hens. A histological evaluation of macrosopically assessed keel bones. Münchner tierärztliche Wochenschrift, 121, 89–94.

Schulz, L.-C., Dahme, E., Kitt, T. H. (1982). Lehrbuch der allgemeinen Pathologie für Tierärzte und Studierende der Tiermedizin. Stuttgart: Ferdinand Enke.

Stafford, K. J., Mellor, D. J. (2009). Painful husbandry procedures in livestock and poultry. In Grandin, T., Improving Animal Welfare: a Practical Approach (S. 88–114)

Stauffacher, M. (1992). Ethologische Grundlagen zur Beurteilung der Tiergerechtheit von Haltungssystemen für landwirtschaftliche Nutztiere und Labortiere. Schweizer Archiv für Tierheilkunde, 134, 115–125.

Steiger, A. (1997). Aufgaben der Tierärzteschaft im Tierschutz. In H. H. Sambraus, A. Steiger (Hrsg.), Das Buch vom Tierschutz (S. 98–106). Stuttgart: Ferdinand Enke.

Stewart, M., Stafford, K. J., Dowling, S. K., Schaefer, A. L., Webster, J. R. (2008). Eye temperature and heart rate variability of calves disbudded with or without local anaesthetic. Physiology & Behavior, 93, 789–797.

Svensson, C., Liberg, P. (2006). The effect of group size on health and growth rate of Swedish dairy calves housed in pens with automatic milk-feeders. Preventive Veterinary Medicine, 73, 43–53.

Taschke, A. (1995). Ethologische, physiologische und histologische Untersuchungen zur Schmerzbelastung der Rinder bei der Enthornung. Zürich. Institut für Nutztierwissenschaften der ETH Zürich.

Terlouw, E. M. C., Schouten, W. G. P., Ladewig, J. (1997). Physiology. In M. C. Appleby, B. O. Hughes (Hrsg.), Animal welfare (S. 143–158). Wallingford, England: CAB International.

Thrusfield, M. V. (1997). Introduction to Epidemiology. In J. P. T. M. Noordhuizen, K. Frankena, C. M. van der Hoofd, E. A. M. Graat (Hrsg.), Application of quantitative methods in veterinary epidemiology (S. 1–12). Wageningen: Wageningen Pers.

Troxler, J. (2010). Die Rolle des Tierarztes im Tierschutz. In J. Baumgartner, D. Lexer (Hrsg.), Tierschutz. Anspruch – Verantwortung – Realität. 2. Tagung der Plattform Österreichische TierärztInnen für Tierschutz (S. 37–39). Wien: Sektion Tierhaltung und Tierschutz der Österreichischen Gesellschaft der Tierärzte.

Tschanz, B., Bammert, J., Baumgartner, G., Bessei, W., Birmelin, I., Fölsch, D. W., Graf, B., Knierim, U., Loeffler, K., Marx, D., Straub, A., Schlichting, M., Schnitzer, U., Unshelm, J., Zeeb, K. (1997). Befindlichkeiten von Tieren. Ein Ansatz zu ihrer wissenschaftlichen Beurteilung. Tierärztliche Umschau, 52, 15–22.

Tuchscherer, M., Puppe, B., Tuchscherer, A., Kanitz, E. (1998). Effects of social status after mixing on immune, metabolic, and endocrine responses in pigs. Physiology & Behavior, 64, 353–360.

van Putten, G. (1973). Enkele aspecten van het gedrag van varkens. Proceedings Varkensstudiedag (S. 43–46). Wessanen, Wormerveer.

Veissier, I., Boissy, A. (2007). Stress and welfare. Two complementary concepts that are intrinsically related to the animal's point of view. Physiology & Behavior, 92, 429–433.

Verhoog, H. (2001). Defining positive welfare and animal integrity. In M. Hovi, R. G. Trujillo (Hrsg.), Proceedings of the Second NAHWOA Workshop (S. 1–12). Cordoba: NAHWOA.

von Borell, E., Langbein, J., Després, G., Hansen, S., Leterrier, C., Marchant-Forde, J., Marchant-Forde, R., Minero, M., Mohr, E., Prunier, A., Valance, D., Veissier, I. (2007). Heart rate variability as a measure of autonomic regulation of cardiac activity for assessing stress and welfare in farm animals. A review. Physiology & Behavior, 92, 293–316.

Waiblinger, S. (2009). Animal welfare and housing. In F. Smulders, B. Algers (Hrsg.), Welfare of production animals. Assessment and management of risks (S. 79–111). Wageningen: Wageningen University Press.

Waiblinger, S., Baumgartner, J., Kiley-Worthington, M., Niebuhr, K. (2003). Applied ethology – the basis for improved animal welfare in organic farming. In M. Vaarst, S. Roderick, V. Lund, W. Lockeretz (Hrsg.), Animal health and welfare in Organic Agriculture. Wallingford: CABI Publishing.

Waiblinger, S., Binder, R., Hagen, K. (2011). Enthornung oder Haltung horntragender Rinder und Ziegen aus veterinärmedizinischer, ethologischer, ethischer und tierschutzrechtlicher Sicht. Gießen: Verlag der DVG Service GmbH.

Waiblinger, S., Boivin, X., Pedersen, V., Tosi, M., Janczak, A. M., Visser, E. K., Jones, R. B. (2006).

Assessing the human-animal relationship in farmed species. A critical review. Applied Animal Behaviour Science, 101, 185–242.

Waiblinger, S., Nordmann, E., Mersmann, D., Schmied-Wagner, C. (2011). Haltung von behornten und unbehornten Milchziegen in Großgruppen. Situation und Einflussfaktoren. Gießen: Verlag der DVG Service GmbH.

Wechsler, B., Fröhlich, E., Oester, H., Oswald, T., Troxler, J., Weber, R. Schmid, H. (1997). The contribution of applied ethology in judging animal welfare in farm animal housing systems. Applied Animal Behaviour Science, 53, 33–43.

Wechsler, B., Schaub, J., Friedl, K., Hauser, R. (2000). Behaviour and leg injuries in dairy cows kept in cubicle systems with straw bedding or soft lying mats. Applied Animal Behaviour Science, 69, 189–197.

Whay, H. R., Webster, A. J. F., Waterman-Pearson, A. E. (2005). Role of ketoprofen in the modulation of hyperalgesia associated with lameness in dairy cattle. Veterinary Record, 157, 729–733.

Wiepkema, P. R. (1987). Behavioural aspects of stress. In P. R. Wiepkema, P. W. M. van Adrichem (Hrsg.), Biology of stress in farm animals: An integrative apporach (S. 113–133). Dordrecht: Martinus Nijhoff Publishers.

Wildner, S. (1998). Die Tierschutzproblematik im Spiegel von Einstellungen und Verhaltensweisen der deutschen Bevölkerung – Eine Literaturanalyse. Kiel: Institut für Agrarökonomie der Universität Kiel, Lehrstuhl für Agrarmarketing.

Winckler, C., Willen, S. (2001). The reliability and repeatability of a lameness scoring system for use as an indicator of welfare in dairy cattle. Acta Agriculturæ Scandinavica Section A, Animal Science, 30, 103–107.

Windschnurer, I., Boivin, X., Waiblinger, S. (2009). Assessment of human-animal relationships in fattening bulls. In B. Forkman, L. Keeling (Hrsg.), Assessment of animal welfare measures for dairy cattle, beef bulls and veal calves. Welfare Quality Reports No. 11 (S. 151–160). Cardiff, England: Cardiff University.

Windschnurer, I., Schmied, C., Boivin, X., Waiblinger, S. (2009). Assessment of human-animal relationships in dairy cows. In B. Forkman, L. Keeling (Hrsg.), Assessment of animal welfare measures for dairy cattle, beef bulls and veal calves. Welfare Quality Reports No. 11 (S. 135–150). Cardiff, England: Cardiff University.

Würbel, H. (2009). Ethology applied to animal ethics. Applied Animal Behaviour Science,118–127.

Rechtstexte:

Bundes-Tierärzteordnung in der Fassung der Bekanntmachung vom 20. November 1981 (BGBl. I S. 1193), die zuletzt durch Artikel 22 des Gesetzes vom 6. Dezember 2011 (BGBl. I S. 2515) geändert worden ist. Zugriff unter http://www.gesetze-im-internet.de/bt_o/BJNR004160965.html

Christoph Maisack (Rechtswissenschaften)

Tierschutzrecht

Haltung von Nutztieren, dargestellt an den Beispielen »Schweine«, »Hühner« und »Enten«

Ein Buchkapitel zum Tierschutzrecht müsste sich eigentlich – neben der Haltung von Nutztieren – auch mit weiteren Bereichen beschäftigen, insbesondere mit dem gesetzlichen Verbot der Zufügung von Leiden, dem gesetzlichen Amputationsverbot, der Tierschlachtung, den Tierversuchen, der Jagd, dem Umgang mit Tieren im Zirkus und anderem mehr. Die Bearbeitung dieser Themen würde aber sechs weitere Buchkapitel erfordern, und diese stehen nicht zur Verfügung. Aus diesem Grund beschränkt sich die vorliegende Darstellung auf die Problematik der Nutztierhaltung und versucht, diese an drei beispielhaft ausgewählten Tierarten darzustellen.

Zunächst wird in Kapitel 1 die Praxis der Schweine-, der Masthühner- und der Entenhaltung in Deutschland, Österreich und in der Schweiz beschrieben und dabei auch auf die einschlägigen Richtlinien der Europäischen Union eingegangen.

In Kapitel 2 folgt eine Darstellung der gesetzlichen Grundvorschriften zur Tierhaltung. Diese sind in Deutschland § 2 Tierschutzgesetz (TierSchG), in Österreich die §§ 13, 16 und § 5 Abs. 2 Nr. 10 Österreichisches Tierschutzgesetz (ÖTSchG) und in der Schweiz die Artikel 3–14 der Schweizer Tierschutzverordnung (TSchV).

In Kapitel 3 wird erörtert, wie die physiologischen und ethologischen Bedürfnisse der Tiere, auf die in den Grundvorschriften zur Tierhaltung Bezug genommen wird, mit wissenschaftlichen Methoden ermittelt und festgestellt werden können. Es wird erläutert, dass den in Deutschland geltenden Vorschriften zur Tierhaltung das von Beat Tschanz (1981) und anderen entwickelte Bedarfsdeckungs- und Schadensvermeidungskonzept zugrunde liegt. Anschließend wird der wesentliche Inhalt dieses Konzepts erläutert und an einigen Beispielen veranschaulicht.

Kapitel 4 beschäftigt sich speziell mit der Auslegung von § 2 TierSchG. Hier geht es zugleich um das, was die Rechtswissenschaft zur Konkretisierung von Begriffen wie »Wohlbefinden«, »artgemäße Bedürfnisse«, »art- und bedürfnisangemessene Pflege« und »verhaltensgerechte Unterbringung« (und damit mittelbar auch von Begriffen wie Schmerzen und Leiden) beitragen kann. Dazu wird der wesentliche Inhalt des Legehennen-Urteils des Bundesverfassungsgerichts (BVerfG) vom 6.7.1999 dargestellt. Insbesondere wird auf die Unterscheidung zwischen der starken Schutzvorschrift des § 2 Nr. 1 TierSchG, durch die die Grundbedürfnisse des Tieres geschützt werden und in der der »Gedanke der Pflege des Wohlbefindens der Tiere in einem weit verstandenen Sinne« (so das BVerfG) Ausdruck gefunden hat, und der deutlich schwächeren Schutzvorschrift des § 2 Nr. 2, die nur den Funktionskreis »Lokomotion« schützt, eingegangen. Erläutert wird auch die Bedeutung des Ausdrucks ›angemessen‹, der sowohl in § 2 Nr. 1 TierSchG als auch in § 13 Abs. 2 ÖTSchG und in Art. 3 Abs. 3 Schweizer Tierschutzverordnung verwendet wird.

In Kapitel 5 wird dann untersucht, ob die in Kapitel 1 vorgestellten Haltungspraktiken mit den in Kapitel 2 besprochenen Grundvorschriften zur Tierhaltung vereinbar sind. Es wird festgestellt, dass die Haltung von Ferkeln und Mastschweinen in einstreulosen Vollspaltenbodenställen und mit den üblichen hohen Besatzdichten dazu führt, dass zahlreiche Grundbedürfnisse der Tiere unangemessen zurückgedrängt werden (§ 2 Nr. 1 TierSchG) und den Tieren durch die Einschränkung ihrer Bewegungsmöglichkeiten Leiden und Schäden zugefügt werden, die mit einem größeren Platzangebot vermieden werden könnten (§ 2 Nr. 2 TierSchG). Die wochenlange Fixierung von Sauen in Kastenständen, in denen sich die Tiere nicht einmal umdrehen können, und die Fixierung in der Abferkelbucht, so, dass die gebärende Sau nicht einmal während des Geburtsvorgangs ihre Lage wechseln kann, wird als besonders eindeutiger Verstoß gegen § 2 TierSchG angesehen. Anschließend wird begründet, dass auch die Haltung von Masthühnern mit der in Deutschland üblichen Besatzdichte von 35 und sogar 39 Kilogramm Lebendgewicht pro Quadratmeter Stallbodenfläche tierschutzwidrig ist (weshalb in Österreich und in der Schweiz entsprechend den Empfehlungen des Wissenschaftlichen Veterinärausschusses der EU eine Besatzdichtenobergrenze von 30 kg m² festgelegt worden ist). Die in verschiedenen deutschen Bundesländern zwischen Landesregierungen und Geflügelwirtschaftsverbänden abgeschlossenen Vereinbarungen zur Entenhaltung verstoßen gegen mehrere der Empfehlungen, die der Ständige Ausschuss beim Europarat zur Haltung von Peking- und Moschusenten am 22. Juni 1999 angenommen hat. Durch diese Empfehlungen sind einige der durch § 2 Nr. 1 TierSchG geschützten Grundbedürfnisse konkretisiert worden, sodass ihre Missachtung zugleich auch eine Verletzung von § 2 Nr. 1 TierSchG bedeutet. Auf die deutlich tierfreundlicheren Regelungen zur Entenhaltung in Österreich und in der Schweiz wird ebenfalls eingegangen.

Das Verhältnis zwischen den gesetzlichen Grundvorschriften zur Tierhaltung und den einschlägigen Richtlinien der EU wird in Kapitel 6 untersucht.

In den Kapiteln 7 und 8 geht es um das Verhältnis zwischen den gesetzlichen Grundvorschriften und den zur Tierhaltung erlassenen Rechtsverordnungen sowie den in einigen deutschen Bundesländern geschlossenen Haltungsvereinbarungen.

Zum Schluss wird in Kapitel 9 die strukturelle Schwäche des Tierschutzes besprochen, wie sie in den zuvor dargestellten Rechtsverordnungen, Haltungsvereinbarungen und behördlich tolerierten Tierhaltungsformen, aber auch in den üblichen Praktiken der industrialisierten Tierschlachtung zum Ausdruck kommt. Eine entscheidende Ursache dieser Schwäche wird darin gesehen, dass die Tierschutzbelange – ganz im Gegensatz zu den Interessen der Tiernutzer – nicht vor Gericht eingeklagt werden können. In diesem Ungleichgewicht (nämlich dass Tiernutzer jederzeit gegen ein vermeintliches Zuviel an Tierschutz klagen können, Tierschutzvereine sich jedoch gegen ein Zuwenig an Tierschutz nicht gerichtlich zur Wehr setzen können) liegt eine wesentliche Ursache für die Geringschätzung und Zurücksetzung der Tierschutzbelange bei dem Erlass von Rechtsverordnungen, Verwaltungsakten und -handlungen nach dem Tierschutzgesetz. Abhilfe könnte hier ein Klagerecht für Tierschutz-Ombudsleute oder ein Verbandsklagerecht für bestimmte anerkannte Tierschutzvereine schaffen. Ergänzend dazu könnten auch Tieranwälte bestellt werden, die in Strafverfahren nach dem Tierschutzgesetz auftreten und, analog zu den Befugnissen von Nebenklägern, die Belange der verletzten oder getöteten Tiere wahrnehmen könnten. Durch ein solches Maßnahmenbündel, insbesondere aber durch die Einführung der Verbandsklage könnten die Belange des Tierschutzes diejenige Aufwertung erfahren, die notwendig ist, um zu verhindern, dass sie weiterhin in solch extremem Ausmaß gegenüber den gegenläufigen wirtschaftlichen Interessen der Tiernutzer zurückgesetzt werden. Zugleich würden die Rechtswissenschaft und die für ihre praktische Anwendung zuständigen Gerichte in die Lage versetzt, zur Realisierung der vom Gesetz vorgeschriebenen art- und bedürfnisangemessenen Pflege und verhaltensgerechten Unterbringung der Tiere (und damit mittelbar zum Wohlbefinden der Tiere und zur Befriedigung ihrer Bedürfnisse) wirksame Beiträge zu leisten.

Die Widerstände gegen die Einführung eines solchen Verbandsklagerechts sind aber sehr groß, weil die Tiernutzer und ihre Berufsverbände an dem derzeitigen (zwar mit dem Staatsziel Tierschutz in Art. 20 a GG unvereinbaren, aber dennoch faktisch bestehenden) Übergewicht ihrer (einklagbaren) Interessen gegenüber den (nicht einklagbaren und damit a priori schwächeren) Tierschutzbelangen festhalten wollen und entsprechend starken Druck auf die politischen Parteien ausüben.

1   Die Praxis der Nutztierhaltung, dargestellt an den Beispielen »Schweine«, »Hühner« und »Enten«

1.1 Ferkel- und Mastschweinehaltung

In den sogenannten konventionell wirtschaftenden Betrieben werden Mastschweine und Ferkel in Gruppen in einstreulosen Ställen auf Vollspaltenböden gehalten. Die Besatzdichten sind hoch und die pro Tier zur Verfügung stehenden Bodenflächen entsprechend gering: Nach Art. 3 der EU-Richtlinie zur Schweinehaltung[1] müssen für Ferkel mit einem Gewicht bis zu 20 kg nur 0,2 m² je Tier und bis zu 30 kg nur 0,3 m² je Tier als Bodenfläche zur Verfügung stehen; für Mastschweine sollen bis zu 50 kg Gewicht 0,4 m², bis zu 85 kg 0,55 m² und bis zu 110 kg 0,65 m² je Tier ausreichen. Diese extremen Besatzdichten werden selbst unter rein wirtschaftlichen Gesichtspunkten als *unsinnig* angesehen, weil bei ihrer Anwendung mit einer *Leistungsdepression aufseiten der Tiere* gerechnet werden muss (so ein Sachverständiger des Kuratoriums für Technik und

---

1 Richtlinie 2008/120/EG des Rates über Mindestanforderungen für den Schutz von Schweinen vom 18.12.2008 (ABl. 2009 Nr. L 47, S. 5).

Bauwesen in der Landwirtschaft [KTBL] anlässlich einer Anhörung im Ministerium für Ländlichen Raum Baden-Württemberg am 27.05.2002). Deshalb sind in Deutschland nach den §§ 23 und 24 Tierschutz-Nutztierhaltungsverordnung (TierSchNutztV) etwas größere Bodenflächen vorgesehen: für Ferkel über 20 kg Gewicht 0,35 m², für Mastschweine bis zu 50 kg Gewicht 0,5 m² und für Mastschweine bis zu 110 kg 0,75 m² je Tier. Ein Versuch der damaligen Bundesverbraucherschutzministerin Renate Künast (Grüne), in einem Verordnungsentwurf vom 13.8.2003 etwas gemäßigtere Besatzdichten durchzusetzen (unter anderem sollte für ein 100 kg schweres Schwein wenigstens 1 m² Bodenfläche zur Verfügung gestellt werden),[2] scheiterte in dem damals von CDU/CSU und FDP dominierten Bundesrat, sodass Tiere dieser Gewichtsklasse weiterhin mit 0,75 m² Bodenfläche vorliebnehmen müssen. – In den Niederlanden, die etwa 60 % ihrer nationalen Schweinefleischproduktion exportieren, sind für konventionell wirtschaftende Betriebe etwas geringere Besatzdichten und dementsprechend größere Bodenflächen vorgesehen: für Ferkel bis zu 30 kg Gewicht 0,4 m², für Mastschweine bis zu 50 kg Gewicht 0,6 m², bis zu 85 kg 0,8 m² und bis zu 110 kg 1 m² Bodenfläche je Tier. Obwohl sich daraus für die niederländischen Schweinemäster keine nennenswerten wirtschaftlichen Nachteile ergeben haben, sind die Aussichten, dass man sich in Deutschland (wenigstens) dem niederländischen Beispiel anschließen könnte, eher gering. Im Bundesland Niedersachsen wird zwar zurzeit an einem Tierschutzplan gearbeitet, der den Tieren auch mehr Platz geben soll; die dortigen Mäster haben aber bereits erklärt, dass sie die derzeitigen Besatzdichten als *nicht diskutabel* ansehen, und die dortige Landesregierung will Änderungen bis jetzt nur im Einvernehmen mit den Produzenten herbeiführen (Dowideit, 2011). – In Österreich und in der Schweiz sind ebenfalls Vollspaltenböden und hohe Besatzdichten erlaubt. Die Bodenflächen, die nach der 1. Tierhaltungsverordnung Österreichs in Anlage 5 Nr. 5.2 zugelassen sind, entsprechen im Wesentlichen den Mindestanforderungen der EU-Richtlinie (nur dass im Gewichtsbereich zwischen 85 und 110 kg eine Bodenfläche von 0,7 m² je Tier vorgesehen ist). Die Schweizer Tierschutzverordnung verlangt nach Art. 10 in Verbindung mit Anhang 1 Tabelle 3 für Ferkel mit einem Gewicht bis zu 15 kg 0,2 m² je Tier und bis zu 25 kg Gewicht 0,35 m² je Tier; für Mastschweine sind bis zu einem Gewicht von 60 kg 0,6 m², bis zu 85 kg 0,75 m² und bis zu 110 kg 0,9 m² je Tier vorgesehen. – In den biologisch wirtschaftenden Betrieben Europas ist demgegenüber die Vollspaltenbodenhaltung verboten, und es müssen eingestreute Liegeflächen in fester, nicht perforierter Bauweise zur Verfügung gestellt werden (Art. 11 Abs. 2 der Verordnung Nr. 889/2008)[3].

---

2 Bundesratsdrucksache 574/2003.
3 Verordnung (EG) Nr. 889/2008 der Kommission vom 5. September 2008 mit Durchführungsvorschriften zur Verordnung (EG) Nr. 834/2007 des Rates über die ökologische/biologische Produktion und die Kennzeichnung von ökologischen/biologischen Erzeugnissen hinsichtlich der ökologischen/biologischen Produktion, Kennzeichnung und Kontrolle, ABl. Nr. L 250 vom 18.09.2008, S. 1. Bei den Vorgaben dieser Verordnungen handelt es sich aber jeweils nur um Mindestanforderungen; einzelne Verbände von biologisch/ökologisch wirtschaftenden Produzenten haben Leitlinien, die deutlich zugunsten der Tiere darüber hinausgehen.

Zudem gelten deutlich geringere Besatzdichten: Nach Anhang III der Verordnung müssen abgesetzte Ferkel mit einem Gewicht bis zu 30 kg 0,6 m² Stallfläche und 0,4 m² Außenfläche je Tier angeboten bekommen; Mastschweine mit einem Gewicht bis zu 50 kg müssen 0,8 m² Stallfläche zuzüglich 0,6 m² Außenfläche je Tier erhalten; bei einem Gewicht bis zu 85 kg sind es 1,1 m² Stallfläche zuzüglich 0,8 m² Außenfläche und bei einem Gewicht bis zu 110 kg 1,3 m² Stallfläche zuzüglich 1,2 m² Außenfläche je Tier.

1.2 Sauenhaltung

Noch bis zum 31.12.2012 dürfen konventionell gehaltene Sauen in der EU während der gesamten Zeit ihrer Trächtigkeit ununterbrochen in Einzelhaltung in eisernen Kastenständen eingesperrt werden, die so eng sind, dass darin sogar ein Sich-Umdrehen unmöglich ist und die Tiere nur entweder aufstehen oder abliegen können. Etwa eine Woche vor dem Abferkeln wird die Sau dann in eine Abferkelbucht verbracht, in der es so eng ist, dass sie nur auf einer Seite liegen und sich nicht umdrehen kann. Zwar ist nach Art. 3 Abs. 4 und Abs. 9 der EU-Richtlinie zur Schweinehaltung ab 1. Januar 2013 in allen Betrieben mit zehn und mehr Sauen die Gruppenhaltung vorgeschrieben. Dies gilt jedoch nur für einen Zeitraum, der vier Wochen nach dem Decken beginnt und eine Woche vor dem voraussichtlichen Abferkeltermin endet. Somit bleiben sowohl die Fixierung in der Abferkelbucht als auch das Einsperren im Kastenstand in der Zeit nach dem Absetzen der Ferkel bis zum Decken und zum Ablauf von weiteren vier Wochen erlaubt. – Die Regelungen zur Sauenhaltung in Deutschland und in Österreich entsprechen den Vorgaben der EU-Richtlinie (vgl. § 25 TierSchNutztV bzw. Anlage 5 Nr. 3.1 der 1. Tierhaltungsverordnung Österreichs; allerdings hat in Österreich die dortige Volksanwaltschaft gegen die Kastenstandhaltung der Sauen eine Höchstgerichtsklage eingereicht, sodass dort möglicherweise mittelfristig mit einer Verbesserung gerechnet werden kann). – Demgegenüber dürfen in der Schweiz Kastenstände für Sauen nur während der Deckzeit maximal für einen Zeitraum von zehn Tagen verwendet werden. Abferkelbuchten müssen so gestaltet werden, dass sich die Sau darin frei drehen kann; eine Fixierung ist grundsätzlich nur während der Geburtsphase oder bei Bösartigkeit gegenüber den Ferkeln oder bei Gliedmaßenproblemen erlaubt (Art. 48 Abs. 4 und Art. 50 Abs. 1 Schweizer Tierschutzverordnung). – In den Niederlanden ist die Einzelhaltung mit Fixierung nur für maximal vier Tage nach der Besamung sowie für eine Woche vor dem Abferkeln bis zum Absetzen der Ferkel erlaubt. – In biologisch wirtschaftenden Betrieben ist der Kastenstand vollständig verboten. Nach Art. 11 Abs. 4 der Verordnung Nr. 889/2008 müssen Sauen in Gruppen gehalten werden, außer in der letzten Trächtigkeitsphase und während der Säugezeit.

1.3 Masthühnerhaltung

Nach den in Deutschland geltenden Regelungen zur Masthühnerhaltung können bei sogenannter Kurzmast bis zu 35 kg Lebendgewicht pro Quadratmeter Stallbodenfläche gehalten werden, das entspricht in der Endmast bei einem Schlachtgewicht von 1500 g einer Besatzdichte von 23 oder 24 Hühnern pro Quadratmeter. Wird ein Schlachtgewicht von 1600 g und mehr angestrebt (Mittellang- oder Langmast), so sind sogar 39 kg/m² erlaubt (§ 19 Abs. 3 und 4 TierSchNutztV). – Die EU-Richtlinie zur Masthühnerhaltung[4] sieht zwar in Art. 3 Abs. 2 »nur« eine Besatzdichte von maximal 33 kg Lebendgewicht pro Quadratmeter nutzbarer Fläche vor. Wenn aber bestimmte, in Anhang II der Richtlinie festgelegte Mindestkriterien erfüllt sind, ist gemäß Art. 3 Abs. 4 eine Erhöhung auf 39 kg/m² erlaubt. Wenn darüber hinaus besonders strenge, in Anhang V der Richtlinie genannte Kriterien erfüllt werden, kann die Besatzdichte gemäß Art. 3 Abs. 5 sogar auf 42 kg/m² erhöht werden. – In Österreich lässt die 1. Tierhaltungsverordnung einen Höchstbesatz von 30 kg Lebendgewicht pro Quadratmeter Stallbodenfläche zu (also bei Kurzmast bis zu 20 Tiere je Quadratmeter; siehe Anlage 6 Nr. 5.2.1). – In der Schweiz beträgt die höchstzulässige Besatzdichte in Haltungen mit mehr als 80 Tieren 30 kg/m²; bei unter 80 Tieren beträgt die Obergrenze 25, bei unter 40 Tieren 20 und bei unter 20 Tieren 15 kg/m² (Schweizer Tierschutzverordnung, Art. 10 in Verbindung mit Anhang I Tabelle 9.1 Nr. 31–34). – In Schweden ist zwar die Besatzdichte auf 20 kg/m² begrenzt; jedoch können die Halter, sofern sie dem dortigen Geflügelzüchterverband angehören und ein von diesem erstelltes Tierschutzprogramm einhalten, die Besatzdichte auf bis zu 36 kg/m² erhöhen. – In den biologisch wirtschaftenden Betrieben Europas dürfen maximal 10 Tiere je Quadratmeter Stallbodenfläche gehalten werden, wobei ein Gesamtlebendgewicht von 21 kg/m² nicht überschritten werden darf; außerdem muss ein Auslaufbereich, zu dem alle Tiere leichten Zugang haben, hinzukommen (Verordnung Nr. 889/2008, Anhang III Nr. 2 bzw. Art. 12 Abs. 3).

1.4 Entenhaltung

Eine EU-Richtlinie zur Entenhaltung gibt es nicht. In Deutschland richtet sich die Entenhaltung nach sogenannten freiwilligen Vereinbarungen, die zwischen Landesregierungen und Geflügelwirtschaftsverbänden geschlossen werden. Danach gelten zum Beispiel in Niedersachsen nach einer zwischen dem zuständigen Ministerium und dem niedersächsischen Geflügelwirtschaftsverband getroffenen Vereinbarung für Moschus- oder Flugenten folgende Haltungsbedingungen: Höchstbesatzdichte bei Ausstallung 35 kg/m²; Bereitstellung von Wasser, aber nur so, dass die Tiere den Kopf direkt mit Wasser benetzen und das übrige Federkleid bespritzen können; kein Auslauf; keine Einstreu.

---

4 Richtlinie 2007/43/EG des Rates vom 28. Juni 2007 mit Mindestvorschriften zum Schutz von Masthühnern, ABl. L 182 vom 12.07.2007, S. 19.

Für Pekingenten ist in einer Vereinbarung zwischen der bayerischen Landesregierung und dem dortigen Geflügelwirtschaftsverband Folgendes festgelegt: Höchstbesatzdichte 20 kg/m²; Haltung auf Böden, die zu 75 % eingestreut sein müssen; keine Bademöglichkeiten; kein Auslauf. – Demgegenüber gibt es in Österreich per Rechtsverordnung festgelegte Regelungen, die für alle Enten gleichermaßen gelten: Höchstbesatzdichte bei Ausstallung 25 kg/m²; verpflichtende Auslauffläche von mindestens 2 m² je Tier; obligatorische Bade- oder Duschmöglichkeit; Verbot von Stallhaltung ohne Einstreu (1. Tierhaltungsverordnung, Anlage 6 Nr. 5.2.1, 5.2.2 und 5.3). – In der Schweiz ist für Enten und Gänse eine Schwimmgelegenheit verpflichtend vorgeschrieben (Art. 66 Abs. 3 Schweizer Tierschutzverordnung). – In biologisch wirtschaftenden Betrieben dürfen nicht mehr als 10 Enten und nicht mehr als 21 kg Lebendgewicht je Quadratmeter Stallbodenfläche gehalten werden und es muss für alle Tiere eine Auslauffläche zugänglich sein. Außerdem muss Wassergeflügel, soweit die Witterungs- und Hygienebedingungen es gestatten, Zugang zu einem Bach, Teich, See oder Wasserbecken haben (Verordnung Nr. 889/2008, Anhang III Nr. 2 sowie Art. 12 Abs. 2 und 3).

2   Die gesetzlichen Grundvorschriften für die Tierhaltung

Die *Grundvorschrift für die Tierhaltung* (Lorz, 1986, S. 237)[5] bildet in Deutschland § 2 Tierschutzgesetz (TierSchG).

§ 2 lautet:

Wer ein Tier hält, betreut oder zu betreuen hat,
(1) muss das Tier seiner Art und seinen Bedürfnissen entsprechend angemessen ernähren, pflegen und verhaltensgerecht unterbringen, (2) darf die Möglichkeit des Tieres zu artgemäßer Bewegung nicht so einschränken, dass ihm Schmerzen oder vermeidbare Leiden oder Schäden zugefügt werden, (3) muss über die für eine angemessene Ernährung, Pflege und verhaltensgerechte Unterbringung des Tieres erforderlichen Kenntnisse und Fähigkeiten verfügen.

In Österreich werden die *Grundsätze der Tierhaltung* in § 13 Abs. 2 und 3 und die Anforderungen an die Bewegungsfreiheit vor allem in § 16 Abs. 1, 2 und 3 und in § 5 Abs. 2 Nr. 10 ÖTSchG festgelegt:

§ 13 Abs. 2: *Wer ein Tier hält, hat dafür zu sorgen, dass das Platzangebot, die Bewegungsfreiheit, die Bodenbeschaffenheit, die bauliche Ausstattung der Unterkünfte und Haltungsvorrichtungen, das Klima, insbesondere Licht und Temperatur, die Betreuung und Ernährung sowie die Möglichkeit zu Sozialkontakt unter Berücksichtigung der Art, des Alters und des*

---

5 Von Ennulat und Zoebe (1972, II, § 2 Rn 1) wird § 2 als »Tierhaltergeneralklausel« und »Kernstück« des Gesetzes bezeichnet.

Grades der Entwicklung, Anpassung und Domestikation der Tiere ihren physiologischen und ethologischen Bedürfnissen angemessen sind.

§ 13 Abs. 3: *Tiere sind so zu halten, dass ihre Körperfunktionen und ihr Verhalten nicht gestört werden und ihre Anpassungsfähigkeit nicht überfordert wird.*

§ 16 Abs. 1: *Die Bewegungsfreiheit eines Tieres darf nicht so eingeschränkt sein, dass dem Tier Schmerzen, Leiden oder Schäden zugefügt werden oder es in schwere Angst versetzt wird.*

§ 16 Abs. 2: *Das Tier muss über einen Platz verfügen, der seinen physiologischen und ethologischen Bedürfnissen angemessen ist.*

§ 16 Abs. 3: *Die dauernde Anbindehaltung ist verboten.*

§ 5 Abs. 2 Nr. 10: *Gegen Abs. 1 verstößt insbesondere, wer ein Tier […] einer Bewegungseinschränkung aussetzt und ihm dadurch Schmerzen, Leiden, Schäden oder schwere Angst zufügt* (Binder u. von Fircks, 2008, zu § 5 Abs. 2 Z. 10).

In der Schweiz werden die *Anforderungen an eine tiergerechte Haltung* in Art. 3 Abs. 1, 2, 3 und 4 der Schweizer Tierschutzverordnung (TSchV) definiert:

Abs. 1: *Tiere sind so zu halten, dass ihre Körperfunktionen und ihr Verhalten nicht gestört werden und ihre Anpassungsfähigkeit nicht überfordert wird.*

Abs. 2: *Unterkünfte und Gehege müssen mit geeigneten Futter-, Tränke-, Kot- und Harnplätzen, Ruhe- und Rückzugsorten mit Deckung, Beschäftigungsmöglichkeiten, Körperpflegeeinrichtungen und Klimabereichen versehen sein.*

Abs. 3: *Fütterung und Pflege sind angemessen, wenn sie nach dem Stand der Erfahrung und den Erkenntnissen der Physiologie, Verhaltenskunde und Hygiene den Bedürfnissen der Tiere entsprechen.*

Abs. 4: *Tiere dürfen nicht dauernd angebunden gehalten werden.*

Auf der Ebene der EU finden sich Regelungen, die den Grundsätzen des § 2 TierSchG, der §§ 13 und 16 ÖTSchG und des Art. 3 Schweizer TSchV weitgehend entsprechen, in Art. 4 in Verbindung mit Nr. 7 des Anhangs der Richtlinie 98/58/EG über den Schutz landwirtschaftlicher Nutztiere vom 20.07.1998 (EU-Nutztierhaltungsrichtlinie):

Art. 4: *Die Mitgliedstaaten tragen dafür Sorge, dass die Bedingungen, unter denen die Tiere (mit Ausnahme von Fischen, Reptilien und Amphibien) gezüchtet oder gehalten werden, den Bestimmungen des Anhangs genügen, wobei die Tierart, der Grad ihrer Entwicklung, die Anpassung und Domestikation sowie ihre physiologischen und ethologischen Bedürfnisse entsprechend praktischen Erfahrungen und wissenschaftlichen Erkenntnissen zu berücksichtigen sind.*

Nr. 7 Satz 1 des Anhangs: *Die der praktischen Erfahrung und wissenschaftlichen Erkenntnissen nach artgerechte Bewegungsfreiheit eines Tieres darf nicht so eingeschränkt sein, dass dem Tier unnötige Leiden oder Schäden zugefügt werden.*

Nr. 7 Satz 2 des Anhangs: *Ist ein Tier ständig oder regelmäßig angebunden oder angekettet, oder befindet es sich ständig oder regelmäßig in Haltungssystemen, so muss es über einen Platz verfügen, der der praktischen Erfahrung und wissenschaftlichen Erkenntnissen nach seinen physiologischen und ethologischen Bedürfnissen angemessen ist.*

3   Zur Ermittlung der physiologischen und ethologischen Bedürfnisse von Tieren

3.1 Bedarfdeckungs- und Schadensvermeidungskonzept als Grundlage der Gesetz- und Verordnungsgebung

Unter den verschiedenen Konzeptionen, die zur Feststellung der physiologischen und ethologischen Bedürfnisse von Tieren entwickelt worden sind, hat sich der deutsche Gesetzgeber für das unter anderem von Tschanz entwickelte Konzept der Bedarfsdeckung und Schadensvermeidung entschieden (Tschanz, 1981). Dies ergibt sich unter anderem aus der amtlichen Begründung zur Änderung des Tierschutzgesetzes von 1986, in der darauf hingewiesen wird, dass durch die Neufassung von § 2 Nr. 1 »den neusten Erkenntnissen der Verhaltensforschung« Rechnung getragen werden solle. Anschließend wird ausgeführt: »Diese Erkenntnisse besagen, dass Selbstaufbau, Selbsterhaltung, Bedarf und die Fähigkeit zur Bedarfsdeckung durch Nutzung der Umgebung mittels Verhalten Grundgegebenheiten von Lebewesen sind. Haltungssysteme gelten dann als tiergerecht, wenn das Tier erhält, was es zum Gelingen von Selbstaufbau und Selbsterhaltung benötigt, und ihm die Bedarfsdeckung und die Vermeidung von Schaden durch die Möglichkeit adäquaten Verhaltens gelingt« (amtliche Begründung, Bundestagsdrucksache 10/3158, S. 18). – Die in § 13 Abs. 2 des Österreichischen Tierschutzgesetzes verwendeten Begriffe und insbesondere die dort ausdrücklich angeordnete »Berücksichtigung der Art, des Alters und des Grades der Entwicklung, Anpassung und Domestikation der Tiere« deuten ebenfalls auf dieses Konzept als Grundlage der Gesetzgebung hin. – Dasselbe gilt für die Terminologie in Art. 3 der Schweizer Tierschutzverordnung. – In der EU-Nutztierhaltungsrichtlinie weist die Nr. 7 des Anhangs so deutliche Parallelen zum deutschen Tierschutzgesetz auf (Satz 1 scheint dem § 2 Nr. 2 TierSchG zu entsprechen, Satz 2 dem § 2 Nr. 1), dass auch hier von einer Zugrundelegung des Bedarfsdeckungs- und Schadensvermeidungskonzepts ausgegangen werden kann.

3.2 Bedarfdeckungs- und Schadensvermeidungskonzept – wesentlicher Inhalt

Nach diesem Konzept ist ein Haltungssystem tiergerecht, wenn es dem Tier ermöglicht, in Morphologie, Physiologie und Ethologie (das heißt im Verhalten) alle diejenigen Merkmale auszubilden und zu erhalten, die von Tieren der gleichen Art und Rasse unter natürlichen Bedingungen (bei Wildtieren) bzw. unter naturnahen Bedingungen (bei Haustieren) gezeigt werden (Bammert u. Birmelin, 1993, S. 269 f.). Man muss also die Frage, welchen Bedarf an Stoffen, Reizen, Umgebungsqualität und Bewegungsraum ein Haustier hat, anhand eines Vergleiches mit einer Referenzgruppe (Typus) beantworten. Diese wird gebildet durch art-, rasse- und altersgleiche Tiere, die in einer naturnahen Umgebung leben. Naturnah ist eine Umgebung dann, wenn sie es dem Tier ermöglicht, sich frei zu bewegen, alle seiner Organe vollständig zu gebrauchen und aus einer Vielzahl von Stoffen und Reizen selbst dasjenige auszuwählen, was es zur Bedarfsdeckung und Schadensvermeidung braucht (Stauffacher, 1997, S. 224).

Verschiedene Beispiele können die Überprüfung von Tierhaltungen anhand dieses Konzeptes illustrieren.

Beispiel 1: Um zu prüfen, ob Mastrindern auf Vollspaltenböden ein artgemäßes Ausruhverhalten möglich ist, wurde auf die Referenzgruppe »Mastrinder in geräumigen Tiefstreubuchten« abgestellt; Ergebnis: Die Rinder auf dem Spaltenboden zeigten im Gegensatz zu der Referenzgruppe vermehrt Hinterhandabliegen und pferdeartiges Aufstehen und wichen auch hinsichtlich der täglichen Liegedauer, der Liegehäufigkeit und der mittleren Liegeperioden vom Normalbereich der Merkmalsausprägung, wie sie von der Referenzgruppe gezeigt wurde, ab. Da die festgestellten Abweichungen durch die Härte, die Perforierung und die mangelnde Rutschfestigkeit des Spaltenbodens bedingt waren, lautete die Schlussfolgerung: Kein artgemäßes Ausruhverhalten von Mastrindern auf Vollspaltenboden.[6]

Beispiel 2: Die Tiergerechtheit der Käfighaltung von Mastkaninchen wurde anhand eines Vergleichs mit Kaninchen in Freigehegen (Wiesengehege mit 600 m² für 27 Tiere mit Baum- und Strauchbestand) ermittelt. Ergebnis: Während im Freiland die Häufigkeit des Hoppelns pro Stunde annähernd normal verteilt war, hoppelten die Kaninchen in den Käfigen ab dem 50. Lebenstag kaum mehr; soweit sie es dennoch taten, war der Bewegungsablauf atypisch; nach zwei Monaten Käfigaufenthalt konnten sich die Kaninchen aus den Käfigen auf Wiesenland nicht mehr normal fortbewegen. Schluss-

---

6 Vgl. Graf, KTBL-Schrift 319, S. 39–55; vgl. auch Verwaltungsgericht (VG) Düsseldorf AgrarR 2002, S. 368: Bestätigung einer auf § 16 a Satz 2 Nr. 1 in Verbindung mit § 2 TierSchG gestützten veterinärbehördlichen Anordnung, jedem gehaltenen Rind und jeder Kuh eine trockene, weiche Liegefläche zur Verfügung zu stellen.

folgerung: Kein artgemäßes Bewegungsverhalten von Mastkaninchen in Käfighaltung (Lehmann u. Wieser, 1984).

Beispiel 3: Um das artspezifische Normalverhalten von Pferden festzustellen, wird normalerweise auf die Vergleichsgruppe »extensiv gehaltene Pferdeherden in ganzjähriger Weidehaltung« zurückgegriffen (Zeitler-Feicht, 2004, S. 12 f.).

Will man also bei Schweinen (Kapitel 1) das artspezifische Normalverhalten ermitteln, so darf man dazu nicht auf eine Beton-, Holz- oder Kunststoffspaltenbodenhaltung abstellen, sondern auf eine Umgebung, die die freie Bewegung und den vollständigen Gebrauch aller Organe zulässt und die dem Tier die Auswahl aus einer Vielzahl natürlicher Reize und Stoffe ermöglicht (unrichtig daher die Untersuchung von Spoolder et al., die Schweine unter den restriktiven Bedingungen der EU-Richtlinie zur Schweinehaltung mit Schweinen, die unter ähnlich beengten Lebensverhältnissen gehalten wurden, verglichen haben und auf diese Weise, wie kaum anders zu erwarten, zu »wenig Differenzen in den Verhaltensparametern« gelangt sind (Spoolder, zit. nach Hoy, 2004, S. 576, 579). Oder: Will man das Laufbedürfnis von Legehennen ermitteln, so muss man dazu auf die naturnahen Bedingungen einer Freilandhaltung abstellen statt auf das Leben in Käfigen (unrichtig deshalb das vom Landgericht Darmstadt zugrunde gelegte Gutachten eines Agrarwissenschaftlers aus Stuttgart-Hohenheim, der das nach seiner Ansicht fehlende Laufbedürfnis von Käfighennen mit dem Verhalten von Hennen begründete, die zuvor in größere Käfige eingesetzt worden waren und dort nur relativ wenig Laufverhalten gezeigt hatten).[7]

Zeigen die Tiere eines zu prüfenden Haltungssystems in einem Verhaltensablauf (Verhaltensmuster) deutliche und nicht nur vorübergehende Abweichungen von ihrem Typus (das heißt von Tieren der gleichen Art, Rasse und Altersgruppe, die unter den oben erwähnten naturnahen Bedingungen gehalten werden), so ist damit belegt, dass ihnen das betreffende System nicht die Selbsterhaltung im Sinne der Ausbildung aller ihrer art- und rassetypischen ethologischen Merkmale ermöglicht. Das Haltungssystem ist damit nicht tiergerecht. Gleiches gilt, wenn sich entsprechende Abweichungen im morphologischen oder im physiologischen Bereich feststellen lassen. Darauf, ob das so betroffene Verhaltensmuster für das Überleben oder zur Erhaltung der Leistungsfähigkeit des Tieres notwendig ist, kommt es nicht an, denn das Gesetz fordert die den physiologischen und ethologischen Bedürfnissen angemessene Unterbringung (oder, in der Terminologie des § 2 Nr. 1 TierSchG, die verhaltensgerechte Unterbringung), nicht etwa nur die überlebens- oder leistungsgerechte Unterbringung.

Neben der Bedarfsdeckung muss eine Haltung, um als tiergerecht eingestuft werden zu können, auch die Schadensvermeidung gewährleisten. Sie muss also dem Tier ermöglichen, Schäden von sich und seinen Artgenossen abzuwenden. Dies ist nicht der Fall, wenn das Tier in der Haltung sich selbst oder seinen Artgenossen Schäden zufügt

---

7 Zit. nach Landgericht Darmstadt, Zeitschrift Agrarrecht 1985, S. 356.

oder wenn sich zeigt, dass es außerstande ist, schädigenden Einwirkungen zu entgehen bzw. sie abzuwehren. Ein drastisches Beispiel hierfür ist die Verhaltensstörung des Schwanzbeißens, die von Mastschweinen in einstreulosen Vollspaltenbodenhaltungen gezeigt wird und die in konventionellen Schweinehaltungen so häufig auftritt, dass den meisten Schweinen wenige Tage nach ihrer Geburt routinemäßig die Schwänze abgeschnitten (»kupiert«) werden, um dieses schädigende Verhalten (zwar nicht zu verhindern, aber) in seinen Auswirkungen zu mindern. Zur Ursache des Schwanzbeißens führt die EU-Kommission aus: »Wenn Schweine ausreichend und angemessen gefüttert und getränkt, mit Stroh oder anderer Einstreu oder Erde zum Wühlen versorgt und nicht zu dicht gehalten werden, ist ein Kupieren der Schwänze nicht erforderlich.«[8] Zur Vermeidung von Schwanzbeißen wären also erforderlich: Stroheinstreu im Liegebereich, evtl. zusätzliches Material zur Beschäftigung und zum Kauen, insbes. Langstroh, Schaffung ausreichender Möglichkeiten zu gleichzeitiger Futteraufnahme, niedrige Schadgaskonzentrationen und mehr Platz. Das Schwanzbeißen bildet somit einen Indikator dafür, dass die Umgebung des Tieres nicht stimmt und dass sowohl das gebissene als auch das beißende Tier leiden (vgl. EU-Kommission, 1997, S. 60). In der Literatur ist das Schwanzbeißen zutreffend einen *Notschrei der Kreatur* bezeichnet und erklärt worden: »Der heile Schwanz bei Rind und Schwein ist das beste Anzeichen einer heilen Umwelt« (Grauvogl, 1998, S. 52).

3.3 Einteilung der ethologischen Bedürfnisse der Tiere nach Funktionskreisen

In sechs, manchmal auch in zehn Funktionskreise werden die Verhaltensmuster, die von Tieren unter naturnahen Bedingungen gezeigt werden, üblicherweise eingeteilt: Nahrungserwerbsverhalten; Ruheverhalten; Eigenkörperpflege (manchmal auch »Komfortverhalten« genannt, vgl. Sundrum, 1994, S. 15); Fortpflanzungs- und Mutter-Kind-Verhalten; Sozialverhalten; Bewegung (auch »Lokomotion« genannt, vgl. Bogner u. Grauvogl, 1984, S. 41). Teilweise werden auch für das Ausscheidungs- und das Feindvermeidungsverhalten eigenständige Funktionskreise gebildet (so von Bogner u. Grauvogl, 1984); andere Autoren ordnen diese Verhaltensweisen dem Funktionskreis der Eigenkörperpflege zu. Zum Teil wird auch das Erkundungsverhalten als eigenständiger Funktionskreis geführt; es dient aber meistens (wenngleich nicht immer) dem Nahrungserwerb. Bei Jungtieren lässt sich noch das Spielverhalten als eigenständiger Funktionskreis denken. – Zu einer verhaltensgerechten bzw. den ethologischen Bedürfnissen angemessenen Unterbringung gehört, dass die Verhaltensabläufe eines jeden Funktionskreises möglichst ungehindert ablaufen können und nicht, jedenfalls aber nicht in erheblichem Ausmaß, zurückgedrängt werden. Dabei ist wichtig, dass Bedürfnisse

---

8 Mitteilung der Kommission über bestimmte Aspekte des Schutzes von Schweinen in Intensivhaltung 2001, 2.3; vgl. dazu auch EU-Kommission (1997, S. 60).

immer nur im eigenen Funktionskreis erfüllt werden können; es ist also zum Beispiel nicht möglich, durch eine optimale Fütterung Defizite im Funktionskreis »Bewegung« zu kompensieren (Zeitler-Feicht, 2004, S. 12). – Den unterschiedlichen (ethologischen) Funktionskreisen sind bei einer verhaltensgerechten Unterbringung auch unterschiedliche (räumliche) Funktionsbereiche zugeordnet; insbesondere bedarf es einer klaren räumlichen Trennung von Ruhe- und Aktivitätsbereich, damit nicht ruhende und aktive Tiere einander stören.

4 Zur Auslegung von § 2 Tierschutzgesetz

4.1 Das Legehennen-Urteil des deutschen Bundesverfassungsgerichts von 1999

Das Bundesverfassungsgericht (BVerfG) hat mit Urteil vom 6.7.1999 die damalige Hennenhaltungsverordnung aus dem Jahr 1987, die bis dahin die Rechtsgrundlage für die Käfigbatteriehaltung von Legehennen in Deutschland gebildet hatte, für verfassungswidrig und nichtig erklärt, unter anderem wegen mehrerer Verstöße gegen § 2 Nr. 1 TierSchG. Das Urteil ist von allgemeiner Bedeutung für die Auslegung des § 2 und betrifft deshalb nicht nur die Haltung von Legehennen, sondern jede Tierhaltung.

Zur Abgrenzung von § 2 Nr. 1 und § 2 Nr. 2 TierSchG führt das Gericht aus, dass in diesen beiden Vorschriften »zwei Maximen für die tierhaltungsrechtliche Normierung etwa gleichgewichtig berücksichtigt« worden seien: einerseits eine primär auf Schadensverhinderung ausgerichtete »polizeiliche Tendenz«, wie sie dem § 2 Nr. 2 zugrunde liege, und andererseits der »Gedanke der Pflege des Wohlbefindens der Tiere in einem weit verstandenen Sinn«, der in § 2 Nr. 1 sinnfälligen Ausdruck gefunden habe. Bei dem Erlass von Rechtsverordnungen zur Konkretisierung dieser Maximen dürfe sich der Verordnungsgeber deshalb »nicht auf ein tierschutzrechtliches Minimalprogramm beschränken, zumal es die Intention des Gesetzgebers des Tierschutzgesetzes gewesen sei, eine Intensivierung des Tierschutzes, gerade auch bei den Systemen der Massentierhaltung« zu erreichen. Eine konkrete Obergrenze für die Verwirklichung tierschützender Grundsätze bestimme das Tierschutzgesetz nicht, vielmehr ergebe sich diese allein aus den Grundrechten der Tierhalter in Verbindung mit dem Grundsatz der Verhältnismäßigkeit. Mithin müsse der Verordnungsgeber einen ethisch begründeten Tierschutz bis zu dieser durch das Übermaßverbot gezogenen Grenze »befördern«. Dabei geht das Gericht erkennbar davon aus, dass die in § 2 Nr. 1 mit den Oberbegriffen »Ernährung«, »Pflege« und »verhaltensgerechte Unterbringung« umschriebenen Bedürfnisse als Grundbedürfnisse den umfassenden Schutz dieser Vorschrift genießen, während der Gesetzgeber in § 2 Nr. 2 lediglich die Möglichkeit des Tieres zu artgemäßer Bewegung »als einziges seiner Bedürfnisse« weitergehenden Einschränkungsmöglichkeiten unterworfen habe.[9]

---

9 BVerfGE 101, 1, 32–37 = Neue Juristische Wochenschrift (NJW) 1999, S. 3253, 3255.

Anschließend stellt das BVerfG fest, dass mit der Hennenhaltungsverordnung von 1987 (zumindest) in zweifacher Hinsicht gegen § 2 Nr. 1 TierSchG verstoßen worden sei: zum einen, weil die dort festgelegten minimalen Käfigbodenflächen nicht ausgereicht hatten, um den Hennen auch nur das gleichzeitige ungestörte Ruhen zu ermöglichen, und zum anderen, weil die in der Verordnung festgelegte anteilige Futtertroglänge von nur 10 cm je Henne den Hennen nicht die Möglichkeit gegeben hatte, ihr Futter gleichzeitig aufzunehmen. In beiden Fällen seien Grundbedürfnisse unangemessen zurückgedrängt worden. Als weitere, den in § 2 Nr. 1 TierSchG verwendeten Begriffen »ernähren«, »pflegen« und »verhaltensgerecht unterbringen« zuzuordnende und deshalb weitestgehend zu befriedigende Grundbedürfnisse nennt das BVerfG anschließend beispielhaft »insbesondere das Scharren und Picken, die ungestörte und geschützte Eiablage, die Eigenkörperpflege, zu der auch das Sandbaden gehört, oder das erhöhte Sitzen auf Stangen«.[10] Zwar führt das Gericht dann wörtlich aus, ob durch die Hennenhaltungsverordnung von 1987 auch »diese weiteren artgemäßen Bedürfnisse unangemessen zurückgedrängt« worden seien, könne offen bleiben. Dabei ergibt aber der Zusammenhang mit den unmittelbar vorher festgestellten Verstößen (unangemessenes Zurückdrängen der Grundbedürfnisse »gleichzeitiges Ruhen« und »gleichzeitige Nahrungsaufnahme«), dass die Zurückdrängung dieser weiteren Bedürfnisse lediglich für die konkrete richterliche Entscheidungsfindung offenzulassen war, weil schon die festgestellten Rechtsverstöße in den Bereichen »Ruhen« und »gleichzeitige Nahrungsaufnahme« ausreichend waren, um die Verordnung für nichtig zu erklären. Für die künftige Regelung sollte dem Verordnungsgeber aufgegeben werden, auch diese weiteren artgemäßen Bedürfnisse zu beachten und sie vor unangemessener Zurückdrängung zu bewahren. Weil aber der Europarat und die EU normative Texte und amtliche Dokumente veröffentlicht hatten, mit denen die Anforderungen bezüglich dieser Grundbedürfnisse bestimmt und verdeutlicht worden waren, war das Gericht der Meinung, auf detailliertere Vorgaben hierzu verzichten zu können.[11]

Als wichtige Schlussfolgerungen für die Auslegung von § 2 TierSchG ergeben sich aus diesem Urteil:

10 BVerfGE 101, 1, 38 = NJW a. a. O., S. 3255.
11 VerfGE 101, 1, 40 = NJW a. a. O., S. 3256; zu diesen Texten und Dokumenten rechnete das BVerfG neben der Empfehlung, die der Ständige Ausschuss zum Europäischen Tierhaltungsübereinkommen am 28.11.1995 in Bezug auf Haushühner der Art Gallus Gallus angenommen hat, auch die Mitteilung der EU-Kommission über den Schutz von Legehennen in verschiedenen Haltungssystemen (Bundestagsdrucksache 13/11371, S. 5 ff.); darin sind nach Auffassung des Gerichts »die aktuellen wissenschaftlichen Erkenntnisse über die Grundbedürfnisse von Hennen in der Käfighaltung, die der Verordnungsgeber nach Maßgabe des § 2 a i. V. mit § 2 Nr. 1 TierSchG beachten muss«, wiedergegeben. In der amtlichen Begründung zur Ersten Änderungsverordnung zur Tierschutznutztierhaltungsverordnung wird folgerichtig ausgeführt, artgemäß fressen, trinken, ruhen, staubbaden sowie zur Eiablage einen gesonderten Bereich aufsuchen seien »Grundbedürfnisse, die Legehennen in der Haltungseinrichtung ausführen können müssen« (Bundesratsdrucksache 429/01, S. 15).

Lässt sich ein unter naturnahen Bedingungen vom Tier gezeigter Verhaltensablauf einem der Oberbegriffe »ernähren«, »pflegen« oder »verhaltensgerecht unterbringen« in § 2 Nr. 1 TierSchG zuordnen, so darf das entsprechende artgemäße Bedürfnis nicht unangemessen zurückgedrängt werden. Geschieht dies dennoch, so verstößt die Haltungsform gegen § 2 Nr. 1. Darauf, ob die Unterdrückung des jeweiligen Verhaltens erweislich zu Schmerzen, Leiden oder Schäden für das Tier führt, kommt es bei diesen Grundbedürfnissen nicht an (Abgrenzung von Nr. 1 zu Nr. 2).[12]

Zu diesen durch § 2 Nr. 1 geschützten Grundbedürfnissen gehören zumindest alle diejenigen Verhaltensabläufe, die sich den Funktionskreisen »Nahrungserwerbsverhalten« (= ernähren), »Ruheverhalten« und »Eigenkörperpflegeverhalten« (= pflegen) zuordnen lassen. Aus der oben erwähnten Aufzählung durch das BVerfG (»auch weitere artgemäße Bedürfnisse wie insbesondere […]«) geht hervor, dass das Gericht auch das Fortpflanzungsverhalten (»die ungestörte und geschützte Eiablage«) sowie das Sozialverhalten (»das erhöhte Sitzen auf Stangen«) zum Schutzbereich des § 2 Nr. 1 rechnet; diese Bedürfnisse zählen ebenfalls zum Bereich des Pflegens. Aus denselben Gründen sind – sofern man hierfür überhaupt spezielle Funktionskreise bilden will und sie nicht von vornherein der Eigenkörperpflege bzw. dem Nahrungserwerbsverhalten zuordnet – auch Bedürfnisse wie Ausscheidungs- und Feindvermeidungsverhalten, Erkundungsverhalten und Spielverhalten dem Schutzbereich des § 2 Nr. 1 zuzuordnen.

Demgegenüber hat der Gesetzgeber in § 2 Nr. 2, der gegenüber der Nr. 1 die speziellere Vorschrift darstellt, den Funktionskreis »Lokomotion«, also das Bewegungsverhalten des Tieres (z. B. bei Hühnern die Fortbewegungsarten Gehen, Laufen, Rennen, Hüpfen und Fliegen) »als einziges seiner Bedürfnisse«[13] den weitergehenden Einschränkungsmöglichkeiten des § 2 Nr. 2 unterworfen – was zur Folge hat, dass Einschränkungen in diesem Bereich erst tierschutzrelevant werden, wenn sie erweislich zu Schmerzen, vermeidbaren Leiden oder Schäden führen (vgl. Kramer, 2001).

4.2 Zur Bedeutung von »angemessen« in § 2 Nr. 1 TierSchG (vgl. auch § 13 Abs. 2 ÖTSchG und Art. 3 Abs. 3 Schweizer TierSchV)

Was »angemessen« im Sinne von § 2 Nr. 1 TierSchG bedeutet, kann man ebenfalls dem Legehennenurteil des BVerfG entnehmen. »Unangemessen« war für das Gericht die Zurückdrängung des Ruhens durch die herkömmliche Käfighaltung allein schon aufgrund des Missverhältnisses, das zwischen dem für ein ungestörtes, gleichzeitiges Ruhen notwendigen Flächenbedarf einer Henne (47,6 cm x 14,5 cm) und der nach der Hennenhaltungsverordnung von 1987 tatsächlich zur Verfügung stehenden Bodenfläche pro Henne (450 cm²) bestand. Ebenso genügte für die Unangemessenheit, mit

---

12 Vgl. zu dieser Abgrenzung auch: Verwaltungsgerichtshof (VGH) München, Zeitschrift »Natur und Recht« 2006, S. 455, 456; Kramer (2001, S. 962, 964).
13 BVerfGE 101, 1, 37 = NJW a. a. O., S. 3255.

der das Bedürfnis zu gleichzeitiger Nahrungsaufnahme zurückgedrängt war, allein schon der numerische Vergleich zwischen der durchschnittlichen Körperbreite einer Henne (14,5 cm) und der zur Verfügung stehenden anteiligen Futtertroglänge (10 cm pro Henne). Eine Verrechnung dieser Grundbedürfnisse mit wirtschaftlichen, wettbewerblichen oder ähnlichen Erwägungen hat das Gericht nicht vorgenommen. Es hat vielmehr im Hinblick auf die Anforderungen des § 2 Nr. 1 TierSchG die materielle Nichtigkeit der Hennenhaltungsverordnung angenommen, ohne sich auf die – seitens der Bundesregierung und des Zentralverbands der Deutschen Geflügelwirtschaft vorgebrachten – wirtschaftlichen Argumente einzulassen.[14] Daraus folgt: Schon aus der Art und der Stärke, mit der ein bedeutendes Grundbedürfnis zurückgedrängt und der zugehörige Verhaltensablauf beeinträchtigt wird, kann sich ergeben, dass dies unangemessen ist. Wird also ein zum Schutzbereich des § 2 Nr. 1 gehörendes artgemäßes Bedürfnis unterdrückt oder stark zurückgedrängt, so lässt sich dies (von Extremfällen einmal abgesehen) nicht mit anderen Gesichtspunkten, insbesondere nicht mit Erwägungen der Wirtschaftlichkeit oder Wettbewerbsgleichheit, verrechnen.[15] Daraus folgt zugleich: Je mehr Grundbedürfnisse in einer Tierhaltung zurückgedrängt sind und/ oder je größer das Ausmaß ist, in dem ein solches Bedürfnis oder mehrere solcher Bedürfnisse zurückgedrängt werden, desto eindeutiger steht fest, dass dies unangemessen ist.

In der verwaltungsgerichtlichen Rechtsprechung ist dazu ausgeführt worden: »Auch die vom Kläger anscheinend verteidigte Lesart des § 2 TierSchG, wonach in einem ersten Schritt festzustellen sei, was einem Tier, seiner Art und seinen Bedürfnissen ›entsprechend‹ ist, und dass sodann diese Anforderungen insoweit relativiert werden könnten, als (bloß) eine angemessene, nicht aber eine optimale Ernährung, Pflege und verhaltensgerechte Unterbringung nötig sei, lässt sich mit dem ›Legehennen-Urteil‹ nicht begründen. Denn die Worte ›entsprechend‹ und ›angemessen‹ haben nur einen gemeinsamen Bezugsgegenstand, nämlich das Tier, seine Art und seine Bedürfnisse. So betont das BVerfG, dass der Begriff der Mindestanforderungen des Tierschutzes unzulässig verengt würde, wenn er im Sinn eines tierschutzrechtlichen Minimalprogramms verstanden würde. […] Großen Wert legt das BVerfG darauf, dass die weitreichenden Einschränkungen des Tierschutzes in § 2 Nr. 2 TierSchG (Schmerzen, vermeidbare Leiden oder Schäden) ausschließlich für die artgemäße Bewegung des Tieres gelten, nicht aber für die übrigen, in § 2 Nr. 1 TierSchG erfassten Bedürfnisse, wie zum Beispiel Schlaf, Futteraufnahme und Ähnliches.«[16]

Auch der Unterschied zu § 2 Nr. 2 bestätigt, dass »angemessen« in Nr. 1 kein einfacher Abwägungsvorbehalt sein kann wie »vermeidbar/unvermeidbar« in Nr. 2. Denn

---

14 Vgl. dazu Verwaltungsgericht (VG) Würzburg, Urteil vom 2.4.2009, W 5 K 08.811, juris Rn 41; vgl. auch Hirt, Maisack und Moritz (2007, § 2 Rn 15) sowie TierSchNutztV Vor §§ 12–15 Rn 6.

15 Vgl. Hirt, Maisack und Moritz (2007, § 2 Rn 35).

16 VG Würzburg a. a. O., juris Rn 42.

wenn die den Oberbegriffen »ernähren«, »pflegen« und »verhaltensgerecht unterbringen« zugehörigen Grundbedürfnisse in Nr. 1 nach dem Willen des Gesetzgebers einen stärkeren Schutz genießen sollen als die Lokomotion in Nr. 2, wäre es dogmatisch unzulässig, den für das (schwächer geschützte) Bewegungsbedürfnis in Nr. 2 angeordneten Abwägungsvorbehalt (»vermeidbar«) ohne ausdrückliche gesetzliche Anordnung auf die stärker geschützten Grundbedürfnisse in Nr. 1 zu erstrecken. Das würde letztendlich dazu führen, den mit »vermeidbar« in § 2 Nr. 2 identischen Abwägungsvorbehalt in § 1 Satz 2 (»ohne vernünftigen Grund«) auf alle Vorschriften des Tierschutzgesetzes zu erstrecken, was eindeutig nicht dem Willen des Gesetzgebers entsprechen würde.[17]

In diesem Zusammenhang kann auch die Definition, die die (erkennbar an das deutsche Tierschutzgesetz angelehnte) Schweizer Tierschutzverordnung in ihrem Art. 3 Abs. 3 für den Begriff »angemessen« gibt, hilfreich sein: »Fütterung und Pflege sind angemessen, wenn sie nach dem Stand der Erfahrung und den Erkenntnissen der Physiologie, Verhaltenskunde und Hygiene den Bedürfnissen der Tiere entsprechen.« Ein ähnliches Begriffsverständnis zeigt sich in 13 Abs. 2 und § 16 Abs. 2 ÖTSchG: »[…] unter Berücksichtigung der Art, des Alters und des Grades der Entwicklung, Anpassung und Domestikation der Tiere ihren physiologischen und ethologischen Bedürfnissen angemessen […] bzw. […] über einen Platz verfügen, der seinen physiologischen und ethologischen Bedürfnissen angemessen ist«.[18] In diesen beiden Ländern versteht man also »angemessen« offenkundig nicht als eine Einbruchstelle für eine Verrechnung der tierlichen Grundbedürfnisse mit den gegenläufigen Interessen der Nutzer, insbesondere mit dem Interesse, auf Kosten der Bedürfnisse der Tiere Kosten, Arbeit und Zeit einzusparen und maximale Gewinne zu erzielen.

Dass auch im deutschen Recht mit »angemessen« in § 2 Nr. 1 keine Einbruchstelle für eine Relativierung und Verrechnung unterdrückter oder stark zurückgedrängter Grundbedürfnisse mit gegenläufigen wirtschaftlichen Interessen geschaffen werden sollte, belegt schließlich auch die Entstehungsgeschichte zur Änderung von § 2 Nr. 1 durch das Änderungsgesetz von 1986: Damals wurde zwar durch die Änderung des Wortlauts von § 2 Nr. 1 dieser Begriff erstmals auch auf »verhaltensgerecht unterbringen« bezogen, zugleich aber ausdrücklich klargestellt, dass dadurch keine Minderung des Schutzes der Tiere gegenüber der bisherigen Rechtslage eintreten sollte.[19]

---

17 Näher dazu Hirt, Maisack und Moritz (2007, § 1 Rn 33 u. § 2 Rn 35); Hirt (2003, S. 27 f.).
18 Vgl. Binder und von Fircks (2008). Zu § 16 Abs. 2; vgl. auch Kluge und von Loeper (2002, § 2 Rn 29): »›Angemessen‹ bedeutet »angepasst an Altersstufe, Domestikationsstatus, Trächtigkeit, gesundheitliche und andere tierspezifische Besonderheiten«; während also das Bedarfskonzept die Bedürfnisse des Tieres nur allgemein, nämlich nach Art, Rasse, Zuchtlinie etc. beurteilt wird, soll »angemessen« gewährleisten, dass auch die individuellen Besonderheiten des jeweiligen Tieres beachtet und berücksichtigt werden.
19 Amtliche Begründung, Bundestagsdrucksache 10/3158, S. 17.

5 Verstoß der in Deutschland praktizierten konventionellen Haltung von Schweinen, Masthühnern und Enten gegen § 2 TierSchG

5.1 Unangemessenes Zurückdrängen zahlreicher Grundbedürfnisse von Ferkeln und Mastschweinen bei einstreuloser Gruppenhaltung mit den hohen, in § 23 und § 24 TierSchNutztV geregelten Besatzdichten

Bei einstreuloser Gruppenhaltung mit hoher Besatzdichte ist den Tieren ihre arttypische Trennung von Kot- und Liegeplatz nicht möglich (unter naturnahen Bedingungen trennen Schweine Kot- und Liegeplatz strikt voneinander, wenn möglich mit einem Abstand von über fünf Metern (Burdick, Witthöft-Mühlmann u. Ganzert, 1999, S. 80). Der Liegeplatz ist häufig verschmutzt, weil in der Perforierung Kot- und Harnreste hängen bzw. kleben bleiben. Infolge des Spaltenbodens, auf dem sie nicht nur tagsüber stehen, sondern auch nachts ruhen, sind die Tiere außerdem einer ständigen Belastung durch Ammoniak ausgesetzt, weil sie mit dem Rüssel direkt über dem eigenen und fremden Kot liegen und die entsprechenden Ausdünstungen aufnehmen (van Putten, 2002). Deswegen leiden viele Schweine nach den wenigen Lebensmonaten, die sie bis zur Schlachtung haben, unter Husten und Lungenschäden, und der größte Teil der Schweinelungen wird am Schlachthof verworfen. Ein wärmegedämmter, weicher (das heißt mit Stroh ausgestatteter) Liegebereich kann auf Vollspaltenboden nicht eingerichtet werden. Damit sind sowohl die Grundbedürfnisse »artgemäßes Ruhen« als auch »Eigenkörperpflege« in starkem Ausmaß zurückgedrängt.

Eine gleichzeitige Futteraufnahme ist den Schweinen nicht möglich, wenn mit Breifutterautomaten rationiert gefüttert wird, die nur ein oder zwei Fressplätze haben. Der dadurch hervorgerufene Zwang, das Futter nacheinander aufzunehmen, kann im Wartebereich vor den Futterstationen zu Verhaltensstörungen führen, unter anderem zu gegenseitigen Bissen in die Vulva.

Da die Schweine in der Regel mit energiereichem Leistungsfutter in Form von Brei, Mehl oder Pellets gefüttert werden, verkürzt sich die Zeit zur Nahrungssuche und -aufnahme, die unter naturnahen Bedingungen etwa sieben Stunden und ca. 70 % der gesamten Tagesaktivität in Anspruch nimmt, auf zehn bis zwanzig Minuten. Das Bedürfnis zum »Manipulieren«, insbesondere durch Beißen und Kauen, bleibt somit unbefriedigt und wird schon im Ferkelalter an Einrichtungsgegenständen und Körperteilen von Artgenossen abreagiert (Entstehung der Verhaltensstörungen »Schwanzbeißen« und »Ohrenbeißen«; siehe dazu auch Kapitel 3). Damit ist das artgemäße Nahrungserwerbsverhalten in starkem Ausmaß zurückgedrängt.

Wühlen ist die »Top-Motorik aller Schweine« (Grauvogl, Pirkelmann, Rosenberger u. von Zerboni di Sposetti, 1997, S. 85). Es kann ohne Einstreu nicht stattfinden, erst recht nicht auf Spalten-, Loch- oder Drahtgitterboden. Die Entstehungsgeschichte zum

Zustandekommen der Zweiten Änderungsverordnung vom 01.08.2006 belegt, dass dies dem Verordnungsgeber durchaus bewusst war.[20]

Erkundungsverhalten stellt für Schweine ein »dringendes Bedürfnis« dar und wird selbst unter Bedingungen gezeigt, die nicht dazu anreizen (vgl. EU-Kommission, 1997, S. 16, S. 147). Auch dieses Bedürfnis bleibt in uneingestreuten Gruppenbuchten auf Vollspaltenböden weitgehend unbefriedigt. Der übliche, an einer Kette aufgehängte Holzbalken wird der Intelligenz der Tiere und dem daraus resultierenden Erkundungsdrang nicht gerecht. Hinzu kommt, dass, wenn Gegenstände wie Ketten, Reifen, Holzstücke oder Ähnliches als Ersatz für fehlende Einstreu beigegeben werden, das Erkundungsinteresse der Tiere daran parallel zum Neuigkeitswert abnimmt (EU-Kommission, 1997, S. 140).

Ferkel, die ohne Auslauf auf Betonspalten-, Lochblech- oder Drahtgitterböden gehalten werden, leiden vermehrt unter schmerzhaften Verletzungen an den Sprunggelenken und den Klauen, außerdem an Schwellungen lateral des Sprunggelenks (Müller, Nabholz u. van Putten et al., 1985, S. 111). Auch bei Mastschweinen auf Vollspaltenböden sind schmerzhafte Quetschungen, Schürfungen und Wunden im Klauenbereich häufig (S. 99); von Klauen- und Gelenkverletzungen sind teilweise bis zu 50 % der Tiere betroffen (Burdick, Witthöft-Mühlmann u. Ganzert, 1999, S. 82). Hinzu kommt, dass etwa zwei Drittel aller konventionell gehaltenen Schweine Hautschäden aufweisen, hauptsächlich wegen des erzwungenen Liegens auf dem harten, kotverschmutzten Boden. Damit stellt das Halten auf Vollspaltenböden einen Verstoß gegen das Pflegegebot in § 2 Nr. 1 TierSchG dar, auch unabhängig von den Schmerzen, Leiden und Schäden, die dadurch verursacht werden (vgl. BVerfG, NJW 1999, S. 3253, 3255: »Pflege des Wohlbefindens der Tiere in einem weit verstandenen Sinn«).

Auch ein angemessenes Sozialverhalten kann nicht stattfinden, weil die zum Aufbau und zur Aufrechterhaltung einer Hierarchie notwendigen Möglichkeiten zum Ausweichen, Rückzug und Deckungsuchen vollständig fehlen. Hohe Besatzdichten und fehlende Raumstrukturierung fördern Auseinandersetzungen, insbesondere bei der Bildung neuer Gruppen, denen die Halter durch Verabreichung von Tranquilizern begegnen (vgl. EU-Kommission, 1997, S. 141).

Das Bedürfnis nach Kratzen und Scheuern an Bäumen, Pfählen, Bürsten oder anderem ist bei Schweinen noch stärker ausgeprägt als bei Rindern (Grauvogl et al., 1997, S. 104). Es kann nicht befriedigt werden, wenn keine Bürsten (sowohl senkrecht als auch schräg) eingebaut sind (van Putten, 2002). Vorgeschrieben sind sie nicht. Auch Abkühlungsmöglichkeiten, die die Tiere von sich aus nutzen könnten, sind nicht vor-

---

20 Vom Bundesrat war zunächst ein Verordnungsentwurf beschlossen worden, der in § 21 Abs. 1 Nr. 1 vorgesehen hatte, dass jedes Schwein Zugang zu Beschäftigungsmaterial erhalten sollte, »das geeignet ist, das Erkundungsverhalten und Wühlbedürfnis der Tiere zu befriedigen«. In der Endfassung von § 21 Abs. 1 Nr. 1 ist dagegen das Wort »Wühlbedürfnis« ersatzlos gestrichen worden – auf wessen Wunsch und Veranlassung, lässt sich in Anbetracht der fehlenden Transparenz des Verordnungsgebungsverfahrens nicht feststellen.

geschrieben. Sie müssten in Form von Duschen oder Suhlen oder wenigstens kühlen Bodenflächen dringend angeboten werden, weil das Schwein infolge seiner Zucht auf hohe Gewichtszunahme und die damit einhergehende proportionale Verkürzung des Rüssels große Schwierigkeiten mit der Ableitung überschüssiger Wärme hat (Buchholtz, Lambooij, Maisack et al. 2001, S. 83).

Damit steht fest, dass in den einstreulosen Vollspaltenbodenhaltungen, jedenfalls bei den von der deutschen Tierschutz-Nutztierhaltungsverordnung und der österreichischen 1. Tierhaltungsverordnung zugelassenen Besatzdichten, zahlreiche Grundbedürfnisse der Ferkel und Schweine massiv zurückgedrängt sind und diese Haltungen deswegen gegen § 2 Nr. 1 TierSchG bzw. § 13 Abs. 2 ÖTSchG verstoßen. Hinzu kommt aber auch, dass die mit der hohen Besatzdichte einhergehende Einschränkung der Bewegungsmöglichkeit zumindest zu Schäden und wahrscheinlich auch zu Leiden im Sinne von § 2 Nr. 2 TierSchG bzw. § 5 Abs. 2 Nr. 10 ÖTSchG führt: Bei Ferkeln ohne Auslauf bewirkt der Bewegungsmangel das Auftreten von Arthritis an Knien und Tarsalgelenken, und bei Mastschweinen führt er in Verbindung mit dem schnellen Wachstum zu Beinschwächen mit dem Resultat, dass bei Mastende viele Tiere kaum noch gehfähig sind (Buchholtz et al., 2001, S. 83). Die in den §§ 23 und 24 TierSchNutztV bzw. in Anlage 5 Nr. 5.2 der 1. Tierhaltungsverordnung Österreichs vorgesehenen Bodenflächen übersteigen den für das bloße Liegen benötigten Platz nur um etwa 20 %.[21] Wegen des starken Drangs zu Spielverhalten und insbesondere zu Rennspielen begründet diese Situation insbesondere für die jungen Ferkel Leiden. Aber auch Mastschweine sind, wenn sie im Alter von sechs Monaten geschlachtet werden, noch juvenile Tiere, die unter der Unmöglichkeit zu artgemäßer Lokomotion leiden.

Einen Versuch, diesen Zustand wenigstens teilweise zu verbessern, hat es in Deutschland unter der von 2001 bis 2005 regierenden Verbraucherschutzministerin Künast (Grüne) gegeben. In einem Verordnungsentwurf vom 13.08.2003[22] waren als Verbesserungen unter anderem vorgesehen: Abkühlvorrichtungen im Aufenthaltsbereich der Schweine (z. B. in Form von unterschiedlich temperierten Bodenflächen, um eine Trennung in einen eher warmen Liege- und einen eher kühlen Kotbereich zu ermöglichen), verringerte Spaltenweiten für Saugferkel und Mastschweine, Beschränkung des Perforationsgrads im Liegebereich auf höchstens 10 %, Tageslicht in allen Stallungen (bei einer Fensterfläche von mindestens 3 % der Stallgrundfläche), ständiger Zugang zu mindestens zwei verschiedenen Beschäftigungsmöglichkeiten, Vergrößerung der Mindestbodenflächen für Absatzferkel und Mastschweine (siehe Kapitel 1), Stroh oder anderes Nestbaumaterial für die Sau oder Jungsau kurz vor dem Abferkeltermin. Die meisten dieser Verbesserungen wurden aber im Bundesrat, der ab 2003 von CDU und CSU dominiert war, abgelehnt (vgl. Beschlüsse vom 28.11.2003 und vom 17.12.2004:[23]

---

21 Vgl. amtliche Begründung zur Schweinehaltungsverordnung von 1988, Bundesratsdrucksache 159/88, S. 18.
22 Bundesratsdrucksache 574/03.
23 Bundesratsdrucksache 574/03 bzw. 482/04.

keine Abkühlvorrichtungen im Aufenthaltsbereich; keine verringerten Spaltenweiten für den Gussrost im Sauenbereich; kein Perforationsgrad im Liegebereich unter 15 %; kein Tageslicht in Altbauten; kein Stroh oder anderes Material, das vom Schwein gekaut und verändert werden kann; keine wesentliche Vergrößerung der Mindestbodenflächen je Tier; Nestmaterial für die abferkelnde Sau nur, »soweit dies nach dem Stand der Technik mit der vorhandenen Anlage zur Kot- und Harnentsorgung vereinbar ist«).

5.2 Besonders schwere Gesetzesverstöße durch die Fixierung von Sauen im Kastenstand und in der Abferkelbucht

Durch die wochenlange Fixierung im Kastenstand und in der Abferkelbucht werden den Sauen Schmerzen, vermeidbare Leiden und Schäden im Sinne von § 2 Nr. 2 TierSchG bzw. § 5 Abs. 2 Nr. 10 ÖTSchG zugefügt. Bei großen Säugern hat die »Immobilisation (erzwungenes Nichtverhalten) ohne Aussicht auf eine Veränderungsmöglichkeit verheerende Stressfolgen« (Grauvogl et al., 1997, S. 14). Der Wissenschaftliche Veterinärausschuss beschreibt diese Folgen so: ausgeprägte Stereotypien (insbesondere in Form von Stangenbeißen und Leerkauen), Aggression, gefolgt von Inaktivität und Reaktionslosigkeit, schwache Knochen und Muskeln, Herz-Kreislauf-Schwäche, Harnwegs-, Gesäuge- und Gebärmutterinfektionen (EU-Kommission, 1997, S. 146). Bei 15–20 % der fixierten Sauen sind schmerzhafte Harnwegsentzündungen und bei 20–50 % Gebärmutter- und Gesäugeentzündungen festgestellt worden (Burdick, Witthöft-Mühlmann u. Ganzert, 1999, S. 81). Hinzu kommen schmerzhafte Bein- und Klauenschäden (Müller et al., 1985, S. 117). Dadurch, dass sich das in der Abferkelbucht fixierte Tier nicht einmal umdrehen und auf die andere Seite legen kann, verlängern sich der Geburtsvorgang und die damit bekanntermaßen verbundenen Schmerzen (vgl. EU-Kommission, 1997, S. 100; Buchholtz et al., 2001, S. 83; Stabenow, 2002, S. 40). Die Schäden, die durch die lange Fixierung verursacht werden, zeigen sich Unter anderem an der kurzen Nutzungsdauer der Tiere (Schlachtung der Sauen im Durchschnitt bereits nach dem fünften Wurf, obwohl bei artgemäßer Haltung die meisten Ferkel erst zwischen dem vierten und dem zehnten Wurf zur Welt gebracht würden).

Dass die Kastenstandhaltung sogar in der Zeit zwischen dem Absetzen der Ferkel und dem erneuten Decken der Sau zugelassen wird, ist völlig unverständlich: Zum einen können in dieser Zeitspanne Sauengruppen gebildet werden, die auch nach dem Decken zusammenbleiben und damit während ihrer Trächtigkeit keine Rangkämpfe mehr austragen, weil sie sich bereits vorher kennengelernt und die Hierarchie untereinander festgelegt haben; zum anderen braucht die Sau nach dem abrupten Absetzen der Ferkel besonders viel Bewegung, unter anderem, um ihren Milchfluss abbauen zu können.

Vermeidbar wäre die Kastenstandhaltung zum einen in der Zeit zwischen dem Absetzen und dem Decken, aber – wie das niederländische und das Schweizer Beispiel zeigen (siehe Kapitel 1) – auch im Wesentlichen in der Zeit nach dem Decken. Etwaige Nachteile der Gruppenhaltung von Sauen, insbesondere aggressive Auseinandersetzungen, lassen sich vermeiden, wenn man verschiedene Kriterien beachtet: simultane Fütterung, mehrmals täglich; Beschäftigung durch Zugang zu Stroh oder Ähnlichem zum Wühlen und Manipulieren; Liegeflächen von ausreichender Größe; Ausweich- und Rückzugsmöglichkeiten ohne Sackgassen; Bildung stabiler, nicht zu großer Gruppen (vgl. EU-Kommission, 1997, S. 146; Buchholtz et al., 2001, S. 83). Bei der Gruppierung von Sauen nach dem Absetzen der Ferkel sollten geräumige Buchten mit einem großen Fluchtraum angeboten werden und die gleichen Sauen, soweit möglich, wieder zusammengebracht werden; das Platzangebot von 2,2 m² je Tier ohne Einschränkung durch Kasten- oder Fressstände reicht jedenfalls aus, um schwere Verletzungen zu vermeiden.[24]

Auch das Fixieren in der Abferkelbucht wäre vermeidbar, wie ebenfalls das Schweizer Beispiel zeigt (siehe Kapitel 1). Der Gefahr des Ferkel-Erdrückens in Buchten mit freier Bewegung kann durch eine tiergerechte Gestaltung des Abferkelnestes und durch Einstreu effektiv begegnet werden: Die Sau drückt sich dann langsam nach vorn ins Nest hinein und schiebt die im Weg liegenden Ferkel mit dem Rüssel vorsichtig zur Seite.[25]

Dass durch die Fixierung im Kastenstand und in der Abferkelbucht zahlreiche Grundbedürfnisse im Sinne von § 2 Nr. 1 TierSchG massiv zurückgedrängt werden, ist evident: kein gleichzeitiges Fressen, kein Nahrungssuch- und Nahrungsbearbeitungsverhalten, kein Wühlen, kein Erkunden, kein artgemäßes Ruhen (weil Schweine grundsätzlich nicht einzeln, sondern mit einem gewissen Körperkontakt in Gruppen lagern, vgl. Grauvogl et al., 1997, S. 104; Lorz u. Metzger, 2008; TierSchNutztV Vor § 16 Rn 4; außerdem sind für großrahmige Sauen die üblichen Kastenstände zu kurz), keine arttypische Trennung von Kot- und Liegeplatz (weil die Sau in der Abferkelbucht praktisch auf die eigene Liegefläche koten muss, hält sie, weil dies gegen ihre Natur ist, ihre Ausscheidungen möglichst lange zurück), kein Kratzen und Scheuern, keine Abkühlungsmöglichkeiten, kein artgemäßes Nestbauverhalten vor der Geburt der Ferkel, kein Bemuttern der Ferkel, kein Sozialverhalten.

5.3 Unangemessenes Zurückdrängen zahlreicher Grundbedürfnisse bei Masthühnern, die in der Endmast mit bis zu 24 Tieren pro Quadratmeter Stallbodenfläche gehalten werden

Bei einer Besatzdichte von 35 oder sogar 39 kg/m² Stallbodenfläche (= bis zu 24 Hühner pro Quadratmeter) können viele Hühner nicht mehr ungestört ruhen. Der Wissen-

---

24 So Deininger, Friedli und Troxler (2002, S. 34, 37). Vgl. dazu auch van Putten (2002, S. 6): Die Rangkämpfe in neu gebildeten Sauengruppen dauern in der Regel nicht länger als 24 Stunden, wenn eine Gruppengröße von etwa zwölf Tieren nicht überschritten wird; sofern für diese Zeit eine geräumige Bucht mit planbefestigtem Boden und Stroheinstreu zur Verfügung steht, kommt es zu keinen Verletzungen; anschließend hat sich eine Hierarchie herausgebildet, die auch später eingehalten wird.

25 Vgl. EU-Kommission (1997, S. 99); van Putten (2002, S. 7); vgl. auch Stabenow (2002, S. 40, 41, 48): keine höheren Erdrückungsverluste in Scan-Bewegungsbuchten.

schaftliche Veterinärausschuss der EU hat festgestellt, dass jedenfalls eine Besatzdichte von 28 kg/m² zu hoch sei, um noch ein normales Ruheverhalten aufkommen zu lassen. Vergleichende Untersuchungen mit Besatzdichten von 25 und 30, 24 und 32 sowie 30 und 36 kg/m² hätten einen Anstieg der Ruhestörungen bei der jeweils höheren Besatzdichte ergeben (EU-Kommission, 2000, Nr. 7.5.6 sowie Schlussfolgerung Nr. 25). In Deutschland durchgeführte Untersuchungen mit Hühnern in Kurz-, Mittellang- und Langmast und bei Besatzdichten von 33, 39 und 42 kg/m² haben ergeben, dass die meisten Ruhestörungen bei einer Besatzdichte von 39 kg/m² (wie sie durch § 19 Abs. 3 TierSchNutztV zugelassen wird, in Österreich und der Schweiz hingegen verboten ist, s. Kapitel 1) auftreten, weil bei einem so hohen Tierbesatz weder eine Aufteilung des Stalles in Ruhe- und Aktivitätszonen noch eine Synchronisation des Tierverhaltens stattfinden kann (Spindler u. Hartung, 2011, S. 50 f.[26]).

Die hohen Hühnerzahlen pro Quadratmeter bewirken außerdem mehr Krankheiten, mehr Verletzungen und eine höhere Mortalität. In der oben erwähnten Vergleichsuntersuchung haben 15 von 20 untersuchten Herden bei der jeweils höheren Besatzdichte (33 bzw. 39 bzw. 42 kg/m²) ein vermehrtes Auftreten von schmerzhaften Fußballenveränderungen (Pododermatitis) gezeigt; in der Kurzmast (das heißt bei ca. 24 Hühnern auf einen Quadratmeter) konnte sogar bei 98 % der untersuchten Sohlenballen Pododermatitis festgestellt werden, überwiegend mit mittlerem und schwerem Ausprägungsgrad (Spindler u. Hartung, 2011, S. 115, 117). Der Grund: Bei so vielen eingestallten Hühnern entfallen auf jeden Quadratmeter des Stallbodens besonders große Mengen an Kot, was zu einer stärkeren Durchfeuchtung der Einstreu, einer gesteigerten Ammoniakbildung und dadurch zu einer Schädigung derjenigen Hautpartien führt, die ständig mit der feuchten Einstreu in Kontakt kommen. Hohe Hühnerzahlen und Besatzdichten bewirken auch hohe Ammoniakkonzentrationen in der Stallluft, was eine ständige Reizung der Atemwege und Schleimhäute der Hühner zur Folge hat und zu einer generellen Schwächung des Immunsystems und damit einer erhöhten Krankheitsanfälligkeit führt.[27] Verletzungen der Haut durch gegenseitiges Bekratzen mit den Krallen kommen ebenfalls deutlich häufiger vor, wenn mehr Hühner je Quadratmeter eingestallt sind; sobald in die dadurch hervorgerufenen Wunden Keime gelangen,

---

26 Danach lag der prozentuale Anteil ruhender Tiere, die im Tagesmittel innerhalb von einer Minute durch andere Artgenossen auf einem Quadratmeter gestört wurden, bei 50 % in der Mitte der Mast und bei 40 % bei Mastende; zur Anzahl der festgestellten Ruhestörungen in der Dunkelphase wird auf S. 61 ausgeführt: »Mit 4 und bis zu 10 Tieren/m² (23 % bzw. 40 % der Tiere auf einem m²) wurden in der Mittellangmast mit einer Besatzdichte von 39 kg/m² besonders viele Tiere durch Artgenossen gestört.«

27 Dazu passt der extreme Einsatz von Antibiotika in den konventionellen Masthühnerhaltungen: Bei einer Untersuchung fast aller Masthühnerbestände in Nordrhein-Westfalen haben Gutachter entdeckt, dass mehr als 96 % der Tiere mit Antibiotika behandelt worden waren; weniger als jedes 25. Masthuhn war unbehandelt (Welt online, »Fast alle Masthühner mit Antibiotika vollgestopft«, Zugriff am 15.11.2011 unter http://www.welt.de/finanzen/verbraucher/article13718257/Fast-alle-Masthuehner-mit-Antibiotika-vollgestopft.html).

zum Beispiel E. Coli, kann es zu hohen Todesraten und zu Verwürfen am Schlachthof kommen. Die meisten Kratzverletzungen konnten auch hier in der Kurzmast (bei ca. 24 Tieren je Quadratmeter) festgestellt werden, die wenigsten in der Langmast (bei maximal 16 Tieren je Quadratmeter; Spindler u. Hartung, 2011, S. 94 f.). Die Untersuchungen haben auch ergeben, dass in den weitaus meisten Fällen die kumulierte Mortalität in dem Stallabteil mit der jeweils niedrigeren Besatzdichte geringer war als bei der zeitgleich geprüften höheren Besatzdichte (Spindler u. Hartung, 2011, S. 19). Damit ist klar, dass die Zustände in Ställen, in denen mit 35 und 39 kg Lebendgewicht pro Quadratmeter eine extrem hohe Hühnerbesatzdichte herrscht, nicht dem Gebot zu angemessener Pflege in § 2 Nr. 1 TierSchG entsprechen (und schon gar nicht mit dem Gedanken der »Pflege des Wohlbefindens der Tiere in einem weit verstandenen Sinn« vereinbar sind, wie ihn das BVerfG dem § 2 Nr. 1 TierSchG entnimmt; s. Kapitel 4).

Der Wissenschaftliche Veterinärausschuss ist in seinem oben erwähnten Bericht zu dem Schluss gelangt: »Es ist nach den Untersuchungen zum Verhalten und zu Beinschäden klar, dass die Besatzdichte 25 kg/m² oder weniger betragen muss, um größere Tierschutzprobleme weitgehend zu vermeiden, und dass es oberhalb von 30 kg/m² selbst bei guten Klimakontrollsystemen zu einem starken Anstieg bei der Häufigkeit ernsthafter Probleme kommt« (EU-Kommission, 2000, Nr. 7.5.6). In den Abschlussempfehlungen heißt es: »Wenn die Besatzdichte über etwa 30 kg/m² hinausgeht, sind Probleme mit dem Wohlbefinden ungeachtet der Raumklimakontrollkapazität wahrscheinlich« (EU-Kommission, 2000, Nr. 13). Der österreichische und der Schweizer Verordnungsgeber haben sich an diese Empfehlung gehalten (und die Besatzdichte auf max. 30 kg/m² beschränkt, s. Kapitel 1), der deutsche dagegen nicht. In der amtlichen Begründung zu § 19 Abs. 3 und 4 TierSchNutztV wird weder auf die Empfehlungen des Wissenschaftlichen Veterinärausschusses noch auf die entsprechenden Regelungen in den Nachbarländern eingegangen.[28]

In seiner Empfehlung in Bezug auf Haushühner fordert der Ständige Ausschuss beim Europarat für die Haltung von Masthühnern unter anderem: »Die Besatzdichte ist so zu wählen, dass während der gesamten Haltung der Tiere […] die Tiere sich bewegen und normale Verhaltensmuster ausüben können (z. B. staubbaden und mit den Flügeln schlagen) und jedes Tier, das sich von einer eng belegten zu einer freien Fläche bewegen möchte, die Möglichkeit dazu hat.«[29] Staubbaden in lockerem Substrat ist bei 35 oder 39 kg/m² wegen der hohen Tierzahl und der dadurch bedingten starken Verkotung und Durchfeuchtung der Einstreu schon ab der Mastmitte erheblich erschwert und gegen

---

28 Bundesratsdrucksache 399/09.
29 Ständiger Ausschuss nach Art. 8 des Europäischen Übereinkommens zum Schutz von Tieren in landwirtschaftlichen Tierhaltungen (Europäisches Tierhaltungsübereinkommen), Empfehlung in Bezug auf Haushühner der Art Gallus Gallus, angenommen am 28.11.1995, Anhang II Buchstabe B Nr. 1.

Mastende praktisch unmöglich.[30] Raumgreifende Bewegungen wie das Flügelschlagen werden durch die hohe Besatzdichte erheblich erschwert.[31] Zudem ist bei einer nicht von Tierkörpern bedeckten Zusatzfläche von nur 16 % (nach den planimetrischen Messungen von Petermann u. Roming, zit. nach Spindler u. Hartung, 2011, S. 12). bzw. 32–37 % (nach den Messungen von Spindler u. Hartung, 2011, S. 32 f.) kaum vorstellbar, dass sich jedes Tier auch noch bei Mastende von einer eng belegten zu einer freien Fläche bewegen kann (obwohl dies, wie der Ständige Ausschuss ausdrücklich vorschreibt, »während der gesamten Haltung« möglich sein muss). Nachdem das Bundesverfassungsgericht die Empfehlungen des Ständigen Ausschusses als »verbindliche Vorgaben aus dem europäischen Tierschutzrecht« bezeichnet und den deutschen Verordnungsgeber ausdrücklich auf seine Verpflichtung, sie anzuwenden, hingewiesen hat[32], ist erstaunlich, dass sie zwar in der Schweiz und in Österreich teilweise Beachtung finden (siehe Kapitel 1), nicht dagegen in Deutschland.

5.4 Unangemessenes Zurückdrängen zahlreicher Grundbedürfnisse bei Peking- und Moschusenten

In den Empfehlungen des Ständigen Ausschusses zu Peking- und Moschusenten (jeweils vom 22.6.1999) gibt es eine Reihe von Vorgaben, die die Grundbedürfnisse der Tiere, insbesondere in den Funktionskreisen »Nahrungserwerbsverhalten«, »Ruhen«, »Eigenkörperpflege«, »Sozialverhalten« und »Erkundung« konkretisieren.

Zur Gewährung von Auslauf und Badewasser schreiben Art. 11 Abs. 2 (Empfehlung für Pekingenten) und Art. 10 Abs. 2 (Empfehlung für Moschusenten) gleichlautend vor: »Der Zugang zu einem Auslauf und zu Badewasser ist notwendig, damit die Enten als Wasservögel ihre biologischen Erfordernisse erfüllen können. Wo ein solcher Zugang nicht möglich ist, müssen die Enten mit Wasservorrichtungen in ausreichender Zahl versorgt werden, die so ausgelegt sein müssen, dass das Wasser den Kopf bedeckt und mit dem Schnabel aufgenommen werden kann, sodass sich die Enten problemlos Wasser über den Körper schütten können. Die Enten sollten die Möglichkeit haben, mit ihrem Kopf unter Wasser zu tauchen.« Der völlige Ausschluss von Badegelegenheiten, wie er

---

30 Vgl. Spindler und Hartung (2011, S. 108): »Bei der Beurteilung der Einstreuqualität wird deutlich, dass bereits zur Mitte der Mast, insbesondere unterhalb der Tränkelinien, pappigmatschige Einstreu und zwischen den Versorgungseinrichtungen verkrustete, feste Platten vorherrschen. Trockene, lockere Einstreubereiche sind nur noch begrenzt vorhanden. Am letzten Masttag überwiegt dann eine Einstreu, bestehend aus festen Platten und pappig-matschiger Einstreu, wobei die Kotanteile überwiegen.«

31 Vgl. Spindler und Hartung (2011, S. 115): »Besonders zum Zeitpunkt der Mastmitte konnte eine deutliche Abnahme von Flügelschlagen mit einer Erhöhung der Besatzdichte von 33 kg/m² auf 39 kg/m² bzw. auf 42 kg/m² festgestellt werden. Somit beeinflusst die Besatzdichte ganz maßgeblich solche extrem raumfordernden Aktivitäten.«

32 BVerfGE 101, 1, 40 = NJW 1999, 3253, 3255.

in Deutschland bei Pekingenten üblich und sogar in ministeriellen Vereinbarungen vorgesehen ist (siehe Kapitel 1), ist damit evident unvereinbar. Aber auch die niedersächsische Vereinbarung zur Haltung von Moschusenten wird der Empfehlung nicht gerecht, weil das dort vereinbarte Den-Kopf-direkt-mit-Wasser-benetzen-Können sehr viel weniger ist als eine Einrichtung, in der »das Wasser den Kopf bedeckt«, und weil außerdem auch dies der Empfehlung nur dort genügt, wo ein Zugang zu Badewasser »nicht möglich« ist. Die für das Hygienemanagement eines ausreichend großen und tiefen Gewässers erforderlichen Aufwendungen (u. a. Auswechselung des Wassers alle zwei Tage und Klärung der Abwässer) begründen keine Unmöglichkeit in diesem Sinn. Das Vorhandensein einer zum Baden, das heißt zum Schwimmen, Tauchen und Durchspülen des Gefieders, ausreichend dimensionierten Wasserfläche ist für Peking- und Moschusenten gleichermaßen von größter Wichtigkeit, weil bei ihrem Fehlen nicht nur die artgemäße Bewegung, sondern auch die Eigenkörperpflege sowie wichtige Teilbereiche des Sozial- und des Nahrungserwerbsverhaltens erheblich zurückgedrängt sind.[33]

Ähnliches gilt für den Auslauf: Auch auf ihn darf nach Art. 11 Abs. 2 (Pekingenten) und Art. 10 Abs. 2 (Moschusenten) nicht schon aus Kostengründen oder zur Arbeitsersparnis verzichtet werden, sondern nur dort, »wo ein solcher Zugang nicht möglich ist«. Die ausschließliche Stallhaltung als Regelform, wie sie sowohl von der niedersächsischen als auch von der bayerischen Vereinbarung vorgesehen ist, verstößt hiergegen (vgl. demgegenüber Anlage 6 Nr. 5.2.1 der 1. Österreichischen Tierhaltungsverordnung: Auslauffläche von mindestens 2 m² je Tier obligatorisch).

Zur Notwendigkeit von Einstreu in Entenhaltungen heißt es in Art. 12 Abs. 3 und 4 (Pekingenten) und in Art. 11 Abs. 3 und 4 (Moschusenten): »Geeignete Einstreu ist bereitzustellen und so weit wie möglich trocken und locker zu halten, um den Tieren zu helfen, sich selbst sauber zu halten, und um die Umgebung anzureichern«. Einstreulose Haltungen auf Rost- und Gitterböden, wie sie in der niedersächsischen Vereinbarung für die Haltung von Moschusenten vorgesehen sind, sind damit eindeutig unvereinbar; allenfalls kommen kombinierte Haltungsverfahren in Betracht (eingestreuter Bereich und daneben Rostboden, auf dem die Futter-, Tränk- und Badeeinrichtungen angeordnet sind).

In Art. 11 Abs. 6 (Pekingenten) und Art. 10 Abs. 6 (Moschusenten) wird bestimmt: »In Entenställen muss der Boden so konstruiert und beschaffen sein, dass bei den Tieren kein Unwohlsein, keine Leiden und keine Verletzungen verursacht werden. Der Untergrund muss eine Fläche umfassen, die allen Tieren das gleichzeitige Ruhen erlaubt, und muss mit einem dazu geeigneten Material bedeckt sein.« Mit diesen Vorgaben sind Rostböden, die zu Verletzungen an Füßen und Beinen führen können, unvereinbar;

---

33 Vgl. Horst (1992, S. 63): »Es wäre erstaunlich, wenn der Entzug eines ›Substrats‹, das mit mehr Funktionskreisen als dem Komfortverhalten in Verbindung steht, keine Auswirkungen auf das Wohlbefinden der betreffenden Tierart zeigte.« Vgl. auch Heyn, Damme, Manz et al. (2006, S. 90 ff.): »offene Tränken mit großem Durchmesser und ausreichender Trogseitenlänge als Minimalkompromiss im Sinne von Art. 11 der Empfehlung«.

trotzdem werden sie in vielen Haltungen von Moschusenten verwendet. Unzulässig ist darüber hinaus auch, die Enten auf perforiertem Boden statt auf eingestreutem Untergrund ruhen zu lassen, wie es die niedersächsische Moschusentenvereinbarung zulässt (vgl. demgegenüber Anlage 6 Nr. 5.3 der 1. Österreichischen Tierhaltungsverordnung: »Die Haltung von Mastgeflügel im Stall ohne Einstreu ist verboten.«). Auch Besatzdichten von über 25 kg/m² (die niedersächsische Moschusentenvereinbarung lässt 35 kg/m² zu, s. Kapitel 1) dürften wegen der damit verbundenen Ruhestörungen nicht mehr möglich sein.

Art. 12 Abs. 3 (Pekingenten) und Art. 11 Abs. 3 (Moschusenten) sehen vor: »Den Tieren muss eine ausreichende Fläche entsprechend [...] ihrem Bedarf, sich frei zu bewegen und normale Verhaltensweisen zu zeigen, einschließlich artspezifischen sozialen Verhaltens, zur Verfügung stehen. Die Gruppe darf nur so groß sein, dass es nicht zu Verhaltens- oder anderen Störungen oder Verletzungen kommt.« Damit sind Besatzdichten, die Pulkbildungen, Federrupfen oder andere Verhaltensstörungen fördern, verboten, ebenso aber auch zu große Gruppen. Nach der in Niedersachen vereinbarten Besatzdichte von max. 35 kg/m² können dort bei Mastende sieben Erpel im Alter von zwölf Wochen oder 12–13 Enten im Alter von zehn Wochen auf einem Quadratmeter gehalten werden. Der Empfehlung des Ständigen Ausschusses würden demgegenüber Besatzdichten bei Mastende von nicht mehr als drei oder vier Erpeln/Enten je Quadratmeter und Gruppengrößen von maximal zwanzig bis sechzig Tieren entsprechen.[34] Das in der Empfehlung erwähnte »artspezifische soziale Verhalten« erfordert neben Rückzugsräumen auch eine ausreichend dimensionierte Fläche zum Schwimmen (Fölsch, Simantke u. Hörning, 1996, S. 10 f.).

Die Tötung erkrankter oder verletzter Tiere ist für den Ständigen Ausschuss nur als Ultima Ratio zulässig: »Sind Enten so krank oder verletzt, dass eine Behandlung nicht länger möglich ist und ein Transport zusätzliches Leiden für die Tiere bedeuten würde, müssen die Tiere vor Ort getötet werden« (Art. 24 Abs. 1, Empfehlung Pekingenten, bzw. Art. 23 Abs. 1, Empfehlung Moschusenten). Kranke und verletzte Tiere müssen also zunächst ärztlich behandelt und gegebenenfalls vom übrigen Bestand in dafür verfügbaren geeigneten Einrichtungen getrennt werden (so Art. 8 Abs. 3, Empfehlung Pekingenten, bzw. Art. 7 Abs. 3, Empfehlung Moschusenten). Erst wenn eine weitere Behandlung medizinisch nicht mehr möglich ist (also nicht schon dann, wenn sie wirtschaftlich nicht mehr sinnvoll erscheint), kommt eine Tötung in Betracht. Demgegenüber gehen die im Kapitel 1 erwähnten Vereinbarungen offenbar von einer Gleichwertigkeit zwischen Behandlung und Tötung aus (vgl. dazu z. B. die im Land Brandenburg zur Pekingentenhaltung getroffene Vereinbarung: »Abgemagerte, kranke und verletzte Einzeltiere sind täglich aus der Herde zu entfernen und tierschutzgerecht zu töten«).

---

34 Vgl. dazu Horst (1992, S. 43 f. u. 48): 15 bis 20 Tiere/m² während der ersten 14 Lebenstage, 8 bis 10 Tiere/m² vom 15. bis zum 35. Tag, 4 bis 5 Tiere/m² bis zum 52. Tag und danach 3 Tiere/m².

Damit ist klar, dass die in Deutschland üblichen und zum Teil durch ministerielle Vereinbarungen abgedeckten Haltungsbedingungen für Peking- und Moschusenten massiv gegen die Empfehlungen des Ständigen Ausschusses verstoßen und in Entenhaltungen, die diesen Vereinbarungen entsprechen, zahlreiche Grundbedürfnisse der Enten unangemessen zurückgedrängt werden und damit gegen § 2 Nr. 1 TierSchG verstoßen wird.

6 Verhältnis zwischen EU-Richtlinien und nationalen Tierschutzgesetzen in den EU-Mitgliedstaaten

In Kpaitel 1 ist dargestellt worden, dass die Haltung von Mastschweinen in einstreulosen Vollspaltenbodenställen und die Fixierung von Sauen in Kastenständen und Abferkelbuchten im Wesentlichen den Vorgaben der EU-Richtlinie zur Schweinhaltung[35] entspricht. Lediglich die Regelungen zur Besatzdichte sind in Deutschland und Österreich minimal tierfreundlicher ausgestaltet worden (vgl. § 24 Abs. 2 TierSchNutztV: Für ein Schwein im Gewichtsbereich zwischen 50 und 110 kg werden in Deutschland 0,75 m² gewährt, hingegen nach der EU-Richtlinie bis zum Gewicht von 85 kg nur 0,55 und bis 110 kg nur 0,65 m²; vgl. auch Anlage 5 Nr. 5.2 der 1. Tierhaltungsverordnung Österreichs: Schweine im Gewichtsbereich zwischen 85 und 110 kg erhalten dort 0,70 m² je Tier anstelle der EU-üblichen 0,65).[36]

Aus Kapitel 5 geht demgegenüber hervor, dass die übliche Praxis der Haltung von Mastschweinen und besonders die wochenlange Fixierung von Sauen so, dass sich diese nicht einmal umdrehen können, gegen die Bestimmungen der nationalen Tierschutzgesetze verstößt (§ 2 Nr. 1 und Nr. 2 in Deutschland; § 13 Abs. 2, § 16 Abs. 2 und § 5 Abs. 2 Nr. 10 in Österreich).

Ähnlich stellt sich in Deutschland die Situation der Masthühnerhaltung dar: Die in § 19 Abs. 3 und 4 TierSchNutztV zugelassenen Besatzdichten von 39 bzw. (für die Kurz-

---

35 Richtlinie 2008/120/EG des Rates über Mindestanforderungen für den Schutz von Schweinen vom 18.12.2008, ABl. 2009 Nr. L 47, S. 5.

36 Allerdings wird, jedenfalls in Deutschland, permanent gegen Anhang I Kapitel 1 Nr. 4 der EU-Richtlinie verstoßen, wonach die Schweine »ständigen Zugang zu ausreichenden Mengen an Materialien haben [müssen], die sie untersuchen und bewegen können, wie z.B. Stroh, Heu, Holz, Sägemehl, Pilzkompost, Torf oder eine Mischung dieser Materialien, durch die die Gesundheit der Tiere nicht gefährdet werden kann«. Der in den deutschen Vollspaltenbodenställen übliche, an einer Kette befestigte Holzbalken entspricht diesen Anforderungen keinesfalls. Als Folge davon bleibt das Bedürfnis der Schweine zum Erkunden unbefriedigt und es entsteht die Verhaltensstörung »Schwanzbeißen« bzw. sie wird gefördert und verstärkt. Deswegen werden in Deutschland den Schweinen routinemäßig die Schwänze abgeschnitten, was aber nach Anhang I Kapitel I Nr. 8 nicht als Routine, sondern nur als Ausnahme und erst als letztes Mittel – das heißt, wenn trotz reduzierter Besatzdichten und Abgabe von Beschäftigungsmaterial die Verhaltensstörung fortdauert – zugelassen werden darf.

mast) 35 kg/m² entsprechen zwar Art. 3 Abs. 2 und 4 der EU-Richtlinie zur Masthühnerhaltung;[37] zugleich geht aber aus Kapitel 5 hervor, dass in Masthühnerhaltungen mit solchen Besatzdichten die durch § 2 Nr. 1 TierSchG geschützten Grundbedürfnisse der Tiere unangemessen zurückgedrängt werden und dass solche Besatzdichten außerdem gegen die Empfehlungen des Ständigen Ausschusses zum Europäischen Tierhaltungsübereinkommen mit Bezug auf Haushühner verstoßen.

Es fragt sich daher: In welchem Verhältnis stehen die EU-Richtlinien zur Tierhaltung zu den nationalen Tierschutzgesetzen der Mitgliedstaaten?

Alle Richtlinien, die von der EU zu Fragen der Tierhaltung erlassen worden sind, beinhalten – wie schon die Überschriften dieser Richtlinien zeigen – lediglich »Mindestanforderungen« oder »Mindestvorschriften«, setzen also lediglich eine Untergrenze. Strengere, das heißt tierfreundlichere, Vorschriften aus dem nationalen Recht bleiben von ihnen unberührt. Dies wird in den vielen dieser Richtlinien in zusätzlichen Artikeln auch noch ausdrücklich festgehalten.[38]

Die in § 2 TierSchG und bzw. in § 13 Abs. 2, § 16 Abs. 2 und § 5 Abs. 2 Nr. 10 ÖTSchG festgelegten Anforderungen gehen über die Minimalprogramme der EU-Richtlinien deutlich hinaus. Weder hindern die EU-Richtlinien die nationalen Gesetzgeber daran, solche tierfreundlicheren Bestimmungen beizubehalten und neu zu erlassen, noch können sie Verstöße, die die Tierhalter in den Mitgliedstaaten gegen die dort herrschenden tierfreundlicheren nationalen Gesetze begehen, rechtfertigen oder auch nur entschuldigen.

Für die Beurteilung der Rechtmäßigkeit bzw. Rechtswidrigkeit deutscher Tierhaltungen bildet deshalb § 2 den vorrangigen Maßstab.[39] In Österreich gilt dasselbe für § 13 Abs. 2, § 16 Abs. 2 und § 5 Abs. 2 Nr. 10 ÖTSchG.

7 Verhältnis zwischen Tierschutzgesetz und Rechtsverordnungen

In Kapitel 1 ist auch dargestellt worden, dass die Ferkel-, die Mastschweine- und die Sauenhaltung in Deutschland auf den Regelungen der Tierschutz-Nutztierhaltungsverordnung beruht. Zugleich ergibt sich aber aus Kapitel 5, dass in Ferkel-, Mastschweine- und Sauenhaltungen, die nach diesen Regelungen geführt werden, wesentliche Grundbedürfnisse der Tiere unangemessen zurückgedrängt werden und darüber hinaus Einschränkungen der Bewegungsfreiheit herrschen, die den Tieren Schmerzen,

---

37 Richtlinie 2007/43/EG des Rates mit Mindestvorschriften zum Schutz von Masthühnern vom 28. Juni 2007, ABl. Nr. L 182 vom 12.7.2007, S. 19.

38 Vgl. z. B. Art. 12 der EU-Richtlinie zur Schweinehaltung: »Die Mitgliedstaaten können jedoch in ihrem Gebiet unter Beachtung der allgemeinen Vorschriften des EG-Vertrags strengere Bestimmungen für den Schutz von Schweinen beibehalten oder zur Anwendung bringen, als sie in dieser Richtlinie vorgesehen sind.«

39 Vgl. BVerfGE 101, 1, 31 ff., 45 = NJW 1999, 3253, 3257.

vermeidbare Leiden und Schäden zufügen. Die Regelungen der Tierschutz-Nutztier-haltungsverordnung verstoßen also gegen § 2 Nr. 1 und Nr. 2 TierSchG.

Analoges gilt für Masthühnerhaltungen: Dort wird, soweit die von § 19 Abs. 3 und 4 TierSchNutztV zugelassenen Besatzdichten angewendet werden, gegen 2 Nr. 1 und (zumindest, was die schmerzhaften Sohlenballenveränderungen anbelangt) auch gegen § 2 Nr. 2 TierSchG verstoßen.

Es fragt sich daher auch hier: In welchem Verhältnis stehen die Regelungen der Tierschutz-Nutztierhaltungsverordnung zu den gesetzlichen Grundvorschriften in § 2 Nr. 1 und Nr. 2 TierSchG?

Rechtsverordnungen stehen im Rang immer unter dem Gesetz. Soweit sie die Grenzen ihrer gesetzlichen Ermächtigungsgrundlage überschreiten oder sonst gegen Gesetze verstoßen, sind sie nichtig.[40]

Gesetzliche Ermächtigungsgrundlage für die Tierschutz-Nutztierhaltungsverordnung ist § 2 a TierSchG. Demnach sind Verordnungen, die die Ernährung, Pflege und Haltung von Tieren regeln, nur gültig, »soweit sie zum Schutz der Tiere erforderlich sind« und soweit sie sich darauf beschränken, »die Anforderungen an die Haltung von Tieren nach § 2 näher zu bestimmen«, das heißt, soweit sie die gesetzlichen Gebote des § 2 Nr. 1 und 2 TierSchG zutreffend konkretisieren. Das ist – wie in Kapitel 5 dargelegt wurde – durch die Regelungen zur Schweinehaltung in § 23 Abs. 2 Nr. 2, § 24 Abs. 2 und § 25 Abs. 2 Satz 1 TierSchNutztV nicht geschehen. Folglich sind diese Regelungen – ähnlich wie die Bestimmungen zur Käfigbodenfläche und Futtertrogbreite der Hennenhaltungsverordnung von 1987 – verfassungswidrig und nichtig. Dasselbe gilt für die in § 19 Abs. 3 und 4 TierSchNutztV festgelegten, gegen § 2 Nr. 1 und Nr. 2 TierSchG verstoßenden Besatzdichten in Masthühnerhaltungen.

8 Verhältnis zwischen Tierschutzgesetz und freiwilligen Vereinbarungen

Das Verhältnis von § 2 TierSchG zu den in Kapitel 1 dargestellten Vereinbarungen zwischen Landesregierungen und Geflügelwirtschaftsverbänden zur Entenhaltung ist ebenfalls ein solches der Über- und Unterordnung. Das bedeutet: Soweit solche Ver-einbarungen die Gebote und Verbote aus § 2 Nr. 1 und Nr. 2 TierSchG zutreffend und vollständig konkretisieren, sind sie von den Behörden anzuwenden und zum Beispiel den behördlichen Kontrollen von Entenhaltungen nach § 16 TierSchG zugrunde zu legen; soweit sie dagegen die gesetzlichen Anforderungen nicht ausreichend umsetzen, behält das Gesetz den Vorrang.

An den in Kapitel 5 festgestellten Verstößen von Moschus- und Pekingentenhaltun-gen gegen die Empfehlungen des Ständigen Ausschusses und damit auch gegen § 2 Nr. 1 TierSchG können diese Vereinbarungen also nichts ändern.

---

40 Vgl. BVerfG a. a. O.

9 Gibt es Wege, um die festgestellten Gesetzesverstöße zu beenden und den Tieren schnell, effektiv und dauerhaft zu helfen?

Die entscheidende Schwäche des Tierschutzes liegt weniger im materiellen Recht (also in den Geboten, Verboten, Erlaubnisvorbehalten und Ermächtigungsnormen des Tierschutzgesetzes) als vielmehr im mangelhaften Vollzug dieses Rechts. Das zeigen die oben beschriebenen Beispiele »Ferkel- und Mastschweinehaltung«, »Sauenhaltung«, »Masthühnerhaltung« und »Entenhaltung«, die sich beliebig weiter fortsetzen ließen.

Als weiteres Beispiel soll noch auf die Realität in der industrialisierten Massenschlachtung von Geflügel aufmerksam gemacht werden: Auf der einen Seite gibt es einen klaren gesetzlichen Auftrag in § 3 Tierschutz-Schlachtverordnung (TierSchlV). Dort wird vorgeschrieben, dass Tiere so zu ruhigzustellen, zu betäuben und zu schlachten sind, »dass bei ihnen nicht mehr als unvermeidbare Aufregung, Schmerzen, Leiden oder Schäden verursacht werden«.

Dagegen steht aber auf der anderen Seite die Realität in den Geflügelschlachtereien, wenn dort bei Hühnern, Puten, Enten und Gänsen die übliche Methode der elektrischen Wasserbadbetäubung angewendet wird.

Der Wissenschaftliche Ausschuss für Tiergesundheit und Tierschutz (AHAW) der Europäischen Lebensmittelsicherheitsbehörde EFSA hat diese Realität im Jahr 2004 folgendermaßen beschrieben: Die elektrische Wasserbadbetäubung mache es erforderlich, dass die Tiere mit den Beinen ans Schlachtband gefesselt würden, was extrem stressverursachend sei. Durch das Zusammenpressen ihrer Beine in den Bügeln des Schlachtbandes und das erzwungene Kopfunter-Hängen erlitten die Tiere Schmerzen und Qualen. Die Mehrzahl reagiere darauf mit heftigem Flügelschlagen, wodurch es zu einer signifikanten Anzahl von Verrenkungen und Brüchen komme. Vögel, die beim Eintritt in das stromführende Wasserbad mit den Flügeln schlagen, seien besonders gefährdet, Elektroschocks zu erhalten, die extrem schmerzhaft und qualvoll seien. Weil bei Puten die Flügel weiter nach unten hängen als die Köpfe, gelangten bei diesen Tieren normalerweise zuerst die Flügel mit dem stromführenden Wasser in Kontakt, bevor die Köpfe eintauchten; die Folge davon seien schmerzhafte Elektroschocks und Fehlbetäubungen. Bei der elektrischen Wasserbadbetäubung komme es zu einer erheblichen Anzahl von Fehlbetäubungen, insbesondere wenn mehrere Vögel gleichzeitig durchs Wasserbad gezogen würden, und auch weil die automatischen Halsschnittgeräte oftmals nicht alle Hauptblutgefäße eröffneten. Die Zeit zwischen Halsschnitt und Hirntod sei anscheinend länger als die Zeit zwischen Halsschnitt und Erreichen des Brühbades. Dass die Tiere beim Eintritt in die Brühbader regelmäßig defäkierten, sei ein Anzeichen dafür, dass sie noch am Leben seien (EFSA, 2004, 5.2.1–5.2.3).

Die Betreiber der Geflügelschlachtereien sind also noch nicht einmal bereit, die Geschwindigkeit des Schlachtbandes so zu reduzieren, dass die Tiere wenigstens vor dem Eintritt in die Brühanlage ausbluten und sterben können. Stattdessen wird wegen des geringfügigen Preisvorteils, den die hohe Bandgeschwindigkeit mit sich bringt, wissentlich in Kauf genommen, dass ein großer Teil der Tiere noch lebend in die Brühanlage gelangt.

Es fragt sich: Wie kann dieser extreme Vollzugsschwäche des Tierschutzes, dieser systematischen Bevorzugung trivialer menschlicher Interessen gegenüber vitalen Interessen der Tiere abgeholfen werden?

Das Kriminalstrafrecht ist bei Verstößen gegen das Tierschutzgesetz oftmals nur ein stumpfes Schwert. Das liegt in Deutschland in erster Linie daran, dass die gesetzlichen Grundvorschriften für die Tierhaltung – also § 2 Nr. 1 und Nr. 2 TierSchG – für sich gesehen weder straf- noch bußgeldbewehrt sind; wer also gegen § 2 TierSchG verstößt, kann deswegen weder bestraft noch mit einem Bußgeld belegt werden. Das geht erst, wenn die weiteren, meist sehr schwer nachzuweisenden Voraussetzungen für eine Straftat nach § 17 Nr. 2 b TierSchG oder für eine Ordnungswidrigkeit nach § 18 Abs. 1 Nr. 1 TierSchG bewiesen werden können. Dasselbe gilt für § 3 Tierschutz-Schlachtverordnung. Auf der einen Seite handelt es sich bei § 2 TierSchG um die »Grundvorschrift über die Tierhaltung« (Lorz, 1986, S. 237) und bei § 3 TierSchlV um die Magna Charta des deutschen Schlachtrechts; auf der anderen Seite riskiert, wer seinen Betrieb so einrichtet, dass permanent dagegen verstoßen wird, weder eine Strafe noch ein Bußgeld.

Zwar gibt es neben § 2 auch die Strafvorschrift des § 17 Nr. 2 b TierSchG, die jeden mit Freiheitsstrafe bis zu drei Jahren bedroht, der Tieren länger anhaltende oder sich wiederholende erhebliche Schmerzen oder Leiden zufügt. Auch spricht – unter anderem in Anbetracht der vom Wissenschaftlichen Veterinärausschuss festgestellten Verhaltens- und Funktionsstörungen[41] – viel dafür, dass zumindest durch die wochenlange Fixierung von Sauen in Kastenständen und Abferkelbuchten dieser Straftatbestand erfüllt wird (vgl. Hirt, Maisack u. Moritz, 2007, § 17 Rn 99). Aber Strafe setzt immer auch Vorsatz und Unrechtsbewusstsein voraus, und solange tierquälerische Haltungsformen durch untergesetzliche Rechtsnormen wie § 25 Abs. 2 Satz 1 TierSchNutztV ausdrücklich gebilligt und von den Überwachungsbehörden toleriert werden, lässt sich das Vorliegen dieser subjektiven Strafbarkeitsvoraussetzungen nur schwer beweisen[42]. Ähnlich ist die Situation in den Geflügelschlachtereien: Die Betreiber können sich darauf berufen, dass die tierquälerische Methode »elektrische Wasserbadbetäubung« in Anlage 3 Nr. 3.4–3.9 TierSchlV ausdrücklich zugelassen ist und dass die für die Überwachung zuständigen Veterinärbehörden die angewendeten Bandgeschwindigkeiten in der Regel nicht beanstanden; folglich, so würden sie argumentieren, könne ihnen auch kein strafrechtlich relevanter Vorsatz zur Last gelegt werden.

---

41 Siehe dazu Rn 30.
42 In den 1980er Jahren hat es in Deutschland zahlreiche Strafverfahren gegen die Betreiber von Käfigbatterien für Legehennen gegeben. Die meisten Gerichte sind dabei zu dem Ergebnis gelangt, dass den Legehennen in den Käfigen anhaltende und erhebliche Leiden zugefügt würden und die Käfighaltung deswegen den Straftatbestand des § 17 Nr. 2 b TierSchG erfülle. Dennoch konnte kein Halter verurteilt werden, weil die scheinbare Legalisierung der Käfigbatteriehaltung durch die (erst später für nichtig erklärte) Hennenhaltungsverordnung von 1987 den Nachweis, dass die Halter vorsätzlich und mit Unrechtsbewusstsein gehandelt hatten, unmöglich machte; näher dazu Hirt, Maisack und Moritz (2007), TierSchNutztV, Vor §§ 12–15 Rn 2.

Auch das Ordnungswidrigkeitenrecht hilft oft nicht weiter. Zwar sind (abgesehen von § 2 Nr. 1 und Nr. 2 TierSchG und § 3 TierSchlV) viele spezielle Gebots- und Verbotsvorschriften des Tierschutzgesetzes über § 18 TierSchG als Ordnungswidrigkeiten ausgestaltet. Das Problem dabei ist aber, dass die gesetzwidrigen Schweine-, Masthühner- und Entenhaltungen von den für die Überwachung zuständigen Behörden in aller Regel widerspruchslos hingenommen werden, und dass dieselben Behörden auch für die Einleitung und Durchführung von Bußgeldverfahren gegen die Tierhalter zuständig wären. Eine Behörde, die eine rechtswidrige Tierhaltung toleriert, wird auch kein Bußgeldverfahren gegen den jeweiligen Tierhalter einleiten. Dasselbe gilt für die Praxis in den Schlachtbetrieben.

Die Nichtigkeit von Rechtsverordnungen zur Tierhaltung kann zwar formell vom Bundesverfassungsgericht in einem sogenannten Normenkontrollverfahren festgestellt werden. In der Geschichte der Bundesrepublik Deutschland ist das aber bislang erst zweimal geschehen.[43] Berechtigt, einen Antrag zur Einleitung eines solchen Verfahrens zu stellen, sind gem. Art. 93 Abs. 1 Nr. 2 Grundgesetz (GG) nur Landesregierungen, die Bundesregierung oder ein Drittel der Mitglieder des Bundestags. Damit ist klar, dass solche Verfahren nur sehr selten zustande kommen und immer auch eine politische Entscheidung des dafür zuständigen Organs voraussetzen.[44] Tierschutzvereinen oder Tierschützern steht dieses Verfahren nicht zur Verfügung.

Die Hauptursache für die Vollzugsschwäche des Tierschutzes ist darin zu sehen, dass die Belange des Tierschutzes von Tierschutzvereinen nicht eingeklagt werden können, auch dort nicht, wo sie – wie das oben beschriebene Beispiel der industrialisierten Geflügelschlachtung zeigt – in besonders schwerer und evidenter Weise verletzt werden. Im Tierschutz gibt es ein merkwürdiges Ungleichgewicht: Während Tiernutzer, die der Meinung sind, dass ihnen durch den Verordnungsgeber oder durch die Verwaltung »zu viel« an Tierschutz abverlangt werde, dagegen jederzeit (unter Berufung auf ihre Grundrechte) klagen können, können Tierschutzvereine, die der Auffassung sind, dass »zu wenig« Tierschutz verwirklicht werde, hiergegen nicht klagen.

Wege, um den Tieren schnell, effektiv und dauerhaft zu helfen, wären demnach:
– die Einführung eines Verbandsklagerechts für anerkannte Tierschutzvereine durch Landesgesetze oder Bundesgesetz;

43 Feststellung der Nichtigkeit der Hennenhaltungsverordnung 1987 durch Urteil des BVerfG vom 6.7.1999, BVerfGE 101, 1 ff. = NJW 1999, S. 3253 ff.; Feststellung der Verfassungswidrigkeit von § 13 b Tierschutz-Nutztierhaltungsverordnung (also der Rechtsgrundlage für die sogenannte Kleingruppenhaltung) durch Beschluss vom 12.10.2010, 2 BvF 1/07, veröffentlicht in Agrar- und Umweltrecht (AUR), 7/2011, S. 269 ff., mit Anmerkung von Cirsovius und Maisack (2011).

44 Umso mehr ist den Ministerpräsidenten von Nordrhein-Westfalen, Johannes Rau, und von Rheinland Pfalz, Kurt Beck, für ihre 1990 respektive 2007 getroffene Entscheidung, zugunsten der leidenden Käfighennen jeweils ein solches Verfahren einzuleiten, zu danken.

– die Bestellung von Ombudsleuten oder Landesbeauftragten für den Tierschutz mit einem Beanstandungs- und gegebenenfalls auch Klagerecht gegenüber tierschutzwidrigem Untätigbleiben von Behörden;
– die Bestellung von Tieranwälten für Strafverfahren nach dem Tierschutzgesetz, die dort, analog zu den Befugnissen von Nebenklägern, mithilfe von Akteneinsichts- und Antragsrechten sowie Rechtsmittelbefugnissen die Belange der verletzten oder getöteten Tiere wahrnehmen könnten.

Das effektivste dieser Mittel wäre zweifellos die Tierschutzverbandsklage. Denn die für den Tierschutz charakteristische Vollzugsschwäche wird so lange fortdauern, wie die vom Tierschutzgesetz »Begünstigten« (nämlich die Tiere) die Einhaltung der für sie geschaffenen Gesetze und Rechtsverordnungen wegen fehlender Rechtsfähigkeit und Klagebefugnis nicht selbst erzwingen können. »Zur Wahrung tier- und umweltschützenden Rechts bedarf es daher eines Patrons, Stellvertreters oder Treuhänders, soweit man nicht die Rechtserzwingung Verwaltungsbehörden mit ihren nahezu klassischen Vollzugsdefiziten überlassen will« (so zutreffend Kloepfer, 2005, Art. 20 a Rn 103). Es ist somit unerlässlich, dass (analog zur Beteiligung anerkannter Natur- und Umweltschutzverbände) auch einigen anerkannten Tierschutzvereinen ein Verbandsklagerecht nach dem Vorbild der §§ 58 bis 61 Bundesnaturschutzgesetz eingeräumt wird. Nicht nur ein Zuviel an Tierschutz, wie bisher, sondern auch ein Zuwenig muss künftig gerichtlich überprüfbar sein, wenn der Schutz- und Kontrollauftrag des Staatsziels Tierschutz nach Art. 20 a GG effektiv erfüllt werden soll (vgl. Caspar u. Geissen, 2002, S. 913 f.).

Zwar wird mit Blick auf die Gestaltungsfreiheit, die der Gesetzgeber bei der Ausfüllung von Art. 20 a GG hat, in der juristischen Literatur angenommen, dass eine Verpflichtung zur Einführung einer tierschutzrechtlichen Verbandsklage nicht bestehe (Seifert u. Hömig, 2002, Art. 20 a Rn 6; Lorz u. Metzger, 2008, Art. 20 a Rn 12). Aber: Angesichts der Interessenkonflikte, in denen die Veterinärbehörden und die sie tragenden Körperschaften bei der Anwendung der tierschutzrechtlichen Normen stehen, angesichts des faktischen Übergewichts der (einklagbaren) Nutzerinteressen gegenüber den (nicht einklagbaren) Tierschutzbelangen und angesichts der zunehmend schlechter werdenden personellen und sachlichen Ausstattung der Veterinärbehörden einschließlich ihrer Überhäufung mit Aufgaben aus den Bereichen »Seuchenschutz« und »Lebensmittelüberwachung« scheint ein effektiver Vollzug des Tierschutzgesetzes ohne eine stärkere Einbeziehung der Tierschutzorganisationen einschließlich der Eröffnung des Rechtswegs zum zuständigen Verwaltungsgericht nicht möglich.

Die klassische Systematik des deutschen Prozessrechts geht zwar dahin, dass die Erzwingung von Rechtsnormen dem Träger des von einem Eingriff betroffenen subjektiven Rechts vorbehalten bleibt; der dahinter stehende Gedanke lässt sich etwa so formulieren: »Mobilisierung des Eigeninteresses zur Rechtsdurchsetzung«. Diese Systematik versagt aber im Tierschutz und besonders in der Nutztierhaltung und -schlachtung völlig, weil hier die Interessen des Eigentümers vielfach nicht parallel zu den Belangen des Tierschutzes verlaufen, sondern ihnen entgegenstehen (ein Beispiel bildet das Interesse des um Fleischproduktion bemühten Tierhalters, möglichst viele Tiere auf möglichst wenig Fläche zu halten; Kloepfer, 2005, Rn 104). Kollektivgüter wie der Tierschutz können folglich nur kollektiv geschützt werden, also mit dem Instrument einer Verbandsklage im Sinne der altruistischen Beanstandungsklage.

Ein solches Tierschutzverbandsklagerecht wird aber von denjenigen politischen Parteien, die derzeit im Deutschen Bundestag die Mehrheit stellen (zumindest von der CDU/CSU; die Haltung der FDP scheint noch nicht festzustehen), abgelehnt. Als Gründe für diese Ablehnung werden meistens Bedenken vorgebracht, die früher auch schon gegen die Einführung des Verbandsklagerechts für Umwelt- und Naturschutzverbände geltend gemacht worden sind, die jedoch durch die Praxis der Verbandsklage auf diesen Gebieten längst widerlegt sind.

Der eigentliche Grund dürfte darin zu sehen sein: Würden die (z. B. durch § 2 Nr. 1 und Nr. 2 TierSchG oder § 3 TierSchlV geschützten) Tierschutzbelange für anerkannte Tierschutzvereine gerichtlich einklagbar, dann wäre eine so einseitige Bevorzugung von Nutzerinteressen gegenüber Tierschutzbelangen, wie sie in den oben beschriebenen Regelungen der Tierschutz-Nutztierhaltungsverordnung zur Schweine- und Masthühnerhaltung zum Ausdruck kommt, wahrscheinlich nicht mehr möglich. Dasselbe gilt für die höchst einseitig an den Interessen der Nutzer ausgerichteten Vereinbarungen zwischen Landesregierungen und Geflügelwirtschaftsverbänden zur Entenhaltung (ähnliche Vereinbarungen gibt es auch zur Putenhaltung – mit der Folge, dass Puten in Deutschland so dicht gehalten werden, dass man ihnen im Kükenalter routinemäßig die Schnäbel abschneidet, weil sie sich sonst in den engen Haltungen gegenseitig bepicken, behacken und erheblich verletzen würden). Der Tierschutz würde, wenn er einklagbar wäre, eine Aufwertung erfahren, die sein Gewicht als Abwägungsfaktor stärken würde. Dadurch könnte er gegenüber den gegenläufigen wirtschaftlichen Interessen der Nutzer jedenfalls nicht mehr in dem bisher üblichen, extremen Ausmaß zurückgesetzt werden.

Es ist klar, dass die Interessenverbände der Tiernutzer eine solche Aufwertung der Tierschutzbelange gegenüber den von ihnen vertretenen Wirtschaftsinteressen fürchten und deswegen – mit allen denkbaren vorgeschobenen Argumenten – gegen ein solches Verbandsklagerecht Sturm laufen und die politischen Parteien im Bund und in den Ländern entsprechend unter Druck setzen. Klar ist aber auch, dass ohne ein solches Klagerecht die strukturelle Benachteiligung der Belange des Tierschutzes gegenüber den Nutzerinteressen fortdauern wird.

Literatur

Bammert, J., Birmelin, I. Graf, B., Löffler, K., Marx, D., Schnitzer, U., Tschanz, B., Zeeb, K. (1993). Bedarfsdeckung und Schadensvermeidung. Ein ethologisches Konzept und seine Anwendung für Tierschutzfragen. Tierärztliche Umschau, 48, 269–80.

Binder, R., von Fircks, W. D. (2008). Das Österreichische Tierschutzrecht – Tierschutzgesetz & Verordnungen mit ausführlicher Kommentierung. Wien: Juridica.

Bogner, H., Grauvogl, A. (1984). Verhalten landwirtschaftlicher Nutztiere. Stuttgart: Ulmer.

Buchholtz, C., Lambooij, B., Maisack, C., Martin, G., van Putten, G., Schmitz, S., Teuchert-Noodt, G., Baum, S., Feddersen-Petersen, D., Fink, A. A., Lehmann, K., Müller, H., Persch, A., Wolff, M. (2001). Ethologische und neurophysiologische Kriterien für Leiden unter besonderer Berücksichtigung des Hausschweins. Der Tierschutzbeauftragte, 2, 1–9.

Burdick, B., Witthöft-Mühlmann, A., Ganzert, C. (1999). Leitlinien und Wege für einen Schutz von Nutztieren in Europa. Studie des Wuppertal-Instituts für Klima, Umwelt, Energie GmbH im Auftrag des Ministeriums für Umwelt und Forsten des Landes Rheinland-Pfalz. Unveröffentlichtes Manuskript.

Caspar, J., Geissen, M. (2002). Das neue Staatsziel »Tierschutz« in Art. 20 a GG. Neue Zeitschrift für Verwaltungsrecht, 913–915.

Cirsovius, T., Maisack, C. (2011). Anmerkung zu dem Beschluss des Bundesverfassungsgerichts vom 12.10.2010, 2 BvF 1/07. Zeitschrift für Agrar- und Umweltrecht, 7, 269, 273–275.

Deininger, E., Friedli, K., Troxler, J. (2002). Können aggressive Auseinandersetzungen beim Gruppieren von abgesetzten Sauen vermieden werden? In Deutsche Veterinärmedizinische Gesellschaft (DVG), Fachgruppe Tierschutzrecht und Tierzucht, Erbpathologie und Haustiergenetik (Hrsg.), Tierschutz und Agrarwende Nürtingen, 7.–9. März 2002 (S. 34, 37) Gießen: Verlag der Deutschen Veterinärmedizinischen Gesellschaft (DVG) e. V.

Dowideit, A. (2011). Die Foltermethoden in deutschen Schweineställen. Welt online. vom 4.12.2011 Zugriff am 10.07.2012 unter http://www.welt.de/dieweltbewegen/article13747376/Die-Foltermethoden-in-deutschen-Schweinestaellen.html

Ennulat, K., Zoebe, G. (1972). Das Tier im neuen Recht. Kommentar zum Tierschutzgesetz. Stuttgart: Kohlhammer.

EU-Kommission (1997). Scientific Veterinary Committee, Animal Welfare Section. »Report on the welfare of intensively kept pigs«. Brüssel: EU-Kommission.

EU-Kommission (2000). Scientific Committee on Animal Health and Animal Welfare. »The Welfare of Chickens Kept for Meat Production (Broilers)«. Brüssel: EU-Kommission.

European Food Safety Authority, EFSA (2004). Opinion of the Scientific Panel on Animal Health and Welfare on a request from the Commission related to welfare aspects of the main systems of stunning and killing the main commercial species of animals, adopted on the 15th of June 2004. The EFSA Journal, 45, 1–29.

Fölsch, D., Simantke, C., Hörning, B. (1996): Zur Tierschutzrelevanz der Mast von Pekingenten auf perforierten Böden. Gutachten im Auftrag des Niedersächsischen Ministeriums für Ernährung, Landwirtschaft und Forsten. Witzenhausen.

Graf, B. (1986). Beurteilung des Vollspaltenbodens als Liegeplatz bei Mastrindern anhand des Bedarfsdeckungs- und Schadensvermeidungskonzeptes. In Aktuelle Arbeiten zur artgemäßen Tierhaltung. KTBL-Schrift 319 (S. 39–55). Darmstadt: KTBL.

Grauvogl, A. (1998). Artgemäße und rentable Nutztierhaltung bei Rindern und Schweinen. Amtstierärztlicher Dienst, 51–61.

Grauvogl, A., Pirkelmann, H., Rosenberger, G., von Zerboni di Sposetti, H.-N. (1997). Artgemäße und rentable Nutztierhaltung. Rinder, Schweine, Pferde, Geflügel. München u. a.: BLV.

Heyn, E., Damme, K., Manz, M., Remy, F., Erhard, M. H. (2006). Wasserversorgung von Pekingenten – Badeersatzmöglichkeiten. Deutsche Tierärztliche Wochenschrift,113, 90–93.

Hirt, A., Maisack, C., Moritz, J. (2007). Kommentar zum Tierschutzgesetz. München: Beck.

Horst, M. (1992). Derzeit angewandte Haltungssysteme von Hausgans und Hausente unter besonderer Berücksichtigung ihrer Tiergerechtheit. Diplomarbeit, Universität Göttingen, FB Agrarwissenschaften. Unveröffentlichtes Manuskript.

Hoy, S. (2004). Zu den Anforderungen von Mastschweinen an die Buchtenfläche. Tierärztliche Umschau, 59, 576–582.

Kloepfer, M. (2005). Bonner Kommentar zum Grundgesetz. Loseblattsammlung. Heidelberg: C. F. Müller.

Kluge, H. G. (2002). Kommentar zum Tierschutzgesetz. Stuttgart: Kohlhammer.

Kramer, U. (2001). Wirksamkeit der Hennenhaltungsverordnung – BVerfGE 101, 1. Juristische Schulung, Heft 10, S. 962–963.

Lehmann, M., Wieser, R. (1984). Indikatoren für mangelnde Tiergerechtigkeit sowie Verhaltensstörungen bei Hauskaninchen. KTBL-Schrift 307 (S. 96–107). Darmstadt: KTBL.

Lorz, A. (1986). Das Recht der Massentierhaltung (Intensivtierhaltung). Natur und Recht, 8 (6), 237–242.

Lorz, A., Metzger, E. (2008). Kommentar zum Tierschutzgesetz. München: Beck.

Müller, J., Nabholz, A., van Putten, G./Sambraus, H. H. (1985). Tierschutzbestimmungen für die Schweinehaltung. In E. von Loeper, G. Martin, J. Müller, A. Nabholz, G. van Putten, H. H. Sambraus, G. M. Teutsch, J. Troxler, B. Tschanz (Hrsg.), Intensivhaltung von Nutztieren aus ethischer, ethologischer und rechtlicher Sicht. Tierhaltung Bd. 15 (S. 81–146). Basel u.a.: Birkhäuser.

Seifert, K. H., Hömig, D. (2002). Grundgesetz für die Bundesrepublik Deutschland. Baden-Baden: Nomos.

Spindler, B., Hartung, J. (2011). Abschlussbericht Untersuchungen zur Besatzdichte bei Masthühnern entsprechend der Richtlinie 2007/43/EG. Institut für Tierhygiene, Tierschutz und Nutztierethologie, Stiftung Tierärztliche Hochschule Hannover. Unveröffentliches Manuskript.

Stabenow, B. (2002). Tiergerechte Haltung säugender Sauen in Scan-Bewegungsbuchten. In Tagung der DVG-Fachgruppen »Tierschutzrecht« und »Tierzucht, Erbpathologie und Haustiergenetik«, Nürtingen, 7.–9. März 2002 (S. 40). Gießen: Verlag der Deutschen Veterinärmedizinischen Gesellschaft (DVG) e. V.

Stauffacher, M. (1997). Kaninchen. In H. Sambraus, A. Steiger (Hrsg.), Das Buch vom Tierschutz (S. 223–234). Stuttgart: Enke.

Sundrum, A. (Hrsg.) (1994). Tiergerechtheitsindex 200. Bonn: Köllen Verlag.

Tschanz, B. (1981). Verhalten, Bedarfsdeckung und Bedarf bei Nutztieren. In Aktuelle Arbeiten zur artgemäßen Tierhaltung. KTBL-Schrift 281 (S. 114–128). Darmstadt: KTBL.

van Putten, G. (2002). Beitrag zur artgerechten Haltung von Schweinen. Sitzung der Arbeitsgruppe »Schweinehaltung« des Landesbeirats für Tierschutz im Ministerium für Ernährung und Ländlichen Raum (MLR) Baden-Württemberg. Unveröffentlichtes Manuskript.

Zeitler-Feicht, M. (2004). Artgemäße Pferdehaltung. Amtstierärztlicher Dienst, 1, 12.

**Neue Wege des Tierschutzes
in spezifischen Problemfeldern**

Andreas Steiger (Veterinärmedizin)
und Samuel Camenzind (Philosophie)

Heimtierhaltung – ein bedeutender, aber vernachlässigter Tierschutzbereich

Heimtiere, als welche in Haushalten gehaltene Kleintiere wie Kleinsäuger, Ziervögel, Reptilien und Zierfische sowie als Begleittiere und Gefährten gehaltene Tiere wie Hund und Katze gelten, werden in großer Zahl in der heutigen Gesellschaft betreut und sind in zunehmendem Ausmaß in Strafrechtsfällen im Tierschutzbereich betroffen (1.1–1.2). Die Kenntnisse über ihre Ansprüche an eine tiergerechte Haltung, die Forschung über ihr Wohlergehen und die gesetzlichen Regelungen zu ihrem Schutz sind im Vergleich zu anderen Tierkategorien eher schwach. Ausgehend von tierschutzrelevanten Problemen, die sich in der aktuellen Heimtierhaltung und -zucht stellen (2.1–2.8), werden Lösungsbereiche zu Verbesserungen in der Heimtierhaltung präsentiert (3.1–3.5). Sie umfassen Information und Ausbildung über Tierhaltung, die Forschung, aus welcher Forschungsergebnisse zur Heimtierhaltung anhand ausgewählter Beispiele bei Hunden, Katzen und Kleinsäugern erläutert werden, das Tierschutzrecht, die Nutzung von Marktkräften und die Selbstverantwortung. In einem Ausblick (4.1–4.3) wird gezeigt, dass die Beziehungen zwischen Mensch und Heimtier bzw. Tieren allgemein in den vergangenen Jahrzehnten einen großen Wandel durchlaufen haben. Vom früheren anthropozentrischen über den heutigen pathozentrischen Tierschutz lässt sich eine Entwicklung zu einem beginnenden erweiterten, biozentrischen Tierschutz erkennen. Heimtiere werden rechtlich nicht mehr bloß als Sache eingestuft. Moderner Tierschutz berücksichtigt nicht nur das Leiden der Tiere, sondern betrachtet zusätzlich andere Kriterien wie die Würde des Tieres als ethisch relevant.

1   Das Heimtier und seine Bedeutung

1.1 Begriffsklärung Heimtier

Der Begriff Heimtier erfährt in verschiedenen Kontexten unterschiedlich Bedeutung. Während im allgemeinen Sprachgebrauch die Begriffe Heim- und Haustier häufig synonym verwendet werden, unterscheidet das Schweizer Tierschutzrecht zwischen Haustieren und Wildtieren einerseits und Heim-, Nutz- und Versuchstieren anderseits (Bolliger, Goetschel, Richner u. Spring, 2008). Die Unterscheidung zwischen Haustieren und Wildtieren bezieht sich auf den Domestikationsgrad einer Tierart.

Als Haustiere gelten Tiere, die vom Menschen aus emotionalen oder wirtschaftlichen Interessen gehalten werden und mittlerweile als domestiziert gelten. Auf der anderen Seite sind die Verhaltensweisen von Wildtieren weitgehend unbeeinflusst vom Menschen geblieben.

Die Unterscheidung zwischen Heim-, Nutz- und Versuchstieren gibt Auskunft darüber, zu welchem Verwendungszweck ein Tier gehalten wird. Als Heimtiere (»pet animals«) werden dabei alle Tiere verstanden, die aus Interesse am Tier gehalten werden. Heimtiere, welchen zudem eine Rolle bei beruflichen Aktivitäten oder in der Freizeit, zum Beispiel als Blindenführ- oder Jagdhund, zukommt, werden auch »Begleittiere« (»companion animals«, »animaux de compagnie«) genannt (Methling u. Unshelm, 2002). Nach dem im Europarat in Straßburg ausgearbeiteten Europäischen Übereinkommen zum Schutz von Heimtieren von 1987 bezeichnet »der Ausdruck Heimtier ein Tier, das der Mensch in seinem Haushalt zu seiner eigenen Freude und als Gefährten hält oder das für diesen Zweck bestimmt ist« (Council of Europe, 1987).

1.2 Die Bedeutung der Heimtierhaltung

Die Bedeutung der Heimtierhaltung hat in verschiedener Hinsicht zugenommen. Heimtiere werden je nach Land und Umfrage in einem sehr hohen Prozentsatz betreut, oft über fünfzig Prozent der Haushaltungen. Für Deutschland liegen einige Zahlen über die gehaltenen Heim- und Begleittiere vor (Unshelm, 2002): 5,5 Millionen Katzen, 4,8 Millionen Hunde, 5,1 Millionen Ziervögel, 4 Millionen Kleintiere (Meerschweinchen, Hamster, Zwergkaninchen u. a.), Aquarien 3,3 Millionen. Im Vergleich zählt die Schweiz 1,35 Millionen Katzen, über 500.000 Hunde, 460.000 Kleintiere, 600.000 Ziervögel und 4,5 Millionen Zierfische (Bolliger et al., 2008).

Der Heimtiermarkt mit allen miteinbezogenen Produkten wie Futtermitteln, Haltungseinrichtungen, Zubehör und Tierverkauf nimmt zu. Die Heimtierhaltung hat gegenüber früher auch in der tierärztlichen Tätigkeit und an den veterinärmedizinischen Fakultäten in Lehre, Forschung, Dienstleistung und Beratung an Gewicht gewonnen. Seit Jahren ist ein zunehmender Anteil der neu diplomierten Tierärztinnen und Tierärzte beruflich auf diesen Bereich ausgerichtet. In EU-Ländern beträgt der Anteil praktischer Tierärztinnen und Tierärzte in der Kleintierpraxis und Gemischtpraxis zusammengenommen 60 bis über 95 % (Unshelm, 1997).

Als ein beachtenswerter Indikator für den Tierschutz in der Praxis darf die Zunahme der beteiligen Heimtiere in den Strafrechtsfällen im Tierschutzbereich interpretiert werden. In einer tierartlich aufgegliederten Zusammenstellung aus der Schweizer Tierschutzstrafpraxis von 2000 bis 2010 stellten Richner, Gerritsen und Bolliger (2011) stetige und deutliche Zunahmen bei Heimtieren, insbesondere bei Hunden, fest. Es wird vermutet, dass die starke Zunahme der Hundefälle mit hundefeindlicheren Tendenzen in der Bevölkerung, gefördert durch Berichterstattungen in den Medien, zusammenhängen. Auch wenn die Statistik nur jene Tierschutzmängel umfasst, welche vor die

Gerichte gelangen, und somit zusätzlich von einer unbekannten Dunkelziffer ausgegangen werden kann, lassen sich an den Zahlen Tendenzen der bestehenden Probleme im Heimtierbereich erkennen. Von 1995 bis 2011 haben die Heimtierfälle um das Dreizehnfache zugenommen. Seit 2006 überwiegen die Heimtierfälle gegenüber den früher zahlreicheren Nutztierfällen und bauen ihren Vorsprung kontinuierlich aus (2006: Heimtiere 48 %, Nutztiere 34 %; 2010: Heimtiere 53 %, Nutztiere 30 %; Gesamtzahlen 1982–2010: Heimtiere 43 %, Nutztiere 40 %).

Die Stiftung für das Tier im Recht in Zürich hat 2006 in einer umfassenden Zusammenstellung in der Schweiz 5123 kantonale Tierschutzstraffälle (Urteile, Strafverfügungen, Einstellungsbeschlüsse) aus den Jahren 1982 bis 2006 nach verschiedenen Kriterien ausgewertet (Bolliger, Richner, Leuthold u. Lehmann, 2007). Tierschutzstraffälle bei Heimtieren in der Schweiz in den Jahren 1982 bis 2006 waren, in abnehmender Häufigkeit aufgeführt, folgende (Steiger, 2008b):

– Allgemeine Vergehen: unbeaufsichtigtes Zurücklassen oder Aussetzen, vorschriftswidriger Transport, Unterlassen der Meldung einer gewerbsmäßigen Haltung, Unterlassen der Meldung eines gewerbsmäßigen Tierheims;
– Hunde: mangelhafte Haltung, Pflege oder Ernährung, Misshandlung, starke Vernachlässigung, ungenügender Auslauf, Haltung in überhitztem Fahrzeug, unzulässige Anbindehaltung, Anwendung übermäßiger Härte, unzulässige Haltung im Fahrzeug, Haltung in zu kleinem Stall, Kupieren von Ohren und/oder Rute, unzulässiger Einsatz von elektrisierenden Geräten, Verwendung eines Stachelhalsbandes, unzulässiger gewerbsmäßiger Handel;
– Katzen: Misshandlung, mutwilliges oder qualvolles Töten, mangelhafte Haltung, Pflege oder Ernährung, starke Vernachlässigung;
– Ziervögel: mangelhafte Haltung, Pflege oder Ernährung;
– Zierfische: mangelhafte Haltung, Pflege oder Ernährung.

2   Aktuelle Tierschutzprobleme in der Heimtierhaltung und -zucht

2.1 Mangelhafte Haltung

Die Erfahrungen von Tierarztpraxen und Tierkliniken, Tierschutzorganisationen und Tierschutzbehörden zeigen, dass Heimtiere in der Praxis oft nicht tiergerecht gehalten werden, häufig aus Mangel an Kenntnissen seitens der Tierhaltenden. Verbreitete Elemente ungenügender Haltungsformen bei Heimtieren sind besonders zu kleine Ställe, Boxen und Gehege, als Folge davon Bewegungsarmut der Tiere, unstrukturierte Käfige für Kleinsäuger, ungenügende Rückzugsmöglichkeiten, mangelnde Beschäftigungsangebote (»Enrichment«), Einzelhaltung von Meerschweinchen, Ziervögeln und Papageien oder ungenügende Katzenstuben in Tierheimen.

Nach Hollmann (1988) resultiert der überwiegende Teil der Krankheiten von kleinen Heimtieren aus Haltungsfehlern. Betont wird auch (Hollmann, 1997), dass artgemäße

Bewegung beim Vogel im Fliegen besteht, und nicht im Hüpfen zwischen zwei oder drei Stangen. Artgemäße Haltung besteht für kleine Nager aus Laufen, Klettern, Springen, Graben und weiteren typischen Verhaltensweisen, die im zu engen Käfig nicht oder nur eingeschränkt ausgeübt werden können, wie Erkunden, Futtersuche, Markieren, Verstecken und Nestbau. Die Käfiggröße hat sich an diesen Vorgaben zu orientieren. Die Käfigabmessungen sind jedoch nur ein Teil der Haltung; unzureichendes Käfiginventar, falsche Standortwahl und ein gesundheitsschädliches Kleinklima sind Kriterien, die ebenso stark ins Gewicht fallen (Hollmann, 1997). Für die Haltung von Ziervögeln werden als das Tier beeinträchtigende Faktoren genannt: Vermenschlichung, Fehlbeurteilungen des Wohlbefindens, die Rolle des Tiers als Statussymbol oder zur trendmäßigen Repräsentation, ungenügende Kenntnisse zum natürlichen Verhalten, zum artgemäßen Fütterungsbedarf und zu den Haltungsansprüchen, einschließlich der Klimabedingungen; dazu kommt die Problematik der importierten Wildfänge (Kummerfeld, 1997).

Probleme bestehen auch bei der Haltung von kleinen Heimtieren in Zoofachgeschäften. In einer Studie in 92 Schweizer Zoofachgeschäften entsprachen die Verkaufsgehege oft nicht den Haltungssystemen, die der Kundschaft zum Verkauf angeboten wurden (z. B. dichtere Haltung), was irreführend sein und zu Haltungsfehlern bei den Käufern führen kann. Die nicht in Verkaufsgehegen platzierten Vorratstiere wurden zudem oft unter anderen, engeren Bedingungen gehalten als die Verkaufstiere im Zoofachgeschäft (Schrickel, Gebhardt-Henrich u. Steiger, 2008).

2.2 Verzicht- und Fundtiere

Ein weiteres Problem in der Praxis der Heimtierhaltung bilden die relativ hohen Zahlen von Verzicht- und Fundtieren, die an Tierheime abgegeben werden. Sie sind teils Ausdruck mangelnder Vorkenntnisse der Tierhaltenden über ihre Verpflichtungen und die Voraussetzungen zur Hunde- und Katzenhaltung. In einer Studie in 29 Tierheimen, die Hunde beherbergten, und in 36 Tierheimen, die Katzen hielten, lag das Verhältnis zwischen Fund- und Verzichttieren bei eins zu zwei (Miccichè u. Steiger, 2008). Der häufigste Grund für den Verzicht auf einen Hund war Zeitmangel (20,5 %), weitere Gründe waren Umzug und Scheidung (19,2 %), Allergie (16,7 %) und Verhaltensprobleme des Hundes (10,3 %). Letztere waren zum Beispiel: Der Hund ist zu lebhaft, ängstlich, dominant, bissig, ungehorsam, nicht sauber; die anderen Gründe waren zum Beispiel Krankheitsprobleme des Besitzers, Geldprobleme oder Geburt eines Babys. Der häufigste Grund beim Verzicht auf eine Katze war Allergie (31,9 %); einige der angefragten Tierheimleitenden vermerkten allerdings, dies sei teilweise ein Vorwand gewesen. Weitere Gründe waren unerwünschte Verhaltensweisen der Katze (z. B. Zerkratzen von Möbeln, Urinieren neben der Katzentoilette) und Umzug (je 18,1 %). Zu den anderen Gründen gehörten Besitzerprobleme (Spitalaufenthalt, Tod) oder die Geburt von Katzenwelpen.

2.3 Zucht und Qualzuchten

In der Zucht von Heimtieren sind oft unter den wertenden Begriffen »Qualzucht« oder »Extremzucht« beschrieben, zahlreiche Beispiele von fragwürdigen oder klar abzuleh-nenden Zuchtformen bekannt (Übersichten in Wegner, 1997; Bartels u. Wegner, 1998; Sachverständigen-Gruppe, 2000; Steiger, 2005a; Not, Isenbügel, Bartels u. Steiger, 2008; Steiger, 2008c; Steiger, Peyer, Stucki u. Keller, 2008; Stucki, Bartels u. Steiger, 2008). Als Qual-, Extrem-, Defekt- oder Problemzuchten (Steiger, 2008c) gelten: »durch Zucht gezielt geförderte Merkmalsausprägung (Form, Farbe, Leistung, Verhalten), die zu Minderleistung bei Selbstaufbau, Selbsterhalt oder Fortpflanzung führen und sich in züchtungsbedingten morphologischen und physiologischen Veränderungen oder in Verhaltensstörungen äußern und die mit Schäden, Leiden oder Schmerzen verbunden sind« (Pschorn, Herzog, Arndt, Feddersen-Petersen, Rietz u. Mrozek, 1996; Herzog, 1997). Mit Leiden verbundene Fehlentwicklungen können entweder unerwünschte Begleiterscheinungen der Zucht oder aber bewusst angestrebte Zuchtmerkmale sein.

Im Gegensatz zu Nutztieren sind bei Heimtieren angestrebte Zuchtmerkmale weniger leistungsbezogene Merkmale, sondern häufig ästhetische Kriterien, wie Körpergröße und -form, Haarkleid, Gefieder oder Hautpigmentierung (Bolliger et al., 2008). Da man-che Fakten nicht ausreichend bekannt sind, besteht für die Forschung erheblicher Hand-lungsbedarf; dazu gehören zum Beispiel der Leidensgrad als Folge von angezüchteten Merkmalen, die Grenzziehung zu tierschützerisch noch tolerierbaren Merkmalen oder das Ausmaß, in welchem negative Folgeerscheinungen von angezüchteten Merkmalen durch gute Pflege und Haltung gemindert oder vermieden werden können.

Im Gegensatz zur traditionellen Zucht stehen das Klonen und die gentechnische Veränderung von Tieren erst am Anfang ihrer Entwicklung. Auch wenn das Klonen von Heimtieren bis jetzt nur am Rande Beachtung fand, ist die Zucht mittels Klonens durch Zellkerntransfer (Dolly-Methode) schon so weit fortgeschritten, dass vereinzelt Firmen das Klonen von Hund und Katze kommerziell anbieten. Neben dem eigentlichen Klonen werden auch Dienste zur Konservierung und Genotypisierung von Erbmaterial angeboten (Camenzind, 2011; Ferrari, Coenen, Grunwald u. Sauter, 2010). Das Klonen von Heimtieren scheint in Einzelfällen gut zu funktionieren, doch ist das Zellkern-transferklonen noch immer ineffizient und unsicher. Im Gegensatz zur Nutztierzucht, in welcher ein kommerzieller Nutzen als Motivation zum Klonen, zum Beispiel von leistungsfähigen Kühen und Zuchtbullen mit wertvollen Erbanlagen, gilt, sind gute Gründe für das Klonen von Heimtieren schwerer zu finden. Die Trauer um den Ver-lust eines geliebten Heimtieres ist zwar verständlich, ein verstorbenes Heimtier durch einen Klon desselben zu ersetzen, beruht allerdings auf einer fehlerhaften Prämisse, was die Leistung des Klonens betrifft (Bok, 2002). Der Klon einer Katze ist lediglich die genetische Kopie seines Ursprungs, der gestorbenen Katze. Da der Klon in eine andere Zeit geboren wird und dadurch andere Erfahrungen macht, anderen prä- und post-natalen Einflüssen ausgesetzt wird und vermutlich nicht die gleiche Lebenserwartung haben wird, darf man nicht vom gleichen Tier ausgehen, auch wenn der Phänotyp und das Verhalten des Klons ähnlich wie jene seines Ursprungs sein können. Ein weiteres, ethisches Problem könnte darin bestehen, dass man den Klonhund nur aufgrund seiner Ähnlichkeit zu seinem Ursprung schätzt. Vergleichbar damit wäre, wenn man einen menschlichen Zwilling nach dem Tod seines Bruders nur darum liebt, weil der lebende Zwilling dem verstorbenen zum Verwechseln ähnlichsieht. Der lebende Zwilling würde dabei nur ein Mittel zum Zweck darstellen und nicht um seiner selbst willen geachtet werden. Nach dem Schweizer Tierschutzgesetz könnte man in im Fall der geklonten Katze vermutlich von einer Verletzung der kreatürlichen Würde im Sinne einer übermäßigen Instrumentalisierung sprechen (vgl. Abschnitt 4).

Als transgene Tiere gelten Tiere, die ein fremdes Gen bzw. Genkonstrukt im Erbgut tragen. Transgene Tiere werden unter anderem in der Xenotransplantation, in der Arzneimittelforschung als Versuchsmodelle oder bei der Erzeugung von Medikamenten genutzt. Im Heimtierbereich hat die Erzeugung von Leuchtfischen (»glofishs«) Aufmerksamkeit erhalten. Die in den USA im handelsüblichen Heimtier-Fachhandel erhältlichen Fische können durch das Einbringen eines fluoreszierenden Proteins ähnlich wie Quallen leuchten (Camenzind, 2011). Aufgrund der durch die Gentechnik bedingten neuen Möglichkeiten wirft das Beispiel der Leuchtfische die Frage auf, die sich in der Heimtierzucht allgemein stellt: Wie stark darf der Mensch aufgrund von ästhetischen Kriterien Tiere verändern? Zu biotechnologisch veränderten Tieren in der Heimtierhaltung sind bis jetzt allerdings nur begrenzt Daten zugänglich, was ihr Wohlergehen und spezifisch gesundheitliche Probleme betrifft (Ferrari et al., 2010).

2.4 Zubehör in der Heimtierhaltung

Der Handel und die Verwendung von tierschutzwidrigem Zubehör in der Heimtierhaltung stellen ein weiteres Tierschutzproblem dar. Die deutsche Tierärztliche Vereinigung für Tierschutz e. V. (TVT) hat in einem Merkblatt (TVT, 1998) eine Liste von tierschutzwidrigem Zubehör in der Heimtierhaltung zusammengestellt. Als tierschutzwidriges Zubehör für Kleinsäuger werden genannt: Hamsterkugeln, Röhrensysteme, allseitig geschlossene Behälter, Hamsterwatte aus Kunstfaser, Laufräder aus Speichen, Einstreu mit Duft- oder Farbstoffen, Futterraufen ohne Abdeckung, Seile mit Fasern. An tierschutzwidrigem Zubehör für Vögel werden aufgeführt: zu kleine Käfige, Rundkäfige, Käfige mit weißen Gittern, kunststoffüberzogene und lackierte Käfiggitter für Psittaciden, Kunststoff-Sitzstangen, Sitzstangenüberzüge und Bodenbeläge aus Sandpapier, ungeeignetes Spielzeug (Seile mit Fasern, Spiegel und Plastikvögel, Rechenmaschinen mit Perlen), Papageienfreisitze mit Ankettung. Für Fische werden als tierschutzwidriges Zubehör angegeben: Goldfischkugeln, Miniaturaquarien, Säulenaquarien, ungeeigneter Kies; und für Reptilien: Mini-Terrarien für Wasserschildkröten mit sogenannten Schildkröteninseln, auch Bekleidungen für Reptilien (Lederjacken für Leguane). Tierschutzwidriges Zubehör wird auch für die Hunde- und Katzenhaltung in einem Merkblatt zusammengestellt (TVT, 1999): unsichtbare Gartenzäune mit Ultraschall- oder Strom-

wirkung, Reizhalsbänder wie zum Beispiel Teletakt, »Bell-Stopp«-Geräte, Stachelhals-
bänder, Endloswürger, Erziehungsgeschirre mit Zugwirkung unter den Achselhöhlen,
ungeeignete Bälle und anderes ungeeignetes Wurfspielzeug, ungeeignete Knochen.

2.5 Übertriebene Tierliebe

Während in der Nutztierzucht oder in der Forschung die Gefahr darin besteht, Tiere zu
verdinglichen, ist in der Heimtierhaltung das gegenteilige Phänomen der Vermenschlichung von Tieren festzustellen, das aus tierschützerischer Sicht ebenfalls kritisch
hinterfragt werden muss. Dabei werden Tieren menschliche Bedürfnisse zugeschrieben, indem sie mit Schuhen, Regenmäntelchen und anderen Accessoires ausstaffiert
werden, die die Tiere auch in ihrem Verhaltensrepertoire einschränken können. Weiter
zählen Überfüttern und andere Formen falscher Ernährung, welche Ursache für krank-
heitsbedingtes Leiden sein können, zu den Varianten übersteigerter Tierliebe (Grimm,
2010). Im Gegensatz zu Tierquälereien mögen gewisse Arten der Vermenschlichung
oder Verhätschelung von Tieren als harmlos abgetan werden, wenn sie das Wohlbefinden der Tiere nicht einschränken. Dem ist aus einer traditionellen, pathozentrischen
Sicht zuzustimmen. Modernere Konzepte der Tierethik versuchen, auch auf Fragen
der Einstellung und Haltung gegenüber Tieren eine angemessene Antwort geben zu
können, auf welche Positionen, die nur das tierliche Wohlbefinden berücksichtigen,
kaum antworten können. Das Problem der übersteigerten Tierliebe besteht nicht nur
in negativen Konsequenzen, sondern auch in einer fragwürdigen Haltung gegenüber
den Tieren. Damit ist nicht gemeint, dass der Mensch ihnen mehr Wert zuspricht, als
ihnen zukommt, also ihren moralischen Status zu dem eines Menschen erhöht. Die
fragwürdige Haltung besteht darin, dass der Mensch sie nicht in ihrem »spezifischen
Sosein« (Teutsch, 1995) als Tier akzeptiert.

2.6 Ungenügender Informationsstand

Ein ungenügender Informationsstand bezüglich der Heimtierhaltenden bildet ein weiteres Problem. In verschiedenen Ländern sind bei der Durchsetzung des Tierschutzrechts
Schwierigkeiten aufgetreten, welche die Schwächen und Grenzen der staatlichen Gesetzgebung aufzeigen. Um im Hinblick auf die verbesserte Information und Ausbildung
von Tierhaltenden zu wissen, wie und wo sich die Zielgruppen in Tierhaltungs- und
Tierschutzfragen informieren, wurde im Rahmen einer Studie in der Schweiz eine tele-
fonische Repräsentativumfrage zum Thema Tierschutz, Tierhaltung und Information
durchgeführt (Bhagwanani, 1995). Dabei wurde eine Stichprobe von 730 Heimtierhaltungen erfasst (Haltungen mit Hunden, Katzen, Kaninchen, Meerschweinchen,
Hamstern, Papageien, Ziervögeln, Schildkröten, Fischen). Als wichtigste Informationsquellen über Heimtierhaltung standen zum damaligen Zeitpunkt Bücher, Bekannte, die

Tierärzteschaft, Zoofachgeschäfte und Züchter im Vordergrund. Heutzutage käme das Internet dazu. Auf die große Bedeutung verstärkter, auf die praktische Haltung der Tiere ausgerichteter Informationsmaßnahmen wies in der Studie eine deutliche Differenz zwischen Informationsstand einerseits und eigenem praktischem Handeln anderseits in Bezug auf die Gruppenhaltung von Heimtieren hin: Auf die Frage »Würden Sie Meerschweinchen eher als Einzeltier oder als Gruppentier bezeichnen?« antworteten die 64 Personen, die solche Tiere hielten, zu 81 % mit Ja für Gruppentier, trotzdem hielten nur 58 % von ihnen ihre eigenen Tiere in Gruppen. Die Frage »Kann man Ihrer Meinung nach Ziervögel allein halten oder brauchen sie die Gesellschaft anderer Vögel?« beantworten die 76 Personen, die solche Vögel hielten, zu 75 % mit Ja für Gesellschaft, doch hielten nur 62 % von ihnen die eigenen Vögel in Gruppen. Die siebzig Personen, die Kaninchen hielten, antworteten auf die analoge Frage zu 69 % mit Ja für Gesellschaft, hatten aber zu nur zu 58 % eigene Gruppenhaltung. Anders fiel das Resultat bei den 34 Personen mit Hamstern aus, indem 76 % den Hamster als Einzeltier bezeichneten und 73 % ihr Tier auch einzeln hielten (bzw. 24 % für Gesellschaft, 27 % mit eigenen Hamstern in Gruppen; Steiger, 1999, 2005b).

2.7 Lücken in Tierschutzrecht und Heimtierforschung

In Bezug auf staatliche Tierschutzregelungen zur Haltung von Heimtieren, besonders von kleinen Heimsäugern und Ziervögeln, bestehen im internationalen Rahmen im Vergleich zu Regelungen über Tierversuche und zur Nutztierhaltung noch erhebliche Lücken, auf welche später noch eingegangen wird.

Die Tierschutzforschung im nationalen und internationalen Rahmen befasste sich bisher in erster Linie mit den besonders umstrittenen Bereichen der Nutztierhaltung, der Tierversuche und der Schlachttierbetäubung. Weniger häufig waren die Pferde- und Wildtierhaltung Gegenstand der Forschung, und besonders schwach wurde die Heimtierhaltung behandelt, wenn von Arbeiten zur Haltung von Hunden und Katzen abgesehen wird. Ausgewählte Beispiele aus der Heimtierforschung werden später genannt (Abschnitt 3.2). Zahlreiche Haltungsfragen sind in wissenschaftlicher Hinsicht noch offen. Vielen Tierhaltungsforschenden scheint die Forschung an kleinen Heimtieren aus verschiedenen Gründen zu wenig attraktiv zu sein, obwohl die gleichen methodischen Ansätze wie in der Nutztier-, Versuchstier-, Wildtier- und Zootierforschung angewandt werden können und sich unzählige, äußerst faszinierende wissenschaftliche Fragen stellen.

2.8 Erhöhte Risiken für Tierschutzmissstände

Verschiedene Umstände fördern das Risiko des Auftretens tierschutzwidriger Haltungen bei Heimtieren oder mindern es zumindest nicht. In der Heimtierhaltung bestanden in der Vergangenheit oder bestehen noch heute im Gegensatz zu verschiedenen anderen

Bereichen der Tierhaltung keine umfassenden, detaillierten nationalen gesetzlichen Tierschutzregelungen, oft sind keine Ausbildungsanforderungen an die Heimtierhaltenden festgelegt. Es besteht vielfach für Außenstehende keine Einsehbarkeit der Tierhaltung und es findet damit keine Art Aufsicht durch die Öffentlichkeit oder durch das Betriebspersonal statt. Auch besteht, im Gegensatz zu den Bereichen der in der Öffentlichkeit kontrovers diskutierten Tierversuche und der Nutztierhaltung, wenig Druck vonseiten der Öffentlichkeit. Weiter ist im nicht gewerbsmäßigen Bereich meist kein ausgebildetes Tierpflegepersonal nötig und es sind keine Genehmigungsverfahren bzw. Bewilligungsverfahren vorgesehen. Der Zoofachhandel ist im Verkauf von Heimtierzubehör weitgehend frei. Somit ist das Risiko des Unerkanntbleibens tierschutzwidriger Zustände in Heimtierhaltungen besonders hoch (Steiger, 2005b, 2008a).

3 Lösungsansätze zu Problemen in der Heimtierhaltung

3.1 Information und Ausbildung

Lösungsansätze zu den anstehenden Problemen sind in erster Linie zu suchen in den Bereichen Information und Ausbildung der Tierhaltenden, Forschung, Tierschutzrecht, Einbezug von Marktmechanismen, aber auch in der Selbstverantwortung der Heimtierhaltenden.

Als Folge von Vollzugsmängeln im Tierschutzrecht setzt sich im internationalen Rahmen zunehmend die Auffassung durch, dass als Mittel zur Durchsetzung von Tierschutzregelungen verstärkte Öffentlichkeitsarbeit, namentlich durch Information und Ausbildung, zu betreiben ist (Steiger, 1999); dies zusätzlich auch unter dem Gesichtspunkt, dass nicht alles staatlich geregelt werden muss und kann, und dass die staatlichen Regelungsdichten in vielen Bereichen unserer Gesellschaft bereits hoch sind. Sowohl Regelungen und Maßnahmen von Heimtierhaltungs- und Heimtierzuchtorganisationen, sofern überhaupt bestehend, als auch gesetzgeberische Maßnahmen allein genügen nicht; sie können nur zusammen mit unterstützenden weiteren Mitteln wirksam werden. Zur Umsetzung tiergerechter Haltung und gesetzlicher Bestimmungen werden stete, wiederholte, professionelle, zeitgemäße Information, Ausbildung und Öffentlichkeitsarbeit bei verschiedenem Zielpublikum erhebliche Bedeutung haben. Das Europäische Übereinkommen von 1987 zum Schutz von Heimtieren (Council of Europe, 1987) verpflichtet die Vertragsparteien entsprechend, die Erarbeitung von Informations- und Erziehungsprogrammen anzuregen, um bei Heimtierhaltenden die Bestimmungen und Grundsätze des Übereinkommens bekannt zu machen. Die Vertragsparteien verpflichten sich darin (Artikel 14), die Erarbeitung von Informations- und Erziehungsprogrammen anzuregen, um bei Organisationen und Einzelpersonen, die mit der Haltung, Zucht, Abrichtung und Betreuung von Heimtieren sowie mit dem Handel befasst sind, das Bewusstsein für die Bestimmungen und Grundsätze dieses Übereinkommens und die Kenntnis dieser Bestimmungen und Grundsätze zu fördern. Die britische Tierschützerin Ruth Harrison, die 1964 mit ihrem Buch »Animal Machines« die Tierschutzdiskussion in Europa in Gang gebracht hatte, schrieb 1997 in ihrem Vorwort zum »Buch vom Tierschutz« von Sambraus und Steiger (1997) über die große Bedeutung der Information der Öffentlichkeit: »Aber Verbesserung auf breiter Ebene muss letztendlich auf einer informierten Öffentlichkeit und der Einsicht beruhen, dass wir eine individuelle Verantwortung gegenüber den Tieren in unserer Obhut haben: Einschränkungen beim Einkauf, die Bereitschaft zu einer zusätzlichen Anstrengung und, wo es nötig ist, ein bisschen mehr zu bezahlen, wenn es dem Wohlergehen der Tiere dient.« Die Ausführungen der erfahrenen Tierschützerin gelten nicht nur für die Nutztierhaltung, sondern für die Tierhaltung und den Tierschutz allgemein. Grundsätzlich sind heute aus Praxis und Forschung vermehrte Kenntnisse über die Biologie der Heimtiere verfügbar und mittels Internet auch besser verbreitbar und zugänglich. So können sich Heimtierinteressierte zum Beispiel auf der Homepage der Stiftung »Bündnis Mensch & Tier« über den finanziellen Aufwand, die Flächenanforderungen und den zeitlichen Umfang der täglichen Aufgaben in der Versorgung verschiedener Tierarten in Form von artspezifischen Kostenplänen orientieren. Angebote dieser Art informieren nicht nur über die artgemäße Heimtierhaltung, sondern wirken auch vorbeugend in Hinblick auf die hohen Zahlen von Verzichttieren (vgl. Abschnitt 2.2).

Eine wichtige Rolle zur Verbreitung und Anwendung des Gedankengutes des Tierschutzes spielen die Tierschutzorganisationen und die Tierärzteschaft. Zahlreiche lokale, regionale, nationale und internationale Tierschutzvereinigungen haben weltweit vielfältige Tätigkeiten zum Wohl der Tiere entwickelt. Auf regionaler Ebene erfolgen Abklärungen vieler Tierschutzfälle, die Meldung schwer wiegender Fälle an die Behörden, viel Öffentlichkeitsarbeit, politische Tätigkeiten, Kampagnen, Beratungen, das Führen von zahllosen Tierheimen, die Aufnahme von Verzicht- und Fundtieren und Aktionen zum Kastrieren von Katzen und Hunden.

Die Tierärzteschaft spielt im nationalen und internationalen Rahmen wesentlich mit bei der Entstehung des Tierschutzrechts und bei dessen Vollzug. 1985 erfolgte in Deutschland die Gründung der Tierärztlichen Vereinigung für Tierschutz e. V. (TVT), welche zahlreiche hervorragende Merkblätter zu Tierschutzfragen publizierte. Darunter fällt zum Beispiel das TVT-Merkblatt »Nutzung von Tieren im sozialen Einsatz« (TVT 2011), das Empfehlungen für die Haltung, Betreuung und zum tiergerechten Einsatz von Tieren in sozialen Bereichen ausspricht und zum Ziel hat, Belastungen von Tieren bei der Nutzung im sozialen Einsatz zu minimieren. Die TVT hat zudem 1998 den »Codex Veterinarius – Ethische Grundsätze für die Tierärzteschaft für den Tierschutz« verabschiedet und 2009 überarbeitet. 1990 wurde die Schweizerische Tierärztliche Vereinigung für Tierschutz STVT gegründet. Ihre Dachorganisation, die Gesellschaft Schweizerischer Tierärztinnen und Tierärzte GST, hat 1991 »Ethische Grundsätze für den Tierarzt und die Tierärztin« verabschiedet, welche 2005 revidiert wurden (GST, 2005). 1997 fand die Gründung der Sektion Tierhaltung und Tierschutz der Österreichischen Gesellschaft der Tierärzte statt.

Das Aufkommen der neuen Fachbereiche der Verhaltensmedizin bzw. der Verhaltenstherapie erlaubt es auch, besonders bei Hund und Katze, fachgerechtere und

tierschutzgerechtere Lösungen für Verhaltensprobleme und -störungen bei diesen
Tieren zu finden statt der früher mangels Behandlungsmöglichkeiten oft allzu früh
angewendeten Euthanasie.

3.2 Forschung zu Tierschutzfragen

Die Forschung zu Tierschutzfragen hat wichtige Impulse gegeben zum besseren Schutz
des Tieres, und der Grundsatz »Wissen schützt Tiere« gilt uneingeschränkt auch heute.
Wesentliche Ergebnisse zum Wohl der Tiere brachte neben der veterinärmedizinischen,
der physiologischen und der biologischen Forschung allgemein insbesondere die Verhaltensforschung bzw. Ethologie, in den letzten Jahren vermehrt auch die Forschung
zum Schmerzempfinden von Tieren, zu Eingriffen an Nutz- und Heimtieren (Kastration,
Enthornen, Chippen/Markieren, Eingriffe wie Schwanzkupieren bei Jungtieren wie Welpen, Ferkeln etc.) und zum Schmerzempfinden auch von Fischen. Zum Tierschutz bei
Fischen sind binnen kurzer Zeit gleich mehrere umfassende Bücher erschienen (Brown,
Laland u. Krause, 2006; Branson, 2008; Ross u. Ross, 2008). Im Buch von Branson steht
dazu: »Fish have the same stress response and powers of nociception as mammals. Their
behavioural responses to a variety of situations suggest a considerable ability for higher
level neural processing – a level of consciousness equivalent perhaps to that attributed
to mammals«. Eher zurückhaltend gibt sich die Forschung in der Verhaltensmedizin,
wenn von der Publikation von bloßen Fallbeispielen abgesehen wird, zu Problemen der
Heimtierhaltung (Kleinsäuger, Vögel, Zierfische) und zu Extremzuchten, besonders
bei Heim- und Begleittieren. Immerhin sind Fortschritte in der Heimtierforschung
zu verzeichnen. So hat die renommierte internationale wissenschaftliche ethologische
Zeitschrift »Applied Animal Behaviour Science« seit 2007 auf dem neuen Titelblatt
prominent neben Nutztieren neu einen Hund abgebildet. Die Wissenschaft wird weitere Erkenntnisse über Haltungs- und Zuchtfragen bei Heimtieren bringen, auch mit
neuen Forschungsansätzen wie der Kognitionsforschung, wo es um die Beurteilung von
Emotionen und Stimmungen bei Tieren geht (Mendl, 2004). Einige wenige, ausgewählte
Forschungsergebnisse an Kleinsäugern und ihre unmittelbaren Konsequenzen für die
Heimtierhaltung sind nachfolgend als Beispiele der Forschung und der Konsequenzen
für die Tierhaltungspraxis und das Tierschutzrecht kurz zusammengefasst.

3.2.1 Hunde

Dass Hunde in Ausläufen Strukturen und Anreicherung (»Enrichment«) brauchen,
wurde in einer Studie an Beagles in Gruppen in Ausläufen mit Erdhügel, U-Steinen,
Stellwänden und Unterstand mit erhöhter Liegefläche gezeigt (Schmid, Döring-Schätzl
u. Erhard, 2004). Im bereicherten Auslauf war die Gesamtaktivität der Hunde größer
(89 %) als im unbereicherten Auslauf (66 %), das Bellen und Jaulen anderseits waren

weniger häufig bei Anreicherung. Der Hügel war durchschnittlich zu 42 Prozent der Zeit, die U-Steine waren zu 32 Prozent der Zeit in Benutzung. In einem Vergleich von Gruppen- und Einzelhaltung in vier Tierheimen in Großbritannien (Hubrecht, Serpell u. Poole, 1992) wurden in der Gruppenhaltung weniger Ruhen und mehr Gehen beobachtet, ferner mehr Spiel, mehr Kontakt mit einem anderem Tier, mehr Riechen an einem anderen Hund und mehr Riechen am Boden. In der Einzelhaltung dagegen traten mehr »repetitives« Verhalten (wie Kreisbewegungen, Hin- und Hergehen entlang dem Zaun) und weniger »soziales« Hin- und Hergehen entlang dem Zaun zum Nachbarzwinger auf. In Hundeboxen mit mehreren erhöhten Etagen wurde die oberste Etage zu 54,6 Prozent der Zeit zum Stehen, Ruhen und als Ausguck benützt, die untere Treppenstufe zu 11,1 Prozent, der Unterstand unter der Plattform dagegen oft als Rückzug gewählt (Hubrecht, 2002). Zur Frage der Schmerzempfindung beim Kupieren der Ruten von Hundewelpen stellten Noonan, Rand, Blackshaw und Priest (1996) deutliche Lautäußerungen nach der Amputation bei jedem von untersuchten fünfzig Welpen (schrilles Schreien: 5 bis 33-mal, durchschnittlich 24-mal) und Wimmern (2- bis 46-mal, durchschnittlich 18-mal) fest.

3.2.2 Katzen

Bei Katzen zeigten Studien, dass Rückzugsmöglichkeiten besonders im Tierheim sehr wichtig für ihr Wohlergehen sind (Rochlitz, 2002, 2005). Kessler (1997) erfasste mithilfe des Cat-Stress-Scores, eines auf zahlreiche beobachtete Verhaltensweisen gestützten Beurteilungswertes für die Belastung, das Stressniveau von Katzen. Es gab höhere Belastungen der Katzen unter anderem a) zu Beginn des Eintrittes bzw. in den ersten Aufenthaltswochen in einem Tierheim gegenüber später, b) bei höherer Besatzdichte in stabiler Gruppenhaltung gegenüber geringerer Dichte, c) in kleineren Einzelboxen gegenüber größeren, d) in der Gruppenhaltung bei gegenüber anderen Katzen nicht sozialisierten (heimatlosen) Katzen als in der Einzelhaltung, und e) in der Einzelhaltung bei gegenüber dem Menschen nicht sozialisierten Katzen gegenüber sozialisierten Katzen (Kessler u. Turner, 1997, 1999a,b). In anderen experimentellen Untersuchungen wurde Cortisol im Urin bei Katzen in Einzelhaltung in geringerer Konzentration gemessen, wenn den Katzen im Käfig eine kleine Abschirmung als Rückzugsmöglichkeit zur Verfügung stand, als ohne diese Abdeckung (Carlstead, Brown u. Strawn, 1993).

3.2.3 Meerschweinchen

Zuweilen wird empfohlen, Meerschweinchen zusammen mit Zwergkaninchen zu halten, womit einerseits die Tiere nicht allein seien und andererseits nicht unerwünschten Nachwuchs zeugten. Forschungsarbeiten von Sachser (1998) ergaben, dass Meerschweinchen im Wahlversuch eine deutliche Präferenz für Artgenossen gegenüber Zwergkaninchen zeigen, dass das Verständigungsrepertoire sowie die Aktivitätsrhythmen der beiden Tierarten nicht übereinstimmen und dass die Gemeinschaftshaltung von Meerschweinchen und Zwergkaninchen entgegen häufigen Angaben nicht empfehlenswert erscheint. In den Vergleichsbeobachtungen traten bei der Haltung eines Meerschweinchens mit einem Zwergkaninchen gegenüber der Haltung eines Meerschweinchens mit einem anderen, ihm zuvor nicht bekannten Meerschweinchen durch die Meerschweinchen seltener Beschnuppern des Kaninchens als des Artgenossen auf, auch häufiger Fliehen vor dem Kaninchen; dazu traten auch mehr Schreckreaktionen wie »Erstarren« auf. Das Ruhen erfolgte in der Regel allein im eigenen Abteil, getrennt vom Kaninchen. Das Signalrepertoire und die Tagesrhythmik waren zwischen den Tierarten verschieden; die Reaktion auf »Ducken« erfolgte bei Kaninchen mit sozialer Hautpflege, bei Meerschweinchen jedoch mit aggressivem Schnauzenheben.

3.2.4 Mongolische Rennmäuse

Mongolische Rennmäuse (Gerbils) zeigen unter bestimmten Haltungsbedingungen Verhaltensstörungen wie stereotypes Graben an den Boxenrändern und Nagen am Gitter. In Forschungsarbeiten von Wiedenmayer (1995, 1997a, 1997b), Waiblinger (2002) und Waiblinger und König (2004a, 2004b) mit mongolischen Rennmäusen traten Grabstereotypien besonders auf beim Fehlen einer dunklen Nestkammer mit Zugangsröhre, ebenso bei hellen Nestboxen. Stereotypes Gitternagen trat besonders auf bei Trennung der Jungtiere von den Eltern, solange keine neuen Jungtiere da waren. Gestützt darauf konnten durch das Anbieten eines Kunstbaus mit abgedunkelten Nestkammern mit Zugangsröhre bessere, keine Stereotypien fördernde Haltungsformen entwickelt werden.

3.2.5 Goldhamster

Widersprüchliche Resultate in verschiedenen Studien lassen den Schluss offen, ob Goldhamster ein Laufrad zur Verfügung haben sollten. In einer Studie dazu (Gebhardt-Henrich, Vonlanthen u. Steiger, 2005a, 2005b) hatten Goldhamsterweibchen ein großes Laufrad mit 30 cm Durchmesser und andere hatten eine arretierte Attrappe. Die Weibchen schränkten den Laufradgebrauch während der Reproduktion stark ein, sie benutzten das Laufrad in einem Ausmaß, das ihrer körperlichen Verfassung nicht schadete, somit »angepasst« bzw. »vernünftig«. Da sie mit Laufrad signifikant weniger am Gitter nagten und Gitternagen gewöhnlich als Anzeichen für unzureichende Haltungsbedingungen angesehen wird, kann ein großes und nicht verletzendes Laufrad für Goldhamster zur Förderung der »Fitness« empfohlen werden. In einem Versuch mit eingestreuten Boxen verschiedener Größen zeigten die Hamster in kleinen Boxen länger Gitternagen als in großen Boxen (Gebhardt-Henrich, Fischer u. Steiger, 2005, Fischer, Gebhardt-Heinrich u. Steiger, 2007). Ein weiteres Experiment mit verschiedenen

Einstreutiefen zeigte, dass mit einer tiefen Einstreuschicht, in der den Hamstern die Möglichkeit gegeben wird, zu graben und stabile Bausysteme anzulegen, Stereotypien weitgehend verhindert werden können (Hauzenberger, Gebhardt-Henrich u. Steiger, 2005, 2006). Boxen mit großen, unterteilten Unterschlüpfen wurden in einer anderen Studie als eine Substitution für tiefe Einstreu verwendet. In ihnen wurden weniger Tunnel gebaut als in Boxen mit kleinen Unterschlüpfen und in Boxen mit großen, aber nicht unterteilten Unterschlüpfen (Gerber, Gebhardt-Henrich u. Steiger, 2007; Gerber, Gebhardt-Henrich, Vonlanthen, Fischer, Hauzenberger u. Steiger, 2009). Abschließend darf auch die Frage gestellt werden, wie sinnvoll die Heimtierhaltung von nachtaktiven Tieren generell ist, da das Zusammenfallen unterschiedlicher Wach-Schlaf-Rhythmen sowohl für den Tierhaltenden als auch für die Tiere nicht optimal ist.

3.2.6 Heimtierzubehör

Auch anscheinend belangloses Heimtierzubehör kann Probleme verursachen und muss mit geeigneten Forschungsmethoden untersucht werden. Mrosowsky, Salmon und Wrang (1998) stellten in Wahlversuchen bei Hamstern Präferenzen fest für Laufräder mit einem feinen Kunststoffnetzüberzug auf der Lauffläche gegenüber Rädern mit den üblichen, relativ weitmaschigen Metallstegen, ferner auch Präferenzen für größere Laufräder mit Durchmesser von 17,5 cm gegenüber kleineren mit 13 cm Durchmesser. In einem Wahlversuch mit weiteren Möglichkeiten bevorzugten Mäuse a) die Laufräder mit Kunststoffnetz deutlich gegenüber solchen bloß mit Metallstegen, b) Laufräder mit Kunststoffnetz deutlich gegenüber solchen mit planer und glatter Plastik-Oberfläche (nach einiger Erfahrung mit der planen Oberfläche wurde diese später aber gegenüber dem Kunststoffnetz schwach bevorzugt), und c) größere Laufräder vom Durchmesser 17,5 cm mit Metallstegen deutlich gegenüber kleinen vom Durchmesser 13 cm mit den gleichen Metallstegen (Banjanin u. Mrosowsky, 2000). Hatten die Mäuse nur ein Laufrad zur Verfügung, entweder eines mit Kunststoffnetzüberzug oder eines mit Metallstegen, benutzten sie in Übereinstimmung mit den Wahlversuchen deutlich länger jenes mit dem Kunststoffnetz.

3.3 Tierschutzrecht

Einige der oben genannten Forschungsergebnisse hatten konkrete Konsequenzen für die Tierschutzverordnung von 2008 in der Schweiz, teils bereits für die früheren Fassungen seit 1981. So sind für Hunde Sozialkontakte, Bewegungsmöglichkeiten, in Boxen- und Zwingerhaltung erhöhte Ebenen und Rückzugsmöglichkeiten erforderlich. Für Katzen werden Sozialkontakt, erhöhte Ruheflächen, Rückzugsmöglichkeiten, geeignete Kletter- und Kratzgelegenheiten sowie Beschäftigungsmöglichkeiten gefordert. Für Meerschweinchen, Hamster und Rennmäuse werden gefordert: geeignete Einstreu (für

Hamster 15 cm, für Rennmäuse 25 cm tief), Rückzugsmöglichkeiten, geeignetes Nestmaterial, grob strukturiertes Futter (wie Heu oder Stroh), Nageobjekte (wie Weichholz
oder frische Äste), für Rennmäuse ferner ein Sandbad. Meerschweinchen und Rennmäuse sind in Gruppen von mindestens zwei Tieren zu halten.

Vor diesem Hintergrund sind Besserungen im staatlichen Tierschutzrecht in den letzten Jahren durchaus eingetreten. In Deutschland bestehen neben gesetzlichen Bestimmungen auf verschiedenen Ebenen mehrere Gutachten (Kleinvögel, Papageien, Zierfische; BMELV, 25.06.2012). In der Schweiz wurden im Rahmen der Neufassung von 2008
der Tierschutzverordnung als Mindestanforderungen auch detaillierte Bestimmungen
über weitere kleine Heimtiere (Ziervögel, Kleinsäuger) erlassen.

Das Europäische Übereinkommen vom 13. November 1987 zum Schutz von Heimtieren regelt in sehr allgemeiner Form die Anforderungen an die Haltung, die Zucht,
den Handel und den Erwerb von Heimtieren sowie deren Verwendung für Werbung,
Ausstellungen und Wettkämpfe (Council of Europe, 1987). Bestimmte chirurgische
Eingriffe werden verboten und das tierschutzgerechte Töten wird geregelt. Im Weiteren
schreibt das Übereinkommen Maßnahmen zur Reduktion streunender Tiere und zur
Förderung der Information und Ausbildung über die Heimtierhaltung vor. Ein Exper-
tenausschuss im Europarat hat 1995 drei detaillierte Empfehlungen (»resolutions«)
über Wildtiere als Heimtiere, die Zucht von Heimtieren und chirurgische Eingriffe bei
Heimtieren ausgearbeitet (Council of Europe, 1995).

Eine zukunftsweisende Bestimmung für die Heimtierhaltung enthält das auf den
1. Januar 2005 eingeführte Österreichische Bundesgesetz über den Schutz der Tiere. Es
sieht die Einführung eines Prüfverfahrens für Haltungssysteme und -zubehör für Heimtiere vor, ähnlich dem Prüfverfahren für serienmäßig hergestellte Aufstallungssysteme
und Stalleinrichtungen für landwirtschaftliche Nutztiere in der Schweiz: »Der Bundes-
minister für Gesundheit und Frauen ist […] ermächtigt, eine Kennzeichnung serien-
mässig hergestellter Haltungssysteme und Stalleinrichtungen sowie Heimtierunterkünfte
und Heimtierzubehör, die den Anforderungen dieses Bundesgesetzes entsprechen, durch
Verordnung zu regeln« (§ 18 Abs. 6; Tierschutzgesetz Österreich 2004). Es ist zu hoffen,
dass die Einführung der Regelung Anstoß zu manchen wichtigen Forschungsarbeiten,
bessere Kenntnisse über die Ansprüche vieler Heimtiere und langfristig Verbesserungen
in der Heimtierhaltung bringen wird. In der Heimtierzucht sind, allerdings zögerlich
und bisher mit nur sehr wenigen Gerichtsfällen, mit der Einführung von Tierschutzregelungen zur Vermeidung von Extremzuchten in Deutschland, Österreich und der
Schweiz Verbesserungen zu erwarten.

3.4 Nutzung von Marktmechanismen

Eine weitere wichtige Möglichkeit, Verbesserungen auf nichtstaatlicher Ebene zum
Schutz von Heimtieren zu realisieren, wäre der Einsatz von Marktkräften. Dieser Faktor
spielt in der Herstellung von Produkten aus landwirtschaftlicher Nutztierhaltung je nach

Land in unterschiedlichem Ausmaß eine Rolle. Labelprodukte aus »naturnaher« oder »tierfreundlicher« Haltung werden von einem Teil der Verbraucherschaft erwünscht und etwas teurer bezahlt. Das Modell wirtschaftlicher Anreize für tierfreundliche Haltungen, wie sie in der Nutztierhaltung mit dem Labelmarkt und teils auch mit staatlichen Direktzahlungen geboten werden, wäre im Heimtierbereich prüfenswert, auch wenn hier die ökonomische Bedeutung im Vergleich zur Nahrungsmittelproduktion in der Landwirtschaft viel niedriger liegt. Zoofachgeschäfte haben teils auf freiwilliger Basis bereits Auszeichnungen wie »Gütezeichen« oder »Vignetten« für besonders vorbildliche Haltungsbedingungen in ihren Geschäften eingeführt, welche in der Tierhaltung über die Minimalanforderungen der Gesetzgebung hinausgehen. Analog wären auch Labels für geeignete Heimtiereinrichtungen und -zubehör zu begrüßen und prüfenswert.

3.5 Selbstverantwortung

Hervorzuheben ist stets, dass verantwortungsvolle Heimtierhaltung und -zucht auch nach der Schaffung staatlicher Regelungen in erster Linie durch die einzelnen Tierhaltenden, maßgeblich auch durch die Käuferinnen und Käufer von Tieren im Rahmen ihrer Selbstverantwortung wahrgenommen werden muss.

4　Perspektiven

4.1 Gesellschaftlicher Wandel in der Einstellung gegenüber dem Tier

In den letzten Jahrzehnten ist ein Wandel in der Einstellung der Gesellschaft gegenüber dem Tier, welchem ein höherer Stellenwert beigemessen wird, festzustellen. Dieser Wandel ist noch im Gang und wird zweifellos weitere positive Entwicklungen für das Wohlergehen von Heimtieren und Tieren allgemein bringen. Er ist besonders deutlich erkennbar am Interesse der Öffentlichkeit und der Medien an Tierschutzfragen und im Bereich der Nahrungsmittel am zunehmenden Markt für Labelprodukte aus besonders tierfreundlicher bzw. naturnaher Nutztierhaltung. Allgemein sind auch ein vermehrtes Verständnis und eine bessere Akzeptanz von Tierschutzvorschriften bei vielen Tierhaltenden festzustellen.

Dieser Wandel in der Mensch-Tier-Beziehung lässt sich kurz wie folgt zusammenfassen. Ausdruck des früheren anthropozentrischen Tierschutzes war zum Beispiel das Strafgesetzbuch für das Deutsche Reich von 1871 (bis 1933): Unter Strafe fiel, »wer öffentlich oder in Ärgernis erregender Weise Tiere boshaft quälte oder roh misshandelte«. Der frühere Artikel 264 des Schweizerischen Strafgesetzbuches (bis 1978) lautete ähnlich: unter Strafe fiel, »wer vorsätzlich ein Tier misshandelt, arg vernachlässigt oder unnötig überanstrengt, wer Schaustellungen veranstaltet, bei denen Tiere gequält oder getötet werden, insbesondere wer derartige Tierkämpfe oder Kämpfe mit Tieren

oder Schießen auf zahme oder gefangen gehaltene Tiere abhält«. Anfangs- und End-
punkt des anthropozentrischen oder indirekten Tierschutzes war der Mensch. Tiere
wurden nicht um ihrer selbst willen geachtet, sondern in Bezug auf und zum Schutz
des Menschen. Während Immanuel Kant die Position vertrat, dass Tiere schützenswert
sind, jedoch nicht um ihrer selbst willen, sondern um eine Verrohung des Menschen
zu unterbinden (Kant, 1797/1990), war besonders Jeremy Bentham, der 1789 mit seinem pathozentrischen Ansatz allen empfindungsfähigen Tieren einen moralischen
Eigenwert zusprach, Wegbereiter eines direkten Tierschutzes, indem er die Frage nach
der Aufnahme in den Kreis der moralisch zu berücksichtigenden Lebewesen nicht an
der Sprach- oder Vernunftfähigkeit festmachte, sondern an der Leidensfähigkeit: »The
question is not, Can they reason? Nor, Can they talk? But, Can they suffer?« (Bentham,
1789, zit. nach Ruh, 1997). Die in diesem Zusammenhang oft gebräuchliche Formulierung »ethischer Tierschutz« ist aus philosophischer Sicht nicht ganz unproblematisch,
weil dadurch suggeriert werden könnte, dass ein anthropozentrischer Tierschutz nicht
»ethisch« bzw. ethisch falsch sei. Der direkte, pathozentrische Tierschutz ist heute fester
Bestandteil des Common Sense und liegt den meisten europäischen Tierschutzgesetzgebungen zugrunde (Bolliger et al., 2011): Das spätere Deutsche Reichstierschutzgesetz
von 1933 legte fest: »Verboten ist, ein Tier unnötig zu quälen oder zu misshandeln«.
Die Tierschutzgesetze Deutschlands (1972; Kluge, 2002), der Schweiz (1978, neu 2005)
und Österreichs (2004) verankerten die sehr ähnlichen Tierschutz-Grundsätze wie
folgt: »kein Zufügen von Schmerzen, Leiden oder Schäden« (Deutschland, Schweiz,
Österreich), »kein in Angst versetzen« (Schweiz; Österreich: »schwere Angst«), Leiden
zufügen nicht »ungerechtfertigt« (Schweiz, Österreich), oder nicht »ohne vernünftigen
Grund« (Deutschland).

Infolge der rapiden Zunahme von Zucht- und Forschungsmöglichkeiten der Gentechnik entstanden in der Tierethik neue Ansätze, die den komplexen ethischen Fragestellungen bezüglich gentechnisch veränderter Tiere versuchten, gerecht zu werden. Da
die Maschen der pathozentrisch geprägten Tierethik zu grob waren, um befriedigende
Antworten auf die neuen Probleme liefern zu können, entwickelten sich vor diesem
Hintergrund die Ansätze der tierlichen Integrität (Niederlande) oder der kreatürlichen
Würde (Schweiz); Letztere soll unten skizziert und auf Heimtiere bezogen erläutert
werden.

4.2 Heimtiere sind keine Sachen

Die frühere Stellung des Tieres trotz seiner Empfindungs- und Leidensfähigkeit bloß als
Sache und damit mit Objektstatus entsprach der gewandelten Einstellung in der Gesellschaft zum Tier zunehmend nicht mehr. In verschiedenen Regelungen, seit längerer Zeit
in Deutschland und Österreich, seit 2003 auch in der Schweiz, wurde deshalb dem Tier
eine besondere Rechtsstellung, zwischen den Kategorien Personen und Sachen, zuge-
sprochen (Bolliger et al., 2008; vgl. Stiftung Tier im Recht). Entsprechende gesetzliche

Regelungen betreffen zum Beispiel in der Schweiz die Frist für die Rückgabe von Fundtieren, testamentarische Zuwendungen an ein Tier, die Zuteilung in Scheidungsfällen, den Affektionswert bei Verlust eines Tieres, die Tierarztkosten bei fremdverschuldetem Unfall, und die Pfändung von Tieren. Danach können in der Schweiz unter bestimmten Voraussetzungen Fundtiere neu nach zwei Monaten, nicht wie früher erst nach fünf Jahren, vom ursprünglichen Eigentümer an den Finder übergehen. Testamentarische oder erbvertragliche Zuwendungen an ein Tier können neu ausdrücklich als Auflage für die Erben gelten, angemessen für das Tier zu sorgen. Gerichte haben bei Ehescheidung in gewissen Fällen die Möglichkeit, Heimtiere jener Partei zuzusprechen, die diesen in tierschützerischer Hinsicht die bessere Unterbringung gewährleistet und zu welcher eine stärkere soziale Bindung besteht. Bei der Berechnung von Schadenersatzansprüchen für ein verletztes oder getötetes Heimtier ist der Affektionswert, das heißt die emotionale Bedeutung des Tieres für seinen Halter, zu berücksichtigen, und Heilungskosten können neu auch dann geltend gemacht werden, wenn sie den Wert des Tieres übersteigen. Schließlich ist die Pfändung von Heimtieren, von Ausnahmen abgesehen, nicht mehr zulässig, ebenso ist es verboten, Tiere als Sicherung für offene Forderungen gegen den Tierhaltenden zurückzubehalten. Die genannten Regelungen gelten nur für Tiere, die im häuslichen Bereich und nicht zu Vermögens- oder Erwerbszwecken gehalten werden, praktisch somit nur für Heimtiere, die ohne finanzielle Absichten gehalten werden.

4.3 Die Würde des Heimtieres

In der Bundesverfassung der Schweiz ist seit 1992 der Schutz bzw. die Achtung der »Würde der Kreatur« und damit der Würde des Tieres verankert. Der Begriff »Würde der Kreatur« galt als »progressive Formulierung« (Häsler, 2007) und gab zur damaligen Zeit nur eine grobe, biozentrisch geprägte Stoßrichtung vor, deren genaue Bedeutung, Umfang und praktische Auswirkungen noch ausgelegt werden mussten.

Nach den Konkretisierung der Eidgenössischen Ethikkommission für die Biotechnologie im Ausserhumanbereich (EKAH) von 1999 und der gemeinsamen Stellungnahme der EKAH und der Eidgenössischen Kommission für Tierversuche (EKTV) (2001) wird unter der Würde der Kreatur Folgendes verstanden: Jedes Tier (zumindest auf verfassungsrechtlicher Ebene) hat einen Eigenwert, dem Rechnung getragen werden muss. Als allgemeines Verfassungsprinzip gilt die Achtung vor der kreatürlichen Würde nicht nur im Rahmen der Bestimmungen über den Umgang mit dem Keim- und Erbgut von Tieren, die im Artikel 120 »Gentechnologie im Ausserhumanbereich« der schweizerischen Bundesverfassung genannt sind, sondern in der ganzen Rechtsordnung, welche die Mensch-Tier-Beziehung betrifft (Bolliger et al., 2011). Somit ist jedes Handeln an Tieren ethisch relevant (Rosenberger, 2009). Genauere Bestimmungen zur Tierwürde finden sich im Schweizerischen Tierschutzgesetz, das sich in erster Linie jedoch nur auf Wirbeltiere bezieht: Die Würde des Tieres wird durch Belastungen verletzt. Eine Belastung liegt nach Art. 3 des Geset-

zes vor, wenn dem Tier a) Schmerzen, Leiden oder Schäden zugefügt werden, es in
Angst versetzt oder b) erniedrigt wird, wenn c) tief greifend in sein Erscheinungsbild
oder seine Fähigkeiten eingegriffen oder es d) übermäßig instrumentalisiert wird.
Die Würde der Kreatur hat im Gegensatz zur Menschenwürde weniger moralisches
Gewicht und stellt keinen absoluten Wert dar. Im Konfliktfall verlangt sie eine Güterabwägung zwischen den Belastungen des Tieres und den Interessen des Menschen.
Wiegen die Interessen des Menschen mehr als die Belastungen der Tiere, dann kann
die Würdeverletzung gerechtfertigt werden, das heißt, die Würde Kreatur wird trotz
ihrer Verletzung geachtet. Wiegen die tierlichen Belastungen mehr als die menschlichen Interessen, dann wird die Würde der Kreatur missachtet, was in der Schweiz
strafrechtliche Konsequenzen zur Folge haben kann.

Bezogen auf den Bereich Heimtiere sind alle vier genannten Würdeverletzungen
relevant:

a) Leiden: Wie Leiden bei mangelhafter Haltung, Vernachlässigung oder Qualzuchten
   entsteht, wurde in den Abschnitten 2.1 bis 2.5 beschrieben.

b) Tief greifende Veränderungen des Erscheinungsbildes sind im Bereich der Zucht
   zu erwarten (2.2). Während die traditionelle Zucht über mehrere Generationen das
   Erscheinungsbild und Fähigkeiten der Tiere durch Kreuzung innerhalb einer Art
   verändern kann, sind gentechnische Eingriffe auch über die Artengrenze hinaus
   möglich, was zu einer qualitativen Veränderung des Erscheinungsbildes und der
   Fähigkeiten der Tiere führen kann.

c) Von einer übermäßigen Instrumentalisierung ist dann zu sprechen, wenn dem
   Eigenwert des Tieres nicht genügend Rechnung getragen wird und es vollständig
   oder vorwiegend unter den Aspekten seiner Nutzung betrachtet wird. Der Wert
   des Tieres fällt dabei mit dem Wert seiner Verwertbarkeit zusammen (Camenzind, 2011). Die übermäßige Instrumentalisierung betrifft vorwiegend die Haltung
   gegenüber den Tieren und muss nicht zwingend mit Leiden oder Schmerzen verbunden sein. Sie tritt vermutlich häufig im Bereich Verzicht- und Fundtiere auf
   (2.2). Wird zum Beispiel ein »zu ängstlicher« oder »zu lebhafter« Hund in einem
   Tierheim abgegeben, kann möglicherweise eine übermäßige Instrumentalisierung
   vorliegen, weil die Erwartungen des ehemaligen Halters nicht mit den tatsächlichen
   Charaktereigenschaften des Hundes übereinstimmen. Der Hund hat für den Halter
   keinen Wert mehr, weil er nicht dessen Erwartungen entspricht. Eine übermäßige
   Instrumentalisierung kann in engem Zusammenhang mit der Erniedrigung als
   vierte Würdeverletzung gesehen werden.

d) Die EKAH (1999) versteht unter Erniedrigung »die Vermenschlichung oder andere
   der Lächerlichkeit preisgebende Formen der Zurschaustellung«. Diese Würdeverletzung ist nach der EKAH eine sehr vom Menschen her gedachte Kategorie, die
   einen erzieherischen Aspekt beinhaltet. Bezogen auf die Heimtiere könnte sie als
   Appell verstanden werden, dass auch Heimtiere dem Menschen nicht zur absoluten Verfügung stehen. Das Verkleiden von Tieren (2.5), Einfärben ihres Felles oder
   Antrainieren von Kunststücken kann dann ihre kreatürliche Würde verletzen, wenn

die Tiere nicht als das wahrgenommen werden, was sie sind, wenn sie als Puppen oder Accessoires verdinglicht, aber auch vermenschlicht werden. Wo die Grenzen dieser Würdeverletzung liegen, wird nur schwer objektiv festzustellen sein.

Noch nicht restlos geklärt ist, welche dieser Würdeverletzungen durch menschliche Interessen gerechtfertigt werden können. Als grobe Regel könnte man festlegen, dass basale tierliche oder menschliche Interessen, die das Überleben betreffen, nicht von trivialen Interessen, die auch anderweitig befriedigt werden können, übertrumpft werden dürfen. So kommt auch die EKAH zum Schluss, dass die gentechnische Veränderung von Heimtieren nicht aufgrund von ökonomischen und ästhetischen Interessen gerechtfertigt werden kann (EKAH, 1999). Dieser Vorschlag ist jedoch insofern problematisch, als dass sich vom heutigen Forschungsstand aus gesehen tiergerechte Haltung nicht nur an einem leidensfreien, die minimalen Überlebensbedürfnisse sicherndes Leben orientieren soll. Nimmt man die kreatürliche Würde ernst, dann müsste man sehr wahrscheinlich weitergehen und Kriterien des guten Lebens nicht nur an basalen Interessen festmachen.

Am Beispiel der Tierwürde sollte gezeigt werden, dass im Heimtierbereich neben dem Wohlbefinden auch andere moralisch relevante Kriterien wie Eingriffe ins Erscheinungsbild, übermässige Instrumentalisierung und Erniedrigung als Würdeverletzungen auftreten können. Im Einzelfall wird zu prüfen sein, ob diese Verletzungen durch menschliche Interessen gerechtfertigt werden können. Entwickelt sich die Einstellung zum Tier im schon lange begonnenen gesellschaftlichen Prozess weiter, dann wird sich im Konflikt zwischen Ethik und Profit im Umgang mit Tieren das Gewicht weiter zugunsten des Tieres verschieben.

Literatur

Banjanin, S., Mrosovsky, N. (2000). Preferences of mice, mus musculus, for different types of running wheel. Lab Animal, 34, 313–318.

Bartels T., Wegner, W. (1998). Fehlentwicklungen in der Haustierzucht. Stuttgart: Enke.

Bhagwanani, S. (1995). Öffentlichkeitsarbeit im Tierschutz in Europa – der Stand heute und die Bedürfnisse morgen. Diss. med. vet. Universität Bern.

BMELV, Bundesministerium für Ernährung, Landwirtschaft und Verbraucherschutz (1995, 1997). Gutachten über die Mindestanforderungen an die Haltung von Kleinvögeln, Zierfischen, Papageien, Reptilien. Zugriff am 25.06.2012 unter http://www.bmelv.de

Bok, H. (2002). Cloning companion animals is wrong. Journal of Applied Animal Welfare Science, 5, 233–238.

Bolliger, G., Goetschel, A. F., Richner, M., Spring, A. (2008). Tier im Recht transparent. Zürich: Schulthess.

Bolliger, G., Richner, M., Leuthold, M., Lehmann, M. (2007). Schweizer Tierschutzstrafpraxis 2006. Stiftung für das Tier im Recht, Zürich. Zugriff am 18.06.2012 unter http://www.tierimrecht.org

Bolliger, G., Richner, M., Rüttimann, A. (2011). Schweizer Tierschutzstrafrecht in Theorie und Praxis. Schriften zum Tier im Recht (Bd. 1). Zürich: Schulthess.

Branson, E. J. (Hrsg.) (2008). Fish welfare. Oxford: Blackwell.

Brown, C., Laland, K., Krause, J. (Hrsg.) (2006). Fish cognition and behavior. Oxford: Blackwell.

Camenzind, S. (2011). Klonen von Tieren – eine ethische Auslegeordnung. Schriften zum Tier im Recht (Bd. 7). Zürich: Schulthess.

Carlstead, K., Brown, J., Strawn, W. (1993). Behavioural and physiological correlates of stress in laboratory cats. Applied Animal Behaviour Science, 38, 143–158.

Council of Europe (1987). European Convention for the protection of pet animals, 13. November 1987 (ETS 125), Council of Europe, F 67075 Strasbourg-Cedex. Zugriff am 18.06.2012 unter http://conventions.coe.int/Treaty/Commun/ListeTraites.asp?MA=42&CM=7&CL=GER

Council of Europe (1995). a) Resolution on the breeding of pet animals, b) Resolution on surgical operations in pet animals, c) Resolution on wild animals kept as pet animals, Multilateral Consultation of parties to the European Convention for the protection of pet animals (ETS 123), March 1995 in Strasbourg, Document CONS 125(95)29, Council of Europe, F 67075 Strasbourg–Cedex. Zugriff am 25.06.201 unter http://conventions.coe.int/Treaty/Commun/ListeTraites.asp?MA=42&CM=7&CL=GER

EKAH (1999). Stellungnahme zur Konkretisierung der Würde der Kreatur im Rahmen der geplanten Revision des Tierschutzgesetzes. Zugriff am 18.06.2012 unter http://www.ekah.ch

EKAH, EKTV (2001). Die Würde des Tieres. Eine gemeinsame Stellungnahme der Eidgenössischen Ethikkommission für die Gentechnik im Ausserhumanen Bereich und der Eidgenössischen Kommission für Tierversuche zur Konkretisierung der Würde der Kreatur beim Tier. Bern: Bundesamt für Umwelt, Wald und Landschaft BUWAL. Zugriff am 18.06.2012 unter http://www.ekah.ch und http://www.bvet.ch

Ferrari, A., Coenen, C., Grunwald, A., Sauter, A. (2010). Animal enhancement. Neue technische Möglichkeiten und ethische Fragen, Beiträge zur Ethik und Biotechnologie (Bd. 7), Bundesamt für Bauten und Logistik BBL Bern. Zugriff am 18.06.2012 unter http://www.ekah.ch

Fischer, K., Gebhardt-Henrich, S., Steiger, A. (2007). Behaviour of golden hamsters (Mesocricetus auratus) kept in four different cage sizes. Animal Welfare, 16, 87–95.

Gebhardt-Henrich, S., Vonlanthen, E., Steiger, A. (2005a). How does the running wheel affect the behaviour and reproduction of golden hamsters kept as pets? Applied Animal Behaviour Science, 95, 199–203.

Gebhardt-Henrich, S., Vonlanthen, E., Steiger, A. (2005b). Brauchen Goldhamster ein Laufrad? KTBL-Bericht 36. Internationale Tagung Angewandte Ethologie in Freiburg i. Br. KTBL -Schrift 437, 85–91.

Gebhardt-Henrich, S., Fischer, K., Steiger, A. (2005). Das Verhalten von Goldhamstern in verschiedenen Käfiggrößen. KTBL-Bericht 37. Internationale Tagung Angewandte Ethologie in Freiburg i. Br. KTBL-Schrift 441 (S. 115–119). Darmstadt: KTBL.

Gerber, E., Gebhardt-Henrich, S., Steiger, A. (2007). Wie beeinflussen die Größe und Struktur von Unterschlüpfen das Verhalten von weiblichen Goldhamstern (Mesocricetus auratus)? KTBL-Bericht 39. Internationale Tagung Angewandte Ethologie in Freiburg i. Br. KTBL-Schrift 461 (S. 158–166). Darmstadt: KTBL.

Gerber, E., Gebhardt-Henrich, S., Vonlanthen, E., Fischer, K., Hauzenberger, A., Steiger, A. (2009). Housing influences research results and animal welfare in golden hamsters (Mesocricetus auratus). The influence of size and structure of shelters on the behaviour. In E. P. Hammond, A. D. Noyes (Hrsg.), Housing – Socioeconomic, Availability, and Development Issues (S. 185–200). Hauppauge: Nova.

Gesellschaft der Schweizer Tierärztinnen und Tierärzte, GST (2005). Ethische Grundsätze für den Tierarzt und die Tierärztin. Zugriff am 18.06.2012 unter http://www.gstsvs.ch

Grimm, H. (2010). Maßlose Tierliebe. Vermenschlichung als tierethisches Problem. TTN-Info 2, Institut Technik-Theologie-Naturwissenschaften, Ludwig Maximilians-Universität München, 1–2. Zugriff am 18.06.2012 unter http://www.ttn-institut.de

Hauzenberger, A., Gebhardt-Henrich, S., Steiger, A. (2005). Verhalten von Goldhamstern in verschiedenen Einstreutiefen. KTBL-Bericht 37. Internationale Tagung Angewandte Ethologie in Freiburg i. Br. KTBL-Schrift 441 (S. 120–127). Darmstadt: KTBL.

Hauzenberger, A., Gebhardt-Henrich, S. G., Steiger, A. (2006). The Influence of Bedding Depth on Behaviour in Golden Hamsters (*Mesocricetus auratus*). Applied Animal Behaviour Science, 100, 280–294.

Häsler, S. (2007). Tierschutzgesetz und Würde der Kreatur. Vortrag an der Tagung »Tierversuche und Würde der Kreatur«, 8. Juni 2007 am Botanischen Institut Zürich. Zugriff am 18.06.2012 unter http://www.tierschutz.uzh.ch

Harrison, R. (1997). Preface, Vorwort. In H. H. Sambraus, A. Steiger (Hrsg.), Das Buch vom Tierschutz (S. V–VIII). Stuttgart: Enke.

Herzog, A. (1997). Qualzuchten – Definitionen, Beurteilungen, Erbpathologie. Deutsche Tierärztliche Wochenschrift, 104, 71–74.

Hirt, A., Maisack, C., Moritz, J. (2007). Tierschutzgesetz (Deutschland). Kommentar (2. Aufl.). München: Franz Vahlen.

Hollmann, P. (1988). Tierschutzgerechte Unterbringung von Heimtieren – Tipps für die Beratung in der Kleintierpraxis. Tierärztliche Praxis, 16, 227–236.

Hollmann, P. (1997). Kleinsäuger als Heimtiere. In H. H. Sambraus, A. Steiger (Hrsg.), Das Buch vom Tierschutz (S. 308–363). Stuttgart: Enke.

Hubrecht, R. C., Serpell, J. A., Poole, T. B. (1992). Correlates of pen size and housing conditions on the behaviour of kennelled dogs. Applied Animal Behaviour Science, 34, 365–383.

Hubrecht, R. (2002). Comfortable quarters for dogs in research institutions. In V. Reinhardt, A. Reinhardt (Hrsg.), Comfortable quarters for laboratory animals (S. 56–64). Animal welfare institute, PO Box 3650, Washington. Zugriff am 18.06.2012 unter http://www.awionline.org

Kant, J. (1797/1990). Die Metaphysik der Sitten. Stuttgart: Reclam.

Kessler, M. R. (1997). Katzenhaltung im Tierheim – Analyse des Ist-Zustandes und ethologische Beurteilung von Haltungsformen. Dissertation Naturwissenschaft, ETH Zürich.

Kessler, M. R., Turner D. C. (1997). Stress and adaptation of cats (*Felis silvestris catus*) housed singly, in pairs and in groups in boarding catteries. Animal Welfare, 6, 243–254.

Kessler, M. R., Turner D. C. (1999a). Socialization and stress in cats (*Felis silvestris catus*) housed singly and in groups in animal shelters. Animal Welfare, 8, 15–26.

Kessler, M. R., Turner D. C. (1999b). Effects of density and cage size on stress in domestic cats (*Felis silvestris catus*) housed in animal shelters and boarding catteries. Animal Welfare, 8, 259–267.

Kluge, H. G. (Hrsg.) (2002). Tierschutzgesetz (Deutschland), Kommentar. Stuttgart: Kohlhammer.

Kummerfeld, N. (1997). Ziervögel. In H. H. Sambraus, A. Steiger (Hrsg.), Das Buch vom Tierschutz (S. 364–380). Stuttgart: Enke.

Mendl, M., Paul, E. S. (2004). Consciousness emotion and animal welfare. Insights from cognitive science. Animal Welfare, 13, 17–25.

Methling, W., Unshelm, J. (Hrsg.) (2002). Umwelt- und tiergerechte Haltung von Nutz-, Heim- und Begleittieren. Singhofen: Parey.

Miccichè, S., Steiger, A. (2008). Hunde- und Katzenhaltungen in Tierheimen und Tierpensionen in der Schweizer Archiv für Tierheilkunde, 150, 243–250.

Mrosovsky, N., Salmon, P. A., Vrang, N. (1998). Revolutionary science. An improved running wheel for hamsters. Chronobiology International, 15, 147–158.

Noonan, G. J., Rand, J. S., Blackshaw, J. K., Priest, J. (1996). Behavioural observations of puppies undergoing tail docking. Applied Animal Behaviour Science, 49, 335–342.

Not, I., Isenbügel, E., Bartels, T., Steiger, A. (2008). Die Beurteilung von Tierschutzaspekten bei Extremzuchten bei kleinen Heimtieren, Schweizer Archiv für Tierheilkunde, 150, 235–242.

Pschorn, G., Herzog, A., Arndt, J., Feddersen-Petersen, D., Rietz, H. D., Mrozek, M. (1996). Der Hund – zu schützendes Tier des Jahres 1996. Presseinformation der Bundestierärztekammer 2/96, 12. März 1996, Bonn.

Richner, M., Gerritsen, V., Bolliger, G. (2011). Schweizer Tierschutzstrafpraxis 2010. Stiftung für das Tier im Recht, Zürich. Zugriff am 18.06.2012 unter http://www.tierimrecht.org

Rochlitz, I. (2002). Comfortable quarters for cats in research institutions. In V. Reinhardt, A. Reinhardt (Hrsg.), Comfortable quarters for laboratory animals (S. 50–55). Washington: Animal welfare Institute. Zugriff am 18.06.2012 unter http://www.awionline.org

Rochlitz, I. (2005). Housing and welfare of cats. In I. Rochlitz (Hrsg.), The welfare of cats (S. 177–204). New York: Springer.

Rosenberger, M. (2009). Mensch und Tier in einem Boot – Eckpunkte einer modernen theologischen Tierethik. In C. Otterstedt, M. Rosenberger (Hrsg.) (2009). Gefährten – Konkurrenten – Verwandte. Die Mensch-Tier-Beziehung im wissenschaftlichen Diskurs (S. 368–389). Göttingen: Vandenhoeck & Ruprecht.

Ross, L. B., Ross, B. (2008). Aquatic animals. Oxford: Blackwell.

Ruh H. (1997). Tierrechte – neue Fragen der Tierethik. In H. H. Sambraus, A. Steiger (Hrsg.), Das Buch vom Tierschutz (S. 18–29). Stuttgart: Enke.

Sachser, N. (1998). Was bringen Präferenztests? KTBL-Bericht 29. Internationale Tagung Angewandte Ethologie 1997 in Freiburg. i. Br. (S. 9–20). Darmstadt: KTBL.

Sachverständigen-Gruppe BML (2000). Gutachten zur Auslegung von § 11b des Tierschutzgesetzes. Bonn: Bundesministerium für Ernährung, Landwirtschaft und Forsten.

Sambraus, H. H., Steiger, A. (Hrsg.) (1997). Das Buch vom Tierschutz. Stuttgart: Enke.

Schmid, L., Döring-Schätzl, D., Erhard, M. (2004). Enrichment in den Ausläufen von Hunden. KTBL-Bericht 35. Internationale Tagung Angewandte Ethologie in Freiburg i. Br., KTBL-Schrift 431 (S. 136–143). Darmstadt: KTBL.

Schrickel, B., Gebhardt-Henrich, S., Steiger, A. (2008). Zur aktuellen Situation der Haltung kleiner Heimtiere in Schweizer Zoofachgeschäften. Schweizer Archiv für Tierheilkunde, 150, 344–351.

Steiger, A. (1999). Informationsquellen und Beratungskonzepte für Heimtierhaltende. Tagungsbericht »Heimtierhaltung – menschliche Motive und Anliegen des Tierschutzes«, Tagung Evangelische Akademie Bad Boll.

Steiger, A. (2005a). Breeding an welfare of cats. In I. Rochlitz (Hrsg.), The welfare of cats (S. 259–276). New York: Springer.

Steiger, A. (2005b). Tierschutzprobleme in der Heimtierhaltung – was trägt die Forschung bei? Tagungsbericht DVG-Tagung »Ethologie und Tierschutz«. Gießen. DVG Service GmbH.

Steiger, A. (2008a). 30 Jahre Tierschutzgesetz: Was wurde erreicht? Schweizer Archiv für Tierheilkunde, 150, 439–448.

Steiger, A. (2008b). 30 Jahre Tierschutzgesetz: Wo liegen die Vollzugsprobleme? Schweizer Archiv für Tierheilkunde, 150, 449–455.

Steiger, A. (2008c). Tierschutzaspekte bei Extremzuchten bei Heimtieren – Grundsätze, Regelungen und weitere Massnahmen. Schweizer Archiv für Tierheilkunde, 150, 211–216.

Steiger, A., Peyer, N., Stucki, F., Keller, P. (2008). Zur Beurteilung von Tierschutzaspekten bei Extremzuchten von Hunden und Katzen. Schweizer Archiv für Tierheilkunde, 150, 217–226.

Stiftung Bündnis Mensch & Tier. Zugriff am 18.06.2012 unter http://www.buendnis-mensch-und-tier.de

Stiftung Tier im Recht, Zürich. Zugriff am 18.06.2012 unter http://www.tierimrecht.org

Stucki, F., Bartels, T, Steiger, A. (2008). Die Beurteilung von Tierschutzaspekten bei Extremzuchten bei Rassekaninchen, Rassegeflügel und Rassetauben. Schweizer Archiv für Tierheilkunde, 150, 227–234.

Teutsch, G. M. (1995). Die Würde der Kreatur. Erläuterungen zu einem neuen Verfassungsbegriff am Beispiel des Tieres. Bern: Paul Haupt.

Tierärztliche Vereinigung für Tierschutz Deutschland e. V. (1998). Tierschutzwidriges Zubehör in der Heimtierhaltung. Merkblatt 62. Zugriff am 18.06.2012 unter http://www.tierschutz-tvt.de

Tierärztliche Vereinigung für Tierschutz Deutschland e. V. (1999). Tierschutzwidriges Zubehör

in der Hunde- und Katzenhaltung. Merkblatt 70. Zugriff am 18.06.2012 unter http://www.
tierschutz-tvt.de

Tierärztliche Vereinigung für Tierschutz Deutschland e. V. (2009). Codex Veterinarius. Ethische
Grundsätze für die Tierärzteschaft für den Tierschutz. Zugriff am 18.06.2012unter http://
www.tierschutz-tvt.de

Tierärztliche Vereinigung für Tierschutz Deutschland e. V. (2011). Nutzung von Tieren im sozialen
Einsatz. Merkblatt 131. Zugriff am 18.06.2012 unter http://www.tierschutz-tvt.de

Tierschutzgesetz Deutschland (1972). Letzte Neufassung 2006. Zugriff am 25.06.2012 unter
http://www.bmelv.de

Tierschutzgesetz Österreich (2004). Zugriff am 18.06.2012 unter http://www.jusline.at/Tier-
schutzgesetz_(TSchG).html

Tierschutzgesetz Schweiz (2005). Zugriff am 18.06.2012 unter http://www.bvet.admin.ch

Tierschutzverordnung Schweiz (2008). Zugriff am 18.06.2012 unter http://www.bvet.admin.ch

Unshelm, J. (1997). Animal hygiene in the field of small and companion animals. Proceedings of
the 9th International Congress in Animal Hygiene, Helsinki, 811–815.

Unshelm, J. (2002). Schwerpunkte der tiergerechten Haltung von Heim- und Begleittieren. In
W. Methling, J. Unshelm (Hrsg.), Umwelt- und tiergerechte Haltung von Nutz-, Heim- und
Begleittieren (S. 515–524). Singhofen: Parey.

Waiblinger, E. (2002). Comfortable quarters for gerbils in research institutions. In V. Reinhardt,
A. Reinhardt (Hrsg.), Comfortable quarters for laboratory animals (S. 18–25). Washington:
Animal welfare Institute. Zugriff am 18.06.2012 unter http://www.awionline.org

Waiblinger, E., König, B. (2004a). Refinement of pet and laboratory gerbil housing and husbandry. KTBL-Bericht 36. Internationale Tagung Angewandte Ethologie in Freiburg i. Br.
(S. 124–134). Darmstadt: KTBL.

Waiblinger, E., König, B. (2004b). Refinement of gerbil housing and husbandry in the laboratory.
Animal Welfare 13, 229–235.

Wegner, W. (1997). Tierschutzaspekte in der Tierzucht. In H. H. Sambraus, A. Steiger (Hrsg.),
Das Buch vom Tierschutz (S. 556–569). Stuttgart: Enke.

Wiedenmayer, C. (1995). The ontogeny of stereotypies in gerbils. Dissertation phil. nat. Universität Zürich.

Wiedenmayer, C. (1997a). Causation of the ontogenetic development of stereotypic digging in
gerbils. Animal Behaviour, 53, 461–470.

Wiedenmayer, C. (1997b). Stereotypies resulting from a deviation in the ontogenetic development
of gerbils. Behavioural Processes, 39, 215–221.

Carola Otterstedt (Kulturwissenschaften)

Dem Tier in der Tiergestützten Intervention gerecht werden

Seit Beginn der 90er Jahre des letzten Jahrhunderts hat sich in deutschsprachigen Ländern der Einsatz von Tieren in therapeutischen, pädagogischen und sozialen Bereichen zunehmend etabliert. Diese Entwicklung profitierte von Erfahrungen und Erkenntnissen der angelsächsischen Länder (Fine, 2000), für den deutschsprachigen Kulturraum mussten jedoch eigene Fachtermini, Methoden und Qualitätskriterien entwickelt werden. Neben einer Professionalisierung der Anbieter Tiergestützter Intervention (TGI) wird nun auch zunehmend nach einer Qualifizierung der Tierhaltung und des Tiereinsatzes gefragt. Der Schutz der Tiere im Bereich der Tiergestützten Intervention meint einen *Arbeitschutz für Tiere* auf der Grundlage einer bedürfnisgerechten Haltung und eines achtsamen und persönlichkeitsorientierten Umgangs mit den Tieren.

1 Tiergestützte Intervention – ein neues Feld des Tierschutzes

In der Öffentlichkeit wird der populär verwendete Begriff *Tiergestützte Therapie* insbesondere mit dem Einsatz von Hunden in Altenheimen, dem Therapeutischen Reiten oder auch mit der umstrittenen Delfintherapie in Verbindung gebracht. Der Terminus »Tiergestützte Therapie« stand bisher für eine beliebig gestaltete Mensch-Tier-Begegnung im sozialen, therapeutischen bzw. pädagogischen Kontext, unabhängig von der Qualifikation des Anbieters und der Eignung des Tieres.

Mit zunehmender Professionalisierung der Anbieter und beginnendem wissenschaftlichen Interesse an dem Thema konnte in deutschsprachigen Ländern der Einsatz von Tieren terminologisch erfolgreich differenziert werden. Die Terminologie bietet heute eine wichtige qualitative Orientierung für Anbieter wie Nutzer der Tiergestützten Intervention. Der Begriff »Tiergestützte Intervention« (nach Vernooij u. Schneider, 2011) unterscheidet vier Aufgabenbereiche, die sich an der fachlichen Qualifikation des Anbieters orientieren.

1. *Tiergestützte Therapie* (TGT): Das Tier wird von einem ausgebildeten Therapeuten im Rahmen einer therapeutischen Methode tiergerecht eingesetzt: zum Beispiel Psychotherapeuten, Mediziner, Physiotherapeuten, Ergotherapeuten und Logopäden. Professioneller Arbeit im Rahmen der Tiergestützten Therapie liegt ein Konzept zugrunde.
2. *Tiergestützte Pädagogik* (TGP): Das Tier wird von einem ausgebildeten Pädagogen im Rahmen einer pädagogischen Methode tiergerecht eingesetzt: zum Beispiel

Kindergarten, Kinder- und Jugendfarm, Regelschule, Förderschule, pädagogische Wohngruppe, Kinderzirkus. Professioneller Arbeit im Rahmen der Tiergestützten Pädagogik liegt ein Konzept zugrunde.

3. *Tiergestützte Förderung* (TGF): Das Tier wird in Hinblick auf ein zuvor definiertes Förderziels tiergerecht eingesetzt. Dies kann zum Beispiel auch durch einen Nicht-Therapeuten/Pädagogen geschehen, wenn dieser günstigstenfalls eine fachliche Weiterbildung zur TGI absolviert hat: zum Beispiel Tierbesuchsdienste im Altenheim und anderen Einrichtungen, Begegnungsbauernhöfe, Schulbauernhöfe. Professioneller Arbeit im Rahmen der Tiergestützten Förderung liegt ein Konzept zugrunde.

4. *Tiergestützte Aktivitäten* (TGA): Das Tier wird im Rahmen von Aktivitäten tiergerecht eingesetzt, ohne dass dabei ein bestimmtes Förderziel verfolgt wird. Es geht um eine gemeinsame Aktivität von Mensch und Tier: zum Beispiel Wanderung mit Tieren in der Natur, Kindergeburtstag auf dem Bauernhof.

Der Begriff *Tierbesuchsdienst* beschreibt darüber hinaus den ehrenamtlichen Einsatz von Tieren (überwiegend Hunde). Die Ehrenamtlichen sind in der Regel in Vereinen organisiert und benötigen bisher keinerlei Qualifizierung für den Umgang mit Mensch und Tier. Auf freiwilliger Basis bieten einige Vereine inzwischen Hundeprüfungen an.

Der qualifizierte methodische Einsatz von heimischen Heim- und Nutztieren besitzt einen nachhaltigen Effekt in den Bereichen Förderung von physischen, psychischen, mentalen und soziokommunikativen Fähigkeiten. Angebote der Tiergestützten Intervention haben inzwischen einen breiten Zugang in vielen sozialen, pädagogischen und therapeutischen Bereichen gefunden, werden stationär wie ambulant realisiert (Greiffenhagen, 2007; Otterstedt, 2001, S. 43 ff; 2005, 2007, S. 357 ff; 2010b; 2011b; Olbrich u. Otterstedt, 2003; Otterstedt u. Schade, 2011; Otterstedt u. Vernooij, 2009, S. 182 ff; Rose u. Buchner-Fuchs,2011; Strunz, 2011).

1.1 Entwicklung der Tiergestützten Intervention

Engagierte Elterngruppen behinderter Kinder initiierten in den 1970er Jahren das Therapeutische Reiten. Dieser Bereich der Arbeit mit Kind und Pferd professionalisierte sich zunehmend, beschränkte sich zunächst aber ausschließlich auf die physiotherapeutische Arbeit mit dem Objekt *Pferd* als therapeutisches Hilfsmittel.

In den 1990er Jahren organisierten sich viele TGI-Interessierte in Deutschland über die Tierbesuchsdienst-Vereine »Tiere helfen Menschen« bzw. »Leben mit Tieren«. Beide Vereine haben einen großen Verdienst in der Entwicklung der TGI in Deutschland, da sie unter den Ersten waren, die überregionale Tagungen angeboten und die Arbeit in Regional- und Fachgruppen gefördert haben. In Österreich hat sich entsprechend der Verein »Tiere als Therapie« engagiert.

Seit 2001 wurde in Deutschland TGI auch im Rahmen von berufsbegleitenden Weiterbildungen angeboten. Daraus entwickelte sich ein für die Veranstalter sehr lukrativer

Markt, der die große Nachfrage nach TGI-Weiterbildung (unabhängig von realen Verdienstmöglichkeiten im Bereich der TGI und mit einem geringen Pool an erfahrenen Referenten) bedient. Das führt zu einer relativ großen Zahl von zertifizierten TGI-Absolventen, die nicht selten aus finanziellen, zeitlichen, methodischen wie auch konzeptionellen Gründen die Lerninhalte in der Praxis nicht umsetzen können.

Die Grundlage einer qualitativ guten tiergestützten Arbeit ist ein gesundes und kommunikativ aufgeschlossenes Tier, welches Freude am Einsatz zeigt. Nicht selten aber wird der Arbeitskollege *Tier* aufgrund fehlenden Wissens wenig bedürfnisgerecht gehalten und eingesetzt. Um auf diesen Missstand aufmerksam zu machen, hat sich das »*Beratungsteam Mensch & Tier*«, eine Gruppe unter anderem von tiergestützt arbeitenden Biologen, Tierärzten und Agrarwissenschaftlern, 2007 zu einer Beratergruppe zusammengeschlossen und Grundlagen zur Haltung der Tiere erarbeitet. Auf Hof- und Projektbesichtigungen sowie bei Konzeptentwicklungen und Stallbau wird dieses Beratungsteam frühzeitig herangezogen. So wurden neben Projekt-, Klinik- und Schulleitern auch kommunale Behörden zum Tierschutz sowie Tierschutzverbände in Deutschland auf das Thema »Tierschutz im TGI-Bereich« aufmerksam. Auf Initiative der Stiftung »Bündnis Mensch & Tier« entstand 2011 so in einer Kooperation mit der Tierärztlichen Vereinigung für Tierschutz eine Sammlung von artspezifischen Empfehlungen zur Haltung und zum Einsatz von Tieren im sozialen Einsatz (TVT, 2011; Blaha, Dehn u. Drees, 2011).

Auch zwanzig Jahre nach Beginn der TGI in deutschsprachigen Ländern gibt es keinen autorisierten Vertreter der TGI-Anbieter und damit keinen Gesprächspartner für Politik, Verbände und Wissenschaft. Dies behindert eine professionelle Entwicklung der TGI und eine qualitativ hochwertige Förderung. Eine Vielzahl von Vereinen[1] und Institutionen versuchen, durch einzelne Qualifizierungsmaßnahmen und durch Kooperationen mit wissenschaftlichen Einrichtungen sich vom breiten Angebot der TGI abzuheben. Ein einheitliches Konzept zur Qualitätssicherung, welches sowohl Klienten wie Behörden und Krankenkassen eine Orientierung bieten könnte, wurde bisher nicht erreicht. Dies macht eine Einordnung der TGI (u. a. Anerkennung von Ausbildungen) und damit auch finanzielle Förderung problematisch. Otterstedt und Vernooij (2011) konnten in ihrer Studie zur Situation der TGI aufzeigen, dass die Anbieter der TGI sich scheuen, ihre Arbeit öffentlich, evaluierbar und damit potenziell förderungswürdig zu machen.

1.2 Die Tiere der Tiergestützten Intervention

Die Problematik der Evaluierung der TGI-Angebote lässt aufgrund der oben beschriebenen Gründe nur eine Schätzung der Größenordnung eingesetzter Tiere zu. Die Autorin konnte in einer Mail-Befragung (Otterstedt, 2010a), an der 172 TGI-Anbieter

---

1 ESAAT: European Society for Animal Assisted Therapy (Europäischer Dachverband für Tiergestützte Therapie, www.esaat.org), ISAAT (International Society for Animal-Assisted Therapy, www.aat-isaat.org), Vereine s. a. www.tiergestuetzte-therapie.de

teilnahmen, aufzeigen, dass mit einer sehr großen Zahl von zum Teil nicht registrierten Tieren im Rahmen der TGI zu rechnen ist. Während im Durchschnitt sich die meisten befragten TGI-Anbieter auf maximal zwanzig Tierindividuen beschränken, halten über zwanzig TGI-Anbieter vierzig und bis zu zweihundert Individuen. Nicht selten konnte eine genaue Anzahl der Tierindividuen nicht genannt werden. Das Führen eines Tierbestandsbuches ist bei vielen Tierhaltern unbekannt. Nach einer vorsichtigen Schätzung muss davon ausgegangen werden, dass bei 800 TGI-Anbietern in Deutschland (lt. Internetrecherche) mehr als 10.000 Tierindividuen im Einsatz sind. Die Tiere und ihr Einsatz unterliegen bisher keinerlei Qualitätsauflagen. Viele Tierhalter sind nicht informiert über mögliche Beratungsangebote vonseiten der Veterinärämter und nutzen ihre Tiere einfach ohne jegliche Kenntnisse zur artgemäßen Tierhaltung und Zoonoseprophylaxe. Aufgrund relativ geringer Einnahmen scheuen einige auch evtl. anstehende Kosten und Kontrollen. Nicht selten werden die Tiere als private Haustiere bzw. Vereinstiere deklariert, um so einer Kontrolle nach § 11 des TSchG zu entgehen.

1.2.1 Auswahl der Tiere

Wurde in den 1990er Jahren insbesondere das private Heimtier der TGI-Anbieter eingesetzt, so werden mit einer zunehmenden Professionalisierung die Tiere beim Kauf gezielt für den TGI-Einsatz ausgesucht. Wurden Anfang des Jahrhunderts noch viele Tiere von TGI-Anbietern einfach nach ihrem äußeren Erscheinungsbild und modischen Entwicklungen und ihrer exotischen Attraktivität ausgewählt (z. B. Golden Retriever, Minischwein, Lama), so werden fachlich versierte Tierhalter heute insbesondere auf das Wesen des Tieres und seine Persönlichkeit Wert legen. Talente und Bedürfnisse des Tieres sind wichtige Kriterien bei der Auswahl des Tieres (Otterstedt, 2001, S. 117 ff.; Otterstedt 2007, S. 461 ff.) in Bezug auf seinen späteren TGI-Einsatz (z. B. Demenzstation im Altenheim, Jugendwohngruppe, Kinderzirkus, Schulhund).

Geht man davon aus, dass die nachhaltige Wirkung der Tiergestützten Intervention unter anderem. auf der über Generationen gewachsenen kulturellen Erfahrung mit bestimmten Tierarten zurückzuführen ist (Olbrich u. Otterstedt, 2003), dann ist nachvollziehbar, warum gerade heimische Haustierarten für den Einsatz im Rahmen der TGI besonders geeignet sind: Hunde, Katzen, Kaninchen, Ziegen, Schafe, Schweine, Esel, Pferde, Rinder, Meerschweinchen und bedingt Neuweltkameliden. Darüber hinaus wird immer wieder beobachtet, dass auch exotische Tiere oder gar Wildtiere in TGI-Projekten eingesetzt werden. Dies sollte nicht gefördert werden, da hier eine artgemäße Tierhaltung und ein tiergerechter Einsatz nicht realisierbar ist und eine wirkungsrelevante kulturelle Dimension fehlt. Eine derartige Mensch-Tier-Begegnung unterstützt eher einen Eventcharakter, nicht aber die Möglichkeit einer authentischen Beziehung zwischen Mensch und Tier.

Nicht die Tierart ist für eine förderliche Begegnung entscheidend, vielmehr das individuelle Wesen des Tieres. Nicht die Funktionalität des Tieres spricht für seinen

Einsatz, vielmehr seine individuellen Talente. Nicht äußere Merkmale wie Körpergröße, Fellqualität bestimmen die Tierwahl beim Einsatz, vielmehr die Dialog- und Beziehungsfähigkeit des Tierindividuums.

1.2.2 Haltung, Vorbereitung und Einsatz der Tiere

Die Basis der Arbeit mit dem Tier ist die artgemäße Tierhaltung und eine tiergerechte Einsatzmethode (Otterstedt, 2007, S. 43 ff., 93 ff.). Dabei steht im Vordergrund der Respekt vor dem natürlichen Tagesablauf des Tieres (Ruhezeiten, Zeiten der Nahrungsaufnahme und des Soziallebens) sowie die Achtung vor Veränderungen im Lebenslauf des Tieres (z. B. Alter, gesundheitliche Einschränkungen, Stimmungsschwankungen, Wesensveränderungen). Der professionelle Erfolg, die nachhaltige Wirkung, wird nur dann erreicht, wenn man die Bedürfnisse und Talente des Tieres in die Arbeit mit einbezieht. Das Tier ist nicht Objekt der TGI-Maßnahme, es ist Subjekt und interagierende Persönlichkeit.

Die Achtung vor den Talenten und der Persönlichkeit des Tieres fordert eine schrittweise Vorbereitung des Tieres auf seine Arbeitssituation im Rahmen der TGI (Otterstedt, 2007, S. 459 ff.):

– Tierhalter-Tier-Teamtraining (Kommunikation zwischen Tierhalter und Tier, Vertrauensaufbau),
– schrittweise Gewöhnung an die TGI-Situation (z. B. Geräusche, Gerüche, ungewöhnliche Gangbilder und Ausdrucksformen von Klienten),
– Förderung der Talente des Tieres (gezieltes Tiertraining, tiergerechter Sport, Spiele zur Förderung der mentalen Talente etc.),
– Förderung der Beziehung zwischen Tierhalter und Tier (Ausgleich zur TGI-Arbeit z. B. durch gemeinsame Ruhezeiten, gemeinsame Auszeiten: Wanderungen, Urlaub).

1.2.3 Das Tier im Aus – Probleme der Tierhaltung im Bereich der TGI

Glücklicherweise gibt es viele TGI-Anbieter, die achtsam in der Wahl der Tiere, in ihrer Haltung und ihrem Einsatz sind. Sie halten in der Regel eher weniger denn mehr Tiere, sind sich ihrer Verantwortung gegenüber dem Tier in ihrer Obhut und dem Tier als Arbeitskollegen sehr bewusst.

Im Bereich der TGI finden sich aktuell aber leider auch eine Reihe von großen fachlichen Herausforderungen bezüglich der Tierhaltung und des Einsatzes der Tiere:

– Anbieter arbeiten nach wie vor mit bereits aus der privaten Tierhaltung vorhandenen Tieren, die mitunter aufgrund ihrer individuellen Bedürfnisse und physischen Kondition nicht für den TGI-Einsatz geeignet sind bzw. bei für sie ungeeigneten TGI-Zielgruppen eingesetzt werden. Noch zu selten werden Tiere speziell auf ihren Einsatz hin ausgesucht und schrittweise vorbereitet. Daraus ergibt sich teilweise eine nicht geringe Anzahl von nicht einsetzbaren Tieren in TGI-Projekten, die unbeschäftigt in Gehegen (wie im Zoo) gehalten werden.

- Gerade Hunde-Einsätze in Schulen und stationären TGI-Projekten werden nicht selten davon bestimmt, dass der Hund sonst allein daheimbleiben müsste. Hier fehlen oft Rückzugsräume für das Tier und adäquate Ausweichmöglichkeiten bei Krankheit und Alter.
- Teilweise besteht eine erschreckend geringe Sachkunde zur Tierhaltung, oft kein Besitz von Fachliteratur zu den eingesetzten Tierarten: »Ich bau den Stall so aus dem Gefühl heraus!«
- Geringes bis kein Wissen zum Ausdrucksverhalten und Training der eingesetzten Tierarten. Es besteht hier ein deutliches Defizit an guten Weiterbildungsangeboten und an praxisorientierter Sachliteratur, die die eingesetzten Heim- und Nutztierarten beschreiben (wie z. B. Otterstedt, 2007).
- Geringe finanzielle Mittel sind ein weiterer Grund, warum viele TGI-Anbieter beim Stallbau und der Haltung der Tiere (Einstreu, Futterqualität, Trainingskurse etc.) auf qualitativ schlechtes Material zurückgreifen, manchmal die tierärztliche Betreuung vernachlässigen und eine präventive Fachberatung scheuen.
- Finanzierung und Betreuung alter oder kranker Tiere sind selten in den TGI-Finanzierungskonzepten bedacht (siehe tierartspezifische Kostenpläne der Stiftung »Bündnis Mensch & Tier«, 2011).

2 Das veränderte Tierbild: Die drei Dimensionen der Mensch-Tier-Begegnung

Nicht das *Tier* hat sich verändert, vielmehr ist *unser Bild vom Tier* dabei, sich zu ändern.

Ausgehend von den neuesten ethologischen und neurobiologischen Erkenntnissen, aber auch aufgrund eines veränderten Bedürfnisses nach Achtsamkeit in Beziehung zum gemeinsamen Lebensraum von Mensch und Tier, der Natur, verändert sich das gesellschaftliche Bild vom Tier (Otterstedt, 2008). Dies bezieht auch eine Rückbesinnung auf ein uraltes Bündnis von Mensch und Tier mit ein, welches im Alten Testament (Gen 2 u. 9,9) begründet liegt (Rosenberger, 2009, S. 370 ff.).

Das *neue Bild vom Tier* ist ein Prozess, der nicht mehr das Tier als *Objekt*, sondern vielmehr als *Subjekt* und bedürfnisorientiertes Mitgeschöpf erlebt und begreift. Dieses sich verändernde Tierbild nutzt die Tiergestützte Intervention. Und dennoch: Das ambivalente Handeln des Menschen, der das Tier nicht nur als behütetes Kumpantier hält, sondern gleichzeitig auch als Nutz*objekt* (u. a. als Lebensmittellieferanten), fordert Experten, Ethikräte, Gesetzgeber und Behörden, letztlich jeden Einzelnen von uns in ganz besonderer Weise.

Die Begegnung mit einem andersartigen Geschöpf fordert eine hohe Achtsamkeit im fremdsprachigen Dialog zwischen Mensch und Tier, soll sich eine nachhaltig wirksame Beziehung entwickeln können. Die drei Dimensionen der Mensch-Tier-Begegnung sind somit wichtige Impulse für den präventiven Tierschutz auch und gerade im Bereich der Tiergestützten Intervention.

2.1 Die horizontale Dimension: Der Begegnung Raum geben/Nähe und Distanz in der Mensch-Tier-Begegnung

Begegnungen sind geprägt von Nähe und Distanz. Nehme ich beispielsweise ein Kaninchen aus seinem Stall und setze es einfach auf den Schoß, so hat das Tier keinerlei Chance auf eine selbstgewählte Annäherung. Wir verschenken wertvolle Phasen der Annäherung (Otterstedt, 1993) und des achtsamen Aufeinanderzugehens. Die Begegnung zwischen Mensch und Tier wird hingegen umso spannender, wenn wir unser Gegenüber mit all seinen Bedürfnissen nach Nähe und Distanz erleben können. Jedes Individuum hat seine kultur- bzw. artspezfischen Bedürfnisse zum Distanzverhalten. Neben der Intimdistanz (z. B. Berührungen an Augen, Nase, Mund/Maul, Geschlechtsteilen) existiert die Individualdistanz (beim Menschen circa. 120 cm) und die Sozialdistanz (beim Menschen bis zu 350 cm). Innerhalb dieser Distanzräume werden bestimmte Kontakte zugelassen. Die Akzeptanz dieser Räume ermöglicht es, einzuschätzen, ob unser Gegenüber sich noch wohl oder sich bereits bedrängt fühlt. Tiere haben diese Distanzräume ebenfalls. Sie unterscheiden sich nach der Größe der Tiere sowie nach ihren Kommunikations- und Interaktionsebenen (Otterstedt, 2007, S. 38 ff.). Die Grenzen der Distanzräume orientieren sich immer auch an dem Sicherheitsbedürfnis der Tiere (z. B. Flucträume). Die Mensch-Tier-Begegnung kann von dem Wissen um jene Distanzräume proftieren. Ignorieren oder überschreiten wir das Distanzbedürfnis der Tiere, ist es nicht verwunderlich, wenn Tiere sich zurückziehen oder auch aggressiv reagieren. Akzeptieren wir hingegen das Nähe-Distanz-Bedürfnis der Tiere und schaffen klare Begegnungszonen für Mensch und Tier mit Rückzugsbereichen, so können die Begegnungen für beide Seiten entspannt und bereichernd sein (Otterstedt, 2011c, S. 8 ff.). Mithilfe der »Methode der Freien Begegnung« (Otterstedt, 2007, S. 345 ff.), einer freien Annäherung zwischen Mensch und Tier in einem großen Raum, schaffen wir eine gute Möglichkeit für eine Begegnung auf Augenhöhe.

Der achtsame Umgang zwischen Mensch und Tier bedeutet, distanzlose Handlungen zu vermeiden. Das Festhalten, Umklammern oder automatisierte Streicheln von Tieren ist für einen achtsamen Beziehungsaufbau nicht förderlich und degradiert das Tier zu einem Objekt. Eine sensibel aufgebaute Begegnung zwischen Mensch und Tier lässt sich Zeit, die vielen spannenden Annäherungs- und Vertiefungsphasen zu erleben: zum Beispiel Beobachtung aus der Distanz, Beobachtung am Weidezaun, Beobachtung auf der Weide, Kontaktaufnahme durch das Tier abwarten, Dialogangebote an das Tier richten, gemeinsame tiergereche Aktionen (Führtraining, Bodenarbeit, Sport, Wanderungen) etc.

In der zwischenmenschlichen Kommunikation nehmen sozial höher gestellte Menschen unbewusst eher körperliche Kontakte zu ihrem Gegenüber auf, während Untergebene ein Schulterklopfen gegenüber dem Chef sich nicht trauen würden. Diese kleinräumigen Verhaltensweisen, die die Individualdistanz übergehen, sind deutliche nonverbale Zeichen, dass hier keine Begegnung auf Augenhöhe stattfindet. Wie gehen wir mit unseren Heim- und Nutztieren um? Ist die Akzeptanz ihrer Distanzbedürfnisse vorhanden? Setzen wir uns über ihre Bedürfnisse hinweg, weil wir die Fürsorge für sie haben und meinen, dass wir doch einfach mal das Tier nehmen können, egal, ob es das jetzt gerade möchte oder nicht? Oder ist unser nicht selten distanzloses Verhalten eher Ausdruck unserer eigenen Bedürfnisse nach Nähe und körperlichem Kontakt? Warum stellen wir unsere eigenen Bedürfnisse über die des Tieres? Warum übersehen wir leichtfertig die nonverbalen Zeichen des Tieres und nutzen die Sprache des Tieres zu wenig für eine achtsame Mensch-Tier-Begegnung?

Der Abstand zwischen einem Menschen und einem ihm vertrauten Tier zeigt die Bedeutung ihrer beider Beziehung an. Kommt das Tier nur zögerlich zu dem Tierhalter, weicht es vor dem Tierhalter zurück oder verkriecht es sich sogar vor ihm, erkennen wir eine irritierte bis gestörte Beziehung, die nicht selten mit Angst und Unterdrückung operiert. Kommt hingegen das Tier neugierig auf den Tierhalter oder sogar auch auf fremde Besucher zu, so wird deutlich, dass dieses Tier gute Erfahrungen mit Menschen gemacht hat, Vertrauen zu ihnen aufbauen kann und den Kontakt zu ihnen genießt.

Tiere zeigen uns über ihre Körpersprache deutlich, wie sie die Begegnung mit uns gestalten möchten (Otterstedt, 2007). Wenn wir ihnen und uns einen großen Raum ermöglichen, dann entstehen weniger Missverständnisse zwischen menschlichen und tierlichen Persönlichkeiten. Wenn wir jedoch das Tier am Strick fixieren oder in einer Box halten, nehmen vor allem wir uns selber die Chance, zu erkennen, welche Bedürfnisse und Talente das Tier besitzt. Es ist, als würden wir einem Menschen gegenüberstehen, dessen Mund verschlossen ist und der eine Augenbinde trägt. Wie sollen wir von ihm erfahren, was seine Bedürfnisse sind? Welche wunderbaren Möglichkeiten des Dialogs gehen so verloren!

2.2 Die vertikale Dimension: Begegnung auf Augenhöhe/Respekt in der Begegnung zwischen Mensch und Tier

Die vertikale Positionierung der Augen und die Körpergröße des Gegenübers im Vergleich zu der eigenen sind unmittelbar verbunden mit unserem Selbstwertgefühl und der Einschätzung des sozialen Status. Ist der Gesprächspartner größer, steht er über uns, so fühlen wir uns eher unterlegen. Sucht der Gesprächspartner eine Position, die unsere Augen auf eine Ebene bringt, ist dies bereits eine gute Voraussetzung für einen gleichberechtigten Austausch miteinander. Sensible Menschen nehmen instinktiv Hilfsmittel zur Verfügung, um eine gemeinsame Augenhöhe zu schaffen: Wir suchen einen Sitzplatz, wenn wir uns mit einem Rollstuhlfahrer unterhalten. Wir gehen in die Hocke, wenn wir mit einem Kind reden oder wenn wir mit einem kleinen Hund spielen wollen. Wir setzen uns in das Kaninchengehege, damit die Tiere entspannt mit uns Kontakt aufnehmen können. Wir versuchen, uns auf die Augenhöhe des anderen zu begeben, weil wir erleben, dass dies zu einer freien und entspannten Begegnung miteinander führen kann.

Im Schweizerdeutschen wurde der Begriff »Augenhöhe« ursprünglich auch als Ausdruck für »Solidarität« verwendet. Die Solidarität zeichnet im ethisch-politischen Sinne eine Verbundenheit zwischen den Partnern, eine Unterstützung untereinander aus. Mensch und Tier leben in einer solidarischen Gemeinschaft, die in vielen Kulturen und Religionen im Sinne eines Bündnisses beschrieben wird (Otterstedt, 2009, S. 294 ff.; Rosenberger, 2009, S. 368 ff.). Mensch und Tier leben in einem gemeinsamen Lebensraum *Natur* und sind aufeinander angewiesen. Sie unterstützen sich bis heute in vielen beruflichen und alltäglichen Bereichen. Die Wertschätzung dieser Solidargemeinschaft wird im Respekt gegenüber der Würde von Mensch und Tier sichtbar und im achtsamen Umgang auf Augenhöhe gelebt.

2.3 Die zeitliche Dimension: Eine bewegte Begegnung/Die Dynamik in der Mensch-Tier-Begegnung

In den sogenannten modernen Gesellschaften wird der Faktor Zeit gern auch als ein Kriterium für gute Leistung (»ich habe die Arbeit in ganz kurzer Zeit geschafft«), für Relevanz des beruflichen Status' (»muss gleich zur nächsten Konferenz, habe jetzt gar keine Zeit«) und sozialer Verfügbarkeit (»also, frühestens in drei Wochen hätte ich für ein Essen mit Freunden wieder Zeit. Vorher geht bei mir gar nichts«) verwendet. Auf der anderen Seite wird der Faktor Zeit aber auch als wertvolles Gut für die Lebensqualität verwendet: »Luxus ist für mich, wenn ich mal wieder Zeit für mich und meine Familie hätte!«

Die Zeit ist vorhanden. Jeder von uns besitzt alle Zeit seiner eigenen Lebensspanne. Nutzen wir diese Zeit wirklich gut? Wo setzen wir Prioritäten? Nehmen wir uns beispielsweise mehr Zeit für das Erwirtschaften eines Zweitwagens oder einer Ferienreise als für Beziehungen, die nachhaltig wirken könnten? Gibt es noch ein Gleichgewicht der Zeiten für Arbeit, Erholung und Beziehungsleben?

Eine Begegnung, die sich zu einer Beziehung entwickeln soll, benötigt Zeit, soll sie eben nicht nur eine flüchtige Begegnung bleiben. Die Begegnung mit einem Tier wirkt nachhaltig, wenn wir uns die Zeit nehmen, eine Beziehung aufzubauen. Die Akzeptanz der menschlichen und tierischen Bedürfnisse in der achtsamen Annäherung sind nur *eine* zeitliche Dimension. Die Dynamik der Begegnung ist eine weitere.

Die Begegnung mit einem anderen Wesen ist ein lebendiges Spiel von raschen und ruhigen Dialoganteilen, begleitet von Pausen, die aktives Schweigen und Wahrnehmen ermöglichen (Otterstedt, 2005, S. 169 f.). Diese Dynamik einer Begegnung beginnt mit dem Blickkontakt, der variabel gehalten, unterbrochen und wiederaufgenommen wird (Otterstedt, 1993, 2005, 2007, S. 470 f.) und zeigt sich in der gesamten Körperhaltung (Otterstedt, 1993) der Dialogpartner, die sich nie starr verharren, vielmehr sich zum anderen hinwenden, sich öffnen, verschließen oder auch von ihm abwenden. Der körperliche Ausdruck spiegelt die Bereitschaft oder auch eine Verweigerung, mit dem Gegenüber in Kontakt zu treten. Die Dynamik der Körperbewegungen weist auf die emotionale Beteiligung der Dialogpartner hin.

Für eine entspannte Begegnung mit Tieren ist ein ausreichend großer Zeitrahmen ein wichtiger Faktor für das gegenseitige Kennenlernen und die Vertrauensbildung. Ruhige, authentische, nicht starre Bewegungen helfen dem Tier, den Menschen besser einzuschätzen. Hilfreich für den Menschen ist es, arttypische Ruhepositionen einzunehmen (z. B. auf dem Boden eines Schafstalls sitzend), die dem Tier eine friedliche und entspannte Situation signalisieren. Eine ruhige, nicht zu laute Stimme in Mittellage ist für die meisten Tiere besonders angenehm. Vielen Menschen hilft es, wenn sie den Tieren eine kleine Geschichte aus einem Buch vorlesen: Mit einer ruhigen Lesestimme und der Konzentration auf den Text senkt sich unser Puls und die Tiere erhalten die Gelegenheit, den Menschen zu beobachten, sich ihm langsam zu nähern. Neben der Stimme und der Körpersprache bietet der Atem des Menschen für die Tiere eine wichtige Orientierung in der Kontaktaufnahme. Der Atem verrät dem Tier unter anderem, ob der Mensch entspannt ist oder unter großem Stress steht, ob er sich körperlich und seelisch wohlfühlt.

Neben der entspannten Begegnung mögen die meisten Tierindividuen aber auch ein dynamisches Spiel zwischen Mensch und Tier. Das Sichnecken, Laufen und Fangen sind wichtige Bestandteile im Verhaltensrepertoire sozial lebender Tiere, wenn auch vorrangig im Jugendalter zu sehen. Viele unserer Haustiere zeigen jedoch auch im Erwachsenenalter noch ein Spielverhalten. Entsprechend ihrem Alter genießen sie ein dynamisches Spiel mit Menschen: zum Beispiel freies Laufen und Fangen, Suchspiele, Wanderungen, Hindernisparcours. Zunehmend werden für Tierarten wie Pferde, Hunde, Katzen und Kleintiere Spielanregungen publiziert. Hier bietet sich ein weites Feld der kreativen und dynamischen Gestaltung von Mensch-Tier-Begegnungen.

Es gilt heute nicht mehr, das Tier nur zu präsentieren, zu streicheln oder sich selber zu überlassen. Wenn wir Tiere in unsere Obhut nehmen, dann sind sie Teil einer artübergreifenden Solidargemeinschaft. Wir haben die Verantwortung übernommen, für sie zu sorgen, und dies meint nicht allein, ihnen Nahrung und Wasser zur Verfügung zu stellen. Es meint insbesondere, dass wir ihre Sprache und ihre Bedürfnisse näher kennenlernen sollten, ihnen einen Lebensraum mit Artgenossen und eine tiergerechte Beziehung mit Menschen ermöglichen sollten. Die Mensch-Tier-Beziehung ist kein Ersatz für eine Mensch-Mensch-Beziehung, vielmehr ist sie eine wertvolle soziale Bereicherung für Menschen und Tiere in ihrem gemeinsamen Lebensraum *Natur*.

3 Perspektiven

Welche der drei Dimensionen der Mensch-Tier-Begegnung bilden in der TGI die Basis eines präventiven Tierschutzes vor dem Hintergrund der Bedürfnisgerechtigkeit für das Tier? Und welche Perspektiven und Ziele lassen sich für den Tierschutz im Rahmen der Tiergestützten Intervention formulieren?

3.1 Die drei Dimensionen der Mensch-Tier-Begegnung in der TGI

Das Nähe-Distanz-Verhältnis in der TGI-Arbeit ist ein zentrales Thema, welches auch heute schon von vielen Anbietern achtsam im Umgang mit Mensch und Tier umgesetzt wird. Der Respekt in der Begegnung mit Mensch und Tier wird hingegen sehr unterschiedlich realisiert: So erhält man durchaus bei einigen Anbietern den Eindruck, dass den Tieren deutlich mehr Respekt gegenüber aufgebracht wird als den Menschen (»Tiere sind die besseren Menschen«), was zu einer elementaren Frage der Achtsamkeit und des Vertrauens jeglichen Mitgeschöpfen gegenüber führen könnte. Die Dynamik der Mensch-Tier-Begegnung ist in der TGI-Praxis im Rahmen des langsamen Aufbaus der Nähe zum Tier durchaus methodisch gegeben, könnte aber noch weiter präzisiert werden (z. B. bedürfnisgerechte Tempiwechsel). Hier bedarf es sicherlich noch mehr Kenntnisse der TGI-Anbieter bezüglich ihrer eigenen Körpersprache und der der Tiere. Das Beobachten und Reflektieren dieser Beobachtungen ist eine wesentliche Grundlage der tiergestützten Arbeit.

3.2 Informationsdefizite ausgleichen

Es scheint unerlässlich, die Weiterbildungsangebote in dem Bereich der TGI praxisorientiert auszubauen. Dabei sind Themen wie methodische Arbeit mit Mensch und Tier, Tierverhalten und Tierhaltung wesentliche Inhalte, die derzeit noch zu wenig praxisrelevant vermittelt werden. Hofbesichtigungen, Workshops und Seminare mit praktischen Übungen wären für die Zielgruppe effektiver als theoretische Vorträge.

Die Kommunikation wichtiger Inhalte scheitert derzeit auch an fehlenden Verlagen, die Autoren zur Mensch-Tier-Beziehung und die zu den Themen der Tiergestützten Intervention adäquate Publikationsmöglichkeiten bieten.

Zur Weiterbildung für praktizierende und Amtstierärzte sowie für Vertreter von kommunalen Behörden wären Vorträge sowie Exkursionen zu TGI-Einrichtungen hilfreich, um eine fachübergreifende Zusammenarbeit insbesondere in den Bereichen Beratung, Kontrolle und Qualifizierungsmaßnahmen zu unterstützen.

3.3 Das Tier als Wert begreifen

Schriftliche Konzepte ihres TGI-Angebotes helfen Projektleitern, zu erfassen, in welchem Rahmen und mit welcher Methode sie ihre Tiere einsetzen. Gute Konzepte beinhalten eine Arbeitsplatzbeschreibung der einzelnen Tierindividuen. Hier wird deutlich, ob der TGI-Anbieter seine Tiere, deren Talente und Bedürfnisse wirklich kennt. Noch zu selten werden im TGI-Bereich Tierbestandsbücher geführt. Hier ist dringend Aufklärung auch vonseiten der praktizierenden Tierärzte nötig, damit wir erkennen können, ob der Wert des Tieres im Rahmen der Tiergestützten Intervention wirklich erkannt und gewürdigt wird.

3.4 Mensch und Tier ihren Raum zur Begegnung bieten

Die Haltung und der Einsatz der Tiere in der TGI wird, wie bereits beschrieben, sowohl ambulant als auch stationär durchgeführt. Überlastungen der Tiere entstehen nicht selten durch nicht definierte Rückzugs- und Begegnungszonen von Mensch und Tier. Die Autorin spricht sich für eine Dreiteilung des Raumes aus:
- Rückzugsraum *Tier,*
- Begegnungsraum *Mensch und Tier,*
- Rückzugsraum *Mensch.*

Die Räume werden definiert (z. B. Stall, Paddock, Spielraum) und klar kommuniziert. Die Einhaltung der Zonen ist Ausdruck der Achtsamkeit gegenüber den Bedürfnissen von Mensch und Tier. Detaillierte Beschreibung der Funktion der Räume finden sich unter anderem in Otterstedt (2011c).

3.5 Wirkungsfelder des Tierschutzes in der Tiergestützten Intervention

Mit Ausnahme jener Tiere, die im Rahmen des § 11 TSchG eingesetzt werden, können Tiere bisher ohne jegliche Auflagen für tiergestützte Einsätze genutzt werden. Hier besteht ein großer Graubereich, in dem private Tierhalter zum Beispiel mit ihren Minischweinen oder Kaninchen, ihren Alpakas oder auch exotischen Tieren Tierbesuchsdienste absolvieren und dies nicht selten werbewirksam als »Therapie« verkaufen. Diese mitunter wenig tiergerecht durchgeführten Mensch-Tier-Begegnungen werden im Rahmen von Vereinen realisiert, die allein dafür gegründet wurden, um Spenden einzunehmen, statt als Gewerbe angemeldet zu werden. Hiermit entfallen in der Regel dann auch tierrechtliche Auflagen. Überlastete Veterinärämter haben bisher aufgrund der relativ geringen Tierbestände auf Kontrollen verzichtet oder besaßen keine ausreichenden rechtlichen Grundlagen.

3.5.1 Weiterbildung

In den zwanzig Jahren tiergestützter Arbeit in Deutschland sind überraschend wenig Unfälle und Zoonosen bekannt geworden. Dies mag zum einen an einer geringen bundesweiten Kommunikationsdichte liegen, zum anderen aber auch an einer adäquaten Immunantwort gegenüber Haustier-Erregern (Schwarzkopf, 2003; Weber u. Schwarzkopf, 2003). Die Themen »Zoonosen« und »Hygiene« sind darüber hinaus bei qualitativ guten TGI-Weiterbildungen als Prüfungsthemen obligatorisch.

3.5.2 Fachliche Beratung

Die Nachfrage nach fachlicher Beratung und Betreuung zur Tierhaltung und zum Einsatz der Tiere im Bereich der TGI ist heute noch eher gering. Fachberatungen werden insbesondere von sozialen, pädagogischen und therapeutischen Einrichtungen beim tiergestützten Projektaufbau wahrgenommen oder bei einer Umgestaltung des Tierbestandes bzw. der Tierhaltung.

3.5.3 Selbstevaluation

Wünschenswert wäre eine Kultur der Selbstevaluation der Tierhalter. Die Selbstevaluation sollte auf der Grundlage von Checklisten erfolgen, die das Wohlbefinden des Tieres und seine Beziehungsfähigkeit berücksichtigen: soziales Verhalten (artintern, artübergreifend), Spiel, »grooming talk«, Emotionsverhalten, kognitives Interesse etc.

Beispiele für Fragen bezüglich Tierverhalten gegenüber dem Tierhalter bzw. einem fremden Besucher:
– Ist das Tier aufmerksam interessiert, wenn ein Mensch sich ihm nähert? (Kopf-/ Ohrenstellung, Hinwendung)
– Kommt das Tier neugierig auf den Menschen zu? Oder zieht sich das Tier gegenüber dem Menschen zurück, reagiert es mit Signalen der Angst (Zurückweichen, »Freezing«) oder der Agression?
– Verhält sich das Tier gegenüber dem Menschen arttypisch oder sind Fehlprägungen (z. B. Distanzlosigkeit, Jungtierverhalten im Erwachsenenalter) zu erkennen?
– Ist das Tier im direkten Kontakt mit dem Menschen entspannt, bleibt dem Menschen zugewandt und nimmt an der Begegnung aktiv teil?
– Ist ein tageszeitlich differenziertes Verhalten des Tieres und ein Sozialverhalten mit Artgenossen zu beobachten? Wird dieses Verhalten in der Begegnung mit dem Menschen berücksichtigt?
– Gibt es zwischen dem Tierhalter und dem Tier eine klare und eindeutige Kommunikation (lautlich, verbal, nonverbal)? Werden diese Kommunikationsformen auch dem Besucher vermittelt?

3.5.4 Kontrolle und Qualifizierung

Mit dem Aufbau des Netzwerks Begegnungshöfe der Stiftung »Bündnis Mensch & Tier« (Otterstedt, 2011c) werden seit 2008 regionale Veterinärämter eingeladen, die Tierhaltung auf den Begegnungshöfen zu begutachten. Der amtstierärztliche Nachweis ist eine der Voraussetzungen für die Aufnahme in das Netzwerk. Auf diesem Weg hat die Stiftung einen engagierten Dialog zwischen Tierhaltern, praktizierenden und Amtstierärzten initiiert, der nicht zuletzt das hilfreiche TVT-Merkblatt 131 zur Haltung und zum Einsatz von Tieren im sozialen Einsatz (TVT, 2011) zur Folge hatte.

Seit einigen Jahren wird die Frage nach Qualifizierung im Bereich der TGI häufiger gestellt. Der Verband der Schulbauernhöfe und verschiedene Weiterbildungen für Erlebnisbauernhöfe befürworten eine pädagogische Qualifizierung. TGI-Weiterbildungsstätten beurteilen ihre Teilnehmer nach fachlichen Grundkenntnissen, die zunehmend auch praktische Prüfungsteile beinhalten. Das »Netzwerk Begegnungshöfe« scheint Vorreiter für eine wichtige Qualifizierung in der Tierhaltung zu sein. Hier hat sich als besonders effektiv gezeigt, dass die Tierärzte mit eingebunden sind, frühzeitig ein Fachberater den Hof besichtigt und die Mitglieder des Netzwerkes jährlich an einer Weiterbildung teilnehmen, die sich unter anderem mit Themen der Ethik, der Tierhaltung, des Tierverhaltens, mit Methodeneinsatz und PR-Arbeit beschäftigt.

Eine unabhängige Qualifizierungsmöglichkeit aller TGI-Anbieter, die auch die Tierhaltung und den Einsatz der Tiere einbezieht und dies über ein Label für die Klienten sichtbar macht, wäre förderlich. Die Qualifizierung wäre besonders wirkungsvoll, würden TGI-erfahrene Experten vonseiten der Veterinärmedizin, der Ethologie und anderer Fachbereichen eingebunden werden. Hierfür bedarf es jedoch vorab einer intensiven Weiterbildung der Multiplikatoren: zum Beispiel TGI-Seminare und -Workshops für praktizierende und Amtstierärzte sowie fachübergreifende Kolloquien für alle Beteiligten.

Eine weitere hilfreiche Grundlage einer Qualifizierung wäre ein verbindlicher Sachkundenachweis zu jeder eingesetzten Tierart, unabhängig vom Status des Anbieters (also z. B. auch Vereine). Eine entsprechende Eingebung zur Aktualisierung des Tierschutzgesetzes wurde bereits von verschiedenen Fachkreisen realisiert.

3.6 Die Tiergestützte Intervention in der Wissenschaft

Zunehmend werden wissenschaftliche Forschungsarbeiten auch zu den Themen der Tiergestützten Intervention verfasst. Neben Dissertationen, die die Wirkungsweisen der TGI in zielgruppenspezifischen Projekten beschreiben, entstehen Forschungsarbeiten zu den neurobiologischen Effekten der Tierbegegnung (Böttger, 2009, Böttger et al., 2010) und zur Belastung der Tiere beim TGI-Einsatz in Abhängigkeit von den Methoden ihres Einsatzes: »Bei Hunden wirkt sich die Art der Durchführung von tiergestützten Interventionen auf die Sekretion des Stresshormons Cortisol aus. Während des therapeutischen Einsatzes sind Hunde hinsichtlich ihrer physiologischen Reaktion weniger aufgeregt, wenn sie ohne Leine agieren und selbst Kontakt zu Klienten aufnehmen können« (Glenk, Stetina, Kepplinger u. Baran, 2011). Es wäre dringend die Gründung eines fachübergreifenden TGI-Forschungskreises gefragt, der eine stärkere Vernetzung der Wissenschaftler durch einen regelmäßigen fachlichen Austausch gewährleistet und und andere geeignete Forschungsmethoden diskutiert. Eine Verbesserung der Kommunikation und Publikation der Forschungserkenntnisse wäre wünschenswert.

4 Fazit

Die Tiergestützte Intervention hat sich von einem sozialen Engagement einzelner Tierbesuchsdienstler zu einer neuen Einkommensquelle professioneller Anbieter entwickelt und bedarf einer fachlichen Begleitung im Sinne des präventiven Tierschutzes, der auf intensive fachliche Beratung und Qualifizierung vor Kontrolle setzt. Hierbei ist zu berücksichtigen, dass das Einkommen der TGI-Anbieter nicht mit dem von Tierzüchtern und anderen kommerziellen Tierhaltern gleichzusetzen ist, eine Tierhaltung aber eben auch nie an einer schlechten Betriebsführung und Finanzierung leiden darf.

Eine artgemäße Haltung und ein tiergerechter Einsatz von Tieren im Rahmen der Tiergestützten Intervention ist gleichzeitig ein positives Beispiel für den neuen Weg im Tierschutz. Damit stellt die TGI eine wichtige Kommunikationsplattform für die Interessen des präventiven Tierschutzes dar. Es gilt, die TGI-Anbieter als wirkungskräftige Multiplikatoren für das neue Tierbild und den achtsamen Umgang mit Mensch und Tier zu gewinnen.

Literatur

Blaha, T., Dehn, G. von, Drees, M. (2011). Tiere im sozialen Einsatz. Arbeitsfeld auch für Tierärzte. Deutsches Tierärzteblatt, 12, 1630–1632.

Böttger, S. (2009). Die Mensch-Tier-Beziehung aus neuropsychologischer Perspektive – am Beispiel der tiergestützten Therapie. In C. Otterstedt, M. Rosenberger (Hrsg.) (2009), Gefährten – Konkurrenten – Verwandte. Die Mensch-Tier-Beziehung im wissenschaftlichen Diskurs (S. 78–103). Göttingen: Vandenhoeck & Ruprecht.

Böttger, S., Haberl, R., Prosiegel, M., Audebert, H., Rumberg, B., Forsting, M., Gizewski, E. R. (2010). Differences in cerebral activation during perception of optokinetic computer stimuli and video clips of living animals: An fMRI study. Brain Research, 1354, 132–139. Zugriff am 16.06.2012 unter http://www.buendnis-mensch-und-tier.de

Bündnis Mensch & Tier (Hrsg.) (2011). Tierartspezifische Kostenpläne. Zugriff am 16.06.2012 unter http://www.buendnis-mensch-und-tier.de/pages/bibliothek/was_kostet_mich_mein_Tier.htm

Fine, A. (2000). Animal-Assisted Therapy. Theoretical Foundations and Guidelines for Practice. New York: Academic Press.

Glenk, L. M., Stetina, B. U., Kepplinger, B., Baran, H. (2011). Salivary Cortisol in dogs and their handlers during dog-assisted interventions in prison, inpatient substance abuse treatment and geriatrics. Poster presentation at the ISAZ 2011: 20ieth annual ISAZ Conference, Indianapolis, Indiana, USA. 4.–6. August.

Greiffenhagen, S. (2007). Tiere als Therapie. Neue Wege in Erziehung und Heilung. Nerdlen/Daun: Kynos.

Olbrich, E.; Otterstedt, C. (Hrsg.) (2003). Menschen brauchen Tiere. Grundlagen und Praxis der tiergestützten Pädagogik und Therapie. Stuttgart: Kosmos.

Otterstedt, C. (1993). Abschied im Alltag, Grußformen und Abschiedsgestaltung im interkulturellen Vergleich. München: iudicium.

Otterstedt, C. (2001). Tiere als therapeutische Begleiter. Gesundheit und Lebensfreude durch Tiere. Eine praktische Anleitung. Stuttgart: Kosmos.

Otterstedt, C. (2005). Tiere als Helfer in der (Kranken-, Sterbe-, Trauer-)Begleitung. In W. Burgheim (Hrsg.), Im Dialog mit Sterbenden (S. 179–196). Merching: Forum.

Otterstedt, C. (2007). Mensch & Tier im Dialog. Kommunikation und artgerechter Umgang mit Heim- und Nutztieren (vergriffen). Stuttgart: Kosmos.

Otterstedt, C. (2008). Die Mensch-Tier-Beziehung in der Gesellschaft. Studienbericht. Zugriff am 16.06.2012 unter http://www.buendnis-mensch-und-tier.de/pages/forschung/studien/Studie_Mensch_und_Tier_2008.pdf

Otterstedt, C. (2010a). Tiergestützte Pädagogik. In R. Pousset (Hrsg.), Handbuch für Erzieherinnen und Erzieher (S. 443–445). Berlin: Cornelsen.

Otterstedt, C. (2010b). Mensch-Tier-Begegnungsstätten. Evaluation zu TGI-Anbietern in Deutschland. München. Unveröffentlichtes Manuskript.

Otterstedt, C. (2011a). Auf einem guten Weg. Anregungen für Pädagogen und Eltern im Umgang mit dem kindlichen Wunsch nach einem eigenen Tier. In I. Strunz (Hrsg.), Praxisfelder der Tiergestützten Pädagogik (S. 77–85). Baltmannsweiler: Schneider Verlag Hohengehren.

Otterstedt, C. (2011b). Das Netzwerk Begegnungshöfe – Ort der nachhaltigen Sozialen Arbeit. In J. Rose, L. Buchner-Fuhs (Hrsg.), Tierische Sozialarbeit. Ein Lesebuch für die Profession zum Leben und Arbeiten mit Tieren (S. 411–427). Wiesbaden: VS-Verlag für Sozialwissenschaft.

Otterstedt, C. (2011c). Mensch und Tier – Von der Begegnung zur Beziehung. In M. Erhard, H. H. Sambraus (Hrsg.), Tagungsband zur 12. Fachtagung zu Fragen von Verhaltenskunde, Tierhaltung und Tierschutz. Ethologie und Tierhaltung (S. 3–16). Gießen: DVG Service.

Otterstedt, C., Rosenberger, M. (Hrsg.) (2009). Gefährten – Konkurrenten – Verwandte. Die Mensch-Tier-Beziehung im wissenschaftlichen Diskurs. Göttingen: Vandenhoeck & Ruprecht.

Otterstedt, C., Schade, M. (2011). Tiergestützte Pädagogik mit Nutztieren am außerschulischen Lernort Bauernhof. In Strunz, I. (Hrsg.), Praxisfelder der Tiergestützten Pädagogik (S. 108–136). Baltmannsweiler: Schneider Verlag Hohengehren.

Otterstedt, C., Vernooij, M. A. (2009). Von Kosten und Nutzen der Mensch-Tier-Beziehung. In C. Otterstedt, M. Rosenberger (Hrsg.) (2009), Gefährten – Konkurrenten – Verwandte. Die Mensch-Tier-Beziehung im wissenschaftlichen Diskurs (S. 182–187). Göttingen: Vandenhoeck & Ruprecht.

Otterstedt, C., Vernooij, M. A. (2011). Tiergestützte Therapeuten & Co. bleiben noch im Verborgenen. Studie zur Tiergestützten Intervention in Deutschland. Mensch & Pferd, Zeitschrift für Förderung und Therapie mit dem Pferd, 2, 98–99.

Rose, L., Buchner-Fuhs, J. (Hrsg.) (2011). Tierische Sozialarbeit. Ein Lesebuch für die Profession zum Leben und Arbeiten mit Tieren. Wiesbaden: VS-Verlag für Sozialwissenschaft.

Rosenberger, M. (2009). Mensch und Tier in einem Boot – Eckpunkte einer modernen theologischen Tierethik. In C. Otterstedt, M. Rosenberger (Hrsg.) (2009), Gefährten – Konkurrenten – Verwandte. Die Mensch-Tier-Beziehung im wissenschaftlichen Diskurs (S. 368–389). Göttingen: Vandenhoeck & Ruprecht.

Schwarzkopf, A. (2003). Hygiene: Voraussetzung für Therapie mit Tieren. In E. Olbrich, C. Otterstedt (Hrsg.), Menschen brauchen Tiere (S. 106–115). Stuttgart: Kosmos.

Strunz, I. (Hrsg.) (2011). Praxisfelder der Tiergestützten Pädagogik. Baltmannsweiler: Schneider Verlag Hohengehren.

Tierärztliche Vereinigung für Tierschutz e. V., TVT (Hrsg.) (2011). TVT-Merkblatt 131 »Nutzung von Tieren im sozialen Einsatz«. Tierartspezifische Merkblätter zur Haltung und zum Einsatz sowie rechtliche Empfehlungen. Zugriff am 16.06.2012 unter http://www.buendnis-mensch-und-tier.de/pages/bibliothek/was_kostet_mich_mein_Tier.htm

Vernooij, M. A., Schneider, S. (2010). Handbuch der tiergestützten Intervention. Wiebelsheim: Quelle & Meyer.

Weber, A., Schwarzkopf, A. (2003). Heimtierhaltung – Chancen und Risiken für die Gesundheit. Gesundheitsberichterstattung des Bundes, Heft 19. Berlin: Robert-Koch-Institut.

Herwig Grimm (Ethik der Mensch-Tier-Beziehung)

Ethik in der Nutztierhaltung: Der Schritt in die Praxis

1 Einleitung

Die neolithische Revolution machte nicht nur Menschen zu Landwirten, sondern auch Tiere zu Nutztieren. Seit über 10.000 Jahren halten Menschen Tiere, um landwirtschaftliche Güter zu produzieren und zu nutzen. Dass hier nur einige domestizierte Spezies genutzt werden, steht der Tatsache gegenüber, dass ihre Vertreter in immenser Zahl genutzt werden.[1] Der Großteil der weltweit gehaltenen Tiere lebt unter Bedingungen der landwirtschaftlichen Tiernutzung. Entsprechend liegt hier ein großes Potenzial: Gelingt es in diesem Bereich, ethisch begründete Anliegen des Tierschutzes in die Praxis umzusetzen, bringt dies Verbesserungen für eine große Anzahl von tierlichen Individuen. Die Kehrseite der Medaille ist allerdings, dass wohl kaum ein anderer Bereich von so großen ökonomischen Zwängen geprägt ist, die diesen Verbesserungen entgegenstehen, und dass bestehende Haltungsdefizite eine immens große Anzahl von Tieren treffen.

Die Perspektive auf die Haltungsbedingungen und Nutzungsformen in der Landwirtschaft ist in den Industrienationen zunehmend über Erfahrungen mit Tieren außerhalb der Landwirtschaft geprägt. Die Sozialisation direkter Mensch-Tier-Beziehung geschieht mittlerweile vorrangig in Wohnungen mit Heimtieren (engl. »pets«). Hier spielen nicht ökonomische Effizienz, sondern Kriterien wie etwa die partnerschaftliche Zuwendung die zentrale Rolle. Diese Entwicklung bleibt nicht folgenlos für die Wahrnehmung von Tieren im Allgemeinen und äußert sich in einer über weite Strecken geteilten Kritik an der landwirtschaftlichen Tiernutzung in ethischer Hinsicht. Und so überrascht es nicht, wenn sich das journalistische Interesse und die öffentliche Aufmerksamkeit insbesondere auf diesen verworrenen Bereich der Mensch-(Nutz-)Tier-Beziehung richten. In regelmäßigen Abständen wird die sprichwörtliche immer gleiche Sau durchs Dorf getrieben, begleitet von medialen Paukenschlägen und den wiederkehrenden Bildern unsäglicher Zustände in der Landwirtschaft. Die öffentliche Empörung ist dabei keineswegs nur aus der Luft gegriffen, vielmehr gibt es in der Landwirtschaft tatsächlich

---

1 Um hier einige Zahlen der Europäischen Union für 2010 zu nennen (Eurostat 22.11.2011): 86.628.600 Rinder; 151.053.600 Schweine, allein in Großbritannien 21.295.000 Schafe; Polen mit 49.040.000 Legehennen. Im Bereich »Geflügel« wird die Zahl für 2009 mit 11.664.277 Tonnen angegeben (Gesamtgewicht von geschlachtetem Geflügel, dessen Fleisch als genusstauglich eingestuft wurde). Hierunter fallen Hühner, Hähnchen, Enten, Truthühner, Perlhühner und Gänse.

Probleme, deren Lösung noch aussteht; aber nicht alles, was dem Tierliebhaber auf den ersten Blick ein Dorn im Auge ist, ist auch schlecht für die Tiere. So ist etwa die Anzahl der Tiere nicht notwendig direkt proportional zu der Wahrscheinlichkeit von Leid oder Schmerzen. Weder ist in der Nutztierhaltung immer »small beautiful« noch »big ugly«. Und nur zu oft stammt die Kritik von verantwortlichen Bürgern, die als Konsumenten Fleisch essen, das genau aus diesen Haltungssystemen stammt.

Nun ist es nicht die Absicht des Buchbeitrages, die bekannte Forderung nach radikaler Umkehr zu wiederholen und ein Ende der Tierhaltung zu fordern, Landwirte zu brandmarken oder Konsumenten zu tadeln. Der Zugang in diesem Beitrag ist es, nach Möglichkeiten zu suchen und eine Methode vorzuschlagen, wie vor dem Hintergrund prägender Aspekte der Landwirtschaft Lösungen tierethischer Probleme in der Landwirtschaft begründet werden können. Es geht nicht darum, Landwirte moralisch ins Abseits zu stellen, vielmehr ist es das Ziel, den Hindernissen auf die Spur zu kommen, welche die Lösung tierethischer Probleme in den Ställen verhindern. Am Ende wird deshalb das Argument stehen, dass Landwirte *tierethische* Anliegen zu ihren *eigenen* Anliegen machen sollten. Es gilt, Landwirte mit ins Boot zu holen, denn nur, was sie umsetzen, kommt den Tieren auch tatsächlich zu Gute. Die Verantwortung von Landwirten, aber auch jene der Bürger wird in Augenschein genommen, um eine Perspektive zu bieten, die aus der verkrusteten Debatte und medialen Schlagabtauschen führen kann.

Hierzu sollen einige Bemerkungen zur Rolle der Ethik und dem Scheitern traditioneller Tierethik am Anfang stehen (2). Danach wird der Frage nachgegangen, weshalb diese Theorien scheitern und woran. Dies wird zu einer Auseinandersetzung mit moralischen Problemen sozialer Realität führen (3). Anschließend soll eine Methode zur Begründung von Lösungsvorschlägen für den Bereich der Ethik in der Nutztierhaltung vorgestellt werden (4). Viertens stehen einige zentrale Punkte und methodische Grenzen zur Diskussion (5). Schließlich wird in einer Schlussbemerkung vorgeschlagen, Landwirte wie Konsumenten in ihren Verantwortungen als Bürger ernst zu nehmen mit dem Ziel, Ethik in der Nutztierhaltung als gemeinsam getragenes, gesellschaftliches Anliegen zu konzipieren (6).

2 Die Rolle der Ethiker in der Tierschutzdebatte

Ethiker werden zunehmend in entscheidungsrelevante Positionen gebracht und bei gesellschaftspolitischen Fragestellungen gern um ihre wissenschaftliche Meinung gefragt (vgl. Zichy u. Grimm, 2008, S. 2 ff.). Das Verständnis von Ethik in diesem Beitrag ist es allerdings, dass es nicht das Geschäft von Ethikern sein kann, auf der individualethischen Ebene moralische Konflikte zu entscheiden oder die moralischen Probleme anderer de facto zu lösen. Dies schon deshalb nicht, weil Ethiker die moralische Verantwortung der Akteure nicht übernehmen können. Wer von Ethikern erwartet, dass sie verantwortlichen Akteuren vorschreiben, was zu tun ist, wird von dem folgenden Beitrag enttäuscht werden; die moralische Verantwortung anderer kann und soll der

Ethiker nicht übernehmen. Vielmehr ist es das Geschäft der angewandten Ethik im hier vertretenen Sinn, sich reflexiv und mit gebotener Distanz zu den moralischen Fragen zu verhalten und Entscheidungshilfen im Sinne von Methoden bereitzustellen, die Akteure in der Übernahme moralischer Verantwortung unterstützen. Es ist nicht die Aufgabe der anwendungsorientiert arbeitenden Ethiker, moralische Entscheidungen zu fällen, sondern Menschen in ihrer Verantwortung zu unterstützen, dasselbe reflektiert zu tun.

Diese Orientierungsleistung der Ethik ist insbesondere an den Stellen gefragt und erforderlich, wo moralischen Normen und Prinzipien, die meist als implizites Handlungswissen befolgt werden, ihre selbstverständliche Geltung verlieren. Mit Otfried Höffe gesprochen: Die Ethik hat ihren Ort, wo gewohnte Lebensweisen und Institutionen ihre selbstverständliche Geltung verlieren (vgl. Höffe, 2008, S. 10). Hier setzt die Ethik an und strukturiert Wertkonflikte, analysiert entscheidungsrelevante Aspekte und versucht, Menschen vor dem Hintergrund der Verunsicherung im Handeln bei der Beantwortung der Frage »Was soll ich tun?« wissenschaftlich solide zu unterstützen.

Blickt man nun auf die Nutztierhaltung, so ist hier zweifelsohne ein Feld auszumachen, in dem es insbesondere im 20. Jahrhundert zu derartigen Verunsicherungen durch Veränderungen und Umbrüche kam (vgl. Zwart, 2009; Uekötter, 2010, Rösener, 1993, S. 242–275). Die Entwicklung zu einer wissenschaftsbasierten (vgl. Zwart, 2009) und »retailer driven« (vgl. Morgan, Marsden u. Murdoch, 2006) Landwirtschaft markiert hier einen wesentlichen Wandel. Dieser brachte Fragen der Neuorientierung der Landwirtschaft mit sich, die vor dem Hintergrund eines gesteigerten Bewusstseins für die Ansprüche der Tiere gestellt werden. Mit guten Gründen kann man hier von einem grundsätzlichen »moral common sense« sprechen, der darin besteht, Tiere als moralische Anspruchssubjekte zu achten. Eve-Marie Engels macht diesen grundsätzlichen Common Sense an der Frage der Beweislast fest: »Nicht diejenigen, welche einen Tierschutz unter Berufung auf den Eigenwert von Tieren verteidigen, tragen diese Argumentationslast, sondern vielmehr jene, die ihn bestreiten« (Engels, 2001, S. 71). Vor diesem Hintergrund werden die gängige Praxis und etablierte Haltungs- und Nutzungsformen zunehmend in moralischen Zweifel gezogen und medial in Szene gesetzt. Sei es die Ferkelkastration, das Kupieren von Schnäbeln und Schwänzen, das Enthornen bei Kälbern, das Abschleifen von Eckzähnen bei Ferkeln, der Kastenstand, das Flächenangebot für Hühner, die Tötung männlicher Eintagsküken etc., es gibt kaum ein tierschutzrelevantes Thema in der Nutztierhaltung, das nicht schon medienwirksam verhandelt worden wäre. Der Ruf nach mehr Tierschutz in der Landwirtschaft ist unüberhörbar und die Forderung, den Tieren in der Landwirtschaft gerecht zu werden, deutlich.

Die Frage folgt jedoch auf den Fuß: Warum sind die oben genannten Praktiken dann nicht schon längst passé? Erstens, so lässt sich eine Antwort geben, ist nicht unmittelbar klar, was es bedeutet, den Tieren gerecht zu werden. Was heißt es, in der konkreten landwirtschaftlichen Praxis den Eigenwert von Tieren zu achten? Diese Frage zu beantworten ist kein Leichtes. Deshalb stellt sich für die angewandte Ethik unmittelbar die Frage, welche Antworten für die Praxis angemessen sein können. Die Auseinandersetzung mit dieser Praxis ist hier unumgänglich. Dies zeigt sich umgekehrt daran, dass

»rein« moralphilosophische Antworten nur sehr bedingt weiterhelfen können. Gibt man etwa die Antwort, dass Tiere um ihrer selbst willen und nicht aufgrund menschlicher Interessen zu schützen bzw. zu achten sind, ist man einen Schritt weiter; allerdings auf einem Weg, der in die Tiefen der Moralphilosophie und nicht in die Praxis führt. Eben der viel bemühte *Schritt der Ethik in die Praxis* ist es, der die anwendungsorientierte Tierethik beschäftigt und interessiert. Es geht ihr darum, anwendungsorientierte Methoden zur ethisch reflektierten Orientierung bereitzustellen, die auch auf die praktischen Bezüge Rücksicht nehmen und kontextuelles Wissen integrieren können. Eben an diesem Punkt scheitern traditionelle Konzepte der Tierethik, was im Folgenden kurz skizziert werden soll.

3 Probleme sozialer Realität und das Scheitern traditioneller Theorien

Um deutlich zu machen, welche Probleme hier in den Blick genommen werden, mit denen sich die angewandte Ethik beschäftigt, soll das folgende Beispiel dienen: Stellen Sie sich vor, ein Ethiker, der einen gemäßigt pathozentrischen Standpunkt in Sachen Tierethik vertritt,[2] wird von Landwirten eingeladen, einen Vortrag über »Ethik in der Nutztierhaltung« zu halten. In der Region kommt es immer wieder zu Streitigkeiten und medialen Auseinandersetzungen zwischen Tierschützern und Nutztierhaltern, in denen den Landwirten vorgeworfen wird, unmoralisch und gegen tierethische Grundsätze zu handeln. Die Landwirte möchten gern mehr zu diesem Thema wissen und erhoffen sich von unserem Experten für Tierethik Orientierung und Hilfestellung für ihre Anliegen. Der Ethiker (E) nimmt die Einladung an und bereitet sich auf den Vortrag vor. Er möchte den Landwirten dabei helfen, möglichst praxisnah über Ethik nachzudenken. Einige Zeit später steht er auf dem Podium; nach einer Einleitung und Hinführung skizziert er seinen Standpunkt:

E: Die Begründung der moralischen Rücksichtspflicht gegenüber Nutztieren sieht nun so aus:[3]

Prämisse 1 (P1): Leidensfähigkeit ist ein etabliertes (und sicherlich nicht das einzig sinnvolle) Kriterium moralischer Relevanz im Hinblick auf Menschen, worauf allseits akzep-

---

2 Zur Erklärung des Begriffs des Pathozentrismus (griech. Pathos: das Leid) sei an dieser Stelle nur gesagt, dass Vertreter dieser Position innerhalb der Tierethik einen moralischen Status von Tieren auf der Grundlage ihrer Leidensfähigkeit begründen.

3 Bei dem folgenden Argument handelt es sich um eine gekürzte Fassung von Badura (2001, S. 204 ff.), der auch die Voraussetzungen der Prämissen thematisiert. Ich bin mir dessen bewusst, dass die Prämissen auf Voraussetzungen beruhen, die keineswegs unstrittig sind.

tierte moralische Normen, wie das Folterverbot oder das Prinzip, Leid zu vermeiden, hinweisen.

Prämisse 2 (P2): Leidensfähigkeit können wir, ohne dass mit großem Widerspruch zu rechnen wäre, Menschen wie auch manchen Tieren und insbesondere unseren Nutztieren zuschreiben.

Prämisse 3 (P3): Gleiches ist gleich und Ungleiches ungleich zu behandeln.

Daraus folgt nun:

> Wenn wir also Leidensfähigkeit als ein Kriterium für moralische Relevanz begreifen (P1), gilt dies (entsprechend P3) für alle leidensfähigen Wesen und (entsprechend P2) insbesondere auch für Nutztiere.

Ohne auf die impliziten Prämissen und deren Begründung einzugehen, zieht der Ethiker in einem Resümee den plausiblen Schluss:

> E: Hieraus ergibt sich eine moralische Rücksichtspflicht für Nutztierhalter, und zwar in dem Sinne, dass sie auf die tierliche Leidensfähigkeit Rücksicht zu nehmen haben, weil sie sich als moralischer Anspruch an die verantwortlichen Tierhalter richtet.

Nachdem dies geklärt ist und der Ethiker auch noch deutlich gemacht hat, dass es eben nicht darum geht, das Wohl der Tiere zum Beispiel aus wirtschaftlichen Gründen, aufgrund von Imageproblemen der Landwirte oder weil es gerade en vogue ist zu berücksichtigen, sondern auf der Grundlage einer begründbaren, moralischen Rücksichtspflicht, ist der Vortrag vorbei und es geht – wie üblich – mit Fragen und Diskussion weiter. Als Erste meldet sich eine Landwirtin (L) zu Wort:

> L: Vielen Dank für das Referat. Ich denke, dass ich Ihr Argument verstanden habe und stimme Ihnen zu. Ganz wie Sie bin ich der Meinung, dass wir als Landwirte aus moralischen Gründen Rücksicht auf unsere Tiere nehmen sollten. Allerdings bin ich mit einer Frage hierhergekommen, die ich mir so noch nicht beantworten kann. Ich halte meine Zuchtsauen in Kastenständen, in denen die Sau fixiert ist. Ist das aus Ihrer Sicht ethisch vertretbar?

> E: Vielen Dank für diese Frage …

Derartige Fragen sind zweifelsohne eine Herausforderung für Tierethiker. Hoffen wir nun für unseren Ethiker, dass er weiß, worüber L redet. Da wir dieses fachliche Wissen aber nicht für alle Ethiker voraussetzen können, geben wir ihm die Möglichkeit, sich zu informieren. Er erfährt, dass das standardmäßige Haltungssystem für Muttersauen die Fixierung in Kastenständen ist (Abbildung 1).[4]

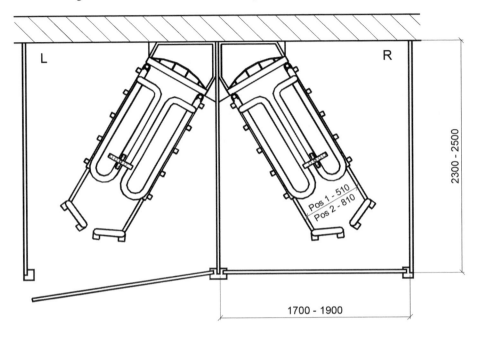

Abbildung 1: Grundriss zweier nebeneinander liegender Kastenstände mit Schrägaufstallung der Sauen; Maße in mm (Kamphues, 2004, S. 25)

In solchen Kastenständen werden Muttersauen und ihre Ferkel während der Säugeperiode in Europa gehalten.[5] Da der Muttersau eine Fläche von ca. 600 mm x 1800–2300 mm zur Verfügung steht (schräge Rechtecke in Abbildung 1), kann sie sich weder umdrehen noch wirklich bewegen. Den Ferkeln steht die restliche Fläche der Bucht um den Kastenstand zur Verfügung, wobei sich bei einer durchschnittlichen Wurfgröße elf Ferkel diesen Platz teilen. Im vorderen Bereich des Kastenstands sind der Futtertrog und die Tränke für die Muttersau angebracht. Der ausschließlich für die Ferkel zugäng-

---

4 Wenn im vorliegenden Text naturwissenschaftliche Literatur zitiert oder verwendet wird, so dient dies in erster Linie der Verdeutlichung des interdisziplinären Charakters der Problemstellungen. Selbstverständlich sind hier nicht Ethiker gefragt, sondern Naturwissenschaftler, dieses Wissen einzubringen bzw. zu prüfen. Mit der Methode, die in Abschnitt 4 vorgestellt wird, ist ein Weg für die systematische Zusammenführung von empirischem Wissen und ethischer Expertise formuliert.

5 An dieser Stelle sei erwähnt, dass die Debatte um die Sauenhaltung in Kastenständen aktuell in Österreich ein viel diskutiertes Thema ist. In der Schweiz und Schweden ist dieses Aufstallungssystem verboten.

liche Bereich umfasst etwa eine Fläche von 2,7 m², wovon der Liegebereich eine Fläche von 0,6 bis 0,8 m² einnimmt. Die trächtigen Sauen werden kurz vor dem Abferkeln aus dem Wartestall, wo sie die Zeit ihrer Trächtigkeit verbringen, in den Kastenstand gebracht, in dem sie dann bis zum Absetzen der Ferkel bleiben (21 bis 28 Tage pro Wurf bei durchschnittlich 2,2 Würfen pro Jahr). Hier werden sie auf teilperforiertem, kunststoffummanteltem Boden ohne Einstreu gehalten. Die Bewegungsfreiheit der Sauen ist stark eingeschränkt, sodass angeborene Bewegungsabläufe im Zusammenhang mit Nestbauverhalten, Geburtsverhalten und Nachgeburtsphase ausgeschlossen sind (vgl. Friedli, Weber u. Troxler, 1994). Zudem birgt der konventionelle Kastenstand im Vergleich zu anderen Haltungsverfahren ein erhöhtes Risiko für Abschürfungen, MMA-Komplex (Mastitis-Metritis-Agalaktie), schmerzhafte Bein- und Klauenschäden und Verletzungen der Zitzen. Die Muttersau hat keinen Rückzugsbereich, keine getrennten Kot- und Liegebereiche (was auch nicht nötig ist, da sich das Tier ohnehin nicht bewegen kann). Kot und Urin werden durch den perforierten Boden getreten, sodass die Oberfläche sauber bleibt.

Das zentrale Defizit des Kastenstandes ist die Einschränkung der Bewegungsmöglichkeit der Muttersau. Dieses Defizit bringt jedoch zugleich die wesentlichen Vorteile dieses Haltungssystems mit sich. Neben dem geringen Flächenbedarf für Muttertiere ist ein weiterer wichtiger Grund für das Fixieren der Muttersauen im Kastenstand die Reduktion der Verluste von Ferkeln durch Erdrücken durch die Mutter. So zeichnet sich schon an dieser Stelle das Problem ab: Den ökonomischen Interessen und der geringeren Zahl erdrückter Ferkel stehen massive Verhaltenseinschränkungen der Muttersau gegenüber.[6]

Ich werde derartige Problemstellungen im Folgenden »Probleme sozialer Realität« nennen, die in der anwendungsorientierten Tierethik eine große Rolle spielen. Ihre Eigenschaften lassen in den folgenden vier Punkten, die ich sinngemäß von Bayertz (vgl. 1999, S. 74 f.) übernehme, beschreiben:

a) Es handelt sich um reale Probleme, die auch von Nichtphilosophen als *lösungsbedürftig* erkannt werden; sie werden vom »Leben selbst« aufgeworfen;

b) sie resultieren aus einer Verunsicherung im Handeln und haben *normativen* Charakter;

c) sie sind auf nicht triviale Weise mit *empirischen* Fragen verknüpft, die oft nicht von Ethikern beantwortet werden können;

d) sie sind in Handlungszusammenhänge eingebettet und verlangen nach *einer praktischen Lösung.*

Auf diese Problemcharakteristik reagiert die anwendungsorientierte Ethik. Versucht man nun als Ethiker, derartige Probleme sozialer Realität zu lösen, so müssen diese

---

6 So dokumentiert Barbara Kamphues (2004) Erdrückungsverluste aus 36 Studien zu unterschiedlichen Haltungsverfahren. Die Zahlen reichen von 4,4 % bis 7,3 % Erdrückungsverlust im beschriebenen Kastenstand und 1,4 % bis 11,5 % in alternativen Haltungssystemen, in denen die Muttersauen nicht fixiert sind (Kamphues, 2004, S. 37).

Eigenschaften methodische Berücksichtigung finden. Dies gilt besonders deshalb, weil man ansonsten Gefahr läuft, Lösungen zu begründen, die nicht zum Problemtyp passen. Werden beispielsweise die Handlungszusammenhänge nicht berücksichtigt, haben die Lösungsvorschläge wenig Aussicht darauf, verwirklicht zu werden. Diese methodische Verbindung von Problem und Lösung soll in der Formulierung der »Problem-Lösungsrelation« festgehalten werden (vgl. Grimm, 2010, S. 67 f.):

> *Problem-Lösungsrelation (PLR):* Die Eigenschaften der Probleme strukturieren die erfolgreiche Begründung von Lösungsvorschlägen insofern, als sie auf zentrale Eigenschaften der Lösungsvorschläge (erwünschte Resultate) verweisen, die durch die Methode sichergestellt werden müssen.

Eben die methodische Vernachlässigung dieser Relation stellt einen wesentlichen Grund für das Scheitern der frühen Tierethiken an den Fragestellungen der angewandten Ethik dar. So sind etwa die Theorien von Peter Singer (2009, 1997, 1994) und Tom Regan (2004) sicherlich fulminante Paukenschläge, mit denen die Tierethik als moralphilosophische Auseinandersetzung neuerer Provenienz ihren Anfang nimmt. Trotz all ihrer Verdienste, die insbesondere im Zusammenhang mit der Begründung eines moralischen Status von Tieren stehen, liefern sie doch keine Methode, um den Schritt in die Praxis systematisch zu begleiten. Kurz: Sie stellen die tradierte Mensch-Tier-Beziehung in moralischer Hinsicht grundsätzlich in Frage, liefern jedoch keine Methode, die bei den Problemen sozialer Realität ansetzen und von diesen ausgehen würde. Es sei hier angemerkt, dass Singer und Regan auch andere Ziele im Blick haben als eine ethische Methode zur situationsgebundenen Umsetzung moralischer Ansprüche. Vielmehr treten sie für eine radikale Veränderung der gelebten Mensch-Tier-Beziehungen ein. So stellt Regan am Anfang des Aufsatzes »The Cases for Animal Rights« seine Ziele als Advokat des »animal rights movements« dar: ein Ende der Tiernutzung in der Wissenschaft und kommerziell betriebenen Landwirtschaft sowie das Verschwinden kommerzieller Hobbyjagd (vgl. Regan, 1985, S. 13).[7] Nicht umsonst sympathisieren Singer und Regan mit dem »animal liberation/rights movement«, das diese Ziele mithilfe medialen und politischen Druck durchsetzen möchte.[8] Knapp formuliert: Die Tierbefreiungsbewegung folgt der Devise: Wir wissen, dass Tiere nicht leiden sollen bzw. ein Recht darauf haben, ein gutes Leben zu führen. Deshalb ist jede Praxis ein moralisches Übel, die zu Leid bei Tieren führt oder dieses Recht missachtet. Dem moralischen Übel gilt es, sich mit legalen und illegalen Mitteln entgegenzustellen.

Sofern der Ansatz richtig wiedergegeben ist, muss er skeptisch machen. Denn, wären die Positionen so klar, nachvollziehbar und unbestritten, wie dies suggeriert wird, wäre

---

7 Diese Position wird auch unter dem Begriff des »abolitionism« verhandelt (vgl. Regan, 1985, S. 13).

8 Vgl. hierzu etwa Singer (1985, S. 1); Regan (1985, S. 13). Zur Rolle der Tierethiker in der Tierbefreiungsbewegung vgl. Jaspar und Nelkin (1991, S. 90–102).

es selbstverständlich nicht einzusehen, weshalb noch immer Tiere genutzt werden und ihr Leid in Kauf genommen wird. Angesichts des andauernden Expertenstreites[9] um die richtige Theorie ist es jedoch keineswegs ausgemacht, welche Theorie Anwendung finden soll.

Neben der grundlegenden moralphilosophischen Kritik im blühenden Experten-streit lässt sich jedoch noch ein methodologisches Argument für das Scheitern der traditionellen Ethik am Schritt in die Praxis ausmachen. Dieses Argument soll hier im Vordergrund stehen, da es auf der oben erwähnten Problem-Lösungsrelation auf-baut und die hier vertretene Skepsis gegenüber traditionellen Theorien der Tierethik deutlich macht. Die Ansätze von Singer und Regan führen aufgrund ihrer Konzentra-tion auf die tierliche *Leidensfähigkeit* (vgl. Singer, 1994, S. 85) bzw. das *Recht, nicht als Ressource verwendet werden zu dürfen* (vgl. Regan, 2004, S. xvii), zu Schwierigkeiten bei der Umsetzung. Dies hat einen einfachen methodologischen Grund: Strukturiert man einen tierethischen Konfliktfall allein mithilfe des normativen Kriteriums wie der Leidvermeidung, so abstrahiert man selbstredend das Leid – zum Beispiel das Leid der Muttersau im Kastenstand – aus dem gesamten Kontext, der auch Ökonomie etc. mit einschließt. Damit wird jedoch das tierethische Problem sozialer Realität auf wenige, moralphilosophisch interessante Aspekte hin reduziert, was ich »moralphilosophische Artefaktenbildung« nennen möchte. Hierunter ist die Präformierung der Problemstel-lung durch Methodenanwendung zu verstehen, die so weit geht, dass eine Lösung für die Problemstellung nicht mehr zum Problem der sozialen Realität passt (vgl. Grimm, 2010, S. 47–54). Anders gesagt, die Methode leistet es nicht, die Problem-Lösungsrela-tion in einem relevanten Sinn zu berücksichtigen.

Jene Versuche, tierethische Fragestellungen im Kontext der angewandten Ethik allein mit Bezug auf tierethische Kriterien zu beantworten, müssen scheitern, da den ver-antwortlichen Akteuren – wie etwa unserer Landwirtin im Beispiel oben – keineswegs klar ist, weshalb sie die Verantwortung für die Veränderung der Praxis übernehmen sollen. Wenn die kontextuellen Bedingungen der Tierhaltung, die ihre Praxis prägen, keine Rolle spielen, so hat man guten Grund, skeptisch zu sein. Wenn ein moralphilo-sophischer Ansatz weder die kontextuellen Bedingungen noch relevantes Wissen aus anderen Disziplinen, noch auch konfligierende moralische Anliegen berücksichtigen kann, dann ist die Skepsis gegenüber den Lösungsvorschlägen der Moralphilosophie nicht unbegründet. Solche Aspekte spielen in der Praxis eine unausweichliche und zentrale Rolle, da die kontextuellen Bedingungen auf der individualethischen Ebene die Möglichkeiten des Akteurs limitieren oder ihn, wie im Falle konfligierender Ver-antwortungen für das ökonomische Auskommen der Familie etc., moralisch binden. Das *Sollen* setzt ein *Können* voraus (»ultra posse nemo obligatur«). Werden auf dem moralphilosophischen Seziertisch die kontextuellen Bedingungen zu unliebsamem Beiwerk, so schwindet das Potenzial, moralische Probleme sozialer Realität lösen zu

---

9 Diesen Begriff übernehme ich von Jens Badura, der ihn in Bezug auf die Methoden der angewandten Ethik verwendet (vgl. Badura, 2002, S. 202).

können. Diese Schwierigkeit führte zu einer Hinwendung zu anwendungsorientierten Methoden, um die Probleme sozialer Realität strukturiert bearbeiten zu können (vgl. Grimm, 2010, S. 2 f.). Im Folgenden soll nun eine *pragmatistische Methode zur interdisziplinären Bewältigung tierethischer Problemstellungen* vorgestellt werden, welche die genannten Problemcharakteristika in den Blick nimmt und an einem Beispiel aus der Nutztierhaltung, dem Kastenstand, veranschaulicht werden soll.[10]

4 Der Schritt in die Praxis: Pragmatistische Ethik der Mensch-Tier-Beziehung

Die im Folgenden vorgestellte Methode nimmt Anleihe bei John Dewey. Als Pragmatist stellt er das praktische Anliegen ins Zentrum seiner Arbeit, wie das folgende Zitat deutlich macht: »Practically, the determination of the best in the concrete calls forth the greatest moral energy, while the attempt to attain to the abstract perfection is vague and unsatisfactory« (Dewey, 1895, § 234). Diese Ausrichtung macht seinen pragmatistischen Ansatz interessant für die Problemstellungen der angewandten Ethik im oben beschriebenen Sinn.[11] Konkret schlägt Dewey vor, in fünf Schritten vorzugehen. Allerdings entwickelt er seinen Ansatz nur für den Bereich allgemeiner Problemstellungen und nicht für den Bereich moralischer Probleme in Form einer ethischen Methode.[12] Folgt man seinem Ansatz, so ist diese Weiterentwicklung jedoch ohne größere Schwierigkeiten möglich, was zu einer Methode der problem- und anwendungsorientierten Ethik in fünf Schritten führt (vgl. Grimm, 2010). Hierbei handelt es sich um eine experimentelle Ethik nach dem Modell der Struktur der Forschung »The Pattern of Inquiry« aus Deweys »The Theory of Inquiry« (LW 12).[13] Mit diesem Vorgehen können angemessene Lösungsvorschläge für moralische Probleme des oben qualifizierten Typs entwickelt werden, die realisierbar sind. Dabei startet der Untersuchungsprozess bei

---

10 Ausführlich ist diese Methode bei Grimm (2010) begründet und dargelegt worden.

11 Zur Renaissance des Pragmatismus allgemein vgl. Sandbothe (2000) sowie Hetzel, Kertscher und Rölli (2008). Zum Pragmatismus als Methode in der angewandten Ethik vgl. McGee (2003); Light und Katz (1996); McKenna und Light (2004); Keulartz, Korthals, Schermer und Swierstra (2002); LaFollette (2000).

12 Obwohl eine Reihe von Monographien zu Deweys Ethik (Dewey 1908, 1932) publiziert wurden (Welchman, 1995; Fesmire, 2003; Pappas, 2008; Gouinlock, 1972) und sich auch viele Artikel auf seine Ethik beziehen (Caspary, 1991; Gouinlock, 1977, 1978, 1993; Palmental, 2000; Pappas, 1997 etc.), wurde »The Pattern of Inquiry« nicht als ethische Methode weiterentwickelt. Eine Konsequenz hiervon ist es, dass Dewey im Kontext der Ethik ohne Rücksicht auf die Limitationen und Implikationen seines Ansatzes verwendet wird.

13 Im Folgenden werden die »Early Works« der Dewey-Gesamtausgabe mit EW, die »Middle Works« mit MW und die »Later Works« mit LW abgekürzt. Darauf folgen der Band und die Seitenzahl. Die Angaben beziehen sich auf die Gesamtausgabe der Southern Illinois University Press, die unter der Leitung von Jo Ann Boydston herausgegeben wurde.

einer *problematischen Situation* (»indeterminate situation«) und geht über die *Problem-bestimmung* (»institution of a problem«), *Hypothesenbildung zur Lösung des Problems* (»determination of a problem-solution«) und der Abstimmung der Lösungsvorschläge im »dramatic rehearsal« (»reasoning«) zum *Bewährungstest* (»testing the hypothesis by action«). Kurz, diese Methode beschreibt eine hypothesengeleitete Suche nach Lösungen für moralische Problemstellungen im Rekurs auf die konkrete Situation.

4.1 Erste Phase: Die problematische Situation

Ähnlich wie bei Peirce (1905/2002) steht bei Dewey ein Zweifel am Anfang jeglichen Untersuchungsprozesses. Dieser Zweifel markiert eine problematische Situation, die als lösungsbedürftig erfahren wird. Das Bedürfnis, einen Weg aus dieser problematischen Situation zu finden, ist ihr sozusagen eingeprägt (vgl. Murphey, 1988, S. xii). Derartige Situationen entstehen, weil überkommene und gewohnte Orientierungshilfen nicht mehr ausreichen, die Situation zu meistern. Dewey nennt diese Orientierungshilfen »habits«, die man mit »implizitem Orientierungswissen« übersetzen könnte. Verlieren diese »habits« ihre selbstverständliche Orientierungsleistung, findet man sich in einer problematischen Situation wieder (vgl. LW 12, S. 121). Im Bereich der Moral steht die vorreflexive Erfahrung einer *moralisch* problematischen Situation am Anfang. Derartige Erfahrungen sind dadurch gekennzeichnet, dass sie zu Zweifel oder zu einer Verunsiche-rung im Handlungsverlauf führen, der oder die als moralisch relevant erachtet wird (vgl. LW 7, S. 184). Typischerweise sind derartige Erfahrungen des Zweifels von *moralischen Intuitionen* begleitet, wobei unter »moralische Intuitionen« vorreflexive moralische Überzeugungen verstanden werden sollen.[14] Was liegt näher, als ein intuitives morali-sches Unbehagen wie etwa Empörung zum Ausgangspunkt ethischen Nachdenkens zu machen? Es ist eine Sache, dass es kaum vorstellbar ist, ethisches Nachdenken unab-hängig von solchen Intuitionen anzustrengen. Eine andere Sache ist es jedoch, wie ihr methodischer Wert für die ethische Reflexion zu bestimmen ist. Moralische Intuitionen geben uns einen ersten Eindruck davon, dass etwas in moralischer Hinsicht zur Debatte stehen *könnte* (vgl. Birnbacher, 2003, S. 381).[15] Insofern haben sie Wert und eine Funk-tion, da sie auf ein mutmaßliches moralisches Defizit hinweisen. Ohne an dieser Stelle

---

14 Intuitionen werden immer wieder als Ausgangspunkt und Ausgangsmaterial für ethische Reflexion benannt (vgl. Birnbacher, 2003, S. 381; Habermas, 1983, S. 60; Hare 1992, S. 86 f.; Nida-Rümelin, 1996, S. 60).
15 Birnbacher macht in diesem Zusammenhang eine Schwierigkeit dieses Begriffsverständnisses deutlich, die hier erwähnt werden soll (vgl. Birnbacher, 2003, S. 381–397): »Der Ausdruck ›Intuition‹ ist in der Moralphilosophie der letzten fünfzig Jahre einem Inflationierungsprozess ausgesetzt gewesen, der dazu geführt hat, dass das, was in der Ethik gegenwärtig ›Intuition‹ genannt wird, mit dem herkömmlichen Begriff der Intuition wenig gemein hat« (Birnbacher, 2003, S. 381). Hierin ist Birnbacher recht zu geben. Dennoch werde ich den Begriff wie im Zitat im Haupttext verwenden.

auf den Zusammenhang näher einzugehen, sei erwähnt, dass moralische Intuitionen auch mit moralischen Gefühlen in Verbindung gebracht werden können. Empörung, Scham, Schuldgefühle stellen den Ausgangspunkt der ethischen bzw. moralphiloso-phischen Reflexion dar. Damit ist jedoch noch nicht gesagt, dass die Verunsicherung eine moralisch relevante Ursache hat. Ob es sich tatsächlich um ein moralisches Defizit handelt, kann nicht anhand von vorreflexiven Mutmaßungen (Intuitionen) entschieden werden; vielmehr sind diese Mutmaßungen selbst argumentativ einzuholen. Deshalb ist auszuweisen, was der moralisch problematische Aspekt der Situation ist, auf den sich die Intuitionen in der jeweiligen problematischen Situation richten, und weshalb er ein moralisches Defizit darstellt.

Gerade in der Debatte um die Nutztierhaltung spielt dieser Punkt eine zentrale Rolle. Immer wieder reicht es scheinbar aus, Bilder aus der Praxis zu sehen, um zu wissen, dass und was hier moralisch nicht in Ordnung ist. Hier kann der Leitgedanke helfen, dass das ethische Geschäft bei der Alltagsmoral beginnt, jedoch nicht bei ihr aufhört; denn nicht alles, was dem ungeschulten Auge als moralisches Übel aufstößt, ist auch schlecht für die Tiere.

Überträgt man das Gesagte auf den Fall des Kastenstandes, so lässt es sich leicht vorstellen, dass ein Landwirt mit dem Vorwurf konfrontiert ist, dass seine Muttersauen-haltung moralisch verwerflich wäre. Dieses Urteil kann jedoch nur am Ende und nicht am Anfang der ethischen Reflexion stehen. Deshalb ist die Frage zu stellen, was das konkrete Defizit ist und weshalb es moralisch relevant ist. Diese Ebenen auseinanderzu-halten ist insbesondere in der Nutztierhaltung ein wesentlicher Punkt. Die Begründung des moralischen Defizits einer Situation ist nun im nächsten Schritt Thema, wobei die problematische Situation den Ausgangspunkt und das »vorreflexive Material« hierfür bietet. Diese Nähe zur Ausgangssituation ist für den Verlauf und den Erfolg der Untersu-chung entscheidend, da sie die Problem-Lösungsrelation sicherstellen. Über den Rekurs auf die problematische Situation wird vermieden, dass der Begründungsprozess auf Abwege gerät und moralphilosophische Artefakte konstruiert oder behandelt werden.

4.2 Zweite Phase: Problembestimmung

In der zweiten Phase der Untersuchung geht es darum, vor dem Hintergrund der vor-reflexiven, als moralisch problematisch erfahrenen Situation das zu behandelnde mora-lische Problem zu bestimmen. Dies erfordert eine Perspektive auf die problematische Situation, die diese strukturiert und ordnet. Denn nur so können die Problemaspekte inhaltlich gefüllt werden, die in der folgenden Eingrenzung für die individualethischen Fragestellungen benannt werden: »Ein moralisches Problem ist ausreichend bestimmt, wenn klar spezifiziert ist, was zu tun ist, um ausgehend von einem moralisch *defizitären Ist-Zustand* zu einem antizipierten, moralisch *qualifizierten Soll-Zustand* zu gelangen, ohne die *Rahmenbedingungen* außer Acht zu lassen und die *moralisch-normativen Gren-zen* des vorgegebenen Lösungsraumes zu verletzen« (Grimm, 2010, S. 76). Die kursiv gesetzten Aspekte werden im Zuge der Untersuchung bestimmt, wobei in dieser zweiten Phase das moralische Defizit und zumindest ein *vager* Soll-Zustand bestimmt werden.

Um zu bestimmen, was das moralische Problem ist, muss erstens ein moralisches Defizit der Situation begründet werden. Hierfür ist der Rekurs auf moralische Prinzipien erforderlich, deren Begründung hier nicht zur Debatte stehen kann. Moralische Prinzipien können als Strukturierungshilfe für eine problematische Situation verstanden werden, da mit ihrer Hilfe die moralisch relevanten Aspekte freigelegt werden können. Sie geben die Perspektive an, unter der moralische Defizite bestimmt werden können. Dies soll mithilfe des Prinzips, Leid zu vermeiden, am Fall des Kastenstandes veranschaulicht werden: Mithilfe des moralischen Prinzips der Leidvermeidung lässt sich das Bewegungsdefizit der Sau im Kastenstand als moralisches Defizit ausweisen. Dies deshalb, weil gezeigt werden kann, dass die Einschränkung der Bewegungsfreiheit zu massiven Verhaltenseinschränkungen (z. B. Unmöglichkeit des Nestbauverhaltens), stereotypem Verhalten (z. B. Stangenbeißen) und einem erhöhten Verletzungs- und Krankheitsrisiko führt. Unter der Perspektive eines moralischen Prinzips werden diese naturwissenschaftlichen Daten moralisch relevant. Mit dieser Bestimmung des Defizits ist nun auch gesagt, was es zu überwinden gilt, eben das Defizit.

Damit ist auch ein vorerst vager Soll-Zustand angedeutet, der die Richtung der weiteren Untersuchung vorgibt: die Überwindung des Defizites. Ein konkreter Soll-Zustand, der das zweite wesentliche Element der Problembestimmung darstellt, lässt sich an dieser Stelle noch nicht formulieren. Dies liegt an der Struktur moralischer Probleme, deren konkrete Soll-Zustände erst im Zuge der Untersuchung bestimmt werden können. Denn die Gegebenheiten der Situation und die physischen und/oder normativen Begrenzungen (Hindernisse) des Akteurs sind Teil des Problems und müssen bei der Konstruktion konkreter Soll-Zustände berücksichtigt werden, die zu angemessenen Lösungsvorschlägen führen. Weil ein Akteur bei der Überwindung eines moralisch defizitären Ist-Zustandes immer auf Hindernisse stoßen wird (sonst hätte er kein Problem), lässt sich die Frage, welchen Soll-Zustand er anstreben soll, nicht von der trennen, welchen er auch erreichen *kann*. Deshalb wird man zu angemessenen Lösungsvorschlägen nur gelangen können, wenn auf situative Begrenzungen und Möglichkeiten des Akteurs Rücksicht genommen wird.

4.3 Dritte Phase: Begründung hypothetischer Lösungsvorschläge

In der dritten Phase der Untersuchung steht die Konkretisierung des vagen Soll-Zustandes im Zentrum, was Dewey ein »end-in-view« nennt: »Ends-in-view framed with a negative reference (i. e. to some trouble or problem) are means which inhibit the operation of conditions producing the obnoxious result; they enable positive conditions to operate as resources and thereby to effect a result which is, in the highest possible sense, positive in content« (LW 13, S. 234). Ein »end-in-view« als konkreter Soll-Zustand ist Teil eines vorerst hypothetischen Lösungsvorschlages. Solche Lösungsvorschläge stellen Annahmen dar, die von der Überzeugung getragen sind, dass ihre Verwirklichung das moralische Defizit eines Ist-Zustandes (Phase 2) überwindet.

Um zu einem »end-in-view« zu gelangen, ist nach konkreten Entsprechungen des vagen Soll-Zustandes zu suchen. Dabei sind die Gegebenheiten der Situation und das Wissen relevanter Wissenschaften von Bedeutung. So muss ein »end-in-view« erstens im Rekurs auf normative Orientierungskonzepte (hier: moralische Prinzipien) gewonnen werden. Zweitens muss ein »end-in-view« Aussicht darauf haben, in den lebenspraktischen Kontext der Problemstellungen integrierbar zu sein. Drittens ist bei seiner Begründung wissenschaftliches Wissen anderer Disziplinen zu integrieren, sodass es als interdisziplinär gesichert gelten kann. Viertens, und dies ist kein Kriterium, sondern eine Bescheidenheitsklausel, zielt ein »end-in-view« nur auf kleinräumige Wirkung und beansprucht nur Geltung für die konkrete Situation. Nur wenn diese Kriterien bei der Konstruktion eines »end-in-view« berücksichtigt werden, hat es als Soll-Zustand eines hypothetischen Lösungsvorschlages auch eine Chance, sich als »end-in-view« eines *angemessenen* Lösungsvorschlages zu bewähren.

Im Falle des Kastenstandes führt diese Phase zu der Frage nach Alternativen, die hier zur Verfügung stehen. Diese müssen das ausgewiesene Defizit überwinden (und keine relevanten anderen schaffen), realisierbar sein und eine verlässliche Alternative bieten. An dieser Stelle wird deutlich, dass hier nicht mehr philosophisches Wissen allein weiterhelfen kann und empirisches Wissen unumgänglich ist. Entsprechend sind hier Nutztierethologen gefragt, die die relevante Expertise einbringen können. Angedeutet sei hier, dass etwa Bewegungsbuchten, Gruppenabferkelsysteme etc. als alternative Haltungssysteme zur Debatte stehen. Was hier als realistischer Lösungsvorschlag gelten kann und gerade vor dem Hintergrund der Erdrückungsverluste von Ferkeln, Praktikabilität, Sicherheit etc. eine gute Alternative sein kann, ist eine Frage, die nur im Rekurs auf andere wissenschaftliche Disziplinen, wie der bereits erwähnten Nutztierethologie, Ökonomie, Rechtswissenschaften, beantwortet werden kann. Dies steht in der vierten Phase im Zentrum der Untersuchung.

4.4 Vierte Phase: Abstimmung der Lösungsvorschläge im »dramatic rehearsal«

Nachdem mindestens ein »end-in-view« bestimmt wurde, ist zu prüfen, ob es von einem Akteur auch verwirklicht werden soll. Diese Prüfung ist unumgänglich, da von einem Akteur nur etwas verlangt werden kann, was er auch verwirklichen *kann* (»ultra posse nemo obligatur«). Die vierte Phase zielt deshalb auf die Kritik und Weiterentwicklung von »ends-in-view«, wobei die Möglichkeiten und Grenzen des moralischen Akteurs in der konkreten Situation mit einfließen. Das »dramatic rehearsal« dient in diesem Rahmen als Methode, um hypothetische Lösungsvorschläge auf ihre Angemessenheit hin zu prüfen. Es handelt sich hierbei um ein kreatives Gedankenexperiment, in dem überlegt wird, mit welchen Konsequenzen der Akteur rechnen muss, wenn er einem

»end-in-view« folgt. So übernehmen die »ends-in-view« in dieser Phase die methodische Funktion, physische und/oder normative Begrenzungen (Hindernisse) explizit zu machen. Dies mit dem Ziel, »ends-in-view« zu justieren und mit den situativen Anforderungen abzustimmen (vgl. Grimm, 2010, S. 205–224). Dabei ist die Kontextsensitivität eine Grundbedingung des methodischen Vorgehens. Zudem müssen »ends-in-view« daraufhin geprüft werden, ob sie umsetzbar (realisierbar und zumutbar) und (natur-) wissenschaftlich anschlussfähig sind. Wenn dies der Fall ist, so ist begründeterweise anzunehmen, dass es sich um einen Soll-Zustand eines angemessenen Lösungsvorschlages handelt, der von einem Akteur verwirklicht werden kann und deshalb auch verwirklicht werden sollte (Abbildung 2).

Abbildung 2: Adaptiertes »dramatic rehearsal« (Grimm, 2010, S. 216)

Angemessene Lösungsvorschläge, die durch den gedanklichen Test des »dramatic rehearsal« gegangen sind, integrieren die Limitationen des Akteurs. Zu Recht entwickeln nur jene Lösungsvorschläge Verbindlichkeit, die auf ein moralisch qualifiziertes »end-in-view« zielen, von dem begründet anzunehmen ist, dass bei seiner Verwirklichung die physischen und normativen Hindernisse von einem verantwortlichen Akteur überwunden werden können.

4.5 Fünfte Phase: Bewährungstest

Schließlich führt die fünfte Phase zurück in die Praxis. Hier ist das Ergebnis der vorangegangenen spekulativen Phasen praktisch zu prüfen. Der Erfolg der Untersuchung bestimmt sich darüber, ob die entwickelten Lösungsvorschläge die intendierten Ergebnisse mit sich bringen. Der Test geschieht durch eine Rückbindung der Ergebnisse an die Erfahrung, wobei hier die Analogie der naturwissenschaftlichen Forschung und Ethik, die Dewey immer wieder hervorhebt, nicht mehr trägt. Anders als etwa im naturwissenschaftlichen Experiment, in dem der untersuchende Wissenschaftler für die Durchführung des Bewährungstests im Experiment selbst verantwortlich zeichnet, müssen im moralphilosophischen Experiment die Verantwortlichkeiten differenziert werden. Der Ethiker kann nicht für die Verwirklichung von Lösungsvorschlägen der Probleme anderer zuständig sein. Die Verwirklichung und damit der Test des Lösungsvorschlages im Handlungskontext muss vom verantwortlichen Akteur vorgenommen werden. Ist der Test erfolgreich und der Lösungsvorschlag führt zu den antizipierten Ergebnissen, so ist dies gleichbedeutend mit der Lösung des moralischen Problems. Da dieser Test nur in der Praxis und unter Realbedingungen möglich ist, trägt der anwendungsorientiert arbeitende Ethiker eine Verantwortung gegenüber den Akteuren. Sie besteht darin, den lebenspraktischen Ernst seiner Vorschläge entsprechend zu berücksichtigen. Denn die Untersuchung ist im strengen Sinn erst dann beendet, wenn die Verwirklichung des Lösungsvorschlages zu einer zufriedenstellenden Situation (Lösung des Problems) führt. So ist es in Abgrenzung von der Verantwortung des Akteurs die Aufgabe des problem- und anwendungsorientierten Ethikers, die Begründung angemessener Lösungsvorschläge vorzunehmen, die wissenschaftlich anschlussfähig und haltbar sind.

5   Die Reichweite und Grenzen der Methode

Deweys Vorschlag, ethische Untersuchungen nach dem Modell der empirischen Untersuchungen vorzunehmen, hilft dabei, die moralischen Probleme konkreter Akteure ernst zu nehmen und situationsbezogen angemessene Lösungsvorschläge zu begründen. Folgt man dem Modell, so wird das moralisch Gute von einem abstrakten Anspruch in konkrete Handlungsoptionen für verantwortliche Akteure übersetzt. Die Aufgabe der Begründung dieser Handlungsoptionen wird die angewandte Ethik aber nicht allein bewältigen können. Nur mit dem Wissen und der Hilfe anderer Disziplinen und der betroffenen Akteure ist es möglich, diese Begründungsleistung zu erbringen. Für die strukturierte Zusammenarbeit an ethischen Problemen stellt das Modell problemorientierter Untersuchungen eine sinnvolle und anschlussfähige Struktur zur Verfügung. Ihr entlang können konkrete Probleme sozialer Realität problem- und anwendungsorientiert sowie für andere Disziplinen anschlussfähig behandelt werden. Diese Methode verspricht keine großen Würfe, aber Schritte in eine gute Richtung, die tatsächlich von verantwortlichen Akteuren gegangen werden können.

Eine wesentliche Einschränkung ist an dieser Stelle zu machen: Es handelt sich um eine akteurbezogene Ethik, wie es von einer pragmatistischen Theorie zu erwarten ist. Zudem ist sie melioristisch angelegt. Sie dient dazu, Lösungsvorschläge für Akteure ausgehend von einer konkreten Situation zu begründen. Im Verlauf der Untersuchung wird situationsbezogen geprüft, welche Möglichkeiten ein Akteur hat, die Situation ethisch reflektiert zu verbessern. Die Konzentration auf die situationsbezogene Verbesserung bringt es mit sich, dass die Perspektive des Akteurs und dessen Möglichkeiten unter konkreten Bedingungen zum zentralen Thema werden. Entsprechend werden Lösungsvorschläge so konzipiert, dass sie den Akteur nicht überfordern und seine Möglichkeiten berücksichtigen. Dies wirft die Frage auf, ob ein derartiges Verfahren tatsächlich zu moralisch richtigen Optionen führen kann. Denn das *Beste unter dem Erreichbaren* ist nicht notwendig gleichzeitig auch moralisch richtig. Um dies an einem Beispiel deutlich zu machen: Angenommen, unsere Bäuerin tut alles, was sie *kann*, um ihrer

Verantwortung gegenüber ihren Muttersauen gerecht zu werden, ohne den Stall umzubauen, und behandelt die Muttersauen in den Kastenständen besonders tierfreundlich und sorgt sich umfänglich. Dies ändert jedoch nichts an dem Bewegungsmangel der Muttersauen, der als moralisch relevantes Defizit herausgestellt wurde. Trotzdem kann man von einer Verbesserung für die Sauen sprechen. Oder, um hier ein einprägsames Beispiel aus der Eierproduktion zu nennen: Pro Jahr werden weltweit ca. 4,2 Milliarden männliche Eintagesküken getötet und entsorgt (vgl. Aerts, Bonnen, Bruggemann, Tavernier u. Decuypere, 2009, S. 117). Dies geschieht, weil die männlichen Küken aufgrund ihres Geschlechts nicht für die Eierproduktion in Frage kommen und aufgrund ihrer Genetik nicht für die Mast taugen. Solange der Preis für Eier so niedrig ist, hat der Eierproduzent keine Alternative. Er muss die Hochleistungslinien (Hybridzucht) verwenden, da er sonst nicht konkurrenzfähig wäre. Wäre es nicht schon fast zynisch, hier einen »ethischen Blankoscheck« auszustellen, weil die Situationen der Landwirte keine Alternativen erlauben?

Ein situationsgebundener und akteurbezogener Ansatz, wie er hier vorgestellt wurde, birgt das Risiko, dass die moralische Güte des Handelns unter den bestehenden Bedingungen gedacht wird und die Frage nach der Güte der Bedingungen des Handelns nicht in den Blick kommt. Dies würde einem blinden Vertrauen in die bestehenden Strukturen und Rahmenbedingungen gleichkommen: Die Rahmenbedingungen würden schon dafür sorgen, dass es besser wird. Diesen Optimismus teile ich nicht. Rahmenbedingungen wie zum Beispiel positives Recht beschreiben Grenzen, die nicht notwendig moralisch begründete Grenzen sind. Eine legale Praxis ist nicht automatisch moralisch richtig; dies zu betonen ist besonders im Bereich der Nutztierhaltung wichtig. So grenzen beispielsweise die Verordnungen des österreichischen Tierschutzrechts sicherlich nicht das tierethische Ideal vom »nur« tiergerechten Umgang ab. Vielmehr beschreiben die dort formulierten Mindestanforderungen gelegentlich die Grenze zum Zumutbaren (vgl. Binder, Grimm u. Schmid, 2009, S. 125). Wie auch im Fall des Kastenstandes hat man keinen Grund anzunehmen, dass eine tierschutzrechtlich legale Praxis auch tierethisch unproblematisch ist.

Für die Reflexion der Rahmenbedingungen bedarf es aber anderer Methoden und der Perspektive auf den größeren Zusammenhang. Hier greift die beschriebene Methode sicherlich zu kurz. Dennoch hilft sie dabei, den Punkt zu benennen, ab dem man die größere Perspektive in den Blick nehmen sollte. Dieser Punkt ist dann erreicht, wenn Rahmenbedingungen eine moralisch problematische Praxis konservieren bzw. Verbesserungen verhindern. Grundsätzlich sollten es die Rahmenbedingungen gewährleisten, dass moralisch richtiges Handeln möglich ist. Nur wenn dies der Fall ist, können die Akteure Verantwortung übernehmen, indem sie diese Möglichkeiten nutzen (vgl. Grimm, 2007). Wenn begründet gezeigt werden kann, dass moralische Akteure eine bestimmte Praxis (wie die Sauenhaltung) nicht verfolgen können, ohne gegen gerechtfertigte moralische Prinzipien zu verstoßen, dann ist es angezeigt, den Rahmen in Zweifel zu ziehen, der es verhindert, moralisch richtig zu handeln. Hier wechselt man gewissermaßen von der Binnen-(Akteur-) in die Außenperspektive oder von der individualethischen auf die sozialethische Ebene. Die situationsbezogene Reflexion der konkreten Optimierungsmöglichkeiten reicht dann nicht mehr aus, und es ist angezeigt, andere Methoden als die beschriebene zu verwenden, da ein anderes Erkenntnisinteresse im Raum steht. Dies führt nun zu einer Schlussbemerkung und zur Formulierung einer doppelten Verantwortung.

6 Schlussbemerkung: Doppelte Verantwortung in der Nutztierhaltung

Unter den gegenwärtigen Bedingungen der landwirtschaftlichen Tierhaltung ist nicht davon auszugehen, dass Landwirte gegen ihr ökonomisches Interesse im Sinne der Ansprüche der Tiere handeln. Auch medialer Druck wird kaum dazu führen, dass Landwirte sich mit dem Gedanken anfreunden, Tierschutz zu ihrem eigenen Anliegen zu machen. Demgegenüber bietet der oben beschriebene Ansatz eine Perspektive für ein Umdenken unter den aktuellen Bedingungen. Er geht davon aus, dass eine moralische Verantwortung gegenüber Tieren besteht und die zentrale Frage darin besteht, *wie* dieser Verantwortung entsprochen werden kann. Deshalb stehen die *Hindernisse* der Überwindung moralischer Probleme sozialer Realität im Vordergrund. Hat ein Landwirt die Möglichkeit, tierethische Anliegen in die Praxis umzusetzen, dann sollte er dies auch tun. Die beschriebene Methode bietet hierfür ein geeignetes Hilfsmittel zur Reflexion seiner Möglichkeiten. Hat ein Landwirt allerdings nicht die Möglichkeit, tierethische Anliegen umzusetzen bzw. tierethische Defizite zu beseitigen, so verschiebt sich die Verantwortung auf eine neue Ebene: Auch Bürger tragen Verantwortung, die hier relevant ist. Sie besteht darin, Sorge dafür zu tragen, dass Rahmenbedingungen etabliert werden, die es den Akteuren ermöglichen, moralisch richtig zu handeln. Es ist eben auch eine gesellschaftliche Aufgabe, den Landwirten zu ermöglichen, ethische Ansprüche umzusetzen. Konsumenten wie Bauern sind immer auch verantwortliche Bürger, die an der Gestaltung der Gesellschaft mitwirken. Aus tierethischer Sicht wäre es an der Zeit, diese Verantwortung ernst zu nehmen und den wissenschaftsbasierten Tierschutz in der Landwirtschaft als gemeinsam zu tragendes Anliegen zu verstehen. Es besteht eine begründete Hoffnung, dass der Gegenwind, der den landwirtschaftlichen Tiernutzern momentan ins Gesicht bläst, zum Rückenwind wird, wenn sie tierschützerische Anliegen zu ihren eigenen machen. Dies erfordert eine Veränderung der Perspektive. Die größte Baustelle der Ethik in der Landwirtschaft ist deshalb nicht in den Ställen, sondern in den Köpfen der verantwortlichen Bürger in ihrer Rolle als Landwirte oder Konsumenten.

Literatur

Aerts, S., Bonnen, R., Bruggeman, V., Tavernier, J. De, Decuypere, E. (2009). Culling of Day-old Chicks. Opening the Debates of Moria? In K. Millar, P. H. West, B. Nerlich (Hrsg.), Ethical Futures. Bioscience and Food Horizons (S. 117–122). Wageningen: Wageningen Academic Publishers.

Badura, J. (2001). Leidensfähigkeit als Kriterium? Überlegungen zur pathozentrischen Tierschutzethik. In M. Schneider (Hrsg.), Den Tieren gerecht werden. Zur Ethik und Kultur der Mensch-Tier-Beziehung (S. 195–210). Kassel: Universität Gesamthochschule Kassel.

Badura, J. (2002). Kohärentismus. In M. Düwell, C. Hübenthal, M. H. Werner (Hrsg.), Handbuch Ethik (S. 194–205). Stuttgart u. Weimar: Metzler.

Bayertz, K. (1999). Moral als Konstruktion. Zur Selbstaufklärung der angewandten Ethik. In P. Kampits, A. Weinberg (Hrsg.), Angewandte Ethik. Beiträge des 21. Internationalen Wittgenstein Symposiums (S. 73–89). Wien: Österreichische Ludwig Wittgenstein Gesellschaft.

Binder, R., Grimm, H., Schmid, E. (2009). Ethical Principles in Austrian Animal Welfare Legislation. In K. Millar, P. H. West, B. Nerlich (Hrsg.), Ethical Futures. Bioscience and Food Horizons (S. 123–129). Wageningen: Wageningen Academic Publishers.

Birnbacher, D. (2003). Analytische Einführung in die Ethik. Berlin u. New York: de Gruyter.

Caspary, W. R. (1991). Ethical Deliberation as Dramatic Rehearsal. John Dewey's Theory. Educational Theory, 41 (2), 175–188.

Dewey, J. (1895). Standards as Perfection in the Practical Sense. Lectures on the Logic of Ethics. Fall Quarter 1895. In D. F. Koch (Hrsg.) (1998), Principles of Instrumental Logic. John Dewey's Lectures in Ethics and Political Ethics, 1895–1896 (S. 84–90). Carbondale u. Edwardsville: Southern Illinois University Press.

Dewey, J. (1908). Ethics. John Dewey – The Middle Works: 1899–1924. Vol. 5. Hrsg. von Jo Ann Boydston. Carbondale u. Edwardsville: Southern Illinois University Press.

Dewey, J. (1932). Ethics. John Dewey – The Later Works: 1925–1953. Vol. 7. Hrsg. von Jo Ann Boydston. Carbondale u. Edwardsville: Southern Illinois University Press.

Engels, E.-M. (2001). Orientierung an der Natur? Zur Ethik der Mensch-Tier-Beziehung. In M. Schneider (Hrsg.), Den Tieren gerecht werden – Zur Ethik und Kultur der Mensch-Tier-Beziehung (S. 68–87). Kassel: Universität Gesamthochschule Kassel.

Fesmire, S. (2003). John Dewey and Moral Imagination. Bloomington, Indianapolis: Indiana University Press.

Friedli, K., Weber, R., Troxler, J. (1994). Abferkelbuchten mit Kastenständen zum Öffnen. FAT-Bericht Nr. 452, 1–8.

Gouinlock, J. (1972). John Dewey's Philosophy of Value. New York: Humanities Press.

Gouinlock, J. (1977/78). Dewey's Theory of Moral Deliberation. Ethics, 88, 218–228.

Gouinlock, J. (1993). Dewey and Contemporary Moral Philosophy. In J. J. Stuhr (Hrsg.), Philosophy and the Reconstruction of Culture. Pragmatic Essays after Dewey (S. 79–96). New York: Harper Collins.

Gouinlock, J. (1994). Introduction. In J. Gouinlock (Hrsg.), The Moral Writings of John Dewey (S. xix–liv). New York: Prometheus Book.

Grimm, H. (2007). Rotes Tuch Tierschutz? Ethischer Anspruch und gelingende Praxis in der Landwirtschaft. In Freiland Verband (Hrsg.), Grenzgang Nutztier-Haltung – Nutzung und Achtung des Lebens beim Umgang mit Tieren (S. 5–11). Wien: Freiland-Verband.

Grimm, H. (2010). Das moralphilosophische Experiment. John Deweys Methode empirischer Untersuchungen als Modell der problem- und anwendungsorientierten Tierethik. Tübingen: Mohr Siebeck.

Habermas, J. (1983). Moralbewusstsein und kommunikatives Handeln. Frankfurt a. M.: Suhrkamp.

Hare, R. M. (1992). Moralisches Denken: seine Ebenen, seine Methode, sein Witz (Orig.: Moral

Thinking: Its Levels, Method and Point, 1981). Übers. Christoph Fehige u. Georg Meggle. Frankfurt a. M.: Suhrkamp.

Hetzel, A., Kertscher, J., Rölli, M. (Hrsg.) (2008). Pragmatismus – Philosophie der Zukunft? Weilerswist: Velbrück.

Höffe, O. (2008). Lexikon der Ethik. München: C. H. Beck.

Jaspar, J. M., Nelkin, D. (1991). The Animal Rights Crusade. The Growth of a Moral Protest. New York: The Free Press

Kamphues, B. (2004). Vergleich von Haltungsvarianten für die Einzelhaltung von säugenden Sauen unter besonderer Berücksichtigung der Auswirkungen auf das Tierverhalten und der Wirtschaftlichkeit. Dissertation. Zugriff am 18.03.2008 unter http://webdoc.sub.gwdg.de/diss/2004/kamphues/index.html

Keulartz, J., Korthals, M., Schermer, M., Swierstra, T. (Hrsg.) (2002). Pragmatist Ethics for a Technological Culture. Dordrecht u. a.: Springer.

LaFollette, H. (2000). Pragmatic Ethics. In H. LaFollette (Hrsg.), The Blackwell Guide to Ethical Theory (S. 400–419). Oxford: Blackwell.

Light, A., Katz, E. (Hrsg.) (1996). Environmental Pragmatism. London u. New York: Routledge.

McGee, G. (2003). Pragmatic Method and Bioethics. In G. McGee (Hrsg.), Pragmatic Bioethics (2. Aufl., S. 17–28). Cambridge, MA, u. London: MIT Press.

Morgan, K., Marsden, T., Murdoch, J. (2006). California: The parallel Worlds of Rival Agri-Food Paradigms. Worlds of Food. In K. Morgan, T. Marsden, J. Murdoch (Hrsg.), Place, Power, and the Food Chain (S. 109–142). Oxford: University Press.

Murphey, M. (1988). Introduction. In Human Nature and Conduct. John Dewey – The Middle Works: 1899–1924. Vol. 14. Hrsg. von Jo Ann Boydston. Carbondale u. Edwardsville: Southern Illinois University Press, ix–xiii.

Nida-Rümelin, J. (1996). Theoretische und angewandte Ethik. Paradigmen, Begründungen, Berichte. In J. Nida-Rümelin (Hrsg.), Angewandte Ethik. Die Bereichsethiken und ihre theoretische Fundierung (S. 2–89). Stuttgart: Enke.

Pamental, M. (2000). The Structure of Dewey's Scientific Ethics. Philosophy of Education 2000, 143–150.

Pappas, G. F. (1997). Dewey's Moral Theory. Experience as Method. Transactions of the Charles Sanders Peirce Society, 23 (3), 520–556.

Pappas G. F. (2008). Dewey's Ethics – Democracy as Experience. Bloomington, Indianapolis: Indiana University Press.

Peirce, C. S. (1905/2002). Was heißt Pragmatismus? Übernommen aus K.-O. Apel (Hrsg.) (1970), Charles Sanders Peirce, Schriften II. Vom Pragmatismus zum Pragmatizismus. Frankfurt a. M. In E. Martens (Hrsg.), Pragmatismus, Ausgewählte Texte von Charles Sanders Peirce, William James, Ferdinand Canning Scott Schiller, John Dewey (S. 99–127). Stuttgart: Reclam.

Regan, T. (1985). The Case for Animal Rights. In P. Singer (Hrsg.), In Defense of Animals (S. 13–26). New York: Harper Collins.

Regan, T. (2004). The Case for Animal Rights. Berkeley u. Los Angeles: University of California Press.

Rösener, W. (1993). Die Bauern in der europäischen Geschichte. München: C. H. Beck.

Sandbothe, M. (Hrsg.) (2000). Die Renaissance des Pragmatismus. Aktuelle Verflechtungen zwischen analytischer und kontinentaler Philosophie. Übers. von Joachim Schulte. Weilerswist: Velbrück.

Singer, P. (1985). Ethics and the New Animal Liberation Movement. In P. Singer (Hrsg.), In Defense of Animals (S. 1–10). New York: Harper Collins.

Singer, P. (1994). Praktische Ethik (2. Aufl.) (Orig. Practical Ethics. Cambridge: CUP). Übers. Oscar Bischoff, Jean-Claude Wolf und Dietrich Klose). Stuttgart: Reclam.

Singer, P. (1997). Alle Tiere sind gleich. In A. Krebs (Hrsg.), Naturethik. Grundtexte der gegenwärtigen tier- und ökoethischen Diskussion (S. 13–32) (Orig.: All Animals are Equal. In T.

Regan, P. Singer (Hrsg.), Animal Rights and Human Obligations. Englewood Cliffs: Prentice Hall). Frankfurt a. M.: Suhrkamp.

Singer, P. (2009). Animal Liberation. The Definite Classic of the Animal Movement. New York: Harper Collins.

Uekötter, F. (2010). Die Wahrheit ist auf dem Feld. Eine Wissensgeschichte der deutschen Land-wirtschaft (Umwelt und Gesellschaft Bd. 1). Göttingen: Vandenhoeck & Ruprecht.

Welchman, J. (1995). Dewey's Ethical Thought. Ithaca u. London: Cornell University Press.

Zichy, M. (2008). Gut und praktisch. Angewandte Ethik zwischen Richtigkeitsanspruch, Anwend-barkeit und Konfliktbewältigung. In H. Grimm, M. Zichy (Hrsg.), Praxis in der Ethik (S. 87–116). Berlin u. New York: Springer.

Zichy, M., Grimm, H. (2008). Praxis in der Ethik. Zur Einführung. In H. Grimm, M. Zichy (Hrsg.), Praxis in der Ethik (S. 1–14). Berlin u. New York: De Gruyter.

Zwart, H. (2009). Biotechnology and naturalness in the genomics era. Plotting a timetable for the biotechnology debate. Journal of Agricultural and Environmental Ethics, 22, 505–529.

Michael Rosenberger (Moraltheologie)
und Peter Kunzmann (Philosophie)

Ethik der Jagd und Fischerei

Wer sich in die Teilbereiche der Tiernutzung begibt, wird auf etliche kaum umfassend beackerte Felder stoßen. Zu ihnen gehören ohne Zweifel Jagd und Fischerei. Es gleicht also mindestens teilweise einer Erschließung von Neuland, wenn hier Überlegungen und Vorschläge vorgelegt werden.

1 Grundsätzliche Vorüberlegungen

1.1 Die prinzipielle Erlaubtheit des Tötens von Tieren zu Nahrungszwecken

Wer einen Artikel über die Ethik von Jagd und Fischerei verfasst, muss zwangsläufig davon ausgehen, dass Jagd und Fischerei und mithin das Töten von Tieren zu Nahrungszwecken nicht prinzipiell verwerflich sind. Dafür können folgende Gründe angeführt werden:

Erstens ist der Mensch auf das Töten nichtmenschlicher Lebewesen angewiesen, und zwar zu Nahrungszwecken ebenso wie zu anderen lebenserhaltenden Zwecken. Auch das Ernten eines Salatkopfes bedeutet ja die Tötung eines Lebewesens, und das Fällen eines Baumes, nicht zu Nahrungszwecken, aber zur Lebenserhaltung des Menschen, ist ebenfalls eine Tötungshandlung. Die Tatsache, dass das höher entwickelte Tier Schmerz empfindet, ist zwar als gradueller Unterschied relevant, aber nur quantitativ, nicht qualitativ. Sie ändert nichts daran, dass der Mensch von anderen Lebewesen lebt und auf ihre Tötung angewiesen ist.

Ein Zweites: Zu Nahrungszwecken wäre zumindest die Jagd heute in den Industrieländern nicht mehr nötig. Sie bleibt es aber zum Erhalt des ökologischen Gleichgewichts und des Artenreichtums in Räumen, in die der Mensch ohnehin eingreift. Wo die ursprüngliche Nahrungskette auch nur an einer Stelle verändert wird – und daran kommt der Mensch nicht vorbei, wenn er selber leben will –, müssen Ausgleichsmaßnahmen an anderer Stelle die Balance wiederherzustellen versuchen (auch wenn das nie völlig gelingen wird!). Das Töten von Tieren ist eine zentrale Ausgleichsmaßnahme.

Drittens muten Jagd und Fischerei dem Tier im Regelfall viel weniger Einschränkungen zu als menschliche Tierhaltungssysteme. Das Wildtier und der freischwimmende Fisch werden zwar ebenso getötet wie die vom Menschen gezüchteten und gehaltenen Nutztiere, haben aber zuvor mit hoher Wahrscheinlichkeit ein glückliches Leben in Freiheit gehabt.

Solche Grundeinsichten stehen im Hintergrund, wenn auch die Bibel die Tötung von Tieren grundsätzlich erlaubt (vgl. Rosenberger, 2001, S. 157–165). Sie weiß zwar einerseits, dass der Idealfall des Paradieses, in dem kein Lebewesen getötet wird, als Vision orientierende und motivierende Kraft für den Menschen hat, seine Gewalt möglichst weit zu reduzieren. Deswegen führt sie uns diese Vision an verschiedenen Stellen vor (vgl. Rosenberger, 2001, S. 123–126): In der ersten Schöpfungserzählung (Gen 1), in der dem Menschen nur die grünen Pflanzen zur Nahrung gegeben werden, die man damals nicht als Lebewesen erkannte; in prophetischen Texten über die messianische Endzeit (Jes 11 u. a.), wo sogar der Löwe Stroh frisst, und im Markusevangelium (Mk 1,13), wo Jesus in der Wüste friedlich mit den wilden Tieren zusammenlebt und das Paradies Wirklichkeit zu werden beginnt, in dem auch Tiere nicht mehr töten oder getötet werden.

Diese Texte sind Utopien, die die menschliche Sehnsucht nach einer gewaltfreien Schöpfung wecken, aber nicht die Konflikte im Hier und Heute lösen wollen. Das tun andere biblische Texte, allen voran die Erzählung vom Noachbund (Gen 9): Gott schließt einen Bund mit Noah, mit dessen Familie und ihren Nachkommen für alle Generationen »und mit allem, was lebt«, das heißt mit den Tieren. Dennoch wird ausdrücklich gesagt, dass der Mensch sie töten und essen darf, soweit er das für seinen eigenen Lebensunterhalt braucht (!).

Jagd und Fischerei pauschal zu verbieten ist daher weder philosophisch noch theologisch begründbar. Allerdings muss sich der Jäger oder Fischer in jedem konkreten Einzelfall rechtfertigen – insbesondere der Hobbyjäger oder Hobbyfischer. Sein Tun ist nicht ethisch beliebig oder neutral, sondern enthält Momente, die nur dann für richtig befunden werden können, wenn sie gewisse Kriterien erfüllen. Und genau die Bestimmung solcher Kriterien ist Aufgabe der Ethik.

Variation in der Fischerei: Ordnet sich die Fischerei in die skizzierte Rahmenhandlung ein, gerade auch die Fischerei mit der Handangel, dann kommen ihr große Vorzüge (Kunzmann, 2004) zu: Fische zu essen ist einer der besten Möglichkeiten, sich mit Eiweiß tierischen Ursprungs zu versorgen. In dieser Hinsicht ist die Teichzucht von Fischen wie dem Karpfen unübertroffen: Diese ernähren sich zu einem Gutteil von Algen, die wiederum Sonnenlicht in Nahrung umwandeln. Sonnenenergie in hochwertige Lebensmittel für die Ernährung von Menschen zu veredeln dürfte kaum effizienter möglich sein. Weniger günstig sieht es allerdings dort aus, wo Fische gemästet werden, die ihrerseits von anderen Tieren leben.

Wenn es sich um die Verwertung natürlicher Ressourcen und die Nutzung aquatischer Lebensräume handelt, ist die Angelfischerei moralisch in vielerlei Hinsicht im Vorteil: Die Entnahme erfolgt Stück um Stück, in hohem Maße selektiv, denn mit der Wahl des Köders (und der anderen Umstände) kann der Angler zumindest weitgehend ausschließen, Fische zu landen, die er nicht verwerten kann. Er kann es auch korrigieren, wenn er am *Zielfisch* vorbei angelt, sei es, weil es sich um die falsche Art, sei es, weil es sich um Zielfische der falschen Größe handelt: Vorausgesetzt, er lässt entsprechende

Vorsicht walten, kann er den Fisch zurücksetzen mit einer hohen Wahrscheinlichkeit, dass dieser den Fehlgriff übersteht. Dergleichen ist nicht realisierbar in der kommerziellen Fischerei, wo gefangene Fische keinen Weg mehr zurück zum Leben haben (Schätzungen des WWF gehen von weltweit 39 Millionen Tonnen Beifang jährlich aus).

Selbst wenn es schwerfällt, sich das Leben eines Wildtieres als ein *glückliches Leben* (siehe unten) vorzustellen, bleibt doch ein entscheidender Punkt: Die Belastungen, schärfer: Die Qualen, denen ein Fisch beim Angeln ausgesetzt ist, sind zeitlich sehr begrenzt. Ob wir sie gegen die Belastungen, die Menschen einem *Nutztier* unterwerfen, abwägen können, hängt auch davon ab, ob und in welcher Hinsicht wir Fischen Leidensfähigkeit zusprechen. Diese Diskussion hat im letzten Jahrzehnt eine außerordentliche Dynamik entfaltet, die weiter unten noch zu erläutern ist. An dieser Stelle sei vermerkt: Wenn wir überhaupt Tiere töten dürfen, um uns zu ernähren, steht die Angelfischerei im Vergleich zur Nutztierhaltung nicht schlecht da: Die Fische leben ihr Leben, wie immer sich dies gestaltet. Es liegt außerhalb menschlicher Einwirkung. Der Zeitraum des menschlichen Zugriffs auf das Tier ist beim Fischen sehr kurz bemessen. Das alles ändert sich, wenn wir die Prämisse aufgeben, es handle sich der Absicht wie der Wirkung nach um eine auf den Selbsterhalt des Menschen hin angelegte *Nutzung* von Tieren aus Nahrungsgründen (siehe unten).

1.2 Das Beziehungsnetz von Jagd und Fischerei

Nun hat jedes Handeln nicht nur Folgen für bestimmte Individuen, sondern auch für *Systeme,* wie die Soziologen sagen. Und diese systemischen Folgen müssen in eine ethische Betrachtung einbezogen werden, soll diese umfassend sein. Damit ergibt sich folgendes Beziehungsnetz des Jägers bzw. Fischers:

Mitmenschen (besonders Jäger- bzw. Fischereikollegen)		Tiere (jagdbare und nicht jagdbare, fischbare und nicht fischbare)
	Jäger/Fischer	
System Wirtschaft (Jagd- und Forst-, Fischerei- und Wasser-, Land- und Tourismuswirtschaft)		Ökosystem/ Biosphäre

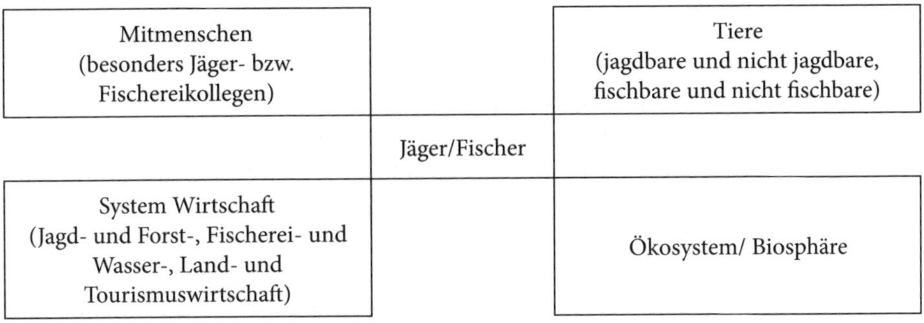

Abbildung 3: Beziehungsnetz des Jägers bzw. Fischers

Zwischen diesen Subjekten und Systemen gilt es nun, Gerechtigkeit herzustellen, Ausgleich zu schaffen. Gerechtigkeit meint in der griechischen Philosophie: Jedem Betroffenen das seinen Bedürfnissen Entsprechende geben und von jedem Betroffenen das seinen Möglichkeiten Entsprechende verlangen. Gerechtigkeit herzustellen bedeutet also, in einer zwangsläufig konflikthaften Welt, deren Ressourcen und Freiräume eng begrenzt sind, einen Ausgleich herzustellen zwischen den verschiedenen, miteinander konkurrierenden Bedürfnissen und Interessen. Niemand darf alles für sich reklamieren, und niemand soll leer ausgehen. Jeder soll einen angemessen Teil vom Ganzen erhalten.

1.3 Das Lustvolle an Jagd und Fischerei

Mehr als vielen anderen Betätigungen des Menschen scheint es der Jagd eigen zu sein, dass sie im Jagenden starke Emotionen hervorruft und große *Lust* erzeugt. Das ist keineswegs schlecht oder verwerflich, im Gegenteil: Wenn jemand sein Handwerk mit Freude tut, ist das grundsätzlich zu begrüßen. Allerdings gilt es, die Aspekte der Lust oder Freude ehrlich wahrzunehmen. Denn gerade Emotionen bedürfen im moralisch guten Leben einer ständigen Formung. Sie müssen gelenkt und gestaltet und manchmal auch begrenzt werden, damit sie zum Guten führen. Um sie aber gestalten zu können, muss man sie erst einmal wahrnehmen und ehrlich zugeben.

In der Ausübung der Jagd spielen vor allem vier starke Motive eine Rolle, die freilich nicht alle mit derselben Klarheit benannt und zugegeben werden:

1. Freude an der Natur: In der modernen, sehr naturfernen Industriegesellschaft kann und wird es Freude bereiten, wenn man den Zwängen der Zivilisation entflieht, die Stille und den Frieden der Natur genießt und das vielfältige Leben in ihr beob- achtet. Daher könnte man leicht meinen, das sei die für die Jäger wichtigste und vorherrschende Motivation. In Wirklichkeit scheint sie zwar *ein* Beweggrund zu sein, aber nicht der einzige und meist auch nicht der wichtigste. Denn Freude an der Natur könnte man ebenso gut als Tierbeobachter oder als Tierfotograf haben. Dafür bräuchte man doch nicht schießen und Beute machen. Es müssen also andere Motive hinzukommen.

2. Spannung eines sportlichen Wettbewerbs: Nicht umsonst werden die (Hobby-)Jagd und (Hobby-)Fischerei häufig »Sport« genannt. In der Tat haben sie einige wesent- liche Elemente mit praktisch allen Sportarten gemeinsam – jedenfalls wo diese als Wettkampf ausgeübt werden. Wettkämpfe haben einen ihrer größten Reize in der Spannung ob des ungewissen Ausgangs. Sowohl die Sportler als auch die Zuschauer empfinden einen Wettkampf besonders dann als packend, wenn nicht von vorne- herein feststeht, wer ihn gewinnen wird. Das gilt analog für Jagd und Fischerei. Der Jäger oder Fischer empfindet sein Tun als eine Art Wettkampf mit dem Tier. Es ist nicht sicher, ob er am Ende mit einer prächtigen Beute nach Hause kommt. Viel- mehr muss er das Tier aufspüren, den günstigen Moment für den Schuss abwarten und dann treffen bzw. den richtigen Köder an der richtigen Stelle auswerfen. Das fordert eine Menge Kenntnis, Geduld, Können. Genau darin liegt ein wesentlicher Reiz des Jagens und Fischens (nicht umsonst verwenden wir für die Ballsportarten oft dasselbe Vokabular wie für die Jagd: Man »lauert« und »jagt« dem Ball hinter- her, »schießt« und »trifft«).

3. Machtgefühl: Mag das Moment der Spannung vielleicht noch akzeptabel scheinen, so wird das dritte Motiv vermutlich von den allermeisten Jägern verleugnet. Jagen ist Machtausübung. Der Jäger beherrscht das Wild, er bemächtigt sich des Tieres, indem er Beute macht. Er eignet sich etwas an, das ihm zuvor nicht gehörte. Die Attraktivität eines derartigen Machtgefühls zeigt sich dann zum Beispiel darin, dass Jäger sich die Freiheit der Entscheidung, ob und welches Tier sie töten, äußerst ungern nehmen lassen. Da hat ihnen niemand hineinzureden. Und am liebsten schieben sie die vorgesehenen Abschüsse bis ans Ende der Jagdzeit hinaus, damit dieses Gefühl, noch wählen und Beute machen zu können, möglichst lange erhalten bleibt.

4. Gesellschaftlicher Status: Gerade für Hobbyjäger spielt es keine geringe Rolle, welchen Status man der Jagd traditionell beimisst. Von den *primitivsten* (= ursprünglichsten) Kulturen auf der Stufe der Sammler und Jäger durch das gesamte ständisch organisierte Mittelalter bis hin zur modernen Industriegesellschaft ist das Jagen einer der Bereiche, in dem die stärksten Privilegien gelten und der am klarsten die Zugehörigkeit zu bestimmten gesellschaftlichen Gruppen ausdrückt. Wer jagt, der will auch, dass andere (Jäger wie Nichtjäger) das wahrnehmen, denn als Jäger oder Jägerin ist man eine Persönlichkeit. Das ist in der Fischerei dezidiert anders. Das Fischen galt immer auch als legitimes Tun des einfachen Volkes und hat von daher weit weniger den Charakter des Elitären. Ein Grund, warum die christliche Tradition zwischen Fleisch- und Fischverzehr einen Unterschied machte, liegt genau hierin begründet: Fleisch, insbesondere Wildbret, ist weit mehr Statussymbol als Fisch.

Variation in der Fischerei: Das gerade ausgemalte *Machtgefühl* des Jägers wird den meisten Anglern abgehen: Der Fisch nimmt oder er nimmt nicht. Es gibt keinen Aufschub, der eine Demonstration von Macht zuließe. Entweder ich fange den Fisch, jetzt, diesen, oder eben nicht. *Macht* gibt es vielleicht noch ein bisschen im Drill, wenn der Angler den Fisch *führt*, und dann, wenn der Fisch im Kescher liegt. Dann *darf* der Angler entscheiden, wie er mit dem Fisch verfahren will. Aber das ist nicht der entscheidende Augenblick (siehe unten).

Viel wichtiger, auch für das Verhältnis zur Natur: Der Angler taucht ein in eine für ihn fremde Welt, eben in die *Natur* – gleichermaßen ihm fremd und doch vertraut, ihm zugänglich und unzugänglich. Wäre *Natur* so zugänglich wie ein Büroraum, hätte sein Handeln keinen Sinn: Fischen wäre so fad wie das Bedienen eines Kaffee-Automaten. Wäre sie komplett fremd, wäre Fischen reine Lotterie. Dazwischen liegt der Reiz: Er kann und muss alles vorbereiten und vorbedenken. Dann beißt, dann nimmt der Fisch – oder er nimmt nicht.

Darin liegt auch der Schlüssel zu einer besonderen Naturerfahrung: Jäger wie Fischer stehen in einem besonderen Verhältnis zur Natur: so wie jeder andere Naturnutzer, der Naturfotograf oder der Pilzsucher, ja selbst der Spaziergänger. Jäger wie Angelfischer verschlingen sich auf eigentümliche Weise in die Natur. Anders als andere Nutzer der Natur müssen sie eindringen, sich einlassen in die Naturwahrnehmung ihrer Beute.

Sie müssen, wollen sie Erfolg haben, ein ihr überlegener Teil der Natur werden. Der Fischer, der einen Hecht überlistet, muss um das verletzte Rotauge wissen, dessen Imitation in des Hechtes Welt einen unwiderstehlichen Reiz ausübt. Die *Spannung* eines Wettkampfs verbindet sich mit der besonderen Naturerfahrung.

Es ist aber ein ganzes Bündel von Erfahrungen, die den Reiz jenes Fischens ausmachen, das international und auf Englisch »recreational« genannt wird, sehr trefflich und viel besser als die deutschen Ausdrücke von »Hobby« oder gar »Sport«.

Für eine Ethik von Jagd und Fischerei ist es von höchster Wichtigkeit, die Scheu zu überwinden und auch die weniger positiv besetzten Motive offen zuzugeben. Sie dürfen kein Tabuthema sein, sonst blockieren sie die Entwicklung zu einer reifen und selbstkritischen Jäger- bzw. Fischerpersönlichkeit. Macht und gesellschaftlicher Status sind in unendlich vielen Zusammenhängen von fundamentaler Bedeutung. Das Streben nach ihnen ist an sich ethisch neutral. Ziel der Ethik ist es, vorhandene Motivationen so zu formen und zu gestalten, dass die Lust am Jagen bzw. Fischen in einer Weise ausgelebt wird, die den Bedürfnissen und Möglichkeiten der anderen Beteiligten im Beziehungsnetz gerecht wird.

2   Ethische Grundhaltungen in Jagd und Fischerei

Ein *Transportmittel* der Ethik ist die Umschreibung von guten Grundhaltungen oder Tugenden. Diese zielen anders als Normen auf die Persönlichkeitsbildung, wollen also Antwort auf die Frage geben, wie ein guter Jäger oder ein guter Fischer charakterisiert werden kann. Im Folgenden sollen einige zentrale Tugenden benannt werden, die in diesem Sinne unverzichtbar sind.

2.1 Die tierethische Basis: Kein Zweckegoismus, sondern Ehrfurcht vor jedem Mitgeschöpf

In allen neueren Ansätzen der Tierethik, die über den Empirismus der utilitaristischen Herangehensweise hinausreichen, wird dem Tier ein *intrinsischer Wert,* das heißt ein *Eigenwert* oder auch eine *geschöpfliche Würde* zuerkannt (siehe auch die Artikel zur philosophischen und theologischen Ethik). Das Tier ist ein eigenständiges *Subjekt eines Lebens* (Tom Regan), es hat als solches einen Wert, weil es eigene Fähigkeiten und Möglichkeiten besitzt (Paul W. Taylor), es ist wertvoll (»valuable«), weil es selbst Wertungen vollziehen kann (»value-ability«) und bestimmte Dinge für sich als gut betrachtet, andere nicht (Frederick Ferré, Charles Birch, John B. Cobb), und es besitzt in analogem Sinne so etwas wie Freiheit und Autonomie (Friedo Ricken, Michael Rosenberger). Theologisch gesprochen: Es ist von Gott selbst geschaffen und gewollt, um seiner selbst willen und nicht nur als Material für den Menschen (Gen 1–2). Es ist ein Mitgeschöpf des Menschen im einen Lebenshaus der Schöpfung.

Wenn wir dem Tier aber Eigenwert oder Würde zuerkennen müssen, dann ist der Mensch zugleich verpflichtet, es entsprechend zu behandeln: Den Träger von Würde gilt es, in seiner Eigenständigkeit zu achten. Wer Würde hat, verdient Respekt und Ehrfurcht. Der Mensch darf ihn benützen, aber nicht *ausschließlich* unter Nutzenaspekten betrachten. Er darf seine Interessen und Bedürfnisse ihm gegenüber ins Spiel bringen, muss aber auch dessen Interessen und Bedürfnisse *würdigen,* das heißt wahrnehmen und fair und unparteiisch gegen die eigenen abwägen. Gegenüber einem Träger von Würde hat jeder Handelnde Pflichten, er muss ihm Gerechtigkeit widerfahren lassen.

In den Ritualen der Jagd steht diese Ehrfurcht vor dem Tier klar im Zentrum. Wenn der Jäger nicht gleich nach dem Schuss zum erbeuteten Tier eilt, sondern dieses noch einige Minuten für sich liegen lässt. Wenn dem erbeuteten Tier der *letzte Bissen* ins Maul gesteckt wird. Wenn man sich davor hütet, über das tote Tier zu übersteigen. Wenn der Tod verblasen wird. Immer dann wird die geschuldete Ehrfurcht vor dem Tier auszudrücken versucht.

In einem relativ krassen Gegensatz dazu steht die geläufige Rede vom *Stück.* Das mag wertschätzend gemeint sein und das jagdbare Tier gegenüber dem nicht jagdbaren höherstufen. Aber Vorsicht: Jedes Tier – ob jagdbar oder nicht – ist mehr als ein »Stück«! Es ist ein unverwechselbares, einmaliges Individuum. Es ist ein Mitgeschöpf, das uns als seine *Geschwister* von Angesicht zu Angesicht anschaut. Das sollten wir nicht vergessen. Hier muss jede Verdinglichung und jedes reine Zweckdenken vermieden werden!

Drei weitere tierethische Grundhaltungen ergeben sich aus diesem Respekt vor dem Tier:

1. Kein unnötiger Jagddruck, sondern *Rücksicht auf das Wohlbefinden des Tieres:* Unweigerlich verursacht das Jagen einen gewissen *Jagddruck.* Damit ist der Druck gemeint, den das Wild empfindet, wenn es wahrnimmt, dass es gejagt wird, und der es scheu und ängstlich macht. Diesen Jagddruck gilt es zu minimieren. Natürlich wird es im konkreten Fall Probleme geben, den Jagddruck eines bestimmten jagdlichen Vorgehens exakt zu bestimmen und ihn mit dem Jagddruck alternativer Methoden zu vergleichen. Gleichwohl werden sich die Konsequenzen für die Methodenwahl der Jagd, für die Festlegung begrenzter Jagdzeiten sowie für die Art der Waffen meistens doch hinreichend klar bestimmen lassen.

2. Keine Lieblosigkeit, sondern *Sorgfalt bei der Jagdausübung:* Diese Sorgfalt gilt einerseits *im Umgang mit dem noch lebenden Tier,* etwa im Mühen um größtmögliche Qualität des Schusses durch optimales Training in Schießzentren und um tiergerechte und unparteiliche Wahl jener Tiere, die man schießt (hier darf es nicht in erster und einziger Linie um die optimale Trophäe gehen!). Auf der anderen Seite zeigt sich die gebotene Sorgfalt auch *im Umgang mit dem erbeuteten Wildbret:* Der achtsame und sachgerechte Umgang mit dem Fleisch ist keine Beliebigkeit, sondern ein ethisches Gebot erster Güte. Das zügige Aufbrechen des Tieres, die sorgfältige Lagerung beim schnellen Transport sowie die fachgerechte Nachbehandlung des Fleisches zeigen, dass jemand die kostbare Gabe begriffen und gewürdigt hat, die das Tier mit seinem Leben hergeschenkt hat.

3. Kein Hass auf das Raubwild und keine Geringschätzung des trophäenlosen Wilds, sondern *Gleichbehandlung:* Vielfach beobachtet man eine starke Hierarchisierung der Tiere: Da sind die *Lieblinge* der Jäger, nämlich jene Tiere, die Trophäen tragen. Sie werden gehegt und gepflegt. Auf einer zweiten Stufe stehen die trophäenlosen *Nutztiere.* Ihnen schlägt oft Geringschätzung entgegen. Sie werden mit gehegt, wo das nicht anders möglich ist. Auf der dritten Stufe stehen die Beutegreifer. Oft genug werden sie direkt bekämpft, man sieht sie als Konkurrenten an und stellt ihnen (trotz aller Bemühungen der Jagdverbände zum Teil sogar mit unfairen Methoden wie dem Einsatz von Gift) nach. Aber das geschieht dann nicht mehr rational und maßvoll, sondern oft sogar in blindem Hass und tiefer Aggression. Diese Ungleichbehandlung von Fleisch- und Pflanzenfressern sowie von Trophäenträgern und Nicht-Trophäenträgern ist ethisch nicht zu rechtfertigen. Tierethisch betrachtet handelt es sich bei allen Tieren um Mitgeschöpfe, die Respekt und Gleichbehandlung verdienen. Ökologisch gesehen sind sie alle Mitbewohner des einen Lebenshauses der Schöpfung, in dem die Jäger für ein vernünftiges Populationsmanagement sorgen sollen. Und wirtschaftlich betrachtet geht es um ein solides Nutzen- und Schadensmanagement bei allen Tierarten.

Variation in der Fischerei: Zumindest die ersten beiden Punkte sind, mutatis mutandis, auf und in die Fischerei zu übertragen: Auch dem Angelfischer obliegt es, die Nebenwirkungen seiner Präsenz am (oder gelegentlich: im) Wasser seiner Wahl so gering wie möglich zu halten. Sein Fußabdruck soll so klein und seicht wie möglich sein. Desgleichen gehört es zu den moralischen Minimalanforderungen, im Umgang mit den Fischen selbst größtmögliche Schonung und Sorgfalt obwalten zu lassen. Dazu werden dem Angler selbst eine ganze Reihe von Maßnahmen einfallen: Montagen, die selbst im Falle eines Schnurbruchs das Überleben des Fisches nicht gefährden; »barbless hooks«, also Haken ohne Widerhaken; maximale Schonung des gehakten Fisches durch Minimierung der Dauer des Drills (unabhängig davon, ob der Fisch zurückgesetzt werden soll oder nicht), schonende, weil adäquate Behandlung. Hierher gehören auch das tierschutzkonforme Schlachten der Fische und die sachgerechte Verwertung des Fangs.

Dies alles stellt streng genommen eine Selbstverständlichkeit für den verantwortungsbewussten Fischer dar; leider ist dies faktisch nicht überall und jederzeit der Fall. Hier sind alle Beteiligten, die Fischereirechtsinhaber, die Vereine, die Fischereiaufseher und schließlich jeder Fischer vor Ort, gefordert, für die Wahrung dieser Standards einzutreten. Allein auf der Basis, dass solche Mindeststandards verlässlich eingehalten sind, sind weitere ethische und moralische Überlegungen zum Fischen sinnvoll.

Sehr viel schwieriger wird es mit dem Punkt der *Gleichbehandlung* und dem *Populations-Management.* Unter den Fischen gibt es nach kulinarischen sowie nach »sportlichen« Gesichtspunkten erhebliche Unterschiede. In Mitteleuropa stehen entsprechend die wegen ihres Fleisches wertvollen Arten unter hohem Bejagungsdruck, was vor allem den Aal betrifft; fischereilich hoch geschätzt ist der Karpfen; aus beiden Gründen, wegen ihres Wertes als Speise und als Beute, werden Hecht und Zander intensiv befischt. Dies zusammengenommen führt zu einer *unökologischen* Nutzung der Angelgewässer: Der Zugriff des Menschen bewirkt konstant eine Verschiebung der *Demographie* unter Wasser, insbesondere durch den hohen Bejagungsdruck auf die Raubfische. Dieser führt unter Umständen zu einem Überhang an Weißfischen (wie Rotaugen [Plötzen], Brachsen [Brassen]) etc.), die, ihrer natürlichen Jäger ledig, auch vom Menschen als Beute weitgehend verschmäht werden.

Zusätzlich wird dies durch die *Fehlanreize* (Arlinghaus, 2006, S. 76 ff.) des Rechts in der Fischerei verstärkt: Da etwa das deutsche Fischereirecht einerseits vorschreibt, Fische bestimmter Arten (wie Zander und Hecht) unterhalb einer gewissen Länge (Schonmaß) zurückzusetzen, die Rechtsprechung aus Tierschutzgründen aber zu erzwingen scheint, Fische derselben Art, die diese festgelegte Länge übertreffen, *nicht* zurückzusetzen, führt eine solche Selektion unter den Fischen (denn eine solche findet damit statt) zu einer Verzerrung der *natürlichen* Verhältnisse: Die evolutionär erfolgreichen Modelle, die zu einer gewissen Größe wachsen konnten, sind einem verschärften Selektionsdruck ausgesetzt. Die alte Anglerregel »die Schlauen werden die Langen, die Dummen werden gefangen« wird außer Kraft gesetzt.

Die damit zusammenhängenden, sehr komplexen Fragen des fischereilichen Managements von Gewässern, die unter 2.3 kurz angesprochen werden, sind im Rahmen dieser tierethischen Betrachtung nicht detailliert zu erörtern; das gilt für den ganzen Raum der ökologischen Aspekte der Fischerei.

2.2 Die zwischenmenschliche Grundhaltung: Kein Neid, sondern Fairness

Wie in vielen Sportarten ist das Konkurrenzdenken unter Jägern sehr stark ausgeprägt. Sport hat mit Wettbewerb und Konkurrenz zu tun, er hat *agonalen Charakter,* und das lässt sich auch gar nicht vermeiden (vgl. Wirkus, 1998; Krüger, 1998). Die ethische Herausforderung ist es dann, die Konkurrenzsituation so zu formen und zu gestalten, dass sie zu mehr und nicht zu weniger Mitmenschlichkeit führt. Sportlicher Wettkampf kann Menschen entzweien, er kann und soll sie aber eigentlich verbinden.

Nun richtet sich die sportliche Konkurrenz bei der Jagd vornehmlich auf die Trophäen. Trophäen- oder Hegeschauen, deren eigentliches Ziel die Kontrolle der Sachgerechtheit der Jagd ist, werden de facto zu einem wichtigen rituellen Medium des sportlichen Wettbewerbs. Und auch über diese hinaus wissen Jäger, ihre sportlichen Erfolge gut zu präsentieren. Damit sind aber dem Neid Tür und Tor geöffnet. Man gönnt dem anderen seine Erfolge nicht, sondern argwöhnt unlautere Methoden und unsachgemäßes Vorgehen. Man redet die Erfolge anderer schlecht und macht die Trophäen madig.

Um dem Jagdneid zu entgehen und wirkliche sportliche Fairness walten zu lassen, ist ein Blick in die gut ausgearbeitete Sportethik hilfreich. Auch dort sind Trophäen selbstverständlich und kaum verzichtbar. Sie dienen als Motivationsfaktor, der die Sportler zu Höchstleistungen anspornt. Sie dienen der Anerkennung dieser Höchstleistungen seitens der Mitbewerber wie auch des Publikums. Und sie symbolisieren die religiöse Dimension des Sports, denn letztlich ist der Sieg immer auch ein unverdientes Geschenk und eine *Gnade,* wie man theologisch sagen würde.

Aber die Sportethik weiß schon seit Urzeiten, dass eine zu starke Konzentration auf Trophäen Gift für die Seele ist. Wo jemand mit aller Macht unbedingt gewinnen will, verdirbt das den Charakter. Die Versuchung wird groß, zu unlauteren Methoden zu greifen, um auf jeden Fall zu gewinnen. Außerdem neidet der nur auf den Erfolg Fixierte dem Sportkollegen seinen Erfolg, und statt Gemeinschaft stiftet der Sport plötzlich Zwietracht, Missgunst und Streit.

Dem setzt die Sportethik ein doppeltes Motto entgegen: Einerseits betont sie – in dem modernen Spruch »fair geht vor« zusammengefasst – den Gedanken der Fairness. Sportliche Gegner sollen einander regelgerecht und aufrichtig begegnen. Andererseits kann das olympische Motto »dabei sein ist alles« gar nicht ernst genug genommen werden. In erster Linie soll einfach der Sport an sich Freude bereiten. Das Sporttreiben ist das eigentlich Befriedigende, das Sichmessen mit Konkurrenten, die einem möglichst ebenbürtig sein sollen, denn sonst entstehen weder Spannung noch Freude. Dass man sich mit anderen, ähnlich guten Sportlern, messen darf, ist das eigentliche Geschenk und das Wunderbare des Sports.

Trophäen sind vielleicht die schönste Nebensache beim Sport, und sie mögen einen langen Weg der Vorbereitung und Mühe krönen. Aber sie dürfen nicht zur Hauptsache werden.

2.3 Die systemische Grundhaltung: Keine Gier, sondern Maßhaltung

Überall, wo Menschen jagen und sammeln, sind sie gefährdet, der Gier und Sucht zu verfallen. Je mehr *Beutestücke* jemand erworben hat (und das können Briefmarken genauso wie Geweihe sein!), umso stärker ist die Versuchung, nur noch die noch tolleren, noch wertvolleren Trophäen wahrzunehmen und wie besessen danach zu trachten, auch die in Besitz zu nehmen.

Gier löst im Menschen den berühmten *Tunnelblick* aus. Er sieht nichts mehr rechts und links, sondern ist allein von dem einen und einzigen Ziel getrieben, das in Besitz zu nehmen, was ihn verlockt. So ein Tunnelblick ist aber höchst gefährlich. Denn letztlich besitzt die erstrebte Trophäe dann den Menschen, sie hat Macht über ihn, er wird unfrei und zum Sklaven.

Dem Laster der Gier setzt schon die griechische Philosophie die Tugend der Maßhaltung entgegen. Maßhaltung meint, die Strebungen der eigenen Seele mit den Bedürfnissen der Polis, also der Menschengemeinschaft, und des Kosmos, also der Schöpfung, in Einklang zu bringen. Platon vergleicht das rechte Maß mit dem Zusammenklingen (griechisch »Symphonie«) von Seele, Kosmos und Polis. Für die Jagdethik wäre Maßhaltung folglich die Tugend, nur aus gutem Grund zu schießen und dort, wo dieser nicht gegeben ist, die eigene Lust zugunsten des Tieres als eines Teils des Kosmos zurückzustellen. Jagen allein um der Trophäen oder des Ruhmes willen ist nicht verhältnismäßig, sondern unmäßig und maßlos.

Im Sinne der griechischen Philosophie ist die Maßhaltung jene Tugend, die die verschiedenen Systeme integriert: das Ökosystem der Schöpfung ebenso wie die Wirtschafts- und Sozialsysteme der Gesellschaft. Maßhaltung ist also vor allem eine systemische Tugend. Die Bedürfnisse der verschiedenen Systeme sollen in Ein-Klang, in Harmonie miteinander gebracht werden. Sie sollen zueinander verhältnismäßig sein, proportional. Sie sollen aufeinander abgestimmt werden.

2.4 Die individualmenschliche und urreligiöse Grundhaltung: Keine Überheblichkeit, sondern Demut

Überall, wo der Mensch mit der Schöpfung zu tun hat, darf er nicht vergessen, dass er selber ein winziger und zerbrechlicher Teil dieser Schöpfung ist. Er steht nicht über der Schöpfung, sondern in ihr, und gleicht den übrigen Geschöpfen in zwei fundamentalen Merkmalen: Er ist *abhängig* von der Schöpfung, stets auf sie verwiesen. Und er ist endlich, nämlich *sterblich*. Er ist aus Erde gemacht und kehrt zur Erde zurück (Gen 3,19).

Diese beiden Charakteristika der Geschöpfe – Abhängigkeit und Endlichkeit – könnte man als widrige und belastende Einschränkung menschlicher Existenz verstehen. Sie können aber auch als befreiend und beschenkend gedeutet werden: Die Erfahrung der Abhängigkeit kann zeigen, dass der Mensch im großen Zusammenhang der Schöpfung geborgen und getragen ist. Er darf sich in den Kreislauf des Lebens hineinfallen lassen und braucht sein Leben gar nicht allein herzustellen und zu sichern. Und das Wissen um die eigene Sterblichkeit birgt die Möglichkeit, jede Minute, jeden Augenblick seiner kurzen und eng begrenzten Lebensspanne als kostbar zu erleben. Denn würde der Mensch auf dieser Erde ohne Ende weiterleben, wäre der einzelne Moment nichts wert. Erst durch ihre Knappheit wird die Zeit zu einem wertvollen Geschenk.

Genau diese beiden Einsichten – dass Abhängigkeit entlastend sein kann und Endlichkeit das Leben kostbar macht – können bescheiden und zugleich dankbar machen. Diese Grundhaltung hat die christliche Spiritualität traditionell »Demut« genannt. Der lateinische Begriff »humilitas« wird durch die frühchristlichen Theologen abgeleitet von »humus«, Erde. Demut ist das Wissen darum, dass wir von der Erde stammen und zur Erde zurückkehren. Und sie ist die dankbare Anerkennung dieser Tatsache, weil sie deren befreiende Wirkung begriffen hat.

Jäger mögen ebenso wie andere Menschen, die Macht ausüben, leicht in Versuchung sein, überheblich, arrogant und hochmütig zu werden. Gerade durch ihre Naturverbundenheit haben sie aber auch eine besondere Chance, die Urtugend christlicher Spiritualität, die Demut, anzunehmen und einzuüben und sich als kleine, zerbrechliche und gerade so wunderbare Geschöpfe im großen Lebenshaus der Schöpfung zu erfahren.

Variation in der Fischerei: Gerade die Demut als Tugend erlaubt einen besonderen Blick auf die Angelfischerei: Wie in der Jagd auch gibt es unter den Fischern Erfolgreichere und weniger Erfolgreiche; es besteht auch kein Zweifel, dass sich die Erfolge beim Fischen entsprechend auf die besseren und schlechteren Fischer verteilen: Vor allem die möglichst genaue Bekanntschaft mit dem Gewässer, ein kreativer Einsatz von Angelmethoden, die Kenntnis der realen Verhältnisse usw. wirken sich auf den Erfolg aus. »Grace comes by art and art does not come easy«, heißt es bei Norman Maclean (1976, S. 4);[1] derselbe, der »hofft, dass die Forelle steigt«: Andererseits nämlich wird niemand ernsthaft leugnen, dass ein Moment der Unberechenbarkeit wesentlich zur Tätigkeit des Fischens gehört; andernfalls verlöre das Fischen (wie wohl auch das Jagen) einen erheblichen Teil seiner Attraktion. In diesem Sinne ist die Aktivität des Angelfischers stets eine Übung in Demut. Dieser Aspekt wird, psychologisch nachvollziehbar, gerade in diesen Augenblicken des Erfolgs vom Stolz auf die eigene *Leistung* überlagert, die zwar eine notwendige, aber eben keine hinreichende Bedingung für den Erfolg war. Weil des Anglers vornehmste Tugend die Geduld ist, die manchmal aus bekannten, aber eben nicht vorhersehbaren Gründen belohnt wird, ist seine Tätigkeit durchweg mit der Demut verknüpft. Dies vielleicht in höherem Maße, als dies beim Jäger der Fall ist. Das Entscheidende kann der Angler gerade nicht willküren; eine dem Jäger vergleichbare Macht übt er erst dann wirksam auf den Fisch aus, wenn er ihn im Kescher hat. Die alles entscheidende Aktion, das *Nehmen*, geht immer vom Fisch aus. Fischen ist eine Übung in Demut.

2.5 Der gute Jäger und die gute Jägerin

Zusammenfassend lässt sich nun die Architektur einer Tugendethik für Jäger und Fischer im bereits dargestellten Schaubild eintragen:

Mitmenschen (bes. Jäger- bzw. Fischereikollegen): Fairness und Gemeinsinn		Tiere (jagdbare und nicht jagdbare, fischbare und nicht fischbare): Ehrfurcht
	Jäger/Fischer: Demut	
System Wirtschaft (Jagd- und Forst-, Fischerei-und Wasser-, Land- und Tourismuswirtschaft): Maßhaltung, Ausgleich		Ökosystem/ Biosphäre: Maßhaltung, Ausgleich

Abbildung 4: Tugendethik für Jäger und Fischer

---

1 Autor der maßgeblichen Novelle »A River Runs Through It« (1976), dt. »Aus der Mitte entspringt ein Fluss«.

Es wird ersichtlich, dass sich alle genannten Grundhaltungen positiv auf das Tier auswirken – auch jene, die primär auf andere Beteiligte zielen. Wo Jäger und Fischer
demütig werden, wo sie ihr Tun maßhaltend ausüben, wo sie in sportlicher Fairness
einander begegnen, da wird das die Zahl der erbeuteten Tiere und ihr Leiden auf das
nötige Minimum beschränken.

3   Ethische Prinzipien für Jagd und Fischerei

Während es in der Tugendethik um Grundhaltungen ging, die Jäger und Fischer zu
ethisch guten Menschen (nämlich zu Menschen mit guter Absicht) machen, geht es jetzt
um Prinzipien, das heißt um allgemeine Regeln, die das jagdliche bzw. fischereiliche
Handeln zu einem ethisch richtigen Handeln machen. Das sind zwei Aspekte, die nicht
immer miteinander überein gehen müssen: Ein Mensch kann in bester Absicht das objektiv Falsche tun, und ein anderer kann das ethisch Richtige in böser Absicht vollziehen.

3.1 Ethische Prinzipien für die Jagd

Die Prinzipien für die Jagd sollen eher kurz und thesenhaft aufgeführt werden (detailliert vgl. Rosenberger, 2008).

Tierethisch betrachtet soll die Jagd erstens so durchgeführt werden, dass sie für die
jagdbaren wie nichtjagdbaren Tiere die geringstmögliche Beeinträchtigung, insbesondere den geringstmöglichen Jagddruck verursacht (Vertrautheit des Jägers mit *seinen*
Tieren/seinem Revier; möglichst kurze Jagdzeiten unter Ausschluss von Brunft-/Balz-
und Aufzuchtzeiten; keine Jagd während der Nacht; möglichst schonende Jagdmethoden
und Jagdgeräte; sachgerechte Ausübung der Jagd inklusive Schussqualität). Zweitens
muss die Jagd dem Sozial- und Individualverhalten der Tiere Rechnung tragen (kein
Abschuss von Muttertieren; möglichst wenig Beeinträchtigung der natürlichen Lebens-
rhythmen und Lebensweisen der Tiere; Befassung mit den neuesten verhaltensbiologi-
schen Erkenntnissen). Schließlich muss die Jagd das erbeutete Wildbret mit höchster
Sorgfalt verwerten (keine Reduktion des Tiers auf die Trophäe).

Soziokulturell betrachtet muss die Jagd im offenen und konstruktiven Dialog mit
der Bevölkerung stehen – der ortsansässigen wie der Gesamtbevölkerung. Die Öffentlichkeit hat zudem ein Recht und eine Pflicht (!), das jagdliche Tun auf seine Qualität
zu überprüfen. Schließlich soll die Jagd Kameradschaft und fairen Umgang der Jäger
untereinander fördern.

Wirtschaftlich betrachtet muss die Jagd in fairer Weise mit anderen Nutzungsformen der Landschaft abgestimmt werden (Abschusspläne, Schadensminimierung und
Schadensmanagement).

Ökosystemisch betrachtet muss die Jagd erstens in fairer Weise mit den ökosystemi-
schen Bedürfnissen (Biotoperhalt, Artenvielfalt) in Einklang gebracht werden (Berück-

sichtigung der Lebensraumkapazität, revierübergreifende Wildmanagementstrategien, wildökologische Raumplanung, Sorge um den Gesundheitszustand des Wilds, staatliches Schadensmanagement von Raubtieren). Die Jagd soll zweitens die innerartliche genetische Vielfalt, die Vielfalt der Arten von Tieren und Pflanzen sowie die Vielgestaltigkeit der Lebensräume aktiv fördern (Förderung gefährdeter Arten, Beachtung der Jagdverbote, Sicherung der innerartlichen genetischen Vielfalt, Abschuss nicht nur der Trophäenträger, keine Ansiedlung nicht autochthoner Wildtiere, kein Aussetzen von Zuchttieren zur Gatterjagd). Die systemischen Aspekte werden heute gewöhnlich unter dem Stichwort »nachhaltige Jagd« bzw. »sustainable hunting« verhandelt und sind weit ausführlicher reflektiert als die tierethischen Aspekte (siehe insbesondere Forstner, Rohrmoser, Lexer, Heckl u. Hackl, 2006).

3.2 Ethische Prinzipien für die Fischerei

Die für die Jäger entwickelten Prinzipien können, mutatis mutandis, ohne Abstriche auch für die Fischer übernommen werden. Dies trifft sowohl für die beschriebenen Tugenden wie für die geforderten Prinzipien zu. Die Einstellung des Fischers sollte von den gleichen Beweggründen geprägt sein wie die des vorgestellten Jägers. Seine Tugenden liegen nirgends anders als die des tugendhaften Jägers. Gerade im Maßhalten und in der *Ehrfurcht,* in der Achtung und dem Respekt vor dem Tier, liegt die Wurzel dafür, im Verbund mit der Klugheit den Forderungen nachzukommen, die mit Blick auf den Tierschutz, die Gemeinschaft der anderen Menschen und die Erfordernisse der Ökosysteme auch das Richtige verwirklichen. Hier wie dort findet auch das Handeln dessen, der nicht davon lebt, zu fischen oder zu jagen, nicht außerhalb des Rahmens legitimer ökonomischer Interessen statt. Man täusche sich nicht: Inmitten unserer Kulturlandschaft ist auch ein Fluss oder ein See bewirtschaftet, auch mit Tieren, eben mit Fischen, bewirtschaftet. Fischerei, auch und gerade mit der Handangel, ist darin in andere, aber analoge Erfordernisse und Ansprüche gebunden. »Sustainable fishing« sozusagen bewährt sich in denselben Dimensionen wie »sustainable hunting«; gerade der Aspekt gesellschaftlicher Akzeptanz ist darin bedeutend. Und hier tut sich ein spezifisches Konfliktfeld auf.

3.3 Die Frage nach dem Grund der Angelfischerei

Allerdings tut sich bei der Fischerei ein zusätzlicher Raum auf, der zu Verwerfungen und Kontroversen Anlass gibt: Der Angelfischer kommt nämlich regelmäßig in eine Situation, die sich für den Jäger bestenfalls bei der Fallenjagd ergibt. Er kann das gefangene Tier, also eben den Fisch, töten und verwerten oder er kann ihn in aller Regel abhaken und zurücksetzen. Manchmal ist auch gehalten, dies zu tun, denn im Unterschied zum Jäger kann seine Beute üblicherweise nicht im Voraus *ansprechen,* was dazu führt, dass er unerwünschte Fische fängt oder eben solche, die er sich nicht aneignen darf, weil sie besonderem Schutz unterstehen.

Das Fischen und Zurücksetzen wird überall als »catch and release« (C&R) bezeichnet und in vielen Ländern als das gängige Verfahren akzeptiert und sogar propagiert. Eine wichtige Voraussetzung dafür, dass C&R sinnvoll ist, besteht natürlich darin, dass die wieder eingesetzten Fische den Vorgang überhaupt stabil überstehen. Dazu liegen mittlerweile sehr viele Untersuchungen vor, die den Schluss zulassen, dass die Überlebensrate von mehreren Faktoren abhängt und für verschiedene Fischarten unterschiedlich eingestuft wird (vgl. ganz besonders Arlinghaus, 2006, bes. S. 67–71). Daneben gibt es auch zahlreiche Untersuchungen über die subletalen Effekte des C&R auf Fische, zum Beispiel Veränderungen in ihrem Verhalten.

Das jeweilige Reglement des C&R kann sehr unterschiedlich ausfallen (Schwab, 2010, S. 78 f.): In Deutschland erzwingt die rechtliche Regelung etwa, Fische, die Fangbeschränkungen nach Zeit und Maß unterliegen, schonend wieder in ihr Element zu entlassen; umgekehrt ist der Angler hier auf der rechtlich sicheren Seite, wenn er Fische mitnimmt, sobald er sie sich aneignen darf. In manchen Ländern wird es dem Angler freigestellt, was er mit seinem Fang anstellt; in anderen wird ihm C&R vorgeschrieben, ganz oder teilweise. Den Hintergrund bildet ein wachsender Bejagungsdruck, der sich aus der steigenden Zahl von Angel-Amateuren ergibt. Die in Großbritannien beliebte Karpfen-Angelei ist traditionell C&R; die wachsende Beliebtheit der Fliegenfischerei hat in den USA dazu geführt, das C&R an den Salmoniden-Gewässern (Evans, 2005, S. 197) durchzusetzen. Auch in Mitteleuropa wird C&R zunehmend zum Thema, was zum einen mit der wachsenden Zahl von Anglern zusammenhängt, die einem limitierten Bestand von Fischen und Gewässern gegenüberstehen. Überlegungen eines veränderten Gewässermanagements können hier eine Rolle spielen. Es darf auch nicht unterschätzt werden, dass das Angeln für den Tourismus bestimmter Regionen einen erheblichen Faktor darstellt und C&R deshalb einen großen wirtschaftlichen Vorteil bedeuten kann: Die knappe Ressource Fisch reicht damit für mehr Angler und für mehr Angeln.

Dies aber setzt die Legitimität des Fischens ohne die Absicht des Nahrungserwerbs voraus. Genau hier läuft die moralische und auch rechtliche Bruchkante. Das deutsche und das Schweizer Tierschutzrecht verlangen, dass der Angler fischt, um sich Nahrung zu verschaffen. Nach deutscher Rechtsprechung muss dies nicht nur ein Zweck (unter anderen), sondern der Hauptzweck seiner Tätigkeit sein (so der Kommentar zum deutschen TSchG bei Hirt, Maisack u. Moritz, 2007, S. 88; anders Jendrusch u. Niehaus, 2008). Die Fischereiverordnung Hessens (§ 10) geht sogar so weit, eine entsprechende Gesinnung auszuschließen: »(3) Fischen in der Absicht, die Fische ohne vernünftigen Grund nach dem Fang wieder auszusetzen, ist verboten.« Dergleichen *kann* man nicht verbieten. Das Recht ahndet den Vorsatz oder den Versuch; beides setzt aber eine entsprechende Handlung oder den Versuch, eben das Zurücksetzen, voraus.

Allerdings schließt das Tierschutzrecht aus, mit dem Fischen andere *tatsächliche Zwecke* als den der Nahrungsgewinnung anzustreben. Dies etwa ist der Fall bei der (im Ausland üblichen) Praxis eines Wettfischens mit anschließendem Zurücksetzen;

eine Praxis, die auch in ethischer Perspektive hochgradig suspekt sein muss, reduziert sie doch die Fische zu einer Art Sportgerät. Dies geht grundsätzlich nicht zusammen mit der oben dargestellten Haltung der Ehrfurcht, denn hier werden Tiere vollständig instrumentalisiert.

Von der Warte des international gebräuchlichen C&R aus ist andererseits nicht leicht nachzuvollziehen, warum es Tierschutzgründe sein sollen, die einen Angler dazu nötigen, einen Fisch zu töten, statt ihn zurückzusetzen. Alexander Schwab (2010, S. 79) zeigt das Bild einer Anglerin mit einem enormen Karpfen im Arm, der ihr, sollte sie ihn *zurücksetzen*, in der Schweiz und in Deutschland in große Schwierigkeiten brächte. Dies steht in der Tat in erheblicher Spannung zu einer gewissen Ehrfurcht vor diesem respektablen Tier. Schwab hat an anderer Stelle darauf hingewiesen, dass es der Angelfischerei nichts von ihrer *Grausamkeit* – die Schwab selbst natürlich in Abrede stellt – nehmen würde, wenn der Fisch dann schließlich gegessen würde: »If a Seychellois fisherman fishes with lines festooned with dozens of hooks and hooks a fish, it suffers the same way as it does on my hook. [...] All the same the Seychellois subsistence fisher is regarded as less cruel than I who fish for recreational reasons« (Schwab, 2003, S. 91). Das ist nicht wirklich paradox, denn der Vorgang als Ganzer unterliegt einem moralischen Rechtfertigungsdruck: Wenn, aus welchen Gründen auch immer, das Essen von Tieren diese Rechtfertigung verschafft, dann erstreckt sie sich auf den *ganzen* Vorgang des Fischens: Die *Belastung* für das Tier rechtfertigt sich aus dieser Sicht durch einen sinnvollen Zweck.

Viel Verwirrung in dieser Diskussion stiftet die Gleichsetzung von Zwecken (wie Nahrungsgewinn) mit den inhärenten Werten, die für den Angler in der Tätigkeit selbst stecken. Die Freude selbst kann gar nicht erstrebt werden, sie ist kein Zweck im selben Sinne wie die Nahrungsgewinnung oder gegebenenfalls der Sieg in einem Wettfischen oder die Verbesserung ökologischer Verhältnisse. Dieser Punkt ist zentrales Thema der philosophischen Diskussion, von A. A. Luces »Fishing and Thinking« (1959) bis zur luziden Darstellung des Themas in J. C. Evans' »With Respect for Nature« (2005).

Sollte die Freude am Fischen allein denn nicht genügen, den ganzen Vorgang zu rechtfertigen? Immerhin fügen Menschen Tieren auch aus anderen selbstsüchtigen Motiven ein gewisses *Leiden* zu. Eine anthropozentrische Sicht könnte dies im Prinzip sogar zulassen, und sie lässt es in anderen Gesellschaften auch zu. »Catch and release« wird andernorts nicht als Verstoß gegen den Tierschutz, sondern als seine Erfüllung bewertet. Allerdings rühren zwei Eigenschaften des C&R an starke gegenteilige Intuitionen und verhindern, es in eine Reihe mit anderen für Tiere belastenden *Nutzungen* zu stellen: Die Zufügung von Leiden (wie immer es sich bei geangelten Fischen genauer darstellen mag) ist mit dem Vorgang *notwendig* verbunden und tritt nicht zufällig zu ihm hinzu (wie etwa das mögliche lange Leiden eines altersschwachen Heimtieres zu dessen Leben in menschlicher Obhut hinzutreten *kann*). Außerdem bietet der Angler dem Fisch keine Kompensation. Beim Heimtier kann der Halter zumindest darauf verweisen, seinem Tier ein friedvolles Erdendasein verschafft zu haben. Das Einzige, worauf Fischer verweisen können, ist, dass viele Fische ihr Leben tatsächlich dem

Zutun der Menschen verdanken, die sie als Besatzfisch erbrütet und ins Gewässer eingebracht haben.

Eine andere argumentative *Strategie* für das C&R besteht darin, die Schmerzempfindung bei Fischen zu leugnen oder herunterzuspielen. Die Frage »Do fish feel pain?« hat im letzten Jahrzehnt eine außerordentlich intensive Behandlung erfahren, sowohl was die Erhebung des naturwissenschaftlichen Sachstandes als auch dessen philosophische Deutung angeht. Rose führte »einen indirekten ›Beweis‹ damit, dass Fischen eine bestimmte Hirnregion im Großhirn (der so genannte Neocortex), die Bewusstsein und damit einhergehend Schmerzempfinden beim Menschen und anderen Primaten hervorruft, fehlt. Somit sei, so Rose, die bewusste Erfahrung von Schmerz bei Fischen unmöglich« (zit. nach Jendrusch u. Arlinghaus, 2005, S. 2) – eine Auffassung, die mittlerweile heftig befehdet wird. Einen neuen Meilenstein in der Diskussion setzt das Buch von Braithwaite: »Do fish feel pain?« von 2010.

In (straf-)rechtlicher Hinsicht müssen die Kriterien schärfer gefasst werden, denn zum einen verlangt eine Verurteilung wegen Tierquälerei ein höheres Maß an Sicherheit, vor allem aber müssen Schmerzen, Leiden, Schäden *erheblich* sein. Auch in dieser Hinsicht darf man auf die weitere wissenschaftliche Diskussion um den *Schmerz* der Fische gespannt sein, denn das Maß des Leidens ist hierin ebenso von Bedeutung wie die Sicherheit, mit der Menschen es bestimmen können.

Für die ethische Bewertung erscheinen diese Details eher unerheblich: Angeln mindert Fische in ihrem Wohlbefinden, und dies bedarf der Rechtfertigung.

4 Zusammenfassung

Ethische Standards scheinen für die Ausübung von Hobbys weit schwerer durchzusetzen zu sein als für professionelle Tätigkeiten. Ausbildungen sind schmäler, Kontrollen und Sanktionsmöglichkeiten geringer. Dem stehen allerdings im Hobbybereich ein stark reduzierter wirtschaftlicher Druck sowie eine womöglich höhere persönliche Motivation gegenüber. Es könnte sich von daher erweisen, dass auch Hobbyjäger und -fischer zu einem hohen Ethos motiviert werden können – mit anderen, ihnen angemessenen Mitteln. Ein weites Feld öffnet sich.

Literatur

Arlinghaus, R. (2006). Der unterschätzte Angler. Stuttgart: Kosmos.

Braithwaite, V. (2010). Do Fish Feel Pain? Oxford: University Press.

Evans, J. C. (2005). With Respect for nature. Albany: State University of New York Press.

Forstner, M., Rohrmoser, F., Lexer, W., Heckl, F., Hackl, J. (2006). Nachhaltigkeit der Jagd. Prinzipien, Kriterien und Indikatoren. Wien: Av Buch.

Hirt, A., Maisack, C., Moritz, J. (2007). Tierschutzgesetz Kommentar (2. Aufl.). München: Beck.

Jendrusch, K., Arlinghaus, R. (2005). Catch & Release – eine juristische Untersuchung. Agrar- und Umweltrecht, 2, 48–51.

Jendrusch, K., Niehaus, M. (2008). Aktuelle Entwicklungen und Tendenzen des Fischereirechts. Sonderheft des DAV.

Krüger, M. (1998). Wettkampf. In O. Grupe, D. Mieth (Hrsg.), Lexikon der Ethik im Sport (S. 616–622). Schorndorf: Hofmann.

Kunzmann, P. (2004). Kleine Philosophie der Passionen. Angeln. München: dtv.

Luce, A. A. (1959). Fishing and Thinking. Shrewsbury: Swan Hill Press.

Maclean, N. (1976). A River Runs through it. Chicago: University Press.

Rosenberger, M. (2001). Im Zeichen des Lebensbaums. Ein theologisches Lexikon der christlichen Schöpfungsspiritualität. Würzburg: Echter.

Rosenberger, M. (2008). »Waid-Gerechtigkeit«. Grundzüge einer christlichen Ethik der Jagd. In Lehr- und Forschungsanstalt für Land- und Forstwirtschaft (Hrsg.), Jagd und Jäger im Visier. Perspektiven für die Freizeitjagd in unserer Gesellschaft (S. 5–14). Irdning: FZ Raumberg Gumpenstein.

Schwab, A. (2003). Hook, Line and Thinker. Angling and Ethics. Ludlow: Merlin Unwin Books.

Schwab, A. (2010). Angles on Fishing. Biglen: E, Z & D Verlag.

Wirkus, B. (1998). Erfolg/Misserfolg. In O. Grupe, D. Mieth (Hrsg.), Lexikon der Ethik im Sport (S. 122–128). Schorndorf: Hofmann.

Martin Janovsky (Veterinärmedizin)

Arche Noah oder anachronistisches Tiergefängnis: Sind Zoos ein Zukunfts- oder Auslaufmodell?

1 Einleitung

Zoos sind viel besuchte und viel beachtete Einrichtungen. Allein in Deutschland, Österreich und der Schweiz existieren über 700 Zoos bzw. zooähnliche Einrichtungen, die jährlich ca. 70 Millionen Besucher empfangen (VDZ, 2011). Sie stellen damit auch einen erheblichen Wirtschaftsfaktor und Arbeitgeber dar. Zoos verstehen sich als Einrichtungen, die Bildungsinhalte, Naturschutz, Tierschutz und Erlebnischarakter vermitteln sowie einen Platz für Erholung bieten. In Zoos können Tiere unmittelbar zum Beispiel über authentische Geräusche und Gerüche auch sinnlich erlebt werden. Die Beobachtung sozialer Interaktionen innerhalb von Tiergruppen kann Besucher auch dazu veranlassen, über ihre persönlichen, sozialen Kompetenzen nachzudenken. Zoos sollen gleichzeitig tiergerecht und besuchergerecht sein und müssen auch als Wirtschaftsbetriebe funktionieren.

Für Kritiker ist ein Zoo hingegen keine moderne und artgerechte »Arche Noah«, sondern ein anachronistisches Tiergefängnis, eine dem Untergang geweihte »Titanic«, in der die Tiere wie Museumsstücke in absoluter Enge gelagert werden (Goschler u. Orso, 2007; MacKenna, 1993; PETA, 2011). Wildtierhaltung ist für Zoogegner grundsätzliches Unrecht (Born Free, 2006), da »nichtmenschliche Tiere« ein Recht auf Leben in Freiheit und Selbstbestimmung haben (Albrecht, 2008). Die Fronten zwischen Gegnern und Befürwortern von Zoos sind verhärtet und auch Vertreter des Tierschutzes und des Naturschutzes verfolgen verschiedene Ziele (Zoos zwischen den Fronten, 2005).

Die Auseinandersetzung mit dem Thema Tierschutz in Zusammenhang mit der Haltung von Wildtieren in Zoos bzw. generell mit der Haltung von Wildtieren führt zu sehr breiten und auch sehr grundsätzlichen Fragestellungen des Tierschutzes. Die Breite ergibt sich einerseits aus der nicht zu überblickenden Fülle verschiedenster Tierarten mit unterschiedlichsten, teilweise wenig bekannten Haltungsansprüchen, andererseits ist die Breite der Diskussion auch durch den sehr emotionalen Zugang zu unterschiedlichen Tierarten bedingt. Wird die Haltung bzw. Nutzung von weniger attraktiven Tierarten grundsätzlich akzeptiert, stößt diese bei Tierarten, die allgemein besonders hohe Sympathiewerte haben, auf vehementen Widerstand. Eine zunehmend urbane Bevölkerung kann sich immer weniger selbst ein unmittelbares Bild zum Beispiel von der Produktion tierischer Lebensmittel machen. In Zoos kann sich der Besucher als Konsument zumindest teilweise unmittelbar ein Bild davon machen, wie die ihm präsentierten Tiere gehalten werden.

2   Was ist ein Zoo?

Eine vor allem für den behördlichen Vollzug von gesetzlichen Mindeststandards relevante Definition eines Zoos im EU-Raum findet sich in der Richtlinie 1999/22/EG des
»Rates über die Haltung von Wildtieren in Zoos« (1999). Der Ausdruck »Zoo« bezeichnet demnach dauerhafte Einrichtungen, in denen lebende Exemplare von Wildtierarten zwecks Zurschaustellung während eines Zeitraums von mindestens sieben Tagen
im Jahr gehalten werden; ausgenommen hiervon sind Zirkusse und Tierhandlungen.
Dementsprechend sind unter Zoos nicht nur größere Einrichtungen, die eine relevante
Anzahl von exotischen Tierarten präsentieren, zu verstehen, sondern auch die Haltung
von wenigen der örtlichen Fauna zugehörigen Wildtierarten, die in Zusammenhang mit
einem Gastronomiebetrieb als Besucheranreiz gehalten werden. Zu unterscheiden ist
ein Zoo von einem Zirkus, bei dem Präsentationen mit Tieren bzw. Wildtieren auf dem
Gebiet der Dressur zu sehen sind. Zoos müssen bei der örtlich zuständigen Behörde um
eine Bewilligung ansuchen. Im Gegensatz zur privaten Haltung von Wildtieren müssen
Zoos für die Erlangung der Bewilligung neben der Erfüllung von Tierschutzkriterien
sowie Anforderungen an die Leitung und die Ausbildung von Tierpflegern auch einen
Beitrag zum Artenschutz sowie zur Aufklärung und Bewusstseinsbildung der Öffentlichkeit in Bezug auf die Erhaltung der biologischen Vielfalt nachweisen. In Österreich
beispielsweise dürfen allerdings die meisten Wildtierarten der Klasse Säugetiere gar
nicht von Privatpersonen gehalten werden.
    So banal die Feststellung ist, dass es beim Tierschutz um Tiere geht und damit grund-
sätzlich keine Einschränkung auf gewisse Tiergruppen oder Arten besteht, so schwierig
ist in diesem Zusammenhang die grundsätzliche Frage, ob alle Tiere gleich behandelt
bzw. auf gleichem Niveau geschützt werden sollen, zu beantworten. Wodurch würde
sich ein grundsätzlicher Unterschied in der Behandlung eines Tigers oder Elefanten
und einer Vogelspinne oder einer Ratte rechtfertigen? In der Praxis ist der Zugang zu
unterschiedlichen Tierarten und die Bereitschaft, sich für deren Schutz einzusetzen, sehr
unterschiedlich. Voraussetzung für den Schutz ist die Information über eine Tierart. Die
Wichtigkeit der Aufklärung über Tiere als Grundlage für deren Schutz sowohl als Art
als auch als Individuum wird ebenfalls als wesentliches Argument für die Berechtigung
bzw. die Notwendigkeit von Zoos gesehen (WAZA, 2006).

3   Wildtier – Haustier – Zootier

In Zoos werden vor allem Wildtiere gehalten. Abgesehen von der verschwindend kleinen
Anzahl an Haustierarten, die vom Menschen domestiziert wurden, sind alle anderen
bekannten Tierarten Wildtiere. Dennoch stehen insbesondere bei der Auseinandersetzung mit dem Thema Tierschutz in der Regel Haustiere im Vordergrund. Haustiere
einerseits, deren Produkte genutzt werden (Nutztiere), oder Tiere andererseits, die
als Gefährten gehalten oder wie Familienmitglieder behandelt werden (Heimtiere),

die wesentlich an der Nahebeziehung zwischen Menschen und Tieren und auch den daraus resultierenden Schutznormen beteiligt sind. Wildtiere haben im Empfinden vieler Menschen einen Sonderstatus. Sie repräsentieren in der Regel die schöne und positive Seite der Natur. Oftmals sind sie Symbole für Freiheit, Stärke, Mut und andere Attribute, manche Wildtiere dienen als besondere Identifikationssymbole, wodurch teilweise eine sachlich neutrale Auseinandersetzung erschwert wird.

Bei der Betrachtung der ganz grundsätzlichen Frage, ob generell Wildtiere gehalten und damit zum Beispiel in ihrer Bewegungsfreiheit eingeschränkt werden dürfen, muss die Frage gestellt werden, ob ein grundsätzlicher Unterschied in der Schutzwürdigkeit als Individuum zwischen Haus- und Wildtieren besteht. Abgesehen von Artenschutzaspekten sind aus dem Blickwinkel des Tierschutzes die Individuen aller Arten gleich schützenswert, wenn sie gleich leidensfähig sind. Basierend auf dieser Grundsatzüberlegung ist auch die Haltung von Wildtieren in Zoos grundsätzlich den gleichen Überlegungen betreffend eine tiergerechte Haltung und der Grenzen der Anpassungsfähigkeit unterworfen wie die Haltung von unterschiedlichen Haustieren. Müssen Haustiere Leistungen erbringen, wegen derer sie domestiziert wurden, und wird deren natürliches Verhaltensrepertoire aufgrund der verschiedensten Nutzungsbedingungen mehr oder weniger stark eingeschränkt, steht bei der Präsentation von Wildtieren in Zoos »das Tier an sich« im Vordergrund. Auch wenn Wildtiere, die keinen Domestikationsprozess durchlaufen haben und teilweise zum Beispiel ein höheres Bewegungsbedürfnis und größeres Verhaltensspektrum haben als Haustiere, im Rahmen der Haltung teils erheblichen Einschränkungen unterworfen sind, ist es im Regelfall den in entsprechenden Zoos gehaltenen Wildtieren möglich, eine größere Bandbreite an essentiellen, natürlichen Verhaltensweisen auszuleben als dies vergleichsweise bei den meisten Haustieren der Fall ist.

Wird zum Beispiel im Falle von Nutztieren die Haltung und die Nutzung von tierischen Produkten und auch die Tötung (Schlachtung) durch die Gewinnung von Lebensmitteln und anderen mehr oder weniger notwendigen Produkten gerechtfertigt, stehen bei Zoos Naturschutz- und Forschungsaspekte sowie die Bildungs- und Erholungsfunktion im Vordergrund (WAZA, 2006).

4 Geschichte der Zoos

Die Haltung von Wildtieren blickt auf eine jahrtausendealte Geschichte zurück. Wurden in den meist feudalistischen Vorläufereinrichtungen der modernen Zoos exotische Tiere ohne naturwissenschaftlichen Hintergrund gezeigt, entwickelten sich im Verlaufe des 19. Jahrhunderts »systematische Zoos«, die eine möglichst große Anzahl von verschiedenen Tierarten präsentieren wollten. Mit Carl Hagenbeck und der Eröffnung des Hamburger Tierparks Stellingen wurde 1907 ein neues Konzept umgesetzt, nach dem Tiere in ihrem Lebensraum und sozialen Verbund mit ihren natürlichen Verhaltensweisen präsentiert werden. Die 1942 durch Heini Hediger begründete »Tiergartenbiologie« sollte durch Beobachtungen aus den Bereichen der Biologie vor allem. der Verhaltensforschung zu einem besseren Verständnis der Arten und ihrer Bedürfnisse beitragen. Die Erkenntnisse der Tiergartenbiologie sind heute in den Grundsätzen, dass Tiere unter Bedingungen gehalten werden müssen, mit denen den Bedürfnissen der jeweiligen Art Rechnung getragen wird, in der Richtlinie 1999/22/EG verbindlich für alle europäischen Zoos festgelegt.

Eine relativ junge Entwicklung in Zoos ist die immer weiter verbreitete Haltung und Präsentation nicht nur von Wild-, sondern auch von Haustieren. Im Zuge der Urbanisierung eines zunehmenden Anteils der Bevölkerung scheinen viele Zoobesucher zwar aufgrund von Naturdokumentationen eine genaue Kenntnis von manchen Wildtierarten zu haben. Eine Kuh oder Ziege ist vergleichsweise jedoch oftmals fast unbekannt. Zoos sprechen teilweise auch Besucher in ihrer Eigenschaft als (Heim-)Tierhalter an und vermitteln Informationen über die private Haltung von Wild- und Haustieren.

5   Anforderungen an die Zootierhaltung

Für den Tierschutz steht das Individuum im Vordergrund. Zoos müssen daher nicht nur artgerechte, sondern auch individuengerechte Tierhaltung gewährleisten (Martys, 1994). Allerdings muss bei der Haltung und speziell bei der Gehegegestaltung auch ein Kompromiss zwischen den Bedürfnissen der Tiere, der Tierpflege und denen der Besucher gefunden werden. Ein sichtbares Zeichen des Bekenntnisses für das Wohl der in Zoos gehaltenen Tiere sind zum Beispiel die Codices der Europäischen (EAZA)- und Weltzoovereinigung: WAZA Grundsätze für Tierschutz und Ethik (WAZA, 2003, 2008). Mit der Zunahme des Wissens über die einzelnen Wildtierarten und dem stark gestiegenen Stellenwert des Individualtierschutzgedankens sind in den letzten Jahrzehnten die Haltungsanforderungen allgemein und vor allem der Platzbedarf für die Haltung erheblich gestiegen. Während die Bedürfnisse der Tiere immer gleich bleiben, differieren die Ansichten, was unter einer tierschutzgerechten Haltung im Einzelfall konkret zu verstehen ist, wesentlich und unterliegen dem sich wandelnden Zeitgeist entsprechenden Veränderungen.

Um die allgemeine Forderung nach tierschutz- bzw. artgerechter Haltung für die einzelnen Tierarten zu konkretisieren, wurden zum Beispiel in der Schweizer Tierhaltungsverordnung 455.1 vom 27. Mai 1981 Mindestanforderungen für eine große Zahl von Wildtierarten festgelegt. Das deutsche Bundesministerium für Ernährung, Landwirtschaft und Forsten hat 1996 ein »Gutachten über die Mindestanforderungen an die Haltung von Säugetieren« erstellen lassen, das ebenfalls Mindestanforderungen für Haltungsbedingungen wie Flächen- bzw. Raumbedarf, klimatische Verhältnisse und Gehegeeinrichtungen beinhaltet (BMVEL, 1996). In der 2. Tierhaltungsverordnung zum Österreichischen Tierschutzgesetz 2004 (BGBl II 486/2004) sind ebenfalls Mindestanforderungen für eine enorme Anzahl von Wirbeltieren enthalten. Die festgelegten

Mindestanforderungen stellen keine Haltungsempfehlungen, sondern die Grenzen zur nicht mehr vertretbaren Tierhaltung dar. Die Anforderungen an die Haltung sind tendenziell im Verlaufe dieser Zeit gestiegen, entsprechen in der Regel allerdings noch bei Weitem nicht den Forderungen von Tierschutzorganisationen, sofern die Haltung von Wildtieren nicht generell abgelehnt wird. Für die Haltung von Zootieren gibt es neben den gesetzlichen Mindestanforderungen auch eine Reihe von Empfehlungen und »Best-practice«-Beispielen (Dittrich, 2007; Puschmann u. Zscheile, 2009; Grummt u. Strelow, 2009; Engelmann, 2005, 2006; Engelmann u. Lange, 2010).

6 Klima, Licht, Ernährung, Tierpflege und Betreuung

Dieses Kapitel enthält für die tierschutzgerechte Haltung von Zootieren entscheidende Faktoren. Aufgrund der völlig unterschiedlichen Ansprüche der verschiedenen Arten und des begrenzten Umfanges des Beitrages kann nur kurz und ganz allgemein darauf eingegangen werden. Die konkreten Werte für die einzelnen Tierarten können der entsprechenden Fachliteratur entnommen werden.

Ein ganz wesentliches Haltungselement, in dem die Berücksichtigung des natürlichen Lebensraumes der gehaltenen Tiere in seinen physikalischen Parametern eine zentrale Rolle spielt, sind die klimatischen Verhältnisse. Im Gegensatz zu sehr vielen Nutztierhaltungen haben die meisten Zootiere, die an das Klima des Zoos, in dem sie gehalten werden, angepasst sind, Zugang zu einem Außenbereich mit natürlichen Licht- und Temperaturverhältnissen. Tierarten, die nicht an die klimatischen Bedingungen angepasst sind, benötigen korrekt klimatisierte Innenanlagen, die bezüglich Größe und Strukturierung die gleichen Anforderungen erfüllen müssen wie Außenanlagen. Vor allem die Haltung von exotischen Reptilien und Vögeln stellt hohe Ansprüche an die Versorgung mit UV-Licht, geeignete Beleuchtungskörper mit einer Flimmerfrequenz ohne Stroboskopeffekt sowie Temperatur und Luftfeuchtigkeit. Erkrankungen wie Skelettdeformationen oder Häutungsprobleme können häufig mit haltungsbedingten Defiziten in Verbindung gebracht werden.

Die Fütterung soll nicht nur eine ausreichende und artgerechte Ernährung sicherstellen, sondern auch möglichst die gesamten Verhaltensweisen in Zusammenhang mit der Ernährung ermöglichen und stellt dementsprechend einen erheblichen Beitrag zur Beschäftigung der Tiere dar. Je nach Tierart bedeutet dies einen erheblichen Aufwand und es sind der Phantasie bei der Fütterungstechnik keine Grenzen gesetzt. Die Gestaltung des Bodens stellt ein weiteres wesentliches und tierschutzrelevantes Haltungselement dar, ebenso auch Zäune und Absperrungen. Eine ausreichende Anzahl und Ausbildung von Tierpflegepersonal ist ein entscheidendes Haltungselement und kommt den gehaltenen Tieren direkt zu Gute, insbesondere in der Pflege von Gehegen, der Futterzubereitung, Fütterungstechnik und der Versorgung mit ausreichend Einstreu und Beschäftigungsmaterial.

In der Zootierhaltungspraxis ist wie in jeder anderen Tierhaltung der im Grunde entscheidende Faktor der Faktor Mensch, beginnend bei der Überlegung und Entscheidung, welche Tiere gehalten werden sollen, über die Planung und das Anlegen von Gehegen bis zum täglichen Haltungsbetrieb und der umfassenden Betreuung. Insbesondere bei allen nicht exakt messbaren und damit auch nicht exakt vorschreibbaren Parametern ist es die persönliche Motivation und Sorgfalt, das Bemühen um eine gute Tierhaltung der oft vielen involvierten Personen auf unterschiedlichen Ebenen, die letztendlich eine gute oder schlechte Tierhaltung ausmachen.

Insbesondere die Qualität der Mensch-Tier-Beziehung der unmittelbar für die Betreuung der Tiere verantwortlichen Personen zu »ihren Tieren« ist diesbezüglich von besonderer Bedeutung. Auch der Aus- und Fortbildung von Mitarbeitern sowie der Möglichkeit, Erfahrungen mit anderen Institutionen auszutauschen, kommt eine wichtige Rolle zu. Dass Zoos über ausreichend und entsprechend qualifiziertes Personal verfügen müssen, stellt eine allgemeine gesetzlich festgelegte Mindestanforderung dar. Die Einhaltung dieser Mindestanforderung kann in der Regel nur schwer kontrolliert werden, da der Faktor Mensch nicht mess- bzw. standardisierbar ist. Ein diesbezügliches Defizit hat in der Regel allerdings unmittelbare Auswirkungen auf die Tiere, deren Verhalten und die gesamte Präsentation der Tierhaltung.

7 Ermöglichung elementarer Verhaltensweisen

Aber nicht nur Größe und Ausstattung eines Geheges sind für eine tierschutzgerechte Haltung von Bedeutung. Der grundsätzliche Auftrag einer artgerechten Haltung beinhaltet die zentrale Forderung, dass die gesamte Bandbreite der essentiellen, natürlichen Verhaltensweisen im angemessenen Ausmaß ermöglicht wird. Das heißt, dass die wichtigsten Verhaltensweisen der verschiedenen Funktionskreise wie Mobilität, Sozialverhalten, Fortpflanzung, Territorialverhalten, Nahrungsverhalten (Erwerb, Auswahl, Aufnahme), Ruhe-, Erkundungs-, Spiel- und Komfortverhalten ausgelebt werden können.

Tiere sind in der Natur einer Reihe von Gefahren ausgesetzt und die Prinzipien der Evolution bzw. der natürlichen Selektion werden aus anthropozentrischer Tierschutzsicht als durchaus grausam empfunden. Die Natur ist nicht »beim Tierschutzverein« und insofern kann die Haltung in einem Zoo für ein Tier durchaus viel Positives bieten. Doch durch die Erfüllung existentieller Grundbedürfnisse wie der Schutz vor Feinden oder die Fütterung sowie durch Eingriffe in die Fortpflanzung oder die Minimierung von Umwelteinflüssen sind die Entstehung von Reiz- und Bewegungsarmut im Vergleich zur natürlichen Situation und daraus resultierende Verhaltensstörungen ein zentrales Problem der Zootierhaltung. Den Zootieren ist oft »langweilig«. In diesem Zusammenhang ist die Wichtigkeit der Haltung in entsprechenden sozialen Gruppen, die Gehegegestaltung, die Futterzusammenstellung und Fütterungstechnik und auch die Bereicherung des Lebensraumes (»enrichment«) zu erwähnen. Ziel von Enrichment ist es, Verhaltensweisen der wichtigen Funktionskreise, die durch die Grundausstattung der Gehegeanlage nicht ermöglicht werden, im angemessenen Rahmen auszulösen und zu ermöglichen. Je genauer das natürliche Verhalten der gehaltenen Tiere bekannt ist, desto besser können die tierartspezifischen Funktionskreise beurteilt und gegebenenfalls durch Enrichment stimuliert werden (Müri, 1998a). Der Phantasie, für die gehaltenen Tiere geeignete Beschäftigungsmöglichkeiten zu entwickeln, sind grundsätzlich keine Grenzen gesetzt. Insbesondere die regelmäßige Versorgung mit entsprechendem Material wie zum Beispiel grünen Ästen als Beschäftigungsfutter ist eine einfache und wenig kostenintensive Maßnahme zur Umweltanreicherung der gehaltenen Pflanzen- bzw. Allesfresser.

In speziellen Fällen müssen Tiere zusätzlich mittels Klickertraining darauf konditioniert werden, zum Beispiel für veterinärmedizinische Maßnahmen bestimmte Körperteile zu präsentieren, um Routinekontrollen durchzuführen, für die ansonsten eine Immobilisation durchgeführt werden müsste.

8 Qualität vor Quantität

Eine Entwicklung, die eine zunehmend stärkere Gewichtung des Tierschutzgedankens im Sinne einer möglichst hochwertigen Tierhaltung erkennen lässt, ist die Tatsache, dass im Gegensatz zum früheren Konzept der Menagerie, in der möglichst viele verschiedene Tierarten teilweise in Einzelexemplaren zur Schau gestellt wurden, heute in Zoos zunehmend eine geringere Anzahl von Tierarten präsentiert wird, denen allerdings eine bessere Haltung geboten werden kann. Dieser Trend setzt zum Beispiel auch eine Koordination von Zoos untereinander in der Auswahl der jeweils gehaltenen Tierarten voraus.

9 Bildungsauftrag und Kommerzialisierung

Viele Zoos, die von öffentlichen Stellen bzw. privaten Vereinen unterstützt werden, bieten ihren Tieren Haltungsbedingungen, die weit über die jeweiligen gesetzlichen Mindeststandards hinausgehen. Doch nicht jede Einrichtung, die als Zoo bezeichnet wird, kann sich eine Haltung der präsentierten Tiere auf höchstem Qualitätsniveau nach den Kriterien von »best practice« leisten. Die Finanzierung von notwendigen Umbaumaßnahmen und Erweiterungen, um die jeweiligen Tiere entsprechend den steigenden Mindeststandards bzw. den hohen Erwartungshaltung eines kritischen Publikums zu halten, ist eine wesentliche Herausforderung für Zoos. Zum Teil können die erforderlichen Mittel über attraktive Besucherangebote und durch die Kombination mit Unterhaltungsattraktionen erwirtschaftet werden. Die Grenzen der kommerziellen Präsentation, bei der die Vermittlung korrekter Informationen entsprechend des Bildungsauftrages von Zoos in den Hintergrund treten, sind fließend. Für die gehaltenen Tiere selbst steht die Qualität der Gehege sowie der Betreuung im Vordergrund, unabhängig davon, ob der Bildungsauftrag als Säule der Rechtfertigung der Wildtierhaltung ausreichend erfüllt ist. Am Beispiel des Eisbärenjungen »Knut« des Berliner Zoos lässt sich einerseits der potenzielle kommerzielle Erfolg eines gut vermarkteten Zootieres erkennen (Wirtschaftswoche, 2007). Andererseits steht die mit der Vermarktung offensichtlich fast unausweichliche, starke Vermenschlichung von Einzeltieren im Konflikt mit dem auch gesetzlich geforderten Bildungsauftrag im Sinne einer fachlich korrekten und objektiven Information der Besucher und teilweise auch mit Artenschutzzielen. Ein vom Muttertier verstoßenes Jungtier hätte naturgemäß keine Überlebenschance. Ein durch Handaufzucht fehlgeprägtes Wildtier ist auch für die natürliche Erhaltungszucht nur bedingt einsetzbar. Größere handaufgezogene Tiere, vor allem Männchen, sind, insbesondere, wenn sie geschlechtsreif sind, auch gefährlicher in der Haltung als artgeprägte Vertreter der gleichen Spezies. Im Fall »Knut« haben unter anderem Tierschutzorganisationen die Tötung des Eisbärenjungen gefordert (Ninemsn, 2007; Focus, 2007).

10 Überzählige Zootiere – Töten, die Kehrseite artgerechter Haltung

Die Zucht von Zootieren erfolgt aber nicht nur, um Jungtiere als Publikumsmagnete für volle Zookassen zu produzieren, sondern sie ist auch Bestandteil einer artgerechten Tierhaltung und ein zentraler Aspekt des Artenschutzes (Nachzucht bedrohter Tierarten, Auswilderungprojekte), der für Zoos ein wesentlicher Arbeitsbereich geworden ist. Natürliche Fortpflanzung ist mit Einschränkungen ein Indikator für gute Haltungsbedingungen und zweifellos stellt das Ermöglichen, dass das natürliche Sexual- und Fortpflanzungsverhalten einschließlich der Geburt und vor allem auch die Betreuung von Jungtieren ausgelebt werden können, einen elementaren tierschutzrelevanten Faktor in der Tierhaltung dar. Die Fortpflanzung und Jungenaufzucht füllt bei Wildtieren einen wesentlichen Teil des Jahres bzw. Lebenszyklus aus. In Übereinstimmung mit den Forderungen der Tierschutzgesetzgebung nach möglichst weitgehender Verhaltensvollständigkeit sollte den gehaltenen Tieren zweifellos der wichtige Funktionskreis des Sexual-, Fortpflanzungs- und Brutpflegeverhaltens ermöglicht werden (Isenbügel, 2003). Doch die Tierhaltungskapazitäten der Zoos sind begrenzt und was geschieht mit den Jungtieren, wenn sie nicht bei den Muttertieren verbleiben oder an adäquate Plätze vermittelt werden können? In Anbetracht von zum Beispiel 58 Millionen Schweinen, die als Jungtiere mit einem Schlachtalter von circa sechs Monaten allein in Deutschland zur Ernährung einer mit Übergewicht kämpfenden Gesellschaft im Jahr 2010 geschlachtet wurden (Statistisches Bundesamt, 2011), drängt sich die Frage auf, warum nicht auch zum Beispiel ein junger Bär, an der biologischen Schnittstelle, an der in der Natur die Trennung zwischen Muttertier und Jungtieren erfolgt, mit gut einem Jahr geschlachtet und gegessen bzw. verfüttert werden sollte. Der Frage, wie mit »überzähligen« Jungtieren in Zoos zu verfahren ist, kommt in der aktuellen Diskussion der Thematik Tierschutz und Zoos eine zentrale Rolle zu. Die Argumentation und Emotionalität der Diskussion dieses Themas in der Öffentlichkeit unterstreicht, dass Zootiere für viele Menschen einen ganz besonderen Stellenwert haben, der nicht mit dem von Nutztieren vergleichbar ist.

Obwohl die empfundene, völlig unterschiedliche Wertigkeit zwischen unterschiedlichen Tierarten nicht zu rechtfertigen ist, ist sie doch offensichtlich Realität. In der Regel stößt es somit nicht auf breites Unverständnis, wenn zum Beispiel Antilopen getötet bzw. geschlachtet werden. Problematischer ist es bei einem Flusspferd und explosiv, wenn es sich um Bären, Tiger oder ähnlich hoch im Sympathiekurs der Mehrheit der Bevölkerung stehende Tierarten handelt.

Die europäischen Tierschutzgesetzgebungen fordern für das Töten eines Tieres das Vorliegen eines vernünftigen Grundes. Für die Abwägung, was als vernünftiger Grund anzusehen ist und was nicht, stehen keine klar definierten Entscheidungskriterien zur Verfügung, sie erfolgt im Einzelfall und ist einem Wandel unterzogen. Es wird allgemein akzeptiert, dass Tiere getötet werden, um als Nahrung für Menschen oder andere Tiere zu dienen. Ebenso um ein Tier von nicht behebbaren Leiden oder Schmerzen zu erlösen oder um das Eigentum von Menschen zu schützen. Auch rein wirtschaftliche Überlegungen sind der Grund, um völlig gesunde Jungtiere zu töten, wenn zum Beispiel Millionen von männlichen Legehennenküken unmittelbar nach dem Schlüpfen getötet werden, weil eine weitere Aufzucht und Mast nicht profitabel genug sind. Gründe des Artenschutzes als Rechtfertigung für das Töten von Tieren werden bzw. wurden ebenfalls über längere Zeit als »vernünftiger Grund« allgemein anerkannt. Die Tötung ist auch der Abgabe in eine tierschutzwidrige Haltung vorzuziehen (TVT, 2009).

So wurde zum Beispiel im Frühjahr 1998 Anzeige wegen der Tötung von zwei Braunbären im Leipziger Zoo erstattet, die nicht an eine andere Einrichtung zur tierschutzgerechten Unterbringung vermittelt werden konnten. Die Ermittlungen der Staatsanwaltschaft kamen zum Schluss, dass bei der Abwägung möglicherweise nicht extremen Tierschutzinteressen, wohl aber den durchschnittlichen Forderungen des Tierschutzgesetzes Rechnung getragen wurde und ein vernünftiger Grund gegeben war (Hildebrandt, 2008). Hingegen hat am 6. Juli 2011 das Oberlandesgericht Naumburg, Deutschland, das Urteil im Verfahren um die Tötung von drei Tigerbabys im Magdeburger Zoo des Landgerichtes Magdeburg bestätigt, in dem der Zoodirektor sowie drei weitere Mitarbeiter verurteilt wurden. Die Tigerjungen waren 2008 getötet worden, nachdem sich herausgestellt hat, dass sie nicht reinrassig sind und aus Gründen des Populationsmanagements unter dem Aspekt des Artenschutzes nicht vermittelt oder tiergerecht untergebracht werden konnten. Das Oberlandesgericht kam als bereits dritte Instanz zu dem Schluss, dass die Tötung weder angemessen noch notwendig gewesen sei. Die Angeklagten hätten den Artenschutz über den Tierschutz gestellt (AFP, 2011). Zahlreiche Organisationen wie der Internationale Naturschutzverband (IUCN, 2010), der Weltverband der Zoos und Aquarien (WAZA, 2010), der Europäische Zooverband (EAZA, 2010) und andere (VDZ, 2010) hatten sich im Verlauf der Berufungsverfahren hinter die Vorgehensweise des Zoos gestellt.

Unabhängig von der rechtlichen Beurteilung über das Vorliegen eines vernünftigen Grundes stehen Zoos im unmittelbaren Blickpunkt der Öffentlichkeit. Nachrichten, dass Zootiere getötet und verfüttert werden, sorgen regelmäßig für Empörung und sind eine zweifelhafte Werbung für die Bildungseinrichtung Zoo.

Doch wie sind die Möglichkeiten eines Zoos, die Fortpflanzung der gehaltenen Tiere zu verhindern, wenn nicht sicher ein geeigneter Platz gefunden werden kann, aus der Sicht des Tierschutzes zu beurteilen? Die operative Entfernung der Keimdrüsen (Kastration) sowie die Unterbrechung der Samen- oder Eileiter (Sterilisation) bewirkt eine irreversible Kontrazeption und die Tiere können nicht mehr zur Zucht eingesetzt werden. Beide Maßnahmen führen damit zu einer Verringerung des Genpools. Zum Teil sind die chirurgischen Eingriffe bei Zootieren nur schwer bis gar nicht realisierbar. Besonders die Kastration kann außerdem zu Verhaltensänderungen und Veränderungen der Sozialstruktur führen (Wiesner, 2000). Bei der Sterilisation werden weiterhin Sexualhormone produziert. Bei der Sterilisation männlicher Tiere (z. B. bei Pavianen) wurde beobachtet, dass die Weibchen häufiger in Paarungsstimmung kamen, was zu erhöhtem Paarungsdruck führte (Mägdefrau, 2003). Sowohl die hormonelle Kontrazeption als auch die Immunokontrazeption sind in der Regel reversibel. Sie finden zwar zunehmend breitere Anwendung, müssen aber im Einsatz bei Wildtieren immer noch als experimentell eingestuft werden und haben teils schwer wiegende Nebenwirkungen (Hildebrandt, 2003; 2008). Schließlich können zur Verhinderung von Nachwuchs auch männliche und weibliche Tiere getrennt gehalten werden. Dies bedeutet in Abhängigkeit von der Sozialstruktur der jeweiligen Art oftmals eine erhebliche Einschränkung des Normalverhaltens und kann bis hin zu erheblichen Verhaltensstörungen oder auch gesundheitlichen Schäden wie hormonell bedingten Uteruserkrankungen bei weiblichen Tieren führen (Burckhardt, 1999). Die räumliche Trennung stellt auch ein Platzproblem dar, weil damit fast die doppelten Gehegeflächen für die getrennt gehaltenen Geschlechter zur Verfügung stehen müssen, was in der Regel eine Verkleinerung der Gehegefläche für das einzelne Tier notwenig machen würde.

Die Abwägung, wann gehaltenen Tieren die gesamte Palette des Fortpflanzungsverhaltens ermöglicht wird und wann bewusst die Fortpflanzung unterbunden wird, um überzählige Tiere nicht auch töten zu müssen, stellt eine Herausforderung der modernen Zootierhaltung dar. Aktuell wird der Lebensschutz des Einzeltieres tendenziell höher bewertet als Tierhaltungsaspekte oder Artenschutzargumente. Die Abwägung sollte jedenfalls vor allem aufgrund fachlicher Überlegungen im Sinne der gehaltenen Tiere erfolgen.

11 Verfütterung lebender Tiere

Eine ähnliche Herausforderung stellt die Abwägung betreffend die Verfütterung lebender Tiere dar. Im Sinne einer artgerechten Haltung wäre das Ausleben von Jagdverhalten eine Bereicherung für die gehaltenen Beutegreifer. Aus Rücksicht auf die betroffenen Beutetiere findet die Verfütterung von lebenden Tieren im Regelfall jedoch ausschließlich bei Tierarten bzw. Individuen statt, die keine tot angebotenen Futtertiere akzeptieren. Im Falle von Insekten empfiehlt zum Beispiel die österreichische Tierschutzgesetzgebung sogar, dass diese nach Möglichkeit lebend zu verfüttern sind. Die

Verfütterung lebender Wirbeltiere bzw. Säugetiere spielt zum Beispiel bei einzelnen Schlangenarten eine Rolle, die ausschließlich lebende Beutetiere akzeptieren, und hat vor allem im Rahmen von Wiedereinbürgerungsprojekten bzw. bei Auswilderungskandidaten, zum Beispiel bei Greifvögeln, größere Bedeutung bzw. ist sie auch nur in solchen Fällen zulässig.

12 Haltung speziell umstrittener Arten

Zootierhaltung bedeutet fast immer eine räumliche Beschränkung gegenüber der Situation einer Tierart im natürlichen Lebensraum. Die hohen Ansprüche an eine Wildtierhaltung, in der möglichst die gesamte Bandbreite der essentiellen, natürlichen Verhaltensweisen im angemessenen Ausmaß möglich ist, können bei unterschiedlichen Tierarten unterschiedlich gut erfüllt werden. So betrifft auch die Kritik an der Haltung von Zootieren nicht alle präsentierten Arten im gleichen Ausmaß. Auch das Ausmaß der Schwierigkeiten und finanziellen Aufwendungen im Versuch einer tiergerechten Haltung ist sehr unterschiedlich und es besteht die Forderung von Tierschutzorganisationen, auf die Haltung bestimmter Tierarten generell zu verzichten, was zum Beispiel auch aus dem Differenzprotokoll zum deutschen Gutachten über die Mindestanforderungen an die Haltung von Säugetieren hervorgeht (BMVEL, 1996). Als für die Haltung und Präsentation in Zoos ungeeignete Tierart wird manchmal zum Beispiel das Reh *(Capreolus capreolus)* bezeichnet (Müri, 1998b). Rehe gehören im Vergleich zu anderen zu den sehr gut untersuchten Tierarten. In Zoos haben sie, ähnlich wie im Freiland, eine relativ niedere Lebenserwartung. Die Reproduktion in Zoos ist wenig erfolgreich (Elze, 1988). Besonders bei großen Säugetierarten, die in Zoos Publikumsmagnete darstellen, konzentrieren sich sowohl Kritik als auch Schwierigkeiten und Bemühungen in der Haltung. Beispielhaft sind hierbei die Haltung von Eisbären (PETA, 2008), Elefanten (Born Free, 2011a) und Menschenaffen (Cavalieri u. Singer, 1996) zu nennen. Aktuell ganz besonders heftig umstritten ist jedoch die Haltung von Delfinen.

Die Haltung von Delfinen ist im Vergleich zur teilweise jahrtausendealten Tradition in der Haltung von Landtieren eine sehr junge Disziplin. In Europa werden Delfine seit 1975 gehalten. Aktuell bestehen in Deutschland drei Delfinhaltungen, wovon eine 2012 geschlossen werden soll, in der Schweiz eine und in Österreich keine. Alle diese Delfinarien sehen sich teils massiver Kritik seitens diverser Tierschutzorganisationen ausgesetzt und mit einer Reihe von Klagen konfrontiert. Die Vorwürfe reichen von tierquälerischer Haltung, hoher Jungtiersterblichkeit, Wildfängen, geringer Lebenserwartung der gehaltenen Tiere über den Widerspruch zum Bildungsauftrag von Zoos im Rahmen von Delfinshows bis zu dem Vorwurf, dass die für die Errichtung von neuen Anlagen benötigten erheblichen Finanzmittel viel besser im Rahmen von Freiland-Artenschutzprojekten eingesetzt wären (Albrecht, 2008). Als im Jahr 2011 in einem deutschen Zoo erstmals in einem Jahr drei Delfinjungtiere geboren wurden, sprachen Gegner von »provozierter Massenzucht« (WDCS, 2011).

Zoos argumentieren mit ständigen Verbesserungen in der Tierhaltung und verweisen auf Erfolge in der Nachzucht, die Wildfänge nicht mehr erforderlich machen. Außerdem, dass auch wie bei anderen Zootieren die Lebenserwartung von Zoodelfinen gegenüber frei lebenden Delfinen teilweise erheblich höher ist. Ein wesentlicher Teil des heute existierenden Wissens über Delfine – über deren Verhalten und deren Krankheiten – steht in Zusammenhang mit deren Haltung. Ein weiteres wesentliches Argument der Befürworter ist die der sehr breitenwirksamen Bewusstseinsbildung für den Arten- und Umweltschutz und die Möglichkeit, über derart populäre Tiere auch die Aufmerksamkeit auf Tierarten, die weniger attraktiv für die Massen sind, und deren Schutz zu lenken. Die Befürworter werfen den teilweise fundamentalistisch argumentierenden Gegnern fehlendes Fachwissen und mangelnde Bereitschaft, sich mit der Materie tatsächlich auseinanderzusetzen, vor (Bertelsmann, 2003; Encke, 2011). Die Anziehungskraft von Delfinen für viele Menschen macht diese sowohl für die Haltung attraktiv, eignet sich aber auch sehr gut, um besonders öffentlichkeitswirksame Kritik anzubringen, und auch als Spendenmotivation für die jeweiligen Interessen.

Die somit entstehende Diskussion ist eine sehr grundsätzliche und stellt in gewisser Weise die Speerspitze der teilweise erbittert geführten Diskussion zur grundsätzlichen Vertretbarkeit von Zoos bzw. Wildtierhaltungen allgemein dar. Gegen die Erstellung einer »schwarzen Liste« von Tierarten die generell nicht mehr gehalten werden dürfen, spricht die fachliche Schwierigkeit, nach welchen fachlichen Kriterien eine solche Liste und durch wen sie erstellt werden sollte (Wyss, 2011).

Tiere, die in Zoos gehalten werden, erfahren haltungsbedingt Einschränkungen. Zootiere profitieren als Individuen vom Schutz vor Feinden und der Sicherstellung von Nahrung und werden in ihrer Bewegungsfreiheit und der Möglichkeit, verschiedene Verhaltensweisen auszuleben, eingeschränkt. Sie sind auch »Botschaftertiere«, denen Einschränkungen zugunsten »öffentlicher Interessen« im Sinne eines »vernünftigen Grundes« wie Bewusstseinsbildung für Arten- und Umweltschutz, Bildung usw. zugemutet werden. Für die Abwägung, wo die Grenzen eines rechtfertigbaren Kompromisses liegen, gibt es keine scharfen Grenzen. Sie muss von Fall zu Fall, von Tierhaltung zu Tierhaltung im Kontext sich verändernder gesellschaftlicher, rechtlicher, fachlicher und wirtschaftlicher Rahmenbedingungen getroffen werden. Der Schutz des Einzeltieres hat in dieser Abwägung jedenfalls eine zunehmende Berücksichtigung gefunden und wird auch weiterhin eine wachsende Rolle spielen. Das deutsche Gutachten über die Mindestanforderungen an die Haltung von Säugetieren (BMVEL, 1996) wird derzeit in Zusammenarbeit von Zoofachleuten, Wissenschaftlern und Tierschutzorganisationen überarbeitet. Auch darin werden wiederum Mindestanforderungen für die Haltung von weniger und auch besonders schwierig und aufwändig zu haltenden Tierarten enthalten sein und die Grenzen eines Kompromisses zwischen den verschiedenen Interessen zu Tage treten. Für die Weiterentwicklung von Mindeststandards ist der konstruktive Dialog zwischen den betroffenen Interessenvertretern und die Bereitschaft, die jeweils andere Seite anzuerkennen und gegebenenfalls Vorurteile abzubauen, eine wesentliche Voraussetzung.

13 Vollzug von Bestimmungen, Zooberichte

Es gibt große Qualitätsunterschiede zwischen einzelnen Zoos. Die Erlassung von konkreten tierschutzrechtlichen Mindestanforderungen ist eine unabdingbare Voraussetzung, um tierschutzrelevante Mindeststandards durchsetzen zu können. Doch die besten gesetzlichen Bestimmungen kommen erst dann bei den betroffenen Tieren an, wenn diese auch umgesetzt und im Falle der Notwendigkeit auch ohne die Einsicht bzw. gegen den Willen von betroffenen Tierhaltern vollzogen werden. Die Komplexität von Zoos, die unterschiedlichsten Haltungsansprüche von verschiedenen Wildtieren und die teilweise sehr erheblichen Kosten für den Bau von Gehegen stellen die zuständigen Tierschutzbehörden beim Vollzug von Tierschutzbestimmungen in Zoos vor eine große Herausforderung. Teilweise erhebliche Defizite bei der Umsetzung der EU-Mindeststandards gemäß der EU-Zoo-Richtlinie wurden bei einer EU-weiten Zoorecherche geortet, bei der die Umsetzung der relevanten EU-Bestimmungen in nationales Recht sowie der Vollzug und die praktischen Umsetzungen in Zoos in 22 Mitgliedsstaaten bewertet wurden (Born Free, 2011b). Gegenstand der Kritik sind sowohl systematische Probleme als auch Mängel bei der Tierpflege und Tierhaltung. Ein weiteres Beispiel in der Auseinandersetzung von Tierschutz und Zoos stellt der Zoobericht der Schweizer Tierschutzorganisation STS dar, der seit 2007 regelmäßig erscheint. Der STS-Zoobericht stellt jeweils eine Momentaufnahme der Situation in großen und kleinen Schweizer Tierparks dar und führt exemplarisch negative, aber auch positive Beispiele von Haltungen für verschiedenste Zootierarten an. Es wird festgestellt, dass in den letzten Jahren in fast allen Zoos und Tierparks rege gebaut und erneuert wurde. Dabei wurde eine Tendenz zu großzügigeren und tiergerechteren Anlagen festgestellt. Viele dieser Anlagen sind auch aus der Sicht des Schweizer Tierschutzes vertretbar und kommen den Vorstellungen einer artgerechten Tierhaltung nahe (STS, 2011).

14 Schlussbemerkung

Zoos sind jeweils ein Spiegel der Gesellschaft. Ähnlich wie der Umgang der Gesellschaft mit Tieren in anderen Zusammenhängen ist die Haltung von Wildtieren in Zoos einem enormen Wandel unterworfen. Zoos stehen dabei allerdings besonders im Blick der Öffentlichkeit. Trotz aller teilweise berechtigten Kritik an Zoos und einem reichhaltigen Angebot an Filmdokumentationen über Wildtiere wie noch nie besuchen und unterstützen auch heute viele Menschen Zoos. Solange diese Öffentlichkeit das Angebot aus Bildung, Unterhaltung, Naturschutz und Erlebnis annimmt, wird sich auch die Qualität der Tierhaltung weiterentwickeln. Unter dem Druck von Tierschutzorganisationen und von Besuchern bzw. einer Bevölkerung mit einer zunehmenden Sensibilität für Tierschutz, aber auch aufgrund des Engagements von Zoos für das Wohl der gehaltenen Tiere werden Einrichtungen, die es sich leisten können, ihre Tierhaltungen weiter verbessern. Der oftmals bereits jetzt erkennbare Abstand von »finanzkräftigen« Zoos zu vielen kleineren Zoos und Wildparks mit geringeren finanziellen Möglichkeiten wird sich weiter vergrößern, schneller, als sich voraussichtlich gesetzliche Mindeststandards in Richtung eines höheren Tierschutzniveaus weiterentwickeln. Es sind daher voraussichtlich in erster Linie die Besucher, die entscheiden, welcher Zukunft die einzelnen Zoos entgegengehen bzw. ob einzelne Zoos oder Zoos allgemein überhaupt noch eine Zukunft haben.

Literatur

Agence France Press, AFP (2011). Urteil wegen Tötung von Tigern im Magdeburger Zoo rechtskräftig. Agence France Press GmbH vom 06.07.2011.

Albrecht, F. (2008). Was Sie schon immer nicht wissen wollten?! Delphinarium Tiergarten Nürnberg. Nürtingen. Zugriff am 19.11.2011 unter http://ebookbrowse.com/was-sie-schon-immer-nicht-wissen-wollten-delphinarium-tiergarten-nuernberg-pdf-d112005915

Bertelsmann, H. (2003). Stress und Wohlergehen bei Großen Tümmlern in Zootierhaltung. Manati, Magazin des Vereines der Tiergartenfreunde Nürnberg e. V. und des Tiergarten Nürnberg, 2, 27–39.

BGBl II 486/2004 (2004). Verordnung der Bundesministerin für Gesundheit, Familie und Jugend über die Haltung von Wirbeltieren, die nicht unter die 1. Tierhaltungsverordnung fallen, über Wildtiere, die besondere Anforderungen an die Haltung stellen, und über Wildtierarten, deren Haltung aus Gründen des Tierschutzes verboten ist (2. Tierhaltungsverordnung). Zugriff am 18.06.2012 unter http://www.ris.bka.gv.at/

Born Free (2006). Understanding animal welfare. A guide to the five freedoms and their application to animals in captivity. Zugriff am 19.11.2011 unter http://www.bornfree.org.uk/fileadmin/user_upload/files/zoo_check/Understanding_animal_welfare.pdf

Born Free (2011a). Elephants in UK an European Zoos. Fat, lame and dying young – time to end the suffering. Zugriff am 19.11.2011 unter http://www.bornfree.org.uk/campaigns/zoo-check/captive-wildlife-issues/elephants-in-captivity/elephants-in-uk-and-european-zoos/

Born Free (2011b). Der EU-Zoo-Report 2011. Zugriff am 19.11.2011 unter http://www.bornfree.org.uk/campaigns/zoo-check/zoos/eu-zoo-inquiry/

Bundesministerium für Verbraucherschutz, Ernährung und Landwirtschaft, BMVEL (1996). Gutachten über Mindestanforderungen an die Haltung von Säugetieren. Bonn: Bundesministerium für Verbraucherschutz, Ernährung und Landwirtschaft.

Burckhardt, A. (1999). Nachdenken über die Tötung von Tieren in Zoologischen Gärten. Der Zoologische Garten, 69 (3), 137–158.

Cavalieri, P., Singer, P. (1996). Menschenrechte für die Großen Menschenaffen! Das Great Ape Projekt. München: Goldmann.

Dittrich, L. (2007). Zootierhaltung. Tiere in menschlicher Obhut. Grundlagen (9. Aufl.). Frankfurt a. M.: Harri Deutsch.

Elze, K. (1988). Zum Fortpflanzungs- und Krankheitsgeschehen in der Rehgruppe des zoologischen Gartens Leipzig. Internationales Symposium Erkrankungen Zootiere, Nr. 30.

Engelmann, W. E. (Hrsg.) (2005). Zootierhaltung. Tiere in menschlicher Obhut. Fische. Frankfurt a. M.: Harri Deutsch.

Engelmann, W. E. (Hrsg.) (2006). Zootierhaltung. Tiere in menschlicher Obhut. Reptilien und Amphibien. Frankfurt a. M.: Harri Deutsch.

Engelmann, W. E., Lange, J. (Hrsg.) (2010). Zootierhaltung. Tiere in menschlicher Obhut. Wirbellose. Frankfurt a. M.: Harri Deutsch.

Encke, D. (2011). Man muss den Menschen erklären, was ein Delphin ist. Tiergarten Nürnberg. Manati, Magazin des Vereins der Tiergartenfreunde Nürnberg e. V. und des Tiergarten Nürnberg, 2, 7–8.

European Association of Zoos and Aquaria, EAZA (2008). Minimum Standards for the Accommodation and Care of Animals in Zoos and Aquaria. Zugriff am 19.11.2011 unter http://www.eaza.net/about/Documents/Standards_2008.pdf

European Association of Zoos and Aquaria, EAZA (2010). Statement on behalf of the European Association of Zoos and Aquaria (EAZA) and the EAZA conservation breeding programme for Tigers (the Tiger EEP) in reference to recent conviction of staff of Zoo Magdeburg for the management euthanasia of three hybrid tigers. Zugriff am 19.11.2011 unter http://www.waza.org/files/webcontent/documents/EAZA_EEP%20Tiger%20Statement%20_2010.pdf

Focus (2007). Tierschützer fordern Tötung von Eisbärbaby, 19.03.2007. Zugriff am 19.11.2011 unter http://www.focus.de/panorama/welt/tierschuetzer_aid_51056.html

Goschler E., Orso F. (2007). Der Zoowahnsinn von A–Z. Wien: Edition Anima-Phoenix.

Grummt, W., Strelow, H. (Hrsg.) (2009). Zootierhaltung. Tiere in menschlicher Obhut. Vögel. Frankfurt a. M.: Harri Deutsch.

Hildebrandt, T. (2003). Kinderlosigkeit macht Zootiere krank. In P. Dollinger, K. Robin, T. Smolinski, F. Weber (Hrsg.), Die Bedeutung von Fortpflanzung und Aufzucht von Zootieren (S. 43–45). Rigi Symposium, Bern WAZA-Geschäftsstelle.

Hildebrandt, W. (2008). Zum Umgang mit überzähligen Tieren in Zoologischen Gärten. Dissertation FU Berlin.

International Union for Conservation of Nature, IUCN (2010). Species survival commission. Statement on behalf of the IUCN Species Survival Commission in reference to recent conviction of staff of Zoo Magdeburg for the management euthanasia of three hybrid tigers.Zugriff am 19.11.2011 unter http://www.waza.org/files/webcontent/documents/SSC%20Tiger%20Statement.pdf

Isenbügel, E. (2003). Fortpflanzung – ein Eckpfeiler verhaltensgerechter Haltung von Zootieren. In P. Dollinger, K. Robin, T. Smolinski, F. Weber (Hrsg.), Die Bedeutung von Fortpflanzung und Aufzucht von Zootieren (S. 46–47). Rigi Symposium, WAZA-Geschäftsstelle Bern.

MacKenna, V. (1993). Gefangen im Zoo. Tiere hinter Gittern. Frankfurt a. M.: Zweitausendeins.

Mägdefrau, H. (2003). Familienleben und Zucht oder Empfängnisverhütung? In P. Dollinger, K. Robin, T. Smolinski, F. Weber (Hrsg.), Die Bedeutung von Fortpflanzung und Aufzucht von Zootieren (S. 84–85). Rigi Symposium, WAZA-Geschäftsstelle Bern.

Martys, M. (1994). Haben Tiergärten eine Zukunft? Berichte des naturwissenschaftlichen-medizinischen Verein Innsbruck, 81, 217–221.

Müri, H. (1998a). Informationen zur artgerechten Haltung von Wildtieren. Basisinformationen. Basel: Schweizer Tierschutz STS.

Müri, H. (1998b). Informationen zur artgerechten Haltung von Wildtieren. Europäisches Reh. Basel: Schweizer Tierschutz STS.

Ninemsn (2007). Berlin Zoo's baby polar bear must die: activists, 21.07.2007. Zugriff am 19.11.2011 unter http://news.ninemsn.com.au/article.aspx?id=255770

People for the Ethical Treatment of Animals, PETA (2008). PETAs Eisbären-Recherche 2008. Zugriff am 19.11.2011 unter http://www.peta.de/web/home.cfm?p=2597

People for the Ethical Treatment of Animals, PETA (2011). Der Zoo – ein Auslaufmodell. Zugriff am 19.11.2011 unter http://www.peta.de/zoo

Puschmann, W., Zscheile, D. (2009). Zootierhaltung. Tiere in menschlicher Obhut. Säugetiere (5. Aufl.). Frankfurt a. M.: Harri Deutsch.

Schweizer Tierschutz, STS (2011). STS-Zoobericht. Zugriff am 19.11.2011 unter http://www.tierschutz.com/zoobericht/

Statistisches Bundesamt (2011). Statistisches Jahrbuch 2011 für die Bundesrepublik Deutschland mit »Internationalen Übersichten«. Wiesbaden: Statistisches Bundesamt.

Tierärztliche Vereinigung für Tierschutz e. V., TVT (2009). Stellungnahme der TVT zur Tötung überzähliger Tiere im Zoo. Zugriff am 19.11.2011 unter http://www.tierschutz-tvt.de/fileadmin/tvtdownloads/stellungnahme_ak07_toetung_ueberzaehliger_tiere_2009_04.pdf

Verband Deutscher Zoodirektoren, VDZ (2010). Tötung von Jungtigern in Magdeburg. Stellungnahme des Verbandes Deutscher Zoodirektoren zum Urteil des Amtsgerichtes Magdeburg. Zugriff am 19.11.2011 unter http://www.zoodirektoren.de/pics/medien/1_1277132641/PM_Tigerurteil_definitiv_doc.pdf

Verband Deutscher Zoodirektoren, VDZ (2011). Zoo-Fakten Fragen und Antworten zu Zoos in deutschsprachigen Raum, Zugriff am 19.11.2011 unter http://www.zoodirektoren.de/staticsite/staticsite.php?menuid=24&topmenu=20&keepmenu=inactive

Whale & Dolphin Conservation Society, WDCS (2011). EU Zoo Inquiry 2011. Dolphinaria. Zugriff am 19.11.2011 unter http://www.wdcs.org/submissions_bin/Eu_Dolphinaria_Report.pdf

Wiesner, H. (2000). Tierschützerische Aspekte bei der modernen Tierhaltung im Zoo. Tagungsbericht »Ethologie und Tierschutz« der Fachgruppe »Angewandte Ethologie« der DVG. Weihenstephan.

Wirtschaftswoche (2007). Eisbär Knut beschert Berliner Zoo Zusatzeinnahmen in Millionenhöhe, 09.06.2007. Zugriff am 19.11.2011 unter http://www.wiwo.de/unternehmen/lizenzrechte-fuer-produkte-eisbaer-knut-beschert-berliner-zoo-zusatzeinnahmen-in-millionenhoehe/5120260.html

World Association of Zoos and Aquariums, WAZA (2003). WAZA Grundsätze für Ethik und Tierschutz. 58. Jahreshauptversammlung, San José, Costa Rica. Zugriff am 9.11.2011 unter http://www.waza.org/files/webcontent/documents/Code%20of%20Ethics_DE.pdf

World Association of Zoos and Aquariums, WAZA (2006). Wer Tiere kennt, wird Tiere schützen. Die Welt-Zoo-Naturschutzstrategie im deutschsprachigen Raum. Zugriff am 19.11.2011 unter http://www.waza.org/files/webcontent/documents/cug/docs/Marketing%20brochure_D.pdf

World Association of Zoos and Aquariums, WAZA (2010). Statement on behalf of the World Association of Zoos and Aquariums (WAZA) in reference to the recent conviction of staff of Zoo Magdeburg for the management euthanasia of three hybrid tigers. Zugriff am 19.11.2011 unter http://www.waza.org/files/webcontent/documents/Magdeburg%20tiger%20statement%20REV2.pdf

Wyss, D. (2011). Oberster Tierarzt verteidigt Delphinhaltung. 20 Minuten online vom 13.11.2011. Zugriff am 19.11.2011 unter http://www.20 min.ch/news/ostschweiz/story/29243239

Zoos zwischen den Fronten (2005). Die Haltung von Wildtieren im Wandel der Zeit. Die Widersprüche zwischen Natur- und Tierschutz. Material für den fächerübergreifenden Unterricht. In Arbeitsgruppe Zoos zwischen den Fronten (Hrsg.), Zoos zwischen den Fronten. Zugriff am 19.11.2011 unter http://www.vzp.de/PDFs/Frontendownload.pdf

Klaus Peter Rippe (Philosophie)

Tiere, Forscher, Experimente
Zur ethischen Vertretbarkeit von Tierversuchen

1 Definitionen und Ausgangspunkt der Diskussion

Es ist sinnvoll, eine weite von einer engen Definition des Begriffs Tierversuch zu unterscheiden. Als Tierversuche gelten im weiten Sinne alle Experimente, in denen Tiere als Forschungsobjekt genutzt werden, und dies unabhängig davon, ob die Tiere belastet werden oder nicht. Ein wissenschaftlicher Fütterungsversuch an Krähen stellt in diesem weiten Sinne des Begriffs einen Tierversuch dar, und dies auch dann, wenn mit an Sicherheit grenzender Wahrscheinlichkeit ausgeschlossen werden kann, dass die Tiere aufgrund des Versuchs leiden, Stress haben oder in sonstiger Weise belastet werden. Im engen Sinne bezeichnen wir aber allein jene wissenschaftliche Tätigkeit als Tierversuche, in denen tierisches Leid erzeugt oder bewusst in Kauf genommen wird, um einen Erkenntnisgewinn zu ermöglichen. Aufgrund modellhafter Eingriffe am Tier sollen in solchen belastenden Tierversuchen Aufschlüsse über Funktionen, Erkrankungen und Therapieoptionen von Organismen, insbesondere des menschlichen Organismus, erlangt werden. Die Belastung kann in einer gezielten Schädigung bestehen, sei es beispielsweise, dass dem Tier potenziell giftige Stoffe injiziert werden, operative Eingriffe vorgenommen oder Verletzungen herbeigeführt werden. Sie kann aber auch darin bestehen, dass Erkrankungen und Schädigungen unbehandelt bleiben. Zudem ist die Herstellung transgener Tiere oder die Weiterzucht natürlicher Mutanten zu nennen, wo in Kauf genommen wird, dass Tiere in ihren Fähigkeiten und Funktionen beeinträchtigt sind, erkranken oder in anderer Weise leiden.

Die ethische Diskussion bezieht sich ausschließlich auf belastende Tierversuche, und auch dieser Artikel wird sich auf diese konzentrieren. Denn Tierversuche im engen Sinne des Begriffs stellen seit Entwicklung dieser wissenschaftlichen Methode eine moralische Herausforderung dar: Was bei anderen Nutzungsnormen die Abweichung von der gebotenen Norm ist, die vorsätzliche Zufügung von Leiden, wird in solchen Versuchen zur Norm. Man wird einwenden, dass auch Landwirte von jeher Schweine kastrieren und Kühe enthornen und so doch auch Tieren bewusst Leid zufügen, ohne gegen weit verbreitete moralische Auffassungen zu verstoßen. Aber solche Handlungen sind Ausnahmefälle in der Landwirtschaft, während Tierversuche den Regelfall der Labortätigkeit von Wissenschaftlern darstellen. Dabei geht es wohlgemerkt um moralische Normen, also um gesellschaftliche Vorstellungen, wie Landwirte handeln sollen, nicht um die landwirtschaftliche Wirklichkeit, anders gesagt: Es geht um Verhaltenserwartungen, nicht um konkretes Verhalten. Leiden Tiere in der Landwirtschaft, haben wir in der Regel ein Auseinanderklaffen von Normen und Wirklichkeit; leiden sie in der Forschung, geschieht dies in der Regel im Einklang mit dem, was man von guten Wissenschaftlern erwartet. Dies ist Ausgangspunkt der ethischen Diskussion um Tierversuche.

Halten Tierversuchsgegner Tierversuche prinzipiell für unmoralisch, so sind Befürworter nicht nur der Ansicht, dass sie moralisch zulässig sind, sie halten sie sogar für moralisch geboten. Tiere würden hier für weit löblichere Zwecke genutzt als in der Landwirtschaft oder Haustierhaltung. Frühere Tierversuche hätten ermöglicht, dass etliche Krankheiten des Menschen effizient behandelt werden können, und genauso sei zu erwarten, dass Tierversuche auch in Zukunft wesentlich dazu beitragen werden, das Leid von Menschen zu reduzieren und deren Leben zu verlängern. Der durch die Versuche mögliche Nutzen rechtfertige Tierversuche nicht nur, angesichts des bestehenden menschlichen Leids sei es eine moralische Pflicht, diese Praxis fortzuführen. Trotz der Entschiedenheit der Positionen sind sich Befürworter und Gegner nicht immer bewusst, auf welche ethische Position sie sich stützen, geschweige, dass sie wissen, auf welche Voraussetzungen diese aufbaut. Dies gilt insbesondere für die Befürworter von Tierversuchen. Dabei stützen sich diese auf moralische Auffassungen, die als gesunder Menschenverstand, als Common Sense, gelten.

2   Tierversuche im Spiegel des moralischen Common Sense

Die deutschsprachigen Tierschutzgesetze spiegeln verbreitete moralische Auffassungen wider. Tieren ungerechtfertigt Leiden, Schmerz, Angst und andere Belastungen zuzufügen ist nach diesen Gesetzen verboten. Es bedarf stets einer Begründung, um Handlungen dieses Typs vornehmen zu dürfen. Im deutschen und österreichischen Tierschutzgesetz dehnt sich diese Betrachtung auch auf die Tötung von Tieren aus. Hier wird davon gesprochen, dass es einen vernünftigen Grund braucht, dies zu tun. Einzig das Schweizer Recht kennt keinen Lebensschutz für Tiere.

2.1 Eine moderate Deontologie

Es charakterisiert den Tierversuch im engen Sinne, dass Tieren Leid, Schmerz, Angst oder andere Belastungen zugefügt werden, um anhand dessen etwas zu lernen. Im Regelfall werden die betroffenen Tiere auch im oder nach dem Versuch getötet. Die Leidzufügung ist Mittel für einen guten Zweck. Dies kann ein Erkenntnisgewinn sein, es mögen auch neue Therapieoptionen eröffnet werden oder wie bei toxikologischen oder ökotoxikologischen Untersuchungen Gefahren und Risiken ermittelt werden. Aber dies ändert nichts daran, dass die Handlung selbst dadurch charakterisiert ist, dass Tieren intentional ein Schaden zugefügt wird oder dieser intentional in Kauf genommen wird.

Bei dem Gebot, Tieren kein Leid zuzufügen, handelt es sich wiederum gemäß dieser moralischen Alltagsauffassung und der deutschsprachigen Tierschutzgesetze um eine Prima-facie-Norm, keine unbedingte Unterlassungspflicht. Eine Handlung dieses Typs darf gewählt werden, wenn es für das eigene Überleben notwendig ist oder wenn überwiegende moralische Gründe dieses Tun rechtfertigen.

Auch wenn empfindungsfähige Tiere damit als moralische Objekte angesehen werden, sind sie im Vergleich zum Menschen doch moralische Objekte zweiter Klasse. Die Tötung des Tiers kann durch einen vernünftigen Grund gerechtfertigt werden, nicht aber jene des Menschen. Dass Tieren nicht ungerechtfertigt Leiden zugefügt werden soll, schließt nicht aus, dass Tiere für menschliche Zwecke genutzt werden dürfen. Menschen in ähnlicher Weise zu nutzen, also ohne Einwilligung als Blindenführer, Wächter, Nahrungsquelle, für medizinische Interventionen oder für Forschungszwecke einzusetzen, wäre prinzipiell moralisch falsch. Der moralische Common Sense wie das deutschsprachige Tierschutzrecht gehen von einer moralischen Hierarchie der Lebewesen aus, in der Menschen und Tiere gänzlich unterschiedliche Stellungen einnehmen.

2.2 Rechtfertigende Gründe

Immer dann, wenn Menschen Tieren intentional Leid zufügen, bedarf es gemäß der deutschsprachigen Tierschutzgesetze einer Rechtfertigung. Ebenso ist die Tötung, so das deutsche und österreichische Recht, nur erlaubt, wenn ein vernünftiger Grund für die Tötung vorliegt.

Welche rechtfertigenden Gründe sind hier aber angesprochen? Und was macht einen Grund zu einem vernünftigen Grund? Liegt den Tierschutzgesetzen die oben genannte Deontologie zugrunde, können diese Fragen wie folgt beantwortet werden: Es reicht nicht aus, dass der Handelnde irgendeinen Grund nennt. Nichtmoralische Gründe reichen nicht, eine Prima-facie-Pflicht zu vernachlässigen.

Das ästhetische Interesse an einem bestimmten Aussehen ist zum Beispiel kein Grund, der das Kupieren von Hunden rechtfertigt. Auch der Verweis auf das Eigeninteresse reicht nicht. Nehmen wir einen Rechtsfall aus der Landwirtschaft. Ein Bauer hat eine Kuh erfolglos medikamentös behandeln lassen. Die Kuh siecht nur mehr dahin und leidet. Der Landwirt wartet nun mehrere Tage ab, in der Hoffnung, dass das Fleisch doch freigegeben wird. Wir haben hier eine strafbare Handlung vor uns. Finanzielles Eigeninteresse ist kein Grund, Tiere leiden zu lassen. Klar ist ferner, dass Freude kein rechtfertigender Grund ist. Dies wäre sogar eine besonders verurteilte Form der ungerechtfertigten Leidzufügung: sadistische Handlungen am Tier.

Die Rechtfertigung kann nur auf zweierlei Art erfolgen. Entweder ist die spezifische Nutzung für den Selbsterhalt des Menschen notwendig oder es gibt moralische Gründe, welche die Handlung rechtfertigen. Die Tötung von Tieren für den menschlichen Fleischkonsum wäre nach dieser Position nur zu rechtfertigen, wenn dadurch die Ernährungssicherheit sichergestellt wird. Die Freude am Fleischessen wäre kein rechtfertigender Grund. Die Enthornung von Kühen wäre, um ein anderes Beispiel zu nennen, nicht durch betriebswirtschaftliche Gründe rechtfertigbar, sondern nur durch Sicherheit für Menschen. Allenfalls rechtfertigten diese Übergangsfristen, eine Umstellung auf andere Haltungsformen vornehmen zu können. Es braucht kaum gesagt zu werden, dass diese Überlegungen nicht dem entsprechen, wie heute das Recht durchgesetzt wird. Gerade bei den Rechtfertigungsgründen sieht man bei den meisten Nutzungsformen von Tieren auf Gesetzesebene eine Aufweichung gegenüber der deontologischen ethischen Hintergrundtheorie. Denn sehr oft reichen wirtschaftliche Überlegungen aus, den Tierschutz einzuschränken. Der Begriff des Notwendigen hat sich dabei wie auch in anderen Kontexten auf betriebswirtschaftlich Notwendiges ausgedehnt. Diese begriffliche Ausdehnung unterhöhlt freilich den moralischen Kern des Tierschutzgesetzes. Auch Vertreter des hier angesprochenen ethischen Paradigmas werden vielen Formen der heutigen Massentierhaltung kritisch gegenüberstehen und somit der Ansicht sein, dass das Tierschutzgesetz in der Praxis strikter umgesetzt werden sollte. Es zeichnet den Tierversuchsbereich aus, dass hier die deontologische Grundkonzeption wirklich ernst genommen wird. Aus Sicht von Durchführenden von Tierversuchen muss dieser doppelte Standard ungerecht erscheinen. Sie können zu Recht eine Angleichung der moralischen Standards einfordern. Aber eine inkohärente Regelung kann stets in zwei Richtungen aufgehoben werden. Nur eine Beschränkung der Privilegien anderer Nutzungsformen steht im Einklang mit dem moralischen Common Sense und dem Geist der Tierschutzgesetzgebung.

Nimmt man das bisher Gesagte, gibt es auf normativer Ebene keinen relevanten Unterschied zwischen den Anforderungen an die landwirtschaftliche und wissenschaftliche Nutzung von Tieren. Die Zufügung tierischen Leids muss unerlässlich sein und sie muss auf das Minimum reduziert werden, das zur Erreichung des gebotenen Ziels möglich ist. Unerlässlich heißt dabei, dass der Versuch notwendig ist, ein moralisch gebotenes Ziel zu erreichen. Dies wäre der Fall, wenn auf dessen Grundlage Therapien von Erkrankungen möglich scheinen, das Leid von Nutztieren reduziert werden kann oder Gefahren für Mensch und Tier erkannt werden können. Was ist aber mit Erkenntnisgewinn?

Forschende rechtfertigen ihre Versuche selten damit, dass sie Erkenntnisse um der Erkenntnis willen gewinnen wollen. Sie betonen fast immer, dass damit Krankheiten therapiert oder sogar präventiv verhindert werden. Dies gilt auch für Tierversuchsanträge der pharmazeutischen Industrie. Sie rechtfertigen Tierversuche nicht mit Profit, Wettbewerbsvorteilen, ja nicht einmal mit dem Erhalt von Arbeitsplätzen. Einzig die Bekämpfung von Krankheiten und gesundheitlichen Risiken wird aufgeführt. Forschungskreise wie Industrie bewegen sich damit innerhalb des hier beschriebenen deontologischen Paradigmas. Denn die intentionale Zufügung von Leid wäre nicht gerechtfertigt, wenn man auf Profite, die eigene Karriere oder auf die Befriedigung der Wissbegierde verwiese. Man mag einwenden, dass Letzteres doch ein Rechtfertigungsgrund sei. Erkenntnisgewinn sei ein intrinsischer Wert. Wir müssen jedoch vorsichtig sein. Wäre Erkenntnis von intrinsischem Wert, müsste auch trivialen Wahrheiten ein intrinsischer Wert zukommen. Aber würde man wirklich sagen, dass es intrinsisch wertvoll sei, die genaue Anzahl der Grashalme des Wembleystadions zu kennen? Zudem ist nicht alles, was intrinsisch wertvoll ist, in dem Sinne ein moralischer Wert, dass Personen verpflichtet sind, ihn zu verwirklichen. Musik zu hören ist nach Ansicht vieler intrinsisch wertvoll. Aber selbst jene, die das sagen, behaupten nicht, jede Person sei moralisch verpflichtet, Musik zu hören, und sie fordern auch nicht, dass man Personen moralisch kritisieren sollte, die keine Musik hören. Wir hätten große Schwierigkeiten, dies ethisch zu begründen. – Selbst wenn Erkenntnisgewinn intrinsischen Wert hat, spielte dieser für die Rechtfertigung von Tierversuchen zumindest vom ethischen Geist der Tierschutzgesetze her keine Rolle.[1] Er stünde auf einer Ebene mit ästhetischen Interessen oder Freude, die ja beide auch oft genannte Kandidaten für intrinsische Werte sind. Aber niemand würde sagen, dass Freude oder ein ästhetisches Interesse an einem spezifischen Aussehen es rechtfertigen würde, einen Hund zu kupieren. Insgesamt ist es also plausibler, Erkenntnisgewinn insofern als Rechtfertigungsgrund zu sehen, als Erkenntnisgewinn im Kontext von Tierversuchen ein wichtiges Mittel ist, um moralisch wertvolle Ziele zu erreichen.

3 3R-Position versus Güterabwägungsposition

Ungeklärt ist bisher die Gewichtung der einzelnen Güter. Hier werden zwei Positionen vertreten. Die erste spricht Verpflichtungen gegenüber Menschen einen lexikographischen Vorrang zu. Die zweite bestreitet diesen Vorrang und fordert eine Güterabwägung im Einzelfall. Die Diskrepanz dieser beiden Positionen bestimmt derzeit die moralisch Diskussion konkreter Tierversuche und die Fortschreibung des Tierschutzrechts weit stärker als die Position von Tierrechtsvertretern, welche alle Tierversuche ablehnen.

3.1 Die 3R-Position

Im ersten Fall haben die *moralisch schützenswerten* Interessen des Menschen prinzipiell Vorrang. Strebt der Versuch einen Erkenntnisgewinn an, geht es um Umweltschutz oder zielt er auf einen medizinischen Nutzen, dann haben die hier gegenüber Menschen[2] verwirklichten moralischen Pflichten Vorrang. Tierschutz hat dagegen als moralisches

---

1 Die deutsche Rechtsprechung (so etwa das Bremer Verwaltungsgericht in seinem Primatenurteil vom 28.05.2010) spricht der reinen Grundlagenforschung freilich einen »kulturellen Eigenwert« zu und nimmt es mit hoher Gewichtigkeit in die Güterabwägung auf. Vgl. Verwaltungsgericht der Freien Hansestaat Bremen, 5. Kammer, Urteil vom 28.05.2010, AZ: 5 K 1274/09.

2 Nicht die Interessen der nichtmenschlichen Umwelt dürfen also im Zentrum stehen, sondern Interessen des Menschen in Bezug auf seine Umwelt.

Gebot wiederum stets Vorrang vor nichtmoralischen Interessen wie etwa dem Interesse an Kosmetika, an Tabakprodukten oder dem Test von Waffen. Ist ein Erkenntnisgewinn zu erwarten, der moralisch schützenswerte Interessen des Menschen realisieren könnte, so ist der Versuch dann unerlässlich, wenn der Erkenntnisgewinn auf keine andere Weise realisiert werden kann und auch nicht in einem anderen Versuch realisert wurde. Ist der Versuch in diesem Sinn unerlässlich und notwendig, ist nurmehr sicherzustellen, dass die Belastung aufseiten der Tiere auf das unerlässliche Maß beschränkt wird. Wie hoch diese »unerlässliche« Belastung aufseiten der Tiere ist, spielt keine Rolle. Es geht nur darum, dass sie so wenig wie möglich belastet werden. Ebenso muss nicht geprüft werden, wie der Nutzen des Menschen im Einzelfall zu gewichten ist. Diese lexikographische Auffassung wurde auch von den Vätern der sogenannten 3R-Grundsätze vertreten. Ist ein Tierversuch wissenschaftlich sinnvoll, darf er durchgeführt werden, sofern die drei Grundsätze »refine – reduce – replace« beachtet werden. Er darf dann durchgeführt werden, wenn man alle Möglichkeiten genutzt hat, tierisches Leid zu minimieren (»refine«) und man zudem alles getan hat, um das angestrebte Versuchsziel mit der geringst möglichen Zahl von Tieren und den am wenigsten komplexen Tieren zu erreichen (»reduce«). Schließlich muss geprüft werden, ob das spezifische Erkenntnisziel nicht doch durch eine alternative Methode zu erreichen ist (»replace«). Unantastbar ist in einem solcherart konzipierten Modell, dass der Erkenntniswert angestrebt werden muss, sofern Pflichten gegenüber Menschen dies erfordern.[3]

Eine Güterabwägung im Einzelfall ist für die Frage der Zulässigkeit gemäß diesen Kriterien irrelevant. Ist ein Erkenntnisgewinn zu erwarten, so ist der Versuch unerlässlich. Dann ist nur mehr sicherzustellen, dass die Belastung aufseiten der Tiere auf das unerlässliche Maß beschränkt wird. Wichtig ist nur, dass der Versuch notwendig ist, um ein ethisch vertretbares Ziel zu erreichen. Das heißt nicht, dass in diesem Konzept keine ethischen Abwägungen vorgenommen werden. Allerdings bewegen sich diese nicht auf der Ebene des Einzelfalls, sondern auf allgemeiner Ebene: Im Konflikt zwischen Solidaritätspflichten des Menschen bzw. dem Streben nach Wissen auf der einen und Tierschutz auf der anderen Seite wird eine lexikographische Ordnung angenommen. Die Güter auf der ersten Seite haben stets Vorrang vor jenen der zweiten Seite. Ist ein Tierversuch wissenschaftlich notwendig, ist es daher ethisch geboten, ihn durchzuführen. Allerdings muss das Leid aufseiten der Tiere auf ein unerlässliches Maß reduziert werden. Dies werde ich im Folgenden als 3R-Position bezeichnen (wobei der 3R-Gedanke auch im Güterabwägungsansatz bestehen bleibt, also auch, wenn man ihn aus diesem ursprünglich prägenden geistigen Kontext herauslöst).

Die 3R-Position nimmt eine allgemeine Abwägung vor. Der Konflikt zwischen den Nutzungsinteressen des Menschen und den tierischen Belastungen kann durch allgemeine Vorrangregeln geklärt werden. Tierschutz hat dagegen wiederum stets Vorrang vor dem Interesse an Kosmetika, an Tabakprodukten oder dem Test von Waffen. Das heißt freilich auch, dass Kommissionen, welche Bewilligungsbehörden in Fragen

---

3 Vgl. für diese Position insbesondere: Karin Blumer (1999).

von Tierversuchen beraten, im wesentlichen naturwissenschaftliche und medizinische Fragen zu diskutieren haben. In der die 3R-Position zugrunde legenden Tierversuchspraxis ist es also sinnvoll, eine Gruppe von naturwissenschaftlichen und medizinischen Sachverständigen mit der Aufgabe zu betrauen, zu prüfen, ob Versuche gemäß den 3R-Kriterien konzipiert wurden oder ob sie bei Zugrundelegung dieser Kriterien noch verbessert werden können. Die, wie man sagen kann, 3R-Kommissionen berühren mögliche Konflikte mit der Wissenschaftsfreiheit nicht. Die Ziele der Forschung werden nicht in den Blick genommen, sondern nur die Methode. Das heißt aber auch: Die eigentlich ethischen Fragen sind hier stets vorentschieden und für die Bewilligungspraxis irrelevant.

3.2 Die Güterabwägungsposition

Vertritt man hingegen die zweite, eine Güterabwägung fordernde Position, muss man stets die Möglichkeit einräumen, dass in einem einzelnen Versuch die erwartete Belastung der Tiere moralisch stärker zu gewichten ist als der erwartete Erkenntnisgewinn oder sonstige (moralisch relevante) Nutzen für den Menschen. Es ist denkbar, dass ein Tierversuch im Verhältnis zu diesem Nutzen mit zu großen Belastungen auf Tierseite verbunden ist und aus diesem Grund auf den Erkenntnisgewinn verzichtet werden muss. Wenn von »Güterabwägung« die Rede ist, bedeutet dies nicht, dass die konfligierenden Pflichten auf irgendeinen Grundwert reduziert werden und so vor dem Hintergrund einer gemeinsamen Werteinheit exakt abgewogen werden könnten. Das Bild der Waage zu ernst zu nehmen führt in die Irre. Wir haben vielmehr grobe Vorrangswahlen, die nachvollziehbar sein müssen, aber stets in einem gewissen Ermessensspielraum erfolgen. Dass hier eher an die Urteilskraft appelliert wird und weniger ein exaktes Verfahren angesprochen ist, betrifft freilich nicht nur Güterabwägungen im Tierversuch, sondern allgemein Güterabwägungen. Auch bei der Abwägung zwischen Pressefreiheit und Persönlichkeitsrechten gibt es keine Wertskala, auf die alle einbezogenen Rechte reduziert werden könnten.

Wenn wir die deutschsprachigen Tierschutzgesetze nehmen, ist im Schweizer Gesetz klar, dass keine lexikographische Position vertreten wird. Oder genauer: Nach Rechtsauffassung des Schweizer Bundesgerichts liegt keine lexikographische Ordnung vor.[4]

---

4   In einem der beiden Bundesgerichtsentscheide zu Zürcher Primatenversuchen heißt es: »Die Vorschriften über Tierversuche sind Ausdruck sowohl der Forschungsfreiheit (Art. 20 BV) als auch des Verfassungsinteresses des Tierschutzes (Art. 80 Abs. 2 lit. b BV). Dabei ist eine generell-abstrakte Regelung über die abgewogenen Interessen auf Gesetzes- und grundsätzlich auch auf Verordnungsstufe unterblieben, da für die Beurteilung des Einzelfalles spezifisches Fachwissen notwendig ist (vgl. Botschaft Volksinitiative, BBl 1989 I 1021 Ziff. 42). Deshalb wurde der Verwaltung die Aufgabe übertragen, diese Interessenabwägung vorzunehmen. Dabei hat weder die Forschungsfreiheit noch der Tierschutz Vorrang. Vielmehr sind beide gleichrangig« (BGE 135 II 384).

Ob dies auch im deutschen Recht so ist, bedarf noch letztinstanzlicher Klärung.[5]
Für die Zulässigkeit eines Tierversuchs sind im Güterabwägungsansatz nicht nur die
Nutzenhöhe und der Schweregrad ausschlaggebend, sondern auch die Wahrscheinlichkeit, mit welcher der Nutzen für den Menschen bzw. die Belastung der Tiere eintritt. Je
sicherer der Nutzen zu erwarten ist, desto mehr Risiken dürfen dafür in Kauf genommen
werden. Hier werden dieselben Grundsätze angewandt wie in allen anderen Güterabwägungen. Bei der Güterabwägung, welches Auto man kaufen soll, ist ja auch nicht so
sehr relevant, ob bei einer spezifischen Marke der Boden nach fünf Jahren durchgerostet
sein könnte, sondern vielmehr, wie wahrscheinlich dies geschehen wird. Im Tierversuch
besteht das praktische Problem, dass kaum statistische Angaben bestehen, aus denen
Wahrscheinlichkeitsannahmen abgeleitet werden können. Dass Versuche mit Sicherheit einen Nutzen haben, wäre eine gewagte Annahme. Aus dem Faktum, dass nahezu
allen medizinischen Anwendungen Tierversuche vorausgingen, darf natürlich nicht
geschlossen werden, dass jeder Tierversuch sich als nützlich erwies. Um angemessene
Güterabwägungen vornehmen zu können, bedarf es gesicherter Angaben, wie viele
Versuche den erwünschten Nutzen erzielen, wie viele nicht veröffentlicht werden, wie
viele mögliche Therapieansätze nicht weiter verfolgt werden oder sich in der Praxis als
nutzlos erweisen. Allerdings erlaubt es die zeitliche Ferne des Nutzens, gewisse pro-
babilistische Annahmen zu treffen. Liegt der Nutzen in der ferneren Zukunft, so muss
die Wahrscheinlichkeit des Nutzeneintritts dementsprechend beurteilt werden und ist
kleiner anzunehmen als im Falle eines unmittelbar bevorstehenden Nutzens. Auch diese
Überlegung folgt selbstverständlichen Elementen lebenspraktischer Entscheidungen.
Angesichts eines akuten Herzinfarkts sind aus medizinischer Sicht riskantere medizinische Eingriffe zulässig als bei einem Herzproblem, das eventuell in mehreren Jahren
akute Probleme bereiten könnte. Selbst wenn die erwartete Schadenshöhe gleich ist,
sind unterschiedliche Handlungen geboten.

Nimmt man Tierversuchskommissionen in den Blick, so ist für die Beurteilung eines
Tierversuchs Fachkenntnis weiterhin unverzichtbar. Allerdings haben die Kommissionen auch die ethische Güterabwägung vorzunehmen, die moralische Kompetenz und
Urteilskraft voraussetzt. Naturwissenschaftler und Mediziner verfügen über Letztere,
allerdings werden sie mit einer gewissen »Bias« bezüglich der Güterabwägung heran-
gehen und Erkenntnisgewinn und medizinisch-wissenschaftlichen Fortschritt wohl-
wollender beurteilen als die Belastung von Tieren. Soll der Güterabwägungsposition
Rechnung getragen werden, dürfen Naturwissenschaftler und Mediziner in der Kom-

---

5   Im deutschen Recht hängt dies nicht zuletzt an der Frage, wie das relativ neue Staatsziel des
    Tierschutzes gegenüber Grundrechten wie der Wissenschaftsfreiheit zu verorten ist. Diese
    rechtssystematische Frage kann hier nicht interessieren. Hier geht es zunächst nur um die
    Beschreibung einer ethischen Position, welche die Tierschutzgesetze prägt. Vergleiche zu
    der deutschen Rechtsprechung, welche dem Schweizer Bundesgericht teilweise diametral
    entgegensteht, das Bremer Primatenurteil vom 28.05.2010.

mission keineswegs in der Mehrheit sein. Es bedarf Personen, welche gerade nicht in diesem Bereich arbeiten und somit eine vorurteilsfreie Beurteilung ermöglichen.

3.3 Welche Position soll man wählen?

Schon ohne Bezug auf ethische Theorien steht die 3R-Position vor zwei Problemen. Erstens ist es vom moralischen Bauchgefühl her schwer einsichtig, dass es so klare Vorrangsregeln gibt. Wenn Tierversuche unerlässlich sind, so sind sie unerlässlich für unterschiedliche Ziele. Aber nicht allen in einzelnen Tierversuchen verfolgten Zielen im Bereich der Biomedizin wird man gleiches Gewicht geben können. Wenn dies so ist, wieso soll es dann nicht möglich sein, dass jeder Erkenntnisgewinn jedes noch so schwere Leid für noch so viele Tiere aufwiegen soll? Unabhängig davon ist fraglich, wieso die Belastungsseite eine so geringe Rolle spielt. Nehmen wir ein Beispiel: Wenn es methodisch unerlässlich wäre, dürfte man dann für die Erkenntnis, wie das Herzinfarktrisiko eines Patienten gesenkt werden kann, hundert, tausend, zehntausend, hunderttausend, eine Milliarde Ratten, ja alle Ratten der Welt als Versuchstiere nutzen? Es ist klar, dass in der Realität nie hunderttausend oder gar mehr Tiere notwendig sein werden, um eine einzelne wissenschaftliche Erkenntnis zu gewinnen. Dies ist für diesen Kontext aber irrelevant; wesentlich ist nur Folgendes: Wären so viele Tiere notwendig, so wäre es nach der 3R-Position nicht nur moralisch zulässig, sondern sogar geboten, so viele Tiere zu verwenden und solches Leiden zuzufügen. Dass die Belastung der Tiere in keinem denkbaren Szenario den Nutzen überwiegen soll, ist aber schlicht kontraintuitiv. Das zweite Problem ist, dass die Vorrangsregeln nach dem oben vorgestellten Konzept auch für veterinärmedizinische Versuche gelten. Dann wäre es nach den Kriterien des 3R-Konzepts aber zulässig, dass man dreißig gesunden Dackeln einen seltenen toxischen Stoff injizierte, sie erkranken ließe und tötete, um drei (einem unbekannte) Dackel zu retten, die sich auf natürlichem Wege auf diese Weise vergifteten. Dies ist nicht nur kontraintuitiv, sondern irrational. Man kann auch nicht einwenden, dass in der Realität stets mehr Tiere profitierten, als man im Tierversuch einsetzte. Denn dann ist man bereits im Güterabwägungsansatz. Laut 3R-Position wäre der obige Versuch moralisch zulässig. Um nicht kontraintuitiv zu werden, muss auch in die 3R-Position der Gedanke der Verhältnismäßigkeit[6] eingebracht werden. Aber damit wären wir bereits mit mehr als mit einem Fuß in der Güterabwägungsposition.[7]

---

6 Rechtlich ginge es um die Verhältnismäßigkeit im engeren Sinne.

7 Für eine genauere Diskussion vergleiche meinen Aufsatz: »Güterabwägungen im Tierversuchsbereich« (Rippe, 2009).

4 Auf der Suche nach einer Alternative

Die oben beschriebene Position einer moderaten Deontologie entspricht weit verbreiteten Auffassungen. Aber dass viele Personen etwas für richtig halten, heißt nicht, dass etwas richtig ist. Im Folgenden sollen einige Positionen referiert werden, welche die heute vorherrschende moralische Auffassung ablösen könnten. Bei deren Beurteilung darf nicht interessieren, was aus diesen Positionen folgt und ob einem die Ergebnisse zusagen. Denn dann bedürfte es keiner Ethik, das private moralische Dogma entscheidet. Es muss um die Solidität des Fundaments gehen.

Sucht man eine Alternative zum bisherigen Paradigma kann man entweder zu einer wohl überlegten konsequentialistischen Position überwechseln oder man kann alternative deontologische Konzepte vorlegen.

4.1 Ein wohl verstandener Konsequentialismus

Nach konsequentialistischer Sicht wäre jene Handlung moralisch richtig, welche die bestmöglichen Folgen für alle Betroffenen hat. Um zu beurteilen, wann etwas für eine Person als positive oder negative Folge zu beurteilen ist, bedarf es einer Werttheorie. Dies könnte wie bei Bentham (1789) ein Hedonismus sein, ein qualitativer Hedonismus, wie ihn Mill (1863) vertrat, oder eine Präferenztheorie, wie sie von Peter Singer (2011) vertreten wird. Denkbar ist zudem ein Wertrealismus, der unterschiedliche Dinge als objektiv wertvoll ansieht. Will man eine angemessene Form des Konsequentialismus formulieren, so ist es sinnvoll, einen Hedonismus zu wählen, und dies aus folgenden Gründen. Annahmen von objektiven Werten bedürfen einer metaphysischen Begründung, die bisher noch nicht geliefert worden ist. Wenn es nur darum gehen kann, was für eine Person gut oder schlecht ist, muss eine Antwort auf die Frage gegeben werden, warum etwas für die Person gut oder schlecht ist. Ein Hedonismus kann hier darauf verweisen, wie wir Leid und Freude erleben. Leiden wird in sich als schlecht erlebt, Freude als in sich gut. Bei der Wunscherfüllung kann man jedoch stets fragen, warum es schlecht sein soll, dass sich ein Wunsch nicht erfüllt. Erschwerend kommt hinzu, dass sich die Wunscherfüllungstheorie auf Weltzustände bezieht, nicht auf Bewusstseinszustände. Etwas soll nach dieser Theorie für eine Person auch dann gut sein, wenn sie nie von der Erfüllung eines Wunsches erfährt, ja, zu diesem Zeitpunkt nicht einmal lebt. Aber wie soll etwas für jemanden gut sein, wenn dieser bei Eintreten des Ereignisses längst tot ist?

Gleiches Leid muss nach utilitaristischen Maßstäben gleich berücksichtigt werden und gleiche Freude gleich. Daraus folgt kein Gebot, alle Wesen gleich zu behandeln. Denn ein und dieselbe Handlung kann bei unterschiedlichen Wesen unterschiedliche Emotionen verursachen. Einzelhaltung ist für sozial lebende Tiere schlecht, nicht aber für solche, die eher aufgrund zu großer Nähe zu anderen leiden. Lernt ein Rhesusaffe, dass seine Zeit im Primatenstuhl stets begrenzt ist, so leidet er an dieser Fixierung weniger, als es ein Tier täte, das dies nicht lernte. Aber jedes Leid, das Tieren zugefügt wird, fließt in das Kalkül ein und zählt dort gleich wie menschliches Leid. Eine Anwendung dieses Utilitarismus führt nicht notwendig zu einem Verbot aller Tierversuche. Tierversuche wären moralisch geboten, wenn sie insgesamt dazu beitragen würden, dass – betrachtet auf alle Betroffenen – die bestmögliche Freud-Leid-Bilanz erreicht wird. Ob jedoch viele Versuche in einem solchen Kalkül befürwortet werden, wäre zu bezweifeln.

Die Schwäche der utilitaristischen Theorie ist nur, dass sie von einer dogmatischen Annahme ausgeht. Moralische Urteile sind hier durch Universalisierbarkeit gekennzeichnet, sie werden aus einer unparteiischen Perspektive gefällt, in der alle Betroffenen moralisch gleich zu berücksichtigen sind. Ein Skeptiker wird stets fragen können, warum er einen solchen unparteiischen Standpunkt einnehmen soll. Der Verweis auf ein Merkmal unserer moralischen Sprache wird ihn nicht überzeugen. Denn auch sprachliche Intuitionen sind nichts anderes als andere Intuitionen, sie spiegeln feste Überzeugungen wider. Aber diese garantieren keine Wahrheit. Solange diese Begründungslücke besteht, gibt es keinen Grund, eine utilitaristische Theorie zu wählen. Denn wie bei allen anderen ethischen Theorien ist sie nur so überzeugend wie ihr Fundament.

4.2 Deontologische Optionen

Deontologische Theorien zeichnen sich dadurch aus, dass die Frage, was moralisch richtig ist, nicht allein aufgrund der Handlungsfolgen zu entscheiden ist, sondern aufgrund des Handlungstyps. Einige Deontologien enthalten absolute Unterlassungspflichten, also Handlungstypen, die um keines noch so guten Zweckes willen ergriffen werden dürfen. Andere beziehen sich auf moralische Rechte, welche grundlegende Interessen auf solche Art schützen, dass sie nicht gegen Gemeinwohlüberlegungen abzuwägen sind. Würden Tiere moralische Rechte in diesem Sinne haben, verböte sich, sie leiden zu lassen, um anderen zu helfen. Tierverbote wären daher verboten. Aber auf welche theoretische Basis soll man die moralischen Rechte abstützen?

Man könnte geneigt sein, eine kantianische Basis zu wählen. Sollte man dies tun, müsste man diese freilich von ihren naturphilosophischen Grundlagen befreien. Nicht die Gattungseigenschaft der Vernunft kann entscheiden, welchem Wesen Würde zukommt, sondern nur Eigenschaften einzelner Individuen (vgl. Rippe, 2008, Kapitel 1). Gegenüber Individuen, die (potenziell) vernünftig sind, also zu moralischen Entscheidungen fähig sind, bestehen unbedingte Unterlassungspflichten wie ein Verbot der vollkommenen Instrumentalisierung oder der Tötung. Da moralische Subjekte auch sich selbst gegenüber solche Pflichten haben, schließt dies Pflichten gegenüber sich selbst ein, etwa das Verbot, sich selbst in die Sklaverei zu verkaufen, oder das Suizidverbot. In einer solchen Theorie bestehen gegenüber Wesen, die nicht in diesem anspruchsvollen Sinne moralische Subjekte sind, also gegenüber nichtmenschlichen Tieren, nur indirekte Pflichten. Tierquälerei wäre falsch, weil der Mensch Gefahr läuft, seine eigene Würde zu missachten. Tierversuche dürfen, ja müssen durchgeführt werden, sofern eine solche Verrohungsgefahr nicht besteht und es aufgrund der Versuche möglich ist, vernünftigen Menschen zu helfen. Das Problem dieser Theorie ist nur, dass sie begründet werden muss. Dass der Moralfähigkeit ein absoluter Wert zukommt, kann nicht einfach vorausgesetzt werden. Ebenfalls darf nicht einfach betont werden, es läge unserem moralischen Denken einfach zugrunde. Denn auch Letzteres verweist nur auf moralische Intuitionen. Bekanntermaßen bleibt selbst Kant am Ende nur, von einem »Faktum der Vernunft« zu sprechen (Kant, 1788), das wir anzuerkennen haben. Damit wird der absolute Wert aber einfach nur dogmatisch gesetzt.

Es verbleibt eine Möglichkeit, Skeptiker doch zu überzeugen, dass gewisse moralische Normen anzuerkennen sind. Dies ist die Vertragstheorie oder, wie es besser heißen sollte, die interessenbasierte Ethik. Als Antwort auf die erste Frage verweist sie kurz gefasst auf Folgendes: Es ist im Interesse jedes einzelnen, dass eine Moral besteht und gewisse Normen anerkannt werden. Man sollte moralische Normen beachten, weil diese Schutzfunktionen übernehmen, auf die jeder Einzelne selbst angewiesen sein kann. Kern der interessenbasierten Ethik ist, dass es für jeden Einzelnen klug ist, auf einen Teil seiner Freiheit zu verzichten, sofern alle anderen dies ebenfalls tun. Dies heißt auch, dass eigene Interessen nur dann durch moralische Rechte und darauf gegebenenfalls aufbauende juristische Rechte geschützt werden, wenn man sich selbst dazu verpflichtet, die Rechte anderer zu achten.

Die Frage, gegenüber welchen Wesen moralische Pflichten bestehen, ist schwieriger zu beantworten. Würde man nur Pflichten gegenüber solchen Wesen haben, die selbst Pflichten wahrnehmen können, würde der Schutz, den Moral jedem Einzelnen gibt, erheblich eingeschränkt. Denn jeder Einzelne muss damit rechnen, dass er in bestimmten Phasen seines Lebens kein moralisches Subjekt ist. Es ist im Interesse jedes Einzelnen, dass sich moralische Normen auch auf diese Bereiche des eigenen Lebens beziehen. Allerdings gibt es Zweifel, ob sich eine interessenbasierte Ethik auch auf nichtmenschliche Lebewesen ausweiten lässt. Der Grund ist: Jeder muss damit rechnen, einmal keine moralischen Pflichten ausüben zu können, aber niemand muss damit rechnen, eine Ratte oder eine Maus zu sein. Viele interessenbasierte Ethiker beschränken moralische Rechte damit auf Menschen. Die Eingrenzung von Verpflichtungen auf die eigene Gattung ermöglicht den einzelnen moralischen Subjekten einen optimalen Schutz ihrer grundlegenden Interessen. Tierschutz wäre somit nur zu beachten, weil andere Personen ein Interesse am Schutz von Tieren haben (vgl. etwa Hoerster, 2004).

Allerdings ist zu fragen, ob diese Beschränkung auf (einige) Menschen wirklich notwendig ist. Die interessenbasierte Ethik geht davon aus, dass es klug ist, moralisch zu sein. Durch den allgemeinen Schutz bestimmter Interessen gewinnt jeder Einzelne Sicherheiten, die es ihm ermöglichen, auf eigene Weise nach seinem Glück zu streben. Mögliche Objekte der Moral sind hier jene Wesen, die solche Interessen haben können, denen also selbst geschadet oder genutzt werden kann. Mögliche Interessenträger und damit mögliche Objekte der Moral sind empfindungsfähige Wesen. Aber es mag sinnvoll und notwendig sein, diesen Kreis möglicher Objekte weiter auf einen klaren und eindeutigen Kreis wirklicher Objekte der Moral einzugrenzen.

Da es in einer interessenbasierten Ethik darum geht, dass es für moralische Subjekte klug ist, gemäß moralischer Normen zu leben, könnte man sagen, für diese sei es doch allemal klug, eine Demarkationslinie einzuführen, wonach sie nur die Interessen einiger, nicht aber aller empfindungsfähiger Wesen zu berücksichtigen haben. Nur steht die interessenbasierte Ethik dann vor einem Problem. Dass eine solche Grenzziehung zu funktionieren scheint, liegt daran, dass wir gewohnt sind, Menschen und Tiere prinzipiell zu unterscheiden. Der Mensch ist nicht eine spezifische Tierart, er ist mehr als ein Tier. Diese prinzipielle Differenzierung zwischen Mensch und Tier können interessenbasierte Ethiker aber nicht mitvollziehen. Es handelt sich schließlich um eine Theorie, die weder der Tradition, noch Intuitionen, noch metaphysischen Dogmen traut. Aber wie können sie dann an der prinzipiellen Mensch-Tier-Unterscheidung festhalten? Denn diese stützen nur Traditionen, Intuitionen und Dogmen (vgl. Rippe, 2008). Wird jedoch der Mensch als ein Tier unter anderen gesehen, muss man an der Effektivität einer Eingrenzung auf menschliche Interessen zweifeln. Jedes moralische Subjekt wird sich in der Praxis immer wieder fragen: »Die anderen Tiere sind bezüglich des relevanten Interesses doch genauso wie ich. Warum sollte ich es nicht auch schützen?«

Sofern solche nichtmenschlichen Wesen nicht selbst zu strategischem Handeln fähig sind, besteht für moralische Subjekte freilich kein Grund, deren Interessen durch moralische Normen zu schützen. Strategisches Handeln setzt erstens die Fähigkeit voraus, auf die Realisierung kurzfristiger eigener Interessen zu verzichten, um langfristige Ziele zu erreichen. Zweitens muss die Fähigkeit vorliegen, auf Handeln anderer reagieren und insbesondere auf strategisches Handeln anderer ebenfalls strategisch antworten zu können. Genau diese beiden Fähigkeiten sind jedoch nicht nur innerhalb der menschlichen Spezies vorhanden, sondern, wenn auch in geringerem Maße, bei nichtmenschlichen Spezies: wie zum Beispiel bei den großen Menschenaffen, Primaten, Elefanten, Delfinen oder Krähenvögeln. Dass sich deren strategisches Handeln nicht mit dem der meisten Menschen messen kann, kann kaum bestritten werden. Aber ist diese graduelle Differenz relevant? Wichtig ist doch allein, dass sie zu solchem Handeln fähig sind. Wenn sich strategisches Handeln auch bei diesen Wesen findet, scheitert der obige Einwand, der sie aus dem Kreis der moralischen Objekte auszuschließen sucht. Eine Demarkationslinie mag es geben. Aber sie trennt nicht Mensch und Tier.

Welche moralischen Pflichten bestehen dann aber? Zentrale Schutzfunktion der Moral ist, dass niemand einem anderen intentional Leid zufügt. Es mag Ausnahmen geben, wo eine Zufügung von Leid begründet werden kann. So ist es etwa klug, im Falle der Selbstverteidigung zu erlauben, unter Beachtung der Verhältnismäßigkeit anderen Leid zuzufügen. Aber es kann kaum im Interesse jedes Einzelnen sein, dass eine wissenschaftliche Methode etabliert wird, die es den Forschenden erlaubt, Dritten Leid zuzufügen, um damit möglicherweise anderen helfen zu können. Das Wissen von einer solchen Regel erschwerte das eigene Leben in einer Art, in der sich die Schutzfunktion der Moral aufhöbe. Dies heißt freilich nichts anderes, als dass es keine belastenden Versuche an Tieren geben dürfte, die zu strategischem Handeln fähig sind. Dagegen kann man nicht einwenden, dass es unklug sei, auf den möglichen medizinischen Fortschritt zu verzichten. Denn man muss bedenken, dass eine Norm, die solche Versuche gestattete, Dritten auch erlaubte, einen selbst oder die eigenen Kinder ohne Einwilligung in einen Versuch einzuschließen. Eine solche Norm schüfe eine Bedrohungslage, welche das Interesse, einmal selbst Nutznießer einer neuen Therapie zu sein, überwiegt. Ist es richtig, dass auch eine interessenbasierte Ethik gleiche Interessen stets gleich zu berücksichtigen hat, so hat sie gegenüber einigen belastenden Tierversuchen nur eine Antwort: Sie legt ihr Veto ein.

5 Zukunftsperspektiven

Die Frage, ob Tierversuche grundsätzlich zu verbieten sind, wird weiterhin Gegenstand öffentlicher Diskussion sein. Ein Ende dieser Grundsatzdiskussion ist kaum in Sicht. Die Fortschreibung der Tierschutzgesetze und Weiterentwicklung der Regulierung wird freilich durch spezifischere Themen bestimmt werden. Drei sind dabei hervorzuheben: *Erstens* wird die Gewichtung von Tierschutzüberlegungen gegenüber Forschungsinteressen im Vordergrund stehen. In der Schweiz wird es darum gehen, ob die Rechtsprechung des Bundesgerichts in Bewilligungsverfahren rezipiert und berücksichtigt wird. In anderen Ländern wird sich erst entscheiden, ob der Güterabwägungsposition überhaupt beachtet wird. Da Forschende eine 3R-Position vorziehen und auch die Tierschutzgesetzgebung in diesem Sinne deuten, wird diese Diskussion eher mittelfristig entschieden werden. Die beiden anderen Themen betreffen gewisse »deontologische Schranken«. *Zweitens* wird wohl zunehmend erörtert werden, ob Versuche mit sehr hohen Belastungen für die betroffenen Tiere prinzipiell zu untersagen seien. Was ist damit gemeint? Es geht nicht darum, dass bei bestimmten schwersten Belastungen die Güterabwägung stets zugunsten der Tiere ausfiele. Diese besagt, dass das Gewicht auf der Nutzenseite nie so hoch sein kann, dass es derart schweres Leid überwiegen könnte. Es ist freilich empirisch nicht unplausibel, anzunehmen, dass Menschen oder Tiere Krankheiten haben, die mit an Intensität und Dauer genauso schwerem Leid verbunden sind, wie Tiere sie im schlimmsten Fall im Tierversuch erleiden können. Würden nun aber eine Vielzahl von Menschen, sagen wir 2000 Menschen, im gleichen Grade aufgrund einer Krankheit leiden und könnte man mit der Wahrscheinlichkeit von 20 % durch einen Versuch mit zwanzig Tieren, die mit Sicherheit in derselben Intensität und Dauer extrem leiden, dieses menschliche Leid mindern, so spricht eine Güterabwägung eindeutig für diesen Versuch. Wenn man die These vertreten will, dass Tieren bestimmtes Leid im Tierversuch nicht zugemutet werden darf, verlässt man bereits den Güterabwägungsansatz. Man formuliert dann eine deontologische Beschränkung, eine Unterlassungspflicht, die eine Abwägung mit Interessen und Rechten gerade verbietet, wenn eine besonders hohe Belastung der Tiere vorliegt. *Drittens* wird in der öffentlichen Diskussion immer größere Beachtung finden, ob gewisse Tiere nicht in belastenden Tierversuchen verwendet werden dürfen. Hierbei spielen Fortschritte und allgemeine Kenntnisse in Ethologie und Tierphilosophie eine große Rolle. Wenn auch in graduell geringerem Maße zeigen sich bei nichtmenschlichen Tieren Kompetenzen, die man zuvor als spezifisch menschliche bezeichnet hat: Rationalität, Gerechtigkeitsempfinden und strategisches Handeln. Wenn die kognitiven Fähigkeiten des Menschen, seine Vernunftbegabung, der Grund sind, dass Menschen nicht wider Willen als Versuchsobjekte genutzt werden dürfen, so besteht dann kein Grund, nicht auch Menschenaffen, Delfine oder Krähenvögel, die eben auch hohe kognitive Fähigkeiten haben. vom Versuch auszunehmen. Für Vertreter einiger ethischen Positionen mag diese Fokussierung auf kognitive Fähigkeiten zweifelhaft sein. Aber diese Fokussierung bestimmt geltendes Recht und Rechtsverständnis und somit liegt ein Verbot von Versuchen mit Menschenaffen sehr nahe, aber eben auch von Versuchen mit Delfinen oder Krähenvögeln. Nicht zufällig sind heute nicht mehr Hund oder Katze, sondern Primaten Symboltiere im Tierversuchsdiskurs.

Literatur

Bentham, J. (1789). An Introduction to the Principles of Morals and Legislation. In F. Posen, H. L. A. Hart (Hrsg.) (1970), The Collected Works of Jeremy Bentham. Oxford: Claredon Press.

Blumer, K. (1999). Ethische Aspekte der Tierversuche unter besonderer Berücksichtigung transgener Tiere. München: Herbert Utz.

Bundesgericht der Schweizer Eidgenossenschaft (2009). Urteil der II. öffentlich-rechtlichen Abteilung i. S. X. und Y. gegen Gesundheitsdirektion des Kantons Zürich und Mitb. (Beschwerde in öffentlich-rechtlichen Angelegenheiten), 2C_422/2008 vom 7. Oktober 2009, veröffentlicht unter BGE 135 II 84. Zugriff am 29.06.2012 unter http://www.fallrecht.ch/

Hoerster, N. (2004). Haben Tiere eine Würde? Grundfragen der Tierethik. München: Beck.

Kant, I. (1788). Kritik der praktischen Vernunft. In Königlich Preußischen Akademie der Wissenschaften (Hrsg.), Kants gesammelte Schriften. 1. Abteilung, 5. Band (S. 1–163). Berlin: Georg Reimer.

Mill, J. S. (1863/2002). Utilitarianism (2nd rev. ed.). Indianapolis: Hackett Publishing.

Rippe, K. P. (2008). Ethik im außerhumanen Bereich. Paderborn: Mentis.

Rippe, K. P. (2009). Güterabwägungen im Tierversuchsbereich. ALTEX Ethik, 1, 3–10.

Singer, P. (2011). Practical Ethics (3rd. ed.). Cambridge: Cambridge University Press.

Verwaltungsgericht der Freien Hansestadt Bremen (2009). 5. Kammer, Urteil vom 28.05.2010, AZ: 5 K 1274/09.

Weiterführende Literatur

Ach, J. S. (1999). Warum man Lassie nicht quälen darf. Tierversuche und moralischer Individualismus. Erlangen: Harald Fischer.

Alzmann, N. G. (2010). Zur Beurteilung der ethischen Vertretbarkeit von Tierversuchen. Dissertation vorgelegt an der Fakultät Biologie der Universität Tübingen. Tübingen: Selbstverlag.

Baird, R. M., Rosenbaum, S. E. (Hrsg.) (1991). Animal Experimentation. The Moral Issues. Amherst u. New York: Prometheus Books.

Blum, D. (1994). The Monkey Wars. Oxford: Oxford University Press.

Borchers, D., Luy, J. (Hrsg.) (2009). Der ethisch vertretbare Tierversuch. Kriterien und Grenzen. Paderborn: Mentis.

Frankel P., Frankel, E., Paul, J. (Hrsg.) (2001). Why Animal Experimentation Matters. The Use of Animals in Medical Research. New Brunswick u. London: Transaction Publishers.

LaFollette, H., Shanks, N. (1996). Brute Science. Dilemmas of Animal Experimentation. London: Routledge.

Smith, J., Boyd, K. M. (Hrsg.) (1991). Lives in the Balance. The Ethics of Using Animals in Biomedical Research. Oxford: Oxford University Press.

Sonja Hartnack (Tiermedizin)

Tierseuchenbekämpfung

1 Einleitung

In den vergangenen Jahren ist es bei größeren Tierseuchenausbrüchen in Europa wiederholt zu heftigen Kontroversen über die ethische Vertretbarkeit der Kontrollmaßnahmen gekommen. Dabei sind es vor allem die Massentötungen der gesunden Tiere bei Tierseuchen wie der Klassischen Schweinepest (KSP), der Maul- und Klauenseuche (MKS) oder der aviären Influenza (AI) und die während der Keulungen beobachteten und durch Transportrestriktionen verursachten Tierschutzverletzungen, die auf Kritik stoßen. Im Gegensatz zu zahlreichen Publikationen über Ethik in Bezug auf die Behandlung von Versuchstieren gibt es kaum Literatur über die ethischen Erwägungen bei der Anordnung von Massentötungen in der Tierseuchenbekämpfung.

Die Bekämpfung von hochansteckenden Tierseuchen wurde bereits im 19. Jahrhundert, vor der erstmaligen Entdeckung der Viren, durchgeführt. Das Virus der Maul- und Klauenseuche war das erste animale Virus, das 1897 in Greifswald von Friedrich Löffler und Paul Frosch entdeckt wurde. Die Tierseuchenbekämpfung wird hauptsächlich durch vier Säulen begründet: a) (Früh-)Erkennung und Meldung von Verdachtsfällen, b) Eingrenzung der Ausbreitung durch Restriktionsmaßnahmen, c) Keulung und Beseitigung infizierter und verdächtiger Tiere und d) Entschädigung der Tierbesitzer für die entstandenen Tierverluste.

Die verheerenden Rinderpest-Seuchenzüge in Europa im 18. und 19. Jahrhundert führten zur Gründung der tierärztlichen Ausbildungsstätten in Europa; die strategische Bekämpfung der Rinderpest war einer der wichtigsten Lehrinhalte. Die erste veterinärmedizinische Ausbildungsstätte wurde 1761 in Lyon durch Claude Bourgelat gegründet. Allein in Europa fielen im 18. Jahrhundert 200 Millionen Rinder der Rinderpest zum Opfer (Barrett u. Rossiter, 1999). Im Vergleich dazu lebten im Jahr 2010 knapp 80 Millionen Rinder in Europa (Eurostat, 2011). Der letzte große Ausbruch der Rinderpest fand 1920 in Belgien statt und wurde ausgelöst durch infizierte Zebus, die auf ihrem Transportweg von Indien nach Brasilien in Antwerpen erkrankten. Dank aufwändiger seuchenhygienischer Maßnahmen fielen der Rinderpest nur 2000 Rinder zum Opfer. Unter dem Eindruck dieses Seuchenausbruchs und der erkannten notwendigen internationalen Zusammenarbeit gründete der Völkerbund das »Office International des Epizooties« (OIE) in Paris, das als Weltorganisation für Tiergesundheit bis heute besteht. An der ersten Delegiertenversammlung 1927 nahmen Vertreter aus 26 Ländern teil. Im Jahr 2011 hatte die OIE Delegierte aus 178 Ländern (OIE, 2011). Seit ihrer Gründung durch ein internationales Übereinkommen, das am 25. Januar 1924 unterzeichnet wurde, hat die OIE de facto eine Monopolstellung inne. Die OIE ist die für die weltweite Verbesserung der Tiergesundheit zuständige zwischenstaatliche Organisation. Sie gehört neben dem Codex Alimentarius für Lebensmittel und der IPPC (»International Plant Protection Convention«) für Pflanzenschutz zu den drei sogenannten »standard setting bodies«, die von der WTO (Welthandelsorganisation) anerkannt sind und deren international harmonisierte Standards bei internationalen Handelskonflikten zum Tragen kommen. Das SPS-Agreement (Abkommen über sanitäre und phytosanitäre Maßnahmen) soll den Konflikt zwischen der Liberalisierung des Welthandels und der national souveränen Gestaltung eigenständiger Lebensmittelsicherheitspolitik regeln.

In der Europäischen Kommission ist es die Generaldirektion für Gesundheit und Verbraucher (DG-SANCO), einschließlich des Ständigen Ausschusses für die Lebensmittelkette und Tiergesundheit, die wichtige Entscheidungsfunktionen innehat und die zuständig ist für die effektive Umsetzung und Kontrolle der EU-Rechtsvorschriften im Bereich der Lebensmittel-Sicherheitsstandards. Ihre Aufgabe im Tierseuchenkontext ist es, zu gewährleisten, dass Lebensmittel in Europa sicher und gesund sind, und die Gesundheit und das Wohlergehen von Nutztieren zu schützen.

Die Tierseuchenbekämpfung für hochansteckende Tierseuchen wie Maul- und Klauenseuche, Klassische Schweinepest oder Geflügelpest ist eine hoheitliche Aufgabe. In Deutschland liegt sie in der Verantwortung der Länder. Das Friedrich-Löffler-Institut (FLI), als Bundesforschungsinstitut für Tiergesundheit und selbstständige Bundesoberbehörde des Bundesministeriums für Ernährung, Landwirtschaft und Verbraucherschutz, erarbeitet im Rahmen der Politikberatung Gutachten und Stellungnahmen. Das FLI-Institut für Epidemiologie unterhält eine Beratungsgruppe, die bei epidemiologischen Untersuchungen im Falle von Tierseuchenausbrüchen mitwirkt. In der Schweiz wird die Tierseuchenbekämpfung vom Bundesamt für Veterinärwesen (BVET) in Zusammenarbeit mit den Kantonen durchgeführt. In Österreich ist die Tierseuchenbekämpfung auf den Ebenen Bezirksverwaltungs- und Landesveterinärbehörde in Zusammenarbeit mit dem Gesundheitsministerium geregelt.

2   Strategien und ihre Probleme

Durch zahlreiche, oft staatlich unterstützte und verordnete Maßnahmen und Programme wurde das Auftreten von Tierseuchen, die bekämpft wurden aufgrund ihrer wirtschaftlichen Bedeutung und/oder ihres zoonotischen Charakters (Übertragbarkeit auf den Menschen) wie etwa Rindertuberkulose, Bruzellose, Tollwut, Schweine- und Geflügelpest oder auch Maul- und Klauenseuche im letzten Jahrhundert stark reduziert. Neben den klassischen Maßnahmen wie Keulung und Transportrestriktionen waren es auch Änderungen in den Haltungsbedingungen, neue Möglichkeiten in der Diagnostik und die Verfügbarkeit von potenten Impfstoffen, die zur Verbesserung der Tiergesundheit geführt haben, sodass eine intensive Tierhaltung entstehen konnte. Beeinflusst durch die Erfahrung von Hunger während und nach den Weltkriegen war die jahrzehntelange Priorität, die die Tierseuchenpolitik wesentlich geprägt hat, die Produktion von gesunden, günstigen und in ausreichendem Maße zur Verfügung stehenden Lebensmitteln tierischer Herkunft. Diese Entwicklung war so erfolgreich, dass Anfang der 90er Jahre des letzten Jahrhunderts in der EU ein Verbot der Impfung gegen MKS, KSP und AI verabschiedet wurde. In der Humanmedizin war bereits Ende der 1960er Jahre der Eindruck entstanden, dass die Infektionskrankheiten mithilfe der modernen Medizin, vor allem der verfügbaren Antibiotika und Impfstoffe, nun beherrscht werden könnten. Von William H. Stewart, dem damaligen obersten Chirurgen der USA, ist der Ausspruch überliefert (1967) »it is time to close the book on infectious diseases, to declare the war against pestilence won« (CGD, Center for Global Development, 2009). Heute, einige Jahrzehnte später und durch die Erfahrungen mit HIV, BSE, SARS, MRSA und vielen mehr, erscheint die damalige Einschätzung wie menschliche Hybris.

Dem europäischen Verbot der Impfung gegen die drei hochansteckenden Tierseuchen lagen mehrere Annahmen und Erfahrungen zugrunde. Die Erfolge der letzten Jahrzehnte hatten die Hoffnung geweckt, dass der Aufbau großer seuchenfreier Tierbestände ohne Impfungen möglich sei. Durch den Wegfall der – zum Teil staatlich unterstützten – Impfungen sollte Geld eingespart und effizienter in der Überwachung eingesetzt werden. Weiterhin wurde angenommen, dass zukünftig auftretende Tierseuchenausbrüche in naiven Tierbeständen gut zu erkennen seien, da die Tiere aufgrund fehlender Immunität deutliche Krankheitsanzeichen zeigen würden und der Ausbruch rasch eingedämmt werden könnte. Gelegentlich hatten vereinzelte Berichte von nicht ausreichend inaktivierten Impfstoffen, einer vermuteten unbeabsichtigten Freisetzung von Erregern aus Impfstoffwerken sowie von aufgetretenen Impfnebenwirkungen die Unbedenklichkeit der Impfungen in Frage gestellt. Ebenfalls bekannt war die Schwierigkeit, infizierte von geimpften Tieren zu unterscheiden, und die Möglichkeit, dass sich eine Tierseuche auch unter einer Impfdecke weiter, möglicherweise unerkannt, ausbreiten kann. Aus damaliger Sicht erschien es plausibel, auf die Impfung gegen KSP, MKS und AI zu verzichten und mithilfe von geeigneten diagnostischen Nachweisverfahren mit einer hohen diagnostischen Sensitivität und Spezifität die Seuchenfreiheit eines Landes mit der Antikörperfreiheit gleichzusetzen. Bei den diagnostischen Nachweisverfahren handelt es sich in erster Linie um serologische Tests, sogenannte ELISAs (»Enzyme-linked Immunosorbent Assays«), die die vom Immunsystem gebildeten Antikörper gegen einen Erreger oder einen Impfstoff nachweisen können. Der übliche direkte Erregernachweis bei Primärausbrüchen beispielsweise eines Virus der Klassischen Schweinepest durch Anzucht in Zellkultur und Nachweis typischer virusbedingter Zellveränderungen (CPE, cytophatogener Effekt) kann Tage dauern, ist aufwändig und – falls das Tier die virämische Phase bereits überwunden hat und kein Virus mehr ausscheidet – schwierig bis unmöglich. Hingegen können die kostengünstigen, kommerziell verfügbaren, einfach durchzuführenden und zuverlässigen serologischen Tests in kurzer Zeit Auskunft darüber geben, ob ein Tier jemals Kontakt mit einem Feld- (oder Impf-)Virus hatte. Im Kontext des internationalen Handels wurden und werden serologische Tests ebenfalls zur Feststellung der Seuchenfreiheit verwendet. Auch nach einem Ausbruch wird der Antikörpernachweis genutzt, um den Status der Seuchenfreiheit zu dokumentieren. Hierbei ist man entweder darauf angewiesen, dass nicht geimpft wurde oder dass Impfantikörper eindeutig von Infektionsantikörpern unterschieden werden können.

2.1 Klassische Schweinepest

Seit dem EU-Impfverbot gab es mehrere große Seuchenausbrüche durch KSP, MKS und AI. In ihrer Dissertationsschrift »Tierseuchen in der Landwirtschaft« legt Karin Jürgens ihre Untersuchungen zu den psychosozialen Folgen der Schweinepest für die betroffenen Familien zu den Schweinepestzügen in Nordwestdeutschland Mitte der 1990er Jahre dar (Jürgens, 2002). Dabei wird deutlich, dass das Ausmaß der Seuche und die tief reichenden Konsequenzen der Bekämpfung zu Traumata bei den betroffenen Landwirten führen können. Die Erfahrungen von Ohnmacht und der Unfähigkeit, die eigenen Tiere vor der staatlichen Seuchenkontrolle schützen zu können, sowie die empfundene Sinn- und Verantwortungslosigkeit des Geschehens lassen den Staat nicht mehr als Garanten und Unterstützer der Tiergesundheit erscheinen. Stark kritisiert wurde auch der Umgang mit den hochtragenden Sauen, bei denen es zu Aborten kam. Die verwendeten Elektrozangen, angepasst an die Größe adulter Tiere, erwiesen sich als ungeeignet für die Tötung der kleinen Ferkel, die »zerschmolzen« oder »batsch! gegen die Wand« geschlagen wurden (Jürgens, 2002, S. 50 f.). Die angeordneten Keulungen wurden als staatliche Willkür empfunden. »Angst vor Veterinären, die den Staat ver-körpern« und die Massenvernichtung »durchsetzen«, wurde ausgedrückt (Jürgens, 2002, S. 48). Das Kreisveterinäramt wurde als »Führerhauptquartier« bezeichnet. Die »Massaker« auf dem eigenen Hof und das meterhohe Aufschichten der Schweinekadaver entsetzten derartig, dass einzelne Betroffene beim Anblick der Berge toter Schweine-körper Opferbilder vom Holocaust assoziierten (Jürgens, 2002, S. 51).

Nach diesen sehr eindrücklichen Schilderungen der qualitativen Untersuchung von Karin Jürgens (Jürgens, 2002) stellen sich die Fragen, ob es sich hier um eine einmalige Ausnahmeerscheinung eines KSP-Ausbruchs handelt und wogegen sich die massive Kritik der Landwirte und Landwirtinnen richtet, die meist schon seit ihrer Kindheit Kontakt zur Landwirtschaft haben und durch ihre berufliche Tätigkeit schon früher Tierseuchen erlebt haben.

Bei den Schweinepestzügen 1997–1998 in den Niederlanden, die in Zusammenhang mit einem aus Deutschland kommenden kontaminierten Transportfahrzeug standen, wurden die Bestände von über 2000 Betrieben (ca. 1,9 Millionen Tiere) gekeult, nur 425 davon waren nachweislich infiziert (de Klerk u. Hellings, 2002). Ziel dieser auch als »pre-emptive culling« bezeichneten Strategie war es, durch präventives Keulen eine tierfreie Zone zu schaffen, damit sich das Virus nicht in gesunden Tieren weiter aus-breiten kann. Durch die Transportrestriktionen und das Einrichten von Sperrzonen konnten die Betriebe keine Schweine mehr ausstallen, sodass tierschutzrelevante Probleme durch überbelegte Schweineställe, zu schwere Mastschweine und hochtragende Sauen, für die keine Abferkelbucht vorhanden war, entstanden. Bei der Bekämpfung dieses Ausbruchs, die 459 Tage gedauert hat, wurden wegen der tierschutzrelevanten Haltungsprobleme mehr als 8,5 Millionen Schweine getötet. Es wurde auch deutlich, dass die Aufmerksamkeit für Tierschutzaspekte nachlassen kann, wenn die gleiche Arbeitsgruppe über einen längeren Zeitraum immer wieder für die gleichen Keulungstätigkeiten eingesetzt wird (de Klerk u. Hellings, 2002). Bei dem Schweinepestausbruch 2006 in Borken, Deutschland, wurden 94.000 Schweine gekeult, jedoch waren nur drei der 188 betroffenen Betriebe KSP-positiv (Groeneveld, 2006). Bei diesen beiden, hier exemplarisch ausgewählten KSP-Ausbrüchen wurden auch die logistischen Schwierigkeiten sowie die Engpässe beim Personal und Material erwähnt.

2.2 Aviäre Influenza

Aviäre Influenza (AI), auch bekannt als Geflügelpest oder »Vogelgrippe«, wird als Tierseuche auch aufgrund ihrer potenziellen Übertragbarkeit auf den Menschen und der Befürchtung einer sich daraus entwickelnden Pandemie bekämpft. Während im Zeitraum zwischen 1959 und 1998 insgesamt 23 Millionen Vögel betroffen waren, waren es zwischen 1999 und 2004 mehr als 200 Millionen (Capua u. Alexander, 2004). Seit den 1990er Jahren haben AI-Infektionen sowohl in der Human- als auch in der Tiermedizin eine ganz neue Bedeutung gewonnen (Capua u. Marangon, 2007). Vor dem Jahr 2000 wurde aviäre Influenza als Tierseuche von untergeordneter Bedeutung angesehen; vor allem die transkontinentale Ausbreitung von AI (H5N1), die vorher nie vorgekommen war (Beato u. Capua, 2011), hat diese Einschätzung radikal geändert. Die Ausbrüche beispielsweise 1999–2000 in Italien oder 2003 in den Niederlanden führten zu massiven Einbußen für die Industrie und zahlreichen Diskussionen in der Öffentlichkeit. Nachdem AI mehr als 75 Jahre nicht in den Niederlanden aufgetreten war, führte der Ausbruch 2003 zur Keulung von circa 30 Millionen Tieren: ca. 25 Millionen wurden aufgrund einer AI-Infektion, einem Seuchenverdacht oder präventiv gekeult. Weitere 4,5 Millionen wurden aus Tierschutzgründen im Zusammenhang mit Transportrestriktionen getötet. Für diesen Tierseuchenausbruch wird zusätzlich die Zahl der getöteten Tiere aus Kleinbetrieben und Hobbyhaltungen mit 175.035 angegeben (Elbers, Fabri, de Vries, de Wit und Pijpers, 2004). Die exakte Angabe der Anzahl getöteter Tiere aus den letztgenannten Haltungssystemen steht dabei in einem Gegensatz zu den approximativen Angaben der millionenfachen Massenvernichtung und wirft auch ein Licht auf die Perspektive der Hobbyhalter, die sich möglicherweise unterscheidet von derjenigen der professionellen Tierhalter.

Auch bei der AI-Bekämpfung sind Tierschutzverletzungen aufgetreten und haben unter anderem vor dem Hintergrund der auch in Zukunft zu erwartenden Ausbrüche zu Überlegungen geführt, dass bereits bei der Zulassung von Betriebsgebäuden Fragen zur tierschutzkonformen Tötung im Seuchenfall geklärt werden und nicht erst ad hoc im Notfall (Gerdes, 2004).

2.3 Maul- und Klauenseuche

Der Ausbruch der Maul- und Klauenseuche 2001 in England gilt als größte nationale Katastrophe seit dem Zweiten Weltkrieg. Im Verlauf der Bekämpfung kam auch die britische Armee zum Einsatz. Der letzte größere MKS-Ausbruch in England hatte 1967 stattgefunden. Der Northumberland Bericht (zitiert von (Haydon, Kao u. Kitching, 2004), weist 180 Erstausbrüche zwischen 1954 und 1967 in England aus. Alle wurden mit den üblichen Keulungs- und Restriktionsmaßnahmen eingedämmt, sodass 169 Ausbrüche zu maximal zwanzig weiteren Fällen führten und nur vier zu mehr als fünfzig weiteren Fällen. Bei dem Ausbruch 2001 wurden insgesamt mehr als vier Millionen Rinder, Schweine und Schafe im Rahmen der Seuchenbekämpfung gekeult. Über 8131 der gekeulten Betriebe wurden offiziell als seuchenverdächtig bzw. als Kontaktbetriebe klassifiziert, ohne dass eine labordiagnostische Bestätigung des Ausbruchs zum Zeitpunkt der Keulung vorlag. Weitere 2,5 Millionen Tiere wurden aus Tierschutzgründen getötet (Kitching, Hutber u. Thrusfield, 2005). Dies geschah im Kontext des britischen »Livestock Welfare (Disposal) Scheme«, das mit der Zielsetzung eingeführt worden war, Leiden von Tieren, die zwar nicht direkt von MKS betroffen waren, aber aufgrund der Transportrestriktionen nicht bewegt werden durften, zu mindern (NAO, 2002). Die durch den Ausbruch und seine Bekämpfung verursachten Kosten bewegten sich im mehrstelligen Milliardenbereich. Die massenhafte Keulung wurde als unnötig, als Verschwendung aufgefasst und als unmoralisch abgelehnt (Laurence, 2002). In der besonders intensiven Bekämpfungsphase hatten Amtstierärzte die Verantwortung, an bis zu fünf Orten gleichzeitig die Keulungsaktionen persönlich zu überwachen (Crispin, Roger, O'Hare u. Binns, 2002). Der MKS-Ausbruch 2001 war der erste Ausbruch, bei dem Computermodelle verschiedener Arbeitsgruppen, die die Ausbreitung des Erregers unter verschiedenen Bekämpfungsszenarien simulierten, in die Strategieplanung mit einbezogen und als Entscheidungsgrundlage für die Keulungen verwendet wurden. In der Zwischenzeit sind zahlreiche wissenschaftliche Publikationen erschienen, die sich mit den damals verwendeten Modellen kritisch auseinandersetzen und sich bemühen, neuere flexiblere Ansätze für zukünftige Ausbrüche zu entwickeln (Haydon, Chase-Topping, Shaw, Matthews, Friar, Wilesmith u. Woolhouse, 2003; Woolhouse, 2003; Hutber, Kitching u. Philipcinec, 2006; Ge, Mourits, Kristensen u. Huirne, 2010). Die Simulationsmodelle können Einblick geben in komplexe Seuchengeschehen und helfen, wissenschaftlich basierte Vorhersagen zu treffen. Vor allem bei Notfallplanungen können sie sinnvoll eingesetzt werden. Allerdings sind sie stets abhängig von den getroffenen Annahmen und dem Modell-Input und spiegeln natürlich auch den Grad an Verständnis über relevante Seuchenmechanismen wider, der überhaupt verfügbar ist. Da zwei Ausbrüche nie exakt die gleichen epidemiologischen Charakteristiken aufweisen werden, lassen sich Vorhersagemodelle nicht vor einem Ausbruch validieren (Kitching, 2004). Weiterhin sind zum Zeitpunkt des festgestellten Ausbruchs zahlreiche Einflussgrößen noch nicht bekannt, sodass alle Vorhersagen unvermeidlich mit Unsicherheiten verbunden sind. Es ist unrealistisch zu erwarten, dass Modelle akkurate Vorhersagen geben können, die direkt in der Tierseuchenkontrolle umgesetzt werden können (Guitian u. Pfeiffer, 2006). Für Entscheidungsträger kann es schwierig sein, die wissenschaftlichen Modellergebnisse zu interpretieren, wenn sie die Modelle selber nicht verstehen. Im Nachhinein wurde die angeordnete Massentötung auch mit den Modellvorhersagen begründet und mit dem Wunsch, die bestmögliche wissenschaftlich begründete Strategie zu wählen.

3 Paradigmenwechsel

Bei allen drei hier exemplarisch ausgewählten Tierseuchen lag die Anzahl der präventiv und im Zusammenhang mit Restriktionsmaßnahmen getöteten, das heißt unschädlich beseitigten und nicht in den Handel gelangten, Tieren (unter geschlachteten Tieren werden Tiere verstanden, die getötet werden und ganz oder teilweise für den menschlichen Verzehr oder zur Fütterung an andere Tiere bestimmt sind) über der Anzahl der infizierten oder seuchenverdächtigen Tieren. Ausschlaggebend für die Entscheidung war neben epidemiologischen Erwägungen, die Seuche möglichst schnell einzudämmen, auch die Befürchtung von verhängten Handelsbarrieren. Es wurde der Ruf nach einem Paradigmenwechsel laut, die handelsrelevante Seuchenfreiheit eines Landes nicht mehr an einer festzustellenden (Impf-)Antikörperfreiheit festzumachen, sondern an der Erregerfreiheit – auch bei geimpften Tieren (Depner, 2005).

Auf den ersten Blick mag es überraschen, dass das Töten von gesunden, seuchenunverdächtigen Nutztieren im Seuchenfall im Gegensatz zur – in der Regel akzeptierten – Schlachtung gesunder Tiere als ethisch inakzeptabel betrachtet wird. Der Grund dafür könnte darin liegen, dass es etwas wie eine vom Menschen angenommene Bestimmung oder ein »Telos« eines Tieres gibt und dass selbst die Schlachtung eines Nutztieres zur Lebensmittelgewinnung Teil dieses Telos, dieser Lebensbestimmung, ist (Fahrion, 2011).

3.1 Landwirte im Tierseuchenfall

Im Zusammenhang mit dem MKS-Ausbruch 2001 ist auch ein Ausbruch in den Niederlanden aufgetreten. Während die Situation in England zeitweilig in den Medien als »außer Kontrolle« beschrieben wurde, hat in den Niederlanden das Krisenmanagement funktioniert. Obwohl dieser Ausbruch rasch und effizient beendet werden konnte, entstand ein Gefühl von »Krise« und führte zu Workshops mit verschiedenen, vom Seuchengeschehen betroffenen Stakeholdern, um den Grund für die festgestellte Krise zu finden. Neben der festgestellten mangelnden oder unangemessenen Kommunikation zwischen Behörden, Seuchenbekämpfern und Tierhaltern wurde auch deutlich, dass die technisch effizienten Notfallpläne nicht die Perspektive der Hobbyhalter mit einbezogen hatten. Als Grund für die empfundene Krise wurde die »ignorance of the societal function of animals and countryside« festgestellt (Van der Zijpp, 2004). Während der MKS-Bericht aus Wales noch von einem Mangel an Untersuchungen über den Einfluss von MKS auf die menschliche, vor allem mentale psychische Gesundheit spricht (Deaville, Kenkre, Ameen, Davies, Hughes, Bennett, Mansell u. Jones, 2003), sind in der Zwischenzeit einige Arbeiten erschienen, die empirisch darlegen, dass im Kontext von Tierseuchenbekämpfungsmaßnahmen mit Keulungen und Tierschutzverletzungen Menschen auch psychisch zu Schaden kommen können. In Bezug auf den MKS-Ausbruch 2001 in den Niederlanden wurde bei Landwirten ein statistisch signifikanter Zusammenhang von unterschiedlichen Levels posttraumatischer Stresssymptome in Abhängigkeit davon, ob sich ihr Betrieb in einer Zone mit Keulungen, Sperrung oder Überwachung befand, gefunden. Fast die Hälfte der Landwirte, deren Bestände gekeult wurden, zeigten posttraumatische Stresssymptome, die eine professionelle Hilfe erforderten (Olff, Koeter, Van Haaften, Kersten u. Gersons, 2005). Neben der Landwirtschaft waren auch andere gesellschaftliche Gruppen massiv von dem MKS-Ausbruch 2001 betroffen, die ebenfalls finanzielle Einbußen hatten (Tourismus), einen Autonomieverlust erlebten und ihr Vertrauen in die Behörden verloren (Mort, Baxter, Bailex u.Convery, 2008).

3.2 Tierärzte im Tierseuchenfall

Ebenfalls in einem hohen Grade betroffen sind Tierärzte und Tierärztinnen im Seuchenfall. Amtstierärzte stecken in dem ethischen Dilemma, gleichzeitig für die Seuchenbekämpfung (schnellstmögliche Tötung von Tieren, um eine weitere Erregerausbreitung zu verhindern) und die Durchführung oder Überwachung der tierschutzkonformen Tiertötung (die notwendigerweise Zeit für jedes einzelne Tier kostet) verantwortlich zu sein (Crispin et al., 2002). Wichert von Holten, der als Seelsorger im Rahmen der MKS-Taskforce des Landes Niedersachsen Tierärzte bei der Seuchenbekämpfung erlebt hat, beschreibt Tierärzte als diejenigen, »die zwischen den Stühlen sitzen und Ohnmachtsgefühle schildern. [...] Kein Tierarzt studiert Tiermedizin, um Tiere möglichst effektiv zu töten. Die allermeisten Tierärzte und Tierärztinnen stehen mit ihrem Gewissen und mit ihren Neigungen in der Fürsorge und Hilfe in Verantwortung gegenüber der leidenden Kreatur, die sich selbst in ihrem Schmerz und Leid nicht äußern kann. Hier nun müssen sie Gewaltanwendung durchsetzen, sind der Arm des Gesetzes. [...] Innerhalb des Geschehens haben sie eine isolierte Position [...] sie erleben die größte Form von Desolidarisierung, wo sie Ziel aller ohnmächtigen Wut werden. [...] Der Heiler, als Grundsymbol verstanden, tut sich immer selbst Gewalt an, wenn er töten muss« (Wichert von Holten, 2002). In den letzten Jahren sind vermehrt Publikationen zum Thema Suizid bei Tierärzten erschienen und weisen daraufhin, dass die Suizidrate höher ist als bei anderen Berufsgruppen (Halliwell u. Hoskin, 2005; Mellanby, 2005; Bartram, 2008; Jones-Fairnie, Ferroni, Silburn u. Lawrende, 2008; Rice, 2008; Wishart, 2008; Mellanby, Platt, Simkin u. Hawton, 2009; Bartram u. Baldwin, 2010; Platt, Hawton, Simkin u. Mellanby, 2010). Unterschiedliche Gründe werden dafür angeführt, unter anderem auch die berufsbedingte Tötung von Tieren.

Dass Tierseuchenbekämpfung keine rein veterinärtechnische Angelegenheit ist, sondern auch die Mensch-Tier-Beziehung betrifft, unterstützt den Gedanken des anthroporelationalen Tierschutzes. Die Publikationen, die sich auch mit den Auswirkungen der Tierseuchen und ihrer Bekämpfung auf Menschen beschäftigen, sind ein Anzeichen für ein in diesem Bereich gewachsenes Bewusstsein.

4 Neuere Entwicklungen

Auf der Ebene der EU-Gesetzgebung findet sich nach dem MKS-Ausbruch 2001 im ersten Abschnitt der MKS-Richtlinie – neben den wirtschaftlichen Interessen – auch ein Hinweis auf notwendige ethische Erwägungen bei der Tierseuchenbekämpfung: »Hierbei ist die Gemeinschaft auch eine Wertegemeinschaft, die sich in der Tierseuchenbekämpfung nicht allein von kommerziellen Interessen leiten lassen darf, sondern auch ethische Grundsätze gebührend zu berücksichtigen hat« (EG, 2003). Nähere Ausführungen, wie neben den wirtschaftlichen Interessen auch ethische Aspekte mit einbezogen werden können, fehlen jedoch. Auch bei der OIE haben die Erfahrungen mit Tierseuchen und Massentötungen zu intensiven Debatten über Ethik und Tierschutzaspekte moderner Produktionssysteme geführt. Der OIE-Strategieplan 2001–2005 beschreibt »Animal Welfare« erstmals als Priorität der Weltorganisation für Tiergesundheit (Petrini u. Wilson, 2005) und damit (zumindest theoretisch) auch als relevant für den internationalen Handel. Die Verknüpfung von welthandelsrelevanten Tiergesundheitsstandards und »Animal Welfare« lässt zumindest hoffen, dass in Zukunft Tierschutzaspekte in Entscheidungen mit einbezogen werden könnten.

Das Motto der EU-Tiergesundheitsstrategie 2007–2013 »Prevention is better than cure« spiegelt auch die Erfahrungen der Tierseuchenausbrüche wider. Die Hoffnung, bei der Verabschiedung des Impfverbots Anfang der 1990er Jahre Seuchenausbrüche rasch zu entdecken, hat sich nicht erfüllt. Im Falle von KSP und MKS hat es wochen- bis monatelang gedauert, bis in den betroffenen Ländern der Erreger erstmalig labordiagnostisch nachgewiesen wurde und die Seuchenbekämpfung beginnen konnte. Zahlreiche Anstrengungen im Sinne von Prävention und Früherkennung durch alle, die mit Tieren zu tun haben, werden unternommen. Mittlerweile wurden unter dem Motto »Impfen statt Keulen« auch die gesetzlichen Möglichkeiten geschaffen, in gut begründeten Ausnahmefällen und mit sehr hohen Sicherheitsauflagen Impfungen gegen KSP, FMD und AI zu erlauben. In diesem Fall müssten dem DG-SANCO entsprechende Pläne zur Genehmigung vorgelegt werden. Weitere diagnostische Entwicklungen zur besseren Unterscheidung geimpfter von infizierten Tieren im Sinne von DIVA-Konzepten (»differentiate infected from vaccinated animals«) sind Gegenstand aktueller Forschungsvorhaben. Allerdings sind bis jetzt diese (zumindest theoretisch) möglichen Notimpfungen bisher kaum eingesetzt worden. Neben den technischen Schwierigkeiten spielt sicher auch die Schwierigkeit für die Entscheidungsträger, Verantwortung zu übernehmen in einem komplexen, mit vielen Unsicherheiten behafteten System, eine wesentlich Rolle.

5　Fazit und Ausblick

Auch in Zukunft werden im Kontext von Globalisierung, intensivem Waren-, Tier- und Personenverkehr Tierseuchen auftreten. Alle wissenschaftlichen, technischen und gesellschaftlichen Entwicklungen sind wichtig, um die potenziellen Auswirkungen von Tierseuchen auf Tier und Mensch zu minimieren. Gleichzeitig stellt sich aber auch die Frage, worin die Kritik an der ethischen Vertretbarkeit der Tierseuchenkontrollmaßnahmen begründet ist und wie sich die ethischen Konflikte zukünftig vermeiden oder zumindest reduzieren lassen. Der Grund für den ethischen Konflikt kann darin liegen, dass die bisherige gängige Entscheidungspraxis oder Moral der Tierseuchenpolitik heute nicht mehr trägt. Hier könnten die gewandelte Mensch-Tier-Beziehung, die veränderte politische Ordnung (Gründung der Welthandelsorganisation 1995, zunehmende EU-Harmonisierung), rapide wachsende Weltbevölkerung und intensivierte Tierhaltung und auch die zunehmende Bedeutung des mündigen Bürgers und der Konsumenten-rechte wesentliche Einflussgrößen sein. Eine Möglichkeit, ethische Erwägungen in die komplexen, auf zahlreichen verschiedenen lokalen bis internationalen durchgeführten und angeordneten Maßnahmen der Tierseuchenbekämpfung einfließen zu lassen, könnte das Anwenden von (Lösungs-)Ansätzen aus der Technikethik sein. Auch hier ist es in komplexen, sicherheitsrelevanten Systemen wie Kraftwerken, bei der keine Einzelperson alles überblicken kann, wichtig, dass klar ist, wer Verantwortung trägt, Risiken zu minimieren und gegebenenfalls geeignete Handlungsspielräume auszu-schöpfen. Der Technikethiker Ropohl hat den komplexen Begriff »Verantwortung« in sechs Dimensionen beschrieben, die hier eine Hilfestellung bieten können: Wer (Akteur) trägt wann (vorher/nachher) für was (welche Handlung) und wofür (welche Folgen) wovor (welche Instanz) weswegen (welche Werte) die Verantwortung (Ropohl, 1993). Diese Betrachtungsweise könnte auch bei der Erstellung von Seuchennotfall-plänen angewandt werden und helfen, verschiedene Szenarien auch im Blick auf die Verantwortung der Entscheidungsträger durchzudenken (Hartnack, Doherr, Grimm u. Kunzmann, 2009).

　Im Hinblick auf die Schwierigkeit, neben den wirtschaftlichen, technischen und epidemiologischen auch ethische, tierschutzrelevante Aspekte in die Tierseuchenkon-trollmaßnahmen miteinzubeziehen, könnten »ethical tools« wie die ADIM (»Animal Disease Intervention Matrix«) genutzt werden. Die ADIM wurde 2006 im Auftrag der Belgischen Lebensmittelüberwachungsbehörde (Belgian Food Safety Authority) entwickelt, um verschiedene Bekämpfungsstrategien im Falle eines potenziellen H5N1-Ausbruchs hinsichtlich ihrer ethischen Vertretbarkeit zu beurteilen (Aerts, 2006).

Das Nachdenken über ein gewandeltes Mensch-Tier-Verhältnis und die ethischen Konsequenzen daraus muss einfließen können in die zukünftige Tierseuchenbekämpfung. Die Empörung eines Kreisveterinärs, der am Schweinepestausbruch in Borken 2006 beteiligt war – »es kann doch nicht sein, dass wir Schweine töten, damit sie nicht krank werden« (zit. nach Groeneveld, 2006) –, ist ernst zu nehmen.

Literatur

Aerts, S. (2006). Practice-oriented models to bridge animal production, ethics and society. Leuven: Thesis.

Barrett, T., Rossiter, P. B. (1999). Rinderpest. The disease and its impact on humans and animals. Advances in Virus Research, 53, 89–110.

Bartram, D. (2008). Suicide by veterinary surgeons. Veterinary Record, 162, 132.

Bartram, D. J., Baldwin, D. S. (2010). Veterinary surgeons and suicide. A structured review of possible influences on increased risk. Veterinary Record, 166, 388–397.

Beato, M. S., Capua, I. (2011). Transboundary spread of highly pathogenic avian influenza through poultry commodities and wild birds. A review. Revue Scientifique Et Technique – Office International des Epizooties, 30, 51–61.

Capua, I., Alexander, D. J. (2004). Avian influenza. Recent developments. Avian Pathology, 33, 393–404.

Capua, I., Marangon, S. (2007). Control and prevention of avian influenza in an evolving scenario. Vaccine, 25, 5645–5652.

Center for Global Development, CGD (2009). It's time to revise the book on infectious diseases. Zugriff am 23.11.2011 unter http://www.cgdev.org/content/general/detail/1422793/

Crispin, S. M., Roger, P. A., O'Hare, H., Binns, S. H. (2002). The 2001 foot and mouth disease epidemic in the United Kingdom. Animal welfare perspectives. Revue Scientifique Et Technique – Office International des Epizooties, 21, 877–883.

de Klerk, P. F., Hellings, M. J. A. (2002). Keulung von Tieren in Großbeständen. Erfahrungen aus den Niederlanden. Deutsche Tierärztliche Wochenschrift, 109, 99–102.

Deaville J., Kenkre, J., Ameen J., Davies, P., Hughes, H., Bennett, G., Mansell, I., Jones, L. (2003). The impact on mental health and well-being of the foot and mouth outbreak in Wales. Zugriff am 23.11.2011 unter http://www.rural-health.ac.uk/pdfs/publications/FMDReport.pdf

Depner, K. (2005). Paradigmenwechsel in der Schweinepestbekämpfung bei Hausschweinen. Deutsches Tierärzteblatt, 4, 398–401.

Europäische Gemeinschaft (2003). MKS-Richtlinie. Zugriff am 23.11.2011 unter http://eur-lex.europa.eu/LexUriServ/LexUriServ.do?uri=OJ:L:2003:306:0001:0087:DE:PDF

Elbers, A. R. W., Fabri, T. H. F., de Vries, T. S., de Wit, J. J., Pijpers, A. (2004). The highly pathogenic avian influenza A (H7N7) virus epidemic in the Netherlands in 2003. Lessons learned from the first five outbreaks. Avian Diseases, 48, 691–705.

Eurostat (2011). Anzahl der Rinder. Zugriff am 23.11.2011 unter http://epp.eurostat.ec.europa.eu/tgm/table.do?tab=table&init=1&language=de&pcode=tag00016&plugin=0

Fahrion, S., Dürr, M., Doherr, G., Hartnack, S., Kunzmann, P. (2011). Das Töten und die Würde von Tieren. Ein Problem für Tierärzte? Schweizer Archiv für Tierheilkunde, 153, 209–214.

Ge, L., Mourits, M. C. M., Kristensen, A. R., Huirne, R. B. M. (2010). A modelling approach to support dynamic decision-making in the control of FMD epidemics. Preventive Veterinary Medicine, 95, 167–174.

Gerdes, U. (2004). Tierschutzrelevante Sachverhalte bei der Tötung von Geflügel im Seuchenfall. Deutsche Tierarztliche Wochenschrift, 111,113–114.

Groeneveld, A. (2006). Stößt die Schweinepestbekämpfung ohne Impfung an die Grenze des Machbaren? Rundschau für Fleischhygiene und Lebensmittelüberwachung, 10, 230–234.

Guitian, J., Pfeiffer, D. (2006). Should we use models to inform policy development? Veterinary Journal, 172, 393–395.

Halliwell, R. E., Hoskin, B. D. (2005). Reducing the suicide rate among veterinary surgeons. How the profession can help. Veterinary Record, 157, 397–398.

Hartnack, S., Doherr, M. G., Grimm, H., Kunzmann, P. (2009). Massentötungen bei Tierseuchenausbrüchen – Tierärzte im Spannungsfeld zwischen Ethik und Seuchenbekämpfung. Deutsche Tierärztliche Wochenschrift, 116, 152–157.

Haydon, D. T., Chase-Topping, M., Shaw, D. J., Matthews, L., Friar, J. K., Wilesmith, J., Woolhouse, M. E. J. (2003). The construction and analysis of epidemic trees with reference to the 2001 UK foot-and-mouth outbreak. Proceedings of the Royal Society of London Series B – Biological Sciences, 270, 121–127.

Haydon, D. T., Kao, R. R., Kitching, R. P. (2004). The UK foot-and-mouth disease outbreak – the aftermath. Nature Reviews Microbiology, 2, 675–678.

Hutber, A. M., Kitching, R. P., Pilipcinec, E. (2006). Predictions for the timing and use of culling or vaccination during a foot-and-mouth disease epidemic. Research in Veterinary Science, 81, 31–36.

Jones-Fairnie, H., Ferroni, P., Silburn, S., Lawrence, D. (2008). Suicide in Australian veterinarians. Australian Veterinary Journal, 86, 114–116.

Jürgens, K. (2002). Tierseuchen in der Landwirtschaft. Die psychosozialen Folgen der Schweinepest für betroffene Familien – untersucht an Fallbeispielen in Nordwestdeutschland. Würzburg: Ergon.

Kitching, R. P. (2004). Predictive models and FMD: The emperor's new clothes? Veterinary Journal, 167, 127–128.

Kitching, R. P., Hutber, A. M., Thrusfield, M. V. (2005). A review of foot-and-mouth disease with special consideration for the clinical and epidemiological factors relevant to predictive modelling of the disease. Veterinary Journal, 169, 197–209.

Laurence, C. J. (2002). Animal welfare consequences in England and Wales of the 2001 epidemic of foot and mouth disease. Revue Scientifique Et Technique – Office International Des Epizooties, 21, 863–868.

Mellanby, R. J. (2005). Incidence of suicide in the veterinary profession in England and Wales. Veterinary Record, 157, 415–417.

Mellanby, R. J., Platt, B., Simkin, S., Hawton, K. (2009). Incidence of alcohol-related deaths in the veterinary profession in England and Wales, 1993–2005. Veterinary Journal, 181, 332–335.

Mort, M., Baxter, J., Bailey, C., Convery, I. (2008). Animal disease and human trauma. The psychosocial implications of the 2001 UK foot and mouth disease disaster. Journal of Applied Animal Welfare Science, 11, 133–148.

National Audit Office, NAO (2002). The 2001 outbreak of foot and mouth disease. Zugriff am 23.11.2011 unter http://www.nao.org.uk/publications/0102/the_2001_outbreak_of_foot_and.aspx

Office International des Epizooties, OIE (2011). Zugriff am 23.11.2011 unter http://www.oie.int/

Olff, M., Koeter, M. W. J., Van Haaften, E. H., Kersten, P. H., Gersons, B. P. (2005). Impact of a foot and mouth disease crisis on post-traumatic stress symptoms in farmers. British Journal of Psychiatry, 186, 165–166.

Petrini, A., Wilson, D. (2005). Philosophy, policy and procedures of the World Organisation for

Animal Health for the development of standards in animal welfare. Revue Scientifique Et Technique – Office International des Epizooties, 24, 665–671.

Platt, B., Hawton, K., Simkin, S., Mellanby, R. J. (2010). Systematic review of the prevalence of suicide in veterinary surgeons. Occupational Medicine, 60, 436–446.

Rice, D. (2008). Suicide by veterinary surgeons. Veterinary Record, 162, 355–356.

Ropohl G. (1993). Neue Wege, die Technik zu verantworten. In H. Lenk, G. Ropohl (Hrsg.), Technik und Ethik (S. 149–176). Stuttgart: Enke.

Van der Zijpp, A. J. (2004). Foot and Mouth Disease. New values, innovative research agendas and policies. EAAP Technical Series, No. 5. Wageningen: Wageningen Academic Publishers.

Wichert von Holten, S. (2002). Was kann ich machen? Seelsorger und Seelsorgerinnen im Tierseuchenfall. Zugriff am 23.11.2011 unter http://www.landforscher.de/BAL/downloads/tierseuchen_was_ist_zu_tun1.pdf

Wishart, D. (2008). Suicide by veterinary surgeons. Veterinary Record, 162, 100.

Woolhouse, M. E. J. (2003). Foot-and-mouth disease in the UK. What should we do next time? Journal of Applied Microbiology, 94, 126–130.

Johanna Moritz und Erik Schmid (Veterinärmedizin)

Staatsziel Tierschutz – Verantwortung der Behörde und der Gesellschaft

In Deutschland, Österreich und der Schweiz ist der Tierschutz grundsätzlich ein wichtiges gesellschaftspolitisches Anliegen. In allen drei Ländern gibt es zum Schutz der Tiere eine Vielzahl detaillierter rechtlicher Bestimmungen. Dies allein hilft jedoch den Tieren wenig. Wichtig ist es vielmehr, dass es eine funktionierende Tierschutzaufsicht gibt und dass bestehende Gesetze zum Schutz der Tiere konsequent und effizient umgesetzt werden. Nach § 16 des deutschen Tierschutzgesetzes unterliegen landwirtschaftliche Tierhaltungen sowie gewerbsmäßige Tierhaltungen und Betriebe der Aufsicht der zuständigen Behörde. Aufsicht ist im Kommentar von Hirt, Maisack u. Moritz (2007) zum deutschen Tierschutzgesetz als routinemäßige Kontrolle definiert. Unter Aufsicht soll im Folgenden daher jede Art von Kontrolle der Haltung und des Umgangs mit Tieren verstanden werden, nicht nur die durch Vertreter von Behörden.

Teilweise ist die Unzufriedenheit der Bevölkerung hinsichtlich des Vollzugs des Tierschutzrechts groß. Dies liegt in Teilen daran, dass der rechtliche Rahmen kaum bekannt ist. Zunächst sollen deshalb die rechtlichen Rahmenbedingungen in Deutschland, Österreich und der Schweiz kurz erläutert werden.

1 Stellenwert der Tiere im Recht

In Deutschland haben die Tiere mit der Verankerung des Tierschutzes als Staatsziel im Grundgesetz im Jahr 2002 eigentlich eine denkbar gute Ausgangsposition. Die Aufnahme als Staatsziel stellt für alle Ausformungen der Staatsgewalt (Exekutive, Legislative und Judikative) einen Handlungsauftrag dar. Dieser Auftrag besteht nach der amtlichen Begründung darin, Tiere vor nicht artgemäßer Haltung, vermeidbaren Leiden sowie der Zerstörung ihrer Lebensräume zu schützen. Bereits das deutsche Tierschutzgesetz weicht diesen Auftrag jedoch schon dahingehend auf, dass beispielsweise Amputationen wie Schwanzkupieren bei Mastschweinen oder betäubungslose Kastrationen vieler landwirtschaftlicher Nutztiere erlaubt werden, die deren Haltung in wenig tiergerechten Systemen erst ermöglichen. Auch Tierversuche sind grundsätzlich zulässig. Die dem Tierschutzgesetz nachgeordneten Haltungsverordnungen im Nutztierbereich definieren einen Standard, der verhaltenswidrige Haltungsformen mit einschließt. Auch in der Rechtsprechung deutet bisher wenig darauf hin, dass das Staatsziel mit Leben erfüllt wird.

Im Österreichischen Tierschutzgesetz stellt die Mitgeschöpflichkeit der Tiere den zentralen Begriff dar. Auch hier verlieren die grundsätzlich wohlklingenden gesetzlichen Schutzziele für die Tiere schnell an Glanz, wenn man sie mit den gesetzlichen Mindestnormen, die in den einzelnen Tierhaltungsverordnungen im Detail ausgeführt sind, vergleicht.

In der Schweiz scheint das »Tier im Recht« auf den ersten Blick über den ins Tierschutzgesetz aufgenommenen Begriff der Tierwürde den höchsten Rang an Grundrechten erlangt zu haben. Die Tierschutztagung in Bad Boll 2011 befasste sich eingehend mit den Konsequenzen der Aufnahme des Würdebegriffes ins Tierschutzrecht. Im Laufe der Diskussion wich die anfängliche Euphorie rasch der nüchternen Erkenntnis, dass die Würde des Tieres in absoluter Auslegung ein ausnahmsloses Nutzungsverbot zur Folge hätte, nicht nur für die klassischen Nutztiere, sondern auch für Heimtiere. Eine relative Würde endet unweigerlich in der bekannten Güterabwägung zwischen menschlichen Interessen und tierischen Ansprüchen und damit wieder beim Status quo.

Nicht unberücksichtigt lassen darf man in diesem Zusammenhang die Tatsache, dass das Tierschutzrecht vermehrt in Brüssel geschrieben wird. Gab die EU anfangs lediglich bei der Haltung von Nutztieren (Legehennen, Schweinen und Kälbern) Mindestnormen vor, die es den Mitgliedsstaaten grundsätzlich ermöglichten, bei der Umsetzung ins nationale Recht höhere Standards festzuschreiben, so werden mittlerweile direkt Verordnungen (Schlacht- und Transportverordnung) erlassen und national höhere Standards sind nicht mehr erlaubt (neue Versuchstier-Richtlinie). Aber auch wenn die Mitgliedstaaten rein rechtlich einen verbesserten Tierschutz festschreiben könnten, scheitern sie realpolitisch meist an der Wettbewerbsfreiheit im globalen Markt. Man mag die offensichtliche Unvereinbarkeit der EU-Mindestnormen (z. B. Vollspaltenböden, Besatzdichten, Eingriffe ohne Betäubung) mit wesentlichen Zielbestimmungen der nationalen Tierschutzgesetze (das Anpassungsvermögen der Tiere darf nicht überfordert werden) berechtigt kritisieren und beklagen. Im internationalen Vergleich und vor dem Hintergrund der WTO spielt die EU global gesehen jedoch durchaus eine Vorreiterrolle in Sachen Tierschutz.

2 Möglichkeiten und Grenzen von Behörden und Gesellschaft

2.1 Die Rolle von Tierschutzorganisationen, Tierhalter- bzw. Berufsverbänden und den Medien – Hilfe oder Hindernis?

Tierschutzorganisationen haben eine wichtige Funktion dahingehend, dass sie Missstände aufzeigen und staatliches Handeln einfordern können. Auch wenn Organisationen oder Verbände keine Vollzugskompetenzen und keine rechtlich verankerten Zuständigkeiten haben, kann es ein Tierschutzverein durchaus erreichen, einen überforderten Tierhalter zu einer Verhaltensänderung bis hin zur Abgabe seiner Tiere zu bewegen. Eine schlagkräftige Tierschutzorganisation kann die zuständigen Behörden auf Missstände hinweisen und – auch politisch – ein Handeln einfordern. In der Schweiz und einigen deutschen Bundesländern haben Tierschutzorganisationen auch das Recht auf Verbandsklage, können also Klage erheben, wenn eine Behörde ihrer Auffassung nach rechtswidrig untätig bleibt. Schließlich können schlagkräftige Tierschutzorganisationen wesentlichen Einfluss auf die Rechtssetzung nehmen.

Wissenschaftlich hat Rippe (2009) 24 unterschiedliche Typen von Tierschützern analysiert und in fünf Gruppen zusammengefasst. Von der Strategie und den Aktivitäten her lassen sich bei den Tierschutzorganisationen empirisch folgende Gruppen differenzieren: Der klassische Tierschutzverein, der Haussammlungen und Futteraktionen durchführt und ein Tierheim betreibt, ist in der Regel überaltert, hat Nachwuchs- und Geldsorgen. Die Professionalität und das Engagement können mit den steigenden Anforderungen oft nur schwer mithalten. Ohne Unterstützung durch die öffentliche Hand könnten sie nicht überleben. Oft funktioniert die Zusammenarbeit mit den zuständigen Tierschutzbehörden aber recht gut. Im optimalen Fall werden Hinweise aus der Bevölkerung vorgefiltert und im berechtigten Fall an die zuständigen Behörden weitergeben. Bei erforderlichen Wegnahmen nehmen diese Vereine oft die Tiere auf und vermitteln sie weiter.

Während bei Vereinen in der Regel noch ein Kollektiv für Meinungsausgleich sorgt, können tierschutzaktive Einzelpersonen oder autokratisch geführte Vereine selber ein Tierschutzproblem werden. Diese Personen haben oft ein Sendungsbewusstsein, retten zum Beispiel Hunde aus »Tötungsstationen« im Ausland und realisieren nicht einmal im Ansatz, dass sie durch diese Aktionen dort kein Problem lösen und hier ein massives schaffen. Die »geretteten« Hunde sind oft schwer krank und wegen fehlender Sozialisierung im Welpenalter verhaltensgestört, die gutgläubigen Übernehmer zahlen nicht nur emotional, sondern auch mit barer Münze drauf.

Dann gibt es die Event-Tierschützer, die in der Regel volkstümliche Unterhaltungsaktionen und sentimentale Tiergeschichten verkaufen. Sie retten nur ausgesuchte, publikumswirksame Tiere bzw. vermarkten deren Geschichten. Diese PR-Unternehmen sind meist professionell geführt und hoch profitabel. In der öffentlichen Tierschutzbilanz helfen sie wenig, da sie nichts am Verhalten der Bevölkerung ändern und bei Tierwegnahmen keine Unterstützung sind. Für den Bildungsauftrag im Tierschutz sind sie sogar hinderlich, da sie zur kritiklosen Konsumierung von Darstellungen falscher Idylle verleiten.

Die für die Tierschutzaufsicht wichtigste Gruppe sind eindeutig die NGO-Tierschutzaktivisten. Sie sind, sowohl inhaltlich als auch vom Fundraising her hoch professionell. Sie haben kaum Geld- und noch weniger Nachwuchssorgen, denn viele junge Leute arbeiten begeistert mit. Ihre Unterlagen und Kampagnen sind inhaltlich meist sehr gut aufgebaut, sie schrecken aber auch vor massiver Kritik an den herrschenden legalen und illegalen Zuständen nicht zurück. Sie fordern die Bevölkerung zu Verhaltensänderungen auf und bekämpfen die rechtlichen Mindestnormen als unzureichend. Industrielle Landwirtschaft lehnen sie aus Prinzip ab. Eine deutliche Reduktion des Fleischkonsums fordern alle, manche fordern gar zu vegetarischer oder veganer Ernährung auf. Für die

Umsetzung des Bildungsauftrages können diese Gruppen sehr hilfreich sein, da sie in der Regel über gut aufbereitete Informationen und engagierte Mitarbeiter verfügen und die herrschenden Zustände zum Wohle der Tiere verbessern wollen. Missstände im Vollzug werden schonungslos aufgedeckt, was für die Behörden sehr unangenehm werden kann (Jaeger, 2011). Manche dieser Organisationen schießen aber auch übers Ziel hinaus, indem sie stark polarisieren, aber auch sich selber rechtswidrig verhalten (»Tierbefreiungsaktionen«).

Auch die Interessenvertretungen von Tierhaltern und Tiernutzern können eine wesentliche Rolle bei der Tierschutzaufsicht spielen, indem bestimmte Haltungsprak-tiken propagiert oder abgelehnt werden. Ein positives Beispiel ist in Deutschland der Bundesverband für fachgerechten Natur- und Artenschutz e. V. (www.bna-ev.de), ein deutscher Dachverband für Verbände und Vereine privater Tierhalter und Einzelper-sonen. Dieser Verband hat sich als eines seiner Ziele die Verbesserung der privaten Tierhaltung gesetzt und ist besonders im Bereich der Vermittlung der für eine gute Tierhaltung erforderlichen Sachkunde aktiv. Er schreckt nicht davor zurück, Missstände beispielsweise bei der Veranstaltung von Tierbörsen immer wieder anzuprangern, an die eigenen Mitglieder zu appellieren und die Behörden zum Eingreifen zu bewegen. Aber auch bäuerliche Berufsverbände können Wesentliches zur Verbesserung der Tierhaltung leisten. Selbstverständlich vertreten sie in erster Linie die wirtschaftlichen und gesellschaftspolitischen Interessen ihrer Mitglieder. Der Tierschutz wird dabei oft als notwendiges und unvermeidbares Übel gesehen. Immer mehr Funktionäre der Landwirtschaft verstehen aber, dass auf den ersten Blick ökonomisch erscheinende Einsparungen bei der Tierhaltung letzten Endes tatsächlich unwirtschaftlich sein kön-nen und dass sie das Thema Tierschutz aktiv aufgreifen und mehr Transparenz anbie-ten müssen. Vanhonacker (2008) hat in einer groß angelegten Studie nachgewiesen, dass die Wahrnehmung des Themas Tierschutz bei Bauern und der Bevölkerung stark differiert. Das Hinterfragen der Förderpolitik und die Lebensmittelskandale tun ein Übriges. Letztlich ist keine Berufsgruppe gut beraten, ihre eigenen schwarzen Schafe reflexartig und bedingungslos zu verteidigen. Das kommt auf die Dauer auch bei der eigenen Klientel schlecht an. Der weitaus überwiegende Teil der Landwirte hat auch grundsätzliches Verständnis für Anliegen des Tierschutzes, zumal sie praktisch immer mit betriebswirtschaftlichen Vorteilen (längere Nutzungsdauer, weniger Tierarztkos-ten) argumentierbar sind. Sofern Tierhaltungen tierschutzwidrig sind, ist statt böser Absicht meist Unwissenheit der Tierhalter die Ursache. Es gilt daher, das entsprechende Wissen an Tierhalter wie auch an die Gesellschaft allgemein zu vermitteln, denn nur Wissen schützt Tiere.

Tierschutz lässt sich als Teil der Mensch-Tier-Beziehung (Blaha, Dehn u. Drees, 2011) innerhalb unterschiedlicher Interessengruppen (z. B. Forscher, Landwirte, prak-tizierende und Amtstierärzte, Tierhalter, psychosoziale Berater, Fachberater für Tier-haltung etc.) beschreiben. Auf Tagungen und in Arbeitsgemeinschaften wird zu einer Grundlagendiskussion wie auch zu einem problemorientierten fachlichen Diskurs eingeladen. So entstehen neue Perspektiven für die Handelnden aus den unterschied-

lichen, für den Tierschutz relevanten Tätigkeitsbereichen. Nachhaltige Strukturen im
Tierschutz werden vorbereitet und konkrete Informations- und Beratungshilfen für
private wie professionelle Tierhalter angeboten (z. B. Kostenpläne und Empfehlungen
zur Tierhaltung, Alternativen zur eigenen Tierhaltung, siehe Stiftung »Bündnis Mensch
& Tier«). Praxisorientierte Seminare und Exkursionen für Amtstierärzte für den neuen
Aufgabenbereich der »Tiergestützten Intervention« fördern ebenso den fachübergreifenden Austausch wie die Forderung nach einem Sachkundenachweis vor dem Erwerb
eines Tiere und die Entwicklung von Qualitätskriterien und Labels. Eine enge Zusammenarbeit mit den Medien und die Publikation von zielgruppenspezifischer Literatur
ist eine wichtige Basis der Informationsarbeit. Ein weiterer wissenschaftlicher Meilenstein auf dem jungen Forschungsgebiet Mensch-Tier-Beziehung ist die Einrichtung
eines eigenen Institutes an der Vetmeduni in Wien (mit großzügiger Unterstützung
der Messerli-Stiftung). Für den Wissenstransfer im Tierschutz von der Universität bis
zur Grundschule setzt sich in Österreich der Verein »Tierschutz macht Schule« (www.
tierschutzmachtschule.at) ein, der das Thema Animal Welfare Education bereits auf
Europäischer Ebene eingebracht hat.

Die Rolle der Medien im Bereich des Tierschutzes ist zwiespältig. Einerseits gibt es
immer wieder gut recherchierte Dokumentationen über Praktiken der Nutztierhaltung
oder den Umgang mit Tieren, die durchaus Politiker zum Handeln bewegen können.
Andererseits vermitteln die Medien aber auch ein Bild von Tieren, das mit der Realität
nichts zu tun hat, sondern nur Quote bringt.

2.2 Möglichkeiten der EU

Auf EU-Ebene gibt es strategisch gute Ansätze zur Verbesserung der Tierschutzaufsicht,
die durch das Diktat der leeren (Staats-)Kassen in Zukunft vermutlich noch stärker zum
Tragen kommen werden. Mit der »Cross Compliance« wurde ein sehr effektives Kon-
trollinstrument zur Umsetzung der tierschutzrechtlichen Mindestnormen eingeführt.
Werden diese nicht eingehalten, so sind Subventionskürzungen und Strafzahlungen
fällig. Es gibt strenge Kontrollen und Berichtspflichten.

Das »Food and Veterinary Office« (FVO) kontrolliert im Auftrag der EU-Kommission regelmäßig, inwieweit die Mitgliedstaaten die entsprechenden Rechtsnormen vollziehen. Die Inspektionsberichte sind im Internet verfügbar und bei Mängeln müssen
die betroffenen Mitgliedstaaten mit Konsequenzen bis hin zu Strafzahlungen rechnen.

Auch ist das Thema Tierschutz seit dem Inkrafttreten des neuen Lebensmittel- und
Verbraucherschutzrechtes (Food&Feed-Verordnung, 2005) integraler Bestandteil der
Lebensmittelqualität. Erst kürzlich wurden dazu ein umfangreiches Forschungsprojekt
»Welfare Quality˚« abgeschlossen und ein ausführlicher Bewertungskatalog für die Tier-
schutzqualität von Lebensmitteln vorgestellt. Neben anderen ökologischen Kriterien
wie Transportstrecken und Wasserverbrauch soll auch der Tierschutz in die Qualitäts-
normen für Lebensmittel einfließen. Eine gesetzlich verbindliche Positivkennzeichnung

(Tierschutz-Label) stünde in keinem Widerspruch zu den Spielregeln des freien Marktes. Wenn die Investitions- und Umweltbeihilfen für die Landwirtschaft neben der Regionalität verstärkt nach diesen Kriterien ausgerichtet werden, dann wird dies automatisch zu einer spürbaren Verbesserung der Tierhaltung führen. Als bereits erprobtes erfolgreiches Beispiel sei auf EU-Ebene die Kennzeichnung der Eier angeführt. In der Schweiz haben sich freiwillige Qualitätsprogramme wie »RAUS« (regelmäßiger Auslauf) und »BTS« (besonders tierfreundliche Stallungen) mit der Hilfe von Großverteilern durchgesetzt.

2.3 Nationale Zuständigkeiten und Vollzugsbehörden

Die Behördenstrukturen der Vollzugsbehörden in Deutschland, Österreich und der Schweiz sind mindestens so unterschiedlich wie die rechtlichen Voraussetzungen.

In Deutschland wird der effektive und einheitliche Vollzug des Tierschutzrechts (als Bundesrecht) dadurch erheblich erschwert, dass er Sache der Länder ist. Ein Maximum an Hierarchieebenen von der Kreisverwaltungsbehörde bzw. kreisfreien Stadt über den Regierungsbezirk (in einigen Bundesländern) und die jeweilige Landesregierung bis hin zur national zuständigen Ministerialebene führt zu erheblichen Reibungsverlusten und im Extremfall dazu, dass es für ein Problem 16 unterschiedliche Herangehensweisen geben kann. Auf nationaler Ebene wie auch in vielen Bundesländern ist der Tierschutz im Landwirtschaftsministerium angesiedelt und das bleibt für die Güterabwägung zwischen dem Tierschutz und wirtschaftlichen Interessen nicht ohne Folgen. Der für den lokalen Vollzug zuständige Amtstierarzt ist Mitarbeiter einer Kreisverwaltungsbehörde oder kreisfreien Stadt. Sein Dienstvorgesetzter ist in vielen Bundesländern ein Wahlbeamter (Landrat oder Oberbürgermeister). Man kann sich vorstellen, dass sich beispielsweise ein Funktionär des Bauernverbandes als zuständiger Landrat schon mit dem Vollzug der durch EU-Recht vorgegebenen Mindestnormen im Tierschutz schwertut. Der Amtstierarzt in einem solchen Amt wird dann nicht selten statt wie ein Leiter oder Mitarbeiter eines unabhängigen Veterinärdienstes vielmehr als weisungsgebundener »Dienstleister« für die Normunterworfenen auftreten müssen. Je nachdem, wie die politischen Bedingungen sich gerade darstellen, werden dem Tierschutz zuwiderlaufende Schwerpunkte gesetzt. Bei Lebensmittelskandalen wird beispielsweise stets nach effektiven und strengen Kontrollen gerufen; wenn der jeweilige Skandal danach aber im kollektiven Vergessen gelandet ist, soll der Kontrolleur nur noch beraten und die Wirtschaftsbeteiligten so wenig wie möglich beeinträchtigen. Generell ist es auch so, dass sich der personelle Zuschnitt an diesen Rahmenbedingungen orientiert. So wurde in Zeiten der BSE-Krise in einigen Bundesländern dringend benötigtes zusätzliches Personal eingestellt, das in ruhigeren Zeiten vor dem Hintergrund immer knapperer staatlicher Mittel stetig wieder abgebaut wurde und wird.

In Österreich gibt es eine Verwaltungsebene weniger (Bezirk, Land, Bund) und der Leiter der Bezirksverwaltungsbehörde ist ein Verwaltungsjurist und kein Politiker. Nachdem der Tierschutz in der Gesetzgebung auf Bundesebene beim traditionell sozialdemokratischen Gesundheitsministerium angesiedelt ist und der Vollzug in den Bundesländern meist bei konservativen Agrarlandesräten liegt, kann es jedoch selbst in großkoalitionären Konstellationen zu Reibungsverlusten kommen. Als besonderes Relikt aus dem theresianischen Beamtensystem üben Amtstierärzte in einzelnen Bundesländern immer noch private Praxistätigkeiten aus, obwohl dies der Kontrollrichtlinie der EU aus Gründen der Unvereinbarkeit und Befangenheit eindeutig widerspricht und ein entsprechendes richterliches Urteil des Verwaltungsgerichtshofes vorliegt.

Die Schweiz leistet sich trotz föderaler Struktur nur zwei Ebenen, nämlich Bund und Kantone. Das Bundesamt für Veterinärwesen ist vorbildlich aufgestellt und leistet nicht nur perfekte Verwaltungsarbeit, sondern auch hervorragende Kommunikation und Sachinformation. Die Homepage www.bvet.admin.ch sei allen anderen Ministerien zur Nachahmung und fachlichen Information empfohlen. Die Serie »Tiere richtig halten« ist ein Musterbeispiel von professioneller Informationspolitik. Der Vollzug auf kantonaler Ebene ist allerdings nicht mehr so effizient, zumal die erste Ebene des Bezirkes fehlt bzw. durch praktische Tierärzte »nebenamtlich« abgedeckt werden muss. Hier wurde teilweise schon erfolgreich gegengesteuert, da die Kleinkantone überkantonale Verwaltungskooperationen gebildet haben und der Bund mit der sogenannten »Blauen Kontrolle« eine unabhängige Kontrollinstanz als Task Force zur Verfügung gestellt hat. Wie bei der Cross-Compliance-Kontrolle auf EU-Ebene haben hier Verfehlungen sofort empfindlich spürbare Folgen im Sinne von Abzügen bei Direktzahlungen.

Einen neuen Ansatz wählte vor einiger Zeit das österreichische Bundesland Vorarlberg. Das Prinzip der Selbstevaluierung wurde von der Schweiz übernommen und im Rahmen des Tiergesundheitsdienstes in der Praxis getestet und weiterentwickelt. Nach erfolgreicher Erprobung wurde das System mittlerweile vom Bund übernommen und wird in ganz Österreich umgesetzt. Das Prinzip ist so einfach wie bestechend. Der gesamte Text des Tierschutzgesetzes und der 1. Tierhalteverordnung für Nutztiere (ca. 150 Seiten Gesetzestext und Tabellen) wurde in einfach verständliche Checklisten mit Ja-/Nein-Fragen (Themenbereiche Bewegungsmöglichkeit, Bodenbeschaffenheit, Fütterung, Stallklima und Betreuungsintensität) umgearbeitet. Es gibt eigene Checklisten für Rinder, Schweine, Schafe, Ziegen und Geflügel. Für Beratungs- und Kontrollorgane gibt es zu jeder Checkliste ein ausführliches Handbuch. Zu jeder Frage gibt es eine Beschreibung der gesetzlichen Norm, der Messung, der Tierschutzrelevanz und des betrieblichen Aufwandes. Außerdem wird zu der gesetzlichen Mindestnorm zusätzlich eine Empfehlung in Richtung »tiergerecht« angegeben. Skizzen und Tabellen erleichtern das Ausfüllen. Jeder Landwirt ist so in der Lage, seinen eigenen Betrieb auf Erfüllung der Normen zu überprüfen bzw. den Handlungsbedarf festzustellen. Die Gewichtung nach Tierschutzrelevanz und betrieblichen Kriterien ermöglicht die Erstellung einer Prioritätenliste. Die Checklisten und Handbücher sind über die Homepage des Gesundheitsministeriums (www.bmg.gv.at) frei zugänglich. Für Betriebe, die Mitglied beim Tiergesundheitsdienst sind, ist die Verwendung der Checklisten im Rahmen der jährlichen Betriebserhebungen verpflichtend. Nach demselben Modell wurden mittlerweile Checklisten und ein Handbuch für Tiertransporte erstellt, jenes für Pferde steht noch aus. Die Selbstevaluierung hat aber auch Grenzen. Sie ist ein perfektes Instrument zur Verbreitung einheitlicher Information und Bewusstseinsbildung. Sie kann aber keine unabhängige Kontrolle ersetzen. Der beratende TGD-Tierarzt kann die Angaben des Landwirtes auf Plausibilität prüfen, eine stichprobenweise Kontrolle durch eine unabhängige Behörde ist aber als Systemkontrolle weiterhin unbedingt erforderlich. Mit der in Österreich vorgegebenen Stichprobengröße von 2 % bzw. den 1-%-Vorgaben der Cross-Compliance-Kontrollen lässt sich das System der Selbstevaluierung sehr gut mit dem der risikobasierten (nach dem Ergebnis der Selbstevaluierung) behördlichen Stichprobe kombinieren.

3 Möglichkeiten und Grenzen behördlichen Handelns im Tierschutzvollzug

Die Möglichkeiten der zuständigen Behörde sind in Deutschland im Tierschutzrecht und im Verwaltungsrecht klar geregelt. Beim Vorliegen von Mängeln und Missständen ist die Behörde grundsätzlich gehalten, zunächst das mildeste Mittel anzuwenden und den Betroffenen darüber zu belehren, was er falsch gemacht und zu verbessern hat. Diese Belehrung kann auch in schriftlicher Form erfolgen, um der Angelegenheit mehr Nachdruck zu verleihen. Die nächste Stufe ist eine tierschutzrechtliche Anordnung, die auf dem Wege des Verwaltungszwangs durchgesetzt werden kann. Nachteil des Verfahrens ist seine Komplexität und die lange Zeit, die verstreichen kann, wenn der betroffene Tierhalter die Möglichkeiten des Rechtsweges voll ausschöpft. Nur bei massiven Tierschutzverstößen kann sofort die (vorübergehende) Wegnahme, die Tötung von Tieren und/oder ein Tierhalteverbot angeordnet werden. Parallel können Tierschutzverstöße auch als Ordnungswidrigkeiten oder Straftaten verfolgt werden, wobei für die Einleitung dieser Verfahren klare Tatbestandsmerkmale erfüllt sein müssen (z. B. bei Strafverfahren Vorsatz und der Nachweis erheblicher und/oder länger anhaltender oder sich wiederholender erheblicher Schmerzen und/oder Leiden). Strafverfahren sind für die Behörden mit einem hohen Arbeitsaufwand verbunden und können sich bei ungewissem Ausgang lange hinziehen. Häufig scheitern Gerichtsverfahren auch wegen formaler Fehler. Das kann zu großer Frustration und letztlich Resignation des Vollzugspersonals führen. Der Tierschutzvollzug wird zudem dadurch erschwert, dass private Tierhaltungen nicht der behördlichen Aufsicht unterliegen. Wegen des Grundrechts der Unverletzlichkeit der Wohnung bedarf es, wenn der Tierhalter nicht kooperiert, eines entsprechend fundierten Verdachts auf Tierschutzverstöße, damit ein richterlicher Durchsuchungsbeschluss erwirkt und die Wohnung betreten werden kann. Schließlich sind behördliche Maßnahmen nach dem Tierschutzrecht teuer, wenn Tiere weggenommen und vorübergehend untergebracht werden müssen. Für Exoten ist es manchmal kaum möglich, überhaupt Unterbringungsmöglichkeiten zu finden. Die einzige in Süddeutschland existierende Auffangstation für Reptilien arbeitet ständig an der Kapazitätsgrenze, und wo Möglichkeiten der Unterbringung fehlen, wird von den zuständigen Kreisverwaltungsbehörden oft gar nicht gehandelt. Da die zu solchen Maßnahmen gehörenden Rechtsverfahren sich lange hinziehen können und die betreffenden Tiere vor Abschluss der Verfahren nicht vermittelt werden können, schrecken viele Behörden angesichts der hohen Kosten für Unterbringung, Pflege und tierärztliche Behandlung vor der Wegnahme von Tieren zurück (Kuhtz, 1998).

Andererseits wird dem Amtstierarzt in Deutschland auch eine rechtliche Garantenpflicht zugeschrieben (Kemper, 2006). Das bedeutet, dass die zuständige Behörde und damit der Amtstierarzt zum Eingreifen verpflichtet sind, wenn dies aus Tierschutzsicht geboten ist. Unterlässt es der Verpflichtete, so kann dies eine Straftat durch Unterlassen begründen (Emmert, 2011). Diesem Anspruch können die Behörden oft aus den oben genannten Gründen nicht gerecht werden.

In Österreich werden mittlerweile praktisch alle Tierschutzverfahren zuerst bei der Bezirksverwaltungsbehörde angezeigt. Diese prüft, ob eine Weiterleitung an die Staatsanwaltschaft notwendig ist. Diese ist nur bei besonders schweren Delikten unter Vorsatz nach § 222 Strafgesetzbuch möglich. Die Vorsatzdelikte mit tierquälerischem Hintergrund sind zum Glück rückläufig. Die wenigen Verfahren bei Gericht enden dann auch meist mit Verurteilungen. Bei einem Freispruch startet das Strafverfahren auf Verwaltungsebene von vorne. Unabhängig davon wie lange sich das gerichtliche Verfahren hingezogen hat, gibt es keine Verjährung, sobald die Anzeige bei der Bezirksverwaltungsbehörde angelangt ist und bearbeitet wurde. Weitere Gründe für die fast ausschließlichen Verwaltungsstrafverfahren im Tierschutz in Österreich sind die in der Regel einfacheren Verfahren und strikteren Sanktionen. Da es sich bei den Übertretungen im Tierschutz überwiegend um schlechte Versorgung der Tiere (meist aus Unwissenheit oder persönlicher Überforderung) handelt, haben sich Verbesserungsaufträge und Auflagen mit Fristsetzung, zum Teil auch Ersatzvornahmen, letztlich auch die Limitierung der Tieranzahl, Tierabnahme oder Tierhalteverbote im Vollzug zur unmittelbaren Verbesserung der Situation der Tiere auch hier besser bewährt als Verfahren bei Gericht mit zweifelhaften Erfolgsaussichten.

Die traditionellen Tätigkeits- und Rechenschaftsberichte der Behörden listen in der Regel die Anzahl der Verfahren und verhängten Strafen auf. Parlamentarische Anfragen und Tierschutzorganisationen tendieren ebenfalls, den »Erfolg« der behördlichen Arbeit im Tierschutz an der Anzahl von Strafverfahren und der Strafhöhe messen zu wollen. Effektiv umgesetzte Verbesserungen, Ersatzmaßnahmen und außergerichtliche Lösungen scheinen in keiner Statistik zu »erfolgreichen« Strafverfolgungen auf, ebenso wenig wie Kontrollen ohne Beanstandungen oder Selbstevaluierungen ohne Beanstandungen bei nachfolgenden behördlichen Kontrollen. Die derzeitige Statistik wird den Leistungen der Behörden im Tierschutzvollzug daher nicht gerecht. Die Wirkungskennzahlen im Tierschutz müssten neu definiert werden. Hier bräuchte es neue Ansätze: Denkbar wären zum Beispiel die Anzahl der Tiere, die in Tierheimen landet, die Anzahl vermittelter Tiere, die Anzahl von Exoten und Reptilien als (oft ungeeignete) Heimtiere, die Anzahl aufgrund falscher Haltung erkrankter Tiere oder die Anzahl der Reptilienbörsen und Greifvogelschauen.

4 Die Schlüsselrolle des Amtstierarztes: Überfordert und allein gelassen

Nahezu alle Vollzugsmaßnahmen im Tierschutzrecht bedürfen eines amtstierärztlichen Gutachtens. Der Erfolg der Verfahren hängt unabhängig davon, ob es sich um Straf- oder Verwaltungsverfahren handelt, wesentlich von der Qualität der Gutachten bzw. der Einbindung des Amtstierarztes in den Vollzugsapparat ab.

Der Tierschutz ist ein relativ junges und neues Fachgebiet des amtstierärztlichen Dienstes mit stark wachsender Tendenz und erheblicher öffentlicher Relevanz. Viele der jetzt leitenden Beamten haben in ihrer Grundausbildung wenig zum Thema erfahren. Eigene Institute für Tierhaltung und Tierschutz und spezielle Module in der Ausbildung der Amtstierärzte gibt es erst seit wenigen Jahren, ebenso wie eine spezialisierte Fort- und Weiterbildung im Tierschutz. Im Tierschutzbereich wäre längerfristig die Etablierung der Qualifikation eines Fachtierarztes für Tierhaltung und Tierschutz zu fordern. Die nationalen Ausbildungsvorschriften sollten auch auf dem Gebiet des Tierschutzes stufenweise an das Niveau des ECVPH (European College for Veterinary Public Health) herangeführt werden. Es fehlt aber auch vielfach an Kenntnissen des Verwaltungsrechts, die einen Vollzug erst ermöglichen (Emmert, 2011).

Viele Amtstierärzte sind mit der Vielzahl der Aufgaben und der Breite der Themen neben dem Tierschutz (Tierseuchenbekämpfung, Überwachung der Tiergesundheit, Lebensmittel- und Futtermittelsicherheit sowie Tierarzneimittelverkehr) auch schlicht und einfach überfordert. Selbst innerhalb des Teilgebietes Tierschutz braucht es bei einer Bandbreite der Überwachung von Versuchstierhaltungen über den Tierhandel, Transport, Schlachtstätten, Zoos, Zirkusse, Reit- und Fahrbetriebe, gewerbsmäßige Züchter, Schädlingsbekämpfung, landwirtschaftliche Tierhaltungen und Wildtierhaltungen mittlerweile eine Spezialisierung, um Sachverhalte kompetent beurteilen und erforderliche Maßnahmen durchsetzen zu können. Die knappe personelle Ausstattung der lokalen Vollzugsbehörden erlaubt solche Spezialisierungen kaum. Speziell ausgebildete Amtstierärzte, die schwerpunktmäßig und überregional tätig sein können, sind daher das Gebot der Stunde. Die alten vorgegebenen örtlichen und sachlichen Zuständigkeiten mit einem Generalisten für jede einzelne Region sind nicht mehr haltbar. Neue Kommunikationsmöglichkeiten und Technologien erleichtern die Errichtung von Back-Office-Kompetenzzentren, die den Vollzugsbehörden vor Ort professionell zuarbeiten bzw. Gutachten und Expertisen erstellen. Einige deutsche Bundesländer (zum Beispiel Bayern, Niedersachsen) haben bereits »Tierschutzdienste« eingerichtet, die die örtlichen Behörden entsprechend unterstützen.

Auf der anderen Seite müssen die Rollen und Verantwortlichkeiten des Amtstierarztes wieder auf seine Fachkompetenz konzentriert werden. Der Großteil der schwierigen Tierschutzverfahren hat einen sozialen und/oder psychologischen Hintergrund. Oft sind die Tierhalter aufgrund einer mehr oder weniger ausgeprägten Persönlichkeitsstörung in der Betreuung der Tiere überfordert bzw. nicht mehr eigenverantwortlich handlungsfähig. Die neueste Herausforderung heißt neudeutsch »Animal Hoarding«.

Die »Tiersammelsucht« steht oft in Zusammenhang mit dem Vermüllungssyndrom, praktisch immer mit fortschreitender und schleichender sozialer Isolation, und ist als Krankheitsbild anzusehen. Mit Strafverfahren nach dem Tierschutzgesetz stoßen die Behörden sehr schnell an Grenzen des Machbaren, auch bezüglich der Unterbringung von weggenommenen Tieren. Verbesserungsaufträge und Auflagen werden kaum erfüllt, die Limitierung der Tierhaltung wird permanent umgangen, ein angedrohtes Tierhalteverbot wird häufig mit Ankündigung des konsekutiven Selbstmordes des Tierhalters beantwortet. Gewaltandrohung und -ausbrüche sowie Racheaktionen gegen den von dem Betroffenen für die Misere persönlich verantwortlich gemachten Amtstierarzt sind keine Seltenheit. Mit solchen nahezu unlösbaren Fällen darf man einen Amtstierarzt nicht allein im Regen stehen lassen. Hier muss die Behörde alle Register von psychologischer Betreuung über soziale Begleitmaßnahmen mit Fürsorge und Jugendwohlfahrt bis hin zu medizinischen Zwangsmaßnahmen ziehen. Die Früherkennung solcher Fälle bedarf auch vor dem Hintergrund, dass die meist massive Störung des sozialen Gefüges nicht »nur« Tiere, sondern auch Menschen und oft Kinder betrifft, verstärkter interdisziplinärer Zusammenarbeit. Ausbrüche von Gewalt gegenüber Kindern und Tieren haben eine hoch signifikante und starke Korrelation. In der Landwirtschaft ist der typische Problemfall männlich, ledig, über fünfzig und hat ein mehr oder weniger großes Alkoholproblem. Diese Fälle sind – genauso wie bei den Hoardern – nicht über den Tierschutz oder vom Amtstierarzt allein zu lösen. Hier muss die landwirtschaftliche Interessenvertretung ihren Beitrag leisten zum Beispiel über Betriebshelferdienste, Kuraufenthalte, Beratungen zur Umstrukturierung des Betriebes, Frühpensionierungen oder Sozialpläne für Sozialfälle. Die Betroffenen hören auch eher auf die Beratung ihrer Interessenvertretung als auf die Androhung von Zwangsmaßnahmen durch die Behörde.

Schließlich darf man nicht vergessen, dass viele Tierschutzprobleme systemimmanent und über Jahrzehnte strukturell gewachsen sind (Jäger, 2011). Beispielsweise ist eine Haltung von Mastschweinen in den gängigen und rechtskonformen Intensivhaltungssystemen ohne kupierte Schwänze kaum möglich, das Kupieren jedoch formal nach europäischem und deutschem Tierschutzrecht ausschließlich im begründeten Einzelfall zulässig. Änderungen in traditionellen Wirtschaftssystemen sind nur über die gemeinsame Verantwortung aller Marktbeteiligten möglich und äußerst mühsam und langwierig.

5 Klare Strukturen für die Arbeit der Behörden

Aus dem bisher Ausgeführten wird klar, dass es für den Vollzug tierschutzrechtlicher Maßnahmen eine unabhängige Behörde auf lokaler Ebene braucht. Zusätzlich wären überregional tätige, unabhängige und fachlich hoch qualifizierte Instanzen hilfreich, die die vor Ort mit dem Vollzug Beauftragten unterstützen, aber auch kontrollieren können. Letzteres ist besonders schwierig, da die Kontrollfunktion einer guten und vertrauensvollen Zusammenarbeit entgegensteht. Ein Schritt in diese Richtung sind die bereits erwähnten »Tierschutzdienste« in einigen deutschen Bundesländern, wobei auch diese Instanzen scheitern können, wenn zum Beispiel vor Ort politisch Einfluss genommen wird.

Bereits seit einiger Zeit wird daran gearbeitet mit Maßnahmen des Qualitätsmanagements die fachlichen Standards bei Tierschutzkontrollen zu heben und zu vereinheitlichen, um zu verhindern, dass Verfahren an schlechter Vorbereitung und Durchführung scheitern. Die Bereitstellung von Checklisten, Kontrollhandbüchern und anderen Arbeitshilfen wie zum Beispiel Mustern für tierschutzrechtliche Erlaubnisbescheide ist dazu grundsätzlich eine gute Möglichkeit. In personell knapp ausgestatteten Behörden wird sie jedoch oft als weitere »Beschäftigungsmaßnahme« gesehen. Auch die vermehrte Risikoorientierung von Kontrollen kann zu einer besseren Effizienz führen.

In Österreich hat sich als eine nicht zu unterschätzende Unterstützung des Vollzuges im Tierschutz in diesem Zusammenhang die Einrichtung der Tierschutzombudsleute (TOM) und des Tierschutzrates erwiesen. Die Zwischenbilanz nach der ersten Funktionsperiode von fünf Jahren fällt für die Tierschutzombudsleute positiver aus als für den Tierschutzrat. Bei der ersten Bestellung der Ombudsleute griffen fast alle Bundesländer auf erfahrene Experten aus dem tierärztlichen Bereich zurück. Die Ombudsstellen entwickelten sich für die Amtstierärzte der Vollzugsbehörden als wertvolle Stütze und Hilfe im Sinne von zusätzlicher Fachkompetenz. Der größte Gewinn war aber die Parteistellung der TOM in allen Verwaltungsverfahren als ein zusätzlicher institutionalisierter Vertreter für die Anliegen der Tiere. Die Funktion als Anwalt der Tiere ist dabei nicht so sehr in juristischer, als vielmehr in der fachlich begründeten und damit argumentativen Vertretung ihrer Interessen zu sehen. Die Qualität und damit die Erfolgsbilanz der Tierschutzverfahren (insbesondere der Verwaltungsverfahren) hat sich mithilfe der Tierschutzombudsleute entscheidend verbessert, insbesondere dann, wenn das berufliche Selbstverständnis in einer begleitenden und qualitätssichernden Kontrolle der behördlichen Tätigkeit der Amtskollegen und nicht als Ankläger bzw. Aufdecker von Missständen (wie leider oft von Rechnungshöfen) gelebt wurde.

Eine weitere wichtige Funktion der Ombudsstellen, die Fingerspitzengefühl und Objektivität erfordert und in der Anfangsphase noch nicht so im Vordergrund stand, ist die Aufklärungsarbeit dieser Einrichtung im Sinne von prophylaktischem Tierschutz. Sie kann nicht hoch genug eingeschätzt werden und deckt sich mit dem Bildungsauftrag, wie er im § 2 des Österreichischen Tierschutzgesetzes verankert ist. Das Verständnis der Öffentlichkeit und insbesondere der Jugend für den Tierschutz zu wecken sollte in Zukunft als eine wichtige Aufgabe von allen Gebietskörperschaften wahrgenommen werden. In Österreich hat der Verein »Tierschutz macht Schule« inzwischen ausgezeichnete Unterlagen für den Tierschutzunterricht (Schüler- und Lehrerhefte zum Heimtier-, Nutztier-, Wildtier- und Versuchstier-Profi) herausgebracht.

Die Erfolgsbilanz des Tierschutzrates in Österreich und ähnlich strukturierter Tierschutzbeiräte in vielen deutschen Bundesländern fällt deutlich zwiespältiger aus. Sie spiegelt die zwei grundsätzlich verschiedenen Strategien solcher politischer Beratungsgremien in Europa wider, die auf den Tagungen des EuroFAWC (European Forum Animal Welfare Councils) zu Tage tritt. Während die Councils im angelsächsichen und nordischen Raum als reine Fachgremien große Freiheiten im Sinne von Forschungs-berichten und Empfehlungen an die Politik genießen und mehr oder weniger ignoriert werden, versuchen die deutschsprachigen Länder, im Sinne einer sozialpartnerschaft-lichen oder paritätischen Besetzung des Rates den politischen Kompromiss in einem Fachgremium zu finden, was meistens – zumindest in wesentlichen Dingen wie Besatz-dichten in landwirtschaftlichen Tierhaltungen – zum Scheitern verurteilt ist. Der Tier-schutzrat in Österreich ist seit seiner Einführung im Jahre 2005 schon dreimal ohne durchschlagenden Erfolg umstrukturiert worden. Wie die deutschen Tierschutzbeiräte ist und bleibt es ein Gremium mit unverbindlicher Beratungsfunktion für die Politik.

Dass man mit einer fundamental ausgelegten öffentlichen Anklägerrolle gegen die Vollzugsbehörden auch Schiffbruch erleiden kann, hat das Beispiel der Schweiz gezeigt. Hier sollte die analoge Funktion des Tierschutzombudsmannes nach dem Modell des Tieranwaltes im Kanton Zürich per Volksentscheid in allen Kantonen eingeführt wer-den. Die Umfragen ließen deutliche Zustimmung erwarten. Ein von den Medien und vom Tierschutz »hochgespielter« Fall aus der Angelfischerei brachte die Stimmung aber zum Kippen. Nun hat auch Zürich keinen Tieranwalt mehr.

Ein weiteres Modell stellt der Tierschutzbeauftragte dar. In Deutschland hat derzeit nur Hessen eine Tierschutzbeauftragte, in Niedersachsen wurde die Funktion wieder abgeschafft, während sie in Baden-Württemberg mit dem Wechsel der Landesregie-rung zu Rot-Grün neu eingerichtet werden soll. Hier gilt im Prinzip dasselbe wie für Tierschutzombudsleute oder Tierschutzdienste: Gegen die zuständigen Behörden wird man nichts erreichen und allen rechtmachen wird man es auch nie, sodass es fachlich kompetenter Persönlichkeiten mit ausgeprägten kommunikativen Fähigkeiten bedarf.

6   Chancen für die Tierschutzbehörde der Zukunft

Die folgende Aufzählung von praktischen und bewährten Lösungsansätzen ist keines-falls abschließend oder vollständig. Sie ist von den Autoren als Anregung und Vor-schlag gedacht:

– Einrichtung von überregionalen, örtlich verteilten, personell und fachlich gut aus-gestatteten Tierschutz-Fachzentren/Behörden: Dazu muss man nicht auf die große Verwaltungsreform warten, sondern kann sie mit gutem Willen in bestehende Orga-nisationen einbauen (z. B. in Deutschland in die Regierungen oder Landesämter oder in der Schweiz in Verwaltungsverbände mehrerer Kantone). An diesen Fachzentren müssen Experten verschiedenster Fachbereiche interdisziplinär zusammenarbeiten können. Tierärzte, Vollzugsbeamte und Juristen sind unbedingt erforderlich, im Bedarfsfall muss auch auf Psychologen und Sozialdienste zurückgegriffen werden können. Regionale Kooperationen zwischen Vollzugsbehörden können effizienter sein als zusätzliche neue »Task Force«-Einrichtungen. Außerdem muss die Unabhängigkeit der lokalen Vollzugsbehörden unbedingt sichergestellt werden, da ansonsten eine Zentralisierung der Kontrolle nicht aufzuhalten ist.

– Gegenseitige Audits von Fachzentren und Vollzugsbehörden haben sich im Lebensmittel-, Tierseuchen- und Tierschutzbereich, also im gesamten VPH-Bereich (Veterinary Public Health), bestens bewährt. Sie sind mindestens so gut wie teure externe Kontrollen. Der wechselseitige Lern- und Solidarisierungseffekt ist dabei nicht zu unterschätzen. Der Austausch von Personal bringt neue Erkenntnisse, Erfahrungen, Anreize und Motivation.

– Fachspezifische Aus-, Fort- und Weiterbildung, abgestuft und aufeinander abgestimmt, von den Anforderungen der lokalen Behörde über spezialisierte Aufgaben auf Länder- und Bundesebene bis hin zur EU-Ebene. Nutzung der Möglichkeiten von Angeboten der EU, wie BTSF (Better Training for Safer Food; Fortbildungs- und Trainingsprogramm der EU für Kontrollorgane im Lebensmittelsicherheitsbereich), ECVPH, Fachtierärzte für Tierschutz. Die Fortbildung darf nicht auf Kosten des Amtstierarztes in seiner Freizeit erbracht werden müssen, wie es derzeit oft der Fall ist.

– Einrichtung von Tierschutzombudsstellen oder ähnlichen unabhängigen Institutionen zur Qualitätssicherung und Kontrolle der Behördenverfahren.

– Die Spezialisierung muss auch in der (Verwaltungs-)Gerichtsbarkeit ihren Niederschlag finden. Eigene Staatsanwaltschaften für den Bereich Tierschutz und eine zentrale Dokumentationsstelle für Gutachten, Entscheidungen und Verfahren wären sehr hilfreich.

– Längst überfällig ist die Errichtung einer Prüfstelle für serienmäßig hergestellte Tierhaltungssysteme im Nutz- und Heimtierbereich nach Schweizer Muster und dem des Tierschutzgesetzes in Österreich. Ein Tierschutz-TÜV erhöht die Rechtssicherheit für alle Betroffenen und erspart viele Verfahren. Leider wurde die auch im deutschen Tierschutzgesetz dazu seit über zehn Jahren enthaltene Ermächtigung bisher nicht zum Erlass einer Verordnung genutzt.

– Forderung eines Sachkundenachweises als Bedingung für den Erwerb von Heimtieren. Benennung von externen Sachkundeprüfern.

Eine Schlüsselrolle spielt jedoch die Person des Amtstierarztes. Wer im Tierschutz arbeiten will, braucht sehr gute Fachkenntnisse, idealistische Motive und gute kommunikative Fähigkeiten. Er muss Konflikte aushalten und bewältigen können. Für alle diese Aufgaben braucht es Talent und Bereitschaft, aber auch zusätzliche Schulungen, die an keiner veterinärmedizinischen Bildungseinrichtung angeboten werden. Bei der Personalauswahl sind die Motivation und die Sozialkompetenz unbedingt zu berücksichtigen. Im Tierschutz arbeiten heißt »dicke Bretter bohren«. Daher ist die Unterstützung des Personals durch Supervision und durch den Austausch innerhalb einer Gruppe wesentlich. Hierzu gibt es in Österreich und der Schweiz bereits gute Ansätze.

Die Berufsgruppe der Tierärzte ist ebenfalls gefordert, sich klar und unmissverständlich zum Thema Tierschutz zu positionieren. Die Formulierung in der deutschen Berufs-

ordnung für Tierärzte »der Tierarzt ist der berufene Schützer der Tiere« ist (mit Frage-
zeichen als Tagungsthema in Bad Boll 1992) in vielen Fällen nur ein hehrer Wunsch.
Die Öffentlichkeit unterscheidet weder zwischen Kleintier- und Nutztierpraktiker noch
zwischen Amtstierarzt oder Pharma-Tierarzt. Derzeit laufen die Nutztierpraktiker als
»Dienstleister« der Landwirtschaft und »Antibiotikadealer« Gefahr, als Mittäter auf
der Anklagebank der Intensivtierhaltung zu landen. Die Kleintierpraktiker sind oft
Nutznießer einer maßlosen Vermenschlichung und falschen Haltung der Heimtiere,
die Industrietierärzte »Versuchstierquäler« und die Amtstierärzte taten- und zahnlose
Zuschauer bei all diesen Machenschaften zum Leidwesen der ihnen anvertrauten Tiere.
Wenn es hier nicht bald zu einem moralischen und ideologischen Schulterschluss im
Sinne einer Garantenstellung für die Rechte und Ansprüche der Kreatur kommt, dann
steht es um die berufliche Autonomie der Tierärzte in unserer Gesellschaft noch schlechter bestellt als um jene der Landwirte, die Stafleu (2009) vom Menschenrecht zur Bür-
gerpflicht erklärt hat. Die jeweiligen Interessenvertretungen trifft dabei die moralische
Verpflichtung, selbst und aktiv gegen Mittäter und Mitläufer wirksame Maßnahmen zu
ergreifen und nicht nur nach Vater Staat zu rufen. Eine der wichtigsten Maßnahmen zur
Klarstellung der Rollen und Verantwortlichkeiten ist schließlich die strikte Trennung
von Beratung und Kontrolle. Ein TGD-Tierarzt (Tiergesundheitsdienst), der den von
ihm vertraglich betreuten Landwirten am Vormittag Medikamente zur Nachbehandlung übergibt, kann nicht am Nachmittag, wie in Österreich und der Schweiz noch
der Fall, als Kontrollorgan die Rückstandsfreiheit der Lebensmittel, die von den damit
behandelten Tieren stammen, kontrollieren und garantieren. Der Amtstierarzt kann
weder als Dienstleister für die Interessen der Landwirtschaft noch für die der Tierärzte
tätig sein, er ist »civil servant«, also Dienstleister für das Allgemeinwohl, das heißt im
Konkreten für die öffentliche Gesundheit, deren Ansprüche zunehmend mit Partiku-
larinteressen von Lobby-Gruppen kollidieren. Im Speziellen ist es aber gerade er, der
in bester Kenntnis ihrer Bedürfnisse die Interessen der Tiere gegenüber dem Rest der
nichttierlichen Mitgeschöpfe zu vertreten hat. Vermutlich wären beide Berufsgruppen,
die Landwirte und die Tierärzte, sogar aus purem Eigeninteresse an größtmöglicher
beruflicher Autonomie gut beraten, sich in öffentlichem Auftrag des Tierschutzes als
Kulturgut gemeinsam und verstärkt um das Wohl und Wehe der ihnen anvertrauten
Tiere zu kümmern.

Wir alle dürfen den Tierschutz nicht den Experten, Interessenvertretern, Behörden
oder gar dem globalen freien Markt überlassen und damit die Verantwortung delegieren
oder ganz abschieben. Tierschutz ist eine kollektive Verantwortung der Gesellschaft, wo
jeder seinen ganz persönlichen Teil im alltäglichen Leben (bei)tragen kann und muss.
Er ist eine Frage unseres eigenen Kulturfortschrittes und damit als Bildungsaufgabe
richtig zugeordnet. In der deutschen Wochenzeitschrift »Die Zeit« vom 8. April 2010
fordern Richard David Precht und Andreas Sentker unter der Schlagzeile »Streicheln
und quälen«: »Wer den Tierschutz ernst nimmt, muss sein Verhalten ändern – als
Fleischesser und Forscher, aber auch als Tierliebhaber.«

Literatur

Blaha, T., Dehn, G. von, Drees, M. (2011). Tiere im sozialen Einsatz. Arbeitsfeld auch für Tierärzte. Deutsches Tierärzteblatt, 12, 1630–1632.

Emmert, D. (2011). Amtshaftung beamteter Tierärzte. Tagungsband Tierschutztagung Nürtingen.

Hirt, A., Maisack, C., Moritz, J. (2007). Tierschutzgesetz. Kommentar. München: Franz Vahlen.

Jäger, F. (2011). Der Tierarzt als berufener Tierschützer. Deutsches Tierärzteblatt, 7, 858–863.

Kemper, R. (2006). Die Garantenstellung der Amtstierärztinnen und Amtstierärzte im Tierschutz. Rechtsgutachten erstellt im Auftrag des Hessischen Ministeriums für Umwelt, ländlichen Raum und Verbraucherschutz. Berlin.

Kuhtz, M. (1998). Möglichkeiten und Probleme beim Vollzug tierschutzrechtlicher Bestimmungen. Dissertation med. vet., Berlin.

Precht, R. D., Sentker, A. (2010). Streicheln und quälen. Die Zeit vom 8. April 2010, 35–37.

Rippe, K. P. (2009). Tierschützer: Ihre Erscheinungsformen, Handlungsweisen und ihr Ringen um Integrität. Tagungsband »Psychologische Aspekte zum Tier im Recht« Zürich vom 24.10.2009 (S. 133–152); Schriften zur Rechtspsychologie Band 11. Bern: Stämpfli Verlag AG.

Stafleu, F. R. (2009). Farmers and professional autonomy. From human right to civil duty. EurSAFE 2009 Tagungsband (S. 423–427). Wageningen: Academic Publishers NL.

Stiftung Bündnis Mensch & Tier. Zugriff am 30.05.2012 unter http://www.buendnis-mensch-und-tier.de

Vanhonacker, F. (2008). Do citizens and farmers interpret the concept of farm animal welfare differently? Livestock Science, 116, 126–136.

Die Autorinnen und Autoren

Roland Borgards, **Prof. Dr. phil.**
Studium der Germanistik, Philosophie, Geschichte und Musikwissenschaft in Freiburg, Lyon und Gießen; 2001 Promotion zu Peter Handke; 2006 Habilitation zum Schmerz in Literatur- und Medizingeschichte; seit 2008 Professor für Neuere Deutsche Literaturgeschichte an der Universität Würzburg. Forschungsprojekt Tiere: http://www.ndl2.germanistik.uni-wuerzburg.de/mitarbeiter/borgards/forschungsprojekt_tiere/. Publikationen unter anderem:

Borgards, R. (2007a). Wolfs-Notstand. Zum Bann der Bestie in Storms »Zur Chronik von Grieshuus«. In N. O. Eke, E. Geulen (Hrsg.), Texte, Tiere, Spuren. Sonderheft der Zeitschrift für Deutsche Philologie 126, 167–194.

Borgards, R. (2007b). Wolf, Mensch, Hund. Theriotopologie in »Brehms Tierleben« und Storms »Aquis Submersus«. In A. von Heiden, J. Vogl (Hrsg.), Politische Zoologie (S. 131–147). Zürich u. Berlin: Diaphanes.

Borgards, R. (2009). Affenmenschen/Menschenaffen. Kreuzungsversuche bei Rousseau und Bretonne. In M. Gamper (Hrsg.), »Es ist nun einmal zum Versuch gekommen.« Experiment und Literatur 1580–1790 (S. 293–308). Göttingen: Wallstein.

Samuel Camenzind, **lic. phil.**
Studium der Deutschen Sprach- und Literaturwissenschaft, Philosophie und Sozialpädagogik an der Universität Zürich. Lizenziatsarbeit »A rat is a pig is a dog is a boy. Zur Begründung eines ethischen Vegetarismus nach Peter Singer« in Philosophie. 2011 Diplom zum Höheren Lehramt Mittelschule in den Fächern Deutsch und Philosophie. Seit 2012 Assistent am Lehrstuhl für Ethik der Mensch-Tier-Beziehung am Messerli Forschungsinstitut der Veterinärmedizinischen Universität, Medizinischen Universität und Universität Wien. Dissertant zum Thema »Instrumentalisierung als moralisch relevantes Kriterium. Eine bioethische Analyse und Bewertung des Somatic Cell Nuclear Transfers bei nichtmenschlichen Säugetieren«. Publikationen unter anderem:

Camenzind, S. (2011). Klonen von Tieren – eine ethische Auslegeordnung. Schriften zum Tier im Recht (Bd. 7). Zürich: Schulthess.

Camenzind, S. (2012). Auf zu neuen Ufern: Rechtsphilosophische Überlegungen zur übermässigen Instrumentalisierung im schweizerischen Tierschutzgesetz. In Michel, M., Kühne, D., Hänni, J. (Hrsg.), Animal Law – Tier und Recht. Developments and Perspectives in the 21st Century. Entwicklungen und Perspektiven im 21. Jahrhundert. Zürich u. St. Gallen: Dike.

Herwig Grimm, **Univ.-Prof. Dr. phil.**
Studium der Philosophie in Salzburg, Zürich und München mit dem Schwerpunkt Ethik und angewandte Ethik, 2004 Abschluss des Magisterstudiums in Salzburg mit der Arbeit »Moralischer Status von Tieren – eine diskursethische Perspektive«, ab 2004 wissenschaftlicher Mitarbeiter am Institut Technik-Theologie-Naturwissenschaften an der Ludwig-Maximilians Universität München, 2010 Promotion an der Hochschule für Philosophie SJ in München, seit 2011 Professor am Messerli Forschungsinstitut der Veterinärmedizinischen Universität, Medizinischen Universität und Universität Wien, Leiter der Abteilung Ethik der Mensch-Tier-Beziehung. Publikationen unter anderem:

Grimm, H. (2010). Das moralphilosophische Experiment. John Deweys Methode empirischer Untersuchungen als Modell der problem- und anwendungsorientierten Tierethik. Tübingen: Mohr Siebeck.

Grimm, H., Zichy, M. (Hrsg.) (2008). Praxis in der Ethik. Zur Methodenreflexion der anwendungsorientierten Moralphilosophie. Berlin u. New York: Springer.

Webster, J., Bollen, P., Grimm, H., Jennings, M., Steering Group of the RETHINK Project (2010). Ethical Implications of Using the Minipig in Regulatory Toxicology Studies. Journal of Pharmacological and Toxicological Methods, 62 (3), 160–166.

Sonja Hartnack, **Dr. med. vet., Dipl. ECVPH**
Studium der Tiermedizin in Liège und München, 2000 Approbation, 2002 Promotion in München, 2002 bis 2009 Postdoc in München, Leipzig und Bern, 2008 Board Exam ECVPH, seit 2010 Oberassistentin an der Abteilung für Epidemiologie der Vetsuisse-Fakultät Zürich, Lehrbeauftragte für Epidemiologie und Biostatistik. Publikationen unter anderem:

Fahrion, S., Dürr, M., Doherr, G., Hartnack, S., Kunzmann, P. (2011). Das Töten und die Würde von Tieren. Ein Problem für Tierärzte? Schweizer Archiv für Tierheilkunde, 153, 209–214.

Hartnack, S., Doherr, M., Grimm, H., Kunzmann, P. (2009). Massentötungen bei Tierseuchenausbrüchen. Tierärzte im Spannungsfeld zwischen Ethik und Tierseuchenbekämpfung. Deutsche Tierärztliche Wochenschrift, 116, 152–157.

Hartnack, S., Grimm, H., Kunzmann, P., Doherr, M., Aerts, S. (2009). Ethics for vets – Can ethics help to improve animal disease control? In B. Millar, H. P. West, B. Nerlich (Hrsg.), Ethical Futures: Bioscience and Food Horizons (S. 148–153). Wageningen:Wageningen Academic Publishers.

Martin Janovsky, **Dr. med. vet.**
Studium der Veterinärmedizin in Wien, 1994–1996 Assistent am Forschungsinstitut für Wildtierkunde und Ökologie der Veterinärmedizinischen Universität Wien, 1997–1998 freiberuflich praktizierender Tierarzt, 1998–2001 Assistent am Zentrum für Fisch- und Wildtiermedizin der Universität Bern, 1999 Prüfung zum Fachtierarzt für Wild- und Zootiere, seit 2001 Amtstierarzt im Amt der Tiroler Landesregierung, seit 2005 Tierschutzombudsmann des Landes Tirol. Publikationen unter anderem:

Janovsky, M. (2007, 2009, 2011). Tätigkeitsberichte des Tierschutzombudsmannes für
    Tirol für die Jahre 2005/06, 2007/08, 2009/10. Zugriff am 118.06.2012 unter http://
    www.tirol.gv.at/themen/gesundheit/veterinaer/tierschutzombudsmann/
Janovsky, M., Gröne, A., Ciardo, D., Völlm, J., Burnens, A., Fatzer, R., Bacciarini, L. N.
    (2006). Phaeohyphomycosis in a Snow Leopard *(Uncia uncia)* due to *Cladophialo-
    phora bantiana. Journal* of Comparative Pathology, 134, 245–248.
Janovsky, M., Ruf, T., Zenker, W. (2002). Oral administration of tiletamine/zolazepam
    for the immobilization of the common buzzard *(Buteo buteo).* Journal of Raptor
    Research, 36 (3), 188–193.

***Kurt M. Kotrschal,* Prof. Dr. rer. nat., Mag. rer. nat.**
Studium der Biologie an der Universität Salzburg, 1981 Promotion, 1987 Habilitation
und 1976–1981 an der Universität Salzburg beschäftigt, Forschungsaufenthalte an den
Universitäten Arizona und Colorado, USA. Arbeiten zur Evolution der Fische und zur
Funktion von Sinnes- und Nervensystemen. Professor am Department für Verhaltensbiologie, Fakultät für Lebenswissenschaften, Universität Wien. Forschung an hormonalen,
kognitiven und energetischen Aspekten sozialer Organisation und zunehmend auch zur
Mensch-Tier-Beziehung. Seit 1990 Leiter der Konrad Lorenz Forschungsstelle für Etho-
logie in Grünau/Oberösterreich (www.klf.ac.at). Mitbegründer des Wolfsforschungs-
zentrums (www.wolfscience.at). Interesse am Verhältnis Gesellschaft–Wissenschaft.
Etwa 200 Originalartikel in Fachzeitschriften, Buchbeiträge und Bücher, unter anderem:
Kotrschal, K. M. (2009). Die evolutionäre Theorie der Mensch-Tier-Beziehung. In C.
    Otterstedt, M. Rosenberger (Hrsg.), Gefährten – Konkurrenten – Verwandte. Die
    Mensch-Tier-Beziehung im wissenschaftlichen Diskurs (S. 55–77). Göttingen: Van-
    denhoeck & Ruprecht.
Kotrschal, K. M. (2012). Argumente für einen wissens- und empathiegestützten Tier-
    schutz. Biologie, Soziales und Kognition. In H. Grimm, C. Otterstedt (Hrsg.), Das
    Tier an sich. Disziplinenübergreifende Perspektiven für neue Wege im wissenschafts-
    basierten Tierschutz (S. 135–171). Göttingen: Vandenhoeck & Ruprecht.

***Peter Kunzmann,* Dr. phil. habil., Dipl.-Theol.**
Studium in Würzburg (Diplom in katholischer Theologie 1991, Promotion in Philo-
sophie 1993, Habilitation 1996); seit Januar 2006 Leiter der BMBF-Forschergruppe
»Würde in der Gentechnologie« am Ethikzentrum der Friedrich-Schiller-Universität
Jena. Seit 2004 außerplanmäßiger Professor für Philosophie in Würzburg; seit 2008
Akademischer Rat an der FSU Jena. Unter anderem Mitglied der Kommission »Wissen-
schaft und Werte« der Sächsischen Akademie der Wissenschaften und der AG »Würde
des Tieres« am Schweizer Bundesamt für Veterinärwesen. Mitglied der Internationalen
Gesellschaft für Nutztierhaltung (IGN). Publikationen:
Kunzmann, P. (2007). Die Würde des Tieres zwischen Leerformel und Prinzip. Frei-
    burg u. München: Alber.
Kunzmann, P. (2011). dtv-Atlas Philosophie (14. Aufl.). München: dtv.

Kunzmann, P., Busch, R. (2006). Leben mit und von Tieren (2. Aufl.). München: Utz.
Kunzmann, P., Knoepffler, N. (2011). Primaten. Ihr moralischer Status. Bern: Bundesamt für Bauten und Logistik (BBL).

Christoph Maisack, Dr. jur.

Nach dem Studium der Rechts- und der Wirtschaftswissenschaften in Tübingen und Dijon/Frankreich 1981 Erstes und 1986 Zweites Juristisches Staatsexamen. Seit 1987 im Justizdienst des Landes Baden-Württemberg, dort zunächst als Verwaltungsrichter und als Staatsanwalt tätig. Seit 1993 Richter am Amtsgericht in Bad Säckingen und seit 2005 zusätzlich Richter am Landgericht in Waldshut. Seit vielen Jahren mit Fragen des Tierschutzes beschäftigt, vorwiegend aus juristischer Sicht. An der Universität Hamburg Promotion zu dem Thema »Zum Begriff des vernünftigen Grundes im Tierschutzrecht«. Vorsitzender der Deutschen Juristischen Gesellschaft für Tierschutzrecht e. V. (DJGT) und Angehöriger des Landesbeirats für Tierschutz Baden-Württemberg sowie des Vorstand der Internationalen Gesellschaft für Nutztierhaltung (IGN). Publikation:
Hirt, A., Maisack, C., Moritz, J. (2007). Kommentar zum Tierschutzgesetz (2. Aufl.). München: Beck/Vahlen.

Johanna Moritz, Dr. med. vet.

Studium der Veterinärmedizin in München, 1988 Promotion an der Ludwig-Maximilians-Universität München, wissenschaftliche Hilfskraft am Institut für Zoologie, Fischereibiologie und Fischkrankheiten, Tätigkeit in Gemischtpraxis und Pharamindustrie, 1992 Eintritt in die Veterinärverwaltung des Landes Baden-Württemberg, Tätigkeiten an verschiedenen Veterinärämtern und am Regierungspräsidium Stuttgart, Geschäftsführung der Ethikkommission zur Unterstützung der Genehmigungsbehörden für Tierversuche, 1998 Wechsel nach Bayern, Tätigkeit im Tierschutzreferat des Ministeriums für Arbeit und Sozialordnung, Familie, Frauen und Gesundheit, des Ministeriums für Umwelt, Gesundheit und Verbraucherschutz sowie am Veterinäramt Passau, seit 2002 Leitung des Sachgebiets Tierschutz der Spezialeinheit Lebensmittelsicherheit am Bayerischen Landesamt für Gesundheit und Lebensmittelsicherheit. Publikationen zu den Themen »Vollzug des Tierschutzrechts«, »Tierschutz im Zoohandel und bei Tierbörsen« sowie »gefährliche Tiere«. Mitautorin von:
Hirt, A., Maisack, C., Moritz, J. (2007). Tierschutzgesetz. Kommentar. München: Beck/Vahlen.

Carola Otterstedt, Dr. phil.

Studium der Sprachlehrforschung und Verhaltensforschung in München und Hamburg; 1992 fachübergreifende Promotion zum interkulturellen Vergleich des Grußverhaltens. 1985/86 Lehrauftrag an der Tongji-Universität in Schanghai, weitere berufliche Tätigkeit in Asien und Afrika im Rahmen der Entwicklungszusammenarbeit. Seit 1989 Autorin, Referentin und Fachberaterin unter anderem zu den Themen »Kommunikation«,

»Tiergestützte Intervention« und »Mensch-Tier-Beziehung«. Seit 2007 Aufbau und
Leitung der Stiftung »Bündnis Mensch & Tier« (www.buendnis-mensch-und-tier.de).
Publikationen unter anderem:

Otterstedt, C. (2001). Tiere als therapeutische Begleiter. Gesundheit und Lebensfreude
durch Tiere – eine praktische Anleitung. Stuttgart: Kosmos.

Otterstedt, C. (2005a). Der verbale Dialog mit Schwerkranken, Schlaganfall-, Koma-
patienten und Demenz-Betroffenen. Dortmund: modernes leben.

Otterstedt, C. (2005b). Der nonverbale Dialog mit Schwerkranken, Schlaganfall-, Koma-
patienten und Demenz-Betroffenen. Dortmund: modernes leben.

Otterstedt, C. (2007). Mensch & Tier im Dialog. Stuttgart: Kosmos.

Otterstedt, C., Olbrich, E. (Hrsg.) (2003). Menschen brauchen Tiere. Grundlagen und
Praxis der tiergestützten Pädagogik und Therapie. Stuttgart: Kosmos.

Otterstedt, C., Rosenberger, M. (Hrsg.) (2009). Gefährten – Konkurrenten – Verwandte.
Die Mensch-Tier-Beziehung im interdisziplinären Diskurs. Göttingen: Vandenhoeck
& Ruprecht.

Klaus Peter Rippe, **Prof. Dr. phil.**
Studium der Philosophie, Geschichte und Ethnologie an der Universität Göttingen.
1989 Promotion, danach wissenschaftlicher Mitarbeiter an den Universitäten Saar-
brücken und Mainz und Oberassistent am Ethik-Zentrum der Universität Zürich,
2004 Habilitation an der Universität Zürich, 2008 Ruf auf die Professur für Prakti-
sche Philosophie an der PH Karlsruhe, 2000–2011 Präsident der »Eidgenössischen
Ethikkommission für Biotechnologie im ausserhumanen Bereich«, seit 2010 zudem
Mitglied der »Arbeitsgruppe Würde«, einer Expertengruppe, welche im Auftrag
des Schweizerischen Bundesamts für Veterinärwesen Bedeutung und Applikation des
Gesetzesbegriffs »Würde des Tiers« diskutiert. 1993–2011 war er zudem Mitglied der
Kantonalen Tierversuchskommission Zürich, die er 2003–2011 präsidierte. Frühere
Mandate umfassen die Mitgliedschaft in der Ethikkommission für Tierversuche der
Schweizerischen Akademien für Medizinische Wissenschaften und Naturwissen-
schaften. Publikationen:

Rippe, K. P. (1998). Menschenwürde vs. Würde der Kreatur (2. Aufl.). Freiburg: Alber.

Rippe, K. P. (2008). Ethik im außerhumanen Bereich. Paderborn: Mentis.

Michael Rosenberger, **Univ.-Prof. Dr. theol. habil.**
Studium der Theologie in Würzburg und Rom, 1987 Priesterweihe in Rom, Kaplan und
Religionslehrer in der Diözese Würzburg, 1995 Promotion an der Universität Würzburg,
seit 1996 Wissenschaftlicher Assistent am Lehrstuhl für Moraltheologie der Universität
Würzburg, 1999 Habilitation im Fach Moraltheologie und Ernennung zum Privatdozen-
ten, seit 2002 Inhaber des Lehrstuhls für Moraltheologie der Katholisch-Theologischen
Privatuniversität Linz, von 2006 bis 2010 auch deren Rektor; Mitglied der Gentechnik-
Kommission beim österreichischen Bundesministerium für Gesundheit und Frauen,
Umweltsprecher der Diözese Linz. Publikationen unter anderem:

Rosenberger, M. (2001). Was dem Leben dient. Schöpfungsethische Weichenstellungen im konziliaren Prozess der Jahre 1987–1989. Stuttgart: Kohlhammer

Rosenberger, M. (2008). Im Zeichen des Lebensbaums. Ein theologisches Lexikon der christlichen Schöpfungsspiritualität. Würzburg: Echter

Otterstedt, C., Rosenberger, M. (Hrsg.) (2009). Gefährten – Konkurrenten – Verwandte. Die Mensch-Tier-Beziehung im wissenschaftlichen Diskurs. Göttingen: Vandenhoeck & Ruprecht.

Hans Hinrich Sambraus, **Prof. Dr. med. vet. Dr. rer. nat.**

Studium der Tiermedizin, Zoologie und Anthropologie in München, Berlin und Bern. Promotion in Tiermedizin und Zoologie. Fachtierarzt für Verhaltenskunde (Schüler von Konrad Lorenz) und Fachtierarzt für Tierschutz. Pensionierter Professor für Tierhaltung und Verhaltenskunde an der TU München in Weihenstephan. Mitbegründer der »Internationalen Gesellschaft für Nutztierhaltung« (IGN) sowie Mitbegründer der »Gesellschaft zur Erhaltung alter und gefährdeter Haustierrassen« (GEH), deren Vorsitzender er viele Jahre war. Träger des Bundesverdienstkreuzes am Bande. Mehr als 250 wissenschaftliche Publikationen sowie zahlreiche Bücher über Verhalten, Tierhaltung, Haustierrassen und Tierschutz, unter anderem:

Sambraus, H. H. (1978). Nutztierethologie. Berlin u. Hamburg: Paul Parey.

Sambraus, H. H. (1986). Farbatlas Nutztierrassen. Stuttgart: Ulmer.

Sambraus, H. H., Porzig, E. (1991). Nahrungsaufnahmeverhalten landwirtschaftlicher Nutztiere. Berlin: Deutscher Landwirtschaftsverlag.

Sambraus, H. H. (1994). Gefährdete Nutztierrassen. Stuttgart: Ulmer.

Sambraus, H. H., Steiger, A. (Hrsg.) (1997). Das Buch vom Tierschutz. Stuttgart: Enke.

Sambraus, H. H. (2006). Exotische Rinder. Stuttgart: Ulmer.

Sambraus, H. H. (2010). Farbatlas seltene Nutztiere. Stuttgart: Ulmer.

Erik Schmid, **Dr. med. vet.**

Studium der Veterinärmedizin, 1981 Promotion an der Veterinärmedizinischen Universität Wien, seit 1982 Amtstierarzt, von 1986–2012 Landesveterinär von Vorarlberg, Fachtierarzt für Tierhaltung und Tierschutz, Diplomate ECVPH, von 2005–2012 Tierschutzombudsmann, Gründungsmitglied Verein »Tierschutz macht Schule«. Publikationen unter anderem:

Grimm, H., Binder, R., Schmid, E. (2009). Ethical Principles for the Use of Animals in Austrian Legislation. In K. Millar, P. H. West, B. Nerlich (Hrsg.), Ethical Futures. Bioscience and Food Horizons (S. 123–129). Wageningen: Wageningen Academic Publishers.

Schmid, E. (2006). Ethics and the politics of food (S. 540–544). Preprints of the 6th Congress of the European Society for Agricultural and Food Ethics (EurSAFE 2006), June 22–24, 2006, Oslo, Norway.

Schmid, E. (2006, 2007). Selbstevaluierung im Tierschutz (DVG Nürtingen 2006, Animal Welfare 2007, EurSAFE 2007).

Schmid, E. (2009). Ethical food: Moral or practical dilemma? In K. Millar, P. H. West, B. Nerlich (Hrsg.), Ethical Futures. Bioscience and Food Horizons (S. 358–362). Wageningen: Wageningen Academic Publishers.

Kirsten Schmidt, Dr. phil.
Studium der Biologie an der Ruhr-Universität Bochum, 1997 Abschluss als Diplom-Biologin, anschließend Studium der Philosophie, 2007 Promotion zu tierethischen Problemen der Gentechnik, seit 2006 wissenschaftliche Mitarbeiterin im Arbeitsbereich »Angewandte Ethik« am Institut für Philosophie I der Ruhr-Universität Bochum, arbeitet dort seit 2009 im Rahmen eines DFG-Projektes zum Thema Genkonzepte und genetischer Essentialismus. Publikation:
Schmidt, K. (2008). Tierethische Probleme der Gentechnik. Zur moralischen Bewertung der Reduktion wesentlicher tierlicher Eigenschaften. Münster: Mentis.

Andreas Steiger, Prof. Dr. med. vet.
Studium der Veterinärmedizin an der Universität Bern, Doktorat über Ethologie bei Mastschweinen, drei Jahre Forschung in der Pharmaindustrie in Basel, während 19 Jahren Aufbau und Leitung der Abteilung Tierschutz im Bundesamt für Veterinärwesen in Bern, danach acht Jahre Professor für Tierhaltung und Tierschutz an der Vetsuisse-Fakultät der Universität Bern, 1995 Chairman der Expertengruppe im Europarat (Straßburg) zum Europäischen Übereinkommen von 1987 zum Schutz von Heimtieren, 2001–2008 Präsident der Ethikkommission für Tierversuche der Schweizerischen Akademie der Medizinischen Wissenschaften und der Akademie der Naturwissenschaften Schweiz, seit 2007 in Pension. Publikationen unter anderem:
Sambraus, H. H., Steiger, A. (1997). Das Buch vom Tierschutz. Stuttgart: Enke.
Steiger, A. (2005a). Tierschutzprobleme in der Heimtierhaltung – was trägt die Forschung bei? In Tagungsbericht DVG-Tagung »Ethologie und Tierschutz«. München: DVG-Verlag.
Steiger, A. (2005b). Breeding and welfare of cats. In I. Rochlitz (Hrsg.), The welfare of cats (S. 259–276). Dordrecht u. a.: Springer.
Steiger, A. (2008a). 30 Jahre Tierschutzgesetz: Was wurde erreicht? Wo liegen die Vollzugsprobleme? Schweizer Archiv für Tierheilkunde, 150, 439–455.
Steiger, A. (2008b). Kommentar zu Tierschutzartikel 80 der Bundesverfassung. In B. Ehrenzeller, P. Mastronardi, R. Schweizer, K. Vallender (Hrsg.), Die schweizerische Bundesverfassung – Kommentar (S. 1410–1421). St. Gallen: Dike.
Steiger, A. (2008c). Tierschutzaspekte bei Extremzuchten bei Heimtieren. Schweizer Archiv für Tierheilkunde, 150, 211–242.

Frank Uekötter, PD Dr. phil.
Studium der Geschichte, Politikwissenschaft und Sozialwissenschaften in Freiburg im Breisgau, Bielefeld, an der Johns Hopkins University in Baltimore und der Carnegie Mellon University in Pittsburgh. 2001 Promotion mit einer Arbeit zur Geschichte der

Luftverschmutzung in Deutschland und den USA, 2009 Habilitation mit einer Wissensgeschichte der Landwirtschaft. Seit 2006 Dilthey-Fellow am Forschungsinstitut des Deutschen Museums in München, seit 2008 Deputy Director (seit 2011 LMU-Fellow) am Rachel Carson Center für Umwelt und Gesellschaft in München. Lehrbeauftragter am Historischen Seminar der Ludwig-Maximilians-Universität München. Publikationen unter anderem:

Uekötter, F. (2006). The Green and the Brown. A History of Conservation in Nazi Germany. Cambridge: Cambridge University Press.

Uekötter, F. (2007). Umweltgeschichte im 19. und 20. Jahrhundert. München: Oldenbourg.

Uekötter, F. (2010). Die Wahrheit ist auf dem Feld. Eine Wissensgeschichte der deutschen Landwirtschaft. Göttingen: Vandenhoeck & Ruprecht.

Uekötter, F. (2011). Am Ende der Gewissheiten. Die ökologische Frage im 21. Jahrhundert. Frankfurt a. M. u. New York: Campus.

Susanne Waiblinger, **A. Univ.-Prof. Dr. med. vet.**
Studium der Veterinärmedizin in München, 1988 Approbation zur Tierärztin, 1990 Promotion an der Universität Zürich, Forschungstätigkeit an der ETH Zürich zur Mensch-Nutztier-Beziehung (1996 ausgezeichnet mit dem Schweisfurth-Forschungspreis für artgerechte Tierhaltung), tierärztliche Tätigkeit in Groß- und Kleintierpraxen, 1996 Befähigung zum amtstierärztlichen Dienst (Deutschland), seit 1997 Universitätsassistentin am Institut für Tierhaltung und Tierschutz der Veterinärmedizinischen Universität Wien, 1998 Fachtierärztin für Tierhaltung und Tierschutz, 2004 Habilitation im Fach Angewandte Ethologie, Tierhaltung und Tierschutz, Ernennung zur Universitätsdozentin und außerordentlichen Professorin; (aktives) Mitglied der TVT, ISAE, IGN und weiteren. Publikationen unter anderem:

Waiblinger, S. (1996). Die Mensch-Tier-Beziehung bei der Laufstallhaltung von behornten Milchkühen. Tierhaltung (Bd. 24). Ökologie – Ethologie – Gesundheit. Kassel: Universität/Gesamthochschule Kassel.

Waiblinger, S. (2009a). Animal welfare and housing. In F. Smulders, B. Algers (Hrsg.), Welfare of production animals. Assessment and management of risks (S. 79–111). Wageningen: Wageningen University Press.

Waiblinger, S. (2009b). Human-animal relations. In P. Jensen (Hrsg.), The ethology of domestic animals. An introductory text (2. Aufl., S. 102–117). Wallingford: CABI.

Waiblinger, S., Boivin, X., Pedersen, V., Tosi, M., Janczak, A. M., Visser, E. K., Jones, R. B. (2006). Assessing the human-animal relationship in farmed species. A critical review. Applied Animal Behaviour Science, 101, 185–242.

Markus Wild, **Prof. Dr. phil.**
Studium der Philosophie und der Germanistik in Basel. Studienabschluss 2000 und Mitarbeiter am Philosophischen Institut der Universität Basel. 2003 Wechsel an die Humboldt-Universität zu Berlin an den Lehrstuhl für theoretische Philosophie. 2004

Promotion an der Universität Basel. 2011 Habilitation an der Humboldt-Universität zu Berlin. Mitglied der Forschergruppe »Transformationen des Geistes« von Prof. Dominik Perler in Berlin von 2007 bis 2011. Seit 2012 Mitglied der Eidgenössischen Ethikkommission für die Biotechnologie im Ausserhumanbereich. Seit Mai 2012 ist er SNF-Professor an der Université de Fribourg (Schweiz).Publikationen unter anderem:

Wild, M. (2006a). Die anthropologische Differenz. Der Geist der Tiere in der frühen Neuzeit bei Montaigne, Descartes und Hume. Berlin u. New York: De Gruyter.

Wild, M. (2006b). »Talk to me, Walk with me like Lovers Do.« Über die ideengeschichtlichen Wurzeln der Animal Communication. Neue Rundschau, 117 (49), 88–103.

Wild, M. (2008). Tierphilosophie zur Einführung. Hamburg: Junius.

Wild, M. (2011a). Montaigne's Attempt at Rapprochement Between Man and Animal. In A. Hoefele, S. Laqué (Hrsg.), Humankinds. The Renaissance and its Anthropologies (S. 199–216). Berlin u. New York: De Gruyter.

Wild, M. (2011b). Ich bin kein Ethiker! Philosophie als Lebensführung. In C. Ammann, B. Bleisch, A. Goppel (Hrsg.), Müssen Ethiker moralisch sein? Essays über Philosophie und Lebensführung (S. 115–131). Frankfurt a. M. u. New York: Campus.

Wild, M., Perler, D. (Hrsg.) (2005). Der Geist der Tiere. Philosophische Texte zu einer aktuellen Debatte. Frankfurt a. M.: Suhrkamp.

Amir Zelinger, **M. A.**
Studium der Geschichte und Allgemeine und Interdisziplinäre Studien an der Universität Tel-Aviv und der Ludwig-Maximilians-Universität in München. Promoviert am Rachel Carson Center für Umwelt und Gesellschaft in München zum Thema »Tiere und Bürger: Eine Sozialgeschichte der Haustierhaltung im deutschen Kaiserreich«.

Sachregister